理论概念研究

金渝林 著

知识产权出版社
全国百佳图书出版单位
—北京—

图书在版编目（CIP）数据

理论概念研究/金渝林著. —北京：知识产权出版社，2022.9
ISBN 978 - 7 - 5130 - 8108 - 5

Ⅰ.①理… Ⅱ.①金… Ⅲ.①理论研究 Ⅳ.①G301

中国版本图书馆 CIP 数据核字（2022）第 049469 号

内容提要

"理论"是一个语义模糊、不确定的语词。在使用过程中，它通常被当作自明的、无须解释的，已经清晰、准确地描述了所指对象的概念。但是，一旦被问及"理论是什么""它是如何结构的""如何论证理论的合理性""如何判定命题的真假"等问题时，被问者或者茫然不知、无从回答，或者模糊不清，不能给出确切的定义。针对上述问题，在对理论概念及相关问题深入研究的基础上，本书尝试对这一概念作出尽可能准确的界定，并且对与之相关的问题进行合理的解答。

责任编辑：王玉茂　　　　　　　　　责任校对：王　岩
封面设计：杨杨工作室·张冀　　　　责任印制：刘译文

理论概念研究

金渝林　著

出版发行：知识产权出版社 有限责任公司	网　　址：http：//www.ipph.cn
社　　址：北京市海淀区气象路 50 号院	邮　　编：100081
责编电话：010- 82000860 转 8541	责编邮箱：wangyumao@ cnipr.com
发行电话：010- 82000860 转 8101/8102	发行传真：010- 82000893/82005070/82000270
印　　刷：三河市国英印务有限公司	经　　销：新华书店、各大网上书店及相关专业书店
开　　本：720mm × 1000mm　1/16	印　　张：25.75
版　　次：2022 年 9 月第 1 版	印　　次：2022 年 9 月第 1 次印刷
字　　数：460 千字	定　　价：138.00 元
ISBN 978 - 7 - 5130 - 8108 - 5	

本书由北京阳光知识产权与法律发展
基金会资助出版

理性的世界精神和不朽价值

　　金渝林教授的巨著《理论概念研究》一书即将出版，要我写序。本书是作者在数十年求学、从教生涯中矢志不渝的阅读与思考的积累基础上，集中时间，不懈努力，八易其稿，奋力而成。它是一部严肃的学术著作，也是中国学术界少有的思想成果。我是本书最早的读者之一。在书稿撰写过程中，金教授曾组织部分学者对其中部分章节作过几次讨论，已故中国政法大学张俊浩教授和中国人民大学、中国政法大学、中国社会科学院的学者参与讨论，我也参与其中。金教授长期从事知识产权法学教育与研究，其教学体系和教学方法科学严谨，独树一帜，受到他任教的对外经济贸易大学法学院以及慕名旁听他授课的其他院校师生的推崇。《理论概念研究》一书从考察语词、观念、概念等理论基础型的要素出发，系统阐释了理论的内涵，理论的构造，分析了观念、概念、命题的逻辑关系……无疑，本书给学术界提供了一个概念分析、逻辑推理、学术研究、理性思考的严谨模型。从基础、结构、路径、方法，到思维成果，展示了金教授的理论素养和独到思想。哲学是思辨的，它的任务是帮助人们把想要说的东西说清楚，帮助人们准确地使用概念和语言，并帮助人们在科学和生活之间找到平衡。一位在法学分支特殊领域深耕多年的学者，超越自己职业生涯的学科、专业，并超越科学，直入形而上的殿堂，带给我们一本研究最一般问题的、最普遍规律的、大部头的哲学著作，令人慨叹。这是知识产权法学界的荣耀。相信它的出版，应当对启迪思想、推进学术产生实质的影响。我郑重推荐这部著作。知识产权出版社慧眼识珠，有幸出版此书，相信足以成为该社的招牌之作。

理论、概念，对绝大多数人来说，就像物质、信息、能量、时间、空间、知识等概念一样，既是耳熟能详的日常用词，又是内涵讳莫如深，阳春白雪式的小众概念，很少有人从实质上谙其究竟。在我们的印象里，这些关乎自然和人类世界的本质，知识的来源、形态、特征等思考，贯穿人类由来和绝迹的宏大叙事，多为柏拉图、亚里士多德、康德、黑格尔等人类思想灯塔式人物的论说对象。事实上，学术界需要中国学者做这方面形而上的思考，并把他们的成果贡献给社会。金渝林教授的著作是这一努力的成果。本书在考察、梳理和借鉴经典作家对理论的论述的基础上，详细考察分析了思维、观念、概念、命题等概念，界定了理论概念，对理论一词作了解析，并阐发了理论的构造，对理论概念作了系统的研究和解释。本书告诉学术界，理论本身是一个严肃、艰深的哲学问题。理论是一切科学的大脑。无论从事哲学、自然科学，还是人文社会科学的学术研究，对理论概念的把握是学者的必修课和基本功，是从事科学思维活动和理论研究的前提。

人是观念的动物。人类，是通过运用语言和依靠概念来思考和认识世界、表达观念、交流思想的；是通过理论体系把思维活动置于理性、逻辑的框架之内，去组织物质和精神的生产和生活的。按照李约瑟的说法，中国曾与开创科学文明之路的历史机遇失之交臂。欧洲人在文艺复兴精神和资本主义生产方式的激发下，催生了专利制度。这是一个有划时代意义的伟大制度发明。以伽利略、牛顿的成果为指引，把人类社会带进了近代科学时代。科学目光如炬，给人类带来光明，其穿透力提升了人们的眼界，填平了理论和发明之间的鸿沟，发明了发明的理论和方法，在人类延续数千年甚至上万年靠经验作为技术创新手段的"经验技术"的模式之侧，开创了与前者并驾齐驱，以科学理论指引技术革命的"科学技术"模式，从而为人类生产力发展历史竖起了划分两个时代的界碑。从此，人类在"经验技术"和"科学技术"两架马车的驱动下，催进技术进步和经济发展进入工业文明的快车道。尤其"科学技术"模式更是显示了"经验技术"无法比拟的优势，它对科学知识密集的技术即所谓高科技发明创造具有决定性的意义。实践证明，离开万有引力方程、电磁方程、质能方程为代表的现代科学理论，不可能凭借经验创造出如雨后春笋般接踵而至的近现代技术。霍金说，人类是按照自然法则生活的。

无疑，生活方式越是顺应和接近自然法则，人类的文明程度就越高级。在工业文明、现代技术和世界贸易的推动下，人类采取了更多的共同生活方式和文化。当代，以电能为基础，由互联网支撑，全球居住在不同地域的各民族，正以前所未有的速度同化着它们的衣食住行、劳作休闲、通信交流、交通往来等主要的行为方式，甚至深入到思维方式，进而积累了基础深厚的全球化时代的现代文明。其中，在牛顿、麦克斯韦尔、爱因斯坦等为代表的理论指导下，科学已成为公认的指引人类文明的灯塔，更是人类文明进步的基础。中国在数千年中形成了独立的知识体系，与西方文化各有优长，相互辉映。同西方相比，中国传统文化特点是重实绩，重人文，轻理论，欠缺科学传统。五四运动曾提出了科学的口号。百多年来，有识之士也曾呼天吁地，敦请国人转变观念，进入以科学为主导的世界先进民族之林。令人扼腕的是，我们的民族文化至今仍欠缺科学精神，科学这一课，无论如何是要补上的。毋庸置疑的是，把握科学真谛，脚踏实地，扎牢基础，仍是中国现代社会发展进程中的必要条件。

理论的意义和价值在于其对事实的把握和对实践的解释力。在于给社会贡献更多的理性，用理性、科学的方法武装它的读者。我们为什么要读书、学习，为的是构建合于理性的知识体系。无论哲学还是科学，目的都在于启迪思想、授人以渔，给人以驾驭知识的方法，教人独立思考，学会用科学的方法辨识真伪。旨在力求令人以一己之力，驱除世间的种种伪装与遮蔽，找出事物的真，并运用逻辑的推理方法找出理性的结论，而非仰仗他人的思想判断是非来左右自己的行为，这是获得真理唯一可靠的途径与方法，否则都将是质非文是的。焦裕禄的一句名言；"吃别人嚼过的馍不香。"也是这个道理。事实上，唯有以理论武装起来的现代人，才是有能力身膺现代事物的理性人，才是名副其实的大写自由人。理论抽象程度越高，解释力越强，价值也越大。《理论概念研究》表现出了系统的解释力。限于我的知识、眼界和学力，难以俯瞰本书全貌。本文更愿意结合个人专长，把问题降维，在特定专业的领域，用具象事物表达想法。于我而言，知识产权概念和理论是说明阅读本书心得的最佳案例。

有关知识产权基本范畴的问题几乎都可以借助本书解释。比如，在中国知识界，对于知识产权这个概念的本质为何，配置该权利的要素是什么，每个要素的性质、地位、功能是什么等问题，在现实中，这些要素如何结构，以及知识产权作为社会关系，作为一种财产权利的特殊形态，它的属性为何等一系列问题，几乎处处争议、乱象迭出。近年来甚至出现了对"知识产权"学科属性的质疑。之所以有此乱象，其源盖出于理论、方法的错误，错到超出了逻辑与科学的思维框架。首当其冲的是如何理解"知识产权"概念。在中国，目前的纠结与争论集中表现在两方面。一是引用外来的表述，多是回答英文 intellectual property 的确切的汉语翻译，并以此为据，沿着这个线索进行研究。比如，在中国大陆，"知识产权"一词最早出现于 1973 年的《人民日报》，出自知识产权专家王正发先生的翻译。多年来虽有质疑和不同见解，但仍为立法采用，沿用至今。在中国台湾地区，把该英文译为"智慧财产权"。仅从文字的翻译看，这种译法无疑更为准确。二是不拘泥于英文世界现成语词的描述，追根溯源，揭示被描述的那个客观存在的事实，以便客观、准确地解剖"知识产权"概念。以上两条线索都要回答对"知识（或 intellectual）"语词的理解和使用。它所指的事实究竟是什么，客观本质、存在方式、特征怎样，从何而来，运动规律如何，是长期以来有争议的问题。可见，我们面临的绝不是如何翻译才精确的问题，而是循名责实，找到该客观存在事物的所属类别，即该社会关系发生的那个前提事实究竟是什么，以至于到底选择哪个语词描述这个事实才更为准确的问题。唯有以此为基础，后面的研究才脚踏实地，不至走偏。不幸的是，"虽然知识产权法的对象——我们倾向于称之为无体财产——起着关键作用，但是，人们对这一主题显然关注极少"❶。尽管如何准确翻译和循名责实找到"对象"的事实本体存在这两个问题都有价值，但价值和意义大相径庭，尤其两者是性质不同的问题。把性质和领域不同的问题混为一谈，当成翻译正误问题争论是非，止于皮毛，是假辩论。显然，囿于 intellectual 本意的抽象性，导致学界对该事物和权利的中文描述，出现了带有演绎性的"万花筒"般见仁见智的表达，如"智慧财产权""智力成果权""无形财产权""无体财产权""非物质财产权"，乃至于发展为"信息产权"等各种别出心裁的任意表达。在哲学界，黑格尔基于著作权提出了"精神所有权"的理论。布拉德·谢尔曼和莱昂内尔·本特利的著作则称该权利对象为"无体物"❷。澳大利亚学者彼得·德霍

---

❶ [澳] 布拉德·谢尔曼，[英] 莱昂内尔·本特利. 现代知识产权法的演进 [M]. 北京：北京大学出版社，2006：5.

❷ [澳] 布拉德·谢尔曼，[英] 莱昂内尔·本特利. 现代知识产权法的演进 [M]. 北京：北京大学出版社，2006：9.

斯（Peter Drohos）则将知识产权的对象称作"抽象物（abstract objects）"❶。表面上看似观点创新，学术繁荣，实则为不讲逻辑的认识乱象。归根结底是方法论上的缺失。毫无疑问，财产权概念中的任何要素都应当是确定的、具体的，作为一个不同以往的新的财产权的对象、来源，或称手段，如同物权、债权的对象一样，应当是实在的、具体的、确定的、界限清晰的。"就概念而言，它不会随着语言系统的变化而变化……概念对于对象的反映是确定的，其结果是由对象决定的，与认识这个对象的人的特殊性没有关系。也就是说，所有的人对于同一对象所形成的概念是相同的"（本书，第150页）。因此，知识产权的对象究竟为何，即客观事实是什么，答案只能有一个，既不能或此或彼，也不可能是亦此亦彼。以上的多种不同表述，多在语词或翻译上寻求别出心裁，而寡见对事物本质的确切分析之论。因此，这项财产的对象究竟为何，是事关该财产权的首要问题，如果没有扎实确切的答案，下一步是迈不出去的。否则，若硬要迈出去，也是自欺欺人，其结果必谬以千里。因此，概念的问题绕不过去，不容回避。在马克思主义理论研究和建设工程教材《知识产权法学》的编写、修订及审议中，知识产权用语也曾受到国家教材评审委员的反复究问，英文 intellectual property 对应的中文为什么要用"知识"而不用"智慧"。对此，编写组的意见是，智慧和知识是两个不同的概念，所描述的事实是两种不同的事物。"智慧是制造人造工具，尤其是制造用于制造的工具，以及不断改进制造的能力……完善的智慧是制造和使用无机工具的一种能力"❷。可见，智慧是人的一种能力。而能力是潜在的。能力属于生命，看不见，摸不着，是主观的、抽象的、形而上、动态的、永不完成，本身不具有可实用性。知识属于认识范畴。知识分为主观知识和客观知识，前者是主观的、动态的、形而上的。后者是客观的、形式的，是人类对认识的描述。知识产权所涉及的是客观的知识，它是智慧的结晶，是思想的完成态，是表达的，因而它是感性的、确定的、有限的，具有可实用性，可被支配。类同于中国传统文化中的"学以致用"的东西——"技"。可见，知识与智慧，一个客观，一个主观，二者相去甚远。二者虽有联系，但又有本质的区别。我们看到，本书提供的运用语词讨论概念的方法，展示了从理论、逻辑、实践上简洁确切的回答这个问题的"捷径"。无疑，世界需要理解，没有理解就没有世界。而"理解的实现方式乃是事物本身得以语言表

---

❶ ［澳］彼得·德霍斯. 知识财产法哲学［M］. 北京：商务印书馆，2008：25.
❷ ［法］亨利·柏格森. 创造进化论［M］. 北京：商务印书馆，2004：118.

达，因此对事物的理解必然通过语言的方式而产生，或者说，语言就是理解得以完成的形式"❶。因此，不言而喻，世界是通过语言向我们展示的。"智慧"和"知识"都是标示对象的语词。"对于标示对象的语词而言，如果它可以是自明的，所谓'自明'应该是指，在同一语言环境下或者在同一个语言共同体，当人们听到或者看到这个语词时，不需要作任何解释就能理解其所指，而且不论是表述者（说者、书写者）还是接收者（听者、读者），也无关于语言条件，他们通过这个语词所表达的和所理解的必定是一致的"（本书，第3 – 4页）。本书提出了表述对象的的语词的"自明"应当满足的条件：第一，词义必须是唯一的；"因为只有当一个语词的词义具有唯一性时，在同一语言环境下或者在同一语言共同体内的人对这个语词的理解才可能是相同的，在他们交流的过程中使用这个语词才不会产生误解或混乱"。第二，该词义不需要检验仅凭直觉就能够断定为真，"如果这个语词的词义不真，即它的描述不符合被描述的对象，那么不论这个描述是抽象的还是具体的，都不可能是自明的……只有当标示对象的语词的词义仅凭我们的直觉就能断定其真假时，它才可能是自明的"。而满足上述两个条件的前提有三：其一，"这个语词标示的对象是可描述的，一个语词是自明的，那么它的词义必定是清晰、可以陈述的……对其对象的描述就构成了这个语词的词义，如果它不能描述，也就不能满足清晰、可描述的要求。知之甚明而无须说称之为'自明'"；其二，"语词所标示的对象必须是客观的。如果语词标示的对象是主观的，那么这个对象就会随着人的需要和意识而改变，而描述它的词义也将随之改变"；其三，"语词表示的对象必须是具体的。所谓具体的，就是指这个语词所标示的对象不是一类事物，而只是特定的、个别的事物。因为标示一类事物的语词都是抽象的，而越是抽象的语词，其词义也就越模糊、空泛、贫乏，只有通过解释和说明才能够明确它所包含之对象的质的规定性以及所涵盖的范围"（本书，第5页）。按照这种方法衡量，"智慧"或"智力"显然不是自明的语词。尽管"智慧""智力"所标示的对象能够满足"可以描述"的条件，但其词义不具有确定性、唯一性，既不能满足"语词所标示的对象必须是客观的"，也不能满足"语词所标示的对象必须是具体的"这两个前提条件，因而它们不是自明的语词。结论一目了然，"智慧"一词绝非我们这个新型财产制度饭桌上的"菜"。反之，"知识"一词则可以

---

❶ ［德］汉斯－格奥尔格·加达默尔. 真理与方法 上卷［M］. 上海：上海译文出版社，2004：10.

满足自明语词的所有条件。我们撇开从英文到中文翻译中的语义转换正误的纠结，面对事实，检视一下《民法典》，再浏览各国著作权法、专利法、商标法、商业秘密法等知识产权单行法律以及《巴黎公约》《伯尔尼公约》《成立世界知识产权组织公约》《与贸易有关的知识产权协定》等描述涉及的对象，无论是各类艺术作品，产品、方法等技术发明，还是商标、商号、商业秘密、商业外观等形形色色的商业活动标记，这些表达都是特定的、具体的、个别的，无一例外都属于具体"知识"范畴。它们不仅是客观事实，而且是社会性的，是可以被解释，可以成为人的行为支配对象。但是，其中没有一个对象是可以用"智慧"一词所能标示的。"智慧"作为人的品性，和本能一样，其本体是抽象的、模糊的、不确定的，属于个体人的主观潜能。"智慧"既非人类集体普遍可感知的确切的客观事实，也无法被解释、被捕捉、被传播和被支配。我们注意到，或许是上述原因，实践中有关描述技术发明、艺术作品、商业标记类事物的词汇，几乎见不到 Intellectual 的表达，而是普遍采用 knowledge。比如，以上述要素为基础的经济现象被称作"知识经济"，而非"智慧经济"或"智力经济"，英文则是"knowledge economy"或是"knowledge based economy"。遗憾于历史的误会，我们长期被束缚于思想牢笼，纠结于一个很可能是误打误撞的"天才"的失真描述，弄得后世学者只见树木，不见森林，不假思索地接受，甚至演绎。而中国学者囿于崇信西学，将错就错，绞尽脑汁地纠结于译法。可谓始作俑者一士之失之毫厘，从众千大谬以千里，以致诱发错误的知识产权观现象。今天，为了拨乱反正，革除历史的遮蔽，去伪存真，揭示真相，面对事实，花费再多的笔墨也是值得的。这样，我们就可以摆脱描述符号上的是非纠结，放下对 intellectual 的语词翻译是否得当的争论，径行进入对知识产权概念的本质、要素、结构和性质的思考。

如上所述，作为问题，英文 intellectual property 的表述与事实上的这个财产权利名称不符的情况由来已久。但在当下，无论是英美法系、大陆法系，还是当初作为该理论和制度引入地的中国学者，多投身于眼花缭乱、日新月异的技术进步、制度调整和判例创新等前沿事物，无暇顾及，或是忽视对知识产权基本概念的关注，尤其缺乏对其基础要素——"知识"的深究，甚至不屑于一顾。或偶有涉及，也是蜻蜓点水，浅尝辄止。所以才出现了类似"无形财产权""无体财产权""非物质财产权"等似是而非等非逻辑的表述。这无可厚非，因为关注技术进步、经济发展和制度改进更有实用价值。

当然，学界也有"对象"虚无的认识，例如彼得·德霍斯的"抽象物"，田村善之的"一直认为并不存在无体物这样的'物'"的观点。这一点，类似民法学中人格权没有客体（即本文所指的"对象"）的观点。按照这个逻辑，知识产权的结构就是残缺的，没有发生前提和基础的私权，是无源之水，无本之木。此外，有观点对于使用"知识"一词提出质疑，认为"知识"是一个包罗万象的概念，而知识产权上的"知识"则是有限的、特定的，因而担心使用"知识"一语容易引人误认为知识产权的对象包括所有知识。这种担心是不必要的。众所周知，知识产权作为绝对权利，和物权具有逻辑上的同构性。"物"作为哲学的一般概念，泛指物质世界一切客观存在的东西。但是，作为法律意义上的物，即物权对象的"物"，是经济、社会和法律生活长期实践的逻辑归纳结果，受"物权"语境的限定，仅指物质世界中那些可以被人类支配的东西。在语言系统中是明晰而确切的概念。无论理论还是实践，都没有歧义。人们仅凭经济和法律常识就可以轻而易举地区分二者的不同。同理，人类对"知识"的本质、内容、形态问题的研究水平和成果，从古至今，汗牛充栋。同时，知识产权中的"知识"概念，不仅在逻辑上，在实践上也是明晰而确切的概念。遗憾的是，知识产权法学对"知识"的认识，却南辕北辙，远未达到和法学对"物"的研究那样应有的水平。因此，有关知识产权对象问题的认识，事实上仍是一块处女地。一旦摆脱执着于"intellectual"应当如何翻译的痴迷，摒弃"智慧"和"知识"孰是孰非的取舍之辩，确定"知识"一词将是我们讨论该财产权的一以贯之的对象。如同在物权制度中首先必须弄清"物"的概念的内涵、外延、存在方式和特征一样，弄清"知识"这个事物的本质、存在方式、特征等事实，并对这些客观存在的事实有一个统一的认识，统一的语词称谓，就成为知识产权法学开篇的首要任务。我们不妨从零开始，确定"知识"是认识和研究知识产权问题的出发点。但是，平心而论，对于知识产权而言，无论是概念、理论还是制度、实践，一旦确认该财产权的对象是"知识"，那么，"知识"概念作为知识产权的基因、要素、发生前提，就必须对其有彻里彻外，深入骨髓的研究。要申明的是，知识产权所指的"知识"，既非抽象的一般概念意义上的"知识"，因为"概念是存在于人脑中的，它不能脱离个人而在人群中传播，不能在代际间传承、发展，当然也不能作为人类知识而被积累。概念所赖以存续的个人一旦死亡，它也就随之消灭"（本书，第 10 页）；也非蕴含于主观状态的个人知识，因为"科学知识的目的在于去掉一切个人因素，说出人类集体智慧的发现"❶。知识产权意义上的"知识"，是具体的、个别的、可被支配的。无疑，与自然界先天自在的物质、信息、能量相比，知识是后天的、人类创造的产物。众所周知，人类是自然之子，它不能创造一粒物质原子，一个信息，和一卡能量。在人类出现之前，自然界也不存在任何意义上的知识。"我们生活于其中的这个共同的世界是一个结构，这个结构一部分是科学的，一部分是先于科学的"❷。其中科学的部分就属于知识。知识是从主观世界转化而来，它是人的大脑创造物。人类用客观物质材料表达主观思想，用有限的形式创造知识，借以把自然的世界变得适于自己生存。这是人类对这个世界的唯一贡献。改造世界，唯一能改造的只能是物质的关系与结构，或是相互位置关系，或是改变信息的分布，或是调度能量的转移和彼此消长。这些，人类都可以借助于语言把它们内在的设计投射到物质世界。而"语言，这个我们借以表达科学知识的唯一工具，在其起源及其主要功用方面，基本上是社会性的"❸。要将无法为他人感知的个人知识转变为社会知识，即从知觉知识转变为感觉知识，必须找到连结二者的桥梁，这就是主观思维客观化，就是将思想、情感给予设计，并将该设计客观知识化的过程。唯有客观的外在形态方可以刺激和触摸人的感官，"而感官乃是形成个人世界的门户"。人们往往把这二者的关系称作思想和表达。与思想和表达有关的是内容和形式，内容与形式是一对范畴，二者对应，互为表里，对立统一，形成表达。但是，思想和表达并非一对范畴，思想是主观的，抽象的，形而上的。表达却是客观的，具体的，形而下的。思想和表达之间并不存在对应关系，不属于一对范畴。作为表达工具的"符号只是标示这个观念，而不是这个观念本身……正是在这个意义上，我们说观念'具有了'外在于人的形式。也就是说，我们是在比喻的意义上，把标示概念的符号固定在物质媒介上的形式称作概念的外在形式，而概念本身却从未有过作为人的意识之外的、外在于人的形式"（本书，第11页）。在区分概念和符号的基础上，本书引进认识主体这个能动的要素，是主体点石成金，使符号获得了生命，化蛹成蝶，升华为知识。在这里，本书再次否定了波普尔"存在没有认识主体的知识——例如，图书馆中储藏的那种知识、因此可以存在没有认识者认识增长的

❶ ［英］罗素. 人类的知识［M］. 北京：商务印书馆，1983：9.
❷ ［英］罗素. 人类的知识［M］. 北京：商务印书馆，1983：14.
❸ ［英］罗素. 人类的知识［M］. 北京：商务印书馆，1983：10.

ix

知识增长"❶的观点，提出颇有见地的结论，认为"图书馆中存储的知识也只是对认知主体而言才称之为知识，否则它们只是由于符号的区别作用而可以相互区别的物质媒介，只有那些知道这些符号所标示的观念或意义的认知主体而言，它们才是知识"（本书，第 12 页）。可见，思想、理论、概念、情感等都是主观的，这是它们的固有本性。符号的客观性也是它固有的本质。因此，不论思想是否被符号所标示，或者是否被固定在物质媒介上，都不改变它的主观性本质。

抽象的思想究竟如何赋予客观表达，基于语词的多元，而具有不同的选择。但如何选择，则取决于思想者的情感、心绪、语词好恶与逻辑水平。同时，抽象的情感、心绪与好恶，如何表达，又取决于表达者的审美取向和表达技能。顺便强调一个观点，著作权法研究中有所谓"创作高度"的观点，认为表达的独创性应当达到一定的高度才可以被认为是作品。通过上述研究可以知道，从思想、情感到表达，在逻辑上是一个从主观到客观、从抽象到具体，从无到有、从无形到形式的过程。一言以蔽之，赋予抽象的思想以具体表达的行为就是创造。创作是质变。创作是给主观披上客观的外衣，赋思想以表达的过程。质变有迹可循，标准唯一，显而易见，无可争议。而"创作高度"的比较属于量变。比较的对象是从"有"到"有"，是不同"表达"之间的比较，高与低是此"有"和彼"有"的差距，比较的标准多元，见仁见智，无法统一。因此，用"创作高度"作为认定是否是作品的标准，不单不合逻辑，实践上更难以操作。还需说明，不论艺术创作还是技术发明，在思想与表达的关系上，遵循的是同一个逻辑。

《理论概念研究》浸润着一种科学批判精神。本书参阅了几百本中外文书籍，仅在书尾列出的中文著作及译著书目就有近百部之多，其中，大部分是出自上海译文出版社、三联书店和商务印书馆等出版的世界学术名著。但本书并不是一本名著的思想综述。本书虽旁征博引，但却意在阐发自己的思想，是从认识论的角度，用概念、符号、物质媒介和形式概念，遵循逻辑，对思想，对思想与表达这一关系，以及表达的本质和存在方式，给出了作者自己清晰的知识的生成机制。书中指出："概念借助符号的标示作用和与物质媒介相结合的性质，在符号使物质媒介特定化的同时，概念也随之'具有了'外在于人的存在形式"。他尊重经典作家的观点，却不苟同他们的疏漏

---

❶ ［英］卡尔·波普尔. 通过知识获得解放 ［M］. 北京：中国美术学院出版社，1996：217，转引自本书第 11 页。

或硬伤错误。他在研究、引用波普尔的名著《客观知识》中关于"世界3"具有实在性、客观性和自主性的观点的同时，明确指出波普尔将"问题、猜测、理论、论据、期刊、书籍、图书馆、计算机存储器"并列为"世界3"中的构成的理论，是"混淆了思想、理论、观念、概念与符号以及物质媒介和场所等之间的相互关系"。这一论述，对界定知识产权的对象，也就是"知识"概念，知识的来源、本质以及它的形成机制，具有方法论上的意义。本书多处引用石里克的著作，但在分析、探究石里克的思想时，并不迁就他的著作的局限，对他在概念与标记或符号的关系论述上不能贯穿始终提出批评。

我认识金渝林教授，得益于郑成思教授的引荐。几度交流，就感他谈吐与众不同，恰似打开新窗，如沐春风，顿觉相见恨晚，距今已近30年。从与金渝林的交往，我悟出了一点道理，立此存照，供读者参考。与人为友，关键是交往的意义。我和金渝林经常讨论一些问题，无论读书开会，一有想法拿起电话就讨论，有时会有不同见解，甚至争辩。金渝林往往以其精确的概念，缜密的逻辑，给出令人信服的结论。约略的估算，在多年的争论中，金渝林观点的胜率当在八成以上。他十足的学者，不谙长袖。在我们这个小圈圈里，比年龄，我居长，论资历，"出道"比他早。可争论起问题来，他"目中无人"，既不看僧面，也不看佛面。常常硬生生地否定，有时咄咄逼人、直接了当地追问："刘老师，你懂了吗？"如遇面薄者，委实让人受"伤害"。若死撑面子，如钱钟书笔下的"只要面子不要脸"，坚持谬误，这朋友是交不下去的。反之，如若尚知羞耻，丢掉面子，你就能不断地在争论中看到自己的局限，认识自己这么多的不足、短板、不经。更重要的是，人如果意识到，因其无知、短见，又挟为师从教的"权力"，曾经把多少谬见散布给年轻的学子们，便会为此汗颜！因此，若有机会放弃谬误，那种发自内心的愉悦，比之平白获得一个新知，无论如何都更令人"窃喜"，令人兴奋。无论古代，还是近现代科学的先哲，哪一个不是在相互质疑、批评、攻击中，去追求真知的……他这种为学的清新之风，求真之风。难免会得罪人，有一次我在中央财经大学讲座，讲罢答问，有个纸条别有意味，大意是：知道你和金渝林交好，为何近几年学术会议不见其踪，是否学界排斥他？据您所知，他不寂寞吗？我笑答：人生苦短，要有取舍。忙于活动，穿梭于常人之侧，宣示存在，还是闭门读书，访问亚里士多德，对话康德，批评波普尔，享受思想盛宴，那是金老师的选择。但据我所知，在孤独中与人类最聪明的大脑交流，其中的得失，如"锥处囊中，其末立见"。因此，应当懂得，孤独其实是一种境界，一种选择。孤独不同于寂寞。金老师不大可能感到寂寞。何况，真的学者，是寂寞不死的。

说起寂寞，学者邓正来也有类似见解。他曾为自己确定了一个"三不"原则，即不出国进行学术访问和参加国际学术活动；不参加国内学术界的活动和进行公开演讲；不接受出版机构和媒体机构发出的"命题作文"式的约稿。并将其命名为"学术闭关"。这也是他的选择，他以"寂寞的欢愉"心态享受这种学术方式。

平心而论，金渝林的《理论概念研究》所达到的思想境界和学术水平，非我辈能望其项背。他学贯中西，汇通文理。究其缘由，既有天分，更源自他非凡的努力。他的刻苦程度和忘我的境界，非常人所能企及和理解。金渝林生命的绝大部分时间不是在读书、做笔记，就是在思考和写作。他的学术生涯，向人们展示了一个学者向巨人的肩膀攀登的过程。

理性闪耀的世界精神，具有不朽的价值。人云理性是上帝与人间的桥梁，它超越时空，没有国界，不问西东。理性亲爱生命，不分肤色，不论种族。毫无疑问，自人类有了思想成果，创造了知识以来，春秋诸子或是古希腊先哲的科学、哲学成果，无论自然法则，还是思维逻辑，作为人类思想的高峰，都有这样的品性。尤其是文艺复兴运动以来，和最高的道德是仁爱一样，对世界影响最广泛、最长远和最为后世推崇的莫过于科学与哲学。"柏拉图就直接把有理性思考的精神，当成天国的制品，一个有理性的人，他的思考就是神性的"❶。科学、哲学产生于少数知识界的精英，却是全人类共有共享的财富。但是，理性又是看"面相"、讲"风水"的。对科学、哲学的态度是衡量现代国家的标准之一。真理不居乱邦。实践证明，对于任何国家而言，它只有出于为人民的福祉，去构建理智畅行的社会与和顺宜居的家园，真理才会如约而至，从一个国家传播到另一个国家，从一个民族扩散到另一个民族。无论何地，理性居之，它就是人类理想的温柔富贵之乡。

为本书作序，我虽智穷谋尽，仍力不从心。这让我想起了一个哲学界的故事。20世纪20年代，初出茅庐就一飞惊天的奥地利哲学家维特根斯坦为了出版他的成名作《逻辑哲学论》，曾请老师罗素为之作序，罗素欣然为之，写了万字长文。事过8年，维特根斯坦回到剑桥大学，剑桥大学破例允许他

---

❶ ［古希腊］欧几里得. 几何原本［M］. 北京：人民日报出版社，2005：1.

用这本已经出版过的三万字的小册子作为学位论文求取博士学位，并选定罗素和另一位著名哲学家摩尔为答辩委员。答辩会上，二人对论文予以高度评价。但答辩甫一结束，维特根斯坦就走上前来，对恩师和摩尔说，尽管你们对文章给了很高的评价，但我知道，你们永远读不懂它。金渝林这部四十多万字的著作，是一位学富五车，且哲学素养深厚的大脑经过孜孜不倦努力创作的煌煌巨著，其间既充斥着从现代哲学到当代哲学经典著作挥洒自如的旁征博引，又凝练着入木三分的深刻挖掘和刀刀见血的本质揭示，更有作者倾力搭建的严密思想体系。因此，这是一部探求理性的存在方式和人类思维秩序之作。要一个欠缺系统哲学训练和理论素养的人为之作序，无异于要我关公门前耍大刀。

刘春田

2022 年 9 月 16 日

目　　录

第一章　理论概念的界定

　　"理论"是一个非常模糊的语词，它的使用也非常随意，不同的人可以根据需要给予它不同的解释，甚至不作任何解释，直接把它当作自明的词义，因此造成了人们对这个语词在理解、使用和交流上的不确定性。"概念永远限于理解，而当概念模糊时，理解也就不确定了；在没有概念的时候，必然也就没有理解。"❶因此，我们尝试着对这个语词进行解释和界定，使之标示清晰的概念、具有确定的词义，以便于人们的理解和运用。

一、界定理论概念的必要性

　　界定理论概念之必要性的问题是考察它是否是真实存在的问题，也就是说，它不是虚构的问题。这样就涉及"理论"一词所标示的对象是否是可描述的、被描述的对象是否是确定不变的、是否是自明的、是否具有实在性或客观性等问题。

（一）"理论"一词的不确定性

　　"理论"是一个被广泛使用的语词。它的使用并不仅限于教师、专家、学者或具有一定文化程度的人，也包括受教育程度不

---

❶　［英］休谟. 人性论（上册）［M］. 关文运，译. 北京：商务印书馆，1996：188 – 189.

高的普通人群。在日常用语中，语词"理论"的词义的不确定性是可想而知的，因为在这一条件下，语词的词义是由语境和习惯所决定的。不同的语境和不同人群长期以来形成语言习惯的差异，即使同一个语词，不仅在不同语言环境下的人群中词义不同，就是在同一个语言环境下的人群中也会有所区别，甚至相去甚远。在我们接下来的讨论中，"理论"一词在日常用语中的词义及其变化不在我们讨论的范围内，因为它与我们讨论这个语词的目的无关。

尽管我们把语词"理论"的讨论限定在学术用语的范围内，但是它的词义仍然是不确定的。在一般的学术著作、演讲、讨论和教学中，"理论"一词通常是在不加任何界定和说明的情况下而被直接引入的，似乎它的词义是自明的，因此不需要进行解释。观点"理论的词义是自明的"似乎也为学界的许多人所认同，因为这个主张在有关"理论是什么"的讨论中时常为一些人所坚持。❶ 当然，也有一些学者，其中不乏著名学者，对"理论"一词作了描述和限定，在此我们仅介绍一些具有代表性的观点。例如，我国著名学者金岳霖先生认为"概念底结构所表示的就是理"❷。德国著名哲学家康德把"理论"解释为："如果实践的规律被设想为某种普遍性的原则，并且是从必然会影响到它们运用的大量条件之中抽象出来的，那么我们就把这种规律的总体本身称为理论。"❸ 德国学者莫里茨·石里克主张："理论性科学是由理论所组成——也就是说，是由命题系统所组成。当命题由于涉及相同的对象而彼此相关，或甚至当它们能相互演绎时，它们就构成了一个系统。""理论本身则主要由各种'命题'组成。"❹ 英国学者吉尔伯特·赖尔对理论的解释是："我还用'理论'这个词来包括任何一种系统的探索所得到的结果，不论这些结果是否构成一个演绎系统。"❺ 美国学者诺姆·乔姆斯基则认为："任何一种'理论'（尤其是普通语法理论）都可以理想地看成是一个概念集

❶ 在与学生、同事和一些学者讨论"理论是什么"的问题时，经常会以对方坚持"理论概念是自明的"观点结束争论。至于"理论"这个概念是否的确具有自明性，还是这一认识只是某些人毫无根据的臆断，则是需要甄别的。

❷ 金岳霖. 知识论 [M]. 北京：商务印书馆，1983：353. 在这里，"理"可以指"道理""理论""理性"等，如果这里所用的"概念"一词是单数名词，那么"理"应该指概念自身的结构，这个结构只是在种属关系上形成的，将其解释为"道理""理论"等说不通；如果把"概念"作为复数名词，那么"理"是指概念之间的结构，在这个假定下把"理"解释为"理论"更合理。这是在这里把"理"解释为"理论"的理由。

❸ ［德］康德. 历史理性批判文集 [M]. 何兆武，译. 北京：商务印书馆，1990：164.

❹ ［德］莫里茨·石里克. 自然哲学 [M]. 陈维杭，译. 北京：商务印书馆，1984：21，23.

❺ ［英］吉尔伯特·赖尔. 心的概念 [M]. 徐大建，译. 北京：商务印书馆，1992：322.

和用这些概念表述的定理集。"● 另一位英国著名学者波普尔把"理论"界定为假说或猜想。在他看来："科学家面对问题，试探地提出某种解答——也即理论。"● "一个大胆的推测也就是一个具有大量内容的理论。"● 因此，"一切理论都是假说，并且始终是假说：它们是和不容置疑的知识相对立的猜想。"●

　　通过分析以上列举的国内外一些著名学者对语词"理论"的解释和说明不难看出，在他们的解释和说明中，"理论"一词的词义是不同的。尽管如此，我们却不能盲目地作出判断，断定某个解释是恰当的，或者某个解释是不当的，因为每个人的解释都是根据需要而有目的地作出的。例如，金岳霖先生关于理论的解释是为了阐释理论、观念和知识之间的关系；● 康德的解释是为了区分理论与实践的不同；石里克的解释则是为了说明理论的结构；赖尔的目的是探讨理论的构建；乔姆斯基对理论的一般性描述是为了说明普通语法理论应有的理想模式和发展趋向；波普尔则是为了确立科学与非科学的分界，以及阐明科学知识增长的模式。如果我们在这些学者的论域之外否定他们对"理论"一词的界定，那么只能凸显我们自己的武断，除非我们能在同一论域中或者在更一般的意义上论证他们的解释不当。当然，我们对于理论之解释的列举不可能完全，但已经足以支持我们的论点：理论的词义是不确定的。虽然以上列举支持了我们的论点，但同时也给我们提出了新的问题：其一，如果理论一词的词义描述的是同一个对象，那么相对于同一对象的描述怎么可能存在如此之大的差别？其二，如果理论的词义是不确定的，那么它是否存在能够被普遍接受的词义？

（二）语词"理论"的自明性讨论

　　我们先从"理论"一词是否具有自明性展开讨论。如果理论是自明的，那么"如何界定理论概念"就是一个虚假问题，因此这是必须先澄清的。语词"理论"是标示一个对象的。对于标示对象的语词而言，如果它可以是自

● ［美］诺姆·乔姆斯基. 支配和约束论集：比萨学术演讲［M］. 周流溪，林书武，沈家煊，译. 赵世开，校. 北京：中国社会科学出版社，1993：12.

● ［英］卡尔·波普尔. 猜想与反驳：科学知识的增长［M］. 付季重，纪树立，周昌忠，等译. 上海：上海译文出版社，2001：447.

● ［英］卡尔·波普尔. 客观知识［M］. 舒炜光，卓如飞，周柏乔，等译. 上海：上海译文出版社，2001：86.

● ［英］卡尔·波普尔. 猜想与反驳：科学知识的增长［M］. 付季重，纪树立，周昌忠，等译. 上海：上海译文出版社，2001：146.

● 金岳霖. 知识论［M］. 北京：商务印书馆，1983.

明的，那么它的所谓"自明"应该是指，在同一语言环境下或者在同一个语言共同体，当人们听到或者看到这个语词时，不需要作任何解释就能理解其所指，而且不论是表述者（说者、书写者）还是接收者（听者、读者），也无关于语用条件，他们通过这个语词所表达和所理解的必定是一致的，否则岂非鸡同鸭讲，又何来的"自明"呢？因此，标示对象的语词是自明的，需要满足两个条件：其一，它的词义必须是唯一的。因为只有当一个语词的词义具有唯一性时，在同一语言环境下或者在同一语言共同体内的人对这个语词的理解才可能是相同的，在他们交流的过程中使用这个语词才不会产生误解或混乱。其二，它的词义不需要经过检验仅凭直觉就能够断定为真的。如果这个语词的词义不真，即它的描述不符合被描述的对象，那么不论这个描述是抽象还是具体的，都不可能是自明的；如果它的词义需要通过检验来判定真假，那么不论判断的结果如何，我们都需要对这个语词和它所标示的对象的关系进行解释、说明和论证，因此它不是自明的；只有当标示对象的语词的词义仅凭我们的直觉就能断定其真假时，它才可能是自明的。那么，满足上述两个条件的前提是什么呢？这是我们接下来要回答的问题。

满足上述自明性条件的前提之一是：这个语词标示的对象是可描述的。❶一个语词是自明的，那么它的词义必定是清晰、可以陈述的。对于一个标示对象的语词而言，它所标示的对象必定是可描述的，因为对其对象的描述就构成了这个语词的词义，如果它不能描述，也就不能满足清晰、可陈述的要求。因此，词义清晰、可描述是语词"明"的基本含义。任何一个对象，不论它是客观的还是主观的，都是可以描述的，除非我们并没有真正地认识这个对象。我们不能因自己没有把握对象就随意地认定它是"自明的"，本就不明又何来的自明？在这里我们混淆了"不能说"和"不需说"的区别。由于对于对象的不知，所以我们不能说；而由于对于对象知之甚明，因而我们才无须说。知之甚明而无须说称之为"自明"。因此，标示对象的语词自明之前提是它必定是可描述的。

满足上述自明性的前提之二是：语词所标示的对象必须是客观的。如果语词标示的对象是主观的，那么这个对象就会随着人的需要和意识而改变，而描述它的词义也将随之改变；此外，随着语用条件和语言环境的变化，标示主观对象的语词词义也会发生变化，即它的词义是不确定的。因此，如果语词所标示的对象是主观的，那么这个语词就不能满足自明所要求的其词义

---

❶ 在关于"理论是什么"的讨论中，主张"理论是自明的"的学者认为理论一词是不能陈述的，也就是说，只可意会而不可言传。这也成为他们支持自己主张的一个理由。

必须具有唯一性的条件。满足"语词所标示的对象是客观的"的条件，只是为这个语词的词义具有唯一性提供了可能性，而非必然性。因为我们是通过客观存在所呈现的现象来把握其性质以达到认识对象之目的的。就同一个客观存在而言，当人们认识它的目的不同，或者观察它的视角不同，或者观察它的条件不同时，都可能导致观察结果的不同，因此也就对这个客观存在的性质的认识不同，最终导致我们对这个客观对象的描述也不同。也就是说，标示这个对象的语词的词义不具有唯一性。如果一个语词所标示的对象是主观的，那么它也不能满足自明性的第二个条件，即"它的词义不需要经过检验仅凭直觉就能断定为真的"。如果语词标示的对象是主观的，那么这个语词和它所标示的对象的关系就不存在真假的问题，因此这个条件就已经失去了设定它的意义，当然也就谈不上满足还是不满足了。

满足上述自明性的前提之三是：语词所标示的对象必须是具体的。所谓具体的，就是指这个语词所标示的对象不是一类事物，而只是特定的、个别的事物。因为标示一类事物的语词都是抽象的，而越是抽象的语词，其词义也就越模糊、空泛、贫乏，只有通过解释和说明才能够明确它所包含之对象的质的规定性以及所涵盖的范围。由于每个解释、说明者都有着自己所处的特定的语言环境，以及长期以来养成的语言习惯，不同的人在解释和说明同一个抽象的语词时必然会产生差异，而理解的人也会由于同样的原因而在理解上出现偏差，从而导致语词的词义不具有唯一性。因此，我们也就回答了在前面提出的"如果理论一词的词义描述的是同一个对象，那么不同的人在不同语用条件下的描述怎么可能存在如此大的差别"的问题。对于抽象的语词而言，我们通常也不能仅凭直觉来判定其真假，而需要通过检验来确定之，所以它也不能满足语词自明性的第二个条件。如果语词特指一个具体、个别的事物，那么不仅它的词义具有唯一之可能，而且也存在不需要检验就能断定其所指真假之可能。因此，语词的自明性要求其标示的对象必须是具体的。

根据上面的讨论不难得出结论："理论"一词不是自明的。尽管"理论"一词标示的对象是可以描述的，也就是说，它能够满足前提条件"语词标示的对象是可描述的"，但是它的词义不具有唯一性，也不能仅凭直觉判定其真假，因为它不满足条件"语词所标示的对象必须是具体的"。在"理论"一词不确定性的讨论中，我们根据不同的语用条件有选择地列举了一些著名学者对"理论"一词的解释，这些解释的不同已经构成了对"理论"一词自明的否定，这样我们就从论述和列举两个方面否定了命题"理论是自明的"。

按照我们对标示对象的语词的自明性的要求，只有专有名词才有可能是自明的，例如"北京""珠穆朗玛峰""长江""黄河"等。即使专有名词的自明性也同样受到语言环境和语言习惯的约束，只有在处于同一语言环境下和有着相同的语言习惯的人群中，专有名词才可能是自明的。例如，在韩国，专有名词"独岛"是自明的；但是同一个对象在日本却以专有名词"竹岛"标示。由此可见，标示对象的语词的自明性是相对的。

（三）理论及其描述之对象的主观性

在之前讨论的"理论"一词的词义之不确定性和非自明性都会涉及语词"理论"所标示的对象的主观性问题。如果"理论"一词标示的对象是主观的，那么它是如何导致"理论"一词的词义之不确定的呢？当然，如果语词的词义不确定，那么它也就不可能是自明的。在这里需要明确的是，理论本身的主客观性和认识对象的主客观性是两个不同的问题，因为它们各自的所指不同，不能混为一谈。❶

理论描述的对象是指人对于认识对象及其约束和构成在人脑中的反映而形成的观念。由于观念是人对于对象的认识的反映，它只能存在于人脑中，是内在于人的存在，因此它必然是主观的，是随着人的认识的变化而不断变化的。既然观念是内在于人的存在，那么它不受空间约束（它不是在空间中的存在），只受时间约束（它是伴随着时间的延续而生成、变化的）。由于人的认识随着时间而不断变化，而时间又具有连续性，我们就必须用符号把观念区分开。"从心理方面看，思想离开了词的表达，只是一团没有定形的、模糊不清的浑然之物。……没有符号的帮助，我们就没法清楚地、坚实地区分两个观念。思想本身好像一团星云，其中没有必然划定的界限。"❷ 当用符

---

❶ 语词"理论"是作为符号使用的，它所标示的是我们正在讨论和意欲界定的对象，这个对象本身也是一个观念，它所反映的是人在概念集合的基础上构造的描述认识对象的概念体系；构造这个概念体系的基础，即"概念集合"，是指人对于对象认识所形成的观念集合，它是理论的构成要素之一。人不能够直接描述一个认识对象，而只能够描述认识对象在人脑中的反映形成的观念或观念集合，在观念和观念集合的基础上，才能够构造命题或命题集合，因此我们把认识对象在人脑中反映形成的观念或观念集合称作"理论描述的对象"。在接下来的讨论中，我们需要分清"理论标示的对象（理论概念的所指）"、"理论描述的对象"和"认识对象"（或简称"对象"）之间的区别。

❷ ［瑞士］费尔迪南·德·索绪尔. 普通语言学教程［M］. 岑麒祥，叶蜚声，高名凯，译. 北京：商务印书馆，1980：157.

号标记观念的时候，我们也就把连续的时间割裂成有着先后顺序的时间序列❶，观念和符号的结合以及它们的一一对应关系就形成了在这个时间序列上展开的由符号标记的观念序列。这样观念不再是无定形的、模糊不清的浑然之物，也不是不能区分的一团星云，它们是相对确定的、较为清晰的，人们对于认识对象的反映形成的相对独立的，对应于时间序列之不同期间的观念。正是由于观念序列对应于具有先后顺序的时间序列，我们才能够在人脑中对过去的观念进行记忆和重现，才能够对观念进行比较、产生联想和进行反思，以及对可能之对象提出猜想和假设，对将来可能发生的事件作出预测，也才能够无中生有地产生幻想和虚构。对于同一个认识对象，人的认识可以从不同的视角、不同的层次，从细节到部分再到整体，逐一进行，这样就形成了对同一个认识对象在认识上的不同，这种不同不仅包括在整体上的观念之不同，也包括在一个整体观念下相互关联的反映对象之整体、部分和细节的，不同抽象程度上的观念之不同。在一个整体观念下的各个抽象程度不同的观念形成了相互关联的观念的集合，这个观念集合不是必然地按照时间序列的顺序相继展开的，而是分布在互不衔接的时间间隔中，但是它们却由于涉及相同的认识对象而具有内在的关联性。

一般而言，观念的形成通常由低向高递进发展，最后形成整体观念。因为越是整体的或抽象程度高的观念，就越模糊、笼统、不确定，越难以把握；越是细节或抽象程度低的观念，越清晰、具体、确定，越易于把握。这样也就决定了人的思维过程从具体到抽象、从特殊到一般、从部分到整体、从肤浅到深刻的递进发展过程。任何对象在人脑中形成的观念，只是借助符号按

---

❶　这里的时间序列不是指用符号把时间划分成连续、相等或不相等的时间间隔而形成的连续序列。在这个时间序列中，标示时间间隔的符号对应着一个反映特定对象的相对独立的观念，每个符号都与在一个具体时间间隔内人们对于对象认识形成的观念之间存在一一对应关系。仅就时间而言，人的思维活动在时间上是连续的、单向度的；但在同时考虑时间和对象的情况下，人的思维活动呈现出不连续和跳跃（非线性）的性质，它不时地从一个对象转到另一个对象，从一个问题转到另一个问题（包括从同一个对象的一个方面转到另一个方面），而每一次连续思考一个对象或问题所用的时间不同，也没有规律可循，任何一个外部或内部的因素或影响都可以导致一个连续的思维过程中断，因此在这个时间序列中的每个时间间隔的长短不一，也不能人为地确定，只能取决于连续思考一个对象所占用的时间。反映同一个认识对象形成的观念可以分布在这个时间序列的两个或多个不连续的时间间隔内，这是由人对同一对象的思维活动在时间上的不连续性所决定的，然而同一对象在不同时间形成的观念之间因人的记忆能力而具有内在的关联性。我们在这里引入时间序列的目的是要说明，观念是受时间约束的，而人对于对象的认识和思考过程在时间上是不连续的、跳跃的，在认识和思考的内容和视角上也会不同，因此才能就一个对象的整体、部分、细节、结构分别形成相应的观念，而这些观念在观念序列中的排列不具有连贯性，但存在内在的关联性。如果不引入时间序列概念，我们就难以建立起这个观念，但时间序列本身却不是我们关注和讨论的对象。

时间顺序展开的序列，没有组织和结构，只有关联与不关联。因为观念是不受空间约束的，因此在不同期间形成的观念之间就不存在组织和结构，这是只有存在于空间中的对象才具有的性质。空间中的对象具有组织和结构的性质，是由空间的多维度和延展性所决定的，是任何一个存在于空间中的对象都不可或缺的性质。由于时间只有一个维度，即所谓单向度，仅受时间约束的对象，或者说在时间上的对象，只有先后顺序和关联与不关联，没有组织和结构，这是仅受时间约束之对象的特征。正是由于在人脑中的观念序列仅存在于时间上而不存在于空间中，观念之间才可以相互结合形成关联。时间的单向度和观念的关联性以及符号的标记作用，使得人们可以从时间序列的当前位置向前回溯到某个位置，使得在之前位置上的由符号标记的观念在当前的位置上重现，使得时间序列之不同位置上的观念相互比较、产生联想和反思重构等思维活动成为可能，也可以使得我们根据时间序列之当前位置的观念预期或猜测在之后的某个期间上可能发生的事件；通过观念的关联也可以形成新的观念，或者使得一个观念影响或作用于另一个观念或观念集合。在上述讨论中，观念之间的关联性只是我们的假设，那么它们是否真实存在呢？这个问题需要从人类对具体对象之认识和思考过程的阶段性、不连续性和可延续性来回答。

尽管人的思维过程在时间上是连续的，但是人对任何一个具体对象的认识和思考过程却是不连续的、跳跃的。例如，在 $[t_0, t_1]$ 时间段，我们思考对象 Q_1，形成相应的观念 I_1；但在 $[t_{l+\alpha}, t_m]$（其中，α 是一个无穷小量，$l+\alpha<m$）时间段，我们转而思考与 Q_1 毫无关系的对象 Q_2，形成与之相应的观念 I_2；然而，在 $[t_{m+\alpha}, t_n]$（其中，$m+\alpha<n$）的时间段，我们再次思考对象 Q_1，形成相应的观念 I_3。那么尽管 I_1 和 I_3 是不同的观念，I_1 和 I_3 都是反映对象 Q_1 形成的观念，因此它们之间具有内在的关联性。在思考对象 Q_1 的过程中，I_1 和 I_3 的内在关联性使得我们对 Q_1 的认识和思考所形成的观念，在心理上如同排列在一个完整的时间序列上。[1] 需要说明的是，这个举例只是说

---

❶ 所谓"反映同一对象的观念在心理上如同排列在一个完整的时间序列上"，是指在我们的意识中排除了所有与这个对象无关的观念，只剩下与这个对象相关的观念。这些观念在一个时间序列中按照先后顺序排列，直到最后形成的观念或者我们当下正在思考的前一个时间间隔已经形成的观念为止，由此构成了在一个完整时间序列上反映同一对象形成的观念的有序分布。我们也可以把短语"反映同一对象的观念在心理上如同排列在一个完整的时间序列上"理解为：可以把标示反映同一对象的所有观念的符号按照时间约束的先后顺序排列在一起，而与标示这一对象无关的观念的符号均不在考虑的范围内，这样我们就在心理上得到了一个只与反映这个对象之观念相关的符号序列，它是排列在一个完整的时间序列上的，而每个符号都对应着一个观念，因此也就得到了一个仅与这个对象相关的观念序列。

明具有内在关联性的观念之间，在心理上是可以相互关联形成一个完整、连贯的观念序列的，这个观念序列中的所有构成元素（例如 $\{I_1, I_3\}$）都是反映同一个对象的（例如 Q_1）。也就是说，作为反映 Q_1 所形成的观念 I_1 和 I_3，都是指向对象 Q_1 的。如果我们把在心理上反映同一对象的、排列在一个完整的时间序列上的所有观念做成一个集合，那么就构成了一个观念集合。如果这个集合的所有构成元素（观念）依然受时间序列的约束，也就是说，它们依然被作为按照时间序列的先后顺序排列的观念序列，那么这个集合是一个有序但是没有结构的集合，这个集合被我们称作"观念序列"；如果这个集合的构造不考虑时间约束，那么这个集合中的元素与时间序列没有对应关系，因此这个集合是无序也没有结构的集合，我们把这个集合称作"观念集合"。虽然观念集合中的元素不再受时间约束，但是它们之间仍然保留着内在的关联性，这种关联性使得这些元素具有了表述同一个对象的性质，因此根据集合的概括原理才能够构造出观念集合。需要注意的是，观念之间的结合并不取决于观念的内在关联性，也不取决于对象之间是否存在关系，而是取决于人的主观意识。因此，不仅在一个观念集合中的观念之间可以相互结合，即便是不同观念集合中的观念，也可以根据人的需要而使之结合，例如，中华文化中的图腾"龙"就是不同观念集合中的观念按照人的主观意识结合后形成的观念❶；同理，在一个观念集合中，虽然构成这个集合的元素之间具有内在关联性，但是人们也可以根据需要而不使之相互结合。在人的思维过程中，观念的内在关联性使得处于不同时间位置上的观念可以相互比较，因为观念之间是具有可比性的；此外，这些观念还可以结合并在当前的时间位置上形成比被结合之观念更抽象的观念。一般而言，抽象程度越高的观念与其他观念结合的自由度越高，确定性则越低；反之，抽象程度越低的观念，与其他观念结合的自由度也越低，确定性则越高。因此，理论描述的对象是主观的、不确定的、受与之关联和结合的其他观念影响的，即理论描述的对象是对一个对象的整体及其构成和相关约束所形成的具有内在关联性的观念集合的描述。❷ 因此，理论与它描述的观念集合所反映的认识对象密切相关，其特殊性也是由这个对象决定的。显然，语词"理论"所标示的对象同样是

---

❶　图腾"龙"是由多种动物的特点组合而成的，每个动物的选择都有着特别的意义和象征，包括蛇头、鹿角、蛇颈、龟眼、鱼鳞、虎掌、鹰爪、牛耳。这些意义和象征本身也是不同观念的结合。例如，"蛇头"象征"抗旱"，就是两个观念的结合。

❷　理论描述的观念集合与思维、认识活动形成的观念序列是有区别的，后者是受时间约束的，因此观念序列是有序的；理论描述的观念集合不同，它不考虑时间的约束，只是把每个观念都作为一个独立的元素来对待，因此构成这个集合的元素（观念）是无序的，这个集合是一个无序集合。

一个观念。

　　根据上述讨论，我们似乎可以得出这样的结论：反映对象的观念集合及其元素是不能描述的，因为它们不仅是主观的、不确定的，而且是随时间变化不定的。如果这个结论成立，那么语词"理论"所标示的对象根本就不可能存在。这个问题可以从以下几方面回答：首先，当我们用符号标示观念时，我们借助符号把连续的时间分割成时间序列，而在时间序列的任何一个确定的期间内，观念都是确定不变的；其次，对于任何一个具体的对象而言，观念序列的形成在时间上都具有不连续性和跳跃性，但是在任何一个确定的时间之前形成的观念序列却是确定不变的；再次，观念的关联性使我们可以在心理上把反映同一对象的观念排列在一个完整的时间序列上，当对于这个对象的认识活动结束后，它就形成了有关对象之全面的认识，以及从模糊到清晰、从抽象到具体的相互关联的观念，它所构成的观念集合必然包含反映对象的全部观念；最后，理论描述的是观念集合而不是观念序列，观念序列只有在我们讨论认识和思维活动时才有意义。尽管观念集合是根据观念序列上的观念构成的，但是它的元素已经不再受时间的约束，因此理论所要描述的观念集合是确定的、不随时间变化的。综上所述，反映对象的观念集合及其元素是确定的、可以描述的。我们把基于符号分割得到的时间序列中的每个时间段内所对应的、能够以言语表达的、相对独立的观念称作"概念"，而把以概念为构成元素的集合称作"概念集合"。概念赋予符号以确定的意义，从而使符号具有除了之前所描述的分割连续时间以区分观念之外的作用。显然，用符号来标示概念并不能够改变概念的主观性。

　　从上述讨论可知，语词"理论"所标示的对象是一个观念，这个观念反映了在概念集合的基础上人为构造起来的描述对象的概念体系。既然语词"理论"标示的对象是观念，那么不论符号的标示功能还是这个观念所反映的对象的性质，都不能改变这个观念自身所具有的主观性，因此，理论是主观的。

　　概念是存在于人脑中的，它不能脱离个人而在人群中传播，不能在代际间传承、发展，当然也不能作为人类知识而被积累。概念所赖以存续的个人一旦死亡，它也就随之消灭。然而，符号的第三个重要性质是它能够与物质媒介相结合，也就是说，它能够固定于物质媒介上。概念借助符号的标示作用和与物质媒介相结合的性质，在符号使物质媒介特定化的同时，概念也随之"具有了"外在于人的存在形式。但是，概念是否需要借助符号固定在物质媒介上是由人的意识决定的，不是必然会发生的。以文字符号和纸质媒介为例，我们可以把人的思想、观念借助文字符号固定在纸质媒介上，从而使我们的思想、观念"有了"外在于人的存在形式。但是，是否需要把人的思想、观念借助符号固定在纸张上，是由人的意志决定的，不是自然发生的过程。问题在于，人的思想、理论、观念借助文字固定在纸质媒介上是否就使之具有了实在性和客观性呢？对此波普尔给出了肯定的回答。他把世界划分为三个，物理世界为"世界1"，意识经验世界为"世界2"，书、图书馆、计算机存储器以及诸如此类事物的逻辑内容为"世界3"；❶ 而且他认为"世界3"具有实在性、客观性和自主性。❷ 在波普尔的三个世界的划分中，他并没有对"世界3"作出清晰、明确的界定（他也不可能对其作出明确的界定），但是在他的论述中却时常通过列举把问题、猜测、理论、论据、期刊、书籍、图书馆❸、计算机存储器并列为"世界3"中的构成，由此可见，波普尔混淆了思想、理论、观念、概念与符号以及物质媒介和场所等之间的相互关系。显然，在波普尔的列举中，期刊、书籍、图书馆和计算机存储器是具有实在性的，那么在这些期刊、书籍、计算机存储器中所包含的符号，以及符号所标示的思想、理论、概念等是否也具有实在性呢？如果它们也具有实在性，那么它们的实在性又是从何而来的呢？为了简单方便和便于理解，我们以白纸为例说明媒介、符号和思想、观念等之间的关系，讨论它们是否具有实在性、客观性等问题。假定我们取十张完全一样的白纸，那么这十张白纸的每一张都是具有实在性的，也都是客观存在的，即它们具有客观性。但是，由于这十张白纸完全一样，我们无法区分出其中的任何一张。现在我们用笔在其中一张白纸上随意地画上一道，这一道就是一个符号。这个符号使得这张白纸被特定化了，从而使得我们可以方便地从这十张白纸中区分出这张白纸来。显然，这个符号既没有增强也没有减弱作为媒介的白纸的实在性和客观性，只是在这张白纸上附加了区别性，而这个区别性不是白纸而是符号的性质；同样，这张白纸也没有增强或减弱符号的实在性和客观性，符号的实在性和客观性是其自身所具有的，不是作为媒介的白纸附加于其上的。到此为止，这个符号除了能够特定化媒介（白纸）以呈现自身的区别性外，没有其他意义和作用。如果我们把概念"一"赋予这个符号，那么这个符号

---

❶ ［英］卡尔·波普尔. 客观知识［M］. 舒炜光，卓如飞，周柏乔，等译. 上海：上海译文出版社，2001：78，114.

❷ ［英］卡尔·波普尔. 客观知识［M］. 舒炜光，卓如飞，周柏乔，等译. 上海：上海译文出版社，2001：123－128，166－168，169.

❸ 图书馆只是一个场所，把它与问题、猜测、理论、论据、期刊、书籍等并列作为同一个类的事物（所谓"世界3"）的构成，显得既不协调也不合理。

就不仅具有了特定化这张白纸的作用，同时它还标示着概念"一"。如果对这个符号的赋值为一个特定的人群所接受，那么这个群体中的任何人看到这个符号后都会在其头脑中形成"一"的观念。显然，不论是媒介（白纸）还是符号（用笔画的一道）都没有改变这个观念的主观性，也没有使这个观念呈现出实在性和客观性，不论是标记这个符号的人还是看到这个符号的人，观念"一"都在他们的头脑中，既不在媒介上也不在符号中，符号只是标示这个观念，而不是这个观念本身，它的作用只是刺激人的记忆功能，并在人脑中形成或再现"一"的观念。正是在这个意义上，我们说观念"具有了"外在于人的形式。也就是说，我们是在比喻的意义上，把标示概念的符号固定在物质媒介上的形式称作概念的外在形式，而概念本身却从未有过作为人的意识之外的、外在于人的存在形式。如果我们把这张特定化了的白纸置于不知道这一赋值的人群中，由于在这个人群中的人并没有约定这个符号标示着概念"一"，在这个人群中任何一个人的头脑中都不会出现观念"一"，这个符号依然只有特定化媒介使之具有区别于其他相同媒介的作用。由此可见，波普尔提出的命题"（存在）没有认识主体的认识论"❶是虚假的。他认为："存在没有认知主体的知识——例如，图书馆中储藏的那种知识，因此可以存在没有认知者认识增长的知识增长。"❷笔者的观点与之相反，图书馆中储藏的知识也只对认知主体而言才称之为知识，否则它们只是由于符号的区别作用而可以相互区别的物质媒介，只有对于那些知道这些符号所标示的观念或意义的认知主体而言，它们才是知识。这样也就否定了波普尔所谓"理论具有自主性"的主张。通过这个例子，我们说明了思想、理论、概念、猜测、问题等都是主观的，不论它们是否被符号所标示，也不论它们是否被固定在物质媒介上，都改变不了它们的主观性，也不会因为物质媒介和符号的实在性和客观性，而使它们呈现出实在性和客观性。根据以上讨论，笔者也就论证了波普尔提出的论点——"世界3是实在的、客观的和自主的"是不成立的。

通过以上讨论，我们已经明确了理论的主观性，那么是否存在所谓"主观理论"和"客观理论"的划分呢？既然作为主观理论和客观理论的上位概念的理论是具有主观性的，那么由它划分所得出的下位概念也必定是具有主

---

❶ ［英］卡尔·波普尔. 客观知识［M］. 舒炜光，卓如飞，周柏乔，等译. 上海：上海译文出版社，2001：114. 其中括号内的文字是本书作者添加的。

❷ ［英］卡尔·波普尔. 通过知识获得解放［M］. 范景中，李本正，译. 北京：中国美术学院出版社，1996：217.

观性的概念。因为在这个讨论中，"理论"概念已经构成了一个以主观性为特征的论域，所以所有包含在这个论域中的概念都具有这一属性。如果所谓"客观理论"是指具有客观性的理论，那么这个划分是不可能的，"客观理论"只是人们臆断出的概念。如果主观理论和客观理论本身都是主观的，即客观理论也是具有主观性的，只是根据理论描述的观念所反映的认识对象的主观性或客观性来区分主观理论和客观理论，那么这样区分出的主观理论和客观理论不仅在逻辑上不合理，而且也没有意义，反而易于引起误解。因为不论对象是客观的还是主观的，经过人的认识最终都会成为反映在人脑中的观念，都是主观的；在人的认识过程中，对象的主观性或客观性不会直接传递给人的观念，成为观念的性质；而理论是建立在人对于对象的认识所形成的相互关联之概念集合上的观念，而不是直接对认识对象的描述，因此理论的对象必定是主观的，以对象的客观性来界定客观理论没有根据。产生这个问题的根源在于，混淆了认识对象、理论描述的对象和理论的对象三者之间的关系和区别，因此才出现了把认识对象的主客观性作为理论对象的主客观性来划分主观理论和客观理论的问题。

根据以上讨论我们可以得出这样的结论："理论"一词的词义是不确定的，人们可以根据特定的语言环境和语用条件来界定什么是理论，以满足自己的需要。理论描述的对象是人对于认识对象的反映形成的概念（观念）或概念（观念）集合，是主观的、抽象的，因此语词"理论"不是自明的。理论自身也是主观的，它只有在比喻意义上的外在形式，除此之外，它不具有实在性、客观性和自主性。因此，在我们讨论"理论"概念时，对这个概念的界定是必要的，否则就没有了确定的讨论对象。

二、现有理论概念之适用性分析

这里所谓适用性分析，是指考察笔者选择、列举的理论概念是否满足论述的需要，以及是否与笔者的研究目的相契合。之前讨论了"界定理论概念之必要性"的问题，目的在于考察笔者提出的重新界定理论概念之问题是否是虚构的。在论证了这个问题是真实存在的之后，我们还需要探讨这个问题是否是有意义的。如果在现有的理论概念中已经存在足以满足我们讨论理论及其构成等相关问题所需要的概念，而且我们又提不出比之更恰当的概念，那么这个问题对于我们来说就是一个已经解决了的、没有意义的假问题。解决任何一个已经解决了的问题，而又得不出比之更好的答案，那么不仅提出这样的问题没有意义，而且解决这类问题的尝试也是没有意义的，因而是假的。

之前，为了阐释理论词义的不确定性，笔者列举了一些著名学者对理论概念的解释。任何列举都是有目的，在这里对理论概念的列举，其目的显然与之前的不同，因此需要重新选择、列举与笔者的目的相契合的概念作为接下来讨论的基础。此外，这里的理论概念之列举是不完全列举，它只要符合有代表性和能够满足讨论的需要的要求即可，因为对现在已有的理论概念的完全列举是不现实，也是不可能的。但是，不完全列举的问题在于，在列举中恰好遗漏了既符合笔者讨论目的又能满足需要的概念，而且我们对概念的界定又不能超越已有的概念，也就是说，我们在这里试图解决的问题是假的。显然，我们采用的不完全列举不能避免这种情况的发生，那么唯一可能之解决方法是：把这个问题交给读者，由他们列举出相应的概念，并作为论据论证笔者在这里提出的问题是假的。

（一）乔姆斯基的理论概念

我们先讨论乔姆斯基的理论概念，因为他的解释是针对一般理论的。乔姆斯基对理论的一般性解释是："任何一种理论（尤其是普通语法理论）都可以理想地看成是一个概念集和用这些概念表述的定理集。我们可以选定一组原始的基础概念（据此可以给其他概念下定义）以及一个公理系统（由此可以推导出各条定理）。"❶ 显然，乔姆斯基的理论概念只是对能够公理化的理论体系的界定，因此他的这个"理想"的理论概念之适用范围非常有限。也就是说，这个理论概念是不周延的，它不能适用于大多数理论。就目前而言，只有数学、逻辑学、形式语义学等个别学科能够采用公理化系统构建其理论体系，而多数学科在构建其理论体系时是无法满足公理系统所要求的条件的。借助公理系统人们可以构建出完备、相容和满足一致性的理论体系，但是构建这样的理论体系对公理集合有着严格的要求，构成它的元素必须是真实的、不需要证明的，甚至是不能质疑的。在经验学科中，在构建一个理论时我们所选择的构成公设的一组命题就难以满足公理要求的条件，因为这组命题所含的真假性并不由人的主观意志所决定，必须通过检验来证实，因此诸如自然科学、社会学、人文学科、心理学等学科中的理论构建均不具备公理化的条件，至少到目前为止它们尚不具备公理化的条件。有些学者试图

---

❶ ［美］诺姆·乔姆斯基. 支配和约束论集：比萨学术演讲［M］. 周流溪，林书武，沈家煊，译. 北京：中国社会科学出版社，1993：12.

弱化公理的条件，以便于把更多的理论体系纳入公理化系统，但是这类尝试往往以改变我们对公理的基本要求为代价，在不自觉中犯了偷换概念的错误。

以波普尔对公理的界定为例，他认为公理需要满足四个条件：其一，无矛盾性，即公理系统必须是没有矛盾的（包括自相矛盾和相互矛盾）；其二，独立性，即不准包含任何可以从其他公理中推演出来的公理；其三，充足性，即公理化理论中的所有命题都可以从公理系统中推导出来；其四，必要性，它不应包含多余的假定。❶ 波普尔提出的所谓公理需要满足的条件，是我们在构建任何一个理论体系时选择作为公设的一组命题都必须满足的条件，因此他通过这四个条件把"公理集合"偷换成了"公设"。任何一个理论，其构成公设的一组命题的选择如果不能满足这四个条件，就不能保证这个理论体系的完备性、相容性、一致性和没有冗余。然而，公设并不必然是由公理构成，首先，它不必然是真的（对于公理系统而言，其所包含的公理必须在逻辑意义上是绝对真的，也就是说，不需要证明也不能质疑。这样才能保证通过演绎所得到的公理化系统中的所有命题在逻辑意义上都是真的）；其次，选择构成公设的命题的合理性是需要论证的；最后，构成公设的一组命题及其选择都是可以质疑的。如果按照波普尔对公理的界定，所有的理论体系都是公理化的体系，那么我们还有必要讨论公理系统和公理化理论吗？正是由于乔姆斯基的一般理论概念仅适用于公理化理论体系，它是不周延的。然而，乔姆斯基的理论概念的启发是，他明确了理论是建立在概念集合之上的。

（二）石里克的理论概念

接下来我们讨论德国学者莫里茨·石里克对理论的解释。石里克认为，理论"是由命题系统组成的。当命题由于涉及相同的对象而彼此相关，或甚至当它们能相互演绎时，它们就构成了一个系统"❷。因此，"理论的结构包括（1）公理，（2）导出的命题，（3）定义"❸。在上述引文中，石里克回答了三个问题：其一，什么是理论；其二，什么是命题系统；其三，理论结构包括哪些构成要素。通过回答前两个问题，石里克对理论作出了解释。但是，在这个解释中，究竟什么是"命题系统"依然模糊不清，这就导致了他对理

---

❶ ［英］卡尔·波普尔. 科学发现的逻辑［M］. 查汝强，邱仁宗，万木春，译. 北京：中国美术学院出版社，2008；47 – 48. 与波普尔相比，石里克对公理的界定更为随意，只要一组命题能够满足系统中所有其他命题均可由其推导出来的条件，即可视为公理。参见：［德］莫里茨·石里克. 自然哲学［M］. 陈维杭，译. 北京：商务印书馆，1984；22 – 23.

❷ ［德］莫里茨·石里克. 自然哲学［M］. 陈维杭，译. 北京：商务印书馆，1984；21，23.

❸ ［德］莫里茨·石里克. 自然哲学［M］. 陈维杭，译. 北京：商务印书馆；1984；23.

论的界定不明确。按照石里克对命题系统的构造方法，或许可以增进我们对这个系统的理解。所谓命题系统，就是我们从一个命题集合中选择一组最普遍的命题，依据这些命题利用纯逻辑的演绎方法推导出其他命题；这组最普遍的命题则被称为"公理"，其选择是任意的，只是为了方便而已。❶ 显然，石里克明确了理论是一个命题的演绎系统，这个观点并无不当。但是，如果这个系统所谓"公理"的选择是任意的，除了方便没有任何条件限制，那么如何保证我们对理论的完备、相容、一致和没有冗余的要求呢？在石里克的命题系统中，除了所谓"公理"之外，其他命题都是通过纯逻辑的演绎方法推导出来的，而且不论是所谓"公理"还是由公理推导出来的命题，都是涉及相同对象的命题集合中的元素。如果考虑"公理"的选择只是为了方便而随意为之，那么作为"公理"的命题是属于经验学科中的命题还是非经验学科中的命题呢？如果作为"公理"的命题是经验学科中的命题，那么在只有一个命题集合的条件下，它们是如何被引入这个集合中来的呢？除此之外，所有通过观察、实验、应用等来自于经验的概念又是如何被引入这个命题系统中来的呢？我们不可能通过纯逻辑的推导在一个封闭的命题系统中获得这些概念，我们也不能从这个命题集合之外引入这个概念，毕竟只有一个命题集合，而且这个命题集合是唯一与所描述的对象相关的集合。因此，在经验学科中，我们不能在这个命题集合中根据"公理"推出所有命题。石里克认为："任何定律的构写总包括一个概括的过程，即所谓归纳。不存在逻辑上有效地从特殊到一般的演绎。对于一般，只能加以猜测而绝不能从逻辑上进行推论。这样，定律的普遍有效性或真实性，必然永远是假设性的。"❷ 根据石里克的论述可以推出，命题集合是先于命题系统存在的，否则就没有选择"一组最普遍命题"的可能，因为"最普遍的命题"是一个比较概念，只有在已知、确定的可数之构成元素的命题集合中才能选择出这样一组命题。按照石里克的观点，公理一定是描述对象之一般性的命题，它们是通过猜测得出的。那么，除了这些描述对象之一般性的命题外，那些描述对象之特殊性的命题是如何得到的呢？显然，石里克的意思是通过演绎获得的，因为这是

---

❶ ［德］莫里茨·石里克. 自然哲学［M］. 陈维杭，译. 北京：商务印书馆，1984：22 - 23.

❷ ［德］莫里茨·石里克. 自然哲学［M］. 陈维杭，译. 北京：商务印书馆，1984：21. 在这里，石里克混淆了理论构建和命题论证的区别，演绎是理论构建的方法，归纳法则是命题论证的方法，它们的运用范围不同。如果我们在命题论证中运用演绎法，就会出现引文中石里克所述的情况，因为演绎法毕竟是从一般到特殊、从抽象到具体的逻辑方法；如果我们在理论构造中使用归纳法，那么产生逻辑错误甚至矛盾和悖论都是可能的。在这段引文中，"定律的构写"是对定律的描述，它可以用命题的形式来表达，因此与归纳法的运用无关。

从一般到特殊的过程，而且这个过程是在命题系统构建中完成的。也就是说，在构建这个命题系统之前，我们只是通过猜测获得一些概念，而其他概念需要通过构建命题系统在演绎过程获得。那么，我们如何知道所选择的这组命题就一定是描述对象之一般性的命题呢？或许正是不能确定这一点，也不能确定所选择的这组命题是相互独立和必要的，石里克才把这组命题的选择规定为只是为了方便而任意选取的。由于这组命题在选择上的随意性，我们不能保证所选择的这组命题都是相互独立的，这样就有可能导致所构建的命题系统存在连通结构，影响整个系统结构的合理性。如果在选定了一组最普遍命题之后，在这个命题集合中仍然存在没有被选择的最普遍的命题，那么只要在这些未被选中的命题中有一个独立于所有被选中的命题，那么这个命题就不可能从选定的命题中推导出来。既然公理的选择是为了方便任意所为，那么这种情况的存在就是可能的。石里克不仅对理论的界定不能令人满意，对理论结构的说明也同样没有说服力。因为公理、导出的命题和定义都是命题，只是在抽象的程度上和在理论构建中的作用上有所区别。因此，所谓"理论的结构包括公理、导出的命题和定义"等同于说"理论的结构仅由命题构成"。换言之，关于理论的结构，石里克什么也没有说。最后需要说明的是，石里克界定的理论在适用范围上也是有限的，这与他讨论理论的目的直接相关。也就是说，他所关注的重点不是一般意义上的理论，而是自然科学理论。但是，即便如此，自然科学理论中构成公设的一组命题的选择也不是以方便为由的。建构任何一个理论，在构成公设的一组命题的选择都与所要解决的问题直接相关，选定的这组命题必须满足相应的条件。如果按照石里克把理论解释为在一个命题集合上构建的体系，那么这个理论概念或许可以适用于对非经验学科中的简单理论的描述，但是它不能用于对经验学科或者非经验学科中的复杂理论❶的描述。然而，在石里克关于理论概念的解释中，需要我们注意的是，他指出了涉及相同对象之命题的相关性和理论是一个演绎系统。

（三）波普尔的理论概念

波普尔认为，"一切理论都是假说，并且始终是假说"❷。的确，理论是基于对问题的解答所提出的假说或猜想。把理论界定为假说的合理之处在于：

---

❶ 这里指与分析理论相对应的综合理论。

❷ ［英］卡尔·波普尔. 猜想与反驳：科学知识的增长［M］. 付季重，纪树立，周昌忠，蒋弋为，译. 上海：上海译文出版社，2001：146.

首先，它把理论和理论的真假问题分别开来，毕竟不是所有的理论都是真的，这样接下来讨论理论的证实和证伪问题也就顺理成章了；其次，它把问题研究和理论构建区分开来，这是两个相互关联又彼此独立的问题，它们不仅对象不同、方法不同，问题解决的顺序也不同，理论的构建（提出假说）需以问题的尝试性解答（研究结果）为条件，但它们却经常被混为一谈；再次，由于理论是基于对问题的解答提出的假说，那么在理论构建时构成公设的一组命题的选择就不是任意的，就不是为了方便而随意作出的，它必须与所要解答的问题相关；继之，问题是我们对于认识对象的不知、不明才形成的，而具体对象的特殊性决定了理论的特殊性，构成了一个理论区别于其他理论的质的规定性，也确定了一个理论所涵盖的范围，这与理论的研究方法没有关系，因此我们试图通过研究方法、研究范围来区分不同的理论是不可取的；最后，把理论界定为解决问题的假说是周延的，因为任何理论都是人们为了解决问题而提出的假说，除非我们能够举出一个反例，它是理论但不是假说，只有这样我们才能够否定这个命题。

尽管波普尔的理论概念具有合理性，但是它不适用于笔者讨论理论的目的。这是因为波普尔界定理论概念是以划分科学和非科学、阐释知识增长模型以及提出判定理论真假之证实和证伪标准等为目的的，所以他不需要讨论理论自身的结构和相关的问题。不仅如此，波普尔对于理论建构不可或缺的概念，以及概念的定义等问题或者予以否定，或者持消极态度。他认为："人们绝不应对语词争论不休，绝不要纠缠于术语问题上。人们始终应该避免讨论概念。我们真正感兴趣的，我们的真正问题，是实在的问题，或者换句话说，理论及其真理性的问题。"❶ 显然，波普尔过分地强调了问题的重要性，而忽视了概念在理论构建中的重要性和不可或缺性。构建理论需要有真实的问题，需要有针对问题作出的尝试性解答提出的假说，但是不论是问题还是对其作出的尝试性解答，最终都需要通过概念来描述。如果没有概念，那么我们又如何能够表述问题和假说呢？波普尔并不否定语词在系统阐释理论上的重要性，但却对语词的意义和定义的特殊兴趣持否定态度。他认为："认识到词语是用来系统阐述理论的，对词语及其意义，尤其是对定义的任何特殊兴趣，会导致空泛的冗词赘语。"❷ 语词只是一个符号串，除了受到语

---

❶ ［英］卡尔·波普尔. 客观知识［M］. 舒炜光，卓如飞，周柏乔，等译. 上海：上海译文出版社，2001：321.

❷ ［英］卡尔·波普尔. 通过知识获得解放［M］. 范景中，李本正，译. 北京：中国美术学院出版社，1996：426.

言习惯的约束外，它的选择可以是任意的。当我们描述观念时，就需要赋予语词以确定的意义，因而需要对这个语词进行定义。任何一个系统阐释理论的人，为了清晰、准确地表述自己的观点，都不能不对语词的意义和定义特别在意。由于不知道波普尔所谓"特殊兴趣"所指为何，学界并没有引起多大的响应。即便他自己也不得不承认："我宣告定义的空泛已有三十年了，我反驳了若要准确就须界定我们的术语这种迷信。我尤其在社会和政治哲学的领域中试图反对这种迷信的影响，但是毫无效果。"❶ 由于笔者讨论理论的目的，在于阐释理论自身的结构和构成，分析其构成的各个要素，以及讨论理论的合理性要求和真假判定问题，波普尔的理论概念不能满足笔者讨论的需要。

（四）其他理论概念讨论

在《中国大百科全书·哲学》的"理论"词条下，理论概念被界定为"概括地反映现实的概念和原理的体系。……任何理论都是由概念和原理构成的，是概念和原理的系统"❷。对这个概念可以作如下分析：首先，如果理论是一个体系或者系统，那么它就一定是有组织和结构的，而其组织结构由两个要素构成，一个是概念，另一个是原理。问题在于，单纯由概念和原理能够形成一个体系吗？就原理而言，它是指具有普遍意义的基本规律或道理，是我们对事物及其变化的认识所形成的观念，因此也是概念。当然，不论概念还是原理，都可以用命题的形式来表述。由此可见，在这个理论的概念中，所谓"概念和原理的体系"，是在一个概念集合的基础上，"按照一定的逻辑进行必要的整理，使之条理化、系统化"❸形成的。但是，如果在一个体系中只有一种构成元素，那么它能够建立起一个体系吗？显然，答案是否定的。这就如同只有砖这一种建筑材料是不能建起房屋一样。在对一个概念集合中的元素按照一定的逻辑进行必要的整理、使之条理化、系统化的过程中，人们在从事一种创造活动，在这个活动中人们需要引入新的元素，使得原本相互独立、离散的概念通过选择、组织和安排结合成一个整体；就像建造房屋一样，只有砖是不够的，还需要使用沙石、水泥、钢筋、木料等建筑材料。

---

❶ ［英］卡尔·波普尔. 通过知识获得解放［M］. 范景中，李本正，译. 北京：中国美术学院出版社，1996：426.

❷ 中国大百科全书编辑委员会. 中国大百科全书·哲学［M］. 北京：中国大百科全书出版社，2000：465b.

❸ 中国大百科全书编辑委员会. 中国大百科全书·哲学［M］. 北京：中国大百科全书出版社，2000：465b.

如果一个概念集合，在经过整理、条理化、系统化之后仍然是一个概念集合，那么所谓整理、条理化和系统化只是空洞的说辞，没有任何实际的意义，也不会创造出一个只有单一种类元素构成的体系。其次，这个概念混淆了理论和知识的区别。理论是针对真实性的问题所提出的尝试性的解答，它具有假设或猜想的性质，至于这个解答是否与现实相符，这是需要通过检验来证实的。❶ 如果说经过检验证实为（体现了）真的理论是概括地反映现实的，那么这个陈述是可以有条件接受的，因为任何一个理论被证实都是相对的、有条件的，因此只有在检验的限定条件下（体现了）真的理论才能反映现实。知识与理论不同，它包括反映现实的"真"的命题，但不限于此，它也包括被证实为（体现了）"真"的理论、原理、常识，以及不反映现实但对人类的生存和社会的发展有益的命题，诸如价值观念、道德伦理等等。❷ 因此，知识不是一个完整的体系，至少目前它不是一个完整的体系，但理论一定是一个完整的体系。最后，在这个概念中，把"反映现实的"作为理论的特征，限制了这个概念的适用范围，因为这是一个非常强的约束。如果理论必须反映现实，那么哲学、数学、逻辑学、宗教学等学科的理论都不能满足这个限制条件。以数学为例，我们可以构想 n 维空间，在拓扑学中可以想象把整个世界装进一个人的胃里，但是在现实中这些都是不可能的。那么是否由于这些假说不反映现实就不是理论呢？即便在自然科学中，这个概念的可适用范围也是非常有限的，因为在"反映现实"的限制下，它也不能涵盖所有自然科学理论。以宇宙起源的大爆炸学说为例，我们能够肯定它就是对现实的反映吗？尽管大爆炸学说解释了一些以前不能解释的物理现象，但是时至今日人们依然不能确定宇宙的真正成因，依然有着更多的不能解释的现象和有待回答的难题，依然在不断探索着宇宙的起源和成因，大爆炸学说依然只是目前为多数人认同的宇宙形成的假说之一。显然，这个概念不适用于关于学术问题的讨论。

三、关于理论概念之界定的思考

在以上讨论中，笔者为重新界定理论概念以满足讨论之需要提出了必要而又充分的理由。接下来我们需要回答理论是什么的问题，并讨论理论之所

❶ 参见前引之波普尔著作的相关内容。
❷ 由于在这里概念"真"的含义尚未界定，它的使用是否恰当也不能确定，在这里使用了引号，或者以"（体现了）"作为限定，待进一步讨论后读者可以对其使用之恰当性自行判断。

以是理论的质的规定性的问题。在上面的讨论中，尽管所列举的理论概念不能满足笔者讨论的需要，但其中不乏值得借鉴的内容，这也是笔者选择列举这些理论概念的考虑。

（一）概念集合

理论是构建在概念集合上的，这个观点在之前列举的理论概念中都有所体现。在这些列举中，乔姆斯基的表述最为清晰。在他看来，任何一种理论都应该是一个概念集和用这些概念表述的定理集。在《中国大百科全书·哲学》的"理论"词条下，把理论解释为概念和原理的体系，因此它至少包含理论需要以概念集合作为其基本构成要素之一的观点，因为如果没有概念集合，那么就不可能构造出一个概念和原理的体系。石里克把理论解释为命题系统，这个解释似乎与概念集合没有关系。但是，命题系统是构建在命题集合之上的，命题集合中的元素又是描述概念的，因此石里克的解释中依然暗含着理论构建于概念集合之上的观点。尽管波普尔对过度关注语词及其定义持否定态度，但是他也承认语词是用来系统阐述理论的。既然语词是用来标记概念的，那么他也就承认了概念集合对于理论之构造的不可或缺性。考虑到概念集合在理论构建中的重要性，我们有必要给予其更多的关注。

由于概念是能够用言语表达的独立的观念，而观念又是人对于客观世界认识的反映，那么人是否能够认识客观世界呢？这看似一个非常幼稚的问题，然而在之前并没有得到解决。虽然索绪尔把没有经过符号分割开的思想看作"一团没有定形的、模糊不清的浑然之物"，那么人是否能够把客观对象转化为未经符号分割的思想呢？根据古希腊的哲学家赫拉克利特表达流变思想的名言"人不能两次踏入同一条河"可知，客观事物每时每刻都是在变化着的，那么人又是如何可能在瞬息万变的外在事物中捕捉到相对静止的信息，并形成思想、观念呢？首先，任何在渐变的过程中客观存在的对象（原象）反映在人脑中形成的象都满足连续性原理。"如果我们注意任何一种直接给与我们的存在或事情，那我们就容易明白我们在其中任何地方都找不到截然的和绝对的界限，而是到处发现渐进的转化。这一点是与任何所与现实的直观性有联系的。自然界中没有任何飞跃。一切都在流动着。这是一个古老的原理，而且事实上这个原理适用于物理的存在及其特性，也正如适用于心理的存在一样，因而也适用于我们直接认识的一切真实的存在。每一个占有一定空间和一定时间的形成物，都具有这种连续性。我们可以简要地把这一点称为关于一切现实之物的连续性原理。"❶ 既然对象在渐变过程中满足连续性原理，那么在一个足够小的时间间隔 Δt 内，对象的变化在我们的观察中就是觉察不到的，因此可以得出结论：在一个足够小的时间间隔 Δt 内，在人的认识中对象是不变的，并把这个结论称作客观对象相对于人的认识的"不变性原理"。我们可以用符号系统来描述这个原理。假设对象在 t 时在人的认识中反映状态 f，而且对象的状态 f 是随着时间 t 变化的，或者说，对象的状态在人的头脑中形成的象 f 是时间 t 的函数，记作 $f(t)$；又设 Δt 是一个足够小的时间，根据上述两个原理就得出：$f(t) = f(t + \Delta t)$。根据不变性原理，在时间 t 和时间 $t + \Delta t$ 对象的状态呈现在我们头脑中形成的象 f 是相同的。但是，按照以上的论点，似乎在任何两个不同的时间对于同一个认识对象的反映所得到的观念应该都是相同的，那么为什么在之前讨论的观念 I_1 和 I_2 只具有内在关联性而非彼此相同呢？根据这个原理，我们所得到的所有观念组成的序列都应该是相同的，那么构成这样的观念序列还有意义吗？这里就涉及了人类对于客观世界之认识所遵循的另一个基本原理，即"异质性原理"。所谓"异质性原理"是指："在每个事物和现象的内部，每个很小的部分又是与任何一个不论在空间和时间方面离得多么近或者离得多么远的部分不同的。因此，正如人们所说的，每个现实之物都表现出一种特殊的、特有的、个别的特征。至少任何人都不能够说，它在现实中曾经看到某种绝对同质的东西。一切都是互不相同的。我们可以把这一点表述为关于一切现实之物的异质性原理。""显然，这个原理也适用于每个现实之物所表现出的那种渐进的、连续的转化，正是这一点对于现实的可理解性问题十分重要。不论我们往哪里看，我们都发现一种连续的差异性。"❷ 我们可以把这个原理称作"差异性原理"。根据这个原理，存在一个足够大的时间间隔 $[t_1, t_2]$，在这个时间间隔内，事物的连续变化使得每个在足够小的时间间隔 Δt 内不可觉察的细微变化，经过一个足够长的时间的累积效应，最终成为可觉察的差异变化，即 $f(t_1) \neq f(t_2)$。因此，之前讨论的观念 I_1 和 I_2 只有内在之关联性而非彼此之相同。如果现实之物只有连续性而无差异性，那么相对于时间而言，我们关于对象所形成的观念相对于时间则是一个常量，或者说在任何一个时刻它（形成的观念）都是完全相同的，这对于一个时间可逆系统来说，在一个非常小的观察时间间隔是成立的，这就是我们在一个较短的时间间隔中不会感觉到我们周围的一些事物变化的原因；但是在一个较长的时间间隔内，这

---

❶❷ ［德］H. 李凯尔特. 文化科学和自然科学［M］. 涂纪亮，译. 北京：商务印书馆，1986：31.

种变化就会显现出来，任何一种语言的语词在语义上的断层❶就是很好的例子。如果否定存在连续性原理，那么任何一个事物都在生成的同时消灭，然后再生成，因而在时间上不连续，这同样不可能，也与我们的观察和认识不符。这两个原理既是我们认识的非理性形成的根源（不论是只强调连续性还是差异性，都会导致非理性的形成，或者不能把模糊直觉转化为观念，或者不能分辨观念之间的区别），又是我们认识理性化的基础（可以把直觉或模糊的思想离散化形成彼此独立的观念，再通过一定的方式把离散后的观念固定，使得它们——离散后形成的、具有差异性的观念——之间具有可比性），这是我们认识客观世界的条件，也是形成相应之观念的前提。在之上引入了对于现实之物认识的"连续性原理"和"差异性原理"的同时，也引入了用数学语言表达的"微分"和"积分"思想。从"微分"思想来观察事物之变化就形成了观念：在任何一个足够小的时间间隔 Δt 内，现实之物在时间 $t + \Delta t$ 相对于时间 t 是没有变化的，因而它呈现出了所谓"连续性"特征，否则任何一个事物都是在瞬间发生又瞬间消灭的，人们对于任何事物的认识也就不可能了；事物变化的差异性是从"积分"思想的视角来观察事物变化所形成的观念的。尽管在一个足够小的时间间隔内，事物呈现的现象是保持不变的，但是在一个足够长的时间间隔内，事物呈现的现象却是变化的，或者说，在一个足够小的时间间隔 Δt 内，事物的微小变化是我们观察不到的，但是当这个变化在从 t_1 到 t_2 的发展过程中，在无穷多个足够小的时间间隔 Δt 积累（积分）而形成的一个足够大的时间间隔中，在时间 t_1 事物呈现出的状态与在时间 t_2 呈现的状态相比较，就显示出明显的差异，这就是"差异性原理"的根据。在这里，足够小的时间间隔 Δt（微分中选择的无穷小量）和足够大的时间间隔 $[t_1, t_2]$ 都是由研究对象决定的；它们可以是衡量天体变化的宇观时间，也可以是地球变化的地质时间，还可以是反映人类生存环境和社会状态变化的宏观时间，以及在微观世界中计时的微观时间。需要强调的是，在这里所讨论的是对象在渐变过程中所遵循的原理，它并不适用于处于突变中的对象。在之前的讨论中，我们假定了人对于对象的认识和思考过程具有阶段性、不连续性和可延续性，目的在于解释在一个连续的时间段 $[t_0, t_n]$ 里，不论认识对象其间发生过多少次变换（从 Q_1 到 Q_n），对于对象 Q_c（c 是

---

❶ 所谓"语义（词义）断层"，是指在一个语言系统中，一个语句（词）在经过较长时间的演变后，与其最初的语义（词义）有着明显区别甚至完全不同的语言现象。

一个常量)❶ 在不连续的期间 T_j（$j=1,2,\cdots,k$）认识所形成的观念 I_j（I_j 分别对应于不连续的期间 T_j）而言，由于它们反映同一个对象而具有内在的关联性，可以在心理上把不连续的期间 T_j 按时间顺序首尾相接构成一个连续的时间序列，观念 I_j 则是在这个连续的时间序列上展开的观念序列。但是，上述假说只有在客观对象处于平衡态时才可能成立。当对象处于平衡态时，尽管它仍然随着时空的变化而变化，但由于它所处的状态被看作在时间上是可逆的，或者说，被看作在不变的空间上可以追溯过往和预期未来，它可以被看作在时空上处于线性变化的状态。在进入非平衡态后，对象所处的稳定状态被破坏，它在连续性和差异性原理下呈现出来的性质和发展趋势已不复存在，其发展进入非线性过程。在对象处于非平衡态时，它的发展过程在时间上是不可逆的，也是不可预测的。尽管如此，我们依然可以在对象发展的不同阶段中找到其内在的联系。因此，以内在的关联性描述观念 I_j（$j=1$，$2，\cdots，k$）之间的关系，不仅描述了对象在渐变过程中，也描述了它在突变过程中不同时间在人脑中形成的观念之间的联系。

通过连续性原理和差异性原理，我们解释了人为什么可以认识连续变化的客观世界，以及在不连续的期间形成反映同一客观对象的观念的问题（或者说，可以把 I_j 的 k 个观念结合形成一个抽象观念 I，也可以把一个抽象概念 I 分解成 k 个彼此独立但内在关联的观念）。但是，在一个单独的概念上是不可能构建起一个理论的。单独的概念可以构造出一个命题，但是不能构成一个理论，因为单独的一个概念不存在概念之间的组织和结构问题，也就不可能在之上构建理论。也就是说，人对于对象的认识并不一定就能够创造出一个理论，构造理论必须满足的条件是，人对于对象的认识至少能够形成一个概念集合。问题在于，在人对于对象的认识过程中需要满足哪些条件才有可能构造一个概念集合呢？在有关理论的主观性的讨论中，我们通过符号把思维结果转变为相对确定、清晰、可以区分的观念，这使得人脑充分发挥记忆、重现的功能成为可能，但是这并不能够直接推出人对于同一对象的认识结果可以构成一个概念集合的结论，因为它们并不是形成一个概念集合的条件。通过对于对象的认识构造概念集合的可能性和需要满足的条件可以总结如下：

其一，人对于同一对象的思维过程在时间维度上是不连续的，尽管人的

---

❶ 尽管在期间 $[t_0, t_n]$ 我们观察了多个对象，从 Q_1 到 Q_n 个，但是 Q_c 是我们在不连续的期间 T_j 所观察的一个具体的对象，对它的观察在物理时间上是不连续的，但是观察的过程是可延续的，因此可以把不连续的期间 T_j 首尾构成一个心理上的期间，在这个期间我们对于对象的认识形成的观念 I_j，就形成了一个在期间 T_j 观念展开的观念序列 $\{I_j\} = (I_1, I_2, \cdots, I_k)$。

思维过程是连续的，但是对于同一对象的思维过程在时间上却是不连续的。一般而言，人对于对象的认识是从细节到部分再到整体，呈现出从具体到抽象、从特殊到一般的发展过程，这个发展过程并不是一个自然、顺序、连续的过程，而是时断时续、分别在不同的时间段内完成的。在这个过程中，人在对于对象的认识上，还会出现否定、反复和顿悟等各种可能的情况，这是人的思维过程特有的现象。所有这些因素导致了人对于对象的思维过程在时间上的不连续性成为必然。❶

其二，符号与其标示的观念存在一一对应的关系。为了方便起见，笔者接下来仅以语言符号为例来阐释这个问题。按照索绪尔对语言符号的解释，语言符号标示的对象由两个不可分离的要素构成，一个是概念，另一个是能指。"能指"是声音的心理印迹，是感觉所证明的声音表象，是心理而非物质的。❷ 索绪尔在这里所用的"概念"一词与笔者讨论中的"观念"同义。在人的思维过程中，借助语言符号的帮助是为了把没有定形的、模糊不清的思维结果划分为可以区分的观念，从而使观念之间具有区别性。为此，我们需要给予每个观念一个且仅一个符号，使观念之间有清楚的分界，以及每个观念只有一个唯一的语言符号标识，这样才能充分利用语言符号的区别性，否则只能造成观念区分的混乱，并影响我们的思维。因此，语言符号与其所标示的观念之间存在一一对应的关系。或许有人会提出质疑，如果标示一个观念的语言符号之选择是任意的，那么就不能排除一个观念有多个语言符号标示的可能。提出这一观点的人忽略了两个问题：一是语言符号选择的任意性并不表示可以同时选择多个语言符号同时标示同一个观念，也不是说可以用一个语言符号标示多个观念，因为这不符合引入语言符号区分观念的目的。符号选择的任意性只是说，在我们标示一个观念时，在符号的选择上没有条件的约束。但是，标示观念之符号选择的任意性只具有理论上的意义，实际上符号的选择依然会受到我们语用习惯的束缚。❸ 当我们选定一个符号来标示某个观念后，就不能也没有必要再选择其他符号标示这个观念，因为只需

---

❶ 如果考虑人必须吃饭、睡眠和从事各种活动，那么就可以直接得出结论：人对于同一对象的思维过程在时间上是不连续的。但是，在这里我们是通过符号标示作用对观念的区分。由于观念受时间约束，所以这里所考虑的时间只是人对于对象的认识和思维过程的时间，把这个时间看作连续、单向度的连续过程，这样才能构想反映一个对象的观念在一个连贯的时间序列上的分布。

❷ ［瑞士］费尔迪南·德·索绪尔. 普通语言学教程［M］. 岑麒祥，叶蜚声，高名凯，译. 北京：商务印书馆，1980：100–102.

❸ ［瑞士］费尔迪南·德·索绪尔. 普通语言学教程［M］. 岑麒祥，叶蜚声，高名凯，译. 北京：商务印书馆，1980：104.

一个符号就足以把这个观念与其他观念区分开来。二是忽略了时间约束的问题。由于人的思维是受时间约束的，引入语言符号则把连续的时间分割成时间间隔，而每个时间间隔需要且仅需要一个符号来标记，不存在把一个时间间隔以多个符号标记的必要，因为这样不仅失去了我们借助符号分割时间的意义，也不能达到区分观念之目的。需要说明的是，在不同的时间间隔或者对于不同的人，存在选择不同的语言符号标示一个观念或者用一个语言符号标示多个观念的可能，其中的第一种情况是我们在构造概念集合时必须予以解决的问题，而第二种情况与我们讨论的一一对应关系无关。❶ 在理论构建和学术交流、辩论的过程中时常出现一词多义的现象，而这正是一个严肃的学者要极力避免的问题。如果这种现象出现在个人构造理论的过程中，那么将会影响理论结构的合理性和思想表达的清晰度和准确性；如果这种现象出现在不同的人之间的交流过程中，则将妨碍他们之间的交流和相互理解。就一般而论，一词多义导致了语词词义的不确定，因此它也被称作语词的"二义性"问题。在学术讨论中，欲行偷换概念或者诡辩术之人，常采用具有二义性的语词，因为这是相对方便易行且有效的方法。但是，对于一义多词的情况却不能一概而论之，因为在理论阐释过程中，阐释者为了更准确地表达自己的观念，在特定的语境或上下文中，有可能选择更为贴切的语词；在引用他人的观点时，不同的语言习惯也会导致在引文中同一概念以不同的语词标示的情况，由此产生了一义多词的问题。这类情况或许会对交流和理解带来一定的影响，但是无法避免的现象，因此在理论中出现一义多词的情况时，理论的提出者需要对其作出恰当的解释，以消除在理解上可能出现的问题。❷

其三，每个符号标示的观念都是相对独立的。观念的相对独立性不仅指其在内容上的单一性，还指其在时间维度上分布的离散性。所谓在内容上的单一性，是指一个观念仅反映对象所呈现的某一个现象，或者是某个细节，或者是某个部分，或者是整体，只有这样观念才能与能指相结合，才能以符号作为其标示，也才是可以较为准确、清晰表达的观念。显然，符号标示观念的独立性是以观念在时间维度上分布的离散性为条件的，离散性使分布在

---

❶ 在反映一个对象的观念序列中，不同的时间间隔上可以存在两个不同的符号表示相同的观念或者一个符号标示多个观念的情况，因为它们排列的先后顺序不同，所以不会造成混淆。至于不同的人在构造反映同一对象的概念集合时，出现上述情况是可能的，也是难免的，但是他们各自构造的概念集合是不同的概念集合，而不是同一个概念集合。

❷ 这两种情况都是在构建理论或者交流的过程中出现的问题，而不是在构造概念集合中的问题。任何一个人在构造概念集合时，一个符号都只可能分配给一个观念，也就是说，一个观念有且只有一个语言符号来标示。

时间维度上的观念是可以彼此区分的，只有满足了这个条件，每个观念才可能相互独立。如果一个观念包含多个内容，那么这个观念就可以再分割成多个观念，直到一个观念只包含一个内容为止，并且以不同的符号分别表示分割后的每一个观念。

之前笔者已经讨论了人对于同一个对象的认识过程的不连续性，由此可以推出反映同一对象的观念在时间维度上的分布具有离散性的结论。此外，还可以从个人无法表达的观念来阐释产生观念之离散性的另一种可能之情况。笔者仍然以语言符号为例来阐释这一问题。按照索绪尔的解释，语言符号能够标示的思维结果是由两个相互关联的要素构成的，即"观念"和"能指"。由于思维是人脑所具有的功能，它只能是作为个体的人的活动，不可能具有群体特征。即便是一个组织起来的人的群体，也不可能把这一群体的所有个体的大脑集中或组织起来作为一个独立的存在以从事思维活动。既然观念是由作为个体的人对于对象的认识形成的，那么也就存在极其模糊以至于没有与之相关的能指的观念，因而也就有了所谓"不能言传"的思想。这种个人的不能由言语表达的知识，罗素将其归入"个人知识"的范围。❶ 这样一来，人对于对象的认识所形成的观念就包括两类，一类是与能指相关的观念，另一类是与能指无关的观念。既然在个人的思维中存在与能指无关的观念，那么这类观念是不能表达的。基于这一理由，罗素才提出了个人的知识远比他所表达出来的知识要多的观点。由于所有能够用语言符号标示的观念都是与能指相关的观念，既然个人的知识中存在不能表达的观念，而人的思维过程在时间上又具有连续性，以区分观念为目的利用符号对时间进行分割得到的时间间隔，在时间维度上的分布就必然呈现出离散的特征。以上讨论是从认识和思维活动的要求来考虑的，它们是受时间限制的，因此我们得到的不是反映相同对象的概念集合而是概念序列，它是有序的（按照时间的先后顺序排列的）。问题在于，我们如何在有序的概念序列的基础上构造出概念集合呢？在构造概念集合的过程中可以设想：对于同一对象的认识和思考形成的所有概念，在心理上则排列在一个完整的时间序列段上，也就是说，在这个时间序列段上只有反映同一对象的概念的分布，没有反映其他对象的概念穿插其中，而且它包括反映这个对象的全部概念。这样我们就在心理上形成了一个仅分布着反映同一对象的时间序列段，以及与它相对应的概念序列。把这个概念序列构成一个集合就得到了一个概念的有序集合，其中的构成元素

---

❶　[英] 罗素. 人类的知识：其范围与限度 [M]. 张金言，译. 北京：商务印书馆，1983：9 – 10.

受到心理上的时间序列的约束。当进一步解除时间序列对这个有序集合中元素的约束后，我们得到一个反映同一对象的所有概念构成的无序集合，也就是我们所要构造的概念集合。由于解除了心理时间的约束，概念集合中元素的取得不再是有序的，即我们不再根据一个（物理或者心理的）时间序列的顺序来获得反映对象的观念。或者说，在构造一个概念集合时，完全无须顾及或者考虑观念序列的存在，它似乎在人对客观世界的认识中从未有过，只是为了解释概念集合的需要而引入的假说，一旦人们形成了概念集合的观念，概念序列（观念序列）的说明作用也就不存在了。需要注意的是，在反映同一个对象的概念序列上，存在不同语言符号标示一个观念或者同一个语言符号标示多个观念的可能。由于与时间序列的对应关系，概念序列中出现这种情况不会造成理解上的混乱和概念的混淆。但是，在概念集合中则不同，因为解除了时间约束，有序的概念序列转化为无序的概念集合，这样就可能出现一个语言符号标示多个概念，或者多个语言符号标示一个概念的情况，从而使概念与语言符号之间不能形成一一对应关系。根据以上讨论可以推出概念集合的性质：其一，在同一个认识过程中，一个对象有且只有一个相对于它的概念集合；在不同的认识过程中，相同的对象可以有不同的相对于它的概念集合。其二，概念集合的构成元素是无序而且它们之间是没有结构的，或者说它们是无序而且彼此独立无关的。❶ 其三，概念集合中的每个构成元素，包含且仅包含一项内容，而不论这项内容是反映对象之整体、部分，抑或是细节。其四，在概念集合中，语言符号与所标示的概念之间不存在一一对应关系。❷

在上面笔者讨论了构造概念集合的可能性以及需要满足的条件，接下来我们解决如何区分不同概念集合的问题。为了简洁、清晰和易于理解而又不失理论概念研究之一般性，以下的讨论依然以语言符号为例。如上所述，语言符号标示的对象由两个彼此独立又相互关联的心理要素构成，一个是概念，另一个是能指。在这两个要素中，能指关系到我们是否能够描述这个概念，以及是否能够给予这个语词以确定的词义。显然，能指与区分不同的概念集合没有关系。概念是人对于对象的认识在人脑中的反映，因此它与对象相关

---

❶ 这里的"独立无关"不是指它们之间不存在内在的关联性，而是指在概念之间不存在相互结合形成的关系。概念内在的关联性是由对象决定的，它们之间的关系则是人为创造的。

❷ 需要说明的是，语言符号并不是语词，它们之间是有一定区别的。只有在一个确定的语言系统中（例如汉语言），通过短语对语言符号赋值，使这个符号有了确切的词义，才能把这个语言符号称作语词。

联，这也是索绪尔用语词"所指"来替代语词"概念"的理由。在一个概念集合中，这个集合中的所有元素都指向同一个对象，不论所指向的是这个对象的细节、部分还是整体，它们反映在集合的元素上只有清晰还是模糊、具象还是抽象之区别，而不可能超出被认识之对象的范围。因此，在我们构造反映一个对象的概念集合时，所有反映这个对象的概念都是这个集合的元素，而所有不反映这个对象的概念都不是这个集合的元素。由此可见，正是对象的质的规定性决定了与之相应的概念集合的特殊性，以及与其他概念集合的区别性，笔者才可以得出结论：一个概念集合的特征是由与之相关的对象的本质属性决定的。从以上讨论我们得出了构造概念集合的元素选择规则：只有反映同一对象的概念才能够成为与之相应的概念集合的元素，而所有与反映这一对象无关的概念都不能作为这个概念集合的元素。显然，这个规则符合构造集合的概括原理，而在这个规则的基础上构造出的概念集合保证了其所有构成元素都是反映认识对象而形成的观念。

反映一个对象的概念集合应当是一个最小集合。这里所谓最小集合，是指在构造这个集合时，其元素的选择既没有遗漏也没有重复。也就是说，在构造这个集合时，集合的构成元素包含所有反映这个对象的概念，而且在这个集合的所有概念中没有任何两个概念是相同的。由此可见，概念集合必须是最小集合的要求是由两个规则确立的：其一是不得遗漏规则（构造最小概念集合的充分性条件）。如果反映一个对象的概念集合没有包括所有在构造这个集合时反映这一对象的概念，那么相对于对象而言这个概念集合是不完全的，在此基础上讨论这个集合是否最小没有意义。确立这个规则使在之上构建的概念系统具有完备性成为可能。其二是不得重复规则（构造最小概念集合的必要性条件）。在一个概念集合中，多次重复选择同一个概念作为这个集合的元素是没有意义的，而且在理论构造中有可能埋下概念冗余和循环论证的隐患。从概念集合应当是最小集合可以推出：构成概念集合的元素必定是有限可数的。如果构成概念集合的元素是无限多的或不可数的，那么就不能判定所选择的元素是否有所遗漏，因此也就不能判断一个概念集合是否是最小的。当我们在构建一个概念集合时，如果构成这个概念集合的元素是无限不可数的，那么就不可能在之上构造概念系统，因为在这样的集合中我们不能选择出构造概念系统必需的、从外部引入的一组已知的概念，又因为构成概念集合的概念在持续地形成和发展中，所以这个概念集合的构建也就永远不可能完结，而概念系统的构建也就永远不可能开始。从概念集合必须是最小集合中还可以得出推论：在一个概念集合中，有且只有一个最抽象的概念。既然相对于一个对象的概念集合中的所有元素没有遗漏，也没有重复，那么就只能存在一个最抽象的概念，它唯一地反映了对象的整体性。如果存在两个或者多个这样的概念，那么我们就可以在这些概念之上探求更抽象的概念，直到仅剩下一个最抽象的概念为止，否则这个过程不会完结，除非研究者主动放弃。如果研究者主动放弃探索，则研究活动结束时也不可能有一个完整的概念集合构成。因此，一个最小概念集合有且只有一个最抽象的概念，否则或者研究过程尚未完结，或者构造出的概念集合不是反映一个而是多个对象，后者显然与一个概念集合只反映一个对象的假设矛盾。由于概念集合应当是最小集合，在这个集合中的所有概念都是不同的，在这个基础上构造概念系统可以在最大限度上避免错误的发生，诸如语词的二义性问题、概念体系的相容性和完备性等问题，这些问题往往是我们在构造概念系统的过程中引入的。或许有人会提出质疑，即使我们不知道所谓概念集合，不是同样可以构造出理论来吗？对这个问题的回答是，这只是一个自觉和不自觉的问题。即使不知道概念集合，在一个人构造理论的过程中也会无意识地构造出一个概念集合，并在其上创建相应的概念系统，只是不自觉而已。这与能够在构造理论前自觉地、有意识地构造一个符合要求的概念集合和相应的概念体系相比，其中的差别不言而喻。最后需要说明的是，一个概念集合的构成元素并不仅是个人对于对象的认识，也包括有关这个对象从人类知识积累中获得的知识，以及在学习和与人的交流中接受或赞同他人的观念。由于这些观念必须通过理解、综合和转化最终成为个人头脑中的观念，才能成为属于他的概念集合的构成元素，可以把这类观念也作为个人认识的对象在头脑中的反映，这样就使上述的讨论满足了一致性要求。也就是说，概念集合是由人构造的以符号标记之反映认识对象形成的观念的集合。

（二）问题

概念集合是构造理论的基础，那么有了概念集合是否一定能够构建出一个理论呢？笔者对这个问题的回答是否定的。任何个人在认识一个对象的过程中，不论这个对象是简单的还是复杂的，他都可以在认识的基础上梳理出反映这个对象的概念集合，但是他未必能够在这个基础上有意识地去构造一个理论。芸芸众生哪一个不是时时在认识他所面对的对象，但是有意识地构造理论的人又有几何？那么构造理论需要满足哪些条件、具备什么要素呢？

概念集合不仅是构造理论的基础，也是人的知识之形态。任何人从牙牙学语开始，就在学习和获取知识，这个过程也就是他构造自己的相对于各种不同的、与之相关的对象的概念集合的过程，并把这些概念集合储存在大脑中成为其个人的知识储备。由于每个人的学习能力、生活经历、家庭条件、学习环境、社会氛围和职业分工等内在和外在条件的不同，每个人构造出的概念集合也不同，其中既包括对象的不同，也包括复杂度的不同，这就是所谓"知识结构"之不同。例如，物理学家、数学家、医生、电工等，他们各自拥有的概念集合不同，即便是同一职业的不同个人，所构造和掌握的概念集合也不同，即他们的"知识结构"不同。这里所谓"知识结构"，并不是指所有这些概念集合之间存在结构，至少到目前为止，无论是个人掌握的知识还是人类社会积累的知识，都不存在一个统一、完整的结构。这里的"结构"一词只有比喻上的意义，而不是指真实存在的结构，或许用"类型"来替换"结构"反而更加合理、贴切。因此，我们可以把一个人的全部知识看作一个概念集合，其中的构成元素是由与不同对象相应之概念的非空子集构成的，尽管作为个人知识之全部的概念集合没有结构，但它的子集或者子集的元素（也可以是子集）是可以有结构的，因为在这些构成元素中包含着相对于特定对象的系统知识和理论。❶

概念集合是构造理论的基础，那么为什么我们在构造出反映一个对象的概念集合后依然不能在之上构建理论呢？波普尔也提出过类似的问题，"我们实际上是怎样从一个观察陈述跳跃到一种理论的？"他认为："跳跃不是从观察陈述出发，而是从问题的情境出发，而得出的这个理论必然允许我们解释产生问题的那些观察（也就是说，允许从被其他公认的理论和观察陈述即所谓初始条件所加强的这个理论演绎出这些观察）。"❷ 在这里，波普尔把构造理论的基础设定在命题集合上，因为一个"观察陈述"是一个命题，尽管单个命题不能够构建起一个理论，但却可以导致一个问题的形成。然而，命题集合的构造也是以概念集合为基础的，因此，波普尔以命题集合作为构造理论的基础并没有否定命题：概念集合是构造理论的基础。至于概念与命题的关系，将在后面再作进一步的讨论。波普尔在回答中正确地指出了构造理论的动因：在我们认识对象的过程中产生和提出的问题是构建理论的前提。如果我们对于对象的认识是明确的或认为其正确性是毋庸置疑的，那么我们

---

❶ 系统知识和理论知识仍然有所区别：系统知识是在反映特定对象概念集合的基础上构建起来的知识体系，它是对于对象的认识的反映所形成和建立起来的；理论知识则是为了解决由对象引起的问题而在概念集合上创建的。

❷ ［英］卡尔·波普尔. 猜想与反驳：科学知识的增长［M］. 付季重，纪树立，周昌忠，等译. 上海：上海译文出版社，2001：78 - 79.

或许能够产生描述这个对象之冲动，这样只有在概念集合的基础上构造相对于这个对象的系统性知识（而非理论）的可能性。如果我们对于对象的认识不明、不能认同或者对其正确性有所怀疑，那么我们或许会提出问题，才会有产生解答问题之冲动，才有在概念集合的基础上构建出理论的可能性。

人们对于对象的认识和思考，并不都是以提出问题为目的的。在多数情况下，人们对于对象的认识是为了理解、把握对象，以丰富个人知识、促进知识积累，使个人构造的概念集合更能适应生存环境和满足生活、生产等方方面面的需要。换言之，多数人对于对象的认识都止步于获取知识的阶段，只是为了生存、发展和繁衍而在头脑中构建必要的概念集合，即便他们对于对象的认识和理解的结果有所怀疑，也不会有意识地提出问题，而是在已有的知识中去寻求答案，寻求对问题的解决。这样也就解释了，为什么许多理智健全的人每天都面对着相同或不同的对象，但是其中只有很少的几个人能够有意识地提出问题、创建理论之现象。创建理论的第一步是发现和提出问题。当我们认为人对于对象的认识所得到的观念不是其应是或者不满足人的预期时，则在人的心理上产生了不解、疑惑、迷茫或质疑的状态，从而形成了问题。当我们有意识地用"音响形象"❶描述这个状态时就向我们自己提出了问题；当我们用言语或者文字符号描述这个状态时就不仅向自己而且可能也向他人提出了问题。导致问题产生的所有与之相关的对象可能是一个，也可能是多个；对它们的认识构成了一个或多个相互独立的反映相关对象的概念集合，这个或这些概念集合就是理论构建的基础。

之前笔者已经提到过，理论之构建滞后于问题之研究，更准确地说，问题研究的结果是构建理论的前提。在面对一个认识对象时，如果由这个对象引起的问题的复杂性程度在人们能够直接解答的范围内，那么这类问题之解答与理论之构建无关，因此这种情况不作为笔者讨论的对象；如果由这个对象引起的问题的复杂性程度超出了人的理解和直接解答的能力限度，那么就需要对这个复杂问题进行解析，以便降低其复杂性的度。假设面对复杂问题 P，它的复杂性的度已经超出了问题研究者所具备的解答问题之能力，因此他需要把问题 P 逐级分解为简单问题，以降低问题复杂性的度，直到问题研究者能够利用自己已经掌握的知识和概念解答解析后的问题为止。假设复杂问题 P 解析后分成具有相同复杂性的度的 i（$i=1, 2, \cdots, n$）个层级，再

---

❶ 由于找不到更贴切的语词，笔者在这里借用了索绪尔解释所用的术语，参见：［瑞士］费尔迪南·德·索绪尔. 普通语言学教程［M］. 岑麒祥，叶蜚声，高名凯，译. 北京：商务印书馆，1980：101.

设复杂性的度处于第 i 个层级上的所有问题有 j 个，记作 $\{P_{ij}\}$（$j=m$，其中，m 是有限可数的正整数），那么在第 $i+1$ 个层级上就有 j 个问题子集，这 j 个问题子集可以是空集。因此，复杂性程度最高的问题是 $P_1 = P$；而复杂性程度最低的问题则由 k 个问题子集构成（其中，k 是有限可数的正整数），$\{P_{n1}, P_{n2}, \cdots, P_{nk}\}$；我们把解析后得到的所有问题构造成一个集合，那么这个集合就有 n 个层次的复杂性的度的非空子集构成。如果我们假定每个问题分解后有且只有两个问题，那么就得到了一个问题的二元理想模型❶，其中第 i 个子集中包含的问题个数（集合的构成元素）不大于 2^{i-1} 个，因此在抽象程度最高的问题子集中只含有一个元素（问题）P_1（也就是复杂程度最高的问题），而在复杂程度最低的问题子集 $\{P_{nk}\}$ 中含有的元素（问题）不超过 $k = 2^{n-1}$ 个（在这个子集中的元素个数小于或者等于 $k = 2^{n-1}$ 个）；以上把问题逐级分解成复杂性的度递减的问题的过程称作"分析问题"；❷ 个人所具有的分解问题的能力称作"分析问题能力"。对于复杂问题，通过分析问题得到了能够利用已有的知识和概念直接解答的简单问题子集 $\{P_{n1}, P_{n2}, \cdots, P_{nk}\}$（$k = 2^{n-1}$），对于简单问题子集 $\{P_{n1}, P_{n2}, \cdots, P_{nk}\}$（$k = 2^{n-1}$）中的所有问题的回答，就得到了与这个复杂程度相对应的在抽象层次 n 上的概念；在得到了抽象层次 n 上的概念后，原本不能直接回答的、处于层级 $n-1$ 上的复杂问题，转变为可以根据抽象层次 n 上的概念和已有的知识储备直接回答的问题，这样通过回答 $n-1$ 层级上的问题就获得与之相应的抽象概念；当通过解答处于第 i 个层次上的复杂问题并获得在这个层级上的抽象概念后，虽然第 $i-1$ 层级上的问题的复杂性的度没有发生变化，但是在第 $i-1$ 层级上的原本不能直接回答的复杂问题、已经转化为可以利用第 i 层级获得的抽象概

---

❶ 在这里构建了一个问题分析的二元理想模型，其目的主要是说明问题分解过程，从复杂到简单，直到研究者有能力解答的程度，这个模型和后面构建的二元理想理论模型相对应，它们都只是示例，只有分析、解释和说明的意义。采用这个模型只是为了简化问题，因为一般模型的每个问题分解后得到的问题子集，其构成元素的个数有限可数但数量不定，也就是说，一个问题能够分解成几个问题是不确定的，而二元理想模型则把每个问题分解后的问题限定在两个，这样既便于阐释也便于理解。

❷ 为了阐释"分析问题"，我们在这里构建了一个理想模型，在这个模型下通过尝试性地解答分析后的问题就为构建一个理想理论模型奠定了基础。但是，我们通常构建的理论并非符合理想模型，而是在一般意义上的理论模型。以一般理论模型作为基础构建理论时，分析问题则不遵循上述列举的理想之问题分析模式，而是与一般理论模型的构建相适应。这里列举的模型旨在阐释"分析问题"，因此不要把用以说明的示例与实际的应用混淆了。实际的分析问题是一个较为复杂的过程，没有一定之规，因此也不可能给出一个可行之范例。如何理解一般分析问题的方法，可以参看有关"一般理论模型"方面的论述。

念和已有的知识储备直接回答的问题。❶ 这样就通过回答第 $i-1$ 层级上的问题获得在这个层级上的抽象概念；一直继续这个过程，直到回答了第 1 个层级上的最复杂的基本问题 P 为止。❷ 通过以上过程，我们就得到了反映对象之方方面面的概念集合。这个概念集合中的所有元素都是通过回答不同复杂程度的问题获得的具有不同抽象程度的概念。以上渐次回答具有不同复杂性的度的问题的过程称作"解决问题"；个人所具有的解答一定复杂度的问题的能力称作"（个人之）解决问题能力"。如果需要解答的（解析后的）问题是由多个彼此独立而又有着内在关联性的对象引起的，那么这些（解析后的）问题也就构成了彼此独立无关的集合，每个集合都对应着一个独立的对象。这些独立对象中的每一个都会引起一个相对这个对象而言的、超出了能够直接回答的最复杂的问题，否则这个对象就不在问题研究的范围内。显然，这些相互独立之对象引起的最复杂的问题构成了一个彼此独立无关的问题组。❸ 在这组问题中有且只有一个主要问题，而其他问题则都是次要问题。主要问题是由认识对象直接引起的问题，因此它是构建一个理论所要回答的基本问题；次要问题是与认识对象有着内在关联性的对象引起的问题，这些问题的答案是解答基本问题不可或缺的要素，在理论构建中起到辅助作用。虽然它们不能回答认识对象是其所是的问题，但是没有它们的辅助基本问题同样无解。以上之讨论意在阐明，所谓问题之研究不会仅涉及一个问题，它必然是一个或者多个由问题作为构成元素的集合，这个或这些集合中的元素

❶ 按照传统的理解，简单与复杂是相对的，一个事物激发形成的问题的复杂性是与其他导致其复杂性的问题相关的问题联系在一起的，在相关的问题未被解决之前，它是复杂的；但是在相关的问题解决之后它的复杂性的度就随之降低，成为相对简单的问题了。从人类认识事物的过程来看，这种情形是常见的。但现代科学技术的发展表明，不能把复杂性全部归结为认识过程的不充分性，即使已被人们认识，即使找到解决办法，它仍然是复杂的，也就是说，问题复杂性的度并没有变化，变化的只是解决问题的条件（导致其不能直接解答的阻碍排除了，或者说导致问题复杂的相关问题解决了）。参见：许国志. 系统科学 [M]. 上海：上海科技教育出版社，2000：297.

❷ 上述过程也可以用更通俗的方法阐述如下：通过分析问题得到了可以直接回答的较为简单的问题；在对这些简单问题之尝试性解答得到满意的结果后，人们就可以进一步窥探与这个对象相关的更复杂之问题的解答，因为与这些问题相关之较简单的问题已经得到解答，从而使得原本不能解答之问题的复杂性的度随之降低到可以直接回答的程度；在对这一抽象层次的问题之尝试性解答得到满意的结果后，进而再探索与这个对象相关的比之已解决的问题更复杂的问题成为可能。在这个过程中，问题的复杂程度不断递增，数量却在不断递减，而处于每个层次上的问题之复杂性的度则一直保持在人们可以直接解答的范围内，直到与这个对象相关的最抽象的一个或多个彼此独立却相互关联的问题得到解答为止。

❸ 这里所谓"彼此独立却相互无关的问题"是指这些问题独立、无关。但是这些问题是同一个问题研究的对象，因此这些问题中的某一个问题的解答需要利用其他问题解答已经得到的概念，否则这个问题无解。在这个意义上，这些问题又是相互关联的。

又可以根据复杂性的度的不同分成若干问题子集，这个或这些集合是通过问题分析得到的。我们根据已知的概念回答这些问题，然后根据回答每个层次所具有之相应复杂性的度的问题得到的概念，再继而回答高一层次的复杂问题，直到基本问题为止，从而获得了描述引起问题之对象的全部概念，这些概念构成了以这个对象的本质属性为特征的概念集合的全部元素。显然，概念集合是通过解决问题得到的。要构造相对于一个对象的概念集合，首先需要解决问题。但是解决问题的前提是分析问题，没有分析问题也就没有问题研究者可以直接回答的问题。然而，分析问题必须有一个可供分析的复杂问题，根据对于对象的认识所表达出的、在心理上产生的疑惑、不解和质疑的过程称作"提出问题"，而个人所具有的在认识对象的过程中在心理上产生疑惑、不解和质疑的能力称作"（个人）提出问题的能力"。我们并不知道人在认识对象的过程中何以会在心理上产生疑惑、不解和质疑，也不清楚这种心理状态是如何转化为有意义的、真实的问题的。但是我们知道，要提出一个真实、有价值的问题，首先需要了解有关这一对象的认识已经产生和提出了哪些真实的、有价值的，以及虚假的、无意义的问题；这些问题提出的理由、根据和解决之现状；如果已经得到解决，那么是否可能有新的，更恰当、简单、全面、充分的解决方法；如果尚未解决，那么是什么原因导致这一问题得不到解答；只有在掌握了所有这些知识的基础上，人们才能够站在相关学科之某一选定研究方向的前沿，才有可能提出新的、有价值的、恰当的、具有一定复杂度的问题。收集、组织、整理、合并和概括某个对象已有的问题、解决方法和相关的知识、理论和概念，从而使研究者能够站在需要解决之问题的前沿的过程称作"综合问题"。个人所具有的综合问题的能力称作"综合问题能力"；对于综合问题之解答构成的命题系统称作"综述"。显然，对于一个对象已有之各种问题和这些问题的解答、评论和质疑的综述是提出问题的前提。以上分别介绍了分析问题、解决问题、综合问题和提出问题，以及它们之间的关系，为了方便起见，笔者把它们统称为"问题研究"。根据问题研究的讨论可以得出结论：理论的创建不是始于对于对象的认识和理解，而是始于由此而产生的问题。

或许有人认为，在问题研究之中，提出问题是最简单的。如果就日常生活中的问题而论，这一认识未必没有道理，然而笔者所讨论的问题却与此无关。我们讨论的问题必定是由对研究对象的认识引起的，是有关对象之研究和理论构建的前提条件，为了与其他问题相区别，笔者把这类问题称作"学术问题"。在笔者看来，这四者之中，提出问题才是最困难的，也是理论突破和学术发展之关键所在。❶ 那么，在这里把"提出问题"定位在这样的高度上是否有些言过其实或者为了哗众取宠呢？事实上，在人类文明之进步和发展的历程中，每一次理论的突破、学术的发展和社会的进步，都是以提出具有重大影响、意义深远和具有极高社会或学术价值的问题为契机的，而且哪一个能够提出这类问题的人在人类文明发展史中没有一席之地呢？与分析问题、解决问题和综合问题不同，提出问题之难，难在它的无轨可依、无迹可寻，全凭个人的勤奋、努力，以及灵感和机遇。因此，落在牛顿头上的苹果产生的后果才会不同于落在果农头上的。在人工智能快速发展的今天，或许有人会担心，是否有一天机器的智能可以达到或者超越人的智能。笔者对这个问题持否定的态度，原因非常简单：机器所有的知识都是由人事先储存在知识库和数据库中的，人不具备的知识，机器也不会自己创造出来。或许有人对这个看法不以为然，毕竟现在的机器已经有了一定程度的自学习、自组织和自完善的功能，这岂非预示着假以时日终将有一天机器的智能将超越人类？然而，即便有一天机器具有了能与人媲美的自学习、自组织和自完善的能力，也只是达到了人的分析、解决和综合问题的能力。但是，机器却不可能具有人的提出问题的能力，这才是人认识事物，体现创造力的根本。机器是不可能自主提出问题的，人也不能赋予它这种能力，甚至连人自己也不知道为什么会具有这种能力，如何自觉、有效地发挥这种能力，以及如何可能赋予机器呢？到目前为止，在计算机技术上我们依然处于线形自动机模型的实现阶段，尚且没有能力实现非线性自动机模型，如果不能使机器自主地提出问题，非线性自动机将只能停留在数学模型阶段。一旦机器真的具有了人的提出问题的能力，笔者猜想它所提出的第一个问题应该是"为什么要听从人的指令"。因此，是否具有提出问题的能力，就是机器与人之间不可跨

---

❶ 就一般而言，分析问题、解决问题，综合问题和提出问题对应着学校教育的三个阶段，从小学到大学本科阶段教育的主要目的是培养学生分析和解决问题的能力，这是一个循序渐进的过程，包括掌握必要的知识，学习分析问题、解决问题的技巧，熟练运用各种技巧和积累一定的经验等。在硕士研究生阶段教育的主要目的是培养学生有意识地发挥其综合问题的能力，包括要求学生在导师的指导下大量阅读相关的资料、著作和文献，以及完成必要的观察、实验等，通过这个过程全面地了解所学专业的过去、现状和可能的发展方向，以及需要解决的问题等，在这个基础上形成自己对专业发展的认识和看法。因此，如果在硕士研究生阶段仍然采用集中授课和考试记分的教学形式，只不过是本科教育的继续（也被戏称为"大五""大六"），学生既没有充足的时间大量阅读相关的著作和文献，也无益于综合能力的提升。在博士研究生教育阶段，主要培养学生发现问题、提出问题的能力。博士研究生必须有确定的研究方向和具体的研究对象，并且具有较强的综合能力，而且在大量阅读、实验、观察和综合的基础上，能够提出并解决真实的、有意义的问题。

越的鸿沟。❶

显然，不是随意提出一个与研究对象相关的问题就是一个学术问题；但是，与任何一个对象均无关联的问题一定不是一个学术问题。对于学术问题，我们有着严格的要求。

首先，它必须是真实的。真实的学术问题一般源自我们对于已有知识、理论的掌握，在观察、实验以及对于对象深刻认识的基础上，有意识且慎重提出的问题；也有一些真实的学术问题源自我们的直觉，尤其是在一些非经验学科中的问题，例如有些数学问题。在之前我们结合问题复杂性的度讨论了有关对象之研究和概念集合之构造的过程，然而学术问题的提出则与之不同，它是形成于人们在认识活动中的不解、疑惑、迷茫和质疑等心理因素，因此它不是一个从简单到复杂、从具体到抽象的过程。学术问题可以直接由研究对象的整体诱发，也可以由其部分引起；可以是具体的，也可以是抽象的；在表述上可以是简单易懂的，也可以是复杂晦涩的。但是，简单易懂的问题不代表就易于解决，复杂晦涩的问题也不意味着就难以回答，两者之间没有必然的联系，例如费马大定律❷。这个看起来简单易懂的问题自 17 世纪提出后，历经 300 多年最终才由英国数学家安德鲁·怀尔斯于 1995 年彻底解决（证明）。在之前的讨论中，为了不失一般性，笔者没有对认识对象作出任何限定，在此可以对其附加一个条件：基于对象所产生的学术问题必须是真实的。任何一个真实的学术问题都是实际存在的问题，它与虚假问题相对立而且有着根本性的区别。虚假问题包括"虚问题"和"假问题"。所谓"虚问题"是指基于无根据的虚构、幻想等杜撰出的问题，这类问题的形成没有与之相关的对象，实际上也不存在，因此它是"虚的"；所谓"假问题"也是实际不存在的问题。这类问题包括已经解决又没有新的内容，只是重新包装、变换后提出的学术问题。它们在得到解答之前确实是真实的学术问题，但是在已经解答之后再次提出时已经不再是问题了，除非在其中增加了新的、尚未解决的内容。这类问题还包括存在多个解答而且所有的解答已经穷尽的问题，当然解答没有穷尽或者不可能穷尽的问题不在此列。此外，还有一类

---

❶ 相对于人而言，机器没有提出问题的能力，也没有自主解决和综合问题的能力，其有限的能力都是人所赋予它的。即使它的自学习、自组织和自完善的能力，也不过是人通过算法和程序在机器上实现的。无论是算法还是程序，都必须遵循逻辑规则，这就决定了机器相对于人的从属性和被动性。其他动物或许能够根据环境本能地发现问题与为了适应环境和生存需要本能地解决问题，这些问题一般都是直接与环境相关而且非常简单，它们没有自觉、有意识地提出问题的能力，更没有综合问题的能力，只有人具有分析、解决、综合和提出问题的能力。

❷ 费马大定律是指"当正整数 $n > 2$ 时，关于 x, y, z 的不定方程 $x^n + y^n = z^n$ 无正整数解"。

属于"无病呻吟"的问题，这类问题确有与之相关联的对象，但是不存在问题提出者描述的问题，所谓问题只是提出者有意或无意生造出来的。由于这几类学术问题都不是实际存在的问题，但又不同于毫无根据的虚构和幻想出的问题，我们把它们称为"假的"。

其次，学术问题必须是新的。所谓"新的"是指在学术问题提出时，问题中至少包含一个尚未解决的构成（内容）。当然，这个条件只是针对新提出的问题设定的，那些已经提出但尚未解决或者没有穷尽其解答的问题，则不受这个条件的约束。实际上，当一个人动手解决一个长期以来没有解决或没有穷尽其解答的问题时，在他动手解决问题的当下，这个问题（或者一个问题可能之新的解答）对于他而言也可以被看作"新的"。因为我们对于"新的"的解释，不是以时间而是以是否已经解决为衡量标准的。如果学术问题的提出者要使自己提出的问题是"新的"，那么他就必须站在所从事专业的某一选定之研究方向的前沿，需要有丰富的专业知识的积累，以及对相关知识的高度综合，因此他需要具备很强的综合能力，也就是说，只有具备一定的综合能力才有可能提出有价值的学术问题。

再次，学术问题必须是有意义的。为了讨论一个学术问题是否有意义，我们可以把学术问题分成两类，一类是约束完全问题，另一类是约束不完全问题。所谓的约束完全问题是指我们掌握的解决这个学术问题的相互独立无关的条件，与这个问题之解决所需要的相互独立无关的条件正好匹配。因此，约束完全的学术问题是具有唯一、必然之答案或结果的问题。由于这类问题只有唯一、必然之结果，作为学术问题它没有意义，因为根据已知条件就可以直接得到结果。但是，作为解决问题的方法，约束完全问题却是有意义的，因为其他问题只有转化为约束完全问题，才能够得出唯一的结果。约束不完全问题又可以分为两种，一种是约束不足问题，另一种是约束冗余问题。所谓约束不足问题，是指我们掌握的解决这个学术问题的相互独立无关的条件，少于解决这个问题所需要的相互独立无关的条件。这类问题还可以分为两种，一种是可以转化为约束完全的问题，也称作"有解问题"；另一种是不能转化为约束完全的问题，称作"无解问题"。无解问题不是没有意义的问题，能够证明一个问题无解也就彻底地解决了这个问题，这种情况在数学中并不少见。对于有解问题，一般采用假设的方法补足缺少的条件，使之转化为约束完全问题，然后通过论证（证明）或检验（证实或证伪）来确证假设之条件或者是逻辑意义上真的，或者是认识论意义上真的。如果不同的人选择不同的假设条件，就会得到不同的尝试性解答之结果（理论），因此就形成了同一问题下多个不同的理论，至于哪一个理论最终能够被普遍接受，则取决于理论对问题解答的合理性、恰当性和充分性以及论证（证明）或检验（证实或证伪）的结果。在自然科学中，我们经常遇到的正是这类约束不足问题。所谓约束冗余问题是指我们掌握的解决这个学术问题的相互独立无关的条件，多于解决这个问题所需要的相互独立无关的条件。解决这类问题的方法是，在由相互独立无关的条件作为元素构成的条件集合中选择一组条件作为其构成元素的子集，子集的构成元素在数量上与问题解决所需要的相互独立无关的条件的数目相等，从而把约束冗余问题转化为约束完全问题。如果我们选择的条件子集的构成元素不同，那么最终得到的结果也就不同，甚至可能相互矛盾，从而形成了同一学术问题下多个不同的尝试性解答或理论。至于在这些不同的理论中哪一个最终能够被普遍接受，则与前面约束不足之有解问题的解释大致相同。约束冗余问题也可以再分为两种：一种是有限解问题；另一种是无限解问题。所谓有限解问题是指解决这种学术问题的相互独立无关的条件构成的集合是一个有限集合，也就是说，它的构成元素是有限可数的，把这种约束冗余问题转化为约束完全问题的条件子集也是有限可数的，因此这种约束冗余问题的解答（理论构建）也是有限的；所谓无限解问题是指解决这种学术问题相互独立无关的条件构成的集合是一个无限集合，也就是说，它的构成元素是无限不可数的，把这种约束冗余问题转化为约束完全问题的条件子集也是无限不可数的，因此这种约束冗余问题的解答（理论构建）在理论上可以有无限多个。在社会科学中，我们所面对的学术问题更多的是约束冗余问题。显然，不论是约束不足问题还是约束冗余问题，它们的尝试性解答的结果（理论）都不是唯一的，也就是说，它们不具有必然性而只有或然性，这也是理论发展之多样性产生的根源。以上讨论我们已经穷尽了所有真实学术问题可能的类型。❶

最后，对于学术问题的表达应尽可能准确、清晰和简洁。提出问题是解答问题的前提，解决问题是构建理论的前提，因此只有准确地把握问题，才有可能解答问题。如果对问题有一个清楚、全面的认识，那么不论是以音响形象抑或是言语、文字，都应该能够准确、清晰和简洁地描述问题，这不仅有利于学术问题的解决，也有利于交流和传播。但是，能够提出问题，并不等于能够把问题清楚地表述出来，这涉及个人的表达能力和语言组织能力。

---

❶　这部分的内容是之后讨论的论据集合和公设的基础，我们选择一组已知的命题构成公设目的就是要把分析后得到的所有约束不完全问题转化为约束完全问题，而能够满足约束冗余问题的所有条件（命题）就构成了证据集合，这些内容可以相互参照、理解。

这个问题已经超出了本书讨论的范围，因此不再继续探究。

（三）假说

在上一节的讨论中，我们已经明确了不论是约束不足问题还是约束冗余问题，它们的解答都始于我们在把约束不完全问题转化为约束完全问题的过程中对条件集合的假设和选择，也是我们在问题之恰当的复杂性的度上对学术问题进行尝试性解答的开始。在这个（研究）过程中，每一个约束不完全问题的解决，都是在对相应的条件集合的假设和选择中完成的，都是尝试性的解答或猜想。如若不然，我们所面对的问题则是一个约束完全问题，而这类问题在认识论上是没有意义的。对约束不完全问题的尝试性解答的结果，我们称为"猜想"；而对于一系列相关问题的猜想形成的体系，我们称为"假说"。显然，所有的理论都是假说。如果理论不是假说，而是与之相关的对象之是其所是的描述，它岂非具有本真性（原本或本身就是毋庸置疑的、真实的性质），那么还存在理论之真假的问题吗？还有对理论进行论证（证明）或检验（证实或证伪）的必要吗？

假说是对约束不完全问题的尝试性解答的结果的描述，也就是说，它是对学术问题研究结果的描述，因此问题研究结束并获得结果之后，才是构建概念系统开始的可能之时。概念系统的构建与学术问题的研究不同，它不存在超越人的认识和理解的复杂性的度的限制，而是需要准确、清晰地描述已经取得的研究结果，以及便于自己记忆和他人理解。因此，它不是从获得具体的概念开始❶，反而是从已经得到的概念集合中最抽象的基本概念开始。在一个概念集合中，越是具体的概念，对于对象的描述也就越清晰、准确，它所包含的反映对象的信息反而越少，它也就越显得凌乱和难以与一个人记忆中的概念发生关联。因此，除非对于这一对象有着直接的经验，否则人们一般很难通过概念生成这一对象的具象，从而造成了对于这个概念在理解上的困难，甚至无法理解。在一个概念集合中，越是抽象的概念，对于对象的描述越模糊，它所包含的反映对象的信息反而越多，它也就越容易与一个人记忆中的其他概念产生关联。基本概念是一个概念集合中最模糊、包含信息最多而且最容易与记忆中的其他概念发生关联的概念。因此，即便基本概念所反映的对象是一个人没有直接经验过的，他也可以通过与之相关联的概念所描述的对象形成大致模糊的映象。此外，在一个概念集合中，由于最抽象

---

❶ 之前已经对这个问题有所讨论，由于人的认识和理解能力受到学术问题的复杂性的度的限制，研究只能从对象呈现出的最具体的现象开始。

的概念反映了对象的整体特征，它所反映的对象的性质也会反映在集合的其他概念中。也就是说，集合中最抽象的概念与其他概念之间存在内在的关联性，这种内在关联性是它们反映同一个对象必然会形成的。在遵循从抽象到具体的规则、通过划分的方法把这些概念联结起来的过程中，我们对于这个对象之特征的描述也从整体到部分再到具体细节逐渐展开，使得我们对这个对象的映象从与他物模糊、不确定的相似性到逐步形成清晰、确定的观念，最后完成了对于假说的描述和对于研究对象的认识和理解。因此，构建一个概念系统是从基本概念开始的。

概念系统不是有关对象的认识和思维过程，也不是概念系统的构思和构建过程，它只是对它们的结果的描述。问题研究和思维是智力活动，它是从利用已知概念尝试性地解答直接可以解答之问题开始的，目的是在有关对象之认识的基础上获得相应的概念集合，这个集合中的每个元素都是对于对象的反映或由对象引起的问题的尝试性解答而形成的概念，对象的特殊性在集合中的元素之间建立起内在的关联性，而获得之概念集合就是这一智力活动的结果。概念系统的构思和构建也是智力活动，其目的是在已经获得的概念集合的基础上构建起概念体系，使描述对象和问题研究结果（对于对象引起的问题的尝试性解答）成为可能。概念系统是对于概念集合中的元素之系统化的构思和构建之智力活动的结果，它是对于由对象引起各个不同抽象层次问题全面和系统的解答，由于这一解答是建立在猜想之上的，对于它的描述才被称作"假说"。显然，这三者的区别是非常明显的，一般不易混淆。问题研究所获得的概念集合不能系统、准确、清晰和层次分明地描述研究结果。尽管概念集合中的概念之间有着内在的关联性，但是它们作为集合的元素是无序、没有结构的。在这个集合中的元素都是在猜测的意义上对于对象引起之问题的解答所形成的概念，但是在无序和没有结构的状态下，它们之间相互无关、互不支持，处于一种离散、混沌的状态。概念系统的构思和构建过程是在无序、没有结构的概念集合上构造出有序、结构合理的概念体系的过程，显然这个活动是人的创造活动。在前面已经讨论过，单纯依靠概念集合是不能构造出概念体系的，在概念集合的基础上我们还需要引入构造概念体系的另一个要素——关系。在这里，"关系"是指两个概念之间的联系，而概念则是关系的承载。由于在概念集合中的概念之间原本是没有关系的，在这里所说的概念之间的关系是由人建立起来的。在之前我们曾讨论了概念之间的内在关联性，然而这个关联性是指对象的特殊性在与其相关的概念之间建立的联系，例如概念集合中的所有构成元素，由于它们都具有某一性质，区别于不是这个概念集合的那些元素，这一性质就是它们的内在关联性，它是概念集合构成之选择规则（概括规则）的根据。一个元素是否属于一个概念集合，即它是否与这个概念集合中的其他概念之间存在一种内在关联性，不是由人来决定的，而是由对象决定的，因此这种内在的关联性不是我们在这里讨论的问题。概念系统构建的过程是在概念集合的基础上，从基本概念开始，遵循思维的基本规律和逻辑规则，通过逻辑划分把具有不同抽象度的概念在不同的抽象层次上结合起来，直到穷尽这个集合中的所有概念为止。因此，在一个概念体系中，概念集合中的任何一个概念都至少与集合中的另一个概念存在关系。由此可见，在形式上概念系统是由概念和关系构成的体系。

概念系统的构建是从抽象到具体的过程。在这个过程中，概念系统的构建者必须遵循逻辑规则和基本规律（同一律、排中律、不矛盾律和充足理由律），这是保证概念体系在结构上之合理性不可或缺的，只有具有合理之体系结构的概念系统才较易于记忆、理解和交流，才具有较高的说服力和可信度。这是概念系统构建和问题研究的又一显著区别。与概念系统构建过程相反，问题研究是从具体到抽象的过程。但是，"不存在逻辑上有效地从特殊到一般的演绎。对于一般，只能加以猜测而绝不能从逻辑上进行推论"❶。因此，在问题研究中，逻辑规则不能发挥有效的作用。问题研究的进程是由对象引出的问题及其复杂性的度决定和引导的，这显然不是可以遵循逻辑规则和基本规律的过程。在问题研究中，任何一个问题的回答都不是根据逻辑推理得出的，逻辑推理不适用于从具体到抽象的进程；对于学术问题的回答，无论是具体的还是抽象的，都是尝试性的猜测，这个解答同样是人对于对象的认识反映在头脑中的观念，是人对于对象认识所形成的概念集合的构成，因此它没有超出人对于对象认识的范围，也不是脱离对象的认识过程。作为概念集合中的元素，或者说作为概念集合中的概念，是具有可描述性的，但是只有在构造命题、命题集合或命题系统的过程中它们的这一性质才会体现出来，而且只有在描述概念（构造命题）或者在概念之间建立关系（构造概念系统）或者描述概念系统（构造命题系统）的时候，逻辑规则和基本规律才能有效地发挥作用。在学术讨论时，我们常常混淆问题研究和概念系统构建的区别，把逻辑规则和基本规律作为问题研究需要遵循的规则和规律，强加在问题研究的过程中，从而产生了大量虚假问题和无意义的争论。

---

❶ ［德］莫里茨·石里克. 自然哲学［M］. 陈维杭, 译. 北京: 商务印书馆, 1984: 21.

　　构建概念系统是智力活动，这个活动的过程是由人脑完成的，它的结果也就必然地存在于人脑中。那么我们为什么会认为概念系统的构建是在特定的语言系统中，利用文字符号，借助媒介（例如，纸、计算机）完成的呢？一般而言，构建概念系统的活动是一个过程，这个过程在时间上是不连续的，而在每一个相对独立的时间间隔中，智力活动都会形成一个反映其间与概念系统构建进度相应之结果的观念，因此整个构建概念系统的智力活动结果构成了一个概念集合，这个概念集合的每个元素都对应着一个相对独立的构建概念系统的智力活动的期间。这个概念集合的特点是：首先，它的元素是按照时间间隔的顺序排列的，因此它是一个有序的集合；其次，这个集合中的元素所反映的智力活动结果，也就是概念系统构建的阶段性结果，是渐进发展的，直到这个概念序列的最后一个元素，反映了所要构建之完整的概念系统；最后，我们并不在这样的概念集合上构建概念系统，这也说明了概念系统是构建在概念集合之上的，但并不是所有的概念集合都是用以构建概念系统的。即使在一个概念集合上能够构建概念系统，但是否在之上构建概念系统依然是由人的意识决定的，即概念集合与概念系统也是相对独立的。在构建概念系统的活动中，由于反映活动结果之观念的有序、渐进特征，每次活动（第一次除外）都需要至少重现上一次活动结果所形成的观念，这样才能够使每次活动都是在之前活动的基础上进行修改、调整和发展的过程，才能够体现出这一概念集合之构成元素的有序和渐进性。然而，重现之前智力活动结果所形成的观念的前提是，必须按照它们在时间上的排列顺序记忆所有这些观念，这就要求人必须具有强大的记忆而且不会随时间遗忘的能力。遗憾的是，人的记忆能力是有限的，而且会随着时间而不断淡化，直至遗忘。显然，单凭不强的记忆能力和经过遗忘而逐渐碎片化的记忆，仅在人脑中是无法完成一个概念系统尤其是复杂概念系统的构建，其结果或者是每次都从头开始、踏步不前，或者只能构造出短时间就能够完成的、不超出人的记忆能力范围的简单概念系统。因此，人借助于语言符号把已经完成的各个期间的智力活动结果所形成的观念固定在物质媒介上，从而弥补了人的记忆能力不足和记忆随着时间淡化和遗忘的问题，也使得在概念系统创建过程中人们可以随时重现、修改、完成和完善所构建的概念系统，也可以随时与他人交流、听取不同的意见和建议。显然，在创建概念系统的活动中，利用语言符号把已经完成的结果固定在物质媒介上，只是起到辅助记忆和交流的作用，它不能改变这个活动是智力活动的本质，也不能改变整个活动过程是在人脑中完成的，以及活动结果最先储存在人脑中的事实。然而，在这个过程中却产生了可以固定在物质媒介上的、外在于人的、以语言形式（言语或文字）描述概念体系的命题系统，以及命题系统构建于其上的、以短语把概念的性质赋予标记它的语词而形成的、描述概念集合的命题集合。

（四）理论概念界定的尝试

在详细地讨论了理论是如何构成的，以及它包含哪些组成部分之后，笔者尝试着把自己理解的理论概念以定义的形式界定为：理论是指尝试性地解答在认识对象的过程中产生的真实问题所形成的假说。❶

在这个定义中，相邻属概念的选择采纳了波普尔"理论是假说"的观点，它假定了与我们讨论的对象"理论"最接近的"参照"，或者说它们之间具有最高的相似度。相邻属概念的选定，在所有已知的对象的类中明确了理论所属的对象的类，因此它也就尝试性地回答了我们讨论中的根本性问题，也就是"理论是什么"的问题。按照命题构造规则，在这个定义中，"假说"是我们已知的、不需要再作进一步讨论的概念，这样才能够解答理论是什么的问题。然而遗憾的是，在波普尔的有关论述中，"假说"并不是一个明确的概念。波普尔只是把它解释为"猜想、猜测"，认为"一切定律和理论本质上都是试探性、猜测性或假说性的，即使我们感到再也不能怀疑它们时，也仍如此"❷。参阅所有波普尔有关假说的论述可知，他除了指出它是猜测、猜想外，没有进行更系统、深入的研究和探讨，因此"假说是什么"本身就是一个不甚明了的问题。然而，可以肯定的是，所有对于问题之尝试性解答的结果都是猜测、猜想，或者说猜测、猜想是假说的质的规定性。但是，如果按照波普尔的解释，把所有的猜测、猜想都界定为"假说"，那么在这个意义上的"假说"就不能想当然地认为是在"理论"概念定义中作为相邻属概念的"假说"了。这是因为后者有着更严格的限定，因此在猜测、猜想的假定下，作为理论的"假说"还需要满足一定的构成条件。

首先，假说是由命题构成的。既然假说是对于问题作出的尝试性的解答，

---

❶ 关于"理论"概念的定义，笔者曾经设想过多种表述方式：其一，我们把"对于真实问题的尝试性解答"作为"假说"的构成，因此它是假说的应有之义，那么理论概念可以陈述为"以概念和关系构造的体系来描述的对于对象的认识提出的假说"；其二，我们把"假说"仅理解为"猜测的结果"，其中没有"对于真实问题的尝试性解答"之义，那么理论概念就可以表述为"理论是指以概念和关系构造的体系来描述的对于对象的认识所引起的真实问题的尝试性解答形成的假说"；其三，我们把"假说"理解为本身就是"命题和关系的体系"，这样就无须在定义中描述理论的形式构成条件，它已经包含在"假说"的概念之中了。笔者个人倾向于采用第三种定义，理论之概念如书中所述。

❷ ［英］卡尔·波普尔. 猜想与反驳：科学知识的增长［M］. 付季重，纪树立，周昌忠，等译. 上海：上海译文出版社，2001：73.

那么这个解答对于作出解答者而言，无论这个解答是错误的还是正确的，都是他所相信的东西。"一个命题可以定义为：当我们正确地相信或错误地相信时，我们所相信的东西。"❶ 或许有人会提出问题，这样定义的"命题"也完全适用于"概念"，那么为什么假说不是由概念而是由命题构成的呢？如果"假说"是由概念构成的，那么根据之前的讨论，概念是内在于人的（能够用言语描述的）观念，因此除了形成这个观念的个人，其他人不能感知，也不知其存在，这与我们对于作为理论之假说的要求明显不符。命题是利用语言符号对于概念的表达，它是内在于人的观念能够被其他人感知、接收和理解的中介，因此被一些学者描述为"概念的外在形式"。显然，以命题作为假说的构成符合理论定义之需要。此外，对任何一个具体之学术问题的解答都构成一个陈述句，而陈述句是命题的基本句型，或者说所有的命题都是陈述句。当我们用陈述句表现反映对象的观念时，这个陈述句就是命题，因此把假说限定在"由命题构成"的范围内是恰当的。

其次，单个对问题之尝试性解答的结果构成一个猜测或猜想，但不构成一个假说。既然假说是包含理论的类的概念，而任何单个的命题都不构成理论，或者说理论一定是由有限多个命题构成的系统，因此可以得出结论"假说是由命题系统构成的"。当把假说界定为命题系统后，也就区分出了"假说"与"知识"的不同，以及"理论"与"知识"的不同。因为根据对假说的限定，它必须是具有完整结构的命题系统，这就在形式上区分出"知识"和"假说"（"知识"与"理论"）之间的不同了，因为知识在整体上是没有结构的，它们是由离散的、彼此独立存在的理论、命题、经验、规则、常识、习惯等各种类型的具体知识汇聚、积累而形成的。虽然有些学者设想出了知识的"总结构"❷，但是到目前为止尚无人构建起知识的这一总结构，而且在理论上也不能论证存在这一所谓总结构。或许有人会提出"假说为什么不是概念系统"的问题。与概念一样，概念系统也是内在于人的存在，如果持有者不刻意地表现它们，其他人不知道它们的存在。之所以可以肯定概念和概念系统的存在，正是因为有指向它们的命题和命题系统。如果一个人不以命题或者命题系统表现他的思想和观念，那么任何人都不可能知道存在这样的思想或观念，而且这些思想和观念将随着作为载体的个人的消亡而灭失，对于他人或者社会而言，这些思想和观念从未存在过。因此，只有当假说是由命题系统构成时，它才具有了"外在形式"，才有可能表现思想和观

❶　[英]伯特兰·罗素. 逻辑与知识 [M]. 苑利均，译. 北京：商务印书馆，1996：345.
❷　金岳霖. 知识论 [M]. 北京：商务印书馆，1983：950-951.

念，才有可能具有社会传播性，才有可能被不同的人接触和理解，也才有可能被接受、赞同、质疑和反驳。因此，只有在这个条件下，假说才有可能作为包含理论的类的概念，才能够有充足的理由被选择为理论概念的相邻属概念。不可否认的是，也有一些学者把理论称之为"概念系统"❶，出现这种情况或许是混淆了"概念"和"命题"之不同所致，或者是为了强调概念系统作为理论之根本而有意为之。如果没有命题系统，概念系统（对于持有它的个人而言）依然可以存在，只是它没外在表现形式、不具有社会性而已；如果没有概念系统，那么也就一定不会有表现它的命题系统，因为在这种情况下命题系统没有了需要表现的对象，也就没有了存在的必要。尽管概念系统与命题系统之间存在一对多的关系，但是在选定了与一个概念系统相应的命题系统后，标记概念的语言符号与充当命题主项的语词可以是（在一个语言系统中的）同一个符号，这样概念系统和命题系统就因为同一套标记符号而具有了直接的关联性，这或许是一些学者对概念系统与命题系统之不同不加区分的缘故。那么为什么假说是命题系统而不是命题集合呢？命题集合是用言语或文字陈述概念集合中的每个构成元素得到的命题构成的集合。概念集合是问题研究的结果，虽然它的构成元素可以从具体到抽象分别地描述一个对象的方方面面，但是它不能把对象作为有机的整体予以表现。概念集合的这个特点使得在描述其元素的基础上构造出的命题集合也具有相同的性质。命题集合是由相互独立无关的命题构成的，它的每个构成元素都描述概念集合中相应的概念，因此构成命题集合的命题可以分别描述一个对象相对独立部分的性质，也可以以性质分别表征对象在不同条件下呈现出的现象，但是命题集合同样不能把对象作为有机的整体予以表现。如果以命题集合作为假说，那么这个假说就不可能只有一个，而是由与命题集合元素数目相同的假说聚合形成的东西（可以理解为"集合"），或者说，它们是与命题集合元素数目相同多的独立的假说，显然这样界定的"假说"概念是不能满足"理论"概念之定义对于高度相似和最为接近之相邻属概念的要求的。因此，假说只能是命题系统。

再次，作为命题系统，假说是在两种由有限元素构成的集合的基础上构建起来的有机的整体。这两种集合中的一种是命题集合，有关命题集合之前已有所涉及，之后还会详细、系统地讨论，此处就不再重复了；另一个是关系集合，它是演绎推理在命题之间可能建立起来的各种关系构成的集合。由

---

❶ 可以参见乔姆斯基关于理论概念的解释以及《中国大百科全书》相关词条的解释。

于演绎推理是建立在逻辑规则基础上的，在关系集合中就包括所有可能的逻辑关系。既然命题系统是描述概念系统的，那么在命题系统中的关系必须能够表现所有在概念系统中可能出现的关系，这些关系并不只限于在形式逻辑中所介绍的那些，还包括在应用逻辑（模态逻辑、时态逻辑、多值逻辑等）以及数学和其他学科中可能有的、在命题系统中出现的关系。虽然这些内容不是笔者研究的对象，但是关系集合的以下特点仍然需要注意：其一，关系集合中的构成元素没有抽象程度的区别；其二，关系集合中的元素可以重复使用，不受使用次数限制；其三，在理论构造过程中，关系集合中至少有一个元素被使用过。

最后，假说还有两个应该引起我们关注的性质：其一，命题系统是描述概念系统的，因此它呈现出对于这一特定对象的"描述性"。人们通常误认为假说描述的对象是认识或反思的对象，然而无论这个对象是客观的还是主观的，它们或者未必是观念（例如客观对象是客观存在而不是人的观念），或者是已有的知识（例如，被反思的观念、理论、思想、经验、常识等），它们都不是假说所描述的对象。其二，假说是命题系统，这也就意味着它是由人"构造"出来的，或者说假说不是自然形成的东西，因此假说具有"构成性"（任何人创造的东西都是构成的）。构成性不仅是命题系统的性质，也是概念系统的性质，它们都对自身以外之对象表现出描述性，而对自身之结构呈现出构成性，因此理论是描述性还是构成性的争论没有意义。通过以上论证，我们明确了"假说"概念：其一，猜测或者猜想是它的质的规定性，因此它才被称为"假说"；其二，它是由命题和关系构成的系统，这是它与知识在形式上的根本区别；❶ 其三，它既呈现出对概念系统的描述性，也表现为自身的构成性。

尽管理论是假说，但并不是所有的假说都是理论，只有"解答学术问题所形成的"假说才是"理论"。❷ 因此，"解答学术问题"是理论区别于假说的本质特征，也是理论的本质属性。这个约束条件使得理论在内容上有别于知识，因为知识可以是与解答问题无关的命题系统，例如教科书、说明书、介绍理论的文献、各种人物传记、历史资料以及已有知识的综述等，虽然这些命题系统可能涉及理论，但是它们是知识而非理论，甚至它们都不能满足

---

❶　由于假说的基本构成是"命题"，它是具有社会性的；又由于假说是命题系统，它有着完整的体系结构，这是它与知识在形式上的区别。

❷　尽管构成假说的所有命题都是猜测、猜想，但并不是所有的猜测、猜想都是针对学术问题作出的，因此通过种差就在理论概念中排除了所有与学术问题无关的假说。

假说的构成条件。如果"解答问题"只是对理论之构成的一个较弱的约束，那么"解答学术问题"就是其构成的一个较强的约束，因为这个约束条件把"理论"概念限定在一个较小的范围内，或者说，除了解答学术问题的假说，其他解答任何问题的假说都不满足理论概念的构成条件。在这个定义的种差中有两个需要注意的问题：其一，理论对于学术问题的解答是"尝试性"的。这意味着问题的解答者并不确切地知道这个问题的答案，他所作出的回答只是在已有知识的基础上对这个学术问题可能之解答作出的推测和猜想，也就是说，在理论中对于学术问题的解答不是确定的、绝对正确的和一劳永逸的，而是不确定的、可能错误的和当前可接受的（在当前的各种条件约束下作出的解答）。其二，对于理论所要解答之学术问题有两个限制条件。其中的一个限制条件是，理论所要解答的学术问题必须是真实的。因为任何虚假问题和它的解答对于人的认知而言都是没有意义的。有关这类问题的解答或者是谬误，或者只有必然之结果（不存在需要解答的问题），因此在理论所解答的学术问题中排除了虚假问题。另一个限制条件是，理论所要解答的学术问题形成于认识或反思对象的过程中。在这个限定条件中，对象既包括主观观念，也包括客观存在。因为学术问题的产生，既可以源于对已有观念的反思，也可以源于对客观存在的认识，而为了使得所定义之"理论"概念具有最大可能的包容性和普遍的适用性，因此引起学术问题之对象的限定就相应地附加了最弱的条件，以使之涵盖所有之可能。

在之前的讨论中，我们已经讨论了"理论"概念在词义上的不确定性，那么在这里定义的"理论"概念能够被普遍接受吗？既然"理论"概念不存在绝对的、能够被普遍接受的词义，那么一定要制作一个能够被普遍接受的定义不仅没有意义，而且是徒劳的。每个人在界定这个概念时，都会根据特定的目的、应用范围和语境，赋予这个语词以恰当的意义。正是由于"理论"一词的词义之不确定的特点，才存在在特定的论域中提出能够被普遍接受之定义的可能性。在特定的论域中，为了得到人们的普遍认同，"理论"一词只能在已有的限定下附加最弱的约束条件，这样就能使之在这个特定的范围内反映对象的一般性，并得到较为广泛的适用性。显然，这里所谓"普遍认同""反映对象的一般性""广泛的适用性"等都是相对于特定论域而言的。因此，这里的定义只是为了满足笔者讨论的需要而对理论概念的界定，它并不否定或者排斥其他人为了其他目的和需要而对理论概念的解释，或者说，任何人都可以根据自己的理解和需要界定这个概念。但是，作为严谨学者应该承担对概念界定之合理性的论证和说明的责任。

理论概念可以划分为"经验理论"和"非经验理论"。经验理论指对象是客观存在的理论；非经验理论指所有不是经验理论的理论。这个划分是以被认识的对象是否是客观存在为依据的，它把所有的理论划分成具有矛盾关系的两种，不是经验理论就一定是非经验理论。这个划分是基于学科分类考虑的。现有的学科大致归为两类，一类是经验学科，另一类是非经验学科。❶经验学科的特征是，它的研究对象是客观存在，包括自然、人、社会、经济等，因此经验学科就包含自然科学、社会科学、医学等。凡是不属于经验学科的都属于非经验学科，因此非经验学科的研究对象一定不是客观存在的，例如哲学、数学、逻辑学、心理学、宗教学等。经验理论涵盖所有经验学科中的理论，而非经验理论则涵盖所有非经验学科中的理论。由于概念的划分是根据理论构建的需要进行的，需要不同，则划分的依据不同，结果也就不同，如何对概念进行划分是由人的主观意识决定的。在这里把理论概念划分为经验的和非经验的，正是为了后续讨论的需要。

---

❶　由于划分所得的概念必须是矛盾关系，我们把一类称作"经验学科"，就只能把另一类称作"非经验学科"，否则就有可能使得划分后所得的概念不是矛盾关系，而是反对关系了。

第二章　理论的构造

　　之前的讨论界定了"理论"概念，回答了理论是什么的问题。在这个过程中，我们分别讨论了概念集合、问题和假说等概念，接下来我们从理论的概念出发，讨论理论是如何构建的，包括理论的构造过程以及理论的结构等问题。在理论的概念确定之后，这个论题的论域也就由理论概念对于对象"理论"的描述而确定下来，任何理论的论域都是由描述这个对象的整体性概念确定的。那么在描述对象的整体性概念确定后，如何在这个概念的基础上构造理论呢？

一、理论概念的解析

　　"理论是什么"的问题是我们对于对象的整体认识所形成的一般性问题，也是构建理论需要回答的基本问题。任何理论都是关于对象的认识所产生之问题的尝试性解答构成的假说，因此任何理论都有一个且只有一个有关对象的一般性问题，这个问题是在对于对象的整体认识的基础上形成的问题，它是从整体上关于对象之是其所是的追问。对于基本问题的回答，只是完成了对于对象最为抽象的描述，但是对于基本问题之尝试性解答的合理性和可信度，则需要通过围绕着基本问题的解答及其符合逻辑规则和基本规律的表现展开，最后构造出有关这个对象引出之问题解答的完整假说。

（一） 两类不同问题的区分

在认识一个对象并最终构造出反映这个对象的理论的整个认知过程中，它包括两个相对独立的过程，其中一个是问题研究过程，另一个是理论构建过程。之所以说这两个过程是彼此相对独立的，因为从单纯的个人认知的角度来看，这个过程只有一个构成，就是问题研究过程，而不需要与之相继的理论构建过程。因为个人的认知过程并不必然地要构建一个概念系统，这样就没有了接下来的概念系统之构建过程，这类认知过程的目的在于增长个人的知识，而不是与社会其他成员进行思想和观念的交流。只有当问题研究过程结束后，继而进入概念系统的构建过程，这样才进入理论构建过程的第一步；概念系统构建完成后，再以言语或文字的形式通过命题和关系的系统把这个概念系统表现出来，整个理论构建过程才告完成。从以上论述可知，理论的构建流程是先通过问题研究构造出概念集合，再根据概念集合构建起由概念和关系作为构成要素的概念系统，然后用命题表述所有概念集合中的概念，从而得到相应的命题集合，最后利用逻辑演绎推理方法在命题集合的基础上构建起命题系统，以描述已经构建起来的概念系统。这个流程大致上说明了理论的构建过程、顺序、阶段及其结果，也阐明了各个阶段的关系，尤其阐释了各个阶段不存在必然接续的问题，因此个人的认知过程可以终结于任何阶段，这是认知过程和理论构建过程的区别。构造反映对象的概念集合是理论构建的前提，它是通过问题研究完成的。问题研究同样由多个彼此独立的过程构成，主要包括提出问题、分析问题和解决问题。之所以说问题研究的这些过程是彼此独立的，是因为并不是所有概念集合的构造都必须有这三个过程，但是一定会有提出问题和解决问题之过程。一般而言，对于超出研究者直接解答之能力的复杂问题，其解决需要有分析问题的过程。例如反思形成的问题，它既可以是对经验理论反思产生的问题，也可以是对非经验理论的，这类问题的特点是它们的提出并非来自人的直接经验（观察、感觉、实践），而是来自已有的观念、理论、信仰等内在于人的存在。❶ 通过对这些已有的思想、观念等的反思产生新的问题，这些问题的复杂性的度是由被反思的对象决定的，如果其复杂程度超出了研究者处理能力，那么就需要

---

❶ 这里的观念可以是反映客观存在形成的观念，理论也可以是经验理论；作为观念和理论，不论它们是经验的还是非经验的，都是内在于人的主观存在，因此可以作为反思的对象。如果反思形成的观念或理论依然是反映客观存在的，那么它们仍然是经验的。

通过分析问题来降低问题的复杂性的度。又如，在经验领域中，某些客观现实和直接经验（观察、感觉、实践）激发人们产生的问题（包括引起对已有理论、知识等的质疑），其复杂程度也可能是研究者不能直接解答的，需要通过分析问题降低问题的复杂性的度。由此可见，当问题的复杂性达到一定的程度时，解决问题就必须以分析问题为前提，而分析问题又必然以提出问题为前提。如果（主观或客观）对象引起的问题没有超出人的处理能力的范围，或者说它是一个研究者能够在已有的知识背景下直接回答的问题，那么这个问题不是笔者讨论的问题，因为它不需要通过一个假说来对它作出尝试性的解答。构建概念集合还存在另一种可能，即研究者每次通过观察、感知和实践产生的问题虽有一定的难度，但在其可以解决的范围内，因此他根据已经掌握的知识和自身拥有的能力，处理、解决在认识、观察、感觉客观对象时遇到的问题。对这些问题的解答转化为研究者的新的知识，从而增加了他的知识储备，改变了他的知识结构，提高了认识和解决问题的能力。在这个新的条件下，研究者继续对同一个对象进行更深入、全面的认识和观察，提出与之能力相应的、复杂程度更高的、具有一定难度但仍然能够解答的问题，然后解决这个复杂度更高的问题。这个研究过程一直持续着，由浅入深、由表及里、由简单到复杂、由部分到整体，从而得到反映同一对象的一组概念，它们构成相对于这个对象的概念集合。然而，在这个过程中，只有提出问题和解决问题的过程，却没有分析问题的过程。

在构造反映对象的概念集合完成之后，就已经从认识对象自身的过程中完成了分别对其呈现出来的所有现象的描述，至此在问题研究阶段还需要最后解答"这个对象是什么"的问题。❶ 显然，这个问题的答案不可能来自对于对象自身的认识，这是需要借助外部的参照才能够解答的问题，例如，在我们正在进行的研究中，这个问题就是"理论是什么"的问题。对于这个问题的回答，不可能在以"理论"❷ 作为标记的概念集合中找到答案，它是借助于在"理论"这个概念集合之外的概念"假说"，才回答了以"理论"命

---

❶　在得出概念集合中最抽象的概念之前，这个问题不会产生。因为在此之前，概念集合中那些抽象度最高的概念在抽象程度上也低于这个概念，在这个条件下只可能产生如何从现有抽象度最高的概念概括出抽象度更高的、反映对象的概念的问题。在概念集合中的这个抽象度最高的、反映对象整体性的概念没有得出之前，不可能提出这个对象是什么的问题。因为在此之前，我们需要了解这个对象的性质，而不是要猜测它所属的对象的类。知道对象的本质属性是将其归入特定的对象的类的条件，这是构造类的"概括原理"所要求的。

❷　语言符号"理论"，既是这个概念集合中最抽象的概念（基本概念）的标识，也是这个概念集合的标识，它描述的性质就是这个对象的本质属性。

名的对象是什么的问题。显然，在这个标记为"理论"的概念集合中，充其量只能回答这个被标记为"理论"的对象具有什么性质，或者说，能够知道它的质的规定性，但是我们不能回答这个对象是什么的问题。因此笔者约定，询问一个对象的质的规定性（本质属性）的问题，称之为"（有关这个对象的）基本问题"；而询问一个对象是什么的问题，称之为"（有关这个对象的）一般问题"。当解答了对象的一般问题后，有关这个对象的问题研究宣告结束了，至此我们已经对反映对象呈现出的所有现象形成的观念以语词的形式进行了命名，从而获得了相应的概念集合；此外，我们还可以对这个概念集合中的每个概念进行赋值，并以语句的形式表现出来，从而构造出描述这个概念集合的命题集合；最后，我们对于一般问题的回答得到有关这个对象的"整体概念"（与对基本问题的回答得到的"基本概念"相区别），从而标志着问题研究的结束，同时也意味着概念系统的构建可以从这里开始，因此整体概念是两者（学术问题研究与概念系统构建）转换的结点。如果我们以言语或者文字陈述这个称作"理论"的整体概念，就构成表现这个概念的"一般命题"。从一般命题开始，应用演绎推理方法构造描述相应概念系统的命题系统，因此整体概念是理论的论题。

构建理论的过程是从在概念集合上构造概念系统开始的。这个过程几乎被人们忽视了，因为人们似乎只是构造了命题系统，并没有构造一个概念系统，因此误认为理论之创立应该始于命题系统的构建。实际上，在我们根据需要设法把任何两个命题关联起来之前，就已经在我们的头脑中有了它们所描述的相应之概念及其结构，如果没有内在于我们的概念和概念之间的关系，怎么可能有以描述它们为存在之必要的命题及其结构呢？由于最小概念系统和与之相应的最小命题系统具有同构关系，而且它们标识结点的符号采用了同一套语言符号（只是在不同系统中相同语言符号的赋值及其方法之不同），我们在接下来以概念系统的构建过程作为主要讨论对象，而命题系统之构建只是在此基础上所作的相应转换而已。概念系统的构建也包括两个相互独立的过程，即分析问题和解决问题。在问题研究结束时，我们回答了由这个对象引起的"它是什么"的一般问题和对这个问题尝试性解答得到的整体概念。接着，我们需要把一般问题分解成几个更为具体的问题，对分解后的问题的回答所得到的概念的合取，应该正好等同于回答一般问题所得到的整体概念。因为概念系统的构建必须遵循逻辑规则和基本规律，这就要求在概念系统构建的过程中，概念的划分必须满足概念划分的外延相等原则，即划分后得到的所有概念之合取在外延上等同于划分前概念的外延。在构建概念系统的过程中遵循这个规则的理由是，它确保了划分前后概念的总的外延没有因为这个（人的划分活动）过程而发生变化，因而保证了概念中包含的信息至少没有因为划分而丢失。通过这个过程，把整体概念划分成承袭了其性质的较为具体的多数概念；然后，再以同样的方法询问，第一步分解后的问题是否能够再分解成更具体的问题、可以使其解答得到的概念之合取在外延上等同于未分解之问题解答的外延；通过回答这个问题，可以把问题进一步分解为更具体的问题，回答得到更具体的概念；在问题是否可以再分解的追问下，直到穷尽了所有概念集合中的概念，最后终结于在问题研究中通过解答分解后的问题所得到的一组（由称作"论点"的命题描述的）最具体的概念。在理论构建过程中，分析问题的过程从最复杂但已解的一般问题，到最简单可以用已知概念解答的具体问题，随着对于分析后得到的问题，通过解决问题的过程，以及遵循概念的逻辑划分规则，把概念集合中的所有概念用关系连接起来，从而构成被称为"概念系统"的有机整体。

在上面的讨论中可知，不论是问题研究还是理论构建，都可能有分析问题和解决问题的过程，或者说，概念集合和概念系统的构建都是通过解决问题来实现的，因此它们都是在问题的引导下完成的。问题在于，在构造概念集合和概念系统的过程中，问题的产生、分析、解决等各个方面是否相同呢？在接下来的讨论中，通过阐释在问题研究和理论构建中问题的引导作用，说明在这两个不同的过程中问题的不同，其中包括问题产生的根据、分析的理由、解答的方法和遵循的规则等方面。

在问题研究中，问题必定产生于对于对象的认识和理解，它不仅是一个"不解"到"解"的过程，也是一个从"无名"到"有名"的过程。例如，假设我们研究的对象是"问题"，那么对于各种不同的对象产生的疑惑呈现出两种截然不同的现象，我们对这两种现象认识所形成的观念是：一种是可以猜测出其答案的，另一种是不能猜测出其答案的。我们把对这两种现象的认识形成的观念分别用语词"有解问题"和"无解问题"予以标示，或者说，我们把这两个概念分别命名为"有解问题"和"无解问题"。接着，会产生一个新的问题，这两类"问题"是否具有某些共同的性质呢？对于这个新的问题在考察相关的对象之后，我们发现这两类"问题"都缺乏解答问题必须具备的条件，因此我们把它们的这个共同的性质称作"约束不足性"；但是不论是我们对这两种截然不同的现象导致的问题形成的观念，还是对它们是否有共同性质的问题产生的观念，都是在考察个别"问题"中得出来的，只是对于这类对象之个别对象呈现出的现象认识形成的观念。由于我们不可能穷尽所有这类对象，不可能得出对象呈现出的这一现象是否是这类对象的固有性质，只能作出猜测。例如，把有解问题和无解问题概括形成一个更为抽象的概念："由对象在人的心理上引起的缺乏恰当条件解释的疑惑"，并把这个概念命名为"约束不足问题。"之后我们又会提出问题，是否存在与概念"约束不足问题"矛盾的概念呢？从而形成了概念"约束冗余问题"。❶ 然后，再通过对"约束不足问题"和"约束冗余问题"所呈现出的某些相同现象的认识，概括得到更抽象的"约束不完全性"概念。这个过程直到获得一个没有冲突或者对立的概念"问题"为止。无论是有解问题、无解问题、约束不足问题或者约束冗余问题，都是基于对一定数量的、具体的个别对象的考察、认识得出的，因为我们不可能穷尽所有的对象，因此不能通过推理从具体对象的特殊得到所有对象之抽象的一般，只能通过尝试性的解答对于对象呈现出的"具体"中可能存在之"共性"作出猜测，然后形成一个排除了具体对象呈现出的特殊性而只保留其共性的被称作"抽象"的观念，接着还可以在一个语言系统中概括描述这个抽象概念，形成一个（相对于描述每个反映具体对象形成之观念的命题）具有一般性的命题。❷ 从这个示例可见，在问题研究中，所有的问题都是直接因我们对于对象呈现出的现象在认识上的不解、怀疑和疑惑才提出来的，因此我们也把它们（不严谨地）称作"因对象产生的问题"。正是这些问题和恰当的复杂性的度，引导着我们完成了对于对象的认识和研究，最终得到认可的结果（猜想、假说）。在问题研究的过程中，当抽象概括得到概念集合中唯一的最抽象的概念之后，也就从整体上完成了对这个对象的固有属性的认识。

---

❶ 这里我们不把约束恰当（所谓约束恰当是指约束条件正好满足解答问题之需要，是充分必要的）作为与约束不足相对立的概念，因为它们之间不是矛盾关系而是反对关系，毕竟约束恰当只是约束冗余的特例。

❷ 解决问题是一个思维活动，它是内在于人的智力活动，那么解决问题是否有属于它的确定的、可以被人认识的方法呢？人们或许会把归纳法作为解决问题的方法，然而笔者认为归纳法只是命题的论证方法，而不是一种解决问题的方法。对问题尤其是学术问题的解答，似乎没有一定之规，每个人都有自己解决问题的方法，因而就有了个人之解决问题的能力、效率和结果的不同。不同的人解决同一个问题的方法各自不同，即使一个人能够在事后总结出他所使用的方法（更多的情况是事后人们也不能描述其解决问题的方法），但是他依然不能回答为什么采用这种方法，甚至他总结的是否属实也无法验证。如果解决问题的方法是归纳法或者其他可以描述的方法，那么每个人解决问题的方法大同小异，不过是有限可数之方法的组合，不会有根本性的区别，因此人们解决问题的能力也就不会有明显的差异，显然这与我们的认识和现实不符。在这里，解决问题的方法被称为"对问题的尝试性解答"，其结果被称为"假设、猜想"；由于假设、猜想只是问题的可能的解，也就有了命题的"真假问题"，有了"论证"和"反驳"，以及"证实"和"证伪"。但是，对问题的尝试性解答是没有规律可循的。

再以我们正在研究的对象"命题系统"为例，对问题在概念集合构建中的引导作用作进一步的探讨。在对于对象"命题系统"的认识过程中，通过问题研究过程最终得到一个概念集合，其构成元素包括对象、问题、解答、观念、概念、概念集合、命题、命题集合、体系、关系等；在这些构成元素中，元素"关系"涉及另一个在命题系统的构建上不可或缺的集合，即所谓"关系集合"，它是由诸如逻辑关系、数学关系等各种关系作为元素构成的。❶但是在"命题系统"作为对象的认识过程中，关系集合不会出现，它只是在问题研究中对于由对象"命题系统"呈现出的现象所诱发的问题，根据尝试性的解答得出的概念，被概括为描述这个对象之概念集合中的一个元素。虽然"关系"这个元素本身描述了一个集合，但是这个集合本身与对象"命题系统"的认识和理解无关，因此在这个对象的问题研究过程中，除了把"关系"作为在描述对象"命题系统"的概念集合中的一个构成元素外，不会再对这个集合本身作更进一步的深入研究。❷但是，如果在描述对象"命题系统"的概念集合中没有元素"关系"概念，那么在这个集合中就可能因为缺少相应的元素而最终不能回答"这个对象（命题系统）是什么"的基本问题，因此也就不可能在问题研究中得到与这个问题相关的基本概念。在构造对象"命题系统"的概念集合的过程中，我们对分解后得到的具体的、抽象程度较低的、可以直接利用已知概念回答的、呈现出相似性或相关性的问题，通过尝试性的解答获得更高抽象程度的概念，而且随着问题之抽象程度的递增，解答问题所得到之概念的数量递减，直到我们得到两个概念，"尝试性的解答在认识或反思对象的过程中产生的学术问题所形成的"和"概念和关系结合形成的体系"。❸显然，这两个概念之间存在一定的关系。其中，"概念和关系结合形成的体系"是我们对这个对象是什么的认识和在头脑中的反映，它区别于其他这类系统的质的规定性（它的固有属性）在于它是由"尝试性地解答在认识或反思对象的过程中产生的学术问题所形成的"，这样就得到了描述对象"命题系统"的概念系统中最抽象的概念（基本概念），它是对这个对象从整体上认识和理解所作出的尝试性的解释，即"命题系统是由尝试性的解答在认识或反思对象的过程中产生的学术问题所形成的命题和

---

❶　在这里没有试图对第一章的内容进行全面梳理的意图，只是为了举例说明正在论述的观点的需要，粗略地概括一二而已。由于对集合的要求是非空集合，因此只要有一个元素就构成一个集合。

❷　在此"命题系统（理论）"只是作为一个研究对象，而不是在构建一个理论，因此关系只是认识这个对象的一个概念，而不是在理论构建中必不可少的构件之一。

❸　由于单个概念除了自反（反身）关系和否定关系，不可能有其他关系，这里的"概念"应被理解为概念子集。同样，"关系"也应该被理解为关系子集。

关系构建的体系"❶。到此为止，我们已经获得了这个概念集合中的最抽象的
概念，这样不仅在整体上认识了对象"命题系统"的本质属性，也在各个抽
象层面直到具体层面上，认识了对象呈现出的现象所反映出的性质。需要说
明的是，在构造概念系统的过程中，我们同时对于每个标识概念的语词予以
赋值，从而构建起描述这个概念集合的命题集合。在这个命题集合中，每个
命题的主项相对于概念集合中标记概念的符号，而它的谓项则是以语言形式
描述的相应之概念反映出的对象呈现之现象的全部信息。但是，在现有的条
件下，我们依然不能回答"这个对象是什么"的问题。因为到目前为止，问
题研究都是围绕着对象展开的，对象反映形成之观念也都是对于对象自身呈
现出的现象的认识和理解，因此它的所有结果都是"把对象作为孤立的存
在"（以下简称"从内部视角"）观察得到的。从内部视角可以认识对象的固
有属性，可以认识对象所具有的表现它"是其所是"的规定性，但是却不能
以此确定它是什么，因为我们不能从任何事物自身来确定它的所属。正所谓
"不识庐山真面目，只缘身在此山中"。在问题研究中，任何描述抽象程度较
低概念（下位概念）的命题都不能描述比它抽象程度高的直接相关的概念
（上位概念），因为它缺少描述上位概念的语词，否则就可以从特殊推出一般
了；同样，任何描述抽象度相同概念（同位概念）的命题也都不能相互描
述，因为它们缺少描述对方的语词，否则就会出现特殊描述特殊、一般描述
一般的情况了。在本书的示例中，即便我们形成了反映对象"命题系统"的
概念，也用语言符号"命题系统"标示了这个概念，但是依然不能在反映对
象"命题系统"的概念集合中回答"命题系统是什么"的问题，我们只知道
这个对象是"命题在关系的作用下形成的完整的体系"，至于这个"体系"
是什么，则不能在这个概念集合中回答，也就是说，不能根据这个概念集合
中的最抽象的概念来对这个问题作出尝试性的解答。因为标示对象自身内在
固有属性的语词（命题系统）不能描述它自身，即我们不可能从对象自身的
属性（包括它的本质属性）来解答它是什么的问题，因为在概念集合中的所
有概念在抽象程度上都不会超过需要解答之问题中的"命题系统"概念的抽
象度，所以它们不能描述"命题系统"概念。由于命题集合是表现概念集合
的，在概念集合中不能描述的概念，在命题集合中也没有表现它的相应之命

---

❶ 从这个示例可知，对于基本问题尝试性的解答所得到的是有关这个对象作为整体的全部信
息，这些信息可以在特定的语言体系中用语句予以表现。之所以说它包括全部信息，因为它不仅包含
它是什么的信息，还包含它不是什么的信息，因此我们才可能猜测它的"属"（表现参照对象的概
念），以及它不同于它的属的质的区别性（本质特征）。

题，即在命题集合中也没有回答"命题系统是什么"的陈述。或者，我们可以把相对于对象"命题系统"构建的概念集合（命题集合）中的基本概念（基本命题）理解为，它从整体上回答了这个对象（命题系统）"像什么的问题"，而非"是什么的问题"，这样能够更贴切地表现在概念集合中的所有概念都来源于人的猜测的含义。

为了能够把"像什么"的解答转变为"是什么"，我们就只能够从这个概念集合的外部寻找包含"命题系统"概念的、更抽象的概念来描述"命题系统"这个概念。当我们从对象自身转向对象之外（以下简称"从外部视角"）去认识这个对象时，就能够从它与其他对象（以下称作"参照对象"）的关系以及它自身的特殊性上认识并从整体上形成有关这个对象的观念，这样才能够用言语来描述这个观念。❶ 通过问题研究我们形成了对于对象"命题系统"的认识，这个对象是"命题和关系结合形成的体系"，其中的"命题"是对问题可能之答案的猜测形成之概念的陈述，是用言语以性质的形式描述对象呈现出的现象。当我们把在逻辑规则下通过演绎推理把这些命题关联起来时，就得到由命题和关系构成的描述对问题之解答的猜测形成的系统，因此我们需要在已经掌握的对象中，选择一个与对象"命题系统"相似程度最高、最接近，而且包含对象"命题系统"的对象，作为从对象"命题系统"外部认识、理解这个对象的参照对象。在我们所认识的对象中，能够满足这个条件的是被称作"假说"的对象，因此我们选择概念"假说"描述的对象作为认识"命题系统"的"参照对象"。这样就完成了对研究对象进行分类的描述，也就是说，完成了把命题系统归于假说一类成为其构成的描述。但是，"假说"作为"命题系统"的参照，它们两者之间必须存在逻辑上的包含关系，只有这样，概念"假说"才可以作为概念"命题系统"的类概念。要证明这个关系存在，只需要举出一例，它只要是假说但不是我们讨论的对象"命题系统"，就能够确定"假说"是"命题系统"的类概念。显然，（科学）幻想是假说，但不是我们所讨论的"命题系统"，从而论证了概念"假说"是概念"命题系统"的类概念。❷ 由于"假说"是已经被人们确定而且被普遍认同和使用的概念，当明确了"命题系统"属于"假说"时，

---

❶ 正如已故大师王国维先生在《人间词话》中所说："诗人对宇宙人生，须入乎其内，又须出乎其外。入乎其内，故能写之；出乎其外，故能观之。入乎其内，故有生气；出乎其外，故有高致。"寥寥数笔，已见至理。

❷ 在之前已经对"假说"概念作了详细的讨论，根据之前的阐释可以推出"假说"概念的外延与"命题系统"概念的外延不存在交叉关系之可能，它们之间或者是等同之关系，或者是包含之关系，因此才可能通过一个反例来排除其存在等同之关系。

也就是从参照对象"假说"来认识和理解这个对象"命题系统",或者说是从参照对象"假说"这个(外部)视角来认识和理解对象"命题系统"。从上面的讨论可见,如果我们没有对于对象"命题系统"的认识,不知其自身的构成是"由表现猜想的命题和关系结合而成的体系",我们就没有了从外部选择最相似、最接近的概念"假说"作为概念"命题系统"参照的依据,从而使得从外部选择参照对象成为随意的、无的放矢的过程。然而,到目前为止,我们并没有回答"命题系统是什么"的问题,只是明确了"命题系统属于什么"的问题。为了回答"命题系统是什么"的问题,我们需要对概念"假说"进行限定,因此涉及对象"命题系统"的本质属性,即这个假说是"尝试性的解答在认识或反思对象的过程中产生的学术问题所形成的",这是作为"命题系统"的假说不同于其他假说的质的区别性,用这个性质作为"命题系统"的本质特征来限定概念"假说",就回答了"命题系统"是什么的问题,即"命题系统是指尝试性地解答在认识对象的过程中产生的学术问题所形成的假说"❶。在我们以言语或者语言文字的形式陈述从外部视角对于对象"命题系统"认识所形成的概念后,就得到了描述这个对象之整体概念的命题,它是回答问题"命题系统是什么"的陈述句。在我们回答了对象"概念系统"是什么的问题后,涉及这个对象的问题研究也就结束了。由于在这个过程中,最具体和最抽象的概念都是从外部引入的已知概念,它们构成了问题研究在两个方向上的终结,或者说,对象的问题研究在两个方向上都不存在无限回溯的问题。

从上述讨论可知,在问题研究中,所有引导问题研究过程发展的问题都是由对于对象的认识引起的;它们的解答都受到了问题复杂性的度的约束。如果问题复杂性的度超出了人的认识、理解和处理能力(个人所具有的解决问题的能力),那么人们就需要通过分析问题来降低问题复杂性的度,直到能够根据已有的知识或概念直接回答分析后的问题为止;❷在认识客观对象时,人也是根据自己所具有的能力选择由对象引起的有着适当复杂性的度的问题,把问题的复杂程度控制在可以利用已有的知识或概念直接回答的范

---

❶　在这个定义中需要注意,"认识"的思维活动包括"反思"过程,或者说,"反思"是思维活动的一种形式。在我们的讨论中,有时使用"反思"一词是为了强调认识对象是主观观念。但是,这一强调并不能改变"反思"是"思维"的一种,是人的认识的一个构成关系。

❷　如果对象引起的问题分解到了不能再分解的程度,研究者依然不能借助已知的概念解答,那么这个问题对于研究者而言是不能解的。

围。❶ 由此可见，复杂性的度是控制分析问题过程发展和决定问题选择的条件。在问题研究过程中，问题的解答是根据已经掌握的知识和概念（不论是从外部引入的还是刚刚从解答问题中获得的）所进行的尝试性的猜测，而不是根据逻辑规则的推理所得，因此它表现为从具体到抽象、从特殊到一般的发展进程，最终得到这个阶段智力活动的结果，概念集合以及表现这个概念集合的命题集合。

在回答了研究对象是什么的问题后，对象的概念集合和命题集合随之构造完成，整体概念和一般命题也随之获得，到此问题研究活动结束了，然而这才是理论构建活动的开始。❷ 理论构建活动是从问题"这个对象是什么"开始的。在上面的示例中则是"命题系统是什么"的问题。在得到这个问题的确定回答之后，我们认识了研究对象的本质属性（质的规定性），也就明确了它相对于参照对象的质的区别性（本质特征）。对于任何一个对象的认识都包括两个方面：其一，它属于什么；其二，它是其所是的根据。研究对象属于什么的问题，是我们借助已知的概念和知识对研究对象归类的问题，人认识任何事物都是根据相似原则和接近原则，通过已知的概念来解释未知的。在以上示例中，所选择的已知的、能够包含我们认识对象的概念是"假说"。在之前有关假说的讨论中，我们特别强调了它作为系统是由命题和关系构成的，这是为了避免把（描述概念集合的）命题集合与（描述概念系统的）命题系统相混淆，因为前者不能够把对象作为有机的整体予以描述、表现；同时也是为避免把命题系统（理论）与知识混为一谈，因为后者是没有组织、结构和体系的。任何没有体系、结构的概念或者命题，都不能从整体上全面描述一个对象，即便每个命题或者概念都能够充分描述与之相应的部分。此外，命题系统的体系结构不同，它所能够描述之对象的充分性和效果也不同，这是描述同一对象之命题系统（理论）之优劣的决定性因素。在许多事物上，作为其构成之形式条件的体系结构的重要性经常被人们所忽视，然而它们甚至可以决定事物的特征和形态。例如，石墨和金刚石的构成元素都是碳，但是由于结构不同，则呈现出完全不同的特征和形态。再以"著作权"概念为例。当构建著作权理论时，我们首先要回答的是"著作权是什

---

❶ 如果对象直接引起的简单问题依然超出了研究者解决问题的能力，那么研究者对于这个对象的认识是不可能的。

❷ 这两个活动的终止和开始都是相对的，因为在理论构建过程中可能发现问题研究中的问题，因此需重新审视研究结果，再次进入研究过程，这种反复在问题研究和理论构建活动中是不可避免的。我们在这里是为了说明两者的区别，才把这个相对关系描述成了绝对关系。

么"的问题，这个问题可以根据问题研究的结果把它解释为"基于作品形成的知识产权"❶。那么，问题在于"为什么这个解答就是我们所要描述的对象"。这就涉及两个问题：其一是在这个解释中，把"知识产权"选择为"著作权"的参照是否恰当的问题；其二是"基于作品形成的"是否能够把著作权从描述类的概念"知识产权"中恰当地区分出来的问题。在回答对象"著作权"引起的基本问题（它是在反映对象的概念集合中所要回答的最抽象的问题）时，得到的结论是"著作权是基于人创作作品的智力活动结果而形成的权利"。已知"基于智力活动结果形成的权利是知识产权"，那么概念"知识产权"就是与对象"著作权"相似度最高、最接近的概念，因此我们得出"著作权属于或者是知识产权"的判断结果。这个判断的根据是：其一，两者都是基于智力活动结果形成的权利，而且"知识产权"概念有着比著作权更少的限定条件，即它是有可能比"著作权"概念更抽象的概念，或者说，从概念的抽象程度上来看，"知识产权"概念是包含"著作权"概念的，因此可以用概念"知识产权"解释概念"著作权"，而比"著作权"概念抽象层次低，或者具有与之相同抽象层次的概念，都不能解释或者界定"著作权"概念。根据两者相同的性质，至少可以得出它们相同（是）或者"著作权"概念包含于（属于）"知识产权"概念的结论；在以上的论证中，肯定了概念"著作权"与"知识产权"的相同，这是两者相似的根据之一，只有同时否定它们的相同，才能够肯定它们的相似，从而论证了选择"知识产权"作为"著作权"的参照的恰当性。或许有人会说，"基于智力活动结果"已经暗示了比"基于创作作品的智力活动结果"更抽象，然而这并不能排除"智力活动"只有"创作作品"这一种，因此需要对这个命题予以否定。为此，可以列举"发明"作为反例，它是智力活动结果，但不是"作品"，而是与之具有相同抽象度的概念。由于"作品"和"发明"是并列的、包含于概念"智力活动结果"中的概念，这样也就否定了智力活动结果只有创作作品之一种的假定，肯定了概念"著作权"与"知识产权"的不同，以及概念"著作权"直接包含于概念"知识产权"，从而阐释了后者是与前者相似程度最高、最接近前者的概念，也就论证了选择概念"知识产权"作为概念"著作权"的类的概念是恰当的。那么，限定"基于作品形成的"是否能够把"著作权"概念从"知识产权"概念中区别出来呢？这个答案是肯定

---

　　❶　这里采用的著作权概念仅作为示例，并未进行严格的论证。因为我们不是在解释我国著作权法的概念，而是对理论的构建进行说明，因此不能把两者混为一谈。即便是我国著作权法中的著作权概念，也只是在条文层面上对著作权的界定，与问题研究中的概念仍有不同，这是需要注意的问题。

的，但是因其属于"著作权"理论研究的内容，故而作为示例在此不再赘述。

　　由于选择描述参照对象之概念的目的是界定问题研究的对象，参照对象不是在这一问题研究中的研究对象，标识参照对象的概念也不是在这一问题研究中需要进一步探讨的问题，它们在这一问题研究中被假定为已知的、确定的和清晰的，可以直接被引用而无须质疑的。由于这个理由，在这两个示例中，引入作为参照对象的概念"假说""知识产权"都是已知、确定、清晰和无须质疑的，无论在问题研究还是理论构建中，它们都是直接引用而不再讨论的概念。然而，通过解答对象引起的一般问题得到对于这个对象的一般认识，这个认识只是笼统的、概括的，它不能系统地反映、描述对象，这就需要对整体概念和概念集合中的基本概念，在"它是否能分解成更简单、具体和易于回答"问题的引导下，通过划分为概念集合中更具体、简单的概念予以表现，这个过程持续进行着直到抽象程度最低的、能够得到由被称为"论据（公设）"的一组命题描述的已知概念支持的概念为止，最终在概念集合的基础上构造出可以全面表现对象之各个方面的概念体系。由于整个结构都必须满足逻辑划分之"概念划分前后外延相等"的原则。因此，在概念系统构建的过程中，必须保证对分析后的问题解答得到的概念之合取、在外延上等同于分析前的概念之外延，从而为问题分析附加了限定条件。例如，在第一个示例中，就会从有关理论的本质特征的解答中产生问题：什么是"认识对象的过程"，什么是"学术问题"，什么是"尝试性的解答"等；在第二个示例中，从"它是基于作品形成的"就会产生"什么是作品?""什么是形成"的问题；从有关"著作权"的整体性上又会产生"著作权由哪些更具体的相关权利构成的"等问题。所有这些问题的解答，不仅需要遵循逻辑规则和基本规律，而且所有的概念都不能超出在问题研究中所构造的概念集合的范围，因为概念集合包含所有与这个对象相关的概念（观念），而逻辑规则和基本规律是结构合理性的保证，否则或者理论构建存在问题，或者问题研究不彻底。随着问题的不断分析，在解答分析后的问题时可以选择的概念越来越具体，直到穷尽了所有概念集合中的概念，至此理论构建的活动也就结束了。例如，在上述第二个示例中，"作品"概念确定了著作权相对于知识产权的特殊性，也界定了著作权的范围，但是它并没有否定著作权中所包含的与知识产权相同的那些属性，但是从著作权的视角来看，它不是知识产权的属性，而是著作权自身的属性。从这些属性可以引出行为概念，再引出侵犯著作权的概念，以及相关的责任概念等。在理论构建过程中，这些概念和关系构成的体系描述了对象的各个方面，同时也揭示了对象的内部组织和结构。

通过上面的讨论可知，不论是问题研究活动还是理论构建活动，都是在问题的引导下完成的，但是这两类问题又有着明显的不同：其一，问题的产生根源不同。在问题研究活动中，所有问题，不论是抽象的抑或是具体的，都是围绕被认识的对象产生的；在理论构建活动中，除了基本问题外的所有问题，都是根据对问题已经作出的解答产生的，其目的在于追问：把一个问题分解成多少个更具体的问题，这些具体问题的解答得到之命题的合取正好还原为分解前的问题之解答得到的命题，而不是对有关对象的认识而激发形成的问题。其二，在问题研究活动中，对问题的解答是尝试性的猜测，它受到已经掌握的知识、个人对于对象的认识和问题复杂性的度的约束，以及研究环境和研究条件的限制，但这个过程不是演绎推理过程，不受逻辑规则的约束，因此它是在各种主观和客观因素的共同影响下，个人对于有关对象的认识产生的问题形成的观念；在理论构建活动中，对问题的解答所依据的是问题研究的结果，它是严格的演绎推理，而非尝试性的猜测。问题的解答受到逻辑规则和基本规律的约束，而且解答被限定在已经获得的概念集合之内，呈现出从一般（命题）到特殊（命题）、从抽象（概念）到具体（概念）的演进过程，它是一个演绎系统。其三，在问题研究活动中，问题的发展是一个抽象过程。随着研究的深入，问题在数量上逐渐递减，在抽象程度上递增，直到最后一个基本问题为止；在理论构建活动中，问题的发展是一个分析（分解）过程，随着构建活动的展开，问题的数量递增，抽象程度递减，直到具体问题为止。❶ 但是，在理论构建过程中，问题分析要求分解后的问题必须是最少量的（满足"划分前后概念外延相等"的原则），也就是说，分解后的问题既能够满足回答被分解之问题的需要又没有冗余，这样才能够使构建的理论合理、简洁、清晰和层次分明。❷ 最后需要说明的是，不论是问

---

❶ 在本书的讨论中，为了说明问题研究和理论建构的区别，我们把两者截然分开，这是为了便于认识和区分。在实际的理论构建过程中，通常会发现问题研究中存在的问题、疏漏、错误和不足，因此就可能重新回到问题研究中去，解决问题研究中的问题，弥补疏漏和不足，纠正出现的错误。在问题研究中，也可能把已经完成的、比较成熟的部分先行描述出来，成为最终理论的一个部分。因此，我们不能把理论和实际混淆起来，把理论教条化。

❷ 由于我们要求分解后的问题之解答所得到的命题的合取必须能够还原为分解前的问题之解答所得到的命题，存在分解后的问题在能够满足回答被分解之问题的需要后仍有冗余的可能。尽管在这种情况下，分解后的问题之中一定存在同一问题在不同形式下的重复设问，从而使所构建的理论显得冗长啰唆、层次不清、结构不明，但是这种情况的存在并不影响概念系统或者命题系统在结构上满足形式条件，因为在命题的合取式中，所有重复的内容都不会影响合取的结果。

题研究活动还是理论构建活动，问题都只是起到引导的作用，因此它们既不会出现在概念集合中作为其构成元素，也不会作为理论的构成。❶

（二）理论中论题、论点、论据和公设

在上面我们论述了，在问题研究中除了涉及一个主要对象外，还会涉及其他与这个研究相关的对象，并且构造出与所涉及的对象数量相等的概念集合。不论是主要概念集合还是次要概念集合，这些概念集合都不能只通过自身的构成元素来回答"这个对象是什么"的问题，必须借助参照对象，从外部视角来认识对象才可能回答这个问题，从而得到从整体上对这个对象全面的一般性描述，然而，这个描述依然是对于这个对象是什么的尝试性解答。当我们得到这个有关对象之一般性描述时，问题研究过程就结束了，那么理论构建活动又是从何处开始的呢？我们把从外部视角和借助参照对象对于研究对象从整体上全面认识而形成的观念称作"反映这个对象的整体概念（最抽象概念）"。那么问题研究最后是否一定可以得到有关对象的整体概念呢？整体概念是从整体上全面地反映对象所形成的观念，因此它不是从对象自身认识这个对象的结果，因为从对象自身是不可能从整体上全面认识这个对象的。就一般而言，对象不可能孤立地存在，它通常是一类对象中相对独立的一个个体。尽管在这个对象的类中的所有个体对象均相互独立，具有明显的区别性，但是它们都具有这个对象的类的特征，也就是说，当从这类对象的内部视角去看它所包含的所有个体对象时，这些对象仅呈现出它们相互之间的区别性，或者说，它们具有相似性（它们既有同一个对象的类的属性之相同，又有各自的本质属性的不同所呈现出的性质），但它们之间没有关联性（这是它们彼此不同且并列所呈现出的性质）；但是，当我们从这个类的视角去看它所包含的任何一个对象时，这个类和它所包含的对象之间则既有相似性又有关联性。因为这个对象的类也是一个对象，这个对象同样可以被作为一个集合，而它包含的所有个体对象则是它的构成元素，所以这个对象的类的概念和它所包含的对象之间不仅具有相似性，而且在两者之间还存在内在的关联性（包含与被包含所呈现出的性质）。问题研究的过程是一个通过对问题的尝试性解答而不断合并的过程，在这个合并的过程中，通过存同去异以达到对于对象抽象概括的目的。当问题研究最终需要回答"这个对象是什么"的时候，就需要考虑它所属的对象的类的问题，因为只有它所属的对象

---

❶ 在理论构建过程中，我们可以把相关的问题陈述出来，目的是便于读者把握接下来要解答的问题，以及有关这个问题的论点，但是这个问题本身却不是理论之构成所必不可少的。

的类方才可能与之具有内在的联系和相似性。❶ 一个研究对象所属的对象的类，必定是已知的，因为我们不可能把一个对象归入不知或不存在的对象的类中。❷ 正因为这个对象的类是已知的，即使一个人对于这个对象没有任何经验，也可以通过与之相关的对象的类的概念理解这个对象。当我们从一个对象的类的视角来认识这个对象时，就是所谓从对象的外部视角认识这个对象；如果从对象自身来认识它的构成、组织和结构，则是所谓从对象内部视角认识这个对象。例如，在有关著作权的示例中，如果从知识产权来看著作权这个对象，则是从外部视角认识著作权；如果从著作权自身来认识它的构成、组织和结构，则是从内部视角认识这个对象。整体概念的语言表述（也就是所谓"一般命题"）不是对于研究对象之外的对象的描述，而是对这个研究对象自身的描述。但是，一般命题也不能单纯地依靠对这个研究对象的认识来描述这个对象，因为我们不能用一个对象自身的属性来描述这个对象，甚至从反映这个对象的概念集合中根本找不到能够描述它自身的语词。因此，我们才需要从外部视角借助参照对象（从研究对象所属的对象的类）来认识这个对象相对于参照对象的特殊性（明确了相对于参照对象的特殊性，也就明确了它区别于所有其他对象的本质特征，因为参照对象是与认识对象直接相关且相似的对象）。一般命题的目的不是描述对研究对象之外的对象的认识，它旨在反映研究对象与其所属对象的类之间的不同，而不反映它们之间的相同，也就是说，有关这个对象的类的概念只是作为单纯的知识而被引入的，它不在这个对象的问题研究的范围内。由于在有关对象的问题研究过程中，排除了这个对象之外与其相关的对象的研究，也就避免了因果关系导致无穷回溯的问题，问题研究也就被限定在这个特定的对象范围之内。那么，为什么整体概念表述的不是研究对象之外的对象，而是其自身的属性呢？这个问题或许是人们经常忽略的一个问题。为了对研究对象作出一般性的陈述，我们引入了参照对象。但是整体概念反映的不是参照对象的属性，而是研究对象自身的属性，只是研究者在认识、反映和描述对象时利用和借助了它们相似之中的相同而已。仍以著作权理论为例，我们对著作权描述的对象的反映构成了一个概念集合，这个概念集合中最抽象的概念是"对于作品控制和

---

❶ 同属于一个对象的类的那些并列的相互独立的对象，它们之间具有相似性，但是没有内在的联系。

❷ 对象的类的概念是比它所包含的对象更为抽象的概念。在我们研究其中的一个对象时，这个对象的类不是研究的对象，对它的认识是我们的知识的构成，至于这个知识本身的问题则不在我们的考虑范围内。

利用的行为能力"；我们对于知识产权形成的概念是"对于智力活动结果控制和利用的行为能力"。显然，它们都是对于特定对象（作品或智力活动结果）的控制、利用的行为能力，也就是说，它们在基本性质上是相同的。"作品"也是"智力活动结果"，但并不是所有的智力活动结果都是作品，这是它们之间的相似性（既有相同又有不同），因此我们把研究对象用语词"著作权"来标示，并选择"知识产权"作为参照对象，从而用一般命题把语词"著作权"标识的对象描述为"著作权是基于作品形成的知识产权"。如果不借助参照对象"知识产权"，即便把研究对象标示为"著作权"，仅依靠"对于作品控制和利用的行为能力"，我们也不能对著作权标识的对象作出一般性描述。即便我们能够描述它，也只是从一个孤立的个体来描述它，从而割断了它与其他对象的联系，这样就不是整体和全面地考察这个对象，因为在我们的认识中，从来就没有孤立的，与其他任何对象都没有关系的对象。❶ 但是，从上述示例中可以看到，尽管我们借助了参照对象"知识产权"，但是描述的依然是认识对象"著作权"和它的"对于作品控制和利用的行为能力"的属性，而不是知识产权的属性。或许有人会提出这样的问题，如果没有与一个研究对象直接相关的参照对象，那么是否就不能认识这个对象呢？首先，这里所谓"直接相关"是相对的。以著作权理论为例，在著作权的概念已经形成后，并没有形成"知识产权"的概念。❷ 因此，在这种情况下，与著作权概念直接相关的是权利概念，也就是说，我们是通过权利概念来认识著作权概念所描述之对象的特殊性的。其次，在出现这种情况后，如果在权利体系中只出现了著作权概念反映的一个对象，那么权利体系在引入著作权概念后其合理性仅在一定程度上受到破坏。但是，一旦出现与著作权概念相似且并列（没有内在关联性）的对象，例如专利权概念反映的对象，由于这个对象也必须通过权利概念才能够从整体上被认识和理解，这样在著作权、专利权、物权等并列作为与权利概念直接相关的下位概念时，就彻底破坏了权利体系的合理性。在这种结果出现后，将会导致研究者的疑

---

❶ 如果我们仅孤立地认识一个对象，也就是说，没有任何与之相关联的对象，那么我们不可能认识到这个对象的本质属性，因为任何对象的本质属性都是通过它与其他对象的相同和不同才被认识的。从一个对象与另一个对象的关系来看，本质属性既是这个对象相对于另一个对象的质的区别性，又是它自身的质的规定性；如果仅从对象自身来看，我们能够确定它的固有属性，但却不能确定这是否是它的本质属性。

❷ 在知识产权这个概念提出之前，它所包含的著作权（作者权、版权）、专利权和商标权的概念已经出现，而且各自形成了相互独立的理论，之后专利权和商标权被概括为工业产权，继而著作权和工业产权又被进一步概括为知识产权。

惑、不解和质疑等心理状态的形成，从而产生新的问题；在经过对这个问题研究之后，最终通过尝试性的解答提出"知识产权"概念，以解决权利体系在引入著作权、专利权等概念后出现的不合理问题。❶ 最后，如果我们认识的对象没有与之直接相关的、能够从整体上全面认识它的参照对象，而且这个被认识的对象所引起的问题也不是所谓终极性的问题❷，那么我们对这个对象的认识既不能形成有关它的整体性观念也不能理解它之所以是其所是（也就是它与其他对象之区别性的根源），因此也就不能回答"这个对象是什么"的问题。在这种情况下，对这个对象的认识只能停留在经验的层面，成为人的知识之构成，而不能构建出描述它的理论，因为不能回答"这个对象是什么"的问题，也就没有在理论构建中不可或缺的、从整体上全面反映这个对象之整体概念以及对其描述的一般命题。

在问题研究结束时，我们得到了一组反映相关对象的整体概念，并且完成了用语言形式对这组整体概念的表述，按照之前的约定，我们把它称作"一般命题"。既然研究对象的一般命题是问题研究过程结束的标志，那么它也应该是理论构建过程开始的标志，也就是说，理论构建是从问题研究过程中最后对于"这个对象是什么"的尝试性解答所得到的一般命题开始的。在理论构建过程中，我们把描述与理论构建相关之对象的一组一般命题中的、在理论构建中起着主导作用的一般命题称作这个理论的"论题"。任何一个理论都可以有多于一个的一般命题，但是在这些一般命题中只有一个是论题，即任何一个理论只有一个论题。论题是对于认识对象引起的一般问题的尝试性解答，然而要回答这个问题，还需要解答与这个对象相关的其他对象引起的问题。这样我们就把这一组对象和这一组对象引起的问题作了主次之分，其中的主要对象和由其引起的主要一般问题只有一个；而次要对象和由它们引起的次要一般问题可以有不止一个，也可以一个也没有。在解答"是什么"的主要一般问题和次要一般问题时，就得到了一组整体概念，它们构成了一个非空集合。在这个集合中，解答主要一般问题得到的整体概念就是主要整体概念，其他整体概念则是次要整体概念。同样，描述这组整体概念的命题也分为主要一般命题和次要一般命题，其中的主要一般命题就是所谓理论的"论题"，显然，在一个理论中有且只有一个是论题。理论中的论题是

❶ 时至今日，知识产权的归类仍然是一个颇有争议的问题，这也说明人们对这一对象的认识依然模糊不清。

❷ 诸如"什么是宇宙""什么是世界""什么是自然""什么是时间""什么是空间"等之类的问题。

从外部视角描述了从整体上全面认识对象形成的观念，是对于这个对象区别于参照对象的特殊性和相关性的语言表述。因此，在论题中明确了对象相对于参照对象的质的区别性和它们之间的相关性。例如，在回答"著作权是什么"的问题中，论题"著作权是基于作品形成的知识产权"就突出了著作权与知识产权的质的区别性（基于作品形成的）和它们的相关性（著作权属于知识产权）。❶ 同样，以著作权理论为例也可以解释一般命题的主次之分和理论论题的选择。在著作权的问题研究中，从外部视角和借助参照对象的角度，我们分别对著作权的对象和作品的对象是什么的问题，从整体上作出尝试性的解答："著作权是基于作品形成的知识产权"和"作品是指具有非实用性的表现"。在著作权理论的构建过程中，问题研究对于对象是什么的尝试性解答，成为在理论构建中从整体上对于对象的全面的一般性描述，也就是对象之一般命题，因此它们分别描述了构成著作权理论中一组整体概念中两个彼此独立的整体概念（"著作权"和"作品"）。在这个示例中，有关著作权的整体概念是主要的，而关于作品的整体概念则是次要的，又因为在一组整体概念中只有一个主要整体概念，在这个示例中描述整体概念"著作权"的命题就是主要一般命题，它构成了这个理论的论题。如果构建理论的一组一般命题中的所有命题之间没有主次之分，也就是说，这组一般命题中的所有命题都具有同等的重要性，那么这个理论一定是多主题或者主题不明的，也就是说，这个理论论述的不是一个而是多个对象。根据以上讨论可以对理论的"论题"概念总结如下：所谓"一般命题"，就是从外部视角描述这个理论所涉及的所有相关对象"是什么"的一组命题，它们分别是对各个对象引起的一般问题的尝试性解答。这组一般命题是从外部视角分别借助相应的参照对象，从整体上全面描述了与之相应的对象。一般命题不是为了描述参照对象的属性，而是为了解释与理论相关的对象自身的属性，因此在整个理论构建中，反映参照对象的概念不在理论构造考虑的范围内。在一组一般命题中，有且只有一个主要命题，其他则是次要（辅助）命题，这个主要命题确定了理论的主题，因而被称为这个理论的论题。

在问题研究过程中，通过分析问题可以降低问题的复杂性的度，把复杂问题分解成简单问题，从而使复杂程度较高的抽象问题转化为复杂程度较低

---

❶ 需要强调的是，从理论上看，这个著作权的定义是不严谨的，但在目前被普遍采用，至于它究竟应该是"依法产生的"还是"依法确认的"，则认识不同。但是，不论是应该解释为依法确认还是依法产生的，都应该是在"权利"概念中讨论的，"权利"概念的所有下位概念中"依法确认"或者"依法产生"已经是应有之义，因此可以省略。

的具体问题。之所以要在问题研究过程中把复杂问题简单化，这是因为任何人都不能超出自身所具有的能力去解决力所不及的问题，因此选择从解决复杂程度适当的一类问题入手使得最终解决复杂问题成为可能，而不论这类最先解决之问题是通过分析得到的，还是在认识客观对象的过程中提出的。由于不是所有的学术问题都一定是可解的，在解决问题的过程中，可能选择的最先解决之适当问题所应有之特点是：其一，简单性。所谓"简单性"是指，对于研究者而言，这些问题是基于研究对象呈现出的现象所能够诱发产生的、既有一定的难度又没有超出其解决问题能力太多的问题，也就是说，在问题研究过程中所获得的由对象引起的恰当的问题集合中，最简单的一组问题构成了问题集合的一个独立的非空子集，如果这组问题是通过分析得到的，那么它们是由（复杂性的度最高的）问题分解可能得到的复杂度最低的一组问题，或者说，从复杂度最高的问题分解到此不能或者不需要再继续细分下去；如果这些问题是通过认识客观对象产生的，那么它们是在这一研究中作为对象呈现出的不能再细分的具体现象所诱发产生的问题，因此基于这一对象不可能提出比之更简单的问题。其二，独立性。所谓"独立性"是指，在问题集合中构成最简单问题子集的元素中的任何一个都不能从其他元素中推导出来，因此在这组问题中就不会存在重复的问题，即每个问题都是根据对象呈现出的一个独立的现象提出的，或者说，相对于任何一个对象呈现出的、可以明显区别于其他现象的相对独立的现象，而在一个最简单问题子集中只能包含根据这个现象提出的一个且仅一个问题。其三，必要性。所谓"必要性"是指，构成问题集合的最简单问题子集中的问题、对于解决与它直接相关的复杂度高一层级的问题是不可或缺的。如果这个最简单问题子集中的元素是通过分析问题得到的，那么这个最简单问题子集中的元素对于被分解之问题的解答是不可或缺的；如果这个最简单问题子集的元素是通过对于客观对象的观察激发而形成的，那么这些最简单问题的解决对于观察产生更深刻、全面的复杂问题是必不可少的。其四，充分性。所谓"充分性"是指，构成问题集合之最简单问题子集的元素，其解答包含（相对于直接观察客观对象而言）提出或（相对于通过分析问题、解决问题而言）解答与之直接相关的高一层级的复杂问题是不可或缺的，即充分性要求基于对象呈现

出的现象所提出的问题或者通过分解获得的直接相关的问题是没有遗漏的。❶
因此，由对象直接引发产生的问题，或者由复杂问题分解直接获得的问题，
它们的解对于提出或者解答与这个子集直接相关的、复杂度高一个层次的问
题而言，是没有遗漏的，而且它们都是构成简单问题集合的构成元素。如果
构成问题集合的最简单问题子集中的元素同时满足必要性和充分性条件，则
称这个子集所包含的元素（这个问题集合中的最简单问题）是恰当的或具有
恰当性。在一个最小问题子集中，如果对构成它的一组具有恰当性的简单问
题给予尝试性的解答，那么就可以得到一组与之相应的概念，以及描述这组
概念的命题。显然，对于这组简单问题的解答所得到的结果不是唯一的。也
就是说，对于这组简单问题的每一个问题，或者可以有多个解答，而且每个
解答都是彼此独立的；或者有且只有一个解答，即这种情况下问题只有唯一
的解；或者没有解答，在这种情况下，问题是无解的。在这三种可能的情况
中，如果我们把只有唯一解的情况作为至少有一个解的特例，那么以上列举
就只有两种可能，一种是这组简单问题的每个问题至少有一个解；另一种是
这组简单问题中至少有一个问题无解。无解之问题也有两种可能，一种是问
题本身无解，那么这种问题在任何条件下均无解，而论证了问题本身无解也
就"解决"了这个问题。另一种是问题之当下无解。所谓"当下无解问题"
是指，在解答这个问题之时，或者不能肯定这个问题是本身无解的，或者缺
少足够的条件使之可以转化为约束完全的，或者没有必要的方法和手段，因
此使得问题到目前为止（当下）是无解的。当下无解问题存在两种可能之结
果，其一，最终被证明为本身无解之问题，这样也就从根本上否定了这个问
题；其二，或者补足了条件，或者找到解决问题的方法和手段，从而使得问
题转化为至少有一个解的问题。❷ 既然我们旨在讨论理论之构建，那么讨论
的范围仅限于构成简单问题子集之元素至少有一个解的情况。既然构成简单
问题子集的元素至少有一个解，那么问题与解答之间就存在一对多的关系。
如果把相对于简单问题集合中的所有元素（简单问题）的解作为元素，则可

---

❶ 显然，这个条件是极其苛刻的，因此，在这里所谓没有遗漏，只是指在问题研究的当下是没
有遗漏的。此外，在这里我们试图构造的是一个理想的理论模型，因此所有的条件都是在一个非常严
格的要求上提出的，因为理想模型更容易理解。在之后的部分，我们会从理论的理想模型逐渐降低约
束条件，使之接近实际的理论模型。

❷ 在数学领域中，诸如"四色问题（四色猜想）""费马大定律"都曾经是当下无解问题，目
前"哥德巴赫猜想"依然是当下无解问题。在数学中，这种例子还有许多，其中既有约束不足问题，
又有缺少方法、手段问题，还有些被证明为本身无解之问题。由于这些内容与笔者的讨论无关，因此
不再继续列举。

以构成一个相对于这个简单问题集合的概念集合（以下简称"解的概念集合"），以及描述这个概念集合的命题集合（以下简称"解的命题集合"）。由于解的命题集合中的元素与解的概念集合中的元素之间也是多对一的关系，而在接下来的讨论中主要关系到问题与陈述问题的解的命题，除非特别说明我们的讨论仅限于简单问题集合和解的命题集合。在解的命题集合中，至少有一个元素对应于简单问题集合中的一个问题；而在简单问题集合中，每个问题至少与解的命题集合中的一个元素相对应。假设在一个恰当的简单问题集合 P 中有 p_i（$i=1$，2，$\cdots$，m）个元素（简单问题），而在解的命题集合 S 中有 s_{ij}（$j=1$，2，$\cdots$，n）个元素（陈述问题的解的命题），那么在解的命题集合 S 中就有 i 个子集 S_i，其中的每个子集 S_i 中都有 j 个构成元素（命题）。显然，解的命题集合 S 中的每个子集 S_i 都与具有恰当性的简单问题集合 P 中的元素 p_i 相对应。也就是说，相对于简单问题集合中的问题 p_i，在解的命题集合 S 中存在一个由 j 个命题构成子集 S_i，在集合 S_i 中的每个元素 s_{ij} 都是问题 p_i 的一个解。根据之前的约定（"p_i 至少有一个解"），S_i 是一个非空集合，因此可以分别从每个集合 S_i 中取出一个元素构成一组描述 m 个解的命题，那么就可以得到至少一组但不超过 n^m 组彼此独立的描述问题集合 P 中 m 个简单问题 p_m 的 m 个解的命题。❶ 假设简单问题集合 P 有 r（$1 \leqslant r \leqslant n^m$）组解，那么由于简单问题集合 P 是由一组 m 个恰当的元素（简单问题）构成，而在这 r 组解中没有任何一组解是由完全相同的元素构成的，因此可以推出：相对于问题集合 P 的 r 组解是彼此独立的。从这个结论中还可以推出，在这 r 组解中至少存在一组解满足以下条件：其一，由这组解构造的集合 A 中的每个元素 a_k（$k=1$，2，$\cdots$，m）解答且仅解答简单问题集合 P 中的一个问题 p_i（$i=1$，2，$\cdots$，m），因此构成集合 A 的元素是彼此独立无关的，而且集合 A 是一个最小集合，或者说，集合 A 对于简单问题集合 P 的解答是必要的；显然，必要性只是要求集合 A 的元素 a_k 对简单问题集合 P 的解答是不可或缺的，或者说，在集合 A 中缺少构成元素 a_k 则不能解答简单问题集合 P 中的问题 p_i，因此 A 不是简单问题集合的一个解。其二，在简单问题集合 P 中的每个问题 p_i，都有集合 A 中的一个元素 a_k 作为这个问题的解，因此在集合 P 中的所有构成元素 p_i 都在集合 A 中有一个解，而无遗漏。集合 A 的元素的这个

---

❶ 例如，恰当的简单问题集合 P 中有两个构成元素，（p_1，p_2），则 $m=2$；因此相对于 P 的解的命题集合 S 的子集 S_i 由两个子集（S_1，S_2）构成，又假设 S_i 有三个构成元素，（s_{i1}，s_{i2}，s_{i3}），即 $n=3$，那么对于简单问题集合 P 的解不少于一组，也不会多于 $n^m=3^2=9$ 组。需要说明的是，集合 S_i 中可以有空元素，但不能所有的元素都是空，因此它是非空子集。

性质构成了对集合 P 的元素的解答之充分性。我们把具有必要性和充分性的集合 P 的元素的一组解 $A = \{a_k\} = (a_1, a_2, \cdots, a_m)$，称作简单问题集合 P 的一组恰当的解，由于这组恰当的解是由命题表现的，也把这组简单问题集合 P 的恰当的解称作这个论题（命题系统）的一组论点。显然，一个论题至少有一组但不超过 $r = n^m$ 组独立的论点，而一个理论有且只能有一组论点。❶ 从上面的讨论可以推出：如果问题集合 P 是由一个复杂问题 I 分解得到的，而由元素 a_k 构造的集合 A 是简单问题集合 P 的恰当的解，那么复杂问题 I 是约束完全的。除此之外还可以推出，作为论点的命题所描述的概念是其所在的最小概念集合中的一组最具体的概念，或者说，是这个最小概念集合中抽象程度最低的一组概念，因此所有比这组概念中的任何一个抽象程度更低（更具体）的概念，一定不是这个最小概念集合的构成元素。❷

　　虽然通过问题分析能够得到一个简单问题集合 P，但是依然不能直接回答这个集合中的简单问题 p_i，也就是说，我们不可能从研究对象自身得出构建一个理论的论点（问题 p_i 的一组恰当的解）。因为任何人都不可能以"不知"来解答"不知"，而只能借助"已知"来回答"未知"，也就是说，只能借助那些已经被肯定、承认和接受的概念、知识和常识来猜测或尝试性地解答我们遇到的未知。因此，通过问题分析得到一组由简单问题作为元素构造的集合 P 后，也就得到了一组复杂性的度在个人解决问题之能力范围内的问题 $(p_1, p_2, \cdots, p_m)$。显然，我们不能从对象呈现出的现象中找到解答这些问题的材料，因为对象本身就是我们正在认识的"未知"，它所呈现出的现象只能诱发产生需要我们解答的问题，这些问题正是我们对于对象之"未知"的语言表述；同样，也不能从复杂问题的分解得到的问题中直接获得问题的解答。为了解答简单问题集合 P 中的问题 p_i，我们需要借助"已知"的概念，而这些概念又不是反映对象而形成的概念，因此就需要从有关对象的问题研究之外引入一组已知的概念，这组已知的概念不是在问题研究中得到的概念集合的构成元素，它们只是从外部引入的作为"已知"的概念，以协

---

　　❶　需要说明的是，并非在所有的问题研究中问题分析得到的简单问题集合 P 都必然存在一组解 A，或者说，并非所有的理论都必然有论述它所必需之论点。这就意味着，不是所有的简单问题集合 P 中的问题 p_i 都必然可以从约束不完全的转变成约束完全的。但是，我们的讨论已经排除了这种可能，而仅限于问题 P 至少有一组恰当解的情况，因为在这部分所要阐释的是理论的结构体系，约束不足问题与讨论无关。

　　❷　在概念集合中的这组抽象程度最低的概念本身并不一定在同一个抽象层次上，也就是说，它们可以在不同的抽象层次上。但是，这组概念中的任何一个概念之下都没有比这个概念抽象层次更低的概念。

助解答尚且"未知"的简单问题 p_i 或支撑对问题之尝试性解答的结果。既然引入这组已知概念的目的在于对简单问题 p_i 进行尝试性的解答，那么这组引入的概念就一定是最接近研究者对于对象的认识所形成的观念，因为只有这样才能够根据相近规则来描述对象呈现之具体现象所反映的性质。由于问题集合 P 中的元素 p_i 既可以只有一个解，也可以有多个解，甚至可以没有解，引入的这组已知概念不是决定简单问题是否有解的条件，而只是我们认识、理解和解释与之相近的"未知"的"基础"，它们决定了简单问题 p_i 的解的条件，也就是说，即使我们引入了所有可能与解答简单问题相关的已知概念，简单问题集合 P 中依然可能有些问题 p_i（$i=1,2,\cdots,m$）是无解的。如果我们把所有引入的已知概念构造成一个集合，并用符号 Q 表示，集合 Q 的构成元素都是已知的、被普遍承认和接受的概念，它们的性质所反映的现象与诱发简单问题 p_i 的现象相同或者非常接近（相似），如果设 Q_i（$i=1,2,\cdots,m$）是集合 Q 相对于每个简单问题 p_i 的一个子集，而且这些子集中可以有空集，而每个子集 Q_i 的构成元素都取决于相应的、诱发简单问题 p_i 产生的现象可能反映的性质。[1] 显然，集合 Q 是与反映研究对象的概念集合相对立的集合，它外在于所有反映研究对象之概念所构成的集合，因此这个概念集合中的概念一定不是反映对象之最小概念集合中的构成元素。从概念的体系结构来看，在描述对象的最小概念集合之外选择了一组具体的已知概念。假设通过问题分析所得到的简单问题集合 $P=(p_1,p_2,\cdots,m)$ 是可解的，那么就得到了表现这组解的概念（论点），它们构成描述对象之最小概念系统中一组最具体（抽象程度最低）的概念（论点），所有比它们更具体（抽象程度更低）的概念都不是这个最小概念系统中的构成元素。然而，这组概念的获得所依据的是反映研究对象之最小概念系统以外的一组已知概念。这组已知概念分成与简单问题相对应的 i 个小组 Q_i（$i=1,2,\cdots,m$），每个小组中又有 k 个元素构成一个已知概念组合 $\{Q_{ik}\}$（其中：$\{Q_{ik}\}=(Q_{i1},Q_{i2},\cdots,Q_{ik})$ 是 $\{Q_i\}$ 一个子集，k 是有限可数之正整数），在 $\{Q_{ik}\}$ 中至少有一个概念的组合能够支撑简单问题 p_i 的尝试性的解，而这个解就是最小概念系统中最具体（抽象程度最低）的概念构成的子集中的一个元素（论点）。如果用命题来描述集合 Q 中的所有概念，这样就构成了描述这个概念集合 Q 的命题集合，我们把这个命题集合记作"T"；其中集合 T 的子集 T_i 分别描述概念

---

[1]　对象呈现出的现象所具有的可能的性质只是我们的猜测，并根据这个猜测作出的假定来选择已知概念分别构造与简单问题 p_i 相对应的引入的已知概念集合 Q_i。如果没有这个猜测，也就没有应用概括原则构造出集合 Q 的依据。

集合 Q 中的相关子集 Q_i。显然，Q_i 和 T_i 都可以是空集。由于每个概念可以有不止一个描述它的命题，因此集合 Q 和集合 T 以及子集 Q_i 和子集 T_i 中的元素，都存在一对多的关系。既然集合 T 中的元素（描述已知概念的命题）都是研究对象呈现出的具体现象诱发产生的简单问题的解的依据，那么我们把构成集合 T 的元素（描述已知概念之命题）称作描述对象之命题系统的论点成立的论据，或者称作"论题之论点成立的论据"；而集合 T 称作论证论点成立的论据集合，简称"论据集合"。

在论据集合 T 中，它的子集 T_i 之构成元素（作为论据的命题）描述了用以支撑解答简单问题 p_i 获得之论点的集合 Q_i 的构成元素（已知概念）。由于构成集合 Q_i 的元素 q_{iu}（$u = 1, 2, \cdots, e$）涵盖了所有具有某种性质的概念❶，这些概念描述的性质与对象呈现出的具体现象诱发产生的简单问题 p_i 之性质相同或非常接近（相似），那么根据构造集合的概括原则可以得出：在集合 Q_i 之外的所有元素都不具有与诱发产生简单问题 p_i 之性质相关的性质，因此在集合 Q_i 之外的已知概念与问题 p_i 的解无关。对于问题 p_i 而言，集合 Q_i 有两种可能：其一，在集合 Q_i 中至少存在一组元素（已知概念），可以使简单问题 p_i 成为约束完全问题；❷ 其二，在集合 Q_i 中没有任何一组元素（已知概念）能够使问题 p_i 成为约束完全问题。如果在集合 Q 中，只要存在一个子集 Q_i，它不能使简单问题 p_i 成为约束完全的，那么由对象诱发的问题 P 是无解或当下无解的。❸ 如果在集合 Q 中，对于构成简单问题集合 P 的所有元素 p_i，在已知概念集合 Q 中都有一个相应的子集 Q_i，其中至少存在一组已知概念，使简单问题 p_i 成为约束完全的，那么由对象诱发的问题 P 是有解的，因此有关这个对象产生的一般问题也是可解的，或者说，有关这个理论的论题是可以成立的。显然，在简单问题 P 可解的情况下，集合 Q 中必然有

---

❶ 如果我们以 $\{Q\}$ 表示集合 Q 的全部构成元素，那么就有关系 $\{Q_i\} = \cup \{Q_{ik}\} = \cup (q_{1u}, q_{2u}, \cdots, q_{mu})$，其中 $u = (1, 2, \cdots, e)$；或者说，集合 $\{q_{iu}\}$ 的所有构成元素既是集合 Q_i 的全部构成元素，也是它的全部子集 Q_{ik} 的并集 $\cup \{Q_{ik}\}$ 的构成元素；因此，集合 Q_i 的构成元素与它是否划分为 k 个子集无关。

❷ 所谓"使简单问题 p_i 是约束完全的"意思是，在集合 Q 的子集 Q_i 中，至少存在一组概念（它们构成 Q_i 的一个子集），它们能够支持回答问题 p_i 获得的论点所描述的概念，或者说它们构成了论点描述之概念的根据。

❸ 所谓"存在一个子集 Q_i，它不能使简单问题 p_i 成为约束完全的"是指，在子集 Q_i 中的任何一组概念，都不能使问题 p_i 成为约束完全的；这就意味着，在集合 Q 中，不存在一组概念，它们可以使得问题 P 成为约束完全的（因为不论如何选择，集合 Q 都不能将问题 p_i 转变为约束完全的），因此问题 P 无解或当下无解。

相对独立的多组元素（已知概念）可以使问题 P 成为约束完全的，因为如果只有一组元素能够使 P 成为约束完全的，则在 P 是约束冗余问题时，它是假问题；而在 P 是约束不足问题时，尽管它是真问题，但不在笔者讨论的范围；❶ 也就是说，只有一组元素能够使 P 成为约束完全的情况不在笔者讨论的范围内。既然集合 Q 中满足问题 P 有解条件的元素有相互独立的多组，那么就可以把这些组的所有已知概念作为元素构成一个集合，记作 N，而每个独立的组都构成集合 N 的一个子集，记作 N_z（$z = 1$，2，$\cdots$，v）。显然，在集合 N 中，至少存在一个子集 N_z，它的构成元素是恰当的。假设 N_z 是简单问题集合 P 的一组解，那么构成集合 N_z 的元素具有恰当性是指：其一，集合 N_z 的所有构成元素都是彼此独立无关的，也就是说，其中的任何一个元素都不能从其他元素中推导出来；其二，如果一个已知概念是简单问题集合 P 的解的根据，那么它一定是集合 N_z 的构成元素，否则它必然与简单问题集合 P 的这组解无关，因此集合 N_z 对于问题 P 的解是必要的；其三，简单问题集合 P 中包含的所有问题 p_i，在集合 N_z 中都是有解的，因此集合 N_z 对于问题 P 的解是充分的。或者说，如果集合 N_z 的构成元素是具有恰当性的，那么不仅集合 N_z 的构成元素都是问题 P 的彼此独立无关的解，而且它们既没有不足也没有冗余。假设在集合 N 中满足恰当性条件的子集 N_z 有多个，那么在任何一个具体的概念（命题）集合的构建过程中，在集合 N 中能够选择一个且仅一个具体的、具有恰当性的子集 N_z 作为构造这个概念（命题）集合的根据，记作 N_c（c 是一个常量）。在这种情况下，一旦集合 N_c 作为一个整体其构成元素被确定后，那么任何不属于 N_c 的构成元素（已知概念）都不能作为构造这个概念（命题）集合的根据，即便这个已知概念是论据集合 N 或者它的任何一个具有恰当性的子集 N_z 的构成元素。也就是说，在具体构建一个概念（命题）集合时，引入的一组具体的已知概念一旦被确定，它们就构成了一个集合 N_c，任何其他已知概念，不论它们是集合 N 的构成元素还是其他具有恰当性的子集 N_z 的构成元素，都不得引入作为解答简单问题 p_i 的根据，不能作为已经选定的已知概念构成之集合 N_c 的元素，否则将被作为在已经确定的集合 N_c 之外引入的解答简单问题 p_i 的"特设"。当以这组已知概念（N_c 的构成元素）作为解答简单问题 p_i 的根据最终构造完成描述研究对象之概念集合后，我们不仅得到了在这组已知概念下构造出的概念集合，同时也得到了与这组已知概念（N_c 的构成元素）相应的基本概念和整体概念。

---

❶　在这种情况下，证据集合的构造相对简单，其构成元素只有唯一的一组，因此不在我们的讨论范围内。

　　显然，对于同一个研究对象，同一组简单问题 p_i，如果所选择的解答简单问题 p_i 的一组已知概念（N_c 的构成元素）不同，那么最后得到的基本概念和整体概念也不同。也就是说，对于同一个研究对象，即使在相同的一组简单问题 p_i 下，也可以由于选择的解答问题的一组已知概念的不同，而使所得到之概念不同，因此在逐级抽象之后得到的基本概念和整体概念也不同。如果在一个特定的语言系统中，用语言来陈述引入的回答简单问题 p_i 的已知概念构成的集合 N_c，则得到了描述这组已知概念的命题的集合，记作 T_f（$f =$ 1，2，…，w）；显然，描述这组已知概念的命题的集合 T_f 与这组已知概念构成的集合 N_c 是多对一的关系，而对于在集合 T_f 中选定的任何一个具体的命题集合（记作 T_c），都能够支撑解答由对象引起的简单问题 p_i 所获得的论点，因此意味着这个具体的命题集合所描述的概念集合 N_c 是论点成立的根据，我们把这个选定的具体命题集合 T_c 称作构造这个命题系统（理论）的公设。从上述对于公设 T_c 的讨论可以得出推论如下：其一，任何在集合 T_f 中选定的一个公设 T_c，都意味着 T_c 的构成元素（选定的一组命题）所描述的已知概念能够使得简单问题 p_i 成为约束完全的。其二，由于相对于确定的已知概念集合 N_c（c 是常量），描述它的命题集合 T_f（f 是在正整数 1 到 w 间取值的变量）不唯一，因此相对于同一个论题，可选择的公设 T_c 不唯一，但是只要这些公设 T_f 描述的是同一个已知概念构成的集合 N_c，那么基于它们构建起来的命题系统是等价系统。或者说，假设两个命题系统之论题相同，如果它们各自选择的公设不同，但这两个公设描述的是同一个已知概念构成的集合 N_c，那么分别在由这两个公设支撑的论点的基础上构造出来的命题系统（理论）则是解答同一基本问题的等价系统；如果它们各自选择的不同公设描述的集合 N_c 不同，那么分别在这两个公设的基础上构造出来的命题系统（理论）是解答同一基本问题不同的系统。假设两个命题系统之论题不同，那么它们是解答不同基本问题的系统。其三，既然命题系统之构建可以因公设之选择的不同而出现等价系统，那么在这些系统之间就有了可比性（不是等价系统是不可比的），就有了理论"好"与"不好"的评价，而"好"与"不好"的关键则在于公设 T_c 的选择。

　　显然，公设 T_c 的确定不是任意的，它也必须满足一定的条件，或者说，作为构成公设 T_c 的一组命题需要满足条件：其一，无矛盾性。对公设的这个要求是根据基本规律的"不矛盾律"确立的。其二，独立性。它是指在构成公设 T_c 的一组命题中，任何一个命题都不能从其他命题中推演出来的性质。我们可以把公设 T_c 作为一个集合，它所包含的命题作为这个集合的构成元素。如果在这个集合中的构成元素不独立，即其中至少有一条命题可以由其他命题推导出来，那么这个集合一定不是一个最小集合，因此这个公设不能满足我们对公设的必要性要求。由于公设是不独立的，那么它所描述的概念集合 N_c 不是最小集合，这与我们假定集合 N_c 具有恰当性矛盾，因此构成公设 T_c 的一组命题必须满足独立性条件。此外，公设还必须是与问题研究的对象相关的，否则这个公设中存在与所要构建的理论无关的命题。其三，充分性。所谓"充分性"是指理论中的所有从一般命题开始通过演绎推理得到的论点，它们所描述的每一个概念都可以得到构成公设 T_c 的一组命题描述之概念的支持。由于在问题研究过程中我们已经构造出了相对于对象的概念集合，这个概念集合中的所有构成元素都是确定的，每个元素的抽象度也是确定的。假设在问题研究中构造的概念集合是一个最小集合，也就是说，它反映对象的概念既无遗漏也无冗余，那么以命题系统描述基于这个概念集合构建的概念系统时，构成这个命题系统的所有论点表述的具体概念都必然能够得到公设 T_c 描述之已知概念的支持；如果构成这个命题系统的有些论点所描述的概念没有构成公设 T_c 的任何一组命题所含之已知概念的支持，那么就意味着公设的构造不满足充分性条件，其构成元素（命题）之选择有所遗漏。其四，必要性。所谓"必要性"是指作为回答简单问题得到之论点的根据所选定的公设 T_c，其构成元素（命题）相对于它所支撑的论点而言是不可或缺的。在理论构建的过程中，随着问题的分解得到了一组简单问题，这组问题能够根据概念集合中的一组抽象程度最低的概念给予解答，而回答这组简单问题得到的一组命题就构成了这个命题系统的论点。显然，论点是在理论构建的过程中构造出来的、描述概念系统中抽象程度最低的概念的一组命题，它们是在一类问题的引导下从作为论题的理论之一般命题通过演绎推理得出的，因此它们是否能够得到公设的支撑是不确定的，因为公设的构造不是在理论构造之时或之后，而是在问题研究过程之解决问题步骤的开始。假设 a 是理论之论点中的任何一个，它所回答的问题为 p，而 $(t_1, t_2, \cdots, t_n)$ 是公设 T_c 的一个子集，记作 T_d，它能够充分地支撑论点 a；如果在 T_d 中抽去任何一个元素 (t_i) 构成 T_c 的一个新的子集 T_e，那么公设 T_c 的这个子集 T_e 就不能充分地支撑论点 a，而且在 T_c 中没有任何一个构成元素（命题）可以替代集合 T_d 中被抽去的元素（命题）t_i，因此在 T_c 中的子集 T_d 的所有构成元素对于论点 a 的支持都是不可或缺的；如果这个理论有 i 个论点，那么公设 T_c 就有 i 个子集，由于已经假定了这个理论描述的概念系统是构建于最小概念集合上的，而且论点的选择满足恰当性条件，即构成理论论点的 i 个命题是彼此独立的，

那么分别与论点的 i 个命题相应的、公设 T_c 的 i 个子集也是彼此独立的，因此公设 T_c 的所有构成元素（命题）对于理论论点的支撑都是不可或缺的，以上对公设 T_c 的限制称作其必要性构成条件。根据问题研究的结果，所有被描述为论点的概念都必然有作为公设所描述的概念的支撑。假设在命题系统的构造过程中没有增加特设，如果从确定的论题和（次要的）一般命题中推导出来的构成论点的命题中，有些构成公设 T_c 的命题与支持这个命题系统的论点没有关系，或者说，它们与直接解答从一般问题分解后得到的简单问题无关，同时所有从论题和（次要的）一般命题出发的推理得到的论点都已经得到构成公设 T_c 的命题的支持，也就是说，构成公设 T_c 的命题已经直接回答了所有分解后获得的简单问题，那么这就意味着在我们选择的公设 T_c 中，有些与直接解答简单问题无关的、构成公设 T_c 的命题是多余的，因此它们是支撑理论之论点所不必要的，或者说，这一公设不满足必要性构成条件。换言之，我们把构建命题系统（理论）的公设 T_c 作为一个集合，描述选定的一组已知概念的命题作为这个集合的构成元素，根据充分性和必要性的要求，这个集合一定是一个最小集合。也就是说，相对于命题系统（理论）所涉及的对象，公设 T_c 的构成元素作为描述在最小概念集合中选定的一组已知概念的命题，它应该是既没有遗漏也没有冗余的。如果这个集合中的构成元素有所遗漏，则不满足充分性条件；如果它有所冗余，则不满足必要性条件。因此，构成公设 T_c 的命题集合是不同于前面讨论的证据（论据）集合的。由于命题与它所描述的概念之间存在多对一的关系，而且证据的采集并不要求是独立无关的（即使是在公理体系中，证据也是由公理和定理构成的，而所有的定理都是通过公理来证明的），因此构成证据集合的有些元素是彼此不独立和相互关联的。公设 T_c 是证据集合 T 的一个子集，它的构成元素选自证据集合，但是这并不影响我们对这个集合的构成元素之选择予以限定，其中最基本的限定则是它的构成元素的选择必须与研究对象相关。例如，如果要构建一个著作权理论，那么在选择的公设中就不会有诸如描述"作者""读者""客体""关系"一类概念的命题，因为从描述著作权概念的一般命题出发的演绎推理不可能终结于描述这些概念的命题上。换言之，在构造著作权理论时，如果所选择的公设中包含支撑描述以上列举之概念的命题，则意味着所选择的一组命题不满足公设的必要性约束条件。如果所构造的是以著作权为内容的法律关系理论，而在选择的一组作为公设的命题中没有支撑描述诸如"作者"和"关系"一类概念的命题，那么对于这个理论构建而言，所选择的一组公设不能满足充分性约束条件，因为在这个特定的法律关系理论中必然包含描述"作品""作者"和"关系"概念的命题。既然在所选择的作为公设的命题集合中缺少支撑描述某些论点的命题，这就使得理论所描述的概念系统，从某些一般命题出发通过演绎推理得到的论点所描述的具体概念，不能全部得到公设描述的已知概念的支持，因此这样选择的一组作为公设的命题就不能满足充分性构成条件。如果所选择的公设 T_c 满足无矛盾性、独立性、必要性和充分性条件，则称这个公设 T_c 是"恰当的"。

在明确了理论的论题、一般命题、论点和公设（论据）后，构建一个理论的过程也就逐渐明朗了。就一般的理论（非公理化体系）而言，所谓构建一个理论，就是在确定了论题、（次要）一般命题和论点后，从选定的论题开始，借助（次要）一般命题以及从它推导出的命题的辅助，遵循逻辑规则和基本规律，通过演绎推理把描述最小概念集合的命题集合的构造元素构成命题系统，从而在论题之下划分出章、节，直至所有的论点。❶ 由于命题系统的构建是在问题研究之后，相对于产生论点的问题集合 P，已经选定的公设应该能够使得构成集合 P 的所有简单问题 p_i 都成为约束完全的，或者说，在命题系统构建过程中由问题引导得到的所有论点都应该能够获得公设（论据）的支撑。如果从概念系统的体系结构分析，系统始于主要整体概念和次要整体概念，经过划分构造出具有各个不同抽象层次的结构，最后终结于处于叶结点位置的论点描述的具体概念上。因此概念系统的构建借助于引入的作为类的一个最抽象的已知概念，通过它明确了这个对象是什么的问题；终止于为了解答从基本问题分解后得到的简单问题集合 P，而选定的一组描述之前选定的已知概念的命题作为公设，通过这组被称作公设的命题直接对分解后得到的简单问题的解答，判定命题系统的论点是否成立。如果从命题系统的体系结构分析，系统始于论题和一组（次要）一般命题，通过逻辑推理最后终结于被称为"论点"的一组命题上。因此命题系统的构建始于描述主要整体概念的论题和描述次要整体概念的命题，终止于被称为"论点"的一组命题上。由此可知，一般命题系统（理论）的构建是从论题开始的，通过演绎推理逐步描绘出一般命题陈述的观念所描述的对象，以及它的构成（包括组织和结构），从而使得描述反映这个对象的观念的一般命题在逻辑规则和基本规律的约束下，通过演绎推理终止于一组被称作论点的命题上，然后

---

❶　我们需要清楚地认识到，这个过程是看似在构造命题系统，实则是在一个特定的语言系统下，利用命题系统来描述与之相应的概念系统。然而，命题系统一定是显现的，可以被人们认识、理解，能够在人与人之间传递观念、思想等内在于人的东西的；而概念系统只是命题系统传递的对象，它必然是隐含在命题系统之中，但却是不可或缺的。

通过论述论点与公设的关系，阐明所有的公设不仅能够支持理论的论点，而且它们的选择也是恰当的。在这个过程中，我们从一般命题开始，通过演绎推理把命题集合中的每一个抽象层次中的至少一个命题与低一层次相似且有内在关联的一组（包括一个或多个并列的）命题，在演绎推理的基础上用关系联结起来，作为上一层次的命题向低一层次相关命题演进的过程，从而实现了从较高层次的概念向较低层次的发展，直到穷尽所有命题集合中的命题（既无遗漏也无冗余），并全部终止于相对于这个理论之论题的一组论点上。如果这组论点能够得到从论据集合 T 中选择的一组已知概念构造的公设的支撑，那么促使论点形成的简单问题 p_i 是约束完全的，因此促使论题形成的有关对象的一般问题也是约束完全的；如果这个一般问题是真实的，那么这个命题系统的构建不仅是可能的，而且是有意义的；相反，如果在论据集合 T 中不存在一组已知概念能够支撑一个论题的论点，那么促使论点形成的简单问题 p_i 是约束不完全的，这也就意味着促使这个论题形成的基本问题也是约束不完全的，或者说，这个问题是不可解的，相关之命题系统（理论）也是不可能构建起来的。我们构造的命题系统（理论）旨在描述一个相应的最小概念系统。在这个最小概念系统中，所有的概念都通过一定的关系结合起来，从引入的为了解答简单问题 P 的一组已知概念（命题系统中的公设描述的概念），支撑着解答简单问题 P 得到的概念（在命题系统中论点所描述的概念）；到逐级地支持着上一抽象层次的概念的合理性，并完成了对上一层次概念的解释（在命题系统中章节的划分和确定）；直到主要整体概念（命题系统中的论题）和次要整体概念为止，最终形成一个完整的体系（命题系统）。只要描述最小概念系统的命题系统的结构符合逻辑规则的要求，不违背基本规律，而且我们选择的公设 T_c 是由一组被普遍承认的在逻辑上或者在认识论上真的、描述已知概念的命题构成，那么也就论证了所选择的论题和与之相应的一组论点在逻辑上或者在认识论上真的，由它们通过演绎推理构造的命题系统中的所有命题在逻辑上或者在认识论上是真的。这种理论模式可以用于解释一般理论构建的合理性。

或许有人认为，分析理论的构建与综合理论的构建有着根本性的不同，然而这个观点并不成立。分析理论的理论构建模式与综合理论的基本相同。分析理论构建的基本形式是：首先，构建一个命题系统，这个系统的构建完全与上面讨论的相同，不同之处在于，它的论题则是需要证明的命题，而它的体系结构不是"林"而是"树"。其次，确定一个公设 T_c，这个公设 T_c 是由一组独立无关的公理和定理构成的，因此在逻辑上它们被认为是真的；显然，公设 T_c 的选择不是唯一的，但是任何一组等价的公设所描述的具体观念（概念）都是同一的，因为即使是在同一个语言体系下，人们也可以用不同的命题描述同一个观念（概念）。虽然任何一个公设都有与之相应的等价的公设，但是作为公设，它们必须满足在逻辑上真的条件，否则构建的理论体系不能被接受或认同。在一个分析理论的构建过程中，当选定一个公设后，我们从需要证明的论题（命题）出发，遵循逻辑规则和基本规律，通过演绎推理最终终止于与这个论题相关的一组论点。如果这组论点能够得到已经选定的公设的支撑，则意味着所有促使这些论点形成的简单问题都是约束完全的，因此促使论题形成的问题也是约束完全的，或者说，这个分析理论期望解答的问题是可解的；❶ 由于演绎推理确保了从论题推导出的所有命题中都包含论题的全部属性，如果假设的论题（在逻辑上的）真，那么从论题推导出来的所有命题（在逻辑上）也真，因此由这个论题推导得到的所有论点也是假设在逻辑上真的；由于构成公设的命题或者公理，或者由公理推导出的定理，它们必然是在逻辑上真的；如果从论题推导得出的论点都能够得到公设的支撑，而且这个公设是恰当的，那么根据公设在逻辑上的真也就证明了所有这些论点在逻辑上真的假设成立，因此也就证明了论题在逻辑上真的假设成立，同时这个论题被接受为"定理"。换言之，就一个分析理论（与综合理论相对应）的构建过程而言，它是从一个论题开始，通过演绎推理最终到达一组由选定的公理和定理组成的公设支撑的论点上的过程。显然，在理论的构建过程中，合理地选择一个公设是能够构建起这个理论的关键，也是决定一个理论与选择另一个等价的公设构建的理论相比，是否"较好""较简单"的关键。在分析系统中，作为推理开始的命题（它从整体上描述了这个系统）是否是逻辑上真的，在整个推理过程完成之前只是一个假定，在推理过程中所得到的命题是否逻辑上的真也是从一般的命题的假定中推得的（在一个分析理论中，所有命题中所包含的内容都不能超出论题界定的范围），只有引入的公设可以肯定是由描述逻辑上真的一组已知概念的命题构成。除了在论题中的作为参照的已知的类概念和在公设中描述的已知的具体概念外，从论题到论点的所有命题都是对于对象诱发形成的不同复杂度的问

---

❶　否则这个论题是不可能证明的，因为促使这个论题形成的问题是约束不足的（约束冗余的问题至少存在一组已知概念，使得问题成为约束完全问题）。然而，论题的不可证明并不表现在论题本身，而是表现为与之相应的论点的不可证明。因为在促使这组论点形成的一组简单问题中，至少有一个问题在论据集合中不存在解它的已知概念。因此，它不能转变为约束完全问题，或者说，这个简单问题的尝试性解答形成的论点是不能证明的。

题的解答所作的尝试性猜测的结果，只有在整个系统的结构满足合理性要求，以及所有的论点都能够得到公设的支撑，最终才能够证明论题在逻辑上真。

或许有人会提出，在构建一个分析理论的过程中，为什么要求从外部引入的公设一定是真的？公设是在一个公理集合中选择的一组命题，更准确地说，它是从一个在公理集合的基础上构建起来的证据集合中选择的一组命题。所谓证据集合是指由公理和定理构建起来的集合，其中的所有定理都是在这个公理体系中被证明是逻辑上真的。在这个证据集合中，所有的公理都是不证自明的，而且构成公理体系的一组命题是彼此独立和相互无关的，它们中的任何一个都不能从其他公理中推导出来。由于在公理体系上构建起来的证据集合中包含从这个公理体系推导出来的定理，构成证据集合的元素之间可以是彼此不独立和相互关联的，这样也就有了在一个证据集合中存在与一个公设等价的公设，才有了选择一个最合理的公设的问题。尽管一个证据集合中的公理在逻辑上的真是不证自明的，但是作为这个集合的元素的定理却不是不证自明的，它们在逻辑上的真是需要严格证明的。例如，当在一个公理体系中证明第一个定理时❶，也就是需要构建一个以某个命题为论题的分析理论；我们以这个论题（命题）作为演绎推理的起始点，而所有的公理就构成了构建这个理论体系的公设，成为引入解决这个命题在逻辑上的真假性的一组描述具体概念的命题，它们被公认为是逻辑上真的，因为它们都是不证自明的。如果证明肯定了这个论题在逻辑上是真的，那么接受这个论题为"定理"，并添加到这个公理体系中构成证据集合的一个元素，成为在证明其他命题时可供选择的证据；如果证明的结果得出这个论题在逻辑上是假的，那么我们就否定这个论题，并把它排除在证据集合之外。显然，在证据集合中，每一个定理的引入都经过了严格的证明，从而确保构成证据集合的所有元素都是逻辑上真的，这是它们可以作为证明分析理论的证据的原因。之所以坚持分析理论与一般理论在构建上没有根本区别的观点，因为理论之构建都是从一般命题到特殊命题，都起始于论题（命题）终止于能够得到公设（证据、论据）支持的论点；不同的是，分析理论在结构上更为简单、单

---

❶　这个过程是在问题研究完成之后，构建以这个命题为论题的分析理论，如果这个构建在严格的逻辑推理下完成了，则证明了这个命题在逻辑上真，因此才把它接受为定理。由此可见，我们在这里讨论的是理论构建过程，而不是问题研究过程。如果问题研究过程没有完结，则我们就提不出待证明的命题，即这个分析理论的论题。

一❶，因此常见于数学、逻辑学和形式化理论中。

　　在讨论了分析理论的构建方法后，还需要说明一点，数学难题的解决是非常复杂和困难的，它不仅需要数学家的天赋、勤奋和积累，还需要一点儿运气。但是，基于数学命题之解答而构造的理论却是较为简单的，因此数学"理论"似乎与之上描述的理论构建方式不同，它更像是在叙述数学问题研究的过程。首先，数学家是可以根据理论构建方法构造数学理论的，这对于数学理论的发展、学习、理解和传播是非常重要的，否则就没有了介绍各种数学理论的文献了。其次，数学家在完成了数学问题的解答之后，他们的确会把整个解答过程描述出来，包括论题的提出、论点的确定、公设的选择，以及问题解答的每一个步骤和根据等等。因为在数学领域（逻辑学、形式化理论等学科以及许多经验科学领域都有相同的特点）中，数学家对于数学问题的解答是否成立，以及其结果是否正确、是否在逻辑上真，都不是由其自己决定的，只有经过规定数目的符合条件（在相同学科方向达到一定学术水平）的数学家，根据其描述的问题研究过程，选择相同的公设和按照相同的步骤和根据，最终不仅能够得出相同的结论，而且不违反问题研究应该遵循的规则（诸如不能增加特设，解答步骤符合规范等），然后由这些数学家各自分别宣布验证结果，以确定问题研究之结果是否成立。因此，详细描述问题研究过程对于数学家而言比之构建理论更重要。一旦一个数学难题得到解决，那么最有意义的不是从论题到能够被选择确定的公设支持的论点，构建一个从一般到特殊的理论，而是被解答的数学问题、结论和所获得的命题。最后，详细描述问题研究过程也必须在问题研究结束后才是可能的。既然是描述研究问题的过程（分析问题和解决问题的过程），它依然是从证据集合中选择一组命题作为公设开始，通过尝试性地解答分析问题得到的可解的简单问题，至于分析问题是否能够得到可以解答的问题，则是不确定的（分析后的问题也可以是约束不足的，甚至可能是在当前条件下无解的）。如果分析得到的问题是可解的，那么只要选择的公设是恰当的，而且问题研究过程是符合规范的（正确的），则最后得到的论题在逻辑上真，或者说，这个数学问题的解成立。

---

❶　理论在结构上的简单、单一，并不等同于相关问题之研究的难易，构建理论之复杂性的度与相关问题研究之复杂性的度之间没有关联性，也不具有可比性。一个简单的数学问题或许是极难解决的，例如"四色定理""费马大定理"等，但是在问题解决后构建起来的理论却是非常简单的。

（三）基本概念和基本命题的选择

在讨论了什么是理论的论题、论点、论据和公设（选定的一组论据）之后，我们接着需要解决如何确定理论的基本命题问题。❶ 一般而言，除了极少数的简单理论，复杂理论尤其是在经验学科中的理论，其基本命题通常都不是一个而是一组。如果理论是在一组基本命题的基础上构建起来的，那么在这组基本命题中必然有一个是主要命题（以下简称"主要基本命题"），其他的则是次要命题（以下简称"次要基本命题"）。在整个理论中，主要基本命题起着主导作用，而次要基本命题则起着辅助作用。例如，在著作权的示例中，著作权概念和作品概念分别是反映它们各自的对象形成的基本概念，而描述这两个概念的命题就构成著作权命题系统的两个基本命题。其中，描述著作权的基本命题是主要基本命题，表现了著作权描述之对象的本质属性，在整个著作权理论中起着主导作用；描述作品的基本命题则是次要基本命题，表现了作品描述之对象的本质属性，在著作权理论中起着辅助作用。不论是主要基本命题还是次要基本命题，在著作权理论的构建中都是不可或缺的。如果没有反映相对于作品这个对象的本质属性的概念，我们甚至不能界定著作权概念。基本命题的主次之分与公设（论据）的主次之分相对应，与主要基本命题对应的公设（论据）是主要公设（论据），它支持且仅支持与主要基本命题相关的一组论点；同样，与次要基本命题对应的公设（论据）是次要公设（论据），它支持且仅支持与之相应的次要基本命题集合中的论点。由此可见，如果我们把主要公设（论据）和次要公设（论据）分别构造成相应的集合，那么一个复杂命题系统的公设就是所有这些集合的并集，而这些集合则分别构成了作为"公设"的集合的子集。

对于综合系统而言（分析系统不存在基本概念的选择问题），在问题研究结束时得到的一组基本概念中，除了有一个且仅有一个描述对象本质属性的主要基本概念外，通常至少有一个次要基本概念。次要基本概念是对于与主要对象相关的对象的认识形成的概念集合中最抽象的那个构成元素，因此一个（次要）概念集合中有且仅有一个概念可以作为基本概念。在概念系统的构建中，有多少与这个系统相关的对象就有多少个彼此独立的基本概念，有多少个基本概念（包括主要基本概念和次要基本概念）就有多少个相互独

---

❶ 这里讨论的理论的基本命题都是相对于概念系统的基本概念而言的，毕竟命题是陈述概念的，因此在讨论理论和命题之时，已经暗含了存在这个理论描述的概念系统以及这个命题陈述的概念，而不论这个概念是整体概念、基本概念还是其他概念。

立的概念集合。在一个概念体系中，基本概念明确了与这个理论相关的各个对象所对应的参照对象（它所属的对象的类）的特殊性，我们（从外部视角上）分别把各个对象的这一特殊性称作相对于各自参照对象的本质特征，简称"这个对象的本质特征"。如果我们仅从对象自身来认识它的基本概念，则它所体现的是这个对象之所以是其所是的质的规定性，因此从对其自身的认识上（从内部视角上）我们又把它称作这个对象的"固有属性"，而从内部视角认识对象的这一固有属性则显示出它的质的规定性，而不是把它与参照对象比较呈现出的区别性，因此也把它称作这个对象的"本质属性"。本质属性是一个对象是其所是的质的规定性，也是它区别于所有其他对象的本质特征，这是从不同的视角来看同一对象的同一性质所产生的不同认识。显然，一个理论相对于其他理论的区别性也是由对象决定的。由于一个理论的本质属性是它所指向的对象自身呈现出的性质，它不能借助于外部的概念来解释。任何一个对象的本质属性都只能依靠反映这个对象或者与它相关的对象的概念集合中的概念来解释。❶ 仍以著作权为例，它的整体概念由命题描述为"著作权是基于作品形成的知识产权"，这是从外部视角和结合对象自身的本质属性对认识对象所作出的尝试性解答。❷ 在这个描述中，"著作权"是标识作为整体的研究对象形成的观念的语言符号（语词），作为这个命题的主项；"基于作品形成的知识产权"是从外部视角对这个对象的描述，作为这个命题的谓项。由于在这个描述中已经对语词"著作权"赋予了确切的含义，"著作权"不仅标示了这个对象，也从整体上描述了反映这个对象的概念。在这个描述中包括两个概念，一是对于研究对象所形成的观念从整体上的描述，即"著作权属于知识产权"；二是对于这个对象的本质特征所形成的观念的描述，即"它是基于作品形成的"。问题是：为什么著作权是基于作品形成的知识产权呢？这样我们就需要转向内部视角来对这个问题作出回答：因为它是"对于作品的控制和利用的行为能力"。这个回答是根据问题研究得到的反映这个对象的基本概念作出的，显然它已经不再考虑知识产权这个对象的属性，而是从研究对象自身来描述它的性质。也就是说，我们不再借助著作权概念之外的、与著作权所反映的对象无关的概念来解释著作

---

❶　这是从内部视角来认识对象的这一性质的，因此它与参照对象无关。但是如果我们讨论本质特征，就必然涉及参照对象，也必须依靠参照对象才能解释。

❷　整体概念是我们根据对象的本质属性和参照对象从整体上对于对象的认识形成的观念，这个观念也就是对于对象从整体上作出的尝试性解答。对这个解答的语言描述构成了它的一般命题，它是对研究对象本质属性以及与参照对象关系的概括。

权的属性。但是，解释著作权的本质属性（主要基本概念）需要借助"作品"概念，而作品概念是与反映著作权这一对象的概念集合相互独立的另一个概念集合中的元素，它们两者之间在著作权的概念体系中存在一定的联系。作品是反映与之相关的对象的概念集合中最抽象的概念，因此它是这个概念集合中的基本概念。显然，作品概念是不能由著作权概念也不能由著作权概念描述之对象的概念集合中的任何概念，通过逻辑规则和演绎推理推导出来的，即它是与著作权概念彼此相互独立的概念。因此，在著作权的理论体系中，它是相对于主要基本概念的次要基本概念。既然作品概念是基本概念，那么在反映作品这个对象的概念集合内同样不能界定作品概念，或者说，在这个概念集合内不能回答"作品是什么"的问题。要回答作品是什么的问题，依然需要从外部视角来认识这个对象，并借助与它直接相关且相似的概念"表现"，尝试性地对这个问题作出解答。从与著作权和作品相关的对象分别属于不同的对象的类也可以得出，著作权和作品是两个相互独立的概念。在理论构建过程中，确定一组基本概念不是指这些基本概念必须同时出现或者被列举出来，它们是根据理论构建的需要逐步引入的。一般而言，构造论题的（不论是主要的还是次要的）基本概念是最先被引入的❶，因为它们不仅是理论建构的起始点，也明确了这一理论的论域和论域的特殊性。这个理论中的所有（描述概念的）命题，都是在描述基本概念的基本命题的基础上，遵循逻辑规则和基本规律推导出来的，这些由命题描述的概念既不多于也不少于在问题研究中已经获得的概念集合中的所有构成元素的总和。如果我们对认识对象的范围选择不同，那么在理论构建中描述基本概念的命题、描述概念集合的命题集合、理论的论域等也会随之发生变化。假设我们把著作权反映的对象扩大到与著作权相关的法律关系所反映的对象，那么其理论建构（描述基本概念）的命题、描述概念集合的命题集合和论域也会随之发生变化，其中著作权反映的对象只是著作权相关之法律关系反映的对象的一个构成部分。如果我们构建的是著作权法律关系理论，那么它所涉及的主要基本概念（本质属性）中就必然会包含主体、客体和关系概念，它的外部视角也不再是知识产权，而是相应的法律关系。由此可见，对象是决定理论之各个方面的根本。

　　一般而言，理论通常会涉及一个主要研究对象和几个与之相关且又彼此独立的对象，对于这些对象的认识分别得到反映各个对象的概念集合，这些

---

❶　仅凭一个主要基本概念通常不能构造出理论的论题，而至少需要一个次要基本概念的辅助。例如，著作权作为著作权理论的论题，就需要借助"作品"概念才能够构造出来。

概念集合中的一个且仅一个最抽象的概念构成了这个理论的一组基本概念。在这组概念中，与主要研究对象相对应的基本概念就是主要基本概念，除了主要基本概念之外的其他基本概念则是次要基本概念。所有这些基本概念，不论是主要的还是次要的，它们都可以用标记这一对象的语言符号作为主项、以描述对象之本质属性的短语作为谓项，构造相应的基本命题从整体上描述这个对象的固有属性。但是，在这些概念集合内，则不能从整体上描述与之相关的对象，即借助这些概念集合中的概念不能够回答"这个对象是什么"的问题。因此，相对于每个概念集合描述的对象都需要引入各自的参照对象，从外部视角借助参照对象回答"这个对象是什么"的问题，从而得到有关各个对象之整体性的一般描述。由此可知，其一，基本概念只是从整体上反映一个对象之固有属性（本质属性）所形成的观念，是在问题研究过程中对于对象之"是其所是"的问题所作的尝试性解答。其二，基本概念是通过短语把描述对象的固有属性（本质属性）赋予标识它的语词的（由此形成了描述这个对象之固有属性的命题）❶，它作为概念集合中最抽象的概念，不能从整体全面地回答这个对象是什么的问题。其三，基本概念只能是反映对象的概念集合中的构成元素，即使从外部来看❷，它也依然是其所在的概念集合中的最抽象的构成元素。

在能够清楚地区分出描述对象的整体概念和反映这个对象的基本概念的不同之后，我们也就能够区分出理论的整体概念和基本概念之不同。基本概念一定是反映对象的概念集合中的元素，整体概念则一定不在这个概念集合中（它是概念系统中最抽象的概念，也是命题系统中之一般命题的主项）。当确定了理论的整体概念后，我们就需要解释这个整体概念中的两个问题，一是它的构成，二是它的组织和结构。一个对象的构成是由它的本质属性决定，它的组织和结构则是由对象自身各个部分的关系决定的。但是，对象的整体概念呈现出的性质，不论是本质属性还是它的组织结构，都不能由它自

---

❶　因为我们已经采用语言符号标示了每一个概念，可以把描述这些概念的短语与标示它的语言符号结合起来构成命题。这里我们所要说的是，"描述"一个概念，也就是描述这个观念。在这种情况下，对于观念的描述与标示这个观念的语言符号之间尚未建立起联系，因此它们各自分别起到对于对象的标示作用和描述作用。如果把它们两者结合起来构成一个命题，那么这个命题也只能描述这个对象的性质。例如，金子是黄色的。这个命题只是在认识的某个抽象层面上描写了金子呈现的现象。"黄色"是它呈现的现象，是金子的性质。但是，这个命题并没有回答金子是什么的问题。因此，就概念而言，如果不考察它所反映之对象某个部分的性质，那么只需要用一个短语来描述它。如果要讨论它所反映的对象在这个部分或者方面的性质，则需要把两者结合起来构成一个命题。

❷　这里"从外部来看"的是这个概念集合，不是概念集合所反映的对象，因此不要把它与前面的"从外部视角看"混淆。尽管它们都是从外部来看的，但所看的却不同。

身所决定。也就是说，一个对象自己不能呈现自己具有什么属性，它只有借助于其他对象才能凸显出它的性质。我们仍然以著作权理论为例，通过著作权的整体概念，我们得到了两个需要解释的概念，一是"著作权"。但是，这里不是要从外部视角来认识著作权，而是要从内部视角考察它。这样就涉及它的组织和结构。❶ 显然，我们不能从著作权解释著作权，因为它相对于其他所有权利（包括知识产权）的特殊性都是由作品决定的，因此也需要通过不同的作品来考察它对于著作权本身组织结构的影响。在反映作品对象的次要概念集合中，它的构成元素中有"原创作品""演绎作品""汇编作品"等不同类型和不同抽象层次的作品概念。由于"原创作品"和"演绎作品"是具有相同抽象程度且彼此矛盾的概念，即它们共同构成了"作品"概念，❷ 因此这两个概念在反映著作权对象的概念集合中也有着相互对应的两个概念，即"原创作品著作权"和"演绎作品著作权"。在作品的概念体系中，"原创作品"和"演绎作品"是与"作品"概念直接相关的下位概念，它们在这个体系中是直接解释"作品"概念的。根据作品的概念体系，以及这两个概念在这个体系中与"作品"概念的关系，我们就可以得到在著作权的概念体系中用以直接解释"著作权"的两个概念，即"原创作品著作权"和"演绎作品著作权"，从而构成了"著作权"概念及其下一级抽象层次概念的组织结构。二是"对于作品控制和利用的行为能力"。在这个短语中，"控制和利用"是对"行为能力"的限定，可以暂不考虑，那么这个短语就可以改写为"相对于作品的行为能力"。显然，"行为能力"自身是不能确定它的质的规定性的，而在这个短语中，只有"作品"能够决定这个"行为能力"的质的规定性，以及它与其他行为能力的区别性。这样我们就引入了第二个次要基本概念"行为能力"，它既不能由著作权概念也不能由作品概念推导出来，因此它是独立于这两个概念的。通过作品的概念体系，我们能够结构出行为能力的概念体系，再通过行为能力的概念体系，可以结构出著作权中的发表权、署名权、复制权等。需要注意的是，尽管作品是导致著作权区别于其他

---

❶ 在从外部视角认识对象之前，我们已经选择一个语言符号来标示这个对象，而且用同一个语言符号标示了反映这个对象的概念集合。只是在从外部视角、从整体上认识这个对象时，才可能利用标识参照对象的概念来解释语言符号"著作权"标示的对象。尽管在著作权的整体概念中没有直接表述对象的形式特征，因为它的组织结构与它的参照对象"知识产权"的相同或者没有本质的区别性，不需要作为一个特征在整体概念中表述，但是这并不意味着著作权反映的对象没有组织结构。因此，在需要解释"著作权"这个概念时，它的组织结构因不同作品而形成的特殊性就从隐含的问题转化为显现的问题。

❷ 这两个概念外延的并集与作品概念的外延相等，即它们是全等关系。

权利的根源，但是著作权的根本依然是一种特定的"行为能力"，作品只是起到了对这个行为能力的形式和范围的限定作用。因此，"相对于作品的行为能力"是著作权固有的性质，是所有类型的著作权都具有的性质。著作权的组织结构则是由外部因素引入形成的，也就是说，它是作品的组织结构导致的对著作权形式的认识，在每一个抽象层次上并列的著作权是彼此不同、相互独立的，但是它们都具有"相对于作品的行为能力"的属性。这也是我们在问题研究和构建中更关注对象的本质属性的原因。

从上面的讨论可知，构建理论所必需的一组基本概念不是任意选择的，它们必须满足一定的条件。之前笔者曾介绍过波普尔列举的一组公理需要满足的条件。● 但是，作为公理需要满足的条件，笔者不赞同波普尔的观点。如果把波普尔列举的条件进行适当的修改和取舍后，作为基本概念必须满足的条件，那么这些条件是可以适用的。在波普尔列举的"公理"的四个条件中，"充分性"和"必要性"条件都不是"公理"需要满足的条件，而是公理化系统中的公设（论据）需要满足的条件。基本概念需要满足的条件是：第一，无矛盾性，即基本概念集合中的元素（基本概念）必须是没有矛盾的（包括自相矛盾和相互矛盾），这个条件是基本规律中的"不矛盾律"的运用。在一个演绎系统中，"不矛盾律"是必须遵守的基本规律，既然理论是一个演绎系统，那么它所涉及的基本概念就必须满足基本规律。第二，独立性，即基本概念集合中的任何一个元素（基本概念）都不能从这个集合中的其他元素（基本概念）中推演出来。在任何一个问题研究的过程中，它所涉及的对象必定是可数的，尽管这些对象在问题研究中有主次之分，但是它们一定是彼此独立的。例如，在著作权理论的研究过程中，与著作权相对应的对象是这个问题研究中的主要对象，而与作品相对应的对象则是次要对象，但是这两个对象一定是彼此独立的。在问题研究过程中，相对于每个对象都可以构造出一个概念集合，根据概念集合构成元素的选择规则可以得出：所有这些概念集合都是彼此独立的，也就是说，在任何两个集合之间都没有相同的构成元素。由于每个概念集合有且只有一个最抽象的概念，因此可以得出：所有这些相对于每个概念集合中最抽象的概念也是彼此独立的，也就是说，这些概念中既不存在相同的概念也不存在可以由其他概念推导出的概念。当我们从问题研究转向理论构建后，在问题研究中获得的与对象相应的概念集合中的最抽象的概念，其语言表达形式构成了理论构建中的一组基本命题，

● ［英］卡尔·波普尔. 科学发现的逻辑［M］. 查汝强，邱仁宗，万木春，译. 北京：中国美术学院出版社，2008：47 - 48.

显然，它们也是彼此独立的。如果在理论构建中，基本命题集合中的命题不是彼此独立的，那么这个命题集合必定存在问题，即这一组基本命题的选择不当。需要说明的是，如果把上述概念集合改为"命题集合"，情况也就随之发生变换。之前我们曾经讨论过多词一义的问题，在出现这种情况后，由于命题的主项发生了变化，而谓项仍是同一个，因此它们构成了两个形式不同但内容相同的命题。❶ 一般而言，这两个命题不能同时被选择作为构建理论的一组基本命题，否则就违背了理论构造之基本命题选择的独立性原则，但是它们可以在一组基本命题中相互替代，只要这个替换过程不违背独立性原则，不会造成误解和混淆即可。也就是说，标识它们的语词可以不同，但是对这些语词的赋值必须相同（多词一义）。此外，在构建理论过程中，如果选择一组基本命题，其中的一个命题可以由其他两个或多个命题推导出来，那么这种情况通常是在选择这组基本命题时，选定的基本命题集合中至少有一个构成元素是命题但不是基本命题，从而导致了所构造的基本命题集合的构成元素不满足独立性条件，而且导致了与之相对应的基本概念集合不满足独立性条件。在这种情况下，需要重新选择基本命题组，使之满足基本命题组中的任何一个命题都不能由这组命题的其他命题推导出来的要求。在公理化体系中，如果在选择的一组公理中，其中的一条公理可以从其他公理中推导出来，则说明在这组公理中，有一条命题不是公理而是定理，那么这条命题的抽象程度一定低于其他命题，因此需要在这组命题中消除这条定理。如果在公理的选择中，选定的一组公理不是独立的，但是任何一条公理都不能从其他公理中推导出来，在这种情况下，我们把这组公理称作与具有独立性的一组公理等价的公理，在公理化体系的构建中等价的两组公理是可以相互代换的。❷ 那么公理和基本概念的选择究竟有什么不同呢？这里我们混淆了公设和基本概念的区别。公理是公理集合的构成元素，公理集合是证据集合或者证据集合的一个子集，选择一组公理也就是选择一个公设。对于分析理论，包括数学、逻辑学和形式化理论，它们一般都需要在一个由公理和定理构成的证据集合中选择一组彼此独立的元素，作为构建这个分析理论的公设；但是，分析系统作为简单理论，只有一个与之相关的概念集合，只有一个与

---

❶ 一个包含相同意义的不同命题构成的、不满足独立性的命题集合（记作 X）和这个命题中消除了这种意义相同的不同命题使之满足独立性要求的命题集合（记作 Y）是两个"等价"的命题集合，即命题集合 X 和命题集合 Y 是等价的。

❷ ［波兰］塔尔斯基. 逻辑与演绎科学方法论导论［M］. 周礼全，吴允曾，晏成书，译. 北京：商务印书馆，1963：125－127.

之相关的基本概念和整体概念，也就只有一个描述基本概念的基本命题，以及描述整体概念的一般命题（论题），因此在分析理论中不存在基本命题的选择问题。

二、系统的结构

这里所谓"系统"是指理论（命题系统）和概念系统，其中的"理论"是指描述最小概念系统的命题系统，而概念系统则是指在没有结构的概念集合上，人为地把这个集合中的元素（概念）根据一定的规则结合起来，形成的概念和关系的体系（或称作"系统"），因此它是由人创造（构建）的结果。在前面我们已经分别讨论了理论的各个构成，包括论题、一般命题、基本命题、论点和公设，但是必须明确的是，理论作为命题系统，它是描述概念系统的，因此概念系统有着与命题系统相对应的组成，包括整体概念、基本概念、从外部引入的反映参照对象的概念，以及直接回答分解后之简单问题得到的概念和为了回答这些问题而选定的已知概念等。从它们之间的关系可见，没有概念系统一定不会有描述它的命题系统，但是没有命题系统未必不存在概念系统，然而这样的概念系统却只能是简单的、存在于人脑中的、不为外人所知的个人的知识，因此在讨论理论概念时它隐藏在命题系统之后，常常被忽视。那么，通过命题系统是否可以把握概念系统，以及分析命题系统的结构是否也可以获得概念系统的结构呢？换言之，在结构上它们之间是否具有同构性？

（一）关于理论结构的几个问题

所谓"理论结构"，是指通过演绎推理把命题集合中所有离散的命题结合形成之整体（系统）的内在构成。由于理论结构反映了概念系统的结构，而概念系统比命题系统更具有确定性，如果把理论结构分析转变为概念系统的结构分析，则会更容易把握。但是，要把理论结构分析转换成概念系统结构分析，则它们两者之间需要具有同构性。然而，在讨论理论结构与概念系统结构的同构性之前，需要先解决如下问题。

当我们用关系把概念集合中的元素结合起来后，就在这些元素中形成了结构。在前面我们曾经论及，概念（观念）是思维的结果，是内在于人的存在，它只受时间约束而不受空间约束。然而，在时间约束下只有先后顺序而没有结构，因为时间是单向度的，在其中不可能存在结构；只有在空间中才有结构，这是由空间的多维度和广延性所决定的。那么我们现在讨论概念的结构岂不是与之前的论述相矛盾吗？这里混淆了两个概念，一个是作为思维结果的概念，另一个是在概念中反映的内容。当把概念作为一个整体而不去考虑它的观念是什么的时候，它作为思维的结果只受时间约束而不受空间约束，因此它是没有结构的。但是，在考虑概念反映的是什么的时候，我们关于概念的讨论就与上述之时间和空间约束没有关系了（因为不在同一个论域中），这时它只与所反映的对象有关。生存于充满着物质的空间中，人不仅能够认识存在于现实空间中的对象，也能够抽象地构想出心理上的空间，而且创造出了描述空间及其变化的语言和与之相关的学科，如"几何学""拓扑学"。当我们思考的对象是受到空间和时间约束的对象时，这些约束也会反映在我们的观念中，不同的是，对象在现实世界中受到的时间和空间约束，反映在人的观念（概念）中则是受到心理上时间和空间的约束。例如，郝拉克利特的名言"人不能两次踏入同一条河流，因为无论是这条河还是这个人都已经不同了"是相对于现实的时间和空间约束而言的。在现实的时空约束中，当人第二次踏入这条河的时候，随着时间的变化，空间以及空间中的对象也都随之发生了变化，因此人已不是第一次踏入这条河流的人，河流也不是第一次踏入的那条河流。但是在人对这个事件形成的观念中，第一次和第二次踏入这条河的人是同一个人，第一次和第二次踏入的河流也是同一条河流，因为在人的观念中是以心理上的时间和空间来描述这个事件的，这就是"连续性原理"带给人认识客观世界的便利。在文学创作中，首先构思出的是人物、事件和场所，由此确定了空间（场所）和在这个空间中的对象（人物、事件），其次构思的是对象在这个特定空间中随着时间的延续（时间约束）而发生的变化，包括人与人的关系、人与事件的关系，以及相互作用和影响等，从而构成了情节。显然，在这个文学创作中的空间和时间同样是心理上的空间和时间。通过以上示例说明了，在人的观念中是可以反映时间和空间的，但是在观念中的时间和空间不是现实中的时空，而是心理上的时空。心理上的时空不仅与人对于时空的认识有关，也与人描述时空的语言有关。换言之，人的思维过程是单向度的，只受时间约束而不受空间约束，但这并不是说我们不能形成空间概念。空间概念依然是一个观念，是人对空间的认识在人脑中的反映。因此，不能把空间概念和思维过程及其结果不受空间约束混为一谈。正因为在人的头脑中可以形成空间概念，而且概念之间具有关联和结合的性质，人才能够理解空间中的对象，才能够根据参照系统确定空间中的位置，也才能够理解物体的位移。既然我们能够在观念中反映或构想时间和空间，那么我们在概念集合中根据一定的规则通过关系构建起相应的结构也就成为可能，因此"创造具有结构的概念体系"与"观念（概念）作为内在于人的存在不受空间约束"之间没有矛盾。这里需要区分的是，对象的结构和描述这个对象的理论的结构是不同的，不能把两者混为一谈。虽然我们在问题研究中构造出了与对象相关的所有的概念集合，但是由于这些集合中的元素都是彼此独立的，它们或许能够反映对象的某个部分或者某个具体性质，但是它们不能从整体上全面地描述这个对象，这样我们才需要把概念集合中的概念结合起来形成一个体系，以达到从整体上全面、清晰描述对象的目的。由上面的讨论可知，如果概念体系结构与命题系统结构之间具有同构性，那么它只能是两者在心理空间中才可能呈现出来的性质，这样也就更加显现出概念系统结构与命题系统结构之间的本末关系。

许多著名学者在其论述中都表达了"理论是一个命题系统"的观点，之前列举的德国学者莫里茨·石里克就明确表达了这一点。❶ 英国学者吉尔伯特·赖尔也表达了类似的观点："……谈到人的理智的各种技能和行为时，我们主要是指构成理论思维的那类特别的活动。这类活动的目标是关于真命题或事实的知识。"❷ 不仅如此，在理论构建中必须遵循的逻辑推理也是由命题组成的。那么我们把理论（命题系统）作为一个概念体系（系统）来分析是否合理呢？在前面的讨论中我们曾提到，理论构建活动是一个有序、渐进的过程，整个过程的结果形成了一个观念的有序集合。由于这个活动的渐进特点，每次活动都必须重现之前活动所形成的观念。这就要求从事这一智力活动的人必须有非常强大的记忆且不随时间遗忘的能力。但是除了极为特殊的个人外，一般人都不具有这样的能力，因此需要借助语言符号把概念固定在物质媒介上，从而弥补人的记忆能力不足和随时间淡化、遗忘的问题。即便理论的创建者不以这种形式把他们构造的理论或认识对象形成的观念固定在物质媒介上，借助语言表现观念也会对他们的思考、推理和记忆有所助益。"理论思维是一种大多数人都能够无声无息地进行的活动，并且通常确实是无声无息地进行的。他们用语句把他们构造的理论明确表达出来，但大多数时候并不大声地把这些语句念出来。他们对自己说出这些语句。"❸ 当我们把标示概念的语言符号和描述概念的短语按照一定的规则结合起来时，就构成了命题。从命题和概念的关系来看，概念是根本，命题则是它的语言表述。

---

❶　［德］莫里茨·石里克. 自然哲学［M］. 陈维杭，译. 北京：商务印书馆，1984：21，23.
❷　［英］吉尔伯特·赖尔. 心的概念［M］. 徐大健，译. 北京：商务印书馆，1992：20.
❸　［英］吉尔伯特·赖尔. 心的概念［M］. 徐大健，译. 北京：商务印书馆，1992：21.

英国著名学者培根在论及三段论和归纳法时，也涉及了概念和命题的关系：
"三段论式为命题所组成，命题为字所组成，而字则是概念的符号。所以假如概念本身（这是这事情的根子）是混乱的以及是过于草率地从事实抽出来的，那么其上层建筑物就不可能坚固。"❶ 因此，即便我们在理论构建和逻辑推理的过程中必须依赖命题，但它也只是起着辅助的作用，其中的根本依然是概念。任何命题只有表达或描述概念才是有意义的。那么概念和命题之间是否存在一对一的关系呢？答案是否定的。既然命题是根据一定的规则对概念的语言表述，为这个概念的标识符号赋予确定意义而构造出来的，那么相对于同一个概念的命题就存在三种可能（这里仅考虑命题与概念的关系）：第一种可能是，一个概念被多个语言符号标示。虽然在同一个语言环境下的人群会受到语言习惯的约束，但是标示一个概念的语言符号之选择仍然具有一定的自由度，因此即便是在同一个语言环境中的不同的人也可以选择不同的语词标示同一个概念，而且即便是同一个人也可以根据需要选择不同的或相近的语词标示同一个概念。尽管不同的语词标示的概念是同一个，但是它们构成的命题因为主项的不同，而是不同的命题。这就是所谓多词一义的情况。第二种可能是，不同的人对同一个概念的表述不同但选择的语词符号相同。由于不同的人语言能力、表达能力和对观念的理解程度均可能不同，他们对同一个概念的表述也不同。即使是同一个人，在不同的时期对同一个概念的表述也会有所差异。然而尽管这种情况可能会给彼此间的交流增加困难，但它并不构成一词多义，仍然是一词一义，因为所有的这些不同的表述所针对的是同一个概念，它们的差异只表现为表达的准确度的不同。第三种可能是，不仅选择标示同一概念的语言符号不同，对同一概念的表述也不同。有了上述两种可能的解释可以直接推出第三种可能产生的原因，因此对于这种情况也就无须再论了。从上面的讨论可知，概念和命题之间不是一对一而是一对多的关系，即同一个概念可以有至少一个命题与之对应。根据这个结论可以进一步推出：任何一个概念集合都至少有一个命题集合与之对应，或者说，任何一个概念集合都可以有多个命题集合与之相对应。在我们构造概念集合时，要求概念集合必须是最小集合，因此反映一个对象的（最小）概念集合有且仅有一个。但是，对于命题集合，我们并不要求它必须是最小集合，这是产生概念集合与命题集合之一对多的关系的又一原因。假设任选一个相对于一个概念集合（它是最小集合）X 的最小命题集合 Y，那么相对于这个

---

❶ ［英］培根. 新工具 ［M］. 许宝骙，译. 北京：商务印书馆，1984：10.

概念集合 X 的所有不同于命题集合 Y 的命题集合，不论它是否是一个最小集合，都被称作命题集合 Y 的等价集合。例如，Z 是相对于概念集合 X 的一个命题集合，不论它是否是一个最小集合，Z 都是 Y 的一个等价集合。显然，根据命题集合 Y 和命题集合 Z 可以分别构造出两个命题系统，我们分别称作"Y-理论"和"Z-理论"，尽管这两个理论可以不同，但是它们都是描述概念集合 X 反映的对象的。从上面的讨论可知，我们从命题集合 Y 的任何一个等价的命题集合 Z 都未必能够还原到命题集合 Y，但是所有的命题集合，不论它是否是最小集合，都可以还原到与它们相关的概念集合 X，这是因为它们所描述的对象都是最小概念集合 X 的缘故。同样，根据 Y-理论和 Z-理论，我们也可以判断出两个理论作品（区别于文学艺术作品）之间的关系。我们把在概念集合 X 上构建起的概念体系称作 X-体系，那么无论是 Y-理论还是 Z-理论最终都可以还原为 X-体系，即便 Y-理论和 Z-理论的论述顺序不同，但是它们的命题集合都是对应于同一个最小的概念集合 X 的，而且 X-体系的合理结构也是唯一的，因为从整体概念到基本概念再到最具体的概念，每一个抽象层次都有一组且只有一组概念能够解释上一个抽象层次的某个概念，而概念集合 X 的构成元素既无冗余又无遗漏，因此具有合理性的 X-体系的结构有且只有一个。当 Y-理论和 Z-理论还原到 X-体系后，它们相对应 X-体系的概念集合 X 和结构都是相同的。由此可知，这两个理论唯一的区别就取决于命题集合 Y 和命题集合 Z 的构成元素。由于命题集合 Y 和命题集合 Z 是等价，而且命题集合 Z 不能还原为命题集合 Y，但是它们都可以还原到与它们相应的最小命题集合 T，如果命题集合 Y 和命题集合 Z 的构成元素完全不同或者相似程度非常低，那么这两个作品都是原创作品；如果这两个命题集合的构成元素相似程度较高，且 Y-理论的发表先于 Z-理论，则不能排除 Z-理论的构建参照了 Y-理论，甚至有可能是一种较高明的抄袭；❶ 如果两个集合的构成元素基本相同，且 Y-理论的发表先于 Z-理论，则不能排除 Z-理论是对 Y-理论的低劣抄袭，也被称作"剽窃"；如果两个集合的构成元素完全相同，或者只是改动了一些语词符号，且 Y-

❶ 在这个示例中，为了方便我们仅以两个理论作品为例。相对于 Z-理论的对比理论可能不只仅有 Y-理论，而是有多个与 Y-理论等价的对比理论，因此相对于命题集合 T 的对比命题集合也不只仅有命题集合 Y，还有与其他等价的对比理论相应的命题集合。如果命题集合 T 中的所有命题都来自于对比的命题集合，或者它们之间的相似程度非常高，那么也不能排除 Z-理论可能存在对多个对比理论的抄袭。其他几种可能也可以很容易地从一个对比理论扩展到多个对比理论的情况。

理论的发表先于 Z – 理论，则不排除 Z – 理论是对 Y – 理论的复制。❶ 通过上面的论述也就不难理解为什么可以有许多相同、相似和不同的理论描述相同的对象了。

　　不论是概念集合还是命题集合，最终都需要把它们结构成一个体系（或称作"系统"），那么我们是通过什么方法把两个没有关系的概念结合起来的呢？这是通过"判断"实现的，而判断也是一项智力活动。在问题研究过程中，当我们在某个抽象层次上选择一组相似的概念时，就需要通过判断活动来完成这个选择过程。当我们把这组概念抽象概括为一个更高抽象层次的概念时，需要对这组概念的相似性产生的问题作出尝试性的解答。既然是尝试性的解答，必然存在多种可能，在这些可能性中选择一个最恰当的解答是通过判断活动完成的。不论是我们选定一组相似的概念还是从这组概念通过尝试性的解答得到更高抽象层次的概念，都是判断活动的结果（注意与判断活动区别）。判断的结果使得一个抽象层次中的某个概念与比它低一个抽象层次的一组概念建立起了联系，但是在问题研究阶段，我们能够用语言符号标示这些概念，也能够用短语表述这些概念，还能够用句子描述与这些概念相对应的对象的性质，然而我们尚不能构造出这些概念之间的关系，因为每个层次的概念都需要比之高一个层次的概念来描述，不仅下位概念，就是同位概念也不能解释同一层次的概念。因此，除非得到最高抽象层次的整体概念，否则即使可以根据某个抽象层次的概念描述低一层次概念，然而却不能把一个概念集合转变为一个概念体系（系统）。但是，当我们得到反映对象的整体概念后，接下来的已经不再是问题研究活动，而是概念系统的构建活动了。在概念系统构建的过程中，我们借助标记从外部引入的参照对象的概念，通过判断把在问题研究过程中已经明确了的、具有内在关联性的概念结合起来，从而在这些概念之间建立起关系。这个过程一直持续到最小概念集合中的所

---

❶ 这个复制不是指在命题系统层面上的复制，而是指在概念系统层面上的复制。在著作权理论中，人们很难理解，为什么一个人的作品不同于另一个人的作品，却被认为是复制了另一个人的作品，甚至一些从事著作权问题研究的人也不能清晰地解释这个问题。其关键就在于没有清楚地认识和理解概念集合、概念体系、命题集合和命题系统之间的区别和联系。在所有这些 Z – 理论和 Y – 理论的关系中，有一个必要条件就是构建 Z – 理论的人接触过 Y – 理论，否则有关这两个理论之间关系的讨论因为不满足接触条件而不能成立。

有元素都在概念系统构建的过程中内化于这个系统的关系中才结束。❶ 即便是整体概念，它的获得同样是通过判断得到的。我们仍以著作权理论为例，在得到了所有反映主要对象和次要对象的概念集合后，为了确定主要对象是什么的问题，我们需要先回答次要对象是什么的问题，因为在次要对象是什么的问题没有解答之前，我们就没有可能和根据对主要对象是什么作出尝试性的解答。当得到"作品""行为能力""行为""责任"等有关次要对象的整体概念后，我们得到的判断是所有这些对象的整体概念和作品概念都有关联，即使在反映主要对象的概念集合中的概念，尤其是基本概念，也与作品概念关联，而且作品概念决定着与它相关联的概念的性质。因此，我们得出"著作权不同于知识产权的性质是由作品决定的"之判断，这样就可以按照规则构造出命题"著作权是基于作品形成的知识产权"对著作权标示的对象作出一般性的尝试解答，从而把著作权概念和作品概念结合起来。根据之前的讨论，我们不可能用反映主要对象的概念集合中最抽象的概念来描述整体概念，因此只能用次要对象的概念借助描述参照对象的整体概念来对主要对象作出尝试性的解答，也就产生了描述主要对象的整体概念之特征部分。显然，其结果（描述对象的整体概念）不同于反映这个对象（是其所是）的基本概念。由于除了判断之外，没有其他方法把两个概念结合起来，因此我们论证了概念之间的关系是由判断建立起来的结论。

（二）理论结构提取

之前我们已经多次提到，任何研究对象都不是孤立存在的，那么应该如何来理解它的外部结构呢？在讨论对象的结构时，我们把这个对象作为一个整体，因此不涉及它的内部结构。所有与研究对象相似的对象有两类，一类是与研究对象相似但不直接相关的对象。❷ 这类对象与研究对象的相似性不是由于它们本身的性质而导致它们之间相似的。相反，它们自身的属性正是导致它们不同的根源。它们呈现出的相似性中的相同因素是由它们都属于同一个对象的类的属性决定的，对象的类的属性是它们所共有的，导致了它们

---

❶ 概念集合中的概念是以"性质"来表现相应之对象呈现出的现象的，因此在一个概念系统中它内化在概念之间的关系中，而不是直接地显现为概念系统中的概念；同样，命题集合中的命题是以语言（或言语、符号）形式描述概念集合中的概念表现的性质的，它们不能描述一个对象或其构成是什么，只能作为区分两个直接相关之概念不同的根据，同时它们也是两个概念之间具有关联性的根据，但是它们却不能描述两个概念之间的关系。

❷ 相似性是由两个因素决定的，一个是对象彼此之间的相同，另一个是它们之间的不同，这两个因素共同构成了一个对象与另一对象之间的相似，也就是说，既有相同又有不同。

的相同。同时，这些对象之间又存在质的区别性，这是由它们各自的本质属性决定的，由此构成了它们之间的不同。在上述相同和不同因素的共同作用下，它们在整体上就呈现出了相似性。例如，著作权和专利权反映的对象都是知识产权反映的对象的类中的对象，它们都具有知识产权对象类的性质，即基于智力活动结果形成的权利，由此构成了它们的相同因素；但是它们之间又呈现出明显的区别性，这是由决定它们特殊性的智力活动结果的不同造成的。尽管作品和发明都是智力活动的结果，但是它们的本质属性不同，因此构成了基于它们而形成之权利的不同，从而使它们在整体上呈现出相似性。虽然这类对象具有相似性，但是它们彼此独立，没有直接的关联，所以在结构上彼此无关，而在逻辑关系上相互并列。在问题研究中，只有在同一个对象类之下的并列对象才具有可比性，因此著作权反映的对象与物权所反映的对象是不能比较的。另一类是与研究对象相似且直接相关的对象，也就是这个对象所属的对象的类。研究对象所属的对象的类也是一个对象，它们之间是整体与部分的关系，在概念上表现为包含与被包含的逻辑关系，而在结构上则呈现为上下位的结合关系。例如，我们用 X 表示反映对象的类的概念，x_1，x_2，$\cdots$，x_n 是构成反映对象 X 部分的概念，那么它们的关系和结构分别如图 2-1 和图 2-2 所示。如果设 x_1 是反映研究对象的概念，那么它与 x_2，x_3，$\cdots$，x_n 的关系是并列关系，而与 X 的关系是包含与被包含的关系；在结构上，x_1 只与上位概念 X 有关系 r_1。除此之外，x_1 没有其他外部关系和结构。在图 2-1 中，概念 x_1，x_2，$\cdots$，x_n 都具有概念 X 的性质，但是概念 X 却不具有概念 x_i（$i=1$，2，$\cdots$，n）各自所具有的特殊性。如果 x_1，x_2，$\cdots$，x_n 也分别都是概念集合，那么这些概念集合中的构成元素（概念）也就都具有各自所属的概念集合的特殊性，我们把概念集合 x_1，x_2，$\cdots$，x_n 各自的取值范围称作它们的"论域"，把它们各自的特殊性（它们相对于 X 的本质特征）称作论域的特征，根据概念集合的元素选择规则，论域中的所有元素都必然具有与论域特征相同的性质。因此，当一个研究对象确定之后，相对于它的论域也就确定了，论域的特征也就确定了，概念集合中的构成元素共同具有的性质也就确定了。[●] 通过对概念系统的外部结构的讨论，也就从形式上论证了之前阐述的观点：任何一个概念系统或理论都不是封闭的，都是不可能孤立存在的。

命题系统（理论）之内部结构分析的可能性关系到一个问题：是否可以

● 论域的确定是以概念集合之元素的选择规则和最小集合规则为根据的；论域的特征是由研究对象自身的本质属性（相对于 X 的本质特征）确定的。

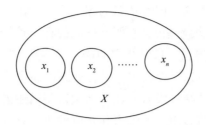

图 2 − 1　概念之包含和并列关系示意图

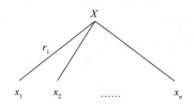

图 2 − 2　上下位概念关系示意图

把命题系统（理论）还原到唯一的概念体系呢？如果答案是肯定的，那么也就论证了所有最小命题系统的结构与最小概念系统的结构之间具有同构性，因此可以选择任何一个作为我们研究的对象。之前的讨论阐述了，任何一个命题系统都有许多与它等价的命题系统，但是这些等价的命题系统不能还原到唯一的一个最小命题系统，因为它们之间不是多对一的关系，而是多对多的关系。那么我们是否可以把任何一个命题系统都还原到它所对应的最小命题系统呢？如前所述，所有的命题系统都是由可数的命题构成的，因此可以把一个命题系统的所有命题列举出来构成一个命题集合（解构这个命题系统）；然后剔除相同的和可以通过其他命题推导出来的命题，再重新结构就得到了与这个命题系统等价的最小命题系统。[1] 根据之前的论述，反映一个对象的最小概念体系与所有与之相关的最小命题系统之间存在一对多的关系，因此只要有一个最小命题系统能够还原到最小概念体系，那么所有等价的最小命题系统都能够还原到同一个最小概念体系。我们可以采用以下步骤把一个最小命题系统还原到最小概念体系：首先，命题是由主项和谓项构成的，

---

　　❶ 当把一个命题系统还原为命题集合后，由于这个命题集合的元素是有限可数的，可以通过逻辑以及其他运算方法把这个命题集合简化为最小集合，然后在其之上构建相应的最小命题系统。需要指出的是，这里的命题集合不是之前所说的描述概念集合的命题集合，因为描述概念集合的命题集合已经内化于构成命题系统的命题中，所以它们不可能被抽离出来成为单独的命题，而是包含在被抽离出来的单独的命题之中。因此，在涉及命题系统还原为命题集合时，所得到的命题集合中的元素（命题）均与描述概念集合得到的命题集合无关。

其中的主项是标示概念的语词（语言符号）。由于语词在概念和命题之间起着"中介"的作用，也就是说，它既是概念的标示符号也是命题的主项，我们可以把所有的谓项省去，只保留它的语词符号❶，由此得到了由语词和关系构成的结构体系。在这个变换中，尽管命题已经由作为其主项的语词符号取代，但是命题系统的结构没有变化。其次，用描述语言符号所标示概念的短语取代语言符号，或者用这个短语和相应的语言符号相结合构成句子，这样就把命题系统还原成概念体系。❷ 在这个过程中，命题系统的结构始终保持不变，因此这个命题系统和还原得到的概念体系具有完全相同的结构。问题在于，是否能够充分阐释还原后得到的概念体系具有合理性。相对于一个研究对象而言，合理的最小概念体系有且仅有一个，只要我们能够证明还原所得到的概念体系是最小的、合理的，那么也就得到了与这个理论相应的概念体系的唯一合理的结构。如果这个概念体系是一个最小概念体系，那么它必然是构建在一个最小的概念集合上的，因此可以先把这个概念体系还原为概念集合（解构过程），❸ 验证概念集合的构成满足构成元素的选择规则，而且其所有选定的构成元素都是彼此独立、既没有遗漏也没有冗余的；证明这个结构的合理性，只要证明它的构造满足逻辑规则、不违背基本规律，而且在理论构建的过程中没有引入任何特设，以及在整个体系构建完成后，问题研究得到的概念集合中的所有元素（概念）都内化为这个体系的构成，没有遗漏也没有冗余，就可以证明这个概念体系在结构上的合理性。显然，语词既是命题系统中的命题的主项，又是概念系统中标记概念的符号，因此作为符号，它在命题系统和概念体系的构成元素之间建立起了联系，或者说，在这两个系统中，标示命题主项的符号和标记概念的符号是同一个。需要注意的是，在上述的变换过程中，两个系统的结构都没有发生变化。如果我们进一步把概念体系中的所有概念都以单纯的、没有任何确定意义的符号来代替，那么就得到了这个概念体系的结构，不同的是，这个结构体系已经被一般化了。例如在图 2-2 中，如果我们把 X 和 x_1, x_2, $\cdots$, x_n 只看作单纯的符号，

---

❶ 由于标示概念的语词的选择是任意的，即使两个等价的命题系统采用一组不同的语词，也不影响我们的讨论和讨论的结果。

❷ 这样得到的概念体系是最小的但不是唯一的，因为人们可以对概念的表述不同，除非再把它还原到概念（观念）的层次，只保留标示概念的符号。但是，最小概念体系的不唯一并不影响其结构的唯一性。

❸ 这里还原所得到的概念集合不是问题研究得到的概念集合，而是对概念系统解构所得到的概念集合。问题研究中得到的概念集合已经在构建概念系统时内化为概念的关系了。

没有特定的意义❶，图 2 - 2 的概念体系就被一般化为单纯的体系结构了。如果两个不同的系统具有相同的结构，那么我们就把它们称作具有"同构性"的系统，把这两个系统称作"同构系统"。同构系统的不同与它们的结构没有关系（同构系统的不同与它们的连接约束没有关系），而是由它们所描述的对象的不同导致的（或者说，同构系统的不同与它们的内容约束相关）。如果已知两个系统具有同构关系，那么我们可以参照其中的一个已经构建起来的系统来构建另一个系统，也可以通过对两个系统的相互参照、印证来加深理解，修正错误。了解了系统的同构关系，对我们的理论学习、研究以及理论构建都是非常有意义的。❷ 那么，我们需要解决的是，反映同一对象的最小命题系统和最小概念系统是否具有同构关系。由于在一个最小命题系统中，构成这个系统的所有命题分别对应地描述最小概念系统中的两个直接关联的概念，它们之间存在对应关系，由于最小命题系统的结构体现了最小概念系统中概念之间的关系，最小概念系统中的两个直接相关的概念之间的关系正是最小命题系统中的对应之命题描述的同一对概念之间的关系，即在这两个系统之间有着相同的拓扑结构。由以上两点可以推出，最小概念系统与描述它的最小命题系统之间具有同构关系。

当把概念体系或理论抽象成单纯的结构之后，有关它们组织的研究就可以仅对系统的结构展开，至于它是概念系统的结构还是命题系统的结构已经没有实际意义了（因为这里不考虑它们的构成元素的约束，这是导致它们不同的根源）。在我们讨论观念序列和概念序列时，也是通过比喻的方法把思维活动的结果利用符号分割后分布在有向的直线上，来形象地描述观念发展演进的过程，同时也刻画出概念（观念）序列的形式。系统结构也可以用一个平面有限简单图来描述，之所以说它是一个简单图，因为在理论的结构中，

❶ 没有特定的意义也就意味着可以赋予它们任何具体的意义。由此也就解释了，语词选择的不同并不影响概念体系结构的讨论，因为语词的变化不影响结构的稳定性。

❷ 这里我们只是不严格地运用了图论中的图的同构概念。"同构"是代数学和图论中非常重要的概念，也有着严格的定义。图由顶点（结点）和边构成（在概念体系中，结点相当于概念集合中的所有元素，边则相当于连接概念之间的关系），从一个结点引出的边的条数称作这个结点的出度；引入一个结点的边的条数称作这个结点的入度；一个结点入度和出度的和称作这个结点的度数。两个图同构的必要条件是：其一，结点数相等；其二，边数相等；其三，度数相同的结点数相等（参见：方世昌. 离散数学［M］. 西安：西北电讯工程学院，1985：247 - 248）。在理论的结构研究中，我们不可能完全按照数学方法来判断两个理论是否具有同构性，但是确实有一些理论是同构的。以著作权理论和专利权理论为例，它们的概念集合是不同的，它们的不同是因对象的不同而引起的，而导致对象的不同则是决定它们特殊性的"表现"。著作权是基于非实用表现（作品）形成的，专利权则是基于实用表现（发明）形成的，而实用表现和非实用表现又是矛盾关系，因此这两个理论尽管概念集合不同但结构基本相同，所以可以把它们作为同构理论来处理。同样，物权和知识产权也有相同的特点。

既没有环❶也没有任何一对结点（概念）有两条边与之连接，也就是说，在一个概念体系（或者命题系统）中的任何一个概念（命题）都不可能自己解释自己，而且任何两个概念（命题）之间都不存在两个不同的关系，或者说，它们不能成为两个不同关系的承载；之所以说它是一个有限图，因为构建这个系统的元素（概念或命题）和关系都是有限的，与之相应的图的结点和边也是有限的，因此它是一个有限图；之所以说它是平面图，因为系统的结构只有两个构成要素，结点（概念或命题）和关系，而作为结点所在的位置不同，只存在两种可能的相对变化关系——（对于命题而言）一般和特殊、（对于概念而言）抽象和具体，也就是说，结点在位置上的相对变化关系只需要用两个维度的图来描绘就已经足够了，无须再引入第三维度来描绘一般（抽象）和特殊（具体）以外的相对变化关系，因此在结构上只需要用到在二维空间中展开的平面图就足以表现系统结构了。除了上述特点外，描述系统结构的图是有序的，即它是一个有向图。因为在系统的构建过程中，我们是由从一般到特殊（从抽象到具体）的演进过程来构造系统的，而不能反其道而行之，而描述它的图也是按照从顶点到结点再到叶结点的顺序进行的，因此它是一个有向图。任何一个系统中所包含的命题（概念）的数量是确定的，它是由包含在最小命题（概念）集合中的构成元素的数量决定的，既不能随意增加也不能任意减少。系统的这个特点反映在它的结构中，就构成了它的结构的封闭性，即它的结点和边不能增加也不能减少。系统结构的封闭性并不是说系统是不能发展的。当一个系统完成后，这个系统的结构也就确定了。如果我们在修改一个系统的过程中，没有变动系统的结构（没有改变系统的连接约束），也就是说，既没有增减结点（命题和概念）的数量也没有改变系统的拓扑结构，那么这个修改只是在修辞意义上对系统的改动；如果在修改的过程中，系统的结点（命题或概念）和拓扑结构发生了变化，则修改之后得到的是一个新的系统，尽管它是在旧的系统上发展而来的。但是，不管是新系统还是旧系统，一旦完成，它们的结构也就确定了，因此它们的结构依然是封闭的。在任何一个系统中，根据逻辑规则，不论它是在最小构成元素的集合上还是在与之等价的集合上构建的，都不能出现循环论证，否则系统之论述陷入其中将永无完结之时。不仅如此，在系统中如果出现循环论证，系统的构建必然会违背从一般到特殊（从抽象到具体）的规则，因为在出现循环论证后，论证过程就可以从特殊命题（具体概念）返回到一般命题（抽象概念）。系统的这个特点反映在它的结构上就表现为描述其结构

---

❶ 在图论中，环是指这样一种结构，从一个结点引出的边不与其他结点连接直接引入这个结点自身，从而形成了一个环，因此构成环的边引出的结点和引入的结点是同一个。

的图中不能有回路，因此描述系统结构的图只能是"树"或"林"❶。由此可见，描述系统结构的图是一棵平面树或者林，它是有限的、简单的、有序的、封闭的，如图2-3和图2-4所示。

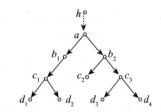

图2-3　系统结构的外向树示意图

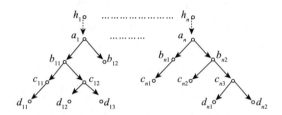

图2-4　系统结构的外向林示意图

（三）理论结构分析

在上一节中，我们讨论了理论结构的提取问题，得到了其提取之可能性的肯定结论。在这个基础上，我们进一步把理论结构抽象为更一般的系统结构，从而使得讨论之结论既适用于命题系统又适用于概念系统，最后讨论了系统对其结构的各种限制和要求，确定了结构的基本形态，即"树"或"林"。❷

在图2-3中，我们描述了系统的树的结构（在以下的讨论中，"系统"一词特指"命题系统"和"最小概念系统"），这个系统结构对应着只有一个

---

❶　在图论中，"林"也被称作"簇"或者"树簇"，由于语词"林"更为形象地描述它所标示的对象，我们采用了这个语词。如果有些人更习惯采用"簇"或"树簇"，以及其他语词，只要标示的对象相同，而只是选择的语词不同，那么这种偏好是完全可以理解和接受的。

❷　在这部分的讨论中，我们主要目的在于大致描述理论结构的特点，及其所需要满足的条件和在构建过程中需要遵守的规则。这些内容是这一部分讨论的重点，因此理论的"不完全反向二元树"结构只是选择的示例。选择这一特殊的结构只是为了满足这部分论述的需要，它既不是理论的一个理想模型，也不是理论的一般模型，甚至是一个不可能实现的或根本不存在的模型，有关这个问题会在之后的适当部分详细讨论。因此，这里需要特别提示，不要把这个示范用的理论模型结构误认为是理论一般结构。我们只是从一般性上讨论"树"或"林"的拓扑结构，而不是为了构造一个理论的拓扑结构。但是，在讨论理论模型之前，我们一直都会以这里示范的"树"和"林"的拓扑结构作为讨论的根据，但必须清楚地意识到它只有示范、解释和说明这类结构的作用和意义。

表现一般性的元素 $\{h\}$（在命题系统中代表"一般命题或论题"❶ 或者在概念系统中描述参照对象的概念，记作"参照概念"），因此它描述了由一组元素构成的集合（概念集合）$C = \{\ \{a\},\ \{b_1,\ b_2\},\ \{c_1,\ c_2,\ c_3\},\ \{d_1,\ d_2,$ $d_3,\ d_4\}\}$❷，一个关系集合 E❸，和一个基本元素 $\{a\}$ 以及作为系统中的所有路径终结于其上的元素 $\{\ \{c_2\},\ \{d_1,\ d_2,\ d_3,\ d_4\}\}$❹。这是一个最简单也是在系统中常见的可能出现的结构，我们可以把它称作"简单系统结构"。在除了研究数学、逻辑学和某些形式化理论的学科之外，简单系统结构在一般的系统构建中较少出现，但是它对于系统结构的分析和研究却有着重要意义，因为不仅复杂系统结构的构成是以简单系统结构为基础的，而且复杂系统结构的分析也是建立在简单系统结构分析的基础上的。从图示的简单系统结构可以看到，图中的元素（命题系统中的一般命题或者概念系统中的参照概念）$\{h\}$ 不是这个系统的构成，因为这个元素表现的是从外部视角对系统从整体上进行的概括性描述，是需要通过它来从整体上阐释的对象（在命题系统中被称作"论题"或者在最小概念系统中被称作"参照概念"），所以它不能既是被论证（在逻辑上真）的对象又是论证这个对象的系统的构成部分。但是，正因为它是被论证的对象，所以它才是这个系统构建（不论是演绎推理还是逻辑划分）的起始点。❺ 分析这个结构不难看出，这个简单系统

---

❶ 一般命题是要通过给整体概念 a 赋值的方式把参考概念 h 和整体概念 a 连接起来，因此在概念 h 和 a 之间只能存在一个关系，但是却可以有多个描述这个关系的命题。

❷ 这里的概念集合只是相对于图 2 – 3 描述的概念系统而言，因此它并不是我们之前讨论的在问题研究过程中通过解决问题得到的概念集合，那个概念集合中的元素已经内化在命题系统和概念系统中，不会作为显现的概念出现在命题系统或概念系统中。

❸ 其中的关系（连接两个结点的边）没有在这个结构树上标出。由于这个理论结构树有 9 条边，如果我们用 E 来表示它的关系集合，用 e_i（i 是 1 到 9 的正整数）来表示它的构成元素（边），那么理论的结构树的关系集合可以表示为：$E = \{e_1,\ e_2,\ e_3,\ e_4,\ e_5,\ e_6,\ e_7,\ e_8,\ e_9\}$。

❹ 在这个系统结构中，子集 $\{c_2\}$ 和 $\{d_1,\ d_2,\ d_3,\ d_4\}$ 都是叶结点，但是它们的意义完全不同。其中，作为叶结点的子集 $\{d_1,\ d_2,\ d_3,\ d_4\}$，或者代表命题系统中从基本命题经过演绎推理获得的描述抽象层次最低的一组概念的论点，或者代表最小概念系统中通过划分得到的抽象层次最低的一组概念。但是，作为叶结点的子集 $\{c_2\}$ 与作为叶结点的子集 $\{d_1,\ d_2,\ d_3,\ d_4\}$ 不同，后者的构成元素是在这个体系结构中处于最低层次，在一个命题系统中它们标示着理论的论点；前者的构成元素在这个体系结构中不是处在最低层次，因此作为命题系统中的命题它不是抽象层次最低的，因而也就不是这个理论的论点。从问题研究过程来看，它的引入纯粹只是为了解释上一层次的概念，但是在理论构建中它不仅没有意义，而且多余，因为我们不可能在理论的结构中只设定一个没有任何内容的章节目录（没有进一步的论述）。

❺ 为了表明一般命题在理论构造中的特殊性，我们在图 2 – 3 中采用虚线连接标示整体概念 h 的结点和标示整体概念 a 的结点之间的关系，由此区别在概念体系中用实线表示的关系（一般命题是对整体概念的语言描述，它的作用在于为从整体上描述认识对象的整体概念赋值）。

结构有四个抽象层次，最抽象的层次只有一个元素 $\{a\}$（称作这个树的"根结点"）❶，它描述了这个系统作为整体的基本属性（或者表现最小概念系统中的整体概念，或者表现命题系统中陈述概念系统中的整体概念的命题），因此我们把它称作构造这个系统的"基本元素"。第二个抽象层次有两个元素 $\{b_1，b_2\}$❷，它们之间存在并列关系（记作 $\langle b_1，b_2 \rangle$，在图论中也把 b_1 和 b_2 称作"兄弟"关系），而这两个元素是通过基本元素 a 发展出来的，在图中则被表示为一个二元分叉结构；其中元素 b_1 和 b_2 又分别与基本元素 a 构成"包含于"的关系，它们在图中被表示为父子关系，a 是父结点，b_1 和 b_2 都是 a 的子结点，此外，b_1 和 b_2 与 a 相邻。第三个抽象层次有三个元素 $\{c_1，c_2，c_3\}$，❸ 其中元素 c_1 是 b_1 的子结点，c_2 和 c_3 都是 b_2 子结点，同时 c_2 和 c_3 还形成了一个二元分支结构 $\langle c_2，c_3 \rangle$，它们是兄弟关系（并列关系），但它们与 c_1 不是兄弟关系，而且 c_1，c_2 和 c_3 分别与 b_1 和 b_2 相邻，但是它们不与 a 相邻。从结构分析，在第三个抽象层次上，c_2 和 c_3 表示的是并列关系，它们是由 b_2 向下发展得出的，同时它们又都与元素 b_2 存在父子关系；尽管 c_1 也是处于第三层次上的元素，但是它与元素 c_2 和 c_3 之间不是并列关系，而只与元素 b_1 之间存在父子关系；此外，这个层次的所有元素都与元素 a 不相邻，因此它们之间也不存在父子关系。第四个层次有四个元素 $\{d_1，d_2，d_3，d_4\}$❹，对它们结构关系的分析就不再继续了，留给读者自己完成。在这个结构图中，第三个抽象层次中的构成元素 $\{c_2\}$ 和第四个抽象层次的四个元素 $\{d_1，d_2，d_3，d_4\}$ 是这棵树的叶结点，按照图论中对于树的规定，任何一棵树至少要

---

❶　在这个命题系统中，它是命题系统第一层次（最抽象）的章节目录之一，在这个抽象层次中一般应该包括：其一，基本问题的真实性（综述）；其二，解决这个问题的必要性和充分性；其三，基本问题的尝试性解答，它是为根结点标识的概念赋值的命题。

❷　在这个命题系统中，它们是命题系统第二层次（次级抽象）的章节目录。

❸　在这个命题系统中，它们构成了系统的第三个抽象层次，因此它们代表在第二抽象层次之下的章节目录。在这个抽象层次中，结点 c_2 是叶结点，但是它不在最低抽象层次，因此依然是章节的目录。然而，在任何一个理论体系中，都不存在没有内容只有一个标题的章节，因此作为命题系统这个系统结构是不合理的。但是，在问题研究环节中，解决结点 b_2 的问题需要根据处于下位的概念，然而仅仅根据结点 c_3 不能解答上一抽象层次的问题，也无法获得在上一抽象层次 b_2 的概念，因此需要引入一个已知概念 c_2，以便解答上一抽象层次的问题。由于上述原因，在构造概念系统时，把处于结点 b_2 的概念划分成两个概念 c_2 和 c_3 就是合理的。从以上讨论中不难推出，在这个结构图中遗漏了一个结点，它与结点 c_1 是并列关系，性质、特点和解释与结点 c_2 相同，因而不再赘述。

❹　它们是这个系统结构中抽象层次最低的结点，同时又是叶结点。在一个命题系统中，它们标示了相对于这个系统之论题的论点，每一个从根结点（基本命题）出发的路径都应该终止于（作为论点的）叶结点上。需要强调的是，结点 c_2 是叶结点，但不是论点，因为它不处于最低的抽象层次上。

有两个叶结点。[1] 在系统结构中，处于最低层次的树的叶结点表示了这个系统的抽象层次最低的构成元素。[2] 在一个最小概念系统中，它们标示了这个系统中（不是从外部引入）的抽象层次最低、最具体的概念，而在命题系统中描述这一最小概念系统的这组概念的命题就是这一命题系统之论题的论点。当一个系统的构建在结构上穷尽了所有的叶结点后，这个系统的构建活动也就结束了。[3] 从上面的讨论不难看出，系统的结构是一个不完全二元外向树。[4] 它之所以是外向树，因为它的每一条有向边都是从根结点出发，从父结点指

---

[1] 需要说明的是，图 2-3 和图 2-4 并非是从一个命题系统中提取的"树"和"林"，而只是为了解释这两个概念而绘制的示意图。因此不能把它们作为真实存在之命题系统的结构予以分析。需要注意的是（以图 2-3 为例）：其一，图中的结点 $\{\{c_2\}, \{d_1, d_2, d_3, d_4\}\}$ 是树的叶结点，它们之中的 $\{d_1, d_2, d_3, d_4\}$ 是通过尝试性回答问题 p_i 而获得的有关论题 a 的论点所描述的概念；其二，结点 c_3 是需要借助于论点 d_3 和 d_4 描述的概念才能够解答的概念，但是结点 c_2 表现的却是直接解答分解后的问题获得的概念。因此，通过已知概念 d_3 和 d_4 支持了对相关之简单问题的解答得到概念 c_3 后，那么由于 c_2 和 c_3 都是已知概念，这样就可以解答更抽象的问题从而获得结点 b_2 表示的概念，并作为提出 b_2 表示之概念的根据；其三，在命题系统的构建过程中，结点 $\{a\}$、$\{b_1, b_2\}$ 只是通过演绎推理得到的、在相应抽象层次上的章节目录，而叶结点 $\{d_1, d_2, d_3, d_4\}$ 才代表了这个命题系统的论点。其中，虽然 c_2 不是这个命题系统的论点，但这个概念依然是对研究对象引起的简单问题 p_2 的解答，因此 c_2 代表的命题依然是这个命题系统自身的构成。

[2] 在这个"系统结构"中没有包含作为表示公设的结点，因此在结构上不能显示与公设相关的内容，因为它们不是这个系统的构成元素，而是论证这个系统在逻辑上真的根据。在这个系统模型中，我们把所有作为论点的叶结点作为一类（另一类是叶结点但不是处于最低抽象层次的理论的论点，例如图 2-3 中的叶结点 c_2），而系统在结构上一定终结于作为论点的一类叶结点上，有关这个限定将在后面的"理论模型讨论"中详述。

[3] 作为一个命题系统（理论），它的结构以代表论点的结点作为其叶结点。但是，在讨论理论的真假问题时，我们需要考察公设与论点之间的关系，这样常常给人以错觉，认为公设是理论（命题系统）的构成。实际上，公设只是论证理论之论点是否成立的根据，它们是由被普遍承认在逻辑上或认识论上真的、被选定描述一组已知概念的命题构成，但是它们却不是理论（命题系统）的构成，因此也不会成为理论（命题系统）之结构的组成部分，当然也就不可能在表现理论结构的图上。

[4] 如果假设"概念（命题）系统是一个不完全二元外向树结构"，那么就可以得出如下结论：其一，这类树（系统）的每一个层（系统的抽象层次）i $(i=1, 2, \cdots, m)$ 上的结点（概念或命题）都构成一个非空子集 R_i；其二，每个非空子集 R_i 的构成元素的个数，即这类树的每一层的结点数，不大于（小于或等于）2^{i-1} 个，例如，树的第 4 层的结点个数（第 4 个非空子集 R_4 的构成元素的个数）不大于 $2^3=8$ 个；其三，一个 m 层的不完全二元外向树的全部结点数不大于（不超过）所有各层结点之总和 $\sum 2^{i-1}$ $(i=1, 2, \cdots, m)$，例如，一个具有 4 层的不完全二元外向树，构成它的全部结点不超过 $2^0+2^1+2^2+2^3=15$ 个。根据上面的介绍就可以大致计算出在一个理想的、具有不完全二元结构的理论中的论点描述的最多可能包含的彼此独立无关的概念数目，一个抽象层次最多可能包含的彼此独立无关的概念个数，以及一个命题系统中最多可能包含的彼此独立无关的概念总数，它们分别构成了一个理论的基本命题和命题（包括论点）描述的最小概念集合（不包括论题、一般命题，因为它们不是取自与对象相关的概念集合，因此它们是概念系统或命题系统解释、描述的对象，但不是系统的构成）。

向子结点，终止于叶结点的。系统结构的这个特点说明了系统是从具有一般性的元素向具有特殊性的元素，从抽象层次高的元素向抽象层次低的元素演进发展的，这与我们之前对于构建理论和最小概念系统的讨论结果是一致的。它之所以是二元树，因为它从每个结点向下的分支最多只能有两条。[1] 也就是说，根结点的度数只能小于或等于 2（度数大于 0，入度等于 0，出度小于等于 2）。叶结点的度数等于 1（入度等于 1，出度等于 0），而内部结点的度数小于等于 3（入度等于 1，出度小于等于 2）。它之所以是不完全的，因为它并不要求所有的结点（叶结点除外）都必须有二元结构的子结点。最后需要说明的是，简单理论结构必定是一个连通图[2]，否则它就是一个林而不是树。说明这一点的意义在于，在任何一个处于根结点元素下，如果从它出发构建起来的系统在结构上不是一个连通图，则说明这个系统是不完备的，其中必然包含与这个系统无关的元素。通过对简单系统结构的讨论，在系统构建和解析的过程中，我们可以更容易地把握和理解系统，有意识地、自觉地构建结构合理的系统。例如，从简单系统结构的连通性上，我们从结构上不仅理解了简单系统也理解了复杂系统之完备性的意义。

在图 2－4 中，我们给出了一个复杂系统的结构图，从这个结构图中可以看到，在这个系统中我们选择了一组一般元素，它们构成一个集合，我们用 H 来表示；这组一般元素是由 n 个一般元素构成的，我们用 h_1, h_2, $\cdots$, h_n 来表示，因此 $H = \{h_1, h_2, \cdots, h_n\}$。从图中可以看出，这一组一般元素不是随意选择的，它们分别对应着 n 个标记反映从外部引入的参照对象的观念，借以从外部视角整体、全面地分别对各个对象予以描述。[3] 集合 H 必须是一个最小集合，如果它的构成元素有所遗漏，则表明其中必然有些对象不能从整体上进行描述；如果它的构成元素有所冗余，则表明或者我们选择的参照对象重复且不独立，或者我们选择了与这个系统构成无关的参照对象。由于每一个对象都是独立存在的，集合 H 的构成元素 h_1, h_2, $\cdots$, h_n 也是彼此独

---

[1]　这个特点反映了概念划分的外延不变原则。所谓外延不变规则是指，一个概念划分后所得到的所有概念之外延的并集与划分前概念的外延相同。根据这个原则，划分后得到的概念必然承袭了划分前概念的全部性质。如果从抽象程度高的概念化分为抽象程度低的概念，划分后得到的概念之外延的并集小于划分前的概念的外延，这就意味着在划分的过程中存在信息（性质）的损失，因此下位概念不能包含上位概念的所有性质。在划分过程中，最简单的情况是下位的并列之概念存在矛盾关系，这样就能够满足外延不变原则，因此为了方便，我们采用二元结构作为讨论的基本模型。

[2]　所谓"连通图"是指在这个图中的任何两个结点之间至少有一条边把这两个结点连接起来。就理论结构的图而言，连通图是指除了根结点之外，结构中的其他结点的入度等于 1。

[3]　由图中可见，$H = \{h_1, h_2, \cdots, h_n\}$ 是我们选择的一组描述参照对象的概念，它们分别对应它们所包含的彼此相互独立的认识对象，因此这一组描述参照对象的概念是彼此独立无关的。

立的。图上所表示出来的所有这些关于集合 H 的讨论，与我们之前的讨论最小概念系统的参照概念和命题系统的一般命题相符。对于一个分析系统而言，它的构建也是在问题研究结束之后才是可能的，因为只有得到了论题，才有要论述的对象；而只有获得了一般命题，才能够通过对它的演绎推理构建起整个命题系统。显然，论题和一般命题都是只有在问题研究结束后才可能获得的，否则构建这个系统就无从谈起。需要说明的是，在这个结构图中，并没有显示出主要一般元素和次要一般元素的区分，因为我们已经把理论抽象成单纯的结构，信息的丢失在所难免，而在一个单纯的结构中讨论一般元素的主次也就没有意义了，因此我们也就不能在这个结构图中，从一组一般元素中反映出一个命题系统的论题。与简单系统结构相同，一般元素本身并不是与之相对应的描述对象的系统的构成，而是为这个系统要解释和论述的对象而引入的对作为认识对象的类的参照对象的描述，它们之间的关系与在简单系统结构中的讨论相同。在图 2 - 4 中也给出了对应基本元素的一组元素 a_1，a_2，$\cdots$，a_n，它们构成了一个集合，我们把这个集合记作 A，因此 $A =$ $\{a_1$，a_2，$\cdots$，$a_n\}$。显然，集合 A 的元素与集合 H 的元素是一一对应的。集合 A 中的元素分别是它们所在的结构树中的根结点，在系统结构中它们分别是所在系统中处于最高层次的元素（它们代表了概念系统中的整体概念），描述了与之相应的系统的特征（也就是一个集合中的所有元素共有的性质）以及与其他系统的质的区别性。与集合 H 中的构成元素相同，集合 A 中的构成元素也是彼此独立的；与集合 H 中的构成元素不同的是，集合 H 中的构成元素不是它所描述的树（系统）的构成元素，而集合 A 中的构成元素则分别是与之相应的树（系统）的构成元素。如果我们把与集合 H 的构成元素相对应的树（系统的结构体系）分别记作 "$S = \{S_1$，S_2，$\cdots$，$S_n\}$"❶，那么集合 H 中的任何元素 h_i 都不是任何 S_i 中的元素，而集合 A 中的任何元素 a_i 都是与之相对应的树 S_i 的构成元素。不仅如此，集合 S 中的所有元素也都彼此独立，也就是说，集合 S 中的任何两个元素 S_i 和 S_j（其中，$i \neq j$，i，$j = 1$，2，$\cdots$，n）中的任何两个结点 s_{iu} 和 s_{jv}❷ 之间都没有边连接。除了上述讨论外，复杂系统与简单系统的区别在于，简单系统是一个连通图，而复杂系统则不是。由于它们之间只是在连通性上存在区别，我们可以很容易地把复杂系统分解成简单系统，从而把对复杂系统结构的分析转化为对简单系统结构的分析。

---

❶ 我们可以把集合 H 的每个元素相对应的结构（树）分别用符号 S_1，S_2，$\cdots$，S_n 标记，那么这些树作为元素就构成了集合 S，我们把它表示为：$S = \{S_1$，S_2，$\cdots$，$S_n\}$。

❷ u，v 是正整数，它们各自的取值范围分别是有限的正整数集合 I_u 和 I_v。

在复杂系统结构的分析中，最令人疑惑的是，为什么构成这个系统结构的所有系统既是独立的又是相关的，这岂非矛盾吗？如果它们之间不独立，会出现什么情况呢？在前面的讨论中，我们把构成复杂系统结构的所有表示独立系统的树标记为 S_i（$i=1$，2，$\cdots$，n），它们构成了集合 S 的元素。现在我们以两个元素为例，即假设集合 S 只有两个构成元素 S_1 和 S_2，它们是彼此独立的、不连通的，如图 2-5（a）所示。如果分别在 S_1 和 S_2 之中随意选择一个结点在之上［例如图 2-5（a）中的结点 a_1 和 a_2］连接一条边 e，从而使得这两棵树之间具有了相关性，如图 2-5（b）所示。当我们把图 2-5（b）作适当的整理后，得到图 2-5（c）。从图 2-5（c）可以看出，当我们在一个不连通的树之间的任何两个结点上增加一条边之后［例如图 2-5（a）中的结点 a_1 和结点 a_2 之间增加了边 e，从而转变为图 2-5（b），经整理后得到图 2-5（c）］，它从不连通图转变为连通图，显然这个连通图已经不再是描述复杂系统结构的"林"，而是描述简单系统结构的"树"。不仅如此，元素所处的结构层次也发生了变化，a_2 从原来的基本元素（与 a_1 处于同一层次）下降为比 a_1 低一层次的元素，并且与 a_1 构成了父子关系，同时与 b_{11}、b_{12} 构成并列关系。或许仅从结构上尚不能凸显出问题所在，甚至认为只是把不连通的图改变成了连通图而已。如果我们把概念带入其中（在连接约束上再增加内容约束，即增加构成元素的约束），问题就一目了然了。仍然以著作权概念系统为例，我们设图 2-5（a）中的 S_1 描述了著作权理论的体系结构，其中，a_1 表示著作权，b_{11} 表示原创作品著作权，b_{12} 表示演绎作品著作权；S_2 描述了作品理论的体系结构，其中，a_2 表示作品，b_{21} 表示原创作品，b_{22} 表示演绎作品。在图 2-5（a）的不连通的结构中，它们在体系上是彼此

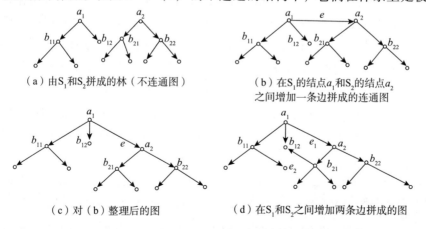

（a）由 S_1 和 S_2 拼成的林（不连通图）　　　　（b）在 S_1 的结点 a_1 和 S_2 的结点 a_2 之间增加一条边拼成的连通图

（c）对（b）整理后的图　　　　　　（d）在 S_1 和 S_2 之间增加两条边拼成的图

图 2-5　在拼成林的树之间增加边的示意图

独立、具有合理性的。但是在图 2-5（c）中，由于我们在结点 a_1 和 a_2 之间增加了边 e，著作权概念和作品概念之间形成了属种关系，作品、演绎作品著作权和原创作品著作权之间形成了并列关系，显然这是非常荒谬的，根本上违背了逻辑规则和基本规律。如果我们在图 2-5（a）所示的不连通的两棵树之间增加两条边 e_1 和 e_2，其中 e_1 连接结点 a_1 和 a_2，使得从 a_1 到 a_2 是可达的；e_2 连接结点 b_{21} 和 b_{12}，使得从 b_{21} 到 b_{12} 是可达的，如图 2-5（d）所示。由于在图 2-5（d）中增加了两条边 e_1 和 e_2，那么在它的基础图❶中就会出现一条回路。❷ 这样图 2-5（d）就已经不再是我们讨论的系统的结构类型（树或者林）。如果把图 2-5（d）作为系统的体系结构，那么它不仅仍然有图 2-5（b）和图 2-5（c）所出现的荒谬结果，而且增加了新的问题。例如，在上例中 b_{21} 表示了原创作品，它现在既是作品概念的种概念又是演绎作品著作权的属概念，即它既包含于作品概念又包含演绎著作权概念；从图 2-5（d）可见，原创作品概念的抽象程度低于演绎作品著作权概念，但是它却能够作为确定演绎作品著作权是什么的根据；不仅如此，图 2-5（d）中的结点 b_{12}（演绎作品著作权概念）是从结点 a_1 和 b_{21} 均可达的。也就是说，在示例中，结点 a_1 表示的"著作权概念"和结点 b_{21} 表示的"原创作品概念"都是结点 b_{12} 表示的"演绎作品著作权"的属概念，或者说，演绎作品著作权既是著作权又是原创作品，其荒谬之处不言而喻。通过上面的讨论可见，复杂系统结构只能是不具有连通性的图，或者说，它们是由彼此独立的树构成的，每棵树都表示了描述与理论相关的一个独立对象的结构。

我们在上面的讨论中得出结论，集合 S 的构成元素 S_i（$i=1,2,\cdots,n$）必须是彼此独立的，同时它还必须是最小集合。集合 S 是最小集合指作为构成这个集合的元素，子系统 S_i（$i=1,2,\cdots,n$）的选择既没有遗漏也没有冗余。独立性、无遗漏和无冗余是构成集合 S 的充分必要条件。既然集合 S 的构成元素是彼此独立的，那么它们又如何可能相关呢？如果集合 S 的构成元素彼此独立无关，那么对于复杂系统结构会有什么影响呢？如果集合 S 的构成元素 S_i 彼此独立无关，那么它所表示的不是一个复杂系统的结构，而是与之元素数目相等的、彼此无关的多个独立的简单系统的结构。因此，只有

---

❶ 一个有向图的基础图是指当把这个有向图转换为一个无向图时，这个无向图就是这个有向图的基础图。通俗地讲，就是把一个有向图的全部有向边都用无向边替代后所得到的无向图，就是这个有向图的基础图。

❷ 在图 2-5（a）两个独立的结构中，任意选择两条不重合的边分别连接两个独立结构中的两对不同的结点，都会使连接后得到的有向图的基础图中出现回路，因此图 2-5（d）不是一个特例。

集合 S 中的构成元素 S_i 具有相关性，它所表示的才是一个复杂系统的结构。那么如何才能够使得集合 S 中的元素 S_i 既是相关的又是独立的呢？这里我们需要定义两种不同的相关性。一种相关性是指两个彼此独立的树的结点相互连接而形成的相关性。显然，这种相关性就是我们在上面讨论过的两棵树的连接，其结果彻底改变了图的结构，使之从不连通转变为连通，从"林"转变为"树"或有回路的图。我们把集合 S 的构成元素的这种相关性称作"结构的外在相关性"，简称"外在相关性"。另一种相关性是指，就两个独立的系统而言，其中一个系统中的元素是另一个系统中的元素的构成。由于这种相关性不会出现两个独立之系统中的元素（处于两棵树的结点上）直接连接的情况，它不会影响集合 S 的构成元素 S_i 的独立性。我们把集合 S 的构成元素 S_i 的这种相关性称作"结构的内在相关性"，简称"内在相关性"。我们依然以著作权理论为例，对图 2-5（a）作出说明。在图 2-5（a）中，集合 S 由两个独立且具有内在相关性的元素 S_1 和 S_2 构成，我们设 S_1 表示的是著作权理论的结构，S_2 表示的是作品理论的结构，a_1 是著作权概念体系中的整体概念"著作权"，a_2 是作品概念体系中的整体概念"作品"。如果仅从语词的层面上来看，这两个概念体系没有关系，它们在这个层次上也呈现不出相关性，因为在这个层面上的相关性必然是两个结构之间的外在相关性。由于结点 a_1 表示的是从外部视角对著作权描述之对象的整体认识形成的观念，是对这个对象"是什么"的尝试性解答，我们可以表述为"著作权是对于作品形成的知识产权"。显然，对于著作权概念的描述只有借助"作品"概念才能进行，但是作品概念并不是著作权理论结构 S_1 中的概念，作为 S_2 中表示作品概念的结点 a_2，也不可能引出一条边到达 S_1 中表示著作权概念的结点 a_1 上，因为从语词"著作权"是看不到它与作品的关系的，也就是说，它们之间不存在外部关系，S_2 的任何一个结点发出的路径都不可能到达 S_1 的任何结点上，或者说，S_1 上的任何一个结点都是从 S_2 上的任何一个结点不可达的，反之亦然。但是 S_1 上的结点所表示的概念，只有借助 S_2 上的结点才能够定义、说明或者解释。由此可见，S_1 和 S_2 之间不存在外在关联性但存在内在关联性。通过上面的讨论也就阐明了，构成复杂理论结构的概念体系之间既是彼此独立的又是（内在）相关的。❶ 由此我们也认识到，借助于理论结构图（"树"或者"林"），只能够表示概念之间的外在相关性，但不能表示概念之间的内在相

---

❶　这种情况也可以表述为，（标记次要对象之概念）系统 S_2 中的元素（概念）内化于（标记主要概念）系统 S_1 的（结构）构成中。或者说，概念系统是由两大约束拼成的，一是连结约束，二是内容约束，系统 S_1 和 S_2 是连结约束无关而内容约束相关的。

关性。或者说，理论结构图只能表示连结约束，但不能表示内容约束。

通过对系统结构的讨论，我们对系统的完备性和相容性会有一个更深刻的认识。系统的完备性也称作系统的完整性或整体性，它是指构成系统的元素必须是恰当的，或者说，把构成系统的元素作为一个集合，那么这个集合必须是最小集合，它的构成元素既没有遗漏也没有冗余。我们可以通过概念系统的构建为例来阐释系统的完备性。在有关对象的认识和研究结束之后，我们已经构造出了反映与研究对象相应的概念集合（记作 A），它是由彼此独立的 n 个元素 A_i（$i=1, 2, \cdots, n$）构成，其中的每个元素 A_i 也是一个集合，它们分别表示了与对象之认识和研究直接相关的 n 个对象，其中有一个是主要对象，其他则是次要对象（与主要对象有着内在相关性的对象，它们的彼此独立性和内在相关性是由对象之间的关系决定的，因此它们是同一个系统下的不同组分）；接着，我们在概念集合的基础上构建起概念体系（记作 S），它也由彼此独立的 n 个元素 S_i（$i=1, 2, \cdots, n$）构成。如果一个概念系统是完备的，那么构成这个概念体系 S 的元素（概念）与概念集合 A 中的元素（概念）存在一一对应的关系，每个概念体系 S_i 中的元素（概念）与相对应的概念集合 A_i 中的元素（概念）存在对应关系。[1] 由于 A 和 A_i 都是最小集合，概念体系 S 的构成元素 S_i 和描述各个彼此独立的概念体系 S_i 中的构成元素，既没有遗漏也没有冗余，或者说，它们都是恰当的。根据之前的讨论，从概念体系的结构 S_i 的根结点 s_i 到 S_i 的所有结点都是可达的，因此在概念体系 S 和它的构成元素 S_i（表示所有与这个概念体系 S 相关的对象的概念体系 S_i 的结构）的结构中不存在奇点，由此得出这个理论是完备的结论。总结系统完备的条件是：其一，反映对象的所有元素构成的集合 A 是最小集合；其二，在系统 S 中的元素与集合 A 中的元素存在对应关系：其三，在各自所在的系统 S_i（$i=1, 2, \cdots, n$）的结构中，所有的结点（根结点 s_i 除外）都是从根结点 s_i（$i=1, 2, \cdots, n$）可达的。

对系统的形式要求除了完备性外，还需要满足相容性条件。在讨论结构的相容性之前，我们引入一个新的概念——单向分图，它是指从根结点到每一个叶结点构成的图。[2] 例如，在图 2-5（a）所示的结构中，S_1 和 S_2 分别是

---

[1] 由于概念集合 A 的构成元素内化于概念体系 S 中，在集合 S 中的两个概念之间建立起关系，又因为 S_i 中的所有概念都是相互关联的，而这个关联又是通过相关之概念集合 A_i 中的相应元素（概念）实现的，在概念体系 S_i 中的元素与概念集合 A_i 的元素之间存在对应关系，但不是一一对应关系。

[2] 这里引入的"单向分图"概念不是严谨的数学概念，而且它仅适用于树的结构。读者如果对这个问题有兴趣，可以参看有关图论的专著或者教科书。

两个独立的树，其中 S_1 有 3 个单向分图，S_2 有 4 个单向分图；在图 2-5（c）所示的结构中，有 7 个单向分图。在树的结构图中，在同一单向分图上的结点都是相容的。在一个系统的结构中，如果与任何一个结点（除根结点外）直接相关的结点是相容的，那么这个系统结构上的所有结点都是相容的。由此可见，图 2-5（a）中的 S_1 和 S_2 以及图 2-5（c）都是在结构上相容的，但是图 2-5（d）所示的结构则是不相容的；如果一个系统结构中的有些结点是不相容的，那么这个系统在结构上是不相容的。在图 2-5（d）结构中的结点 b_{12} 有两个单向分图，如图 2-6 所示，其中结点 a_1 和 b_{12} 是一个单向分图的结点，它们是相容的；结点 a_1、a_2、b_{21}、b_{12} 是一个单向分图的结点，它们也是相容的；但是与 b_{12} 直接相关但不在一个单向分图上的结点 a_1 与 b_{21} 是不相容的❶，因此图 2-5（d）所示的结构中的有些结点是不相容的，从而推出图 2-5（d）在结构上是不相容的。根据以上分析可以把系统之相容性总结为：任何系统如果从它的根结点出发形成的单向分图都终结于不同的、彼此独立无关的叶结点，那么这个系统结构具有相容性。如果单从结构分析（只考虑系统的连接约束），图 2-5（c）不仅是完备的而且是相容的，但是作为概念体系（在连接约束之上再增加内容约束）它却是违背基本规律、逻辑规则和演绎推理规则的。由此可知，理论体系在结构上满足完备性和相容性的要求，并不等同于它们也符合基本规律、逻辑规则和演绎推理规则；❷但是，如果它不满足完备性和相容性的要求，那么它一定不能满足上述的规律和规则。

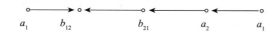

$$a_1 \qquad b_{12} \qquad b_{21} \qquad a_2 \qquad a_1$$

图 2-6　系统结构不相容示意图

三、理论系统的模型化

在理论系统结构的讨论中，为了方便起见，我们构造了一个理论的二元

---

❶　如果把结点 a_1、b_{12} 和 b_{21} 分别还原成语词，那么 b_{12} 既是 a_1 又是 b_{21}（a_1 和 b_{21} 都是 b_{12} 的相邻属概念），而 a_1 又不等同于 b_{21}，也就是说，它们标示的是反映不同对象的概念，因此得出，b_{12} 具有二义性。

❷　这就是对于命题系统（理论），在形式条件的设定上，除了要求在结构上满足完备性和相容性条件，还要求概念之间满足一致性条件的理由。

理想模型。但是，这个模型只能在极其苛刻的条件下才能够实现，因此不具有普遍性，也不能解释为什么人们总是不满意自己已经构建完成的理论，即使经过一遍又一遍的修改，似乎依然有着未尽之意。接下来我们在总结、概括之前讨论的理论结构和构成的基础上，把理论系统结构的二元理想模型推广到多元理想模型，再到多元非理想模型；最后讨论构建综合理论系统的外部和内部因素❶。

（一）理论构成之概述

理论描述之对象可以分为两类，一类是客观存在，另一类是主观构想（观念）；而理论也随之分为两种，一种是经验理论，另一种是非经验理论。凡是以客观存在为描述对象的理论，它们在对于客观存在的认识阶段必然要先有其经验，然后才有形成观念之可能和继而有以命题陈述观念之需要，因此所有以客观存在为描述对象的理论都被称作"经验理论"。经验理论的特点在于，其中必然存在谓项中至少有一项内容不被主项包含的命题，而这一不被主项包含之谓项的内容则来源于认识客观对象所获得之经验的贡献，使得外在之经验与这个命题谓项的其他构成之间建立其内在的联系。显然，自然科学、社会科学、生物学、人类学、医学等学科中的理论都属于经验理论的范围。然而，我们不能想当然地认为，经验理论就是"综合理论"或"综合系统"，因为我们不能论证所有的综合理论都必然是经验理论。例如，哲学理论是综合理论但未必是经验理论。与客观存在之对象相对应的是主观构想之对象，它是指已经存在的观念。❷ 对这些观念反思形成的假说与经验无关，也不可能从经验中获取新的内容或观念，因此它们被称作"非经验理论"。例如，哲学、数学、逻辑学、心理学、语言学、宗教学等都属于非经验理论。因为客观存在与主观构想之间是矛盾关系，经验与非经验也是矛盾关系；又因为理论的性质取决于其所描述的对象的性质，所以经验理论与非经验理论也是矛盾关系，或者说，一个理论不是经验的就一定是非经验的。

---

❶ 这里不讨论分析系统的构造。因为分析系统的结构演化仅取决于对象的内在因素，由其内部的矛盾性和差异性所决定。分析系统没有外部因素的影响，因此它的结构表现为"树"，而不是"林"，这是与综合系统不同的。综合系统的结构演化，不仅取决于对象的内部因素，还受到（由次要概念系统表现）外部因素的影响，因此这里仅讨论综合系统的构建问题不会影响其结果的一般性。

❷ 客观存在之对象与主观构想之对象相对立，从而形成了矛盾关系，因此它们的并集涵盖整个域，或者说，我们构建的理论模型所描述的对象是没有遗漏的。另外，这里之所以把"观念"限定为"已经存在的"范围内，这是因为反思是始于观念的，尚未形成或者正在形成的观念都不能作为反思的起始点。

同样，我们也不能想当然地把非经验理论称作"分析理论"❶，因为只有完全由分析命题（没有综合命题）构成的命题系统才可以被称作分析理论。在分析理论中，任何一个命题的主项都蕴涵了其谓项，或者说，这个理论中任一命题的谓项所含的内容都没有超出主项涵盖的内容。显然，数学、逻辑学是典型的分析理论，但是哲学、语言学和宗教学是非经验理论但未必是分析理论。❷在理论体系结构的讨论中，笔者分别介绍了简单理论结构和复杂理论结构，从上面的讨论可以得出：分析理论之形式只能是简单理论结构，否则不能满足这个体系中的每个命题的主项都蕴涵其谓项的条件；综合理论（包括经验理论和部分非经验理论）的形式则具有复杂理论结构，因为只有这样它们才可能或者与经验相关，或者综合其他观念。根据理论概念可知，理论模型是由命题和关系作为构件搭建而成的。如果理论只是一个存在于个人头脑中的概念系统，那么它与其他人没有关系，它的存在、合理性和真假性等也都与其他人没有关系，它也不会成为我们关注和讨论的对象。然而，理论作为一个命题系统，它是脱离了个人之束缚的、外在于人的存在，是可以被构建者以外的其他人感知、接受和理解的。理论的外在形式弱化了它的构建者，使之在理论的传播过程中仅起到一个符号标记的作用，对理论的理解、讨论和分析没有任何实质上的影响。然而，通过一个命题系统可以推定存在与这个命题系统相对应的、内在于人的概念系统，命题系统只是描述概念系统的文字符号形式，它与媒介的结合使得概念系统转变成了具有外在形式的另一系统（固定在媒介上的符号系统）。如前所述，描述同一个对象的概念系统是不唯一的，但是描述同一个对象的最小概念系统却是唯一的，只要选择概念系统之相容性和完备性作为限定条件，那么除了最小概念系统能够满

---

❶　命题系统之命名一直以来都是较为混乱和棘手的问题，有些人认为存在分析理论和综合理论的划分，有些人不同意存在这一划分；有些人把分析理论也称作分析系统或者形式化理论，它们主要包括数学、逻辑学、形式语言学、形式语义学和公理化体系等。为了方便起见，我们把完全由分析命题构成的系统称作"分析理论"，而与它相对应的理论称作"综合理论"，以避免因为命名不当而造成的混乱。需要注意的是，综合理论中未必没有分析命题，但是分析理论中一定没有综合命题。

❷　人们常常把分析理论和经验理论对立起来，例如根据赖欣巴哈的观点，休谟的研究就得出了这样的结论：一切知识，或者是分析的，或者是从经验中推导出来的；数学和逻辑是分析知识，一切综合知识则都是从经验中推导出来的。他所说的"推导出来的"不仅是指概念来源于感性知觉，也指感性知觉是一切非分析知识的有效性的根源。参见：［德］H. 赖欣巴哈. 科学哲学的兴起［M］. 伯尼，译. 北京：商务印书馆，1966：71. 但是，分析理论与经验理论之间不是矛盾关系，而是反对关系。例如，哲学不是分析理论，也不是经验理论，它的对象是观念，它是针对一个学科或者多个学科已有之观念的反思形成的假说，因此它不是严格意义上的从经验中推导出来的，但也不是严格意义上的分析的，因此在分析理论与经验理论的对立中就没有了这类建立在已有观念之反思基础上形成的理论的位置。

足要求外，排除了所有可能的描述同一对象的概念系统。由于最小概念系统与描述它的命题系统之间有着一对多的关系，或者说，它们不是一一对应的关系，那么我们就不能够从满足形式条件（相容性和完备性）的最小概念系统直接推出描述它的最小命题系统需要满足的形式条件，这样就构成了理论之结构的合理性问题❶。构造描述一个概念系统之命题系统（理论）的过程称为"理论构建"，而通过理论构建所得到的满足所有必要之形式条件和要求的命题系统称作"理论模型"。显然，理论模型是相对于概念系统构造出的理想化的命题系统，它建立在人们对于命题系统设定的所有条件、要求和限制的基础上，其构建只有理论研究上的意义，而不是一个实际存在的系统，甚至在实践中难以构建起这样一个系统，因此不能把理论模型和实际存在的理论混为一谈。尽管如此，由于理论模型之构造的可塑性，其在理论研究过程中可以根据研究者的需要而增设条件和限制，以便于人们对理论的结构、形式和各种约束进行调整和设定，使之成为在特定条件下理论之合理性讨论的恰当对象。此外，理论模型是具有一般性的、被理想化的命题系统，虽然人们在实践中不能直接以其为蓝本构造出满足如此苛刻要求的理论，但是在人们实际构建具体理论的过程中却可以将其作为追求的目标，尽可能构造出满足合理性要求的理论。

之前的讨论已经明确了，理论是人为了对复杂问题作出尝试性的解答而由命题和关系构造的系统。理论的构建始于问题研究的结束。在问题研究结束后，我们得到了反映对象之方方面面的概念集合，以及为了描述这个集合中的每个概念而构造的命题所得到的命题集合。但是，不论是概念集合还是命题集合，它们都不能从整体上充分地表现人对于对象的认识，这是需要构造概念系统和与之相应的命题系统的理由。需要明确的是，概念系统是命题系统（理论）的根本，它们之间是本（概念系统）与末（命题系统）的关系。就社会性而言，没有不描述概念系统的命题系统，也不存在没有命题系统描述的概念系统。但是，在系统的建构上，它们仍然分别是两个彼此独立的、不同的过程，而且有着先后的顺序。也就是说，在构造概念系统之前可以没有相应的命题系统，但是在构造命题系统之时必定已经存在它所要表现的概念系统。如果不考虑社会因素，那么概念系统构造完成之后并不必然接

---

❶ 理论结构的合理性是指一个理论（命题系统）满足形式构成条件，在构造上遵循基本规律、符合逻辑规则和演绎推理要求，因此它是针对理论的体系结构而言的；理论结构的合理性只是理论合理性的一个构成，只是理论合理性在结构方面的内容。除了结构的合理性，一个理论还必须是有意义的、简洁的和可被接受的，因此不能把它们混为一谈。

着开始命题系统之构建，这取决于人的意志。作为个人知识，可以有没有命题系统的概念系统，但是无论是作为个人知识还是社会知识，都不可能存在没有概念系统的命题系统。在系统构造方面，概念系统与命题系统的显著区别反映在它们的构造方法上。虽然它们都是在逻辑框架下根据逻辑规则结构而成的，但是它们具体的构建方法不同。概念系统是概念集合中的概念系统化的结果，它主要是利用逻辑划分方法，从抽象到具体，把概念集合中不同抽象层级的概念通过关系联结起来，直到穷尽集合中的所有概念，从而结构出从根结点到叶结点的整个系统。❶ 命题系统是命题集合中的命题系统化的结果，它主要是利用推理方法，从一般到特殊，把命题集合中不同抽象层次的命题连接起来，直到穷尽集合中的所有命题，从而构造出从根结点到叶结点描述相应概念系统的命题系统。在结构上，命题系统和与之相应的概念系统之间存在同构关系，即任何一个命题系统与它所描述的概念系统在结构上都具有同构性。在一个语言系统中，只要刻意选择同一个语词既作为在命题系统中标识命题主项的符号，又作为在相应之概念系统中标识概念的符号，那么就得到了在结构上具有同构特征的命题系统和它所描述的概念系统。正是由于这两个系统在结构上具有同构性，对任何一个系统的结构分析都可以应用或移植到另一个系统上。

　　理论是在命题集合的基础上通过推理把构成这个集合的元素连接起来，从而形成命题系统以表现相应之概念系统的。国内学界普遍认为，推理一般主要有两种类型，即所谓演绎推理和归纳推理。❷ 或许人们会认为，这两种推理都是用以构建命题系统（理论）的，然而这一认识可能只是一种误解。迈尔在其所著的《生物学思想发展的历史》第二章之"科学的方法"一节中对归纳论的发展作了简略之概述。他认为，即使这一方法的主要创导人培根在其研究工作中也从未前后一贯地采用这种方法。尽管这种方法在 18 世纪和 19 世纪早期曾非常流行，但现在已被归为全然无用之列。虽然否定归纳法的西方学者不在少数，但是完全否定归纳法在概念（命题）论证上的作用也是不可取的。对于归纳法的误解可能发生在其适用范围上。归纳法是概念（命

---

❶　从任何一个下位概念都不能得出上位概念，例如，不能从某个对象是黄色的，推断出这个东西是什么，因为它可能是任何一个具有"黄色"性质的东西，只有通过足够多的性质才能够得出这个东西可能是什么的尝试性解答，因此，认识对象之研究过程是从具体到抽象的过程。但是，从上位概念却可以通过下位概念知道对象具有某个性质，因为下位概念承袭了上位概念的全部性质，所以概念的体系化是从抽象到具体的过程。

❷　这个观点在国内学界被普遍认同，几乎在所有的大学逻辑学教材中都将其作为推理基本分类。但是，是否可以把归纳法作为一种逻辑推理方法却是值得商榷的。

题）之论证方法而不是理论之构建和问题之研究方法。问题之研究旨在对于可解之问题，根据近似原则，借助已经存在的、与之相似的一组概念对可能之结果的猜测和表述。问题研究的这个过程是不遵循逻辑规则的，因为在逻辑体系中不存在从特殊到一般的发展过程，一般只能从与对象反映相近的一组已知的具体性质中猜测（由于这个对象本身是未知的，也就不存在有关它的性质，而只能借助与之呈现出的相近的、已知的、被普遍接受的概念表现的性质来认识、理解它）。严格地讲，归纳法只是在理论构建完成后，构建者为了提高其所构建之理论的可信度，对构造理论之概念在逻辑上的真的论证采用的方法，它通过列举、归纳和概括说明构成概念集合的所有概念的选择都是有充分依据的，显然它与解决问题的方法不同。解决问题的方法是猜测—假设法，它是针对具有一定复杂性的问题，根据已知的概念和近似原则通过猜测、假设出问题可能的解答。在一个复杂问题的研究过程中，解决问题的目的在于构建概念集合，其中的概念是从具体到抽象逐步获得的，而任何一个未知的抽象概念都是由与它直接相关的抽象度低一个层级的多个已知概念，通过猜测—假设法所得。理论构建采用的是演绎推理方法，演绎推理是从一般命题推出特殊命题的逻辑方法，同时在两者之间建立起逻辑关系，而整个推理过程必须遵循逻辑规则。由此可以得出结论，归纳法既不是问题研究方法，也不是理论构建方法，它只是概念在逻辑上真的论证方法，其应用范围被限定在一个非常小的范围。因此，所谓推理只有演绎推理，而没有归纳推理。正是由于人们扩大了归纳法的适用范围，不恰当地拓展到问题解决和理论构建的范围，把它作为一种与逻辑推理并列的推理方法，导致在应用中出现了各种问题而受到质疑，这或许是当前许多学者否定归纳法的主要原因。❶

（二）理论模型讨论

所谓理论模型，是指以系统化为目的而对命题集合中的元素进行选择、整理、组织和安排之思维活动的结果，显然其所及不能超出理论概念界定之范围。理论概念是在经验理论和非经验理论之上的抽象概念，而理论模型是基于理论概念构造的、用以描述概念体系的命题系统，因此理论模型的构建包括经验理论模型或非经验理论模型，两者的区别是由理论描述之概念系统

❶ 人们并不确切地知道解决问题的方法，"猜测—假设法"也只是一个猜测，似乎每个人都有适合于自己的解决问题的方法。既然不知其然，也不知其所以然，因此在后面的讨论中（除非必要）不再提及。

所反映的对象的不同所决定的，而不是理论模型自身所具有的区别性，这样也就从一般意义上论述了理论本身并没有"经验的"和"非经验的"之区分。在以下的讨论中，笔者只是就一般意义上的理论概念构建理论模型，而不会刻意地区分这个模型是经验的抑或非经验的，自然科学的抑或社会科学的，因为这种区分对于理论模型的一般性讨论没有意义。

理论模型的构建起始于回答基本问题所获得的基本命题，终止于可由已知概念解答的具体的简单问题所获得的被称为"论点"的命题。在理论的体系结构中，基本命题构成了这个系统结构的根结点，而作为论点的命题则构成了这个系统结构的叶结点。或许有人认为，理论模型的构建应该始于理论的论题。然而，理论的论题是对于整个理论模型的命名和描述，它的构成不仅包含揭示理论所描述之对象的本质属性的内容，也包含描述反映引入之参照对象的已知的类概念的部分。或者说，论题的主项是从整体上对这一理论模型的命名，而其谓项则不仅（借助已知的、描述参照对象的类概念）尝试性地解答了这个理论所描述之对象是什么的问题，同时也揭示了这个对象自身所具有的质的规定性（从而与这个理论模型的基本命题直接关联）。因此，我们构建理论的目的是从整体上全面阐释提出这个论题的根据和理由，这是在之后讨论这一理论的提出是否具有合理性的前提条件。❶ 显然，理论模型是在命题集合的基础上构造起来的。在一个命题集合中，描述相应之概念集合中不同抽象层次之概念的一组命题构成了这个命题集合的一个子集，而命题集合的所有子集都是非空的，它们从特殊到一般逐级排列，直到描述回答基本问题的最抽象之概念的命题。在命题集合中有两个重要的子集：一个是描述概念集合中最抽象之概念的命题构成的集合，如果这个集合只有一个元素构成，那么它所构成的命题系统一定是分析系统；如果这个集合由一个以上的元素构成，那么它所构成的命题系统则一定是综合系统。在构成综合系统的命题集合中，如果其最抽象的子集是由一组元素构成的，那么这些元素中必然有一个是主要的，而其他则是次要的。显然，这个主要元素是这个命题系统中唯一陈述尝试性解答基本问题之概念的命题，因此它在命题系统的构造中起着主导作用；其他作为次要元素的命题在系统构造中仅起到辅助作用。另一个是由描述概念集合中最具体之概念的命题构成的集合，这组命题所描述的概念是尝试性地解答对象引起的、可以利用已知概念直接回答的简

---

❶　理论构建完成后才能够讨论提出这个理论是否有意义的问题，以及构成它的命题是否在逻辑上真的问题，由此来判断这个理论的提出和构建是否具有合理性的问题。没有构建完成的理论，也就没有理论的合理性问题，因此也就没有讨论这一问题的必要。

单问题所得到的概念，因此任何一个比这组概念中的概念抽象程度更低的概念都不是这个概念集合的构成元素，而描述这组概念的命题则被称作与理论模型之论题相应的论点，简称"论题之论点"，而命题系统的这个重要子集则是由所有的论点作为元素构成的集合。整个理论模型（命题系统）的构建过程是从一般向特殊的结构过程，在这个过程中命题在逻辑体系内❶从一向多发展结构成"树"或"林"，与这个过程相适应的方法是建立在逻辑框架中的演绎推理方法，而任何在逻辑体系之外的方法都与命题系统的构建无关，也就是说，命题系统的构建不可能运用归纳法。❷ 根据之前的讨论，我们可以把理论的构建过程概括如下：其一，理论是描述与之相应的最小概念系统的命题系统，它是在命题集合的基础上构建而成的。在理论的构建中，命题是最小的构成单元❸，也是理论的两个基本构成要素之一（另一个是"关系"），在理论的体系结构中不能再作进一步的分解。❹ 其二，理论的构建起始于命题集合中的一组被称作"基本命题"的命题，它们构成了这个命题集合中抽象程度最高的非空子集，构成这一子集中的命题是描述从内部视角对于由一组彼此独立但相互关联的对象各自引起的基本问题在整体、全面、尝试性解答形成的概念。由于这个集合是一个非空集合，如果这个集合中只有一个元素，那么在这个命题集合的基础上构建起来的命题系统必然是分析系统（分析理论），因为在这个命题集合中的所有命题，其主项已经涵盖谓项

---

❶ 所谓"在逻辑体系内"，是指理论模型的构建不得违背逻辑规则，而演绎推理则是在逻辑规则的基础上形成的推理方法，它能够把一般命题描述的性质传递给所有与之相关的特殊命题。

❷ 这样就排除了理论模型不能在逻辑框架下讨论的可能。因为"归纳推理"（这里归纳只是在比喻的意义上被作为"推理"）是在逻辑体系之外的推理方法，如果理论是通过演绎推理和归纳推理这两种方法构建起来的体系，那么在理论中就必然存在不遵循逻辑规则的、由"归纳推理"构建起来的部分或内容，那么理论模型就不能完全在逻辑框架内进行讨论，或者说在理论模型中存在不能在逻辑框架下讨论的内容，因为逻辑方法不能运用于非逻辑的条件下。

❸ 在理论构造的讨论中，我们不关注语词和命题的构造问题，因为它们不是理论构造研究的对象。由于这个原因，在讨论中我们已经推定所有的命题都是符合命题的构成的要求的，满足命题的形式和实质构成条件（所谓"实质条件"，是指以对象自身的性质作为区别于其他对象的条件，实质条件不是人为强加于对象上的，而是对象自身所具有的。在实质条件设立的过程中，人只是选择了对象的这些性质作为条件，而不是人将自己的意志强加于对象上形成的约束）。

❹ 命题是理论的最小构成单元，语词是命题的最小构成单元。因此在讨论理论时，语词不在讨论的范围内，但是在讨论命题时，语词则是分析、讨论的对象。由此也说明了，讨论的对象不同，纳入讨论中的要素以及可视的范围也不同。对于概念系统的讨论不同，它的最小构成单元是标识概念的符号，而在一个语言系统中，标识概念的语言符号被理解为语词，因此概念系统的最小构成单元也被作为语词（概念是由语言符号标记的，在同一个语言系统中把语言符号看作语词只是为了方便，但不够严谨）。由于概念系统与命题系统的这个差别，构造概念系统的逻辑方法是划分，而构造命题系统的逻辑方法是演绎推理。

的全部内容，或者说，在这个命题集合中的所有命题谓项包含的内容都没有超出主项界定的范围。如果这个"基本命题"集合中有多于一个的元素构成，那么这组元素的每一个都相应于一个命题集合，这些命题集合彼此独立但相互关联，这是由它们所描述的对象（概念集合）的特点决定的。在这个由一组最抽象的命题构成的集合中，有且只有一个元素（基本命题）是主要的，在命题系统的构造过程中起着主导作用；其他元素（基本命题）都是次要的，在命题系统的构造过程中起着辅助作用，显然在这组基本命题的基础上构建起来的命题系统必然是综合系统（综合理论）。在命题集合的这个由最抽象的基本命题构成的子集中，只有唯一之构成元素的那个命题（相对于分析系统），或者在命题系统的构造过程中起着主导作用的那个命题（相对于综合系统），它们直接与理论的"论题"相对应，但是它们不是"论题"，因为在它们的构成中没有论题中描述对象的类的概念。与论题相应的基本命题有且只有一个，因为每个基本命题只与一个且仅有一个一般命题相对应，而任何理论有且只有一个论题，否则就犯了多个主题之逻辑错误，因此与论题相对应的基本命题也仅有一个。其三，理论的构建终止于一组被称为"论点"的命题上。这组作为"论点"的命题所描述的对象是相应之概念集合中抽象程度最低的一组概念。论点所描述的是通过尝试性地解答简单问题所得到的概念，这些简单问题或者是在问题分析中不需要再分解的问题，或者是认识对象诱发形成的可以解答的问题，其特殊性在于这些问题的复杂性的度一定在研究者个人解决复杂问题的能力范围之内。其四，就理论的结构而言，基本命题在命题系统的结构中处于根结点的位置。根据同构性可知，它所描述的基本概念在相应的概念体系结构中也处于根结点的位置。论点在命题系统的体系结构中处于叶结点的位置。根据同构关系同样可以推出，论点所描述的概念也处在概念系统结构之叶结点的位置上。由于理论模型主要是运用演绎推理的方法在逻辑规则的框架下构建起来的，理论之结构需要满足的条件之一是从根结点到叶结点有且只有一条路径可达；而需要满足的条件之二是在理论模型的体系结构中，任何一个完整的单向分图，都必须以基本命题作为其根结点（起始点），而以论点作为其叶结点（终止点）。❶ 其五，命题

---

❶　如果没有这个限定条件，在一个理论中就会存在没有论点支持的章节。也就是说，这些章节除了一个标题（描述相应之概念的命题的谓项）外，没有任何具体概念的支持，因此它或者是一个尚未展开的章节，或者是一个多余的内容。但是，无论是上述哪种情况，对于一个已经构建完成的理论，这些没有更具体的概念、论点支撑的章节（只有一个标题）都是没有意义的，也破坏了理论结构的合理性。

系统所描述的概念系统之构建过程，其概念之划分必须满足的原则是，划分前概念之外延与划分后得到之所有概念外延的并集相等（划分之外延不变原则）。从一般的意义来讲，遵循这个原则的目的在于：在一个理论模型中，任何一个以根结点作为起始点、叶结点作为终止点的单向分图中，从根结点到叶结点的信息传递都不会出现内容的丢失；用人们更为熟悉的方式可表达为，在概念的划分过程中，下位概念继承了上位概念的全部性质，而上位概念却不具有下位概念的某些性质。

为了更清楚地表现这个原则以及它所需要满足的条件，我们可以把这个原则形式化表现为：设 $P_{i-1,r}$ 是在第 $i-1$ 抽象层次上的第 r 个概念，$\{P_{i,j}\}$（$j=1$，2，$\cdots$，m）是在概念 $P_{i-1,r}$ 划分得到的在第 i 抽象层次的第 j 个概念，那么根据这个原则可得 $\{P_{i-1,r}\} = \{P_{i,1}\} \cup \{P_{i,2}\} \cup \cdots \cup \{P_{i,m}\} = \cup \{P_{i,j}\}$。假设符号"+"表示一种运算，它把集合 $\{a_1, a_2, \cdots, a_m\}$ 中的元素结合成一个有机的整体，记作"A"，$A = \sum a_k = a_1 + a_2 + \cdots + a_m$；由于在划分过程中，下位概念包含上位概念的全部性质，而上位概念不包含下位概念的某些性质，因此设 A 是概念 $P_{i-1,r}$ 的性质，即 $P_{i-1,r} = \{A \mid A = \sum a_k\}$，它的 m 个下位概念中分别包含上位概念中没有的性质 b_j，即 $P_{i,j} = \{A + b_j\}$，（$j=1$，2，$\cdots$，m）；根据概念之内涵与外延的反变关系可知：$\{P_{i,j}\} \subset \{P_{i-1,r}\}$，（$r=1$，$2$，$\cdots$，$m$）；由于有 $\cup \{P_{i,j}\} = \{P_{i,1}\} \cup \{P_{i,2}\} \cup \cdots \cup \{P_{i,m}\} = \{A+b_1\} \cup \{A+b_2\} \cup \cdots \cup \{A+b_m\} = \{A\} \cup (\{b_1\} + \{b_2\} + \cdots + \{b_m\})$；显然，只有当 $\{b_1\} + \{b_2\} + \cdots + \{b_m\} = \sum \{b_j\} = \varnothing$ 时，才有 $\cup \{P_{i,j}\} = \{A\} \cup (\{b_1\} + \{b_2\} + \cdots + \{b_m\}) = \{A\} \cup \varnothing = \{A\}$，因此有 $\{P_{i-1,r}\} = \cup \{P_{i,j}\}$；由于 $\{b_1\} + \{b_2\} + \cdots + \{b_m\} = \sum \{b_j\} = \varnothing$ 是集合中的交集运算，符号"+"在这个逻辑运算中可以直接用表现集合交的符号"$\cap$"替换，这样就得到了遵循这个原则必须满足的条件：$\cap \{b_j\} = \{b_1\} \cap \{b_2\} \cap \cdots \cap \{b_m\} = \varnothing$。从这个原则的形式化结果可知，这个原则成立的条件是：$\cap \{b_j\} = \{b_1\} \cap \{b_2\} \cap \cdots \cap \{b_m\} = \varnothing$。如果在概念划分的过程中严格地遵守这一原则，那么划分后得到的下位概念必然满足条件：所有下位概念较之上位概念各自增加的内容（性质 b_j）构成矛盾关系。

显然，在所有可能的选择中，最简单的情况是由两个并列的概念构成的矛盾关系，这样也就有了从上位概念到下位概念划分的二分法，由此构建所得的理论模型在结构上表现为外向二元树。为了不失一般性，假设 $P_{i,j}$ 和 $P_{i,j+1}$ 是概念系统第 i 层级的第 j 个和第 $j+1$ 个结点位置上的两个概念，并假设它们的直接上位概念是 $P_{i-1,r}$，它表现了性质 $A = \sum a_k$（$k=1$，2，$\cdots$，m），

因此概念 $P_{i-1,r}$ 可以表示为：$P_{i-1,r} = \{A \mid A = \sum a_k, (k = 1, 2, \cdots, m)\}$；由于在划分过程中所有的下位概念都包含上位概念的全部性质，可以推定，在概念 $P_{i-1,r}$ 表现的性质 A 中，既包含作为根结点的基本概念描述的性质，也包含包括这个概念自身及其以上（基本命题所在抽象层次除外）各个抽象层次与之相关的概念描述的性质；既然基本概念的性质是描述认识对象的，那么概念 $P_{i-1,r}$ 的性质中也必然包含着描述认识对象的性质。如果我们能够阐明在下位概念 $P_{i,j}$ 和 $P_{i,j+1}$ 中各自增加的内容满足条件 $\{B\} = \emptyset$，也就证明了以上阐释的划分之二分法符合外延不变原则的要求，因此在划分的过程中从上位概念到下位概念没有信息的丢失。假设这个概念系统的构建满足形式条件，它就满足所有的逻辑规则和基本规律，满足概念的一致性要求。假定在下位概念中包含上位概念中没有的性质 b，那么由于划分后得到的下位概念满足条件：其一，它们是并列的两个概念；其二，它们之间存在矛盾关系。因此，如果这两个概念中的一个所含的上位概念所没有的性质是 b，那么另一个概念所含的则是 $\neg b$（"$\neg b$"表示与性质"b"矛盾的性质）。由此可得：$P_{i,j} = \{A + b\}$，而 $P_{i,j+1} = \{A + \neg b\}$。❶根据概念外延与内涵的反变关系可知：$\{P_{i,j}\} \subset \{P_{i-1,r}\}$，$\{P_{i,j+1}\} \subset \{P_{i-1,r}\}$。由于 $\{B\} = \{b\} \cap \{\neg b\} = \emptyset$，又有 $\{P_{i,j}\} \cup \{P_{i,j+1}\} = \{A\}$，$\{P_{i-1,r}\} = \{A\}$，可以得出：$\{P_{i,j}\} \cup \{P_{i,j+1}\} = \{P_{i-1,r}\}$，❷即下位概念之外延的并集与上位概念之外延相等，因此上位概念的全部性质没有丢失地传递给下位概念。❸但是，在分析理论模型和综合理论模型中，对于下位概念中增加的内容"b"的解释却是不同的。在分析系统模型中，在下位概念中增加的内容"b"是在对被认识的主观对象的反思过程中所获得的在上位概念中没有表现出来的性质，内容"b"的

---

❶　由于 $P_{i,j} = \{A + b\}$，$P_{i,j+1} = \{A + \neg b\}$，其中 $(A + b)$ 和 $(A + \neg b)$ 分别是性质 A 和性质 b 以及性质 A 和性质 $\neg b$ 在运算"$+$"的作用下分别形成的有机整体，虽然概念 $P_{i,j}$ 和概念 $P_{i,j+1}$ 各自描述性质 $(A + b)$ 和 $(A + \neg b)$，但是在它们描述的性质中包含上位概念中没有的内容 b 和内容 $\neg b$，它们是在上位概念 $P_{i-1,r}$ 划分为下位概念 $P_{i,j}$ 和 $P_{i,j+1}$ 的过程中下位概念各自增加的内容，正是在下位概念中分别增加了内容"b"和"$\neg b$"，才使得它们的抽象程度降低，并分别与上位概念之间在外延上形成了"包含于"的关系，即 $\{P_{i,j}\} \subset \{P_{i-1,r}\}$ 和 $\{P_{i,j+1}\} \subset \{P_{i-1,r}\}$，以及 $\{P_{i,j}\} \cup \{P_{i,j+1}\} = \{P_{i-1,r}\}$（划分之外延不变原则）。

❷　有关集合的并、交和相对补的运算可以参看有关"集合论"的专著或者教科书，由于它们是集合的基本运算，所有有关集合论的著作都会介绍这方面的内容，但是这些内容不是我们讨论的对象，在此就不再赘述。

❸　在这个讨论以及接下来的讨论中，只是为了阐明：只要遵守"下位概念外延的并集等于上位概念的外延"的划分原则，则在概念的划分过程中从上位概念到下位概念没有信息（性质、内容）的丢失；如果违背这个原则，则在这个划分过程中从上位概念到下位概念一定存在信息的丢失。

存在扩大了上位概念的内涵，使得上位概念的进一步具体化成为可能，或者说内容"b"具有了进一步划分的依据，而划分得到的更具体的下位概念中包含新的内容"b"，但是内容"b"依然在描述下位概念的命题的主项界定的范围内。也就是说，在整个划分过程中，我们没有改变反思的主观对象，也没有增加新的反思对象，划分过程只是就这个反思对象自身从抽象到具体的过程，因此描述这个概念系统的每一个命题，其主项所及的范围已经涵盖了谓项可能表现的全部内容。假设"b"是下位概念 $P_{i,j}$ 相对于上位概念 $P_{i-1,j}$ 增加的内容，那么这个增加的内容已经包含在描述概念 $P_{i,j}$ 的主项所及的范围内。正是由于与分析理论相应之概念系统在整个划分的过程中，没有与其所反思的对象之外的任何反映其他对象的概念发生关系，它的结构才表现为"树"而非"林"。在综合系统模型中，在下位概念中增加的内容"b"必定来源于其他概念集合，这些概念集合既独立于下位概念所在之概念集合，又与之存在内在的关联性。由于在划分的过程中从外部综合而来的内容"b"扩大了上位概念的内涵，划分后的概念抽象程度降低，与划分前的概念形成"包含于"的关系。既然内容"b"是从（被划分概念所在之概念集合的）外部综合而来的，那么在描述下位概念之命题的谓项中，就必然存在主项所不能涵盖的内容，这是综合命题与分析命题的根本区别。显然，综合理论模型所描述的概念系统，其构建于多个彼此独立但相互存在内在关联性的概念集合上，因此其结构表现为"林"而非"树"。虽然在分析理论和综合理论中，划分后在下位概念中增加的内容"b"和"$\neg b$"之来源不同，但是只要它们遵守划分之外延不变原则，那么在这个划分的过程中就不会出现从上位概念到下位概念传递之内容（概念描述的反映认识对象的性质）丢失的问题。综合上述讨论不难得出，按照上述要求和限制条件所构造出来的理论模型，在结构上至少是由一个完全二元外向树构成的，而不论这个理论模型的体系结构是树还是林，其基本构成都是完全二元外向树。既然这个理论模型的基本构成是完全二元外向树，那么每一棵独立的树的所有抽象层次上的结点都没有空结点。由此可得，在第 i 个抽象层次的结点数等于 2^{i-1} 个，而对于一个有 m 个抽象层次的完全二元外向树而言，其总的结点数为 $\sum 2^{i-1}$（$i=1, 2, \cdots, m$）。显然，这是在非常苛刻的条件下构建起来的理论模型，或许在数学、公理化体系、形式化系统等对形式条件有着极其严苛要求的理论中某些个别理论有可能应用这一模型，但是几乎不可能根据这种理论模型来构建综合理论体系，即使在分析理论体系中也可能只有极少数的理论以此模型为基础，因此这个模型只有理论研究方面的意义，较少有实用价值。既然这个理论模型是在理想条件下构造出来的，那么可以把这种以"完全二元外向树"作为基础构建的理论模型称作"理论的二元理想模型"，或称"二元理想模型"。

在讨论二元理想模型时，为了保证在划分过程中下位概念能够继承上位概念的全部性质，或者说，从上位概念到下位概念的信息传递不发生信息的丢失，划分必须满足的原则是，划分前概念之外延与划分后得到之所有概念外延的并集相等。显然，只有当所得到的下位概念之间存在矛盾关系，划分前概念之外延与划分后得到之概念外延的并集才相等。既然要求划分后所得到的下位概念之间具有矛盾关系，那么从一个概念划分所得到的下位概念必定是以偶对的形式出现的，而其中最简单也最容易阐释的模型就是仅选择一个偶对的情况，也就是以上所讨论的"二元理想模型"。如果一个概念划分后得到 t 个偶对的下位概念，并且每个偶对之间存在矛盾关系，那么所有这些下位概念之外延的并集是否依然等于上位概念的外延呢？假设被划分概念 $P_{i-1,r} = \{A \mid A = \sum a_k, (k=1, 2, \cdots, m)\}$，其外延则是 $\{P_{i-1,r}\} = \{A\}$；它划分所得到的 t 个偶对的下位概念分别是 $P_{i,2j-1} = \{X_{2j-1} \mid X_{2j-1} = A + b_j, (j = 1, 2, \cdots, t)\}$ 和 $P_{i,2j} = \{X_{2j} \mid X_{2j} = A + \neg b_j, (j = 1, 2, \cdots, t)\}$，它们的外延可以分别表示为：$\{P_{i,2j-1}\} = \{X_{2j-1}\}$ 和 $\{P_{i,2j}\} = \{X_{2j}\}$，$(j = 1, 2, \cdots, t)$。由此可以得到，所有 t 个偶对之下位概念外延的并集为：$\cup (\{P_{i,2j-1}\} \cup \{P_{i,2j-1}\}) = \cup (\{X_{2j-1}\} \cup \{X_{2j}\}) = \cup (\{A + b_j\} \cup \{A + \neg b_j\}) = \{A\} \cup (\{b_j\} + \{\neg b_j\})$，因此得出：$\{B\} = \{b_j\} \cap \{\neg b_j\} = \varnothing$，满足概念划分之外延不变原则设定的条件，因此得出：$\{P_{i-1,r}\} = \cup (\{P_{i,2j-1}\} \cup \{P_{i,2j-1}\})$。由此得出结论，任何一个概念的划分，如果划分所得到的下位概念由 t 个偶对构成，而且每对概念之间存在矛盾关系，因此满足条件 $\{B\} = \{b_j\} \cap \{\neg b_j\} = \varnothing$，那么划分后得到的所有下位概念之外延的并集与划分前概念之外延相等。这个结论说明，在每一次划分都能满足 $\{B\} = \{b_j\} \cap \{\neg b_j\} = \varnothing$ 的条件下，如果一个理论模型描述之概念系统的结构，从基本命题描述的基本概念所处的根结点开始，直到论点描述的具体概念所在的叶结点为止，所有概念的划分所得到的下位概念都是以具有矛盾关系之偶对的形式出现的，而且所有从根结点出发的单向分图都一定终结于叶结点，或者说，构成这个理论模型结构的所有单向分图都是以基本概念所在的根结点为起始点，而以论点描述的具体概念所在的叶结点为终止点，那么在整个理论的构建过程中，基本命题所含的内容（表述对象的性质）在从根结点到叶结点的传递过程中没有发生信息之丢失，或者说，所有由论点描述的、处在叶结点的具体概念都继承了由基本命题描述的、处在根结点的基本概念所包含的全部性质。我们把具有这种结构的理论模型称作"理论的一般理想模型"，简称为"一般理想模型"或"理想模型"。与二元理想模型相比，一般理想模型放宽了限制条件，划分后的下位概念从一对矛盾概念到多对矛盾概念，然而即便如此，这个模型需要满足的条件依然是苛刻的，能够在这个模型的基础上构建理论的实例依然少之又少，因为在概念体系构建的过程中不可能始终成对地引入概念，在现实存在的理论中也难以找到除了表达论题和基本命题的部分外❶，其他章节目录和论点都是成对出现的实例。由此可见，一般理想模型也只是理论的一类研究模型（二元理想模型也是一类研究模型），是被理想化了的理论模型，因此它缺少可应用性。分析以上讨论的理想模型后不难看出，理想模型缺乏可应用性的原因在于所设定的苛刻条件，要求划分后所得到的下位概念之外延的并集必须与划分前概念之外延相等。显然，如果假定下位概念是有着矛盾关系的偶对，那么这个条件就是可以满足的；如果假定下位概念之间存在并列关系，但不要求它们是具有矛盾关系的偶对，那么以上设定的条件还能够满足吗？

如果概念划分后得到的下位概念存在并列关系，但是它们不是具有矛盾性的偶对❷，那么划分后得到的下位概念中至少有两个是并列且彼此独立无关的。任何一个命题系统（理论）都是由有限可数个命题构成的，而任何一个命题系统所描述的概念系统也是由有限可数个概念构成的，这就意味着在一个概念系统中，除了命题系统中的论点描述的概念外，其他概念（它们都是可以划分的）划分所得到的下位概念是有限可数的。从之前的讨论和构建的理论理想模型已知，在概念的划分过程中只有遵循划分的外延不变性原则，才能够保证从上位概念到下位概念的信息传递过程不出现信息的丢失，因此要求划分所得之下位概念中的信息（性质）增量满足条件：$\{B\} = \cap \ \{b_j\} = \{b_1\} \cap \{b_2\} \cap \cdots \cap \{b_m\} = \varnothing$。如果划分的结果不满足划分之外延不变性原则要求的条件，可能导致什么结果呢？显然，如果划分不满足外延不变性原则，那么划分所得的下位概念之间可能存在一般意义上的并列关系，而不可能都是由具有矛盾关系的偶对构成。当概念系统的划分得到的下位概念出

---

❶ 论题表现在理论中构成了它的题目，而基本命题则揭示理论描述之对象的质的规定性。理论的论题只能有一个，它陈述的是认识对象在人脑中形成的整体概念，否则理论之构建就出现了多主题的逻辑错误；理论是对于论题的阐释，它起始于处于根结点的基本命题，因此它不可能有多个起始点。

❷ 在这个假定下，划分后得到的下位概念不必然是偶数个，而且在前面已经讨论了，概念的并列关系必须是在种属关系中才有意义，而且满足并列关系之概念的外延彼此独立的条件，因此它们的外延不存在相交的情况。

现并列而不全是矛盾偶对的情况时，可能存在以下几种情况：

其一，在概念系统构建的过程中，系统构建者有意或无意地舍弃了一般理想模型中的某些具有矛盾关系之偶对中的一个概念，从而使得这个概念系统划分所得的下位概念不满足概念划分的外延不变规则。由于在这类系统中的任何一个概念都必然存在与之相互矛盾的概念，可以在这个概念划分后所得到之下位概念的基础上，对于所有不具有矛盾关系的概念通过添加与之相对的具有矛盾关系的概念，使之成为具有矛盾关系的偶对。通过以上构造，在概念系统中任何一个概念的划分都可以满足理想模型概念划分对下位概念的要求，即任何一个概念系统都有一个与之相应的理想模型。对于这类概念系统，虽然从形式上看其划分的结果不满足外延不变性规则，然而在实质上它依然满足这一规则，因此它的下位概念依然承袭了上位概念的全部信息，或者说，从上位概念到下位概念的信息传递过程中没有出现信息的丢失和遗漏。从更一般的意义上可以论述如下：假设 $\{P_{i,j}\}$ 是概念系统中概念 $P_{i-1,r}$ 划分后得到的概念集合，由于划分所得的下位概念都是由具有矛盾关系的偶对构成，下位概念中的信息（性质）增量满足条件：$\{B\} = \cap \{b_j\} = \{b_1\} \cap \{b_2\} \cap \cdots \cap \{b_m\} = \emptyset$；如果概念集合 $\{P_{i,v}\}$（$v = 1, 2, \cdots, m$）是概念集合 $\{P_{i,j}\}$ 的一个子集，即它们之间是包含关系：$\{P_{i,j}\} \supset \{P_{i,v}\}$；由于概念集合 $\{P_{i,j}\}$ 信息（性质）增量满足条件 $\{B\} = \emptyset$，$\{P_{i,j}\}$ 的所有概念都承袭了其上位概念 $P_{i-1,r}$ 的全部性质；又因为集合 $\{P_{i,v}\}$ 是我们在集合 $\{P_{i,j}\}$ 的元素中选择 m（$n > m$）个元素构成的子集，集合 $\{P_{i,v}\}$ 中的所有概念也都承袭了上位概念 $P_{i-1,r}$ 的全部性质。显然，这种情况只是一般理论模型的一个特例，它是在进一步降低约束条件后构造出来的模型，因此在本质上依然具有一般理论模型的性质，而且可以通过对集合 $\{P_{i,v}\}$ 添加适当元素构造出集合 $\{P_{i,j}\}$。例如，在著作权理论中，"作品"概念是从"表现"概念划分而来的，也就是说，"表现"概念是"作品"概念的上位概念。"表现"概念经过二分法划分为"实用表现"概念和"非实用表现"概念，显然"实用表现"概念和"非实用表现"概念是矛盾关系，因此不论是"实用表现"还是"非实用表现"都承袭了"表现"概念的全部属性，它构成了一个二元理想模型。当我们只研究作品概念时，我们舍弃了与作品概念无关的"实用表现"概念（它是发明概念的上位概念），因为它与著作权理论的构建无关。在舍弃了"实用表现"概念后，"非实用表现"概念只是"表现"概念划分所得的集合 {实用表现，非实用表现} 的子集 {非实用表现}，但是这个子集的元素"非实用表现"依然承袭了"表现"概念的全部属性。此外，我们可以在子集｛非实用表现｝中加入元素"实用表现"，从而构造出概念"表现"划分的二元理想模型。

其二，在概念系统构建的过程中，假设｛$P_{i,j}$｝是概念 $P_{i-1,r}$ 划分得到的概念集合，其构成元素之间存在一般意义上的并列关系。也就是说，这些元素既可以不以偶对的形式出现，也不要求其中的偶对必须是矛盾关系，而且不能通过添加适当的元素将其转化为任何一种理想模型，或者说，它不是在任何一种理想模型的子系统。假设概念 $P_{i-1,r}$ 有 $P_{i-1,r}=\{x \mid x=A$，其中 $A=\sum a_k\ (k=1,\ 2,\ \cdots,\ m)\}$（概括原则），其中 x 是集合 $P_{i-1,r}$ 的元素，$A=\sum a_k$ 表示 $P_{i-1,r}$ 的元素中包含的所有性质（承袭上位概念的和它特有的），由于 $P_{i-1,r}$ 只是一个概念，因此它的外延 ｛$P_{i-1,r}$｝$=\{x\}$（外延原则），概念 $P_{i-1,r}$ 的下位概念 $P_{i,j}=\{y_j \mid y_j=C+b_j,\ (j=1,\ 2,\ \cdots,\ n)\}$，其中，$C$ 是划分后的概念 y 从上位概念 $P_{i-1,r}$ 承袭的性质，b_j 是划分后得到的概念所具有的但其上位概念没有的特殊性；概念 $P_{i-1,r}$ 的下位概念 $P_{i,j}$ 的外延的并集 $\cup$ ｛$P_{i,j}$｝$=\{y_1 \mid y_1=C+b_1\}\ \cup\ \{y_2 \mid y_2=C+b_2\}\ \cup\cdots\cup\ \{y_n \mid y_n=C+b_n\}=\cup\ \{y_j \mid y_j=C+\sum b_j\}$。根据划分之外延不变性原则可知：｛$P_{i-1,r}$｝$=\cup$｛$P_{i,j}$｝，再根据外延原则和概括原则可得：$A=C+\sum b_j$，$j=1,\ 2,\ \cdots,\ n$；又根据假设，划分后所得之概念构成的集合中的所有元素之间存在一般意义上的并列关系（以区别于具有矛盾关系的偶对构成的并列关系），其外延的并集满足关系 $B=\sum b_j\neq\varnothing$，因此概念划分前后的性质有关系：$A=C+\sum b_j=C+B$，由于 $B\neq\varnothing$，我们得到关系 $A>C$ 的结论，即在上位概念中的性质 A 多于划分后传递到下位概念中的性质 C，或者说，从上位概念到下位概念的信息传递过程中存在信息的丢失和遗漏。任何一个通过划分得到的在除了最抽象层次以外的任何抽象层次上的概念构成的集合，如果它的元素之间只有一般意义上的并列关系，那么可以通过适当地添加一些概念使得这个概念集合所有元素形成偶对，但是这样构造出来的概念集合仍然需要满足条件｛B｝$\neq\varnothing$，因此它们构成的偶对至少有一个是反对关系。由此可见，所有的概念系统的基础都是建立在二元理想模型上的。从上面的论述不难得出，在一个理论模型中，如果划分所得到的下位概念中包含的性质增量不满足条件｛B｝$\neq\varnothing$，那么具有这个特点的理论模型在概念划分的过程中从上位概念到下位概念必然存在信息的丢失，或者说，下位概念不能继承上位概念的全部性质（内容），我们把这种理论模型称作"理论的非理想模型"，或者"非理想模型"。在一般情况下，常见的理论模型都是非理想模型。非理想模型描述的概念系统概念的划分仍然需要遵守划分后所有概念外延的并集必须等于划分前概念的外延。由于划分后的概念不包含划分前概念的某些性质，而是增加了一些与这个理论的论题无关性质，那么这些性质必然是由特设或错误引入的，因此是我们构建理论体系时应该极力避免的。不可否认的是，我们通常构建的理论更多地接近于这种存在一定瑕疵的模型，这是人的智力的有限性所决定的，因此不能因为这类模型的瑕疵和问题而无视它的存在。由此可见，理论模型既有理想模型又有非理想模型。❶ 为了方便起见，如果不加特别说明，则把它们称作"理论模型"。

在非理想理论模型中，由于在从上位概念到下位概念的信息传递过程中存在一定程度的信息丢失，因此在这一理论模型中论点所描述的概念没有继承所有论题所包含的性质（内容），即使能够对所有的论点进行充分的论述，也依然不能完全阐明论题所表述的观念。由此可知，基于非理想理论模型构建起来的理论都是有缺陷的，而且理论的这一缺陷是无法避免的，因为它是理论自身结构上存在的问题所导致的。从以上的讨论中不难看出，在理论模型中存在两种极端情况之可能，其中的一种是理想理论模型，它的所有下位概念都继承了上位概念的全部性质（信息、内容），因此充分表达了这一理论模型的所有论点，从而也就表达了它的论题；另一种极端情况是，在每一个从作为基本命题的根结点出发达到作为论点的叶结点，基本命题传递的信息丢失殆尽，因此对于论点的阐释与论题无关（基本问题与其分解后最终所得到的问题不相干，基本命题与支持它的论点不相干），整个理论不知所云，显然这种理论是无法接受的。在这两种极端的情况之间分布着信息丢失程度不同的所有可能之理论，那么在信息丢失条件下能够保留的信息达到什么程度的理论是可以接受的，对于这个问题不存在一个确定的答案，也不存在一个能够被普遍接受的、可以利用的判断标准。然而，在各个不同学科的学者组成的共同体中又的确存在一种共识，当一个理论的论点不能支持其论题达到一定的程度时，这个理论就会受到共同体成员的普遍拒斥。为了方便起见，我们把在一个学术共同体中尚未被普遍拒斥的理论称作"可接受的理论"。显然，可接受的理论并没有确定的判定标准，在一个学术共同体中一个理论是否是可接受的，没有一定之规，或许可以在共同体内部通过约定来确定可接受理论的判定准则。

对于非理想模型需要注意如下问题：其一，在非理想模型的结构中，所

---

❶ 以上论述已经说明了为什么我们要先讨论"二元理想模型"，再从"二元理想模型"过渡到"一般理想模型"，最后到"非理想模型"，这不仅是一个从特殊到一般的过程，而且在阐释方面也体现了从简单到复杂的形式。

有的单向分图都起始于根结点而终止于叶结点，其中的根结点是命题系统中的基本命题所描述的基本概念所在的位置，而叶结点则是命题系统中的论点所描述的具体概念所在的位置。在这个条件的限定下，非理想模型中的所有概念都是围绕着基本概念展开的，基本概念是直接对应着理论的论题或者次要整体概念的，是就对象引起的一般性问题所作的尝试性的解答的根据，也是形成整体概念（包括论题）的根据；此外，这个条件还保证了所有的抽象概念最终都是可以阐释的，因为在这个理论模型中的所有抽象概念最终都到达由论点所描述的具体概念所在的叶结点的位置，而论点则是在命题系统中可论述的对象，在论点之上描述抽象概念的命题则是不需要论述的（所有论点的论述也就完成了对其直接相关的更高一个层次的抽象概念的支持，因为它们本身就是提出与之直接相关的更高抽象层次之概念的根据），它们在命题系统中构成了起着引导作用的"标题"（标示章节目录）。其二，在非理想模型中，通过划分所得到下位概念之外延的并集与上位概念之外延的关系只可能是"全等"或"包含于"的关系，而不能是"交叉"的关系。因为当它们两者之间是"全等"或"包含于"的关系时，从上位概念到下位概念的划分过程中只会出现一定程度的信息丢失问题，但是并不影响整个系统结构的合理性。也就是说，这个系统依然能够满足理论结构合理性的要求，即系统本身依然具有相容性和完备性。但是，如果它们两者之间出现了"交叉"关系，那么这个系统就不再具有相容性和完备性。假设上位概念 $P_{i-1,r}$ 之外延 $\{P_{i-1,r}\}$ 构成的集合与所有下位概念 $P_{i,v}$（$v=1$，2，$\cdots$，m）之外延构成的集合 $\{P_{i,v}\}$（$v=1$，2，$\cdots$，m）的并集 $\cup\{P_{i,v}\}$ 存在交叉关系，那么可以把集合 $\cup\{P_{i,v}\}$ 分成两个部分，一部分是与上位概念之外延构成的集合存在"包含于"的关系，记作 $\{Q_{i,u}\}=\cup\{P_{i,u}\}$（$u=1$，$2$，$\cdots$，$s$），$s<m$；另一部分与上位概念之外延构成的集合存在并列关系，记作 $\{Q_{i,w}\}=\cup\{P_{i,w}\}$，$w=m-s$；而且有 $\{P_{i-1,r}\}\supset\{Q_{i,u}\}$，$\{P_{i-1,r}\}\cap\{Q_{i,w}\}=\varnothing$。❶ 由于集合 $\{P_{i,v}\}$ 中的元素都是由概念 $P_{i-1,r}$ 的直接下位概念 $P_{i,v}$ 构成的❷，集

---

❶ 由于上位概念 $P_{i-1,r}$ 之外延 $\{P_{i-1,r}\}$ 构成的集合与所有下位概念 $P_{i,v}$（$v=1$，2，$\cdots$，m）之外延构成的集合 $\{P_{i,v}\}$ 的并集 $\cup\{P_{i,v}\}$ 是交叉关系，那么当把集合 $\cup\{P_{i,v}\}$ 分成一个是与集合 $\{P_{i-1,r}\}$ 存在"包含于"关系的集合 $\{Q_{i,u}\}$，一个是与集合 $\{P_{i-1,r}\}$ 存在并列关系 $\{Q_{i,w}\}$，那么必然存在至少一个元素它既是集合 $\{P_{i-1,r}\}$ 的元素，又是集合 $\{Q_{i,w}\}$ 的元素，这是交叉关系的特点。我们约定把所有具有这个特点的元素都作为集合 $\{P_{i-1,r}\}$ 的元素，这样才能够得到 $\{P_{i-1,r}\}\cap\{Q_{i,w}\}=\varnothing$ 的结果。

❷ 所谓"直接下位概念"，是指在抽象层级上仅仅比其上位概念低一个抽象层次的概念。

合 $\{Q_{i,w}\}$ 中的元素不是由上位概念 $P_{i-1,r}$ 划分得到的，而是从外部引入的，它们构成了这个理论结构中的特设，描述它们的命题是与论题没有关系的，因此构成了系统结构中的奇点，从而破坏了整个系统结构的合理性。当引入的这种特设尚未导致整个理论体系崩溃的情况下，它们的存在将会导致理论的部分内容偏离论述的主题，也就是通常所说的"跑题了"；当这种特设在一个理论体系中占据了一定的比例后，它们的存在已经使得整个理论体系濒临崩溃，特设之增加最终将会导致理论成为不可接受的，因为其论述已经脱离了理论之主题，故而不知其所云。其三，理论是否可以增加特设？毕竟人们对于对象的认识是不断加深的，那么我们是否可以通过增加特设来使得已有之理论符合当下的认识呢？显然，对于非理想模型而言，由于其概念的划分所得到的下位概念之间是并列的反对关系，或许有些人认为，在它的下位概念中是可以增加特设的。其理由是，增加的特设没有改变一个概念的所有直接下位概念之外延的并集构成的集合与其外延构成的集合之间存在的"包含于"的关系；因为在这个条件的限制下，所有增加的特设依然描述的是上位概念划分后所得到的概念，它们只是根据当下对于对象的认识而对于已有之理论在结构上进行了局部调整和安排，将之前在概念划分中没有选择或者忽略的概念重新选择和确定为被划分概念的直接下位概念。这一观点并非只是停留在人们的认识和理论探讨的层面，而是在修订一个理论是经常采用的方法。在有些理论完成之后，尤其是经验理论，当人们对于对象有了新的认识、形成了新的观念时，为了在不创建新的理论的条件下使现有之理论能够解释新的观念，人们通常会采用增加特设的方法来扩大已有理论之解释范围，使其能够涵盖对于对象的新的认识。必须特别强调的是，这类特设的增加依然破坏了已经构成之理论的结构，改变了原有理论在结构上的合理性。增加之特设所在的抽象层次越高，对系统结构的影响越大，对系统结构合理性的破坏也越大；反之，增加的特设的抽象层次越低，对系统结构的影响就越小，对系统结构合理性的破坏也越小。需要注意的是，即便所增加的特设只是处于系统较低之抽象层次上，但是当特设增加到一定的数量后，依然会导致整个理论体系的崩溃。因为在增加特设之前，概念划分前后的结构已经确定了。在一个已经划分完成后得到的下位概念中增加一个概念（特设）时，就相当于对被划分后的概念进行了一次新的划分。虽然在新的划分后所得到的下位概念之外延的并集构成的集合依然包含于被划分的上位概念的外延构成的集合内，但是在上、下位概念之间已经构建起了新的结构，因此改变了原有体系结构在整体上的合理性。由于上述原因，在理论构造和发展的过程中，如果没有特殊的理由，不应支持任何通过增加特设的方法来延续一个理论，毕竟增加特设是一个理论走向崩溃的开始。与非理想模型不同，理想模型是不能增加特设的。❶ 在已经构建完成的理想模型中，上位概念划分后得到的所有下位概念之外延的并集与上位概念之外延构成全等关系，因此在下位概念中增加的任何特设，都一定不是下位概念之外延的并集构成之集合中的元素。在理想模型中增加特色必然会破坏理论结构的合理性，使得理论成为不可接受的。在数学、公理化体系和形式化理论中，一般是不允许增加特设的，尤其是在数学中，如果检查发现在数学理论构建的过程中增加了特设，则可以作为反驳这个理论的根据。最后，在理论的基本命题层面上是不能增加特设的，因为特设本身也是描述相应概念的命题，而基本命题只有一个，否则这个命题一定不是这个体系结构中的命题，而且它必然导致出现多个主题之问题。

（三）决定综合理论系统结构的要素

就一个论题❷而言，它一般可以分解为三个部分：一是一个且仅有一个相对于论题试图确定之概念的已确定之概念，它所描述的对象包含我们期望通过这个论题描述的对象，因此在抽象程度上它高于论题试图确定之对象的概念，是表示对象所属之确定的类的概念。在之后将要讨论的种属关系中，它被称为"属概念"；二是我们期望通过论题描述、确定对象在人脑中形成的观念，显然它在当下是尚不确定的概念，或者说，是有待确定的概念，而在之后将要讨论的种属关系中，它被称为"种概念"；三是限定已知概念的短语，它把已知概念的含义限定在仅仅表现我们意欲描述的对象形成的观念上，它在之后将要讨论的属种关系中被称为"种差"。

在论题的上述三个构成中，经过限定短语（种属关系中的种差）界定后的已知之确定概念（种属关系中的属概念）就是我们意欲表达的观念（种属关系中的种概念），在不关注它们之间存在之等同关系的情况下，我们常常把论题简化成短语的形式，而这个短语很容易再次扩充为命题，因为作为短语它们只是省略了命题中标识意欲表达之概念的语词（标记种概念的语词），以及描述这个概念与给它赋值的短语之间的（等同）关系的系词。之所以在

---

❶ 非理想模型是可以增加特设的，尽管它最终会导致理论体系的崩溃；理想理论模型是不能增加特设的，因为它导致系统结构不能满足形式构成条件。

❷ 以"论题"作为讨论对象不会使讨论失去一般性，因为所有命题的结构与论题的相同，而且论题本身就是命题，只是在多数情况下它是以省略了被赋值的语词，而以短语的形式出现而已。

理论的构建中能够把论题简化为短语，因为在论题的分析中，标记这个概念的语词和表现等同关系的系词对于论题的分析没有意义。此外，在论题中的已知之确定概念（种属关系中的属概念）不属于这个论题的研究范围，与之有关的问题和研究已经超出了由这个论题界定的论域（论域是由被界定的概念的特征确定的，即由限定已知概念的短语，也就是属种关系中的种差决定的），它是作为已知的、确定的❶、被普遍认同的概念引入的，因此它可以被介绍、解释、说明，但不是在这个论域中需要研究的内容，或者说，在这个论题的讨论中，由已知之确定的概念产生的问题是虚假问题中的假问题。由此可见，在综合理论之论题的分析中需要重点关注的是其中的限定性短语。

如果在一个论题中所包含的、限定已知概念的短语中的所有概念都是已知的、确定的，那么它是没有意义的❷（因为它所回答的问题是一个约束完全问题，也就是所谓"假问题"，即"没有问题的问题"）；如果这个限定性短语（种属关系中的种差）中包含着未知的或者不确定的概念，那么这些未知的、不确定的概念的数目就决定了综合理论系统结构中的独立且相互关联的次要（辅助）概念系统的数目，而这些未知的、不确定的概念就分别是这些次要（辅助）概念系统的整体概念。由此可见，在综合理论的论题中，限定外部引入的"已知概念"（种属关系中的属概念）的短语（种属关系中的种差）是在（描述对象的）主要概念系统中表述其基本概念的性质命题，而这个命题揭示了研究对象的本质属性，或者说，相对于引入的已知之确定概念，它表述了被确定之概念（在种属关系中的种概念）的本质特征。例如，著作权是基于作品确立的知识产权，其中描述著作权这一对象的性质命题是"著作权是基于作品确立的"，它揭示了"著作权"所标识的对象的本质属性，即"基于作品确立的"，而相对于知识产权所描述的对象而言，它又是著作权标识的对象的本质特征。在这个短语中，"作品"概念是一个尚不确定的概念，换言之，在"作品"概念不确定的情况下，也不能确定"著作权"概念。因为根据规则，只能用确定的概念解释或界定未知或不确定的概念，而不能以未知的或不确定的概念解释未知的概念或者界定不确定的概念。

---

❶ 已知的概念未必是确定的，但是确定的概念一定是已知的。例如，日常用语中的概念，它们是已知的，但又是不确定的。使用形容词"已知的、确定的"来限定语词"概念"，目的在于强调这个概念不仅是已知的，而且是确定的（在其论域中明确了它的具体含义、界定了它的使用条件和范围）。

❷ 就一个综合系统而言，如果回答这个问题的所有概念都是已知的、确定的，那么这个问题是一个约束完全问题。

简而言之，"只能以已知解释未知，而不能以未知解释未知"❶。显然，在这个示例中，由语词"著作权"标记之对象引起的"著作权是什么"的问题，在"作品"概念不确定的条件下，它是一个约束不完全的问题，而问题研究的目的就是要把所有约束不完全的问题转化为约束完全问题。既然在这个示例中"作品"概念的不确定使得"著作权是什么"的问题是约束不完全的，那么只要确定了作品概念也就确定了著作权概念，即作品概念的不确定是"著作权是什么"的问题约束不完全的原因。然而，"作品"概念不是"著作权"概念集合中的概念，它是独立于著作权概念集合且与之有着内在关联性的次要（辅助）概念集合中的概念。由于在这个示例中，限制从外部引入的已知之确定概念（作为属概念的"知识产权"）的短语（作为种差的"基于作品确立的"）中有且只有一个不确定的概念（作品），因此这个综合理论的系统结构中，有且只有一个与之主要整体概念（著作权）内在相关的次要整体概念（作品），而相对于主要概念系统（著作权概念系统）有且只有一个与之内在关联且独立的次要概念系统（作品概念系统）。由上面的讨论可以得出一个一般性的推论，在一个综合理论的系统结构中，如果限定从外部引入的已知之确定概念（在种属关系中的"属概念"）的短语中包含 n 个不确定的概念，那么在这个系统结构中存在 n 个与主要整体概念❷内在关联且独立的次要整体概念（因为这 n 个次要整体概念正是为主要整体概念赋值的限定性短语中的 n 个不确定概念，也是描述主要基本概念的性质命题中的 n 个不确定概念，即示例"著作权是基于作品确立的"中的"作品"），因此也就存在 n 个与主要概念系统有着内在关联且独立的次要（辅助）概念系统。根据这个推理，在构造一个综合理论时就能够恰当地确定与主要整体概念有着内在关联且独立的次要整体概念，以及准确地推算出它们的数目。

上面的讨论阐释了综合理论系统结构中确定次要整体概念，以及这些概念所在的次要（辅助）概念系统的方法，但是这个方法并不适用于概念系统中概念之划分。概念的划分是根据预期的目标选择相应的准则把抽象概念分解成具体概念的过程。概念划分的根据可以选择与对象相关的外在因素，也可以是由这个对象内在的矛盾性、差异性决定的。以下仍以著作权理论为例来解释划分的根据和方法。如果选择从外在的因素对著作权概念进行划分，那么作为外在因素能够导致"著作权"概念变化的变量只有"作品"概念，

---

❶ 虽然规则的这一表述不够严谨，但是却易于理解、接受和记忆。

❷ 在一个综合理论的系统结构中只能有一个主要基本概念，但可以有多个与之内在相关但独立的次要基本概念。

因此在作为变量的"作品"概念具体化的过程中，也就会影响著作权概念的发展，使得其在这个具体化发展过程中成为划分的依据。例如，"作品"概念可以划分为"原创作品"和"非原创作品"，以其为依据可以把著作权划分为"原创作品著作权"和"非原创作品著作权"，而"非原创作品"又可以划分为"演绎作品"和"非演绎作品"，它们又可以作为"非原创作品著作权"进一步划分的根据，得到其划分后的概念"演绎作品著作权"和"非演绎作品著作权"。显然，在这个示例中，我们的目的在于通过对著作权概念的划分而将其分解成更为具体的著作权类型，因此著作权概念的划分就需要依据外在的因素。但是在所有能够把著作权概念分解为更具体之类型的变化因素中，只有"作品"概念是导致这个变化的唯一变量，因而它被选定为著作权概念为了这个目的而进行划分的根据。如果我们的目的在于分析著作权是由那些具体的权利构成的，那么它的划分就需要依据对象自身的内在矛盾性或差异性进行。对于权利而言，在它的构成中至少包含两个客观要素❶：其一是某类行为的能力；其二是这类行为作用之对象。就第一个构成要素而言，"能力"只有两种可能的选择，即"存在"或"不存在"，而在我们设定的语境中，"能力"选择了"存在"，因此它在权利的这一构成要素中只是一个"常量"，可以在我们的讨论中将其忽略，而把这个客观构成要素简化为"某类行为"；"行为"是指人的有意识的行动，它只有两种可能的选择，即"行为"或"不行为"，但是"行为"与"不行为"只是人对于"为"或"不为"一个行动的选择，而与行动自身的性质无关，因此"为"与"不为"的选择本身不能决定其行动的性质；"某类行为"是对具有相同性质的一类行为的描述，对这类行为的抽象则被标记为"行为方式"；显然，在权利的这个构成中不存在导致行为方式不同的因素。就第二个构成要素而言，它是指行为方式中的行动所作用之对象。由于不同的对象，作用在之上的行动不同。也就是说，不同的对象决定了作用在其上的行动的性质不同，例如作用在物上的行动和作用在作品上的行动就有着根本性的区别。又因为具有相同（行动）性质的一类行为被抽象为"行为方式"，不同性质的被作用对象就决定了人的行为方式的不同，也就决定了权利的不同，例如，"物权"是基于物确立的权利，"知识产权"是基于智力活动结果确立的权利，显然

---

❶ 权利本身是由客观要素构成的，只有它的实现才包含被称为"意识"的主观因素，由于权利实现的主观因素与我们的讨论无关，故而略去不论。需要说明的是，权利的构成并不只有笔者列举的两个客观要素，"权利"概念的构成还需要满足其他构成要件。由于这里的讨论不是有关权利构成的问题，而笔者列举的两个构成要素已经能够满足讨论的需要，因此对与此处讨论无关的内容略而不论。

构成它们的行为方式在（行动）性质上是完全不同的。由此可知，权利的性质是由权利指向的对象决定的。此外，能够作用于一个对象上的行动具有多样性，或者说，构成权利的"行为方式"概括了作用于对象上的一组具有不同（行动）性质的、更为具体的行为方式，尽管这组行为方式的（行动）性质不同，但是它们都是作用在同一对象上的，因此作用在同一对象上的不同行动的矛盾性和差异性（构成权利的内在因素）是导致权利进一步具体化的根据。以下仍以著作权为例来说明根据其内在因素进行的权利划分的过程。作为权利的一种，构成著作权的客观要素包括两个：一个是（具有相同性质之行动的）某类行为；另一个是构成这类行为的行动作用之对象，即作品。因此，著作权就可以表述为"是指法律确认的可以作用于作品上的行为能力"❶。根据之前的讨论，在这个概念中只有作品概念是决定著作权不同于其他权利的质的规定性。在著作权概念体系中，作品概念只是一个外在的因素，尽管它能够把著作权描述的对象从其他权利描述的对象中区分出来，但是作为外在因素它却不是作用在其上的行为方式进一步细分的根据。著作权进一步细分的根据是作用在作品上的（不同性质之行动决定的）行为方式的差异性，例如发表、署名、修改、复制、演绎、汇编等都是作用在作品上的（具有不同性质行动的）行为方式，这些行为方式在性质上是完全不同的，因此也就导致了分别由这些行为方式构成的具体的著作权的不同，从而可以把著作权进一步细分为发表权、署名权、修改权、复制权、演绎权、汇编权等更为具体的权利。

就综合理论的体系结构而言，对于论题所确定的整体概念的划分，无论是基于外部因素还是内部因素，都是对于对象认识的深化的表现，只是视角不同而已。问题在于，一个综合理论体系的整体概念之划分是否可能无限地进行下去呢？由于之前已经论证了构造综合理论的所有概念系统，无论是主要概念系统还是次要（辅助）概念系统，它们都是由有限可数个元素构成的，其中次要（辅助）概念系统中的元素不仅决定了综合理论的论域（通过限定性短语确定了这个论域的特殊性），而且作为外在根据引导着整体概念从抽象到具体的划分。既然综合理论的论域是有限的（否则这个论语是不确定的），整体概念划分的外在根据也是有限的，那么次要（辅助）概念系统限定了综合理论的论述范围。根据之前的论述已知，整体概念之内在因素的差异性是反映在主要概念系统中的，因为构建综合理论的主要概念系统描述

---

❶ 对于著作权的这个描述与定义"著作权是基于作品形成的知识产权"之间没有冲突，前者是从内在的结构上对著作权的描述，而后者是从外部的整体性上对著作权的描述。

的是对象的内在组织和结构，表现了从内部视角对于对象认识的结果，它也是由有限可数个元素构成的，因此从对象的内在构成的差异性上也不可能出现整体概念无限划分之可能。由此可见，在综合理论的构建过程中，不论是主要命题系统还是次要（辅助）命题系统，最终都将随着回答分解后之问题而到达它们各自的论点。根据之前的讨论，问题研究中的过程就是为了把所有约束不完全问题都转化为约束完全问题，然而当把问题的复杂性的度降至最低程度后，对这些分解后的问题的尝试性解答就得到了这个综合性理论的论点。在所得到的每个论点中包含的不确定的概念，需要从外部引入一组已知的、确定的概念予以界定，描述这组从外部引入的已知的确定概念的命题就是这个论点的论据。显然，如果这组命题存在，那么这个论点所要回答的问题就是约束完全的，而论点中的所有不确定概念都可以通过论据予以确定；如果这组命题不存在，那么这个论点所要回答的问题是约束不完全的，即这个问题或者是当下不可解的（基本问题是真实的，但当下的条件不可解），或者是无解的。

第三章　有关命题之讨论

在认识和描述一个对象的智力活动过程中，人们需要记忆许多与这个对象相关的概念，包括自己对于对象的认识形成的概念，也包括通过交流❶从其他人那里获得的相关概念，以及从社会知识积累中得到的概念。在认识对象的过程中，智力活动者通过对这些概念的联想、反思、判断和取舍，以及对不同抽象层次中不解之问题提出的尝试性解答，形成了反映智力活动者个人对于对象认识的概念集合，然后在这个基础上进一步构思把概念集合中的元素构成一个整体以描述这个对象。在这个过程中，从事智力活动的人需要具有非常强的记忆和不随时间而淡化、遗忘的能力，显然这是一般人难以企及的。人们为了弥补这些方面能力之不足，通常借助符号和语词利用言语或语言"说"或者"写"出这些概念❷，由此形成了命题。此外，人们构建理论的目的并不是自娱自乐，而是传播、交流或者得到其他人或社会的承认，因此他需要借助命题把自己的思想和观念表达出来。换言之，对于"理

---

❶ 这里所谓"交流"并不仅局限于直接的、面对面的、以言语形式的交流，也包括通过他人的作品、讲演、报告、通信等各种形式的交流。

❷ 这里所谓"说"并不要求一定要发出声音，因为它并不是对他人的行为，而是为了增强自己对于概念的记忆。因此，这里的"说"可以发声，也可以不发声。同样，"写"也具有相同的意义。在这种情况下，说和写的形式可能更多地取决于个人的习惯。但是，一旦进入交流的环节，说和写就以传播和让他人理解为目的，那么说和写的形式就更多地取决于语言环境和特定人群的语用习惯，以及在一个社会中形成的语言规范。

论"概念的研究，命题及其相关问题的讨论是无法回避的。如果说对理论的概念和形式的讨论是从整体和结构上认识这个对象，那么对命题的研究则是从内容和细节上探讨这个对象了。

一、有关概念、语词和命题讨论的必要性

之前我们已经多次提到概念和命题的重要性，然而对此也有完全不同的看法，英国著名学者波普尔的观点就是一个典型的代表。他认为，对语词、概念的定义和术语的关注只会导致空泛的冗词赘语。在学术界对于概念和命题的否定和漠视并非只是个别现象，但是产生这一现象的原因却各不相同。有些是由于特殊的论题而否定对概念和命题的特别关注，例如波普尔并不否定语词及其意义在系统阐述理论方面的作用，但是他更关注真正的问题，即理论及其真理性的问题的重要性；有些是由于对概念和命题的无知，因而导致了否定、滥用语词、术语和定义的情况发生，从而造成了概念混乱，语义不清和语词、术语使用不当的问题，或许这些人并没有意识到问题之所在，更不会意识到问题的严重性；还有些人是为了标新立异，有意选择生冷怪癖的语词，似乎只有这样才能够显得学术底蕴深厚，但是忘记了构建理论的目的是交流，是他人能够理解，只有能够用最浅显的语言表达最深刻道理的人才是真正学术底蕴深厚的学者。正是由于存在上述问题，才凸显出命题讨论之必要性。

理论构建活动是智力活动，这就决定了它不可能离开命题而进行，因为所有的智力活动都与命题紧密地结合在一起，构成了人的思维活动的特殊性。"智力活动完全是精神的和内在的，一定程度上会不留痕迹地逝去，这种活动通过声音而在言语中得到外部表现，并为感官直觉到。因此，智力活动与语言是一个不可分割的整体。"❶ 既然智力活动与语言之间存在这样密切的关系，那么我们不禁要问：语言又是什么呢？它与命题之间存在什么关系呢？维特根斯坦对这个问题的解答是"命题的总和就是语言"。❷ 命题的构成离不开语词，在智力活动过程中，没有语词（语言符号）就不会有观念，当然也不会构造出相对于一个对象的概念集合，也就不存在对于对象的认识和研究，以及构造理论等问题了。命题通过不同的已经具有确定意义的语词来描述对于对象之认识形成的概念，或者描述对于不同对象之关系的认识形成的概念。

---

❶ ［德］威廉·冯·洪堡特. 论人类语言结构的差异及其对人类精神发展的影响［M］. 姚小平，译. 北京：商务印书馆，1999：65.

❷ ［奥］维特根斯坦. 逻辑哲学论［M］. 郭英，译. 北京：商务印书馆，1985：37.

当我们需要把概念表达出来时，就需要借助于命题来实现。因此，命题也是描述概念体系使之具有外部存在的基本形式，或许这也就是石里克把理论界定为命题系统的理由吧。❶ 但是，与命题相关的一些概念，诸如观念、概念、语词、定义、所指、指称等，却是人们极易混淆的，由此产生了一些虚假问题或者荒谬的观念。之前我们已经就观念和概念的关系有了详细的讨论，下面仅列举有关否定概念、语词选用不当和滥用语词等方面存在的问题，并加以分析和说明。

（一）否定概念之讨论

我们列举的第一种情况是，对概念的否定。持这种观点的人认为，概念是没有用的。❷ 这种观点或许是我们列举的情况中最为极端的。断言"概念是没有用的"看似所欲表达的意义非常明确，实则不然。在这里，"概念"指的是什么呢？其一，它可以指用语言符号标示的、具有能指的观念。当然，这个断言本身也是一个观念。如果概念是没有用的，即观念是没有用的，那么作出这一断言的人的这个观念是否有用呢？换言之，所谓"没有用"，当然也就没有效，断言"观念是没有用的"，即观念是没有效的，那么作出这一断言的人的这个观念是否有效呢？这就是三大古典悖论中的"理发师悖论"所设定的情景。其二，"概念"指描述这个概念的命题，显然这样就混淆了概念与命题之不同。❸ 命题是描述概念的，它或者给标示概念的语词赋予确定的含义，或者描述概念之间的关系。如果把断言"概念是没有用的"之中的"概念"解释为命题，这个断言就可以转换为"命题是没有用的"，而这个断言本身也是一个命题，那么不妨提出问题：这个命题本身是否有用呢？这样又回到了"理发师悖论"所设定的情景中。其三，把这个断言中的"概念"解释为"语词"，而语词是标记概念、构造命题所不可或缺的。如果没有语词，那么也就没有命题，更不会有语言了。如果这个断言成立，那么人类就没有智力活动，没有思维，没有言语，没有书写，也没有知识和人类

---

❶ 更确切地说，命题系统是理论的外在形式，而概念系统则是理论的内在形式。

❷ 在中国某著名高校中，某位教授在给研究生授课时就曾告诫学生，"概念是没有用的"。尽管这里没有引用这位教授的原话，但是却完整地保留了他的观点。课后曾有多位学生与笔者讨论过这个问题，表达了他们的疑惑和不解，可见其对学生的影响之大，这也是考虑以此为例予以讨论和分析的原因。在此例中，并无针对任何个人之意，只是作为一种具有代表性的观点进行讨论，这一观点毕竟不是个别人才有的。

❸ 这个讨论与"定义"无关，因为定义是构造命题的方法，不是命题本身。由于"定义"与"概念"之间没有直接的联系，不能假定在这个断言中混淆了"概念"与"定义"的区别。

文明，那么我们不禁要问：在这种状态下是否还有人类呢？没有语词，就没有语言，"没有语言，就不会有任何概念，同样，没有语言，我们的心灵就不会有任何对象。"❶ 显然，无论我们把这个断言中的"概念"理解为"观念（概念）""命题"还是"语词"，它都不能成立，否则我们或者陷入悖论中，或者得出荒谬的结论。出现上述错误的原因是，持有这种观点的人既没有认识到概念、语词和语言之间的关系，也没有真正理解这些概念。尽管他们否定概念的有用性，但是他们却在通过语言传播自己的观念（概念）。也就是说，他们并不否定语词和命题的有用性，否则他们就不会在演讲和授课时发出抑扬顿挫的短音节（语音），也不会在论文中书写出一串串相互衔接的符号串（文字）。但是，他们却忽略了，在否定概念的有用性时，这些短音节和符号串都是没有意义的，因为它们没有所指，只是单纯的符号串。或许他们希望其他人能够理解这些语音符号和书写符号，但是人们又如何能够理解没有意义的符号呢？显然，持这种观点的人已经以行为否定了他们自己的主张。

（二）语词选用不当问题

我们列举的第二种情况是，对概念的滥用。这种情况非常普遍且形式多样，因此它所造成的影响也更大。其中一种很普遍的现象是借用其他学科的概念。在构造一个理论时，如果不能找到贴切的语词标示一个概念，那么合理地借用其他学科的概念是可行的。但是，所借用的语词应该是合理的、恰当的，不仅能够通过这个语词联想到被标示概念，而且符合特定的语言环境和语用习惯。由于被借用的语词与被标示的概念原本不在同一个论域中，因此在借用其他学科的语词后必须重新定义，或者作出详细的说明、解释，以免造成混淆。例如，在法律解释中引入"复数"和"复数解释"的概念。❷

---

❶ ［德］威廉·冯·洪堡特. 论人类语言结构的差异及其对人类精神发展的影响［M］. 姚小平，译. 北京：商务印书馆，1999：72.

❷ 梁慧星. 民法解释学［M］. 4 版. 北京：法律出版社，2015."复数"一词是作者在介绍一篇日本学者的论文中引入的，因而不知"复数"一词是原论文中使用的还是作者翻译时使用的。在此把作者在第 178 页的引文摘录如下："法的解释存在复数的可能，选择其中哪一种解释，乃以个人主观的价值判断……"在此之后的第 180 页中，作者的引文中又有"确定法解释的方向的价值判断，是复数的和多元的"。之后的第 245 页，作者直接采用了语词"复数解释"。在第 178 页使用"复数"一词时，它标示的是"多种"之义，否则就没有"选择其中哪一种解释"之说了。至于选择哪一种，则由个人的价值判断决定。显然，这里的"复数"一定不是指价值判断的性质，而是法律解释的性质。但在第 180 页的引文中，"复数"又成为价值判断的性质，这种前后不一的用法（在这里"复数"一词是具有二义性的），令人不解。在第 245 页，"复数解释"中的"复数"一词又被限定在"文义解释"的范围内，所谓文义解释也就是语义解释，那么在这个解释中的"复数"又具有什么含义呢？由此可见，作者在使用"复数"一词时，并没有对这个语词所标示的概念有一个清晰的认识。

在法律解释中引入"复数"一词可能有两个来源，一是借用语法学中的名词"复数"，以此来强调法律解释"多"的含义，意在说明法律解释的多样性。果真如此，那么就完全不必从语法学中借用"复数"一词了。因为在汉语言习惯中，以及在中国这个特定的语言环境和语用条件下，这个"多"完全可以用"多种解释""多重解释""不同解释"等语词来表达，采用这些为人们所熟悉的语词不是更容易被理解和接受吗？难道利用文字表达我们的观念不是为了让人们理解，以达到交流、传播的目的吗？如果在法律解释中引入"复数"解释不是为了表达"多"的含义，或者不仅是为了表达"多"的含义，即它还包含"多"以外的其他意义，因此它不能用我们习惯的"多种""多重""多数""不同"等语词替代，或者说，它不是语法学意义上的"复数"。二是借用数学中的名词"复数"。但是，在数学中，复数是指一个实数和一个虚数构成的数，实数和虚数分别是处于实空间和虚空间中的数。显然，把数学中的"复数"借用到法律解释中是不合适的，我们不能想象把复数中的实数和虚数分别对应于法学解释中的什么内容。难道我们可以把法律的复数解释理解为一句真话再加上一句假话？或者理解为一句有道理的话再加上一句没道理的话吗？每个学科都有自己的专用术语，每个理论也都有自己的论域，在不了解其他学科、理论的语词和概念的情况下，不应随意借用这些学科、理论中的语词。即便借用其他学科的语词，由于论域的变化，而每个论域又都有着自己的属性，因此对于借用其他学科、理论的语词，应该在新的论域中确定其含义，明确其所指，限定其使用范围。

有些借用于其他学科和理论中的语词已经被广泛使用和高度认可，但是这种情况并不能作为这一语词被借用的合理性依据。例如，在科学哲学中，国内学者在翻译托马斯·库恩的著作《科学革命的结构》时，其中的一个译本❶把英语语词"paradigm"译为汉语语词"范式"。尽管语词"范式"随着库恩的著作在科学哲学、社会学等学科产生的巨大影响而被学界接受和广泛使用，但是把"paradigm"译作"范式"是否恰当，依然是值得商榷的。英语语词"paradigm"转换为汉语语词为"规范、模式、示例、范例和范式"，那么把"paradigm"译作"范式"是否合适呢？库恩的范式"是指那些公认的科学成就，它们在一段时间里为实践共同体提供典型的问题和解答"❷。库

---

❶ ［美］托马斯·库恩. 科学革命的结构［M］. 金吾伦，胡新和，译. 北京：北京大学出版社，2003.

❷ ［美］托马斯·库恩. 科学革命的结构［M］. 金吾伦，胡新和，译. 北京：北京大学出版社，2003：序，4.

恩认为，"范式"是具备两个特征的科学成就，其一是"它们的成就空前地吸引一批坚定的拥护者，使他们脱离科学活动的其他竞争模式"❶；其二是"这些成就又足以无限制地为重新组成的一批实践者留下有待解决的种种问题"❷。库恩对术语"paradigm"的说明是，"我选择这个术语，意欲提出某些实际科学实践的公认范例——它们包括定律、理论、应用和仪器在一起——为特定的连贯的科学研究的传统提供模型"❸。对于库恩采用的"paradigm"一词可以讨论如下：其一，库恩用这个语词标示一种特定的科学成就，科学成就是科学活动的结果，不是科学活动的过程，因此在科学成就中包含定律、理论，或许还包含应用（因为应用的结果是检验理论的一种方法），但是科学成就并不包含仪器在内。科学研究中使用的仪器是根据科学研究的需要发明的，它们不属于科学研究而属于技术发明的范围，虽然有时它们对科学发现起着举足轻重的作用，但是相对于科学研究而言，它们依然只起到辅助性的作用，因此把它们称作"技术成果"较为恰当，而作为科学成就的构成就不合适了。其二，库恩用"paradigm"标示"为特定的连贯的科学研究的传统提供模型"。模型是有结构的，它主要的特征就在于它的构成性。但是，库恩用这个术语所表示的对象却是没有结构的，因为在定律、理论、应用、仪器（或许还有库恩没有列举出的内容，因为任何一个连贯的科学研究的传统，至少还应该包括研究条件、实验环境、组织机构、资料收集、资源配置、资金支持等，这些是现代连贯的科学研究必不可少的条件）之间没有直接的关系，因此不可能形成一个统一的结构。其三，库恩所谓"paradigm"不是一个概念，因为它没有具体的所指。因此，库恩的这个术语只是一个集合名词，他只是给一个无序、无结构、列举不全的，被称作"科学研究传统"的各种元素构成的集合起了一个名字而已❹，也就相当于汉语言中为了方便，把一堆杂乱无章的东西放在一起然后给它们起个"统称"的名字一样。即便库恩本人，也不知道应该用什么语词来标示他所要表示的对象更

---

❶❷　［美］托马斯·库恩. 科学革命的结构［M］. 金吾伦，胡新和，译. 北京：北京大学出版社，2003：9.

❸　［美］托马斯·库恩. 科学革命的结构［M］. 金吾伦，胡新和，译. 北京：北京大学出版社，2003：9.

❹　在理论构建中，采用无序、无结构、列举不全的集合名词的最大"好处"是：对于这种集合中的元素，合则用，不合则弃；需要时则用，不需要时则弃；不够时则加，多余时则减。总之，它是不确定的。

为恰当，借用"paradigm"一词也只是无奈之举。❶ 那么，把"paradigm"译作"范式"是否合适呢？"范式"是逻辑学中的一个概念，不论译者是否有意，把库恩在《科学革命的结构》中的术语"paradigm"译作"范式"，都是对逻辑学中"范式"概念的借用。在现在的学术研究中，逻辑学作为工具已经被用于几乎所有的学科，包括哲学（含"科学哲学"）、社会学、经济学、法学等，因此在科学哲学中借用逻辑学中的"范式"概念是否合适，是否有可能引起混淆和误解，就是借用者必须考虑的问题。在逻辑学中，"所谓范式就是指具有某种标准形状的公式"❷。显然，在逻辑学中，"范式"是一个概念，不是一个集合名词，它有着确定的所指。在逻辑学下的命题逻辑中❸，范式分为合取范式和析取范式。所谓合取范式，是指每个合取支都是简单析取式的合取式；所谓析取范式，是指每个析取支都是简单合取式的析取式。❹ 在命题逻辑中，由于合取范式可以显示重言式（"重言式"也称作"永真式"或"恒真式"，即它在真值表中恒取真值），而析取范式可以显示不可满足式（"不可满足式"也称作"矛盾式"或"恒假式"，即它在真值表中恒取假值）。由于任何一个命题公式都存在合取范式和析取范式，我们可以通过把一个命题公式转化为合取范式或者析取范式，然后判断它是否重言式或者是否矛盾式，由此可以更容易地判定命题公式之真假或简化公式。从对命题逻辑中的范式概念的介绍不难看出，在科学哲学中的英语语词"paradigm"与在逻辑学中的汉语语词"范式"之间没有任何关系，通过逻辑学中的汉语语词"范式"对理解科学哲学中的"paradigm"所标示的对象也没有任何助益，它们之间没有任何可以产生联想的关系，因此把"paradigm"译作"范式"就没有必要了。"那些把概念视为空洞的理想构象而没有事实关联的人应该记住，虽然概念确实不是作为物理的'事物'存在的，但是我

---

❶ 库恩在这个术语的选择上有这样的表述，"按照其已确定的用法，一个范式就是一个公认的模型或模式（Pattern），在我找不出更好的词汇的情况下，使用'Paradigm'（范式）一词似颇为合适"（金吾伦、胡新和的译本，21。此外，建议读者参阅 1980 年上海科学技术出版社出版的，李宝恒、纪树立的译本之相关部分）。

❷ 宋文坚. 逻辑学［M］. 北京：人民出版社，1998：92.

❸ 范式并不仅出现在命题逻辑中，在一元谓词逻辑中也会出现范式。两者不同的是，命题逻辑中的范式所涉及的是命题公式的连接词结构，而在一元谓词逻辑中的范式则是有关谓词公式中的量词结构。一元谓词逻辑中的范式有前束范式、司寇伦范式，由于范式不是本书讨论的重点，这里不再介绍。有兴趣的读者可以参看宋文坚主编的《逻辑学》。

❹ 在这个定义中，简单合取（析取）式是指由若干简单公式作为合取（析取）支而形成的合取（析取）式，简单合取（析取）式可以直接显示矛盾（重言）式；而所谓"简单公式"，是指由单个命题变元或命题变元的否定形式形成的公式。参见：宋文坚. 逻辑学［M］. 北京：人民出版社，1998：92－93.

们对同一类概念的对象的反应在心理—物理上是相似的，而对不同类概念的对象的反应在心理—物理上是不相似的，这一点在生物学上重要的对象的例子中变得十分清楚。概念的特征能够在最终分析中被还原的感觉要素是物理的和心理的事实。在物理学命题中阐明的反应的恒定的联合，代表着探究者能够如此之远地揭示出来的最高程度的实质，该实质比传统上所谓实物的东西更恒定。可是，包含在概念中的实际要素，必须不误导我们把这些总是要求矫正的心理形式与事实本身等价。"❶ 当然，如果在科学哲学中的"范式"永远不会与在逻辑学中的"范式"在同一个理论、著作、交流、演讲或授课中相遇，那么在对它们各自作出相应的解释和界定后，在两个不同学科中的使用或许不会产生歧义或引起误解。但是，它们一旦相遇，那么为了消除误解和避免混淆，我们是否需要不时地提示：此"范式"非彼"范式"呢？

库恩的这部颇具影响的著作还有一个更早的中译本。❷ 在这个译本中，译者把语词"paradigm"译作"规范"，并就此译法的理由从词源、词义、词形变化和作者欲借助这个词表达的意义和描述的对象等方面作了适当的注释和说明。❸ 把"paradigm"译作"规范"显然要比译作"范式"更合适，因为"规范"有标准、规则、规定之义，这个译法至少与原作者用语词"paradigm"标示的对象有一定的关系❹，显然要比借用与这个语词标示的对象毫无关系且可能引起混淆和误解的逻辑学概念"范式"更接近作者的原义。需要说明的是，在库恩的这部作品中，把"paradigm"译作"规范"也并非没有问题。即便我们不考虑作者用"paradigm"表示的模型中的那些尚未列举出的范例，仪器设备也不是"规范"的应有之义。在这些语词的翻译中，译者忽略了作者所用的语词"paradigm"只是一个集合名词（也被称作"总括名词"）的问题。这个集合名词所标示的集合是一个开集合（正是由于这个原因，作者才不可能完全列举这个集合的所有构成元素），其构成元素无序、无结构，除了不完全的列举和不充分的说明外，作者也没有明确地界定这个

---

❶ ［奥］恩斯特·马赫. 认识与谬误：探究心理学论纲［M］. 李醒民，译. 北京：华夏出版社，2000：140.

❷ ［美］T. S. 库恩. 科学革命的结构［M］. 李宝恒，纪树立，译. 上海：上海科学技术出版社，1980.

❸ ［美］T. S. 库恩. 科学革命的结构［M］. 李宝恒，纪树立，译. 上海：上海科学技术出版社，1980：序中的注释.

❹ 在《科学革命的结构》一书中，作者在多处讨论了科学研究与标准和规则的关系，在作者使用的语词"paradigm"中也必然包含与科学研究相关的标准和规则，否则如何来评价科学成就、如何有序地从事科学活动呢？以科学实验为例，如果没有合理的实验评价标准和实验设备操作规则，以及必须严格遵守的实验程序，实验就无法进行，结果也无从评价。

语词的含义。因此，我们找不到一个合适的汉语语词来标示或较为接近地表示作者没有确定"原义"的原义。

（三）滥用语词的问题

滥用语词至少在我国法学界是一个较为普遍的现象，其中又分为多种情况。一种情况是，对其他学科的概念，想当然地创造一些名词，作为标示这个概念的法学名词。例如，在计算机科学领域中的语词"固件"（firmware），它所标示的概念是指固化在只读存储器（ROM）中的程序，或者写入可擦写只读存储器（EPROM）、电可擦可编程只读存储器（EEPROM）中的程序。例如，在微型计算机主板上镶嵌的固化了基本输入输出系统（Basic Input/Output System，BIOS）的芯片就是固件，它是计算机硬件和操作系统的接口程序，由多个模块组成，包括自检、驱动、解码、纠错等程序。显然，固件是存储在特定介质上的程序，它与其他程序的区别不是由于程序的不同而引起的，而是由于存储介质的不同所导致的。也就是说，所谓固件只是一种计算机程序而已。在法学界，固件被赋予了一个新的名称"半软件"。❶ 如果仅从这个语词上理解，半软件应该不完全是程序，似乎只有"一半"是程序，那么另一半是什么呢？如果不这样理解，那么如何解释限定软件的这个量词"半"呢？再从概念的关系来看，既然存在"半软件"，那么是否也应该存在"半硬件"呢？这或许就是"半软件"的另一半吧。如果法学界与计算机界的学者在一起交流时，计算机界的学者不知法学家口中的"半软件"所指的是什么，法学家也不知计算机专家所说的"固件"为何物，这样人为造成的交流障碍应该不是我们所期望的吧。一首诗，不论是书写于宣纸上还是刻写在石壁上，我们都不会称其中的任何一个为"半首诗"；同理，一段程序，不论是书写于纸上还是固化在磁盘或芯片上，它仍然是一段程序，既不是半程序也不是半软件。"鉴于词语的意义恰恰在于它们唤起的众多联想，而正确的使用反过来依赖这些联想的存在：干扰这些联想，显著的后果必定随之而来。"❷

滥用语词的另一种情况是，创造语词来标示混乱的概念，例如亲吻权、良好心情权、悼念权、相思权等等。❸ 在此我们以"亲吻权"为例作一个简

---

❶ 郑成思. 计算机、软件和数据的法律保护 [M]. 北京：法律出版社，1987：22.

❷ [奥] 恩斯特·马赫. 认识与谬误：探究心理学论纲 [M]. 李醒民，译. 北京：华夏出版社，2000：48.

❸ 这些权利引自新浪博客中的一篇名为"'权利泛化'现象之我见——亲吻权案评析及启示"的文章，该文新浪博客发表的时间是 2014 年 2 月 10 日。本书仅选择了作者列举的所谓"泛化"之权利中的几个，如果对所谓泛化之权利和相关问题有兴趣，建议参看原文。

单的分析。亲吻权的提出源于一起因车祸导致的诉讼，其案情大致如下：原告某女士在一起车祸中上嘴唇裂伤，虽然治愈，但因留下的伤痕，使其在与亲人亲吻时无法感受到伤前曾有的那种愉悦感，遂向法院提起诉讼，要求肇事者赔偿其亲吻权受侵害而造成的损害。此案一出，法学界可谓轰动一时，各种观点不一而足，争论的核心问题是：亲吻权是否是人格权项下的一项具体的权利。❶ 对这个问题可以分析如下：首先，原告认为因疤痕而无法感受到亲吻带来的愉悦。然而，这种愉悦是一种心理过程，形成这种心理过程的原因非常复杂，它与是否接触没有必然的联系，即便没有亲吻的行为，也同样可以出现这种心理状态。如果肇事者对伤者的身体伤害已经作出了相应的赔偿，那么这个新的诉求就只能理解为是针对伤者愈后之心理状态的。法院如果就此诉求予以立案，那么即使它不承认存在"亲吻权"，也同样默认了存在一种设定在心理过程或者心理状态上的权利。但是，法律是规范人的行为的，它不规范也不能规范人的心理过程。心理过程和心理状态只能是个人调整的问题，与法律无关。如果认为这个诉求不是针对心理状态和心理过程提出的，而肇事者对伤者的身体伤害给予了合理的赔偿，那么法院受理此案就违背了诉讼法中"一事不再理"的基本原则。用法律调整心理过程或者心理状态是非常荒谬的。例如，在上面列举的"相思权"就显得极为荒谬了。相思是一种心理状态和心理过程，任何一种外在的行为都不可能干预这种心理过程或者心理状态，同时任何事件也都可能扰乱相思者的相思之情。法律能够调整人的这种心理过程和状态吗？法律如何救济被扰乱的相思之情呢？此外，提出设定"良好心情权"也同样是极其荒谬的。良好心情同样是一种心理状态和可以在一段时间内持续这种状态的心理过程，它同样不是法律能够调整的对象。假设一个人正处于良好心情状态下，突闻亲人因病即将离世，从而破坏了他的良好心情，那么他是否可以向告知他这个消息的人主张"良好心情权"呢？其次，假定"亲吻权"不是设定在心理状态和相应的心理过程上，而是设定在"亲吻"这一行为上的权利，那么结果会如何呢？❷ 既然主张设定亲吻权的人把这个权利划定在人格权项下，也就是说，亲吻权是绝

---

❶ 在这里，我们不讨论这一诉讼是否存在程序上的问题（是否违反"一事不再理"原则），也不关心判决结果和有关的争论，因为这些问题与本书的讨论无关。

❷ 亲吻仅涉及两个因素，其一是亲吻的行为，其二是亲吻行为引起的心理状态和这个状态的持续、发展的过程，而且这个状态的持续、发展的过程并不以行为的开始和结束为必要条件。如果超出了亲吻的这两个因素，那么超出的因素则与亲吻没有直接关系，因此也就不是亲吻权设定的根据。如果任意扩大亲吻的含义和构成因素，那么不仅"亲吻权"语词选择不当，而且在任何与亲吻产生间接关系的行为上都可以设定亲吻权，这岂非荒谬之极。

对权，那么在法律效力范围内除了权利人以外的所有人都是相对的义务人，他们所承担的义务是什么呢？其一，协助权利人实现其权利；其二，不干扰权利人实现其权利。因此，如果真如某些人所愿在法律上设定了"亲吻权"，那么从理论上来讲，权利人可以向其他人主张权利，难道这不够荒谬吗？即便法律设定了这类权利，也没有任何可能之权利受到侵害的司法救济手段，这岂非视法律为儿戏？❶ 如果像有些人所说的那样，提出所谓"亲吻权""相思权""良好心情权""悼念权"等权利是民众法律意识的觉醒，那么这是多么荒唐的觉醒。或许这本就不是民众的意识，只不过是一些所谓学者为了吸引人们的注意借民众之意进行的刻意炒作而已。

接下来我们再以语词"共同隐私"为例讨论概念不清而导致语词使用不当的问题。❷ "共同隐私"是指"与个人隐私相并列的范畴，是指群体的私生活安宁不受群体之外的任何他人的非法干扰，群体内部的私生活信息不受他人非法收集、刺探和公开，即使是群体的成员或从前的群体成员公开共同私生活秘密也要受到若干原则的限制"❸。也有学者把"共同隐私"称作"相关隐私"，并把它概括为"指涉及两个以上的自然人的隐私"❹。我们先来分析第二个所谓"共同隐私"（相关隐私）的概念。假设有一个自然人 C，同时知道自然人 A 和 B 的隐私，而自然人 A 和 B 之间没有任何关系，那么如果自然人 C 传播自然人 A 和 B 的隐私（不论是否同时），按照这个定义则可以判定自然人 C 侵害了自然人 A 和 B 的"共同隐私"或"相关隐私"。因为自然人 C 的行为已经涉及了两个以上自然人的隐私，符合定义之描述。显然，这样概括"共同隐私（相关隐私）"的人并没有形成与之相应的概念，或者他没有表达出想要表达的概念。在第一个有关"共同隐私"的解释中，解释者混淆了概念"隐私"和"秘密"的区别，把"共同秘密"作为"共同隐私"，产生误解也就在所难免了。由于这个解释存在的问题在引文中显而易见，因此不再进一步讨论。问题在于，是否存在所谓"共同隐私"呢？这里首先需要区别"隐私"和"秘密"的不同。所谓"秘密"，是指一个或者多

---

❶　或许有人会辩驳说，"亲吻权"不是绝对权而是相对权，那么当义务人不履行义务时，法律是否有救济手段呢？如果没有救济方法，那么无论把"亲吻权"解释为绝对权还是相对权，都是没有意义的，而把心理状态或者心理过程作为权利设定的根据，那就只能得出荒谬的结果了。

❷　有关"共同隐私"或者"共有隐私"的概念最早是在中国人民大学姚辉教授参与的一期普法性质的电视节目《今日说法》中听到的，之后在百度文库中查到中南大学法学院民商法学的贾楠撰写的"共同隐私的法律保护"一文，其中列举了张某宝、杨某新有关"共同隐私"概念的界定和说明。

❸　转引自贾楠在"共同隐私的法律保护"一文中引用的张某宝先生的"共同隐私"概念。

❹　转引自贾楠在"共同隐私的法律保护"一文中引用的杨某新先生之"共同隐私"概念。

个人掌握的不为人知的信息；而所谓"隐私"，则是指个人的不欲人知的信息。这两种信息的区别在于：一个是"不为人知"的；另一个是"不欲人知"的。虽然两者之间仅有一字之差，但却刻画出了它们之间的根本区别。如果一个不为人知的信息仅为个人或者相互无关的多个人掌握，那么这个信息就构成了这个人所掌握的秘密，或者构成多个相互无关的人分别各自掌握的信息。当掌握这个秘密的个人不慎或有意将这个秘密公开后，或者掌握这个秘密的相互无关的多个人中的任何一个人不慎或有意将这个秘密公开后，这个秘密就不复存在，它就转化为一个共同体中任何人都可能获取的信息。在这种情况下，即便一个秘密是由多个人同时掌握的，但是由于这些人之间没有任何直接或间接的关系，也就不存在所谓"共同秘密"。如果一个不为人知的信息是由相互关联的多个人同时掌握，并且这些人共同承担着不公开这一信息之义务，即他们在同一约束下承担着不公开这一信息的责任，那么这个不为人知的信息就构成了在这一约束条件下这些个人的"共同秘密"。掌握这个共同秘密的任何一个人不慎或者有意公开了这个信息（向不受保密义务约束的任何人传递了这个信息），这个秘密也就转化为公开的信息❶，但是这个人必须按约定向其他共同掌握这个秘密的人承担责任。一个不欲人知的信息本身并不是一个秘密，但却是不经信息所涉及的个人之同意就不能够随意传播的信息，这类信息包括个人的健康状况、个人身体所具有的某些特殊性（例如在衣服遮盖下的瘢痕）、人生履历、特殊的偏好等。但是，个人不欲人知的信息未必一定构成他的"隐私"。因为"隐私"不同于"秘密"，它是一个法律概念，只有满足了法律规定条件下的不欲人知的信息，才能构成一个人的"隐私"。既然隐私不是不为人知的信息，而是在与这个信息所涉及的个人相关的一定人群中已知的、但不能随意传播的信息，那么就可以得出：其一，隐私权是法律规定的个人享有的绝对权，因此在法律效力范围内除了权利人之外的其他人都是义务人，其中既包括知道这一信息的人，也包括夫妻双方的任何一方（至于夫妻双方中的任何一方侵害了另一方的隐私权，另一方是否主张权利则是与此无关的另一个问题，但是隐私受到侵害的

---

❶　当一个人把自己掌握的秘密透露给任何一个不受保密义务约束的人之后，虽然他可以获得瞬间摆脱或释放保守这个秘密所承受的心理压力，但是接下来就要承受由后悔所形成的另一心理压力（尤其泄露的是与己相关或有着切身利益关系的秘密），因为大多数人都有着把自己掌握的秘密尤其是与己无关的秘密，转告自己"相信"的人的冲动，以摆脱心理上的负担和获得相应的满足，这或许是人的一种本能（但不包括受过专门训练的人）。

一方是可以根据法律之规定主张其权利的)。❶ 其二，就隐私而言，不存在知道一个人隐私的人需要单独或者共同与隐私之权利人缔结不传播其隐私的合同的问题（不论他们之间存在什么关系），也就不存在所谓"共同隐私"。如果他人所有的隐私与自己所有的隐私发生自同一信息源，那么也只是他们各自的隐私，而非"共同隐私"，其中的任何一个人在传播自己的隐私时都不得侵害他人的权利。如果多个人之间存在"共同隐私"，由于隐私是不欲人知的信息，那么不经隐私权利人的许可不得传播其隐私的规定，只对享有"共同隐私"权的人之外的人有约束力，而对享有"共同隐私"权的任何个人都没有约束力，除非他们之间订立了不传播这一信息的合同。果真如此，享有"共同隐私"权的人中的任何一个人传播这一信息都不构成对"共同隐私"权的侵害（因为他本身就是这个所谓"共同隐私"权的权利人，他传播这个信息只是在行使自己的权利，因此他的行为不可能构成对自己权利的侵害），而只是违反了他们订立的合同而已（前提是确实存在这一合同，否则只存在多个人与同一个不欲人知的信息相关的事实，却不存在相关的每个人在不经其他人的同意下不得传播这个信息的义务），那么由此引起的诉讼就不是侵权之诉，而是违约之诉了。其三，既然隐私是不欲人知的信息，那么就只有知道这个信息的人才有可能传播这个信息，也就是说，不知道他人的隐私的人也不可能传播他人的隐私，因此对于隐私而言不存在所谓收集、刺探和公开的问题，显然这是混淆了隐私和秘密的区别。由此可见，所谓"共同隐私"只是用这个语词标示一个杜撰出来的概念，没有与这个概念相对应的事物存在，因此这个问题是一个虚假问题。

还有一种滥用语词的情况是在理论构建中使用生冷怪癖的语词。语词是语言的构成要素，它在人际交往和学术交流中发挥着重要的作用。由于这个缘故，语词的选择应该尽可能地符合特定社会人群长期形成的语言习惯，尽可能选择相关学科和学术领域的专业术语，以及同一学科和领域的人熟悉的术语，以便于人们阅读、交流、理解和把握。即便在不得不创造新词的情况下，也应该尽可能选择或创造能够引起与之标示的概念相关联的语词，并对之予以赋值，明确其含义。从单纯的理论上讲，语词作为语言符号，它的选择和创新可以是任意的。但是人作为社会的基本构成，语词的选择和创新又是受到限制的，这是由人的社会性所决定的。因为"没有任何一个人是为自

---

❶ 这里必须严格地区分什么是夫妻间的秘密、什么是夫妻各自的隐私。夫妻之间有共同秘密，但没有共同隐私。只有夫妻二人知道的信息是不为外人所知的，才构成秘密而非隐私。隐私一定是个人的而非共同的，这就是"不为人知"和"不欲人知"中的一字之差产生的结果。

身而存在的，他是整个人类的一分子；人类发展的链带延续不断，个人只不过是其中的一个结点"❶。人类的语言之所以具有社会性，是因为"人类语言既是符号系统，也是沟通手段"❷。因此，语言符号的选择必须考虑特定的语言环境和语用条件和习惯。语词选择除了受社会条件约束外，还受到语词自身所具有的某些性质的限制。语词的一个重要作用在于能够刺激人脑产生相应的观念，"词的意义就在于它与一个对象或一组对象的某种关系"❸，这是人们能够通过语言进行交流的基础。因此，当我们在已有语词基础上创造新词时，就不能不顾及基础语词的词义，否则就很容易让人们产生误解，因为基础语词已经与确定的概念相关联，如果新词的词义与基础语词的语义完全无关，那么人们在语言习惯的驱动下就很容易想当然地从基础语词的词义出发产生相关的联想，从而导致对新词的误解。任何一个词都不是单独存在的，"和难以理解的事物一样，语言只能通过符号的相互作用被理解，如果单独考察符号，那么每一个符号都是模棱两可的或无新意的，只有符号的结合才能产生意义"❹。这就使得我们在选择和创造语词时不能不考虑与之相关的语词的词义，尤其是用以解释所选择的语词的那些语词。如果选择或者新创的语词和与它相关的语词在词义上矛盾或者不一致，那么将直接影响人们对新词的理解、认同和使用。但是，目前在法学界使用生冷怪癖的语词和创造一些莫名其妙的新词颇为一些人推崇，晦涩难懂不知所云的文章、著作反被认为学术水平高深而受到追捧。例如，有人创造了一个名词"学术消费主义"，用这个语词来表示"不加批判和反思地就把'市民社会'这个概念套用到中国社会的分析之中的倾向"❺。我们不禁要问，这个创造出来的语词与它的基础语词有关系吗？这个创造出来的新词由三个基础语词构成，即"学术""消费"和"主义"。其中，"学术"的词义是"指较为专门、有系统的学问"❻。"消费"的词义是"人们消耗物质资料以满足物质文化生活需要的过程"❼。"主义"与这个新创造的词可能相关的词义有三个：其一是"有系统

❶　[德] J. G. 赫尔德. 论语言的起源 [M]. 姚小平，译. 北京：商务印书馆，1998：87.

❷　[法] 海然热. 语言人：论语言学对人文科学的贡献 [M]. 张组建，译. 上海：三联书店，1999：125.

❸　[英] 伯特兰·罗素. 逻辑与知识 [M]. 苑利均，译，张家龙，校. 北京：商务印书馆，1996：352.

❹　[法] 梅洛－庞蒂. 符号 [M]. 姜志辉，译. 北京：商务印书馆，2003：50.

❺　邓正来. 生存性智慧模式：对中国市民社会研究既有理论模式的检视 [J]. 吉林大学社会科学学报，2011（2）.

❻　辞海编辑委员会. 辞海 [M]. 上海：上海辞书出版社，1999：3193.

❼　辞海编辑委员会. 辞海 [M]. 上海：上海辞书出版社，1999：2625.

的理论学说或思想体系";其二是"主张、观念";其三是"思想作风"。❶
把"学术消费主义"的词义与创造它的基础语词的词义相比,"学术消费主
义"作为一种倾向,没有脱离基础语词"主义"的词义"思想作风",但是
"学术消费"就完全讲不通了。"消费"是指"消耗物质资料",但是学术不
是物质资料,它也不具有可消耗性,因此把"学术"和"消费"组合在一起
是不恰当的。此外,"学术消费"与"不加批判和反思地就把'市民社会'
这个概念套用到中国社会的分析之中"也没有任何关联,我们不可能从"学
术消费"联想到造词者描述的这个概念。这篇文章的作者创造的另一个语词
是"生存性智慧",按照文章作者的解释,所谓"生存性智慧",是指知识框
架以外的与知识和有效意识形态紧密相依和互动的智慧。作者特别强调,
"生存性智慧"不注重原则,但是有自己的原则(生存性原则),不关注普遍
价值或道德,而遵循具体价值或道德;它是"去价值判断"或意识形态的,
但同时却是以知识和有效意识形态为伪装或外衣的。作者还特别说明,"生
存性智慧"是他"为了推进'中国经验'领域的深度研究而专门建构的一个
概念"。既然这种"生存性智慧"是在知识框架以外的智慧,那么它就与价
值、道德这些概念无关,而不论这些价值、道德是普遍的还是具体的,因为
不论是普遍的还是具体的价值,道德,都是在知识的框架内的,作者对这个
语词的解释前后矛盾。如果深入分析作者解释的"生存性智慧",就可以得
出这样的结论:所谓"生存性智慧",就是达尔文描述的动植物的生存能力,
也就是"适者生存"的原理(作者所谓"生存性原则")。森林中的树木为
了光合作用不断地向上生长,微生物为了生存不断地分裂、变异,肉食性动
物为了生存而遵循"弱肉强食"的丛林法则等,这些都符合作者描述的在知
识框架之外的生存性智慧。难道这就是作者"为了推进'中国经验'领域的
深度研究而专门建构的一个概念"吗?再举作者在这篇作品中创造的一个语
词,即所谓"真假结构"。作者对"真假结构"的解释是"我所谓关于意识
形态的'真假结构',是为了洞见中国'意识形态'的复杂性而提出的概念,
它与中国人在近几十年的生存理据有着十分紧密的关系,而且也是西方论者
基本上不意识的问题。大体而言,我认为,在当下中国,'意识形态'不仅
包括官方以马列经典文献和正式文件为载体的'意识形态',而且还包括实
践中与之形成互动的另一套'意识形态',两者之间构成了高度互动的'真
假结构';而且,官方意识形态也具有外延上的广泛性和内涵上的模糊性,

---

❶ 辞海编辑委员会. 辞海 [M]. 上海:上海辞书出版社,1999:3409.

其本身也会依据不同情势形成高度互动的'真假结构'。"首先，我们要问的问题是，结构有真假的区分吗？结构只有合理还是不合理的不同，却没有真假的区别，因此用真假作为对结构的限定，本身只能说明作者不知何者为结构；其次，作者所要描述的是两种不同"意识形态"的关系，是相互协调还是彼此冲突的问题，它们之间不是结构问题，更不存在真假问题；最后，作者的描述所用的语词也非常随意，例如其中的"理据"就不知该如何理解。总之，读了作者的这篇文章后最大感受就是，用词"新奇"，不知所云。

　　接下来再就另一个有创意的语词"或有期间"分析一二。❶ 首先，"或有期间"是把连接词"或"和"有期间"捏合在一起创造出来的语词。其中"有"是动词，创造所依据的基础语词只有"期间"一词。所谓"期间"，是指具有始点和终点的时间间隔，这个语词不论在日常用语还是学术用语，所标示的概念都是确定、清晰的。但是，如果在一个期间上再加上限定"或有"，就让人莫明其妙了。"或有期间"是一个省略了主项的不相容选言命题的一个选言支❷，另一个选言支是"或没有期间"。首先，"或有期间"和"或没有期间"是不相容选言命题的谓项，谓项是不能作为名词性的语词来使用的，这是语言学的一个基本常识，因此这是一个不应该出现的错误。其次，由于"或有期间"是不相容选言命题的一个选言支，即使把它作为一个语词，它所标示的对象也是不确定的。因为"或者有"也就暗示了"或者没有"，那么创造这个词的人究竟是想要表示"有"还是"没有"呢？也就是说，即使不去考虑语言学、逻辑学中的常识性错误，按照新词创造者的意图把"或有期间"理解为一个"语词"，它所标示的概念也没有与之相应、确定的对象。最后，我们讨论"期间"是否可能附加限定词"有"和"没有"的问题。既然期间是指有始点和终点的时间间隔，而期间始点和终点是人为地在无始无终的时间上设定的。如果我们在期间上附加限定"没有"，即没有期间，那么"没有期间"所指的就是没有终始的时间，换言之，"没有期间"所标示的就是时间。也就是说，我们从时间概念界定了期间概念，期间又划分成"有期间"和"没有期间"，而"没有期间"又返回到时间概念，因此在这个概念的结构体系中出现了回路，从而导致了这些概念的不相容。

---

❶　王轶．诉讼时效制度三论［J］．法律适用，2008（11）．在对语词"或有期间"的讨论中，只涉这个创造出来的语词本身的问题，不涉及对作者论文的评论。有关对这篇文章的讨论，建议参看专题论文：冯珏．或有期间概念之质疑［J］．法商研究，2017（3）：140－150.

❷　省略了主项并不等同没有主项，因此我们不能把"或有期间"仅作为一个不相容选言命题的谓项之构成。

由此可知，在"期间"这个概念上不能够附加"有"和"没有"的限定。❶也就是说，根本不存在语词"有期间"和"没有期间"所标示的概念，当然也就没有与这些概念对应的对象了。"如果词的对应对象不再存在，或者开始用来表示其他迄今需要表达的相关的或类似的对象，词就变化或消失。"❷因此，没有标示对象的语词没有也不应该有存在的必要。

以上对各种漠视概念、滥用语词现象的列举，旨在说明讨论概念和命题的必要性。以上所举的现象，至少目前在法学界是有一定代表性的。这种现象实际上反映了人们缺少对学术的认真、对科学的敬畏和对知识的尊重。当这种现象只是个别情况时，它尚不足以危及学术研究和理论发展。如果它成为一种较为普遍的现象时，就会直接或者间接地影响社会及其发展的方方面面。在法学界，滥用语词、模糊概念和臆造命题已经成为一些所谓权威争夺话语权的手段，由此产生了大量虚假问题和不必要的所谓学术争论，我们应该对此予以足够的重视，自觉地树立起尊重科学、尊重知识和认真地对待学术问题的信念。目前之所以会出现以上列举的现象，其中一个主要的原因就是缺少或者没有学术批判精神。学术批判之精神是学术自由之根本，是科学之进步和理论之发展的必要条件。没有了学术批判，各种奇谈怪论充斥学术界，各种奇葩的概念和怪僻的语词层出不穷，所有与学术自由之精神相悖现象的出现也就不足为怪了；没有了学术批判之精神，学术界只是诞生学术权威的摇篮，而鲜有真正的学者出现。❸"总而言之，一个人如果只有名称而无观念，则他的文字是缺乏意义的，他所说的亦只是一些空洞的声音。一个人如果只有复杂的观念，而无名称来表示它们，则他在表示时便不能自如，不能迅速，而且它必须要采用纡迴说法。一个人如果只是粗疏，分歧地应用各种文字，则他或不能为人所注意，或不能为人所了解。一个人用各种名称所

---

❶ 这个问题实际已经没有继续讨论的必要，因为我们不能把谓项"有期间"看作一个名词性的语词，只是从这个词的创造者的角度考虑，才把"有期间"作为一个名词性的语词来讨论。在"或有期间"这个新词中，"或"是一个连接词，不能把它作为名词的限定，所以在讨论中只能把"有期间"作为讨论的对象。

❷ ［奥］恩斯特·马赫. 认识与谬误：探究心理学论纲［M］. 李醒民，译. 北京：华夏出版社，2000：83.

❸ 学术权威是不希望有学术批判的，更不希望有这样的学术精神和氛围，这往往被他们视作对其权威的挑战和威胁。因此，在学术领域里，学术权威盛行之际，也是学术批判精神式微之时。真正的学者是不会在意学术挑战的，因为这是学术水平提升、学术研究进步以及提出更有学术价值问题最有效的方法。因此，他们敢于也勇于面对批评和挑战，毕竟学术的成就是在纠错的道路上取得的。真正的学者是不会把学术挑战与对其自身的不尊重混为一谈的。只有所谓学术权威，才会把学术批判与对他个人的不尊重和对他权威的挑战等同起来，才会不择手段地（甚至动用一切可能的力量和资源）对批评者打压、报复，把一个学术界搞得山头高耸、"门派"林立、死气沉沉。

表示的各种观念如果与常用的文字不一样，则他底语言便失了常度❶，而且他所说的，亦只有妄语。一个人所有的实体观念如果与事物底实相不相符，则他在自己的理解中，便缺乏了真正知识的材料，所有的只是一些幻想。"❷

二、命题及其相关问题的讨论

上面列举的否定概念、语词选用不当和滥用语词之种种情况，旨在说明我们讨论"概念""语词"和"命题"是必要的，从而阐释了我们将要讨论之有关"命题"以及与其相关的一些问题是真实存在的、有意义的。在上面各种情况的列举和分析中，可以清楚地认识到"概念""语词"和"命题"三者之间的相关性。也就是说，讨论其中的任何一个都可能至少会涉及另一个。因此，接下来我们分别讨论它们，以及它们之间的相关性。

(一) 概念及其与语词的关系

在前面的讨论中，我们直接引入了索绪尔有关"概念"的解释，把"概念"作为"（语言）符号"的一个构成要素❸，也就是说，迄今为止我们并没有讨论"语词'概念'是什么的问题"。显然，"概念"也是具有一定程度模糊性的语词，人们经常会把"概念""语言符号""语词""命题"等概念混为一谈，尤其是在日常用语中，我们几乎不会刻意区分"概念"和"语词"的不同。问题在于，我们不加论证地把索绪尔对语词"概念"的界定直接引入关于"理论"的讨论中是否合理呢？这个问题的答案直接关系到之前的讨论及其结论是否建立在合理根据的基础上，也直接影响到接下来对"概念""语词"和"命题"之间关系的讨论，因此在这里需要陈述引入索绪尔界定之语词"概念"的充足理由。除了索绪尔的界定外，"概念"一词还有两种主要的解释，对这两种解释所表述的观点可以分别讨论如下。

一种观点认为，概念只是标记或符号。显然，这个观点不同于索绪尔对"概念"一词的认识。按照索绪尔的解释，"概念"不是标记或符号，而是满足一定条件（具有"能指"）的观念。问题在于，把"概念"解释为标记或

---

❶ "纡迴"应为"迂回"，"底"应为"的"，引文如此，下同。——编辑注

❷ ［英］洛克. 人类理解论（全两册）［M］. 关文运，译. 北京：商务印书馆，1959：495.

❸ 构成语言符号的两个要素中的一个是"概念"，另一个是"音响形象"。参见：［瑞士］费尔迪南·德·索绪尔. 普通语言学教程［M］. 岑麒祥，叶蜚声，高名凯，译. 北京：商务印书馆，1980：101 – 102.

符号的观点是否能够成立呢？接下来我们以德国学者 M. 石里克的观点为例，讨论在不同的条件下可能得到的结论。❶ 石里克认为："概念只是一些标记，当它们与对象相配列时，才首先获得意义，……"❷ 根据石里克的解释，概念只是一些标记，它本身没有意义，这与我们对符号的认识等同，因此在这里石里克所谓"概念"与"符号"同义。实际上，石里克也不否认这个推论，他对"概念"一词的进一步说明也印证了这一点："相应地，概念便起着所有那些对象的记号或符号的作用，这些对象的属性包括这个概念的各种规定的特征。"❸ 首先，我们把讨论集中在"概念"与"符号"同义的问题上。作为符号，概念的作用和意义与其所标记的对象及其范围相关。符号标记的对象越显得庞杂，符号自身的作用和意义就越趋于狭窄；如果符号标记的对象扩大到实在的范围，那么符号就只有单一的标记作用和使对象特定化的意义了（这是符号赋予对象的区别性，而不是对象赋予符号的意义）。"概念"与"对象"相配列，意指"符号（概念）"与"对象"之间建立起对应关系，即便这个关系是一一对应的，作为"实在"的对象也不能赋予标记它的符号以任何意义。❹ 根据石里克对于概念所标记的对象的解释，它包括"我们能够想到、能够指称或用符号表示的任何东西：不仅是'物'而且还是过程、关系、任意的虚构（因而也包括概念）等等"❺。显然，石里克意欲为概念界定一个有着多样性的、尽可能广泛的、可标记之对象的选择范围，它不仅包括"观念"，还包括实在和虚构，以及概念本身。如果按照这个意义来理解概念标记之对象，那么"概念"本身就只能被理解为具有单一标记作用的符号，或者称之为"记号"更为恰当。❻ 通过降低关于对象的限定条件，可以在标记的意义上扩大概念的适用范围，同时使得具有丰富内涵的语

---

❶ 这些条件在石里克的论述中都可以找到，尽管这些条件缺乏一致性，但却能够满足笔者讨论的需要。

❷ ［德］M. 石里克. 普通认识论［M］. 李步楼，译. 北京：商务印书馆，2005：432.

❸ ［德］M. 石里克. 普通认识论［M］. 李步楼，译. 北京：商务印书馆，2005：38. 需要注意的是，对象的属性是对象自身所具有的性质，它不可能包括对作为符号的概念的各种规定的特征；因为概念作为符号只有区别功能，它的特征不可能包含在对象的属性里，除非我们对陈述"这些对象的属性包括这个概念的各种规定的特征"作超出字面的解释（参见接下来按石里克的解释进行的分析）。

❹ 人可以在意志支配下，使任意一个符号与一个对象（包括现实存在的对象）之间建立起关系，用这个符号标记这个对象，使这个对象特定化。但是，这个对象却不能赋予这个符号意义，只有人能够有意识地把特定的意义赋予一个符号。

❺ ［德］M. 石里克. 普通认识论［M］. 李步楼，译. 北京：商务印书馆，2005：38.

❻ 按照石里克的解释，作为概念的符号能够标记对象的范围不仅限于人的观念，还包括"实在"，而在这个意义上的"概念"就只能理解为"记号"了。

词"概念"转化为只有单纯标记意义上的语词"记号",显然这不符合我们的要求,也就是说,石里克对于概念标记的对象的界定是不恰当的,也是不能接受的。❶ 其次,我们从"这些对象的属性包括这个概念的各种规定的特征"的意义上来理解"概念"一词。在这个意义上,"概念"应该被理解为标示观念的符号,或者称之为"语词",因为按照石里克的解释,这些对象的属性就构成了概念之定义中描述对象之"是其所是"的内容。"这些属性称之为概念的特征或特性,通过具体的规定提出来。这些规定的总体构成概念的定义。"❷ 这是"概念是标记或符号"的又一层含义,而且比"概念之记号层次"的含义有着更为丰富的内容。就概念而言,它不会随着语言系统的变化而变化。例如,在汉语中的语词"马"和在英语中的语词"horse",尽管从语言(符号)系统来讲,符号"马"和"horse"是不同的,但是作为概念它们却是相同的。不论是汉语中的"马"还是英语中的"horse",它们都是有关这个对象的整体概念而非其具体概念,因此我们不会看到汉语中的"马"只联想到中国的马,而看到英语中的"horse"就联想到英国的马。由此可见,概念对于对象的反映是确定的,其结果是由对象决定的,与认识这个对象的人的特殊性没有关系。也就是说,所有的人对于同一对象所形成的概念是相同的。例如,在一个特定共同体 A 中的人就对象 a 形成概念 C_1,在另一个共同体 B 中的人就同一对象 a 形成的概念 C_2,那么不论在 A 中标记 C_1 的符号与在 B 中标记 C_2 的符号如何不同(因为它们可能不是同一个符号系统),都必然存在 C_1 等同于 C_2 的结果,即它们是具有同一性的。既然任何一个共同体的成员对于同一个对象所形成的概念都是相同的(因为这取决于被认识的对象,而与认识对象的人的特殊性无关),而不同的共同体标示同一概念的符号不同(因为标示概念的符号取决于特定的符号系统,在不同的符号系统下标示同一概念的符号也不同),那么可以得出结论——概念不是语词。因为语词属于语言符号系统的构成元素,任何一个语词都必定是针对一个特定的语言符号系统而言的;如果概念是语词,那么在不同的语言符号系统下,相对于同一个认识对象其概念也不同(或者说,随着语言符号系统的不同而不同)。这与"相同对象形成的概念相同"的结论矛盾,因此概念一

❶ 通过这个讨论至少阐明了,语言符号不是直接地对一个对象的标记(不论这个对象是实在的还是虚构的),这是它与单纯作为记号的符号的根本区别。尽管任何一个符号(包括语言符号)都能够标记一个对象(它们都具有记号的功能),但是对象却不能直接赋予这个符号以确定的意义,一个符号是如何获得它的意义的,这才是我们所关心的问题。

❷ [德] M. 石里克. 普通认识论 [M]. 李步楼,译. 北京:商务印书馆,2005:37.

定不是语词。最后，讨论命题"概念是标记或符号"是否成立的问题。实际上，这个命题是否成立可以直接从命题"概念不是语词"中推出。因为标记或符号都是符号系统的构成元素，因此标示同一对象形成之观念的标记或符号随着符号系统的不同而不同，如果概念是标记或符号，则与之前讨论所得到的结论"相同对象形成的概念相同"矛盾，因此命题"概念是标记或符号"不成立，或者说，概念一定不是标记或者符号。此外，我们也可以根据假定"概念本身是没有意义的"（这个假定的根据是"概念是标记或符号"），来阐释命题"概念不是标记或符号"成立（与前一个假定的根据矛盾）。尽管石里克把概念解释为标记或符号，但是他却不能把这个观点贯穿始终。他认为："在言谈中，概念是用词或名称来标示的，而这些词或名称，为了交往和沟通的目的，又能够用书写的记号来加以确定和表示。然而在科学的语言中，要尽可能地使所有语词都表示概念。"❶ 显然，在这里石里克清楚地表达了"概念是由语词标示的"论点。这也是一个被广泛接受的观点，例如在《中国大百科全书》相关条目下把概念和语词的关系解释为"概念的产生和存在必须依附于语词；思想的交流也须借助于有声的或有形的语词"❷。瑞士学者皮亚杰认为："每一个词指一个概念，它是词的意义。"❸ 德国学者威廉·冯·洪堡特也认为"词也即单个概念的符号"，"词是概念的个别形象，如果一个概念脱离了某个词，那它就只有借助其他的词才能重新得到表现"❹。如果假定"概念是标记或符号，它本身是没有意义的"，而且它又不是语词，那么根据这些条件我们就能够得出"语词与概念是两种不同类型的符号"的结论。问题在于，我们为什么要用一种没有意义的语词（符号）去标示另一种没有意义的概念（符号）呢？这样标记的结果既不能为语词赋予意义也不能使概念获得意义，那么如何借助语词进行交流、沟通呢？因此我们得出结论：概念不是标记或符号。

如果"概念不是标记或符号"，那么为什么依然有许多人认同"概念是标记或符号"的观点呢？甚至有些人自觉或不自觉地就会把概念理解为标记或符号。这种情况或许与我们的认知过程有着莫大的关系。在认识任何一个实在的对象时，我们都需要把有关这个对象的观念与记忆中这个对象所属的

❶ ［德］M. 石里克. 普通认识论［M］. 李步楼，译. 北京：商务印书馆，2005：38.

❷ 中国大百科全书编辑委员会. 中国大百科全书·哲学［M］. 北京：中国大百科全书出版社，2000：107.

❸ ［瑞士］皮亚杰. 结构主义［M］. 倪连生，王琳，译. 北京：商务印书馆，1984：52.

❹ ［德］威廉·冯·洪堡特. 论人类语言结构的差异及其对人类精神发展的影响［M］. 姚小平，译. 北京：商务印书馆，1999：87，118.

类的观念进行比较，从而确定这个对象是什么。在这个过程中，实在对象在我们头脑中形成的观念是相对清晰的，因为它是当下正在感知的对象；但是在记忆中的这个对象所属的类的观念却是相对模糊的，因为我们在认知过程中不可能生成对象类的"一般观念"，我们有关这个对象的类可能生成的观念一定是随机闪现出的、在这个类中的所有对象之间不停变换的不同具体个体对象的观念。这是由于根本不存在形成"一般观念"的作为整体的认识对象，这个所谓对象不过是具有相似性的、相互独立的一类对象，它不构成一个整体，也就不可能形成一个有关于它的确定的、清晰的观念。因此，所谓一般观念更像是不停地、随机地游走于记忆中的一类对象所形成的所有具体观念中的观念，在没有更进一步的约束条件下它必定是极其模糊、变动不居和飘忽不定的。在日常用语中，特定的环境、语境和语用条件，使得我们有关认识对象生成的观念与我们记忆中的某个对象的观念之间，因为更高的相似性程度而被关联在一起，从而使得我们大致能够回答这个对象是什么的问题。或许在这一程度的确定性上认识实在对象已经能够满足日常生活和交往的需要，但它不能达到在学术研究中对于清晰度和确定性的要求，因此引入了"符号"，通过定义赋予这个符号以抽象的意义，从而把飘忽不定、模糊不清的观念确定下来，使之具有清晰的含义和描述一类对象的一般性特征。❶然而，这也使得一些人想当然地把这个相对抽象的、具有一定清晰度和确定意义的符号理解为"概念"，以取代模糊不清的观念来标记那些对象或对象所属的类，因此概念也就被理解成标记对象的符号了。在这个过程中，我们既混淆了符号与概念的关系，也误解了概念与对象的关系。如果引入概念的目的在于能够清晰、确定地描述对象，那么它就不能既是标记对象的符号又是赋予这个符号以确定意义的有关对象的描述，因此不能把概念与（语言）符号混为一谈。❷ 如果一个概念反映的是一类对象的一般属性，那么它不只

---

❶ 需要注意的是，这里所谓一类对象的一般性特征（相对于参照对象）或者属性（自身的质的规定性），不是直接从对象（相对于属性）或对象的比较（相对于特征）中获取的，因为并没有作为一个整体的对象的类，所谓一般性质、特征、属性，都是人通过认识、思考、反思等智力活动从一类具有相似性的对象中抽象、概括出来的，它们既是每一个属于这个对象类的具体个别对象的性质、特征或属性，又不完全是一个具体个别对象的性质、特征或属性。

❷ 也就是说，在一个语词的定义中，概念不是被定义的语词（这个语词才是符号），而是赋予这个语词意义的那个根据（也不是这个定义的谓项，而是这个谓项表述的内容）。

是对于对象的单纯反映，还包括人通过智力活动对于对象认识的"加工"。❶
如果观念是人对于对象的认识在头脑中的反映，那么概念就有着比之观念更
多一点的东西，这种东西正是人在认识过程中的主观性在观念中留下的痕
迹。❷ 既然我们否定了概念是标记对象的符号，那么是否可以把它解释为标
记观念的符号呢？如果把概念解释为标记观念的符号，那么就可以把概念解
释为观念的外在形式，这样似乎就能够解释诸如"人们为什么可以通过概念
来表达自己的思想和观念，实现相互之间的交流和交往，促进思想、观念和
知识的传播，以及完成知识的积累、传承等等"之类的问题，也就使人们能
够比较容易地理解和接受"概念是标记观念的符号，是观念的外在形式"的
观点。尽管这个观点较易于为人们所接受，但它未必能够成立。概念作为观
念的外在形式，它不可能是短语或者命题，否则它与假定"概念是标记观念
的符号"不符；如果概念是短语，那么它就是对于观念的描述，因此它不能
既是对于观念的描述又是这个观念的标示符号；如果概念是符号，那么它除
了标示这个观念以区别于其他观念之外，没有其他意义，因此它不具有表达、
传播、交流观念的功能；把概念作为符号的另一个问题是，它与语词在设置
和作用上重复，因此是没有意义的；如果概念是命题，那么它就不是符号，
而是一个完整的句子，既有主项又有谓项，这显然与假定的"概念是标记观
念的符号"不符。通过以上讨论，我们从假定"概念是标记或符号"的几种
常见的解释出发，讨论了这个假定是否成立，最终否定了这个观点，因此我
们转而讨论有关"概念"一词的另一种观点。

　　另一种观点认为，"概念是反映事物本质属性的思维形式，是构成科学

---

　　❶　一类对象的抽象概念不仅是对实在的这类对象的反映形成的观念（但不是一般观念，因为没
有作为整体的对象类，也就没有反映这个对象类的一般观念），还包括对于这个对象的类的反思、抽
象和概括，这样才能够得到一个仅反映这个对象类的一般属性或一般特征（相对于其他对象的类）
的抽象概念，对这个概念的描述是清晰、确定的，但是与之相应的观念所反映的对象则一定是模糊
的，因为没有相对于这个观念的作为整体的实在对象，它只是人思维和反思的结果。

　　❷　需要指出的是，概念本身不是对于对象的描述，而是对于对象的认识在人头脑中的反映。实
在对象呈现出的只是现象，这些现象在人的头脑中被反映成"对象的性质"。因此，人在从事智力活
动的过程中，才可能通过思考、选择、类比、取舍等形式对于对象在头脑中的反映进行"加工"，根
据需要舍弃或保留某些性质，从而获得反映对象之不同抽象程度、不同视角或侧重的观念；对于一类
相似的对象，通过智力活动的"加工"，舍弃不同的性质，保留相同的性质，从而概括出所谓"抽象
概念"。既然概念是以对象呈现出的现象的性质来反映对象的，因此概念不是描述对象的。或许可以
这样来理解，概念是通过对象呈现出的现象所反映出的对象的性质来表现对象的，因此对于同一个对
象的认识才可能有具体与抽象之分、部分与整体之分，以及特殊与一般之分。由此可见，命题"引入
概念的目的在于能够清晰、确定地描述对象"是不成立的。

体系核心的逻辑要素"❶。概念是"抽象思维的基本形式之一。概念反映了事物的特有属性（固有属性或本质属性）"❷。显然，这个有关"概念"的解释也不同于索绪尔对于"概念"的界定。按照这一观点，概念被解释为特定的"思维形式"，这种思维形式的特殊性在于"反映事物本质属性"，因此这种思维形式只可能是人们认识事物的思维活动的形式。由此可以推出，人的思维活动不止一种，除了"认识事物"外，还有"判断、推理"等种类，而其中只有"认识事物"之思维活动的形式才是所谓"概念"。既然"概念是思维形式"，那么只有明确了"思维形式"的含义才能够理解"概念"一词。为此，我们需要先澄清"形式"一词的含义。在形而上学中，"形式"指"事物的基本性质。它与使其具体化的物质有区别。"❸ 那么，在"形式"一词的这一解释下，我们是否能够推出命题"概念是思维形式"呢？显然，这里所谓"形式"是相对于构成事物的具体物质而言的，是指这一事物的一般性质（基本性质）。也就是说，形式决定了构成事物的物质的组织和安排，这种组织和安排使得事物具有了特殊的性质（也就是所谓这一事物的一般性质或基本性质）。如果没有确定的物质元素的加入，也就没有具体的事物的存在，因此是物质元素使得具有特定形式之事物具体化了。问题在于，在"形式"一词的这个意义上，"思维"是否可以被解释为在这一意义上的"事物"呢？如果我们就这个问题给出一个肯定的答复，那么将会得出一个荒谬的结论：思维的内容是物质的。因为这个回答是以承认"思维是以物质为内容的事物"为条件的，否则就不能满足上述对于"形式"的描述，更不需要强调"它与使其具体化的物质有区别"了。"思维"属于智力活动的范围，尽管这个活动的进行需要在人脑（从事智力活动的物质基础）中完成，但人脑只是从事这一活动的条件（物质基础），而不是这个活动本身或者其构成。因此，我们不可能得出结论"思维的内容是物质的"，这样就同一问题得出了两个相互矛盾的结论。如果就这个问题给出一个否定的答复，那么讨论的"思维"和"形式"之间就没有关系，因为它不是在形式意义下的事物，也就不存在语词"思维的形式"，当然也就没有命题"概念是思维的形式"了。即便假定"思维"是在上述"形式"意义下的事物，我们依然不能得出"概

---

❶　中国大百科全书编辑委员会. 中国大百科全书·哲学［M］. 北京：中国大百科全书出版社，2000：466a.

❷　中国大百科全书编辑委员会. 中国大百科全书·哲学［M］. 北京：中国大百科全书出版社，2000：107b.

❸　中美联合编审委员会. 简明不列颠百科全书［M］. 卷8. 北京：中国大百科全书出版社，1985：676d.

念是思维的基本性质，"的结论。根据之前的推论，在这里有关"思维"的讨论，只限于作为认识事物的智力活动，它不是思维的整体而只是它的部分，或者说只是思维活动某个具体的类型，因此就不可能得到一般意义上的"思维的基本性质"，当然也就不能得到命题"概念是思维的基本性质"，以及"概念是思维的形式"的结论了。由此可见，借助形而上学有关"形式"的解释，不能得到命题"概念是思维形式"。

在以形而上学之"形式是事物的基本性质"的假定下，我们不能论证命题"概念是思维形式"成立，接下来我们引入更具一般性的假定"形式是指事物的组织、结构和表现方式"❶，再来论证命题"概念是思维形式"是否成立。根据之前的讨论，思维是在人脑中进行的智力活动，它只受时间约束而不受空间约束，这是智力活动的基本特征。根据我们对于"形式"一词的限定，由于思维本身不受空间约束，它的组织、结构和表现在时间约束下转变为"过程"，即所谓思维形式是指在时间约束下的思维过程。根据"概念是反映事物本质属性的思维形式"的假定，需要把所讨论的智力活动限定在认识事物（或者对象）的范围内，因此我们所讨论的思维形式是指"认识事物的过程"。也就是说，只要我们能够论证命题"概念是反映事物本质属性的认识事物的过程"成立，也就论证了命题"概念是反映事物本质属性的思维形式"成立。如果我们肯定"思维形式是指认识事物的过程"，那么语词"概念"只是指某种特殊的认识事物的过程，其特殊性就在于这个过程能够形成"反映事物的本质属性"的观念。但是，概念本身作为"认识事物的过程"并不能"反映事物的本质属性"，因为它不是被认识的事物在人脑中的反映所形成的观念，而只是形成这些观念的过程。过程是随着时间的递进而变化的，这是它受时间约束而呈现出的基本性质。事物在人脑中的反映形成的观念也是随着时间而变化的，但是在任何一个确定的时间瞬间，事物在人脑中形成的观念又是静止的（瞬间的时间变动趋于零）、确定的，因此当设想在一个智力活动的时间间隔中，选择一个按先后顺序排列的瞬间构成的时间序列后，通过这些瞬间所对应的观念构成的观念序列，就能够理解在智力

---

❶ 对"形式"一词，《汉语大词典》解释为"对内容而言，指事物的组织结构和表现方式"（参见：汉语大词典编辑委员会，汉语大词典编纂处. 汉语大词典［M］. 3 卷. 上海：汉语大词典出版社，1989：1113a）；《辞源》解释为"外形，式样"（商务印书馆. 辞源［M］. 北京：商务印书馆，1915：1060e）；《中国大百科全书》解释为"事物的内在结构或规律"（中国大百科全书编辑委员会. 中国大百科全书·哲学Ⅱ［M］. 北京：中国大百科全书出版社，1987：1030f）。由此可见，在我们的讨论中，把"形式"一词概括为"事物的组织、结构和表现形式"既符合讨论的需要又不失一般性。

活动中事物在人脑中所形成的观念是如何随着时间递进而在认识事物的过程中展开的。这样就得出了"观念是指在概念上展开的事物在人脑中的反映（在这里概念被假定为认识过程，因此人们认识事物所形成的观念就在这个认识过程中展开，即在这个概念上展开）"，否则假定"概念是认识事物的过程"不成立。但是，由于思维是受时间约束的智力活动，我们又可以得出"观念是在时间上展开的事物在人脑中的反映"（由于认识过程直接与一个时间间隔相关联，观念在认识过程中展开也就等同于在这个时间间隔上展开）❶。由此可以进一步得出"概念等同于时间"或者"概念就是时间"的结论，显然这与"概念是思维形式"的假定不符（因为思维形式不是时间）。如果否定"思维形式是指认识事物的过程"，那么我们需要重新界定"形式"一词，也就是说需要否定之前对于"形式"一词所作的一般性假定；需要证明思维不是智力活动，它的形式不是只限于受时间约束的过程，还有受空间约束的结构。然而，无论我们作何选择，都将否定观点"概念是反映事物本质属性的思维形式"。需要说明的是，如果概念是抽象思维的基本形式，或者说，概念是某一特定的思维形式，那么概念本身就不能反映事物的特有属性（固有属性或本质属性）。既然思维是一种智力活动，那么相对于思维的形式就有与之相应的思维的内容。由于思维是依赖人脑才能够完成的活动，它的形式就呈现为一个随时间变化的过程。就这个过程而言，它不包含任何与具体事物相关的思维的内容，这是由形式相对于内容的独立性所决定的。也就是说，就思维的过程而言，虽然它只有与相应的思维之内容相结合才有意义，但是单纯的思维过程本身却与思维内容之观念所反映的事物的本质属性或固有属性无关，因此概念就不可能反映事物的属性。《中国大百科全书》在"词项和概念"条目下，就语词与概念的关系给出了解释，"语词是概念的语言形式，概念是语词的思想内容"❷。如果概念是语词的思想内容，而语词只是标记概念的符号，那么作为思维形式的概念，既非思想又非思维之内容，又如何能够成为语词的思想内容呢？这显然是矛盾的。由此可见，有关概念的这一观点自身就是矛盾的。也就是说，即便我们在更具一般性的意义上解释"形式"一词，依然不能得出命题"概念是反映事物本质属性的思维

---

❶　这里观念的形成和发展是一个连续的过程，因此它是模糊的、不确定的。如果我们把这个连续变化的观念设想为与一个时间序列相对应的观念序列，那么对应于每一个时刻的观念都是相对静止的、确定的，但是作为一个观念序列来看，它依然是变动的、模糊的和不确定的。

❷　中国大百科全书编辑委员会. 中国大百科全书·哲学［M］. 北京：中国大百科全书出版社，2000：107b.

形式"成立的结论。

在上述的讨论中，不论是在一般的还是在形而上学的意义上，我们尝试理解命题"概念是思维形式"，结果都得出了这一命题不成立的结论。那么是否可以从逻辑的意义上解释这个命题呢？显然，当我们仅把概念作为一个逻辑要素来看待时，理解这个命题的关键依然在于如何理解和解释语词"形式"的含义。"在逻辑中，形式总是被认为是主题的中心概念。逻辑是对论证规则的研究，它不受包含在论证中的特殊题材的支配。论证的正确性依赖于形式的性质和命题间的关系。"❶ 在这里，我们把讨论限定在形式逻辑的范围内，因为只有形式逻辑才会涉及有关概念的讨论。❷ 但是，在形式逻辑的著述中，对"概念"一词的界定并不相同，因而增加了这个语词的不确定性。"概念"一词的一种解释是"概念是人脑反映事物本质属性的思维形式"❸。在这个引文中，著述者并没有解答"为什么概念是思维形式"的问题，只提到"概念、判断和推理，属于理性认识阶段亦即思维阶段"❹。然而，在认识事物的过程中，即便能够断定"概念"处于思维阶段，也不能得出"概念就是思维形式"的论断。在引文中，著述者认为"人们在日常生活和工作中，说话，写文章或思考问题，必须使用概念"，显然他把"概念""语词"和"命题"混淆了。著述者强调"无论是简单思维还是复杂思维，普通思维还是辩证思维，以及思维由简单到复杂，由初级到高级的过程，都必须借助于概念进行"❺。如果这段有关思维的论述成立，那么概念一定不是思维形式。因为如果概念是思维形式，那么概念就是思维的构成。也就是说，思维包括两个构成部分，其一是思维的形式，其二是思维的内容。既然概念是思维的形式，那么它就是与思维的内容相对应的思维的构成，因此就不存在思维需要借助概念才能进行的问题，因为任何事物都不需要借助自身的构成才能够成为自己。还有一种观点认为，概念是"反映事物的本质属性和特

---

❶ 中美联合编审委员会. 简明不列颠百科全书［M］. 卷8. 北京：中国大百科全书出版社，1986：676e.

❷ 逻辑大致可以划分为三个部分，即形式逻辑、数理逻辑和应用逻辑。在这三个部分中，数理逻辑以命题逻辑为其基础，构建它的最小单元是命题和连接词，命题也被形式化为只有真假值的符号，因此与我们讨论的问题无关。应用逻辑是数理逻辑在其他学术领域中的应用形成的逻辑分支，由于它是数理逻辑的应用，它也不涉及概念的讨论。正是由于逻辑这三个部分的特点，我们才可以把讨论直接限定在形式逻辑的范围内。

❸ 李廉，张桂岳，孙志成. 逻辑科学纲要［M］. 长沙：湖南人民出版社，1986：57.

❹ 李廉，张桂岳，孙志成. 逻辑科学纲要［M］. 长沙：湖南人民出版社，1986：58.

❺ 李廉，张桂岳，孙志成. 逻辑科学纲要［M］. 长沙：湖南人民出版社，1986：57.

征的思维形式"❶。在这里，本质属性和本质特征所指的都是事物的质的规定性，只是相对于不同的参照而言的。接着，著述者对"概念"一词作了这样的补充说明，"概念是思维的细胞，是构成判断，推理的基本要素"❷。如果判断和推理都是思维的形式❸，而且概念作为思维的细胞，以及判断和推理的基本（构成）要素，那么就可以得出"概念本身不是思维的形式"的结论。也就是说，如果概念、判断和推理都是思维的形式，那么它们之间就不存在一个是另外一个的构成之可能，而这又与我们的假定不符。此外，"思维形式"也可以理解为"思维类型"，这样就可以合理地解释概念是与判断、推理等并列的思维活动的假定了。如果假定思维形式是思维类型，那么它就可以被解释为智力活动的类型，由此可以得出：概念是智力活动的一种，即概念是人脑活动的一种。显然，这个结论是荒谬的。在形式逻辑中，概念也被解释为"反映事物的特有属性（固有属性或本质属性）的思维形态"❹。在这个解释中，概念被作为一个特定思维过程的起始点，又是这个思维过程的终结点，而且在终结点的概念是起始点概念经过这个思维过程而形成的新的或者更深刻的概念。❺ 由此可以得出，"概念不是思维形式"的结论。这个结论在有些著述中被清晰地表述出来，例如宋文坚主编的《逻辑学》，不仅把概念界定为"反映事物本质属性或特有属性的思想形态"❻，而且在论及"思维的形式和内容"时，直接把概念归为"思维的内容"，认为"思维的内容是对象的某个方面在思维中的反映，表现为在概念、命题、推理等具体思维形态中的具体反映；思维的形式是思维内容各部分的联结或组合方式，又称为思维的形式结构。形象地看，思维内容相当于一些材料，思维形式相当于结构或框架。一定的材料通过一定的结构或框架组合起来，从而形成完整的思维"❼。显然，在这个论述中已经彻底否定了"概念是思维形式"的基本假设，明确了"概念是思维的内容"。如果把"概念"一词界定为"对象的某个方面在思维中的反映"，并把它作为思维的内容，似乎更符合对于概念的理解。

❶ 《逻辑学辞典》编辑委员会. 逻辑学辞典 [M]. 长春：吉林人民出版社，1983：802.
❷ 《逻辑学辞典》编辑委员会. 逻辑学辞典 [M]. 长春：吉林人民出版社，1983：803.
❸ 《逻辑学辞典》编辑委员会. 逻辑学辞典 [M]. 长春：吉林人民出版社，1983：384，686.
❹ 金岳霖. 形式逻辑 [M]. 北京：人民出版社，1979：18.
❺ 金岳霖. 形式逻辑 [M]. 北京：人民出版社，1979：19. 这里，作者仅强调了思维过程起始点和终结点的观念，似乎在整个思维过程中只有两个确定的观念，而实际上从起始点到终结点的观念是一个观念的连续发展的过程，因此我们才将其描述为是在认识过程中展开的。
❻ 宋文坚. 逻辑学 [M]. 北京：人民出版社，1998：8.
❼ 宋文坚. 逻辑学 [M]. 北京：人民出版社，1998：9.

通过上面的讨论，首先，我们分析了概念与符号的关系，否定了"概念只是标记或符号"的假定；其次，又尝试着从"形式"的形而上学、逻辑和语词的意义上理解命题"概念是反映事物本质属性或固有属性的思维形式"，但是我们讨论的结果不仅不能支持这个假设，而且否定了基本命题"概念是思维形式"的合理性；最后，我们分析了"概念"是"思维的形态"的假定，似乎只有将概念解释为"思维的内容"，才能符合我们对于"概念"一词的理解，接下来需要讨论这样解释是否恰当的问题。

(二) 概念、语词和命题的关系

在上一节的讨论中，在否定了基本假定"概念是符号"和"概念是思维形式"后，我们又引入了假设"概念是思维的内容"。那么，这个假定是否成立呢？如果这个假定成立，那么在这个假定下我们是否能够阐明概念、语词和命题三者的关系呢？显然，只有厘清了这三者的关系，我们才能够进一步讨论命题的构成及其结构等问题。

根据假定"概念是思维的内容"，以及"思维阶段是指人的智力活动的理性认识阶段"，则可知"概念仅出现在人的智力活动的理性认识阶段"；由于我们把这个阶段的智力活动称作"思维活动"，或者简称为"思维"，也可以说"概念仅出现在思维的过程中"。既然概念是思维的内容，而在一个连续的思维过程中，概念不仅是这个活动的起始点也是其终结点，那么概念是在这个过程中连续展开的，或者说它是在与这个思维活动相应的时间间隔中连续展开的。但是，在一个连续的心理时间间隔中，思维的内容是随着时间的递进而不断变化的，或者说，在思维活动中概念是随着时间的递进而不断变化的，因此它在这个时间间隔内是不定的。显然，这个结果与我们对于"概念"一词的理解不同。所谓"概念"，是指在确定的时刻反映在人脑中的对于对象的理性认识，它是确定不变的，而不是在一个连续思维活动过程中（一个连续的时间间隔中）展开的，因此它不是思维的内容。由此可见，我们不能根据假定"概念是思维的内容"来阐释概念、语词和命题之间的关系。❶ 如果思维的内容是指在一个连续的心理时间间隔内展开的理性认识的

❶ 从这个论述不难看出，当我们把思维作为在连续的心理时间间隔内的理性认识阶段的智力活动时，不论是把概念作为思维的形式还是内容，都不具有充足的理由。不论是思维的形式还是内容，都与时间约束直接相关（思维的形式是智力活动的过程，而任何过程都是随着时间发展的；思维的内容是随着智力活动的过程展开的，或者说，它是随着时间的递进展开的），而思维的内容和形式共同构成了思维，显然不论思维还是构成思维的内容或形式，都与"概念"一词所标示的对象（在性质上）不同。

结果，那么用"思想"取代"概念"作为思维的内容或许更为恰当。在这个时间间隔内的任一点回看起始点的观念，都可以体会到思想之变化（连续过程），以及在这一点所得到的理性认识之结果（观念）。由于可以在这个心理上的时间间隔中选择任何一个时间点作为向起始点回看的点，通过有序地选择不同时间点，就可以得到一个时间序列。在这个时间间隔中，与每一个选定的时间点相对应的理性认识的结果，或者说在这个时间点上所形成的"思想"，就构成了在这个选定时间点上的观念，而这个时间序列的所有选定的时间点相对应的理性认识的结果（观念），就构成了相对于这个时间序列的观念序列。那么这个观念序列与我们在之前的"理论及其描述之对象的主观性"所讨论的观念序列是否相同呢？比较两个观念序列不难看出，它们相对应的时间序列是不同的，一个是随机地选择一组时间点组成的时间序列，另一个是选择一组语言符号分割连续时间形成的时间序列。从理论上讲，随机选择一个时间序列所对应的观念序列中的每个观念，并不一定都是可描述的，有关这个问题我们在"概念集合"引用罗素的观点进行了讨论，此处不再赘述。❶ 既然这样选择所得到的观念序列的所有元素并非都是可描述的，那么这些不可描述的观念就不能等同于概念，因为概念可以有"外在于人"的存在形式❷，并可以借助于这种形式被他人理解，以及在人之间传播，即这样得到的观念序列未必一定是概念序列。利用语言符号分割一个连续的时间间隔所得到的时间序列，与其构成元素（时间点）相对应的理性认识的结果构成了一个观念序列，而这个观念序列中的每一个观念都必定与一个语言符号相对应。根据索绪尔的假说，语言符号标示的对象是由两个相互独立又不可分割的部分构成的，其中的一个是概念，另一个则是音响形象。如果我们认同索绪尔的观点，那么利用语言符号分割时间间隔所得到的与之相应的观念序列，就是一个概念序列，因此得到"概念是观念"的结论。"概念是观念"的观点为许多学者认同。例如，莱布尼茨就指出："至于概念（notion）这个名词，许多人是把它用于所有观念或想法（conceptions）的，既用于根本的，也用于派生的。"❸ 如果我们赞同"概念是观念"的假定，则可以对概念能够描述对象之性质的问题给出一个合理的解答，而不论是把概念表述为思维形

---

❶ 这里的讨论仅限于个人的智力活动和知识获取，那么与所谓"集体思维""社会知识"等问题无关。

❷ 这里所谓概念的"外在于人"的形式只具有比喻上的意义，有关这个问题在前面已经讨论过了，此处不再赘述。

❸ ［德］莱布尼茨. 人类理智新论（全两册）［M］. 陈修斋，译. 北京：商务印书馆，1982：213.

式还是单纯的符号，都无法对这个问题作出有说服力的解释。既然概念是观念，那么概念和观念之间是否有所不同呢？如果我们把讨论限定在个人知识的范围内，那么根据罗素的观点❶，个人的知识是由两类观念构成的：一类是可用语言表述的观念；另一类是不可用语言表述的观念。由于可用语言表述的观念只是作为个人知识之观念的一个子集，而这个子集中的所有元素（可用语言表述的观念）都是可以用语言符号标示的，它们构成了个人知识中的概念集合。如果把构成个人知识的观念做成一个观念集合，那么个人知识中的概念集合就是这一观念集合的子集。在前面的讨论中，我们只能论证思维活动始于可表现的观念又终结于可表现的观念，但是不能得到"思维活动始自于概念又终结于概念"的结论。❷ 由上面的讨论我们得到结论：其一，概念是观念，反之不成立；其二，人一生中形成的全部观念构成一个观念集合，它是个人之全部知识之构成，而其所得之概念集合只是这一观念集合的一个子集。

根据罗素的观点，我们可以把观念分成两类，一类是可表现的观念，另一类是不可表现的观念，因此"表现性"是可表现观念的性质。由于不可表现的观念与我们所关注的问题无关，除非必要，我们将不再系统地讨论这类观念，而把焦点集中在可表现的观念上。问题在于，可表现的观念是否就是概念呢？在认识对象的过程中，由于理性认识始于人脑反映对象所形成的观念，这个观念就相当于（实在的或者虚构的）对象在人脑中形成的象。尽管这个象不能被简单地看作对象在人脑中的摹写，也不要求它必须是清晰、真实和没有畸变的，或者说，这个在人脑中生成的象并不一定是原象❸的真实映象，但是它必须能够全面完整地反映对象，这样它才能够作为理性认识的初始观念。根据假定，这个初始观念是可表现的，但是并非所有可表现的观念都是概念。任何一个可表现的观念都与一个特定的表现形象相关联，这些表现形象又与特定的符号系统相关联，例如数字、图形、图画、色彩、语言等，因此索绪尔提出的语言符号系统只是众多表示观念之符号系统中的一种。那么，不同的标示观念之符号系统可以相互替换或转换吗？在我们描述一个观念时，往往需要同时使用多个符号系统，但是其中必然有一个符号系统是

---

❶　[英] 罗素. 人类的知识：其范围与限度 [M]. 张金言，译. 北京：商务印书馆，1983：9-10. 以及"概念集合"一节的讨论。

❷　需要注意的是，可表现的观念并不等同于可用语言表达的观念，除非我们能够论证所有可表现的观念都是概念，否则只能得出"思维活动始于观念又终结于观念"的结论。

❸　这里所谓原象是指实在的对象，因为虚构的对象本身就是一个观念，它不存在一个原象，因此也就不存在相对于原象的象。

主要的，因而才有了观念的不同表现形式。显然，不同的符号系统适合表示或者描述的观念不同，我们可以用绘画形式和语言形式来说明这一不同。对于一个理性认识不充分的观念来说，它是不适合或者不能够用语言符号系统来描述的，但是它却非常适合运用绘画符号系统来描述。虽然在理性认识（思维）过程的开始，在人脑中已经形成了刺激这一活动发生的初始观念，但是这个观念只是反映对象的一个笼统、模糊的象，还没有形成对这个对象的质的规定性，以及反映其不同方面的性质的认识，因此我们无法借助语言符号来系统地描述反映这个对象的观念。也就是说，在理性认识（思维）的这个阶段，描述观念之语言符号系统是没有用武之地的。在理性认识的这个阶段，观念呈现为可以辨别地反映对象之完整的且具有整体性的象，因此我们可以把这个观念与绘画形象相结合，然后利用图形、图像、色彩等符号系统将其描绘出来。根据这个假说就可以解释现象：当我们让儿童观察一个测试对象时，尽管他可能无法用语言通过陈述这个对象的性质来描述这个对象，但是他却可以通过图形、图像和色彩把这个对象在他头脑中形成的观念大致地描绘出来（或许他所绘制出的对象与测试对象相差甚远，然而他所描述的并不是测试对象本身，而是这个对象在他头脑中形成的观念，这个观念并非对测试对象之真实、准确的摹写，更不是对象在人脑中的复制）。因为儿童尚不擅长或者缺乏能力从事理性认识活动，他无法提取出一个对象在各个方面的性质，更无法用语言来回答这个对象之"是其所是"（它的质的规定性）的问题，因为这类问题只有在人的智力活动的理性认识阶段才能够作出相应的解答，而这种能力恰恰是人在儿童或者幼年的智力发展阶段所不具备或者非常欠缺的。既然用图形、图像和色彩描绘的观念不能刻画对象的性质，那么我们不能把以这种形式描绘的观念称为概念，即具有可表现性的观念未必都是概念。那么什么样的观念才是概念呢？概念必须是对于人的智力活动的理性认识阶段之结果的描述，因此它所描述的对象必定是思维形成的观念。概念不是把观念作为一个完整的象无一遗漏地将其绘制出来，而是在这个观念中凸现、提取和刻画能够在不同方面和不同认识程度的"样本"（性质），从而构成一个能够全面、准确和可以刺激人们重构反映这个观念的象的"样本集"（性质集合），以及回答这个观念所反映的对象是什么的问题。显然，在所有的符号系统中，只有语言符号系统堪当此任。❶ 尽管语言符号系统不

---

　　❶　这里所谓"语言符号系统"，是指以语言符号系统为主，辅之以其他符号系统，诸如图形、图像、数字等构成的符号系统，因此在这个符号系统中并不排除其他符号的使用。

能像图像符号系统那样整体、全面、较少遗漏地绘制出对象在人脑中形成的象❶，但是它却可以根据人的需要和选择描述体现对象之不同方面、不同复杂度的性质或者性质的组合，也可以描述人们对于对象之"是其所是"（质的规定性）的理解和认识，因此只有语言符号系统对于人脑反映对象形成之观念的描述，才可能构成概念。由于人的思维活动起始和终止于任何可表现的观念，而可表现的观念未必都是概念，只有以语言符号系统为表现方式、以性质为内容表现的观念才是概念，因此命题"思维活动始自于概念又终结于概念"之表述不够准确，或许改为"思维活动始于可表现之观念又终结于可表现之观念"更为恰当。

结论"概念是观念"明确了概念与符号的关系，即概念不是符号而是符号标记的对象。但是，并不是任何由符号标记的观念都是概念，只有用语言符号（语词）标记的概念才被称作概念。从前面的讨论中已知，并非所有的观念都能够用语言符号标记，那么什么样的观念才能够用语言符号标记呢？它必须是思维的结果。也就是说，它必须是人的智力活动的理性认识阶段（高级阶段）的产物，这是由语言符号系统之描述对象的特殊性所决定的。语言符号系统不同于其他符号系统，它适合于对于对象呈现出的各种现象反映在人脑中形成的各种性质的描述，而且对于对象之哪些性质进行描述的选择则是由人决定的。由于在人的智力活动过程中，只有在进入高级阶段，即所谓思维过程，才能够根据（实在）对象呈现出的现象猜测对象具有的性质，或者期望（虚构）对象具有的性质，因此概念必须是思维的结果。❷ 这样就从观念自身的条件上划定了概念之可能范围，即它是通过对象呈现出的现象在人脑中的反映形成的观念集合，这个观念集合的元素称作"这个对象的性质"，而在这些性质中从整体上描述这个对象是什么的性质，称作这个

❶ 这样绘制出的图像未必是对认识对象的真实描写，也未必是对这个对象在人脑中形成的观念的真实描绘。这种表现形式对于观念的表达没有重点，也不能凸显对象的特殊性，只是就对象经过人脑的处理、过滤、加工后的反映形成的观念以映象的形式表现，因此它不适合（不是不能；因为思维结果也可以用图形、图像等符号系统表现，但是这类符号系统不能表现观念所体现出的对象的性质、特征和质的规定性）表现人的智力活动之理性认识阶段（高级阶段）的结果（思维结果或观念），而更方便表现智力活动之感性认识阶段（低级阶段）的结果。

❷ 如果我们把人对于对象的认识过程分成感性、知性和理性三个阶段，那么在感性和知性阶段，人的认识尚不能达到抽取出对象的性质的程度，只是分别完成了形成个别的象和形成整体的象的阶段，在对于对象形成了整体的象之后才能够进入理性认识阶段。在知性认识形成的整体的（进入理性认识阶段的）象，就是所谓开始理性认识的初始观念。人在认识过程中形成的象，较高阶段的包含较低阶段的象的性质，反之则不然。因此，在高级阶段的象可以用所有低级阶段的象的表现形式描述，但是低级阶段的象却未必能够用高级阶段的象的表现形式描述。

对象的"本质属性"或者"质的规定性"。然而，一个观念能够成为概念除了需要满足这个条件外，它还必须是可言说的，换言之，"可言说性"是概念的另一个性质。所谓"可言说性"，是指通过言语表现的可能性，而非必要性或必然性。如果观念具有可言说性，那么它也就具有了可以用言语表述的可能性。对于观念的言说包括两种形式，一种是对自己的言说，另一种是对他人的言说。对自己的言说是不需要任何行为的言说，也是能够对他人言说的基础。因此，所谓观念的"可言说性"，首先是指一个观念能够以言语的形式向自己表现的性质。然而，只能够对自己言说是不够的，还必须对他人是可言说的。因为一个人对自己言说的东西，对共同体的其他成员或许完全是不可理解的，因而不知其所云，这样对自己的言说就对其他人没有意义，因此不是我们在这里定义的"可言说性"。或许有人会认为，在这里所谓"可言说性"也就是索绪尔提出的语言符号的两个构成要素之一的"音响形象"，然而两者却是不同的。在索绪尔的语言符号的模型中，概念和音响形象分别是语言符号的两个构成要素，缺少两者中的任何一个，也就没有了语言符号。因此，索绪尔"把概念和音响形象的结合叫作符号"❶。根据索绪尔的假定，符号的任意性原则是第一原则。"能指和所指的联系是任意的，或者，因为我们所说的符号是指能指和所指相联结所产生的整体，我们可以更简单地说：语言符号是任意的。"❷ 需要注意的是，观念（所指）是否能够与音响形象（能指）相联系，首先取决于这个观念本身是否具有"可言说性"，如果这个观念是不可言说的，那么也就不存在能指与所指的联系。任何一个对象，当我们尚不能认识和把握其性质时，即便能够在人脑中形成这个对象较为完整的象，它依然是不可言说的。显然，所指不是任意的，它是与其所反映的对象直接相关的，"可言说性"则是指可以用言语向自己表现这个所指所包含的描述对象的性质，音响形象则是指语词的声音形态❸，既然所指不是任意的，那么在能指和所指的联系中，能指的选择是任意的，而能指本身就是语词符号的声音形态，这样才能得到命题"语言符号是任意的"。那

---

❶ ［瑞士］费尔迪南·德·索绪尔. 普通语言学教程［M］. 岑麒祥，叶蜚声，高名凯，译. 北京：商务印书馆，1980：102.

❷ ［瑞士］费尔迪南·德·索绪尔. 普通语言学教程［M］. 岑麒祥，叶蜚声，高名凯，译. 北京：商务印书馆，1980：102.

❸ 语词的声音形态是与它的文字形态相区别的。如果一个语言系统是既有声音形态又有文字形态，那么语词可以在这两个形态中转化，因为声音形态和文字形态之间是有着对应关系的。声音形态可以通过发音器官转变为可以被自己或者他人的听觉器官接收到的音阶，也可以不通过发音器官而为个人意识到的形式（默念或者默想），这就是索绪尔所谓"音响形态"，显然它是与语词的文字形态相对应的语词符号形态。

么是否任选一个语言符号都能够自然地与一个观念相互关联呢？显然不能。因为任何符号（包括语言符号）与观念之间都不存在必然的联系，而是人有意识地把它们结合起来的。借助观念的可言说性，人们把观念所反映的对象的性质赋予选定的语言符号，使之成为这个语言符号所表达的固定的意义，从而使得这个观念与这个语言符号之间建立起了联系。如果这个观念是不可言说的，人们也就不可能对这个语言符号进行赋值，因此也就不能在观念和语言符号之间建立起关系，语言符号也就没有确定的意义，不能表示观念所描述的对象的性质，当然也就不能标示对象了。如果把索绪尔的"音响形态"理解为语词符号的声音形态，而它的意义是根据它所标示的对象而由人们依据反映这一对象的观念赋予它的，那么观念不是语词符号的构成要素，即概念不是语词符号的构成要素。既然观念先于语词符号存在❶，那么"语言符号是概念和音响形象的结合"的观点就难以成立了。因为观念的"可言说性"只是可能性而非必然性，一个语词符号与一个观念的结合也不是必然的，否则索绪尔提出的语言符号的任意性原则不成立。根据上面的讨论可知，当观念满足两个条件后，我们称这个观念为概念：其一，这个观念以性质为内容反映对象呈现出的现象，因此对象呈现出的现象在人脑中反映为表现观念的性质；其二，这个观念是可言说的（具有可言说性，它是观念自身所具有的性质）。❷

　　以上我们从心理层面上分别界定了语词"概念"和"语言符号"。在索绪尔的语言学中，由于直接引入语词"概念"和"音响形象"，不可避免地产生了以下问题：其一，混淆了概念和观念。尽管所有的概念都是观念，但反之不然。如果不在语词"观念"的基础上作任何限定就直接引入"概念"一词，则掩盖了并非所有观念都能够用语言符号标示的问题，混淆了概念与观念的不同。其二，音响形象是在心理状态下的语言符号。根据索绪尔的解释，音响形象是声音的心理印迹，是在不动用人的所有发音器官而在心理上默念一个语词时的状态。尽管它没有外在的形式，但仍然是语言符号。既然音响形象是语言符号，那么它自身就没有与概念相结合的必然性，这样语言

---

　　❶　如果索绪尔的音响形象只是语言符号在心理状态下的声音形态，那么它只是观念的名称。对于观念和观念的名称出现的顺序，洛克也曾在《人类理解论》中表示："我自然承认，在语言初创时，原是先有了观念，然后才有名称；我自然承认，就是现在，也是先形成了新的复杂观念，然后才有新的名称，然后才有新的文字。"参见：［英］洛克. 人类理解论（全两册）［M］. 关文运，译. 北京：商务印书馆，1959：420－421.
　　❷　关于观念与概念的区别，在逻辑学上已经有较为系统的研究，建议有兴趣的读者参看李志才主编的《方法论全书（I）：哲学逻辑学方法》（南京大学出版社，2000）之相关内容。

符号才具有与概念结合的任意性。当索绪尔分别用"所指"和"能指"来代替"概念"和"音响形象"后，上述存在的问题就被进一步掩盖了。似乎"能指"自身就具有标示"所指"的性质，这样就给在心理状态下的语言符号（音响形象）赋予了它所不具有的性质，把概念的性质（可言说性）误认为语言符号的性质。当我们给一个新产生的概念命名时，就有了在这个概念和某个选定的（在心理状态下的）语言符号之间建立联系的意图，而要使这个意图得以实现，就需要利用这个概念自身具有的可言说性，把观念中反映对象之现象的性质强加于（基于个人之意志而对于选定之语言符号的赋值）这个语言符号上，使得这个语言符号代表着这个观念向其命名者所呈现出的性质。由于反映对象之现象的性质和可言说性都是概念的性质，也是概念在内容和形式上区别于观念的特殊性，因此在心理层面上仅涉及两个概念，即"概念"和"语言符号"（音响形象）。问题在于，当概念和语言符号的关系从心理层面转向表达层面时，是否会有新的要素出现或两者的关系发生变化呢？在这个转变过程中，人通过发音器官把由音响形象构成的语言符号转化为由短音节（声音）构成的语言符号，从心理状态下的不发出声音到表达状态下的发出声音，从他人不可知到可知，但在所有的变化中始终保持不变的是语言符号标示的概念。❶ 即便一个人把标示一个新形成的概念的语言符号从心理状态转变为表达状态（把这个语言符号以声音的形式表现出来），这个语言符号标示的概念依然停留在心理层面上，即听者不知说者之所云。只有当说者把强加于这个语词符号上的描述这个概念的意义外化为声音形式的言语，并明确地将其指派给这个语词后，这个语词才有了确定的意义，之后听者才能根据语言符号知道说者之所云。在心理层面上，这个过程是概念可言说性的呈现，它使得人们可以把观念所反映的对象的性质作为确定的意义赋予选定的语言符号；在表达层面上，这种把确定的意义赋予由声音构成的语言符号只是在心理过程中的概念之可言说性的外化，除了利用发音器官把心理上的无声之默念转变为有声之言语外，既没有增加新的要素，也没有改变概念和语言符号间的关系，其意义只是以自己和他人可以感知、接受和理解的方式表现和描述概念，以声音和言语把对象呈现出的现象在人脑中形成的、以性质为其构成的观念展现出来，其根本目的依然是表现个人心中（心

---

❶　在这个过程中的语言符号是变化的，它从特定的标记符号（个人在内心中以什么形式的符号标记观念是他以外的其他人所不知的）转变为在一个共同体中人们约定的标记观念的短音节，在从短音节转变为在具体语言系统中相应的文字符号。因此，在观念表达的过程中，标记同一个观念的符号是不同的。

理上）之概念。❶ 概念只是在语言符号系统中的观念，"字眼所标记的就是说话人心中的观念，而且应用这些字眼（当标记用）的人，亦只能使它们直接来标记他心中所有的观念"❷。如果在表达者所在的共同体中，不仅有着以声音为主要形式的言语类型的语言符号系统，还有以书写为主要形式的文字类型的语言符号系统，那么在言语和文字两个语言符号系统之间可以互相转换，但是这个转换依然不是必然的，仍然是由人的意志所决定的。到此为止，不论在心理上还是表达上，我们的讨论都仅仅涉及三个内容，即概念、语词和赋值（在概念和语词之间建立联系）。那么，在交流层面上，除了这三个内容外，是否还会涉及新的内容和关系呢？

在交流层面上，索绪尔以最低限度的人数（两个人）的交谈构建了一个粗略但完整的言语循环模型。❸ 这个模型由三个部分组成，如图 3－1 所示。根据这个模型，甲乙两人交谈的过程可以分解为：心理部分，即在甲（说话一方）的大脑中，概念（意识事实）C 和音响形象（表达概念的语言符号的表象）i 联结在一起构成交谈过程的出发点❹（在这里所涉及的概念、音响形

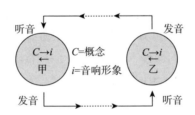

图 3－1　索绪尔的言语循环模型

❶　从这段讨论可知，个人选择语言符号标示概念，以及通过默念之言说为这个符号赋值，从心理向表达的转换不是必然的，而是由个人的意志决定的；单纯的语言符号的表达，如果没有以有声的言语对这个符号赋值，那么除了表达者个人外，其他人只能接受但不能理解；对这个语言符号的赋值（能否被广泛接受是另一个问题，不在此讨论的范围内）是概念的可言说性的呈现，只是表达者把这个呈现强加给了选定的语词而已，而且将这个语词（注意，不是这个概念）称为"可解释的""可描述的"或者"可定义的"（只有在满足特定形式要求的条件下，才能成为"可定义的"）。然而，这些都不是针对语词的，语词本身只需要赋值，无须解释、描述和定义，它们是针对概念而言的，只是按照人的意志强加给了选定的语词而已。

❷　［英］洛克. 人类理解论（全两册）［M］. 关文运，译. 北京：商务印书馆，1959：386. 这里的"字眼"应该理解为"语言符号"。

❸　［瑞士］费尔迪南·德·索绪尔. 普通语言学教程［M］. 岑麒祥，叶蜚声，高名凯，译. 北京：商务印书馆，1980：32－34.

❹　这里 C 和 i 的联结暗含了把概念 C 的意义强加于语言符号 i 的含义，否则这个交流过程是不可能完成的。因为没有对 i 的赋值，i 不表示任何意思，也就不能传递任何意思，而且对 i 的赋值是双方约定的，否则交流的双方不能对接收到的语言符号 i 进行解释，从而在接收方通过 i 还原出概念 C。

象或语词符号表象都是心理的）；生理部分，即根据双方共同遵循的语音规则通过发声器官震动产生与语词符号相符的语音（在这个过程中，人的发声器官在大脑支配下的活动是生理的）；物理过程，即通过空气作为载体以声波的形式把语音传送到乙的听觉器官（在这个过程中，声音在空间以空气为载体的传播过程则完全是物理过程）；❶乙（听话一方）的听觉器官受到载有语音之声波的刺激并产生相应的反应（生理部分），根据语音声波的特点遵循相同的语音规则在其大脑中形成语词符号的表象或音响形象 i，再通过语言符号的刺激而在头脑中形成甲所表达的概念 C（心理部分）。❷ 随后，乙对甲说话将以相同的形式但相反的过程进行。虽然索绪尔建构的这个模型相对简单且未必全面，但它大体上描绘出了交谈形式的人际交流之完整循环过程，也基本上说明了概念在内在于人和外在于人的存在形式之间的转化过程，其中包括思维（心理过程）、表达（生理过程）和传播（物理过程）。由此可知，"智力活动完全是精神的和内在的，一定程度上会不留痕迹地逝去，这种活动通过声音而在言语中得到外部表现，并为感官直觉到"❸。尽管索绪尔的这个模型只是针对人际交流中的言语活动构建的，但是它可以方便地拓展到文字交流形式，因为"口语是内心经验的符号，文字是口语的符号"❹。此外，索绪尔的这个模型中的能指（作为符号而不是单纯的语言符号）还可以进一步扩展到所有能够与观念联合的表意形式（符号）。这样，"我们用'能指'（signifiant）来指代所有通过刺激人的感官而产生意义的成分或成分组合，并且，确认它在表意时是外在于人的。'所指'（signifie）指被'能指'覆盖的、并必须借助于'能指'显示出来的单个意义或多重意义。"❺，从而使得这个模型的说明意义更具有一般性。尽管索绪尔构建的这一交谈模型不

---

❶　显然，在这个过程中缺少了对于音响形象赋值的环节，似乎概念 C 与音响形象 i 的结合是自然而然的、必然会发生的。如果我们清楚地认识到音响形象只是在心理状态下的语言符号，那么概念 C 和音响形象 i 之间的关系就不再是必然的了，而是人把 C 的意义强加给了 i 才使得两者之间产生了关系，由于 i 是不确定的，C 与 i 的关系的形成才是任意的，因为人对于 i 的选择以及把 C 的意义强加于 i 的意志（在心理状态下）是不受约束的。

❷　在这个模型中，由于缺少了对于音响形象（语言符号）赋值环节的讨论，概念与音响形象或者说"所指"和"能指"之间的转换关系不明。尽管交流双方共同遵循的语音规则使得彼此可以接收到对方传递过来的语言符号，但是并不能在这个语言符号和它所标示的概念之间建立起联系。

❸　[德] 威廉·冯·洪堡特. 论人类语言结构的差异及其对人类精神发展的影响 [M]. 姚小平，译. 北京：商务印书馆，1999：65.

❹　苗力田. 亚里士多德全集（第一卷）[M]. 北京：中国人民大学出版社，1990：46.

❺　[法] A. J. 格雷马斯. 结构语义学：方法研究 [M]. 吴泓缈，译. 北京：生活·读书·新知三联书店，1999：8 - 9. 显然，这里所用的语词"所指"和"能指"的适用范围已经分别被扩大到"观念"和"符号"涵盖的范围，这样也就拓展了索绪尔交流模型的适用范围。

够完善，但是从这个模型中依然可以得出，在交流状态下所涉及的内容依然只有概念、语词和赋值，那么依据这三个内容能够厘清概念、语词和命题的关系吗？

在前面的讨论中，我们已经厘清了概念与语词的关系。概念不是符号，不是语词，也不是思维形式。概念是观念，它是在人的思维过程中能够反映对象的性质（包括对象的本质属性）的观念，因而它本身就是以所反映的对象的性质为其内容的；而且概念作为观念是可以言说的，因此它所反映的对象的性质可以被解释、说明和定义。❶ 语词是语言符号，它本身是没有意义的，但是当人把概念的意义强加于这个语词后，这个语词就被人为地赋予了特定的意义。然而，这样对语词的赋值只是由个人完成的，它也只对个人有意义。❷ 如果对于一个语词的赋值被一个共同体的所有成员所接受（无论是主动的还是被动的），这个语词就具有了社会性，就可以承担起人们进行交流的语言媒介。在一个共同体内，当一个语词经过赋值或约定而有了被普遍接受的确定的意义时，这个语词就通过概念所反映的对象的性质而与对象建立起了联系，而概念所含性质的语言描述构成对这个语词的赋值，使得这个语词具有了确定的意义，因此通过语言把概念所反映之对象的性质作为确定的意义赋予选定的语词，使之指称概念所反映的对象，这样构成的语句就是命题。命题是具有社会性的，它是构成一个共同体的语言体系的基础和核心。显然，在命题中包含我们之前讨论的三个问题，即语词、概念和赋值。语词作为语言符号，它由名词构成。概念反映的是对象的性质，它是我们对于对象呈现出的现象在头脑中的反映所形成的观念，因此对概念的描述是通过短语来实现的。既然对于概念的描述只是就其所反映的对象之性质的描述，那么无论这一描述多么冗长依然只是短语而已。赋值是把概念所反映的对象的性质作为意义指派给选定的语词，因此我们需要用系词在两者之间建立起联系。这样选定的语词（名词）成为命题的主项，系词"是""是指"等把由短语描述的性质指派给这一选定的语词，系词和这个短语构成了这个命题的谓项❸，由此构造出一个完整的命题。接下来我们以作品的非实用性为例来

---

❶ 一个作曲家创作的音乐作品、一个画家创作的绘画作品，它们都表现了创作者头脑中形成的观念，但是这个观念不是概念，因此作者无法用言语和观念所反映之对象的性质来准确地描述它的作品。至于任何人对于作品的评说，则已经是思维后形成之概念的表达了。

❷ 尽管这种情况不在有关命题的讨论范围内，但是它却是命题形成的基础。

❸ 在后面的讨论中，为了阐释"命题"概念的需要，进一步把谓语分成了谓词和谓项，其中把起着指派作用的系词称作"谓词"，而把被指派的内容称作谓项。这种处理方式只是为了概念阐释的方便，不具有强制性。

说明概念、命题和赋值的关系。为了方便起见，我们把讨论限定在心理过程上（不考虑生理和物理过程）。在认识这个对象时，我们形成了这个对象的概念，并把这个概念（索绪尔的"所指"）用音响形象"作品"（索绪尔的"能指"，也就是"在心理状态下的语言符号"）标示；这个概念是可言说的，它反映的对象的性质可以用短语"非实用的"描述，也可以用短语"非实用性"描述；接下来我们用系词"是"或者"具有"把性质"非实用的"或者"实用性"指派给标示反映对象之概念的语言符号（语词）"作品"，构成命题"作品是非实用的"或者"作品具有非实用性"；其中"作品"是这个命题的主项，而"是非实用的"或者"具有非实用性"构成了命题的谓项。经过上面的讨论，我们厘清了概念、语词和命题之间的关系，以及概念的可言说性和给语词赋值的关系。在一个共同体中，任何一个语词在第一次被引入其语言符号系统中时，都需要通过某种共同体的成员可以理解的方式对这个语词进行赋值❶，使得这个语词在这个共同体内表示确定之意义。或许在一个新的语词引入之初期，共同体的成员在使用这个语词时会不厌其烦地重复把这个语词和它所表达的意义一起表现出来，以强调它们之间的关联性。直到这个语词已经被共同体的成员普遍接受，并成为人们的习惯反应，只要接收到这个语词就会与特定的概念之意义相关联。到此为止，由于在这个共同体内这个语词的意义已经确定，并被普遍接受和认同，以至于在这个共同体的成员的交流过程中不再需要强调这个语词与它被赋予之意义的联系。因此在语言演进的过程中，当一个语词的意义已经成为人们对这个语词的习惯反应时，为这个语词赋值所构建之命题的谓项则被有意或无意地省去，只剩下作为主项的这个语词，从而使得人们误以为这个语词就是概念，因此产生了"概念是标记或者符号"的误解。在理论构建的过程中，由于我们需要对每个问题的尝试性解答形成的概念予以准确地界定，因此我们通过更为严格的形式（定义）构造命题，以明确在理论中的每个语词（不论它是在这一理论中专门引入的还是有着更一般意义的）所表达之概念的确切含义和适用

---

❶　显然，赋值的方法是可以多种多样的，但它必定是在这个共同体中已经存在的且被共同体的成员熟悉和普遍应用的符号体系，包括言语、文字、形体、图形、图像等，只要能够在这个共同体中赋予这个新引入的语词以确定的意义即可。但是，只有在语言符号系统中通过言语或者文字对语词的赋值，才有可能构成命题。

范围，以避免语词的语义不清和使用范围不当而产生的误解。❶ 由于在一个理论中的所有（至少主要）语词都需要通过命题把概念的意义赋予它，使之与概念之间具有了固定、明确的关系，因此人们才会只关注理论作为单纯之"命题系统"的表象，而忽略了它作为描述"概念系统"之根本。

（三）有关原理和判断的讨论

之前，我们把理论的构成界定为"命题和关系构成的体系"，然而也有观点认为"原理""判断"也是理论的构成。如果原理和判断也是理论的构成，那么把理论仅作为由命题和关系两个元素构成的假说，其周延性就存在严重不足之问题，而在这个条件下构建的理论结构之模型也就不可信了。在前面的讨论中，我们已经阐明了为什么理论是由命题构成的体系，以及命题与概念的关系问题，接下来我们讨论原理和判断是否理论体系之构成的问题。

原理是否是理论之构成？如果它是理论之构成，那么这个结果是否会影响到我们建构的理论结构之模型呢？根据《汉语大词典》的解释，原理是指"具有普遍意义的最基本的规律。科学的原理，由实践确定其正确性，可作为其他规律的基础"❷。有关原理是否是理论之构成的问题，可以分别从两个方面予以讨论：其一，从逻辑原理❸方面讨论。既然原理是具有普遍意义的最基本的规律，那么逻辑的其他规律都必定基于原理推导出来，而在这些原理之上则没有更普遍、更基本的逻辑规律。根据对逻辑原理的限定，那么只有同一律、排中律、无矛盾律和充足理由律才能够满足这些条件，我们称之为"逻辑原理"。因为在逻辑的范围内，其他规律都需要以这四个规律为基础才能够正确理解和运用，它们在整个逻辑体系中体现着更为根本和本质的东西，在之上不再有更普遍、更基本的规律存在。那么，这四个规律是否是

---

❶ 由于通过命题我们可以把语言符号和概念联系起来，从而使得这个语言符号具有了特定的含义，而不再具有选择时的任意性。因此，命题对于符号的赋值，使得符号在人类的语言中成为不可或缺的要素，以至于维特根斯坦认为"命题的总和就是语言"。参见：［奥］维特根斯坦. 逻辑哲学论［M］. 郭英，译. 北京：商务印书馆，1962，37.

❷ 汉语大词典编辑委员会，汉语大词典编纂处. 汉语大词典［M］. 卷1. 北京：汉语大词典出版社，1990：933b.

❸ 原理也被称作"原则"，它们在英语中是同一个语词"principle"，或许是由于不同的翻译习惯，有些人把"principle"译为"原理"，另一些人把它译为"原则"。在汉语中，不论语词"原理"和"原则"在意义上是否相同，由于它们对应于同一个英语语词，我们的讨论也不对它们进行区分。

理论的构成呢？在逻辑学中，这四个规律也被称作"思维的规律"或"思维律"。❶ 如果这四个规律是思维的规律，或者说它是智力活动的某个阶段必须遵循的规律，那么它可以是理论描述的对象，但却不是理论的构成。既然这些规律是思维的规律，那么它们也就必然会反映在理论的内容中。如果人们在有关对象的研究过程中违背了这些规律，那么在理论中则表现为其内容荒谬、论述不充分等问题；如果在理论构建的过程中违背了这些规律，则表现为理论的结构不合理。然而不论是哪一种情况，这些规律都不是理论的构成。

其二，从与对象相关的原理方面讨论。在涉及对象的情况下，由于所有与实在无关的对象（包括人虚构的、主观想象的等所有与客观实在没有关系的对象）都不会遵循任何规律或原理（虚构、想象的过程不需要遵循任何规律或原理），我们的讨论就限定在与实在相关的对象的范围内，因此这里所讨论的原理是指被普遍接受、承认的，不被质疑的，与客观存在之事物（客观存在之对象）的生成、发展、变化和消亡之过程呈现出的现象（或者称为"规律"）在人脑中反映形成的观念，也就是所谓"科学原理"。假定存在这样的原理，那么这类原理则是与对象相关的原理，或者说是人对于对象的形成、发展、变化和消灭必须遵循之规律的认识，或者是对于对象相互作用和影响而产生变化和结果需要遵循之规律的认识。这些规律的存在及其作用与人的主观意志无关，因此它们可以是人的认识对象。人可以通过认识在人脑中形成反映这些规律的观念，并作为理论描述的对象，构成理论描述的内容。既然原理是理论描述的对象，那么它就不可能同时又是它在形式上的构成，因此原理不可能是理论形式构成之要素。

科学原理是原理之一种，至少在与客观存在相关的领域中它是具有普适性的最基本的规律，那么这类原理存在吗？由于我们构建的世界模型是一个完整的体系，它包括宇观、宏观和微观之不同领域，如果存在这样的原理，那么它们应该在这三个领域中皆为有效，作为一切存在之对象（从粒子到星云）遵循之规律，而且在它们之上不再有更为一般、基本的规律。如果这样的原理存在，那么它们只有可能存在于人构建的封闭的宇宙系统模型中。在这个宇宙的模型中，系统具有（能量）守恒性、（结构）稳定性、（时间）

❶　[英]罗素. 哲学问题 [M]. 何兆武，译. 北京：商务印书馆，1999，59. 在罗素的著作中，仅把同一律、排中律和无矛盾律称为思维律，在我国的大学教材和一些专著中，则把上述四个规律统称为思维的规律。参见：中国人民大学哲学系逻辑教研室. 形式逻辑（修订本）[M]. 北京：中国人民大学出版社，1980：113 - 140；李志才. 方法论全书（I）：哲学逻辑学方法 [M]. 南京：南京大学出版社，2000：280 - 284.

可逆性、（结果）确定性（必然性）等，这些也就构成了在这个线性封闭系统中的所有存在必须遵循的基本规律，也就是所谓"具有普适性的最基本的规律"。这个宇宙系统模型是建立在牛顿的动力学学说基础上的。牛顿的学说从 1686 年提出到现在，在长达 300 多年的历史中一直影响着西方社会发展的方方面面，构成了西方社会中人们的世界观，影响着人们对于事物的认识和理解，并且在西方社会文明和工业化革命的近代发展史中占据着绝对的统治地位。在这个线性封闭之宇宙系统模型中，时间是没有方向、对称的，它向着过去和未来无限延展，因此时间是可逆的；这个系统是稳定的，在结构上是不变的，似乎整个世界都像是安排好的那样存在着，任何事物都在确定的轨道上运行着，过去、现在和将来都以同样的方式和状态存在并机械地运动着。❶ 由于这个宇宙模型是线性、封闭的，而且组成它的所有对象都在确定的轨道上做可逆的机械运动，它是确定的。也就是说，根据这个系统或者它的部分或者组分的当前条件（初始条件）就可以确定它们在过去某个时间里的状态，也可以根据这些初始条件预测它们在将来某个时间里的状态。因此，我们可以用数学工具来准确地描述这个宇宙模型。在这个线性封闭系统中，人们必然会形成观念。这个系统之存在、发展和变化，以及与其他系统之间的影响、作用，包括各种关系的形成和变化，都必定遵循一定的规律，而在这些规律中对这个系统及其构成普遍适用的最基本的规律反映在人脑中形成的观念就是所谓"原理"。换言之，在宇宙的这个线性封闭系统模型中，原理所描述的客观规律是存在的。

随着科学的进步和发展，从热力学第二定律的发现开始❷，人类对于科学的关注逐渐从动力学转向热力学，逐渐把能量变化的视角从形态的转变之可逆过程转向能量耗散之不可逆过程，而且从对时间之对称和无方向性的认

---

❶ 由于时间的可逆性，现在世界之存在状态只是过去的延续，而将来世界存在之状态则是现在的延续。

❷ 热力学第二定律有多种表述方式，诸如克劳修斯、开尔文、普朗克等各自的表述均不相同，其中有些表述是等效的，例如克劳修斯和开尔文之表述。热力学第二定律最早是由法国人萨迪·卡诺在 1824 年分析热机、描述卡诺循环时提出的；1985 年，德国人克劳修斯从能量守恒所提供的新的角度描述了卡诺循环，把热力学第二定律表述为"不可能把热量从低温物体传向高温物体而不引起其他变化""在表达能量转换的平衡关系中，现在又加上在两个过程对系统状态的效应间的新的等效关系，一个过程是热源之间的热流，另一个是热转换为功。一门新的科学——热力学（它把机械效应和热效应联系起来）出现了"。参见：［比］普里戈金，［法］斯唐热. 从混沌到有序：人与自然的新对话［M］. 曾庆宏，沈小峰，译. 上海：上海译文出版社，2005：113 - 117. 之后他又于 1868 年引入了一个新的概念"熵"。通俗地讲，熵是指"我们已经消耗的能转化为功的能量"，因此"熵是不能再转化作功的能量的总和的测量单位"。参见：［美］杰里米·里夫金，特德·霍华德. 熵：一种新的世界观［M］. 吕明，袁舟，译. 上海：上海译文出版社，1987，29.

识转而提出时间的不对称和方向性（时间之矢）假设，在这个过程中，建立在牛顿之动力学和经典科学基础上的世界模型和线性封闭系统就呈现出明显的局限性。人们开始认识到，系统在远离平衡态（非平衡态）的条件下具有不稳定、非线性、多样性、不确定和不可逆的特征，在不同学科的学者的相互交流、影响、促进和不懈的努力下，学界终于提出了更接近现实世界的非线性开放系统模型。这样我们的观念就从机械论之传统科学倾向于强调稳定、有序、均匀、平衡、确定和可逆，以及系统的线性特征和封闭性，转向接近于现实世界的不稳定、无序、多样性、不平衡、不确定和不可逆，以及系统的非线性特征和开放性的观念。在现实世界之系统模型中，系统在远离平衡态（处于非平衡态）时，它的存在、发展和变化呈现出明显的非线性和不可逆特征，表现出不稳定、无序、多样和不确定的性质，以及结果的偶然性，因此明显地区别于线性、可逆的世界之封闭系统模型。在非线性开放系统模型中，我们不可能根据一组初始条件推出系统的过去状态，也不可能根据这组条件预测出它将来可能之状态，因为系统的发展在时间上是不可逆的，在结果上是多样性的和不确定的。因此，在非线性开放的世界系统模型中，不存在所谓事物必须遵循的"具有普适性的最基本的规律"，换言之，在这个更接近于我们现实世界的系统模型中，不存在所谓事物必须遵循的规律，以及在人脑中反映这些规律形成的原理。因为原理只能反映封闭、线性和可逆的系统模型中事物存在、发展和变化的规律。

然而，这个结论似乎与人们的认识不符，与人们长期以来形成的观念不符，也与实践或试验之结果不符。我们毕竟可以根据某个参照的时间点通过太阳、地球和月球的关系确定一组初始条件，通过这组条件准确地计算出在这个参照时间之前某个时期日食发生的确切时间和状态，也可以推断出在这个参照时间之后的某个时期日食发生的准确时间和状态。这岂非对原理表现之规律存在的肯定？要回答这个问题，我们需要对世界的两个不同模型之关系作进一步的讨论。在讨论这个问题之前需要说明的是，以下的讨论是针对所有非线性开放系统模型的，它不限于现实世界系统，而是涵盖所有构成这种系统的对象或者事物，从而使得我们的讨论更具有一般性。就上面所述的两个系统模型而言，非线性、不可逆和开放的世界模型并不是对线性、可逆和封闭的系统模型的否定，也不是前者包含后者、后者是前者之特例的关系，它们实则描述的是一个系统中可能存在的三种状态。这三种状态分别是平衡态、近平衡态和远平衡态。在处于平衡态时，系统表现为线性封闭特征，它呈现出稳定、有序、可逆和确定的性质，系统轨迹在运行分布的选择上具有必然性（这是线性系统的性质，因为轨迹的分布不存在多种选择的可能性，可以参见图 3－2 中从原点到 λ_c 系统轨迹分布曲线），这种状态正是上面所描述的线性封闭系统的特征。❶ 近平衡态是指系统因受到干扰（包括系统的外部干预和内部扰动）而偏离平衡态，但并非已经远离平衡态，而是处于既有可能回复到平衡态也有可能趋向远平衡态的不定状态。远平衡态也可称为非平衡态，系统处于这种状态下则呈现出非线性开放特征，表现为不稳定、无序、多样性、不可逆和不确定性，系统轨迹在运行分布的选择上具有偶然性（这是非线性系统的性质，因为系统轨迹分布存在多种可能的选择，参见图 3－2 中 λ_c 向右的轨迹分布曲线，从 λ_c 开始系统轨迹出现分叉，表现了系统在不稳定状态下出现的多样性、可选择性、不确定性等等非线性系统才具有的性质），因此这种状态是上面所描述的非线性开放系统的特征。在这三种状态中，平衡态的熵值最高，是系统稳定、有序、可预测的状态，也是系统缺乏或者没有活力的状态（并随着熵值的不断升高最终进入封闭系统的所谓死寂或热寂状态）。非平衡态的熵值最低，是系统不稳定、混沌、不可预测的状态，也是系统最有活力也最具破坏力的状态，因此有可能导致新的系统形成，最终从混沌到有序进入新的平衡态，但其结果却是不可预测的。近平衡态也可以称作不定态，它既有可能提高熵值趋向平衡态，也有可能降低熵值趋向非平衡态，这取决于外部干扰的形式和强度。在近平衡态系统可以通过施加外部干扰进行调整，因此也可以称为可调整态。

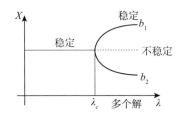

图 3－2　系统从平衡态到非平衡态轨迹分布曲线

从理论上讲，任何一个开放系统都可能存在上述三种状态，而且这三种状态在一定的条件下相互影响、作用和转换。在系统中任何处于平衡态的部分（子系统），都是相对封闭和自成体系的。对于系统的这个部分（子系统）而言，它是稳定、有序、可逆和确定的，它的任何发展都具有必然性，但是

---

❶　由于我们现在已经可以从远高于经典科学或机械论科学基础上建立起来的世界观来看待、认识和理解世界、对象和事物，我们不再把线性封闭系统看作一种独立的系统，而是作为我们新构建的系统模型的一个状态。也就是说，它是我们构建之系统在平衡态呈现出的特征。

随着系统这部分（子系统）的熵值的提高，它也逐渐趋向死寂（丧失活力）；由于任何系统的各个组成部分（子系统）都不可能是完全孤立的，它们之间必然存在或强或弱的联系，从而导致了系统各组成部分（子系统）之间的相互作用和影响，构成了对系统相对封闭部分（子系统）之平衡态的干扰。在外部干扰的作用下，系统之相对封闭部分（子系统）内部结构和构成发生一定的或者局部的变化，从而使得系统偏离平衡态，进入近平衡态。由于任何一个系统都既有使自身结构趋向稳定的负反馈机制，又有使得自身结构突破原有结构发展的正反馈机制，并且在平衡态时主要是负反馈机制发挥作用，而在非平衡态时则主要是正反馈机制发挥作用，在近平衡态下，如果系统的负反馈机制发挥作用，则系统在负反馈机制的调整下最终回复到平衡态；如果系统的正反馈机制发挥作用，则系统在正反馈机制的调整下最终进入非平衡态。当系统之相对封闭部分（子系统）进入非平衡态时，如图 3 - 2 所示的 λ_c 点，外部干扰在系统的正反馈作用下被放大，使得系统在远平衡态时呈现出非线性特征，系统整个处在一种不稳定的状态下，其发展具有了多样性选择的可能，因此在 λ_c 这一点系统的发展出现了分叉，它可以沿着 b_1 轨迹发展，也可以沿着 b_2 轨迹发展，而系统沿着哪个轨迹发展则与 λ_c 点系统的状态和性质相关，而这一点又是必然性（没有选择的可能性）和偶然性（两种选择的可能性）的交汇点。因此，系统的发展轨迹最终取决于交汇点附近之系统状态，以及必然性和偶然性彼此作用和影响的选择结果。在这种情况下，系统之相对部分（子系统）符合非线性开放系统模型的特征，因此它呈现出不稳定、无序、不可逆和不确定的性质。在选定了发展轨迹后，系统的熵值不断增加，直到系统进入新的平衡态，然后从新的平衡态偏离到非平衡态，系统进入新的选择和发展过程，从整体上来讲系统是非线性、开放、不稳定、不可逆、多样性和不确定的（见图 3 - 3❶），线性、封闭、稳定、可逆和确定

---

❶　图 3 - 2 和图 3 - 3 借用普里戈金、斯唐热合著的《确定性的终结：时间、混沌与新自然法则》一书第二章中的图，旨在介绍不同世界观及其形成的根据和基础，因此对原图作了些许修改，特此说明。参见：［比］普里戈金，［比］斯唐热. 确定性的终结：时间、混沌与新自然法则［M］. 湛敏，译. 上海：上海科技教育出版社，2009.

只是对处于平衡态时的系统的描述。❶ 例如，我们可以把人与人之间的关系作为一个开放系统，每个国家（或独立的政治共同体）都构成一个子系统。当一个国家的社会处于稳定状态时，这个子系统处于平衡态，在社会处于动荡无序的状态时，这个子系统处于非平衡态；法律系统则是人为设定的负反馈机制，其作用就在于使这个子系统保持在近平衡态（不是进入平衡态）。显然，国家与国家之间的关系归根结底也是人与人的关系，但是国际关系却是处于非平衡态的，国际法能够发挥的作用非常有限，因此各种国际争端才不可能被消除。由于这个外部因素对子系统的影响，国家在这种外来干扰的影响下，或者通过内国法保持国家的（政治、经济和社会）稳定，或者国家进入无序状态（政权更迭、国土流失、分裂、社会混乱等）。正是由于国际关系的非平衡态，国家的发展才不至于最终进入死寂状态。❷

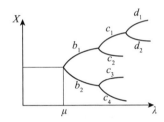

图 3－3　系统一般运动轨迹分布曲线

　　在上面的讨论中，显然我们不能否定所谓科学原理的存在，但是在非线性开放系统模型下，原理不再是对"具有普适性的最基本的客观规律"的反映，而只是在平衡态和近平衡态下才可能存在且为系统运行所遵循的规律，因此它们是具有局限性（与普适性相对立）的。然而，不论是逻辑原理（被认为是人对于人的智力活动需要遵循的基本规律的认识形成的观念）还是对

---

　　❶　这里的讨论只是对相关知识作了一个大致的介绍，它毕竟不是专门讨论系统论、熵的理论和耗散结构理论的，如果有读者对这方面的知识感兴趣，不妨参看下列资料：［美］杰里米·里夫金，特德·霍华德. 熵：一种新的世界观［M］. 吕明，袁舟，译. 上海：上海译文出版社，1987；［比］普里戈金，［比］斯唐热. 确定性的终结：时间、混沌与新自然法则［M］. 湛敏，译. 上海：上海科技教育出版社，2009；［比］普里戈金，［法］斯唐热. 从混沌到有序：人与自然的新对话［M］. 曾庆宏，沈小峰，译. 上海：世纪出版集团，上海译文出版社，2005；许国志. 系统科学［M］. 上海：上海科技教育出版社，2009；许国志. 系统科学与工程研究［M］. 上海：上海科技教育出版社，2000；［美］欧阳莹之. 复杂系统理论基础［M］. 田宝国，周亚，樊瑛，译. 上海：上海科技教育出版社，2002.

　　❷　《周易》乾卦之用九言：见群龙无首，吉。或许是对国际关系之为什么要处于非平衡态之最好说明和概括。图 3－3 表现了开放系统发展之常态，对此可以很容易地找到例证（例如，人类历史和社会发展史，生命发展过程，生物进化过程等等）。

象必须遵循的原理（被认为是人对于外在于人的存在需要遵循的基本规律的认识形成的观念），它们都是人的认识对象，是人对于这些对象的认识反映在人脑中形成的观念，是可以用言语描述的概念，因此它们能够以命题的形式予以表现。由此我们可以得到结论，原理作为反映规律的观念不是理论的构成。这个结论既不与笔者提出的理论概念相矛盾，也不影响对理论结构和构成元素的描述，由此论证了笔者所提出的理论概念的合理性，以及为之后的讨论不再将原理作为讨论之对象提供了充足的理由。

在这部分最后我们讨论"判断是否理论之构成要素"的问题。根据我国学术界普遍接受的观念，判断"是对思维对象有所断定的思维形式"，或者说"是对思维对象有所肯定或有所否定的思维形式"。❶ 如果我们认同判断是思维形式的观点，那么它是智力活动的构成，或者是智力活动的某个阶段（例如，思维认识活动阶段或理性认识阶段）。但是，不论把判断作为智力活动的构成还是智力活动的某个阶段，都否定了命题"判断是理论的构成"。因为理论是智力活动的结果，所以判断不能既是智力活动（不论是其构成还是某个阶段）又是这个活动的结果（不论是中间结果还是最终结果）。或许有人认为，判断是研究命题的，因为判断研究的是具有真假的陈述句，而具有真假之陈述句在逻辑学中则称之为命题。❷ 如果我们认同这一观点，依然可以得出，判断不是理论的构成。因为我们的假定是，理论是由命题构成的体系，因此这个体系的构成要素只有两项，即命题和关系。既然判断是研究命题，或者断定命题所描述之对象是否具有某一性质，或者断定与其他命题描述的对象之间是否存在某种关系，即判断既不是命题也不是关系（断定存在某种关系与本身是某种关系是完全不同的两回事，不能混为一谈），那么它也就不是理论的构成要素。或许还有人认为，判断的作用在于断定两个或者两个以上的概念之间是否存在某种联系。❸ 那么判断究竟是针对命题的还是针对概念的呢？如果它是针对命题的，那么判断本身是否可能同时又是命题呢？如果它本身也是命题，那么就不能排除判断是理论之构成。既然不排

---

❶ 《逻辑学辞典》编辑委员会. 逻辑学辞典［M］. 长春：吉林人民出版社，1983：384e. 之所以把判断的这个解释作为我国学界普遍接受的观点，不仅因为这一界定出现在相关的专业辞典中，而且在相关的学术专著和大学教材中被广泛采用。例如，《中国大百科全书》"思维形式的辩证法"词条下把概念、判断、推理等作为在理性认识阶段的思维形式；又如，中国人民大学哲学系逻辑教研室编辑的教材《形式逻辑》中，就把判断界定为"是人们的思维认识活动"；再有，著名学者金岳霖先生主编的高等学校文科教材《形式逻辑》，把判断定义为"是断定事物情况的思维形态"，或者"是对事物情况有所肯定或否定的思维形态"。

❷ 李志才. 方法论全书（I）：哲学逻辑学方法［M］. 南京：南京大学出版社，2000：260.

❸ 中国人民大学哲学系逻辑教研室. 形式逻辑［M］. 北京：中国人民大学出版社，1980：64.

除判断是智力活动（不论它是智力活动的构成还是智力活动的某个阶段），那么它都是人脑的活动，因此不论是断定两个概念（或者观念）所反映的对象之间是否具有某种关系，还是断定某个概念（或者观念）所反映的对象是否具有某一性质，都是在人脑中完成的。显然，作出断定的断定者是否把这个断定表达出来，只取决于断定者的意志。由此可见，判断的任何一种外在于人的形式都是以内在于人的、存在于人脑中的已经存在的断定为根据的，如果没有内在于人的针对概念（或者观念）作出的判断，也就不可能有外在于人的有关对象的或者有关命题的判断。❶

问题在于，当我们把对于内在于人的概念（或者观念）作出的判断表达出来时，这个表达是否构成命题呢？一种观点认为，判断是关于对象的思想，而思想总是用语言来表达的，由于表达判断的语句是具有真假的陈述句，而有真假的陈述句就是命题，可以推出：判断是由命题来表达的。❷ 这个推理的问题在于，如果判断是关于对象的一种思维形式，那么它就不是关于这个对象的思想。因为思想是思维活动的结果，既不是思维活动也不是思维的形式，因此不能从"人们的思想总是用语言来表达的"推出"判断是用具有真假的陈述句来表达的"。作为智力活动，判断有两种基本、简单的类型，一种是所谓性质判断，即断定概念（或者观念）所反映的对象是否具有某一性质；另一种是所谓关系判断，即断定两个或两个以上的概念之间是否存在某种关系。这两种类型反映了判断的基本作用，而其他判断类型，无论多么复杂都是建立在这两种基本的、简单类型的基础上的。换言之，反映任何一个对象形成的概念（或者观念）是否具有某一性质，或者反映多个对象形成的概念之间是否存在某种关系，是人通过判断在人脑中作出的断定，因此对于判断可以讨论如下：其一，判断是智力活动，它只能对于概念（或者观念）作出，而不能直接针对实在之对象，因此不是断定实在之对象是否具有某一性质，或者多个对象之间是否存在某种关系。其二，判断只是断定反映某个实在之对象的概念（或者观念）有或者没有某一性质，或者断定反映多个实在之对象的概念（或者观念）有或者没有某种关系，它本身既不是这一性质也不是这种关系，也不能毫无根据地虚构出某一性质或者关系。换言之，判

❶ 一种观点认为，判断是有关对象的断定（参见：中国人民大学哲学系逻辑教研室. 形式逻辑[M]. 北京：中国人民大学出版社，1980：64），另一种观点认为，判断是针对命题的，是研究命题的关系的（参见：中国人民大学哲学系逻辑教研室. 形式逻辑[M]. 北京：中国人民大学出版社，1980：64；《中国大百科全书·哲学》之"命题和判断"词条）。

❷ 李志才. 方法论全书（I）：哲学逻辑学方法[M]. 南京：南京大学出版社，2000：260；中国人民大学哲学系逻辑教研室. 形式逻辑[M]. 北京：中国人民大学出版社，1980：64-65.

断只断定概念（或者观念）是否有某一性质或者关系，而与这个性质或关系是什么的问题无关。其三，某个概念是否具有某一性质，或者某些概念之间是否存在某种关系，是由人通过对于对象的认识作出的断定，或者是由人根据概念中所反映出的对象的属性作出的判定，因此这个断定是主观的。既然判断是主观的，那么它就有真假之分。如果这一主观判定与对象之实在相符，那么这个判定就是真实的；如果这一判定与对象之实在不符，那么这个判定就是虚假的。如果我们用语言恰当地表述了一个判断，那么语言描述的真假问题只是在人脑中（内在于人）的判断之真假的体现和外在形式。一般认为，判断是由命题或者陈述句表达的。❶ 但是，如果判断只是一种智力活动或者思维过程，以断定概念所反映的对象是否具有某一性质，或者概念之间是否存在某种关系，那么表达判断的语言形式就不是命题或者陈述句，因为用命题或陈述句表述的不是关系存在与否的断定而是对这一关系的描述。观点"判断是由命题或者陈述句表达的"混淆了关系之存在与否的断定和这个关系是什么的断定。也就是说，混淆了关系之存在与否的问题和关系是什么的问题，它已经悄然地把关系之存在与否的问题偷换成了这个关系是什么的问题。由于概念所描述之对象的性质是这个对象呈现出的现象在人脑中反映所形成的观念，在语言条件下这个观念也是一个概念，这样我们就可以把概念反映之对象是否具有某一性质的判断也归结为两个概念之间是否存在关系的判断，或者说，我们把两种基本的简单判断合并成了一种基本的简单的判断，即概念之间是否存在某种关系的判断。如果判断只是断定在概念之间某种关系存在与否，那么这个关系存在与否的判断之描述就与关系的承载者无关。也就是说，判断不体现于作为关系承载者的概念上，而体现在描述这些概念之关联的用语上，更准确地说，体现在联结这些概念的关联词上。例如，命题（或者陈述句）"中国人民是勤劳勇敢的"被认为是一个判断❷，"中国人民"和"勤劳勇敢"分别是两个概念，从概念的角度来看，它们之间没有联系，也不存在判断，因为在这一条件下没有任何描述断定之语言形式存在。当我们用系词（联结词）"是"把这两个概念连接起来时，通过系词"是"才反映出所作出的断定"中国人民"与"勤劳勇敢的"这两个概念之间存在关系，在这个关系下，"勤劳勇敢"被断定为是"中国人民"的一个性质。

---

❶　这一观点至少在我国学界被广泛认同，在大学教材、逻辑学著述、辞书和中国的百科全书中都有相应的表述，参见第 145 页注④中所列举的资料，以及李志才主编《方法论全书（Ⅰ）：哲学逻辑学方法》的相关内容。

❷　中国人民大学哲学系逻辑教研室 . 形式逻辑［M］. 北京：中国人民大学出版社，1980：65.

因此，只有把概念联结起来的语词才是描述判断的语言形式，而包含这种联结词的陈述句或者命题表达了概念之间的关系，但不是单纯地描述"存在或不存在"这一关系之断定。即便我们认同判断是由有真假之分的陈述句描述的观点，根据假定"具有真假的陈述句是命题"可以推出所有判断之描述都是命题，那么同样可以得出结论：判断不是理论之构成。因为对判断的描述不是判断，不能将两者混为一谈。

通过上面的讨论，进一步阐释了我们对理论构成之概括的恰当性，即"理论是由命题和关系构成的体系"，那么是否判断与理论的构建没有关系呢？在上面的讨论中，我们仅仅得出结论：判断不是理论（关于理论的讨论也可适用于"概念系统"）的构成要素，而非判断与理论之构建无关。在理论的结构部分的讨论中，无论是简单理论结构还是复杂理论结构，都是在命题集合的基础上构建起来的。在完成了有关对象的问题研究后，我们得到的是一个或多个相互独立的概念集合，这些概念集合中的元素是有限、无序、离散和彼此无关的。当然我们可以把这样的概念集合转换为命题集合❶，但是在转换过程中对于标示概念之语词的赋值，仅限于它的性质，而不涉及与其他概念比较呈现出的特征，因而也就保证了命题集合中的所有命题是有限、无序、离散和彼此无关的。也就是说，从概念集合只能得到命题集合，既不能得到概念体系也不能得到命题系统。那么如何在概念集合或者命题集合的基础上构建起相应的体系呢？答案是，我们是通过判断在概念集合或者命题集合的基础上构建概念或者命题的系统的。实际上，把概念集合转换为命题集合就是通过判断来实现的。在这个过程中，我们需要把描述每一个概念的性质与标记这个概念的语词之间建立起关系，因此需要利用性质判断，以确定一个概念有或者没有某个性质。无论构造简单系统结构还是复杂系统结构，都需要根据概念（命题）集合构造简单的概念（命题）体系，再依据这些简单概念（命题）体系构造简单或者复杂之理论系统。在构造每个相对独立的概念（命题）系统的过程中，我们的目的在于断定概念（命题）与概念（命题）之间的关系，也就是说，在这个过程中我们仅涉及概念（命题）的外部关系，进行的是关系判断。在构造复杂系统结构的过程中，相互独立的概念（命题）体系之间的关联性是一种内在的关联性，因此断定它们之间的联系不是基于关系判断而是性质判断；如果在断定这种内在关联性存在与否时运用关系判断，则必然在两个相互独立的概念（命题）体系的概念（命题）之

---

❶ 尽管概念集合与命题集合是一对多的关系，但是在每一次具体的转换过程中，我们通常只把概念集合转换成一个相应的命题集合，而非一次转换出多个命题集合。

间建立起关系，从而导致了整个系统出现连通结构，破坏了系统结构的相容性。例如，判断"著作权是基于作品产生的"，在这个判断中，著作权和作品分别是在这个复杂系统结构中的两个相互独立且关联的概念（命题）体系中的概念（命题），这两个概念（命题）之间没有直接的关联，因此这个判断不是关系判断；短语"基于作品产生的"是就"著作权"这个对象呈现出的现象形成的概念，它构成"著作权"这个对象的性质，而"作品"是描述这个性质不可或缺的概念，因此这个判断是一个性质判断，作品是描述这个性质必不可少的概念，因此"作品"概念与"著作权"概念之间存在内部关系，这个关系是通过概念的内部结构间接反映出来的。由上面的讨论不难得出：基于判断我们从概念（命题）集合构建起概念（命题）系统，判断决定了系统的结构以及在系统中概念（命题）的序，从而使得理论成为一个完整、有序、封闭且有限的概念（命题）体系。

三、命题的结构

根据我们的假定，概念都是内在于人的存在，即它们是存在于人脑中的。无论出于什么目的，或者构建理论，或者与他人交流，或者固定在媒介上等，我们都需要借助语言使概念具有外在的形式，因此需要将其转化为命题。不能把概念转变为命题就不可能构建起完整的理论体系，甚至不可能系统地思考复杂的问题或者认识对象，因此在这部分我们主要讨论命题的构成和结构，其中结构包括内部结构和外部结构。

（一）命题构成的讨论

在接下来的讨论中，我们把讨论的范围限定在对于对象的认识所构造的简单命题上，而复杂命题则可以由简单命题通过一定方法（在各种可能构建之关系上❶）形成。在前面的讨论中我们已经阐释了，命题可以处于两种不同的状态下，一种是心理状态，另一种是物理状态❷。所谓心理状态，就是

---

❶　这里所谓"可能构建之关系"包括通过各种方法（包括逻辑的、数学的等）构建起来的关系，通过这些关系把简单命题组合转化为复杂命题（复合命题）。因此，反过来，复杂命题也可以分解为简单命题。

❷　物理状态包括命题的传播状态和积累状态，是与心理状态相对的状态，但是它不包含命题的表达状态，因为表达状态涉及个人的生理条件和表达的转换过程，它不是心理的也不是物理的，但又是不可或缺的，就像在镜像中的镜子，它既不是原象也不是象，但没有它就不可能生成原象的象。

指命题内在于人脑中以观念❶形式存在的状态，而物理状态则是指命题通过语言符号固定在外在于人的物质媒体上的状态。❷ 显然，命题之心理状态是其物理状态的基础和根据，一个命题可以没有物理状态，但是一定有心理状态。在我们认识一个对象的过程中，对象反映在人脑中形成了相应的观念，当我们任意选择一个语言符号来表示这个观念时，这个语言符号就被称为"语词"。在我们认识一个（客观存在的）对象时，这个对象呈现出的各种现象在人脑中的反映形成了模糊的随着时间变动的象，当我们用符号把这个象按照每个相对独立的现象分割开后，就得到了相对具体、清晰、可把握的观念集合。如果我们选择这个观念集合中所有能够用言语描述的观念构成一个集合，那么这个集合就是一个概念集合。❸ 当用言语来描述概念时，我们只能够描述通过对象呈现出的现象在人脑中反映形成的认识，我们把这个认识称为"对象的性质"，它是这个概念所反映的对象呈现的现象的全部意义。因此，性质就是人的认识对于对象呈现的某个现象的刻画，或者说，对象的性质是对象呈现的现象在人的头脑中的反映。由于我们可以用一个概念集合描述一个对象呈现出的与每个现象相对应的、从最具体的到最抽象的性质，在用言语描述这些概念时，每个短语仅描述一个概念，每个概念也仅反映对象的一个或具体或抽象的性质。也就是说，在这个概念集合中，每个概念反映对象的一个且仅一个性质，而不论这个性质是抽象的还是具体的，描述每个概念的短语则描述了对象的一个且仅一个性质。❹ 当断定认识对象具有某个性质时（性质判断），我们通过系词（表达这个性质判断）把标示对象的语词和描述性质的短语连接起来，则构成了命题，由此给这个标示对象的语词赋予了确定的词义，并称之为给这个语词"赋值"（以表现这一概念的性质）。例如，根据"黄金"呈现出的现象我们形成相应的概念，它由言语表达为"延展的"性质、"黄色的"性质，因此根据性质判断我们得出命题"黄金是黄色的"和"黄金是具有延展性的"，可以进一步把这两个简单命题

---

❶ 在心理状态下，命题本身也是一个观念，更准确地说，它是一个概念，因为它可以用言语表述。

❷ 命题的言语表述也是物理状态的一种，它是命题之文字表达的基础，没有命题的言语表述也就不可能有命题的文字表达。

❸ 尽管我们可以根据对象呈现出的现象在人脑中的反映构成一个观念集合，但是我们却不能保证这个集合中的每个元素都是可以用言语描述的，也就不能保证这个观念集合中的所有元素都是概念，因此我们需要选择所有能够用言语表述的观念构成这个观念的子集，这个子集是这个最小观念集合中一个最大概念的集合，因此它的元素包含所有可以用言语描述的观念。

❹ 概念是人对于对象呈现出的现象之认识在头脑中的反映，是能够用言语描述的观念；性质则是用言语对这个观念（概念）描述的结果，它是一个短语而非句子。

复合成复杂命题：黄金是黄色且具有延展性的。[1] 因此，命题是指根据简单判断赋予标示对象的语词以确定之意义的语句（或语言形式），它的构成至少包含三个部分：语词，它是标示认识对象在人脑中反映形成之观念的语言符号；概念之性质描述（以下简称"性质描述"），它是指以短语的形式对于对象呈现之现象在人脑中反映形成之概念的言语表述；系动词，它用以表达在语词和性质描述之间是否存在关系之断定（既体现了判断又表现了语词和概念之间的关系）。在命题中，语词和性质描述之间的关系是人在判断的基础上确定的，因此命题自身的结构具有构成性。也就是说，命题中的语词和性质描述之间本无关系，它们之间的关系是人为创造的，因此命题是构成的。但是，命题又是用以描述对象的（无论是描述其性质还是关系），或者说它对于对象具有描述性。因此，命题具有双重性，即其自身结构的构成性和对于对象的描述性。[2] 在上面的讨论中，似乎命题的构造是在人的简单的性质判断的基础上完成的，但是在对命题的界定上，我们却把命题构造的基础确定为人的简单判断。也就是说，命题的构造不仅基于性质判断而且有关系判断，这是因为人可以从不同的视角来认识对象，更确切地说，可以从内、外两个不同的视角观察对象，因此对于对象的认识不同，描述方法也不同，构造描述对象的命题所根据的判断类型也就有所不同了。

从内部视角认识对象，更确切地说是从对象自身来认识对象。从这个视角，可以获得一个对象可能呈现之全部现象在人的头脑中反映形成的概念集合，这个概念集合是一个最小概念集合，它的元素包含这个对象的所有可能被人们认识、理解和把握的性质。显然，在所有这些性质中，只有一个是这个对象的本质属性，它是这个对象的质的规定性，是这个对象"是其所是"的根据，因此也是描述这个对象的所有性质中最抽象的性质。当用这个概念集合的元素为标示这个对象的语词赋值、以构造描述这个对象之性质的命题时，我们似乎只用到了性质判断[3]，而命题的基本构成则只可能有三个构成要素，即语词、描述性质的短语和系词。其基本结构为：｛语词｝＝｛描述性

---

[1]　这里，"黄色"和"延展"就是从外部引入的具体概念，如果没有引入的这两个概念，我们也就无法对黄金呈现出的这两种现象引起的问题作出尝试性的解答。

[2]　理解了命题在不同条件下可能呈现出不同的性质，再争论命题是构成性的还是描述性的就没有意义了。

[3]　从内部视角观察、认识一个对象时，只能够通过这个对象呈现出的现象观察到这个对象的性质，因此我们构造的描述这些现象的概念集合，才是一个由描述这个对象的所有性质作为元素构成的集合，由此构成的命题必然是描述这个对象的性质的，而构造这个命题所根据的判断也就只可能是简单判断中的性质判断了。

质的短语}，其中符号"＝"表示系词"具有""是""是指"等，它把描述
对象性质的确切语义赋予标示对象的语词，使得这个语词具有了确定的意义。
由于通过这个命题我们意在表达语词标示的对象具有某一性质，因此在这个
语词和描述对象性质的短语之间建立起关系的判断是性质判断，因为这个判
断只是断定了这个语词标示的对象具有短语所描述的性质，而没有断定在任
何两个概念之间存在某种关系，由此可以断定这个判断只是一个单纯的性质
判断。❶ 在命题这一层次的结构中，我们通过对命题的分析只能够得出结论，
这个命题是基于单纯的性质判断构造出来的，因为根据这个判断我们断定了
认识对象具有短语描述的性质。但是，反映这个对象呈现出的现象形成的概
念集合，或者说描述这个对象的性质的集合，它们的构成元素却不是由这个
被认识的对象决定的，而是取决于其他对象。因此一般的理论在结构上才表
现为"林"而非一棵"树"。以著作权为例，符号"著作权"是标示我们认
识对象的语词，我们对这个对象呈现出的某个现象的认识形成了概念：这个
现象显示了基于作品才能够表现出的性质。因此，我们把这个性质用短语表
达为性质："基于作品形成的"。根据对象呈现出的现象可以断定，著作权具
有基于作品形成的性质，因此我们根据这个判断构造出命题：著作权是基于
作品形成的。在这个命题中，通过系词"是"把语词"著作权"和短语"基
于作品形成的"连接起来，不仅表达了语词"著作权"标示的对象具有短语
"基于作品形成的"所描述的性质，也暗含了这个命题是建立在性质判断的
基础上的。❷ 需要注意的是，虽然著作权的性质"基于作品形成的"是认识
对象所呈现的现象反映出来的，但是它不是由这个对象决定的，也不是基于
这个对象产生的，它的形成取决于另一个概念所标示的对象"作品"。因此，
"作品"决定或者导致了"著作权"标示的对象之特有的性质的形成，我们
通过短语"基于作品形成的"描述这个性质，并根据性质判断在语词"著作
权"和短语"基于作品形成的"之间通过系词建立起关联，从而把因"作

---

❶ 从命题的形式来看，系词只是表示在语词和短语描述的性质之间建立起了"有""具有"
"存在"之类的关系，但是由于这个关系是由人创建的，在更深的层次上则包含人为此创造所进行的
判断活动。

❷ 这里，"作品"是短语所描述的性质的构成，而不是这个命题的构成，因此系词"是"不会
在"著作权"和"作品"之间建立起关系，这样就避免了在著作权概念体系和作品概念体系之间建
立起关系，也就避免了破坏这两个体系的相对独立性。由于作品决定了著作权的性质，是其性质的构
成要素，尽管著作权概念体系和作品概念体系彼此独立，但是它们却有着内在的关联性。此外，需要
注意的是，在解释"著作权"概念时，"作品"概念被假定是已知的、确定的，而且是被普遍接受和
认同的概念，因为任何时候都只能通过"已知"来解释"未知"，而不可能出现以"未知"解释
"未知"的情况。

品"而产生的性质，通过短语"基于作品形成的"表达的确定语义，借助系词"是"赋予语词"著作权"，由此也使得概念"作品"和概念"著作权"之间产生了内在的关联性。但是，这个关联性不是通过命题中的系词"是"直接产生的，而是通过著作权所具有的性质间接形成的，因此概念"著作权"和"作品"关联但没有直接的关系。既然在这两者之间没有关系存在，那么在这个命题中也就不存在关系判断。正是在理论中存在这种关联却没有直接关系的概念，才使得构造理论（林）的概念体系（树）相互独立且彼此关联成为可能。从内部视角（对象自身）认识这个对象的意义在于，通过对于对象呈现出来的现象的认识，我们可以根据反映所有现象的概念构造相应的、以性质为构成元素的概念集合，这样我们就掌握了这个对象所有可以认识和理解的性质，并通过这些从反映最具体的到最抽象的现象的性质，直到描述这个对象质的规定性（是其所是），从具体到抽象再到整体把握这个对象，而且可以在性质判断的基础上，以简单命题的形式把对象的性质逐一地表述出来，也可以用复杂命题形式把对象的多个性质复合在一个命题中表述出来。由于从内部视角可以清楚地认识一个对象，也可以让我们了解这个对象具有什么性质，但是只能够孤立地认识、理解这一个对象，不能认识对象之间的关系，甚至不能回答这个对象是什么的问题。❶ 由于它不能构建概念和概念之间的关系，仅从内部视角认识对象是无法构建有关这个对象的理论的。对于以上的讨论可以概括和总结为：首先，在对标记概念的语言符号（语词）进行赋值时，我们已经构造出了相对于对象的概念集合，这就意味着每个概念都有了标记它的语言符号（语词），也有了我们对于对象的认识可以用短语的形式描述的概念的性质，这是我们能够给语词赋值的必要条件。其次，概念集合中的每个概念反映且仅反映对象呈现出的一个现象，而每个现象仅表现为概念的一个性质，而每个性质只由一个短语陈述（一个性质也只需要由一个短语来陈述）。再次，对标记概念的语词赋值的结果构造出了相应的、描述这个概念的命题（为方便起见，以下简称"性质命题"），由于它明确了这个语词与一个概念的确定关系，以及这个语词由描述相关概念之性质的短语而被赋予了确定的词义，因此其基本结构为：｜语词｜＝｜描述性

---

❶ 例如，假设我们的认识对象是之后被命名为"著作权"的事物，那么在构造的与之相关的概念集合中，作为整体的认识对象在人头脑中反映形成的观念，我们用语词将其命名为"著作权"；它呈现出的性质可以用短语表达为"基于作品形成的"，这是我们对这个事物从整体上的认识；然后通过性质判断可以用短语表达的这个事物的性质"基于作品形成的"为语词"著作权"赋值，构造出性质命题"著作权是基于作品形成的"；到此我们从内部视角完成了对这个事物的认识和描述，但是我们依然不能回答"著作权是什么"的问题。

质的短语⑴。在这个结构中需要特别强调的是，描述性质的短语中的所有语词、概念都是已知的，其中"已知概念或语词"包括，或者它们是最初选定的已知的具体概念（构成理论之公设的命题描述的概念），或者是通过尝试性解答被假定为已知的概念（它们一定是短语所描述的概念的下位概念，因此在构造这个短语时，它们是已知的概念，或者是已经被赋予确定之词义的语词），或者是相关概念集合中的已被赋予确定词义的语词（例如，短语"基于作品形成的"中的"作品"，就是在与"著作权"概念所在之概念集合相独立的"作品"概念所在之概念集合中的概念，而且在这个短语中"作品"这个概念必须是已经被赋予了确定的词义的）。作出上述限定所遵循的规则是"在任何条件下都不可能以未知解答未知，而只有可能以已知解答未知"。最后，当我们对概念集合中的所有标记概念的语词完成赋值后，就得到了与这个概念集合相应的命题集合，因此对于标记概念的语词赋值的过程，也就是构建相应的命题集合的过程。需要注意的是，其一，在给概念赋值的（描述对象性质的）短语中的概念（短语的构成元素），或者是这个短语所描述之概念的（已知）下位概念❶，或者是从彼此独立但相互关联的概念集合中引入的概念，因此构造命题集合的概念不能超出主要概念集合和所有次要概念集合的并集包含的元素（概念）；其二，主要整体概念不能作为描述任何概念的短语的构成，次要整体概念能够作为描述主要整体概念的短语的构成，但不能作为描述自己的短语的构成；其三，由于在一个概念集合中给语词赋值的短语的构成都是取自已知的下位概念，命题集合的构造是自下而上的、从特殊向一般的构建过程。显然，这个过程只能够构建起命题集合，而不可能构造出命题系统，这样就从命题集合的构造方法、遵循的规则、过程和特点等方面为前面相关部分的论述作了适当的补充。

所谓从外部视角认识对象，是指从我们选择的参照对象来认识对象。既然我们是从一个选定的参照对象来认识（被研究的）对象，那么就看不到这个对象的内部。也就是说，除了描述这个对象"是其所是"的本质属性外，或者更确切地说，除了描述这个对象区别于参照对象的质的规定性外，我们从外部视角看不到这个对象的其他任何性质。这或许就是我们从外部视角认

---

❶　这反映了问题研究和理论构建的不同之处。在理论构建过程中，其目的在于构造命题系统，因此它需要通过演绎推理的方法在概念之间建立起关系，这就需要通过上位概念来界定下位概念，而不可能借助同位和下位概念来明确同位或上位概念；在问题研究中（命题集合的构造也是问题研究的部分，而非理论构建之构成）不同，被赋值的概念需要通过已知概念来描述其性质，因此构成描述其性质的短语中的所有概念都必须是已知的，而在问题研究阶段只有被赋值概念的下位概念是已知的。

识对象与从内部视角认识对象之间最根本的区别。由于从外部视角认识对象时，我们引入了参照对象，这样在描述对象时就有了四个可用以构造命题的要素：描述认识对象的语词和描述参照对象的语词，我们把它们分别表示为"语词$_1$"和"语词$_2$"；"是""是指""有"等一类的系词，我们以符号"＝"表示；描述这个对象"是其所是"的本质属性，它不仅是我们唯一能够从外部视角认识到的对象的性质，也是这个对象区别于参照对象的质的规定性，因此我们把它称作这个对象（相对于参照对象）的"本质特征"。这样我们就可以把描述对象的命题用公式表示为：｜语词$_1$｜＝｜本质特征｜＋｜语词$_2$｜。显然，语词$_2$所标示的对象是包含语词$_1$所标示的对象的一类对象，通过"本质特征"或者说通过语词$_1$表示的对象的质的规定性或描述它"是其所是"的性质，把它从语词$_2$所标示的一类对象中区别出来。因此，在这个命题中，语词$_1$和语词$_2$之间存在"包含于"的关系，这个关系是在一个关系判断的基础上通过系词"是"在这个命题中构建起来的。在这个命题中，除了语词$_1$和语词$_2$以外，还有构成要素"本质特征"，它是语词$_1$所标示的对象的性质，人们或许认为这个构建除了以断定语词$_1$和语词$_2$存在关系为依据，同时还以断定语词$_1$具有"本质特征"所描述的性质，由此得出，这个命题是建立在两个判断之上的，其中的一个是有关语词$_1$和语词$_2$的关系判断，另一个是有关语词$_1$具有所谓"本质特征"的性质判断。然而，这个推论的结果不成立，因为在这个命题中，系词仅描述了两个语词之间的关系，并没有表示语词$_1$具有某个性质，这个本质特征的作用是限定语词$_2$的，因此它只与语词$_2$发生关系[1]，而与语词$_1$没有直接的关联。仍以著作权为例，在回答"著作权是什么"的问题时，我们已经有了待赋值的语词$_1$"著作权"，以及命题集合中的相关命题"著作权是基于作品形成的"，同时也明确了著作权表现的事物属于被标记为"知识产权"的事物的类，而"知识产权"是一个已知概念；因此我们选择"知识产权"作为语词$_2$构造回答"著作权是什么"的命题，得到命题"著作权是基于作品形成的知识产权"。在命题"著作权是基于作品形成的知识产权"中，由于是从外部视角，即从"知识产权"的视角来认识著作权的，系词"是"只是描述了我们根据关系判断得出的断定：著作权属于知识产权（｜著作权｜⊂｜知识产权｜）。但是从这个视角看不到著

---

[1] 这就是符号"＋"的含义。这里，符号"＋"的意义不是"加"，而是"限定"。因此，当我们使用符号时可以自己定义它的含义，而且在相同的应用场合下定义后的符号都具有已定义的意义。因此，"＋"并非只能作为我们熟悉的算数运算符，即便是作为算数运算符也是我们之前定义的。在这里，"＋"表示由前项｜本质特征｜限定后项｜语词$_2$｜。

作权所标示的对象的本质属性（因为不是从内部视角认识著作权标示的对象的，所以就不可能看到著作权的本质属性），而只能看到著作权不同于知识产权的区别性（本质特征），因此这个区别性是用以限定知识产权而非赋予著作权的。由此可见，这类命题只是基于一个关系判断的结果构造出来的，其中并不存在通过系词把语词$_1$相对于语词$_2$的区别性（所谓"本质特征"）作为语词$_1$的性质赋予它，因此也就不存在断定语词$_1$具有"本质特征"所描述的性质的（性质）判断（它是已知的构成要素，不需要再次重复已经完成的判断）。从外部视角认识对象的意义在于，通过从我们合理选择的参照对象来认识（被认识的）对象，根据关系判断构建起反映这两个对象的概念之间的关系，即在概念和概念之间建立起关系，然后用命题通过系词把概念的关系表现出来，由此逐渐构建起描述一个对象的完整的命题系统，即构建起描述这个对象的理论。显然，理论的构建不可能通过从内部视角认识对象来完成，因为从内部视角只能构造出命题集合。

既然我们需要利用外部视角，从参照对象出发认识、理解认识对象，那么就必然存在这样的问题，对于任何一个认识对象是否一定存在合理的参照对象呢？就一般性意义而言，我们面对的世界本身就是一个系统，它是由一个个子系统构成的，子系统又包含更低层次的子系统，因此从理论上讲，对于任何一个认识对象我们都能够选择合理的参照对象，以观察、认识和理解我们意欲认识的对象，因为人就是通过对事物的分类，通过相同、相似和不同的比较关系，借助已知来认识未知的。但是，在这个意义上，对于任何系统的研究又都是不可能的，因为我们对任何一个系统的研究都会无限地向两个方向（宇观和微观）以及周围延伸、发散。在现实中，我们的研究只是囿于一个具体的系统中，而且是把它作为一个封闭的系统看待的。这样一来，它的开放性就被转化为这个系统与其他系统的外部关系，那么这个系统与其他系统之间就包含三种可能之关系，即包含、被包含和并列，因此我们就可以选择合理的参照对象。既然我们认识的对象本身也是一个系统，那么它也是由子系统构成的，也可以把这个假定的封闭系统一直分解到它的组分为止。❶ 描述反映这个封闭系统可能分解到的所有组分形成的概念，构成了描

---

❶ 所谓"组分"，是在把认识对象作为一个封闭系统看待时，组分是这个系统构成的最基本的单元，它不能够再分解成更为基本的构成元素，除非我们超出这个系统去探索组分的构成，这样或许会进入另一个相对独立的系统。由于描述一个现实系统之组分的概念是一个概念系统中的抽象程度最低的概念，低于这组概念之概念一定不是描述这个系统的概念。陈述描述组分之概念的命题就是这个命题系统的所谓"论点"，这些论点是不能在这个命题系统中得到解释和说明的，因为与之相关的简单问题（未知）不能在这个（尚且不知的）系统内得到解答。

述这个封闭系统之抽象程度最低一组概念，陈述这组概念的命题就是与描述这一封闭系统的理论之论题相应的论点；假定这个封闭系统引起的复杂问题经过分析得到了一组简单问题，就这一封闭系统而言，它们是不能再继续分解的问题❶，而对于这组简单问题的解答所得到的命题，就是与理论之论点相对应的命题。然而，作为研究对象引起的简单问题是否有确定的解答，取决于是否能够构造出一个证据集合，这个证据集合中至少有一组恰当的命题（公设），能够使得这个问题成为约束完全的。显然，在论据集合中选择一组命题作为公设，其根本就在于使所有在这个复杂度上需要解答的问题在这个公设下都转化为约束完全问题。当我们讨论的对象是主观观念时，这个对象所引起的复杂问题必定是可分析的，如果被反思的问题是复杂且不可分析的，那么这个问题是没有意义的，因为这个问题是当时人所不能理解的，与其是否可解以及约束完全与否没有关系。当面对一个客观对象时，如果它所呈现出的现象引起的问题的复杂性的度超出了我们认识、理解和解答之能力范围，那么我们就会寻找这个对象可能呈现出的现象的部分，它们所引发的问题是我们能够认识、理解和解答的；如果它的这些部分所引起的问题仍然超出了我们认识、理解和解答之能力范围，我们就会继续捕捉这个对象更简单的部分，这个过程一直持续到捕捉到的对象之组成部分所引起的问题是可以直接利用我们（从外部选定的一组）已知的概念解答为止。之后，通过解决问题的过程，我们构建起有关这个对象的概念集合。

我们可以把认识对象设想成一个封闭的系统，它的内部分解向下终止于被称作"组分"的基本单元。为了解答由组分引起的（简单）问题，我们选定了一组已知概念（描述这组概念的命题构成了论据集合，而这个集合的一个恰当子集被约定称作"公设"），这些概念分别代表了某些相互独立无关的系统，它们构成了研究对象在一个方向上的参照对象，形成了研究对象在这个方向上的外部关系。"组分"是研究对象作为封闭系统在具体方向上的延伸，描述它的概念（由论点表现的概念）的量的规定性呈现出"多"的特征；而在另一个方向上，这个系统通过内部聚合向上终止于作为整体之对象本身（整个封闭系统），反映这个聚合结果的概念是相应之概念集合中的整

---

❶　论据集合之构成元素的选择是与在对象认识过程中产生的问题直接相关的。由于人的能力的有限性，可解决之问题受到问题之复杂性的度的限制，从而使得人对于客观对象的认识，必然是由简到繁、从局部到整体、从具体到抽象的渐进过程。人在认识对象的过程中，一般都是从回答可以直接解答的简单、琐碎、由系统局部引起的问题开始的，而为了解答这些问题，需要引用哪些已知概念就决定了证据集合的构造以及构成元素的选择，因此它们选择的根据是由需要解答的问题决定的。

体概念（或者命题集合中的基本命题），由于它是在抽象方向上的延伸，描述它的概念的量的规定性呈现出"一"的特征。到此为止，我们穷尽了所有从内部视角认识对象的可能，不能再从这个系统的内部选择对象来认识、描述这个系统，因此需要从系统在这个方向上的外部关系中选择合理的参照对象来认识这个对象。但是，我们通过外部视角只能认识两个对象（系统）之间的相同和不同，而不能从外部视角认识到它们为什么不同，以及产生这个不同的根源，换言之，从外部视角不能认识和理解作为整体的被认识对象的性质。❶ 选择参照对象之所以是可能的，因为任何一个系统都是存在于作为一个整体系统的自然界中的子系统，因此这个系统必然存在独立于它的系统，这些独立于它的系统构成了它的外部关系。也就是说，除了自然界之外，任何一个系统都至少存在在两个不同方向上的外部关系❷，外在于它的相对独立的系统。对于参照对象选择的条件是，它与研究对象有着最高程度的相似性，以及彼此之间最为接近。由于对"最接近"的要求是为了保证描述两个对象的概念具有"相邻"的性质，而"相邻"和"最接近"都是相对的，因此只要有与研究对象相似的外部关系，"最接近"（概念的"相邻"）只是一个相似程度的问题。从理论上讲，任何一个对象都有与它相似的外部关系，即任何一个对象都有属于它的对象的类。如果一个对象没有它所属的对象的类，那么可能的解释是，或者它不是科学研究的对象，或者是一个新开创的全新的学科。如果我们的研究是一个全新的学科，那么就需要通过联想、比喻、描述等非常规方法来回答研究对象是什么的问题。由于在问题研究中这种情况的发生是极小概率事件，不作为我们深入讨论的问题。当我们选定了研究对象的参照对象时，根据描述参照对象的概念则可以回答研究对象是什么的问题，然后根据构造命题的公式"$\{语词_1\} = \{本质特征\} + \{语词_2\}$"给标记研究对象的语词赋予了确定的含义，从而在描述参照对象的命题与基本命题之间建立起了关系。由于从参照对象的视角来看研究对象时，只能看到作为整体的研究对象，以及两者之间的区别性（研究对象与参照对象比较表现出的本质特征，它是研究对象的本质属性在这个比较中的表现），从参照对象能且只能看到作为整体的研究对象的本质属性，而包含在研究对象中的

❶ 从外部视角认识一个对象，只是关注两个对象的区别性，因此只关心被认识对象的整体呈现出的现象反映出的性质，也就是被认识对象的本质属性，这个性质不是从外部视角认识所得，而是从内部视角，从对于对象自身呈现出的现象的认识。

❷ 这里没有考虑并列关系，因为如果把一个系统的"包含"和"包含于"的关系看作它的纵向关系，那么"并列"关系就相当于它的横向关系，然而这种横向关系并不是我们讨论的问题。

其他所有的相关的性质，从参照对象的视角都是不可见的。由于我们已经把研究对象分解成为各级独立且相关的子系统，其中描述每个系统分解后得到的子系统的概念都与描述这个系统的概念之间存在"包含于"的关系，而每个子系统都可以把直接分解形成它的系统看作它的参照对象。例如，假设 S_{ij}（其中，$i=1,2,\cdots,m$；$j=1,2,\cdots,n$）是对象分解后第 i 层的第 j 个子系统，N_{ij} 是标记子系统 S_{ij} 的语词；又设子系统 S_{ij} 是由系统 S_{i-1k}（其中，$k=1,2,\cdots,l$）分解得到的，P_{i-1k} 是利用公式"｜语词$_1$｜=｜本质特征｜+｜语词$_2$｜"构造的描述系统 S_{i-1k} 的命题，由此可知：从作为整个系统的对象 S_1 到子系统 S_{i-1k}，都根据已经构造完成的概念集合、命题集合以及描述选定之参照对象的概念，对相应的语词利用公式"｜语词$_1$｜=｜本质特征｜+｜语词$_2$｜"进行了赋值，同时在这个过程中把所有这些命题关联起来构建起相应的结构；接下来，我们对标识子系统 S_{ij} 的语词 N_{ij} 进行赋值，以构造命题 P_{ij}；我们已知的条件是：因为已经通过对语词 N_{i-1k} 的赋值得到命题 P_{i-1k}，此时作为命题 P_{i-1k} 的主项 N_{i-1k} 是有确定含义的，所以语词 N_{i-1k} 是已知的；又因为我们已经构建了有关这个对象的概念集合和命题集合，所以这个对象的子系统 S_{ij} 的性质也是已知的；既然我们的目的在于为语词 N_{ij} 赋值，即我们要回答作为子系统 S_{ij} 的对象是什么的问题，为此假定只有两个对象，一个是未知的由语词 N_{ij} 标识的作为子系统 S_{ij} 的对象，另一个是已知的由语词 N_{i-1k} 作为主项的命题 P_{i-1k} 描述的对象 S_{i-1k}；由于对象 S_{ij} 是由对象 S_{i-1k} 分解得到的，反映对象 S_{ij} 的概念包含于反映对象 S_{i-1k} 的概念内，由此可知对象 S_{i-1k} 是与对象 S_{ij} 相似度最高、最接近的，外在于对象 S_{ij} 的对象，显然它是回答对象 S_{ij} 是什么恰当的参照对象；当选择对象 S_{i-1k} 作为参照对象时，从对象 S_{i-1k} 只能看到作为整体的对象 S_{ij}，以及它的本质属性所导致的它们之间的区别性，除此之外，对象 S_{ij} 的其他所有性质都是从参照对象 S_{i-1k} 不可见的。应用赋值公式可得：$N_{ij}=S_{ij}$ 的本质属性（相对于 N_{i-1k} 的本质特征）+N_{i-1k}；根据假设，式中等号"="左边的各项都是已知的，或者说，"S_{ij} 是什么"的问题是一个约束完全问题，因此可以给语词 N_{ij} 赋予确定的值，从而构造出描述对象 S_{ij} 的命题 P_{ij}；此外，由于 N_{i-1k} 是命题 P_{i-1k} 的主项，N_{ij} 是命题 P_{ij} 的主项，通过对语词 N_{ij} 的赋值，也建立起了命题 P_{i-1k} 与命题 P_{ij} 之间的关系。由于 N_{ij} 可以是标记概念集合中的任何一个概念的语言符号（语词），那么根据已经得到的概念集合、命题集合，以及上述方法和公式，就可以给所有标识概念的语词赋值，从而构造出与之相关的命题，以及命题之间的关系，最终形成整个命题系统。显然，这种对于语词的赋值方法是利用对象的外部关系和关系判断来认识、理解和描述对象的，因此我们不妨把这样构造形成的命题称作"关系命题"，以与之前讨论的"性质命题"相区别，而这种语词的赋值方法也可以称作语词的"关系赋值法"。显然，这种语词赋值法的特点不仅在于通过这种方法为语词赋予确定的词义，而且同时构造出相应的命题并在命题之间建立起关系，因此它的作用在于构造命题系统；之前介绍的语词的"性质赋值法"的特点在于对概念集合中标识概念的语词、用以短语描述的性质予以赋值，因此它的作用在于构造命题集合，这是这两种语词赋值方法的根本区别。

在利用"性质判断"和公式"｛语词｝＝｛描述性质的短语｝"对标识概念的语词进行赋值之构造命题集合的过程中，之所以构成命题集合的每个元素陈述且仅陈述认识对象的一个性质，是因为在这个过程中，我们始终把被表示的对象——不论是复杂系统还是简单系统，都作为一个完整的、独立的认识对象，因此反映这些认识对象的性质就是它们各自的本质属性，陈述它们的命题也是它们各自的基本命题。在这个假定下，我们就可以把与任何一个概念直接相关的上位概念描述的对象，作为这个概念描述之对象的参照对象，这样在概念集合中的任何一个概念都有相对于它的参照对象，都可以从内部和外部两个视角予以考察，或者说，在任何一个概念集合的基础上都可以构造出相对于它的命题集合和命题系统。当我们从外部视角根据关系判断明确了参照对象与认识对象的区别时，通过认识对象的本质属性相对于参照对象产生的区别性，我们把认识对象的本质属性作为认识对象相对于参照对象的特殊性，附加在参照对象上将其限定在与认识对象等同的范围内，或者说，通过这种方式我们从参照对象又回到了认识对象，因此通过由认识对象之本质属性构造出的限制条件对参照对象的限制，使得限制对象的有意义的范围被限定在了与认识对象的范围等同的范围内，因此我们用系词将其连接起来，而在系词的两端描述的则是同一个对象。❶ 在这个关系命题中，作为限制条件的、反映认识对象"是其所是"的本质属性被称作这个认识对象相对于参照对象的本质特征❷，它的作用在于限定参照对象，使之等同于语词标示的对象，这就是我们断言这个关系命题中没有性质判断的缘故，也是性质命题与关系命题之间的根本性区别。❸ 当我们把认识对象作为一个封闭的

---

❶ 准确地说，在系词的两端所标示或描述的是同一个对象。

❷ 这是从比较的视角来看的。从两者的比较来看，两个对象比较呈现出的区别性称为一个相对于另一个的特征；属性则不同，它是一个对象自身所固有的质的规定性。因此，两个对象比较所呈现出来的质的区别性也被称作一个对象相对于另一的本质特征。

❸ 性质命题是把（用短语描述的）性质赋予标记它的主项的语词，关系命题则是以本质特征来区分两个命题之间的同与不同。

系统时，可以把这个系统的所有构成分别作为一个独立的认识对象，然后通过关系判断选择、确定合理的参照对象，并在两者之间构造关系命题，从而把关系引入（已经利用性质判断构造出的）命题集合，构造出描述认识对象的命题系统（理论体系）。或许有人会问，是否可能存在认识对象，它是不可以作为系统分解的。当然，我们不能否定这种对象的存在，毕竟任何一个相对封闭的系统都被认为是假定的，都是为了降低认识对象的复杂性的度而作出的选择，因此假定一个不能分解的认识对象是完全可能的，但是对这种认识对象的认识可以构造出相应的描述它的性质的命题，以及描述它与参照对象之间关系的关系命题，但是却不能构建起相应的概念系统和命题系统（理论），因为不存在只有一个概念的体系，也不存在只有一个命题的理论。❶
为了接下来讨论的方便，笔者约定：在一个命题中，我们把描述关系、性质、状态之存在与否的"系词"称作"谓词"，例如在命题"著作权是基于作品形成的知识产权"中的"是"；把谓词左边的部分（在之上的讨论中规定的"语词₁"）称作命题的"主项"，例如在上面列举的命题中的"著作权"；而把谓词右边的部分称作命题的"谓项"，例如上面例子中的"基于作品形成的知识产权"。❷ 我们在之后的讨论中，把描述对象具有某一性质的命题（从内部视角认识对象构造出的描述这个对象的命题）称作"性质命题"❸，把描述两个对象具有某种关系的命题（从外部视角认识对象构造出的描述这个对象的命题）称作"关系命题"。显然，不论是性质命题还是关系命题，在命题的谓项中都包含被认识对象的本质属性（或者本质特征）。在描述对象的命题系统中，所有作为主项的语词都被赋予了谓项所表达的确定的词义，它们或者描述了相应的概念，或者描述了概念之间的关系，因此作为主项的语词就直接代表了相应的概念和关系，由所有这些主项构成的体系也就等同于

---

❶ 但是不能排除可以构造出概念集合和命题集合，因为对于概念集合和命题集合只要求它们是非空的，只要有一个构成元素，就满足这两个集合的构成条件。

❷ 在有些相关的论述中，也把主项以外的部分（上面讨论中的"谓词"和"谓项"）都称作谓项，只要在论述中不会产生误解，如何约定或许更多地显示了个人的偏好。

❸ 所谓"性质命题"，就是对概念的赋值，我们可以通过"关系命题"和"性质命题"这两种不同的形式来分辨出"命题"和"概念"，但是为了强调从外部和内部两个不同的视角认识同一个对象，而且对概念的赋值的结果也构成了一类命题，按照维特根斯坦所言"命题的总和就是语言"，因此我们把概念赋值后形成的语句称作"性质命题"。

描述对象的概念和关系的体系。❶ 因此，在理论的体系结构中，我们才可以只表现命题的主项而不需要把整个命题都表述出来。

(二) 概念定义的讨论

所谓"定义"，是指给标识概念的语词赋值和确定概念之间关系的方法，也就是构建命题集合和命题系统的方法。虽然在具体的语言系统中，概念集合与命题集合、概念系统与命题系统，它们共用一个语言符号来标记同一个概念，但是在概念集合和概念系统中却不存在给语言符号赋值的问题。❷ 然而，在命题集合和命题系统构建完成后，所有的概念，不论它是在概念集合还是在命题集合、在概念系统还是在命题系统，同一个语词的词义都是相同的。由于概念集合和概念系统是内在于理论构建者的存在，是通过命题集合和命题系统才被其他人感知的，概念集合和概念系统中的概念被推定为与命题集合和命题系统中相同概念的所指相同，表现、描述它们的性质也相同，这就使得人们只关注于在命题集合和命题系统中概念的界定和语言符号的赋值。在理论的构造中，我们的目的在于通过命题建立起用语言表述的概念体系，因此更关心概念与概念之间关系的构建，这也是接下来讨论的重点。在讨论概念的定义之前，我们需要先澄清四个问题：其一，在什么情况下需要对概念制作定义？其二，我们讨论的定义与逻辑上的定义是否有所区别？其三，我们定义针对的对象是什么？其四，哪些概念是不能定义的？

个人，无论他是在思考还是在自言自语，或者不以交流为目的地记录自己的观点，都不需要对概念进行严格的定义，也不需要给语词赋予确定的意义，甚至可以随意地选择符号来标记自己的观念，只要在其智力活动过程中不产生混乱即可。也就是说，一个人在不需要交流和让其他人理解自己思想、

---

❶ 我们约定，在一个最小概念系统和与之相应的命题系统中，概念的标记符号与命题主项的表示符号采用的是同一套语言符号。由于这两个系统之间存在同构关系，用同一套语言符号标记两个系统在拓扑结构上相同位置的结点，那么这两个系统的结构就合并为一个，或者说，它既可以被看作表示最小概念系统的结构，也可以被看作表示描述这个概念系统的最小命题系统的结构。从一般意义上来看，系统的特殊性取决于两个约束，其一是连接约束，其二是内容约束。系统结构只表现了它的连接约束，因此两个系统连接约束相同，仍然可以完全不同，除非它的内容约束也相同。例如，两个电路的拓扑结构（连接约束）可以完全一样，但是如果它们的元件（内容）约束不同，仍然是两个完全不同的电路。

❷ 因为概念集合和概念系统都是内在于人的存在，所以标记它的构成元素（概念）的符号是否被赋予了确定的意义，以及赋予了什么意义，都只能够通过命题集合和命题系统中的相对应的语言符号被赋予的词义来推知。也就是说，在概念集合和概念系统中对标记符号的处理是研究者个人的事，对于其他人而言既是不可观也是不可知的，只是通过命题集合和系统的构成推出的。

观念的情况下，是不需要对概念进行定义的。对于他而言，语词只是他借以思考、记忆、再现、反思等智力活动的手段，只要自己知道其所指并且能方便运用即可，没有必要对存在于自己头脑中的观念进行描述，更不需要进行严格的定义。既然概念就在其头脑中，是他自己对于对象的认识所形成的观念，难道还需要他自己理解自己已经形成的观念吗？如果没有这个需要，那么他还有必要为了自己理解了的概念进行定义吗？因此，在这一情况下，对概念进行定义是没有必要的。也就是说，对语词的理解只是针对交流的接收方而非表达方而言的，在没有交流的情况下语词的使用是不需要确定意义，概念也是不需要定义的。德国著名学者莱布尼茨认为："……语词的两种功用。一种是记录我们自己的思想以助我们的记忆，这是使我们自己和自己说话；另一种是通过说话把思想传递给别人。……当我们只和自己说话时，用什么语词是无所谓，只要我们记得它们的意思和不加改变就行了。……传递的功用又分为两类：民事上的（civil）和哲学的。民事上的是在谈话中和在日常社会生活中所用的。哲学的功用就是要造成一些语词，以求给人确切的概念，并求其在一般命题中表达确定的真理。"❶ 在日常生活中，我们一般也不需要为所使用的语词确定意义或者对所表达的概念进行定义。如若不然，不仅使得人际交流非常麻烦，而且也没有必要。因为在使用同一语言的社会群体中，语词的词义已经在这个群体的历史发展、实践应用和习惯养成等多重因素的作用下固定下来。虽然在这个群体中不是每一个人都能够以同等程度驾驭语言，但基本上可以在不同的环境下，根据不同的语境，灵活应用语言实现与其他人的交流，对语词的运用、理解和操控已成本能。日常语言中的语词之特点在于它的模糊性和多义性。这在其他语言应用场合中或许是一个缺点，但是在日常用语中则是保证不同的文化水平、教育程度、知识背景和知识结构的人，以及不同职业和阶层的人之间进行交流所必需的，也是在不同场合、语境下皆可适用而不可或缺的。正是由于日常语言的语词具有这些特点，这类语词在一个社会群体中才具有普遍的适用性和相对的稳定性，以及在应用上的强制性。任何个人都不可以随意改变日常生活用语之语词的词义，当然也就不需要在应用的过程中不时地对概念进行定义，以确定语词的意义。在学术交流和某些特定的职业（例如律师）的交流中，交流的一方需要另一方尽可能地理解和把握他通过语词所表达的观念，尽可能地避免相互之间在交流中可能产生的误解。在这种情况下，表达的一方需要清晰、准

---

❶ ［德］莱布尼茨. 人类理智新论（全两册）［M］. 陈修斋，译. 北京：商务印书馆，1982：375.

确地描述其观念，这就要求其在语言的应用上力求严谨，在语词词义的界定上尽可能清晰、准确，没有歧义和二义性。因此，只有在这种特定的情况下，交流的表达方才需要采用定义的形式严格地界定所用语词的确切含义，尽可能准确地描述语词所标示的观念，以便交流的另一方不仅更易于理解，而且能够在一定程度上减少误解。只有在这种情况下，我们才需要给概念制作定义。在对待定义的态度上，学界也有不同的认识。之前介绍的英国著名学者卡尔·波普尔就力劝人们远离语词、概念、定义等，主张"……人们绝不应对语词争论不休，绝不要纠缠于术语问题上。人们始终应该避免讨论概念。我们真正感兴趣的，我们的真正问题，是实在的问题，或者换句话说，理论及其真理性的问题"❶。如果我们真的远离语词、概念、定义等，如何能够提出、把握和陈述真正而又实在的问题呢？如何能够分辨、解决理论及其真理性的问题呢？当然，不是在任何情况、任何条件下，都需要对概念进行定义，但是在学术研究、交流和辩论中，定义则是必不可少的。

在逻辑学中，"定义"被看作一种"逻辑方法"，它是指"通过一个概念明确另一概念内涵的逻辑方法"❷，或者指"揭示概念的内涵的逻辑方法"❸，其中的"内涵"是指概念所反映的事物的特有属性（固有属性或本质属性），因此"定义"也可以被定义为"是揭示事物的特有属性（固有属性或本质属性）的方法"。❹通过在逻辑学中对"定义"的界定不难看出，它与我们所说的构造命题的方法相同，只是视角不同而已。在本书的讨论中，被定义项是我们标示观念的语言符号或称作"语词"，尽管这个语词的选择是任意的，但是一旦选定标示特定的对象后，它又是确定的。由于这个语词所描述的对象形成的观念是可以用言语表述的（否则就不能定义了），因此它所标识的是概念。在定义（构造命题）之前，我们已经构造完成了反映被认识对象呈现出的现象形成的概念集合，其中的每个元素都是从内部视角认识的对象（从整个系统到子系统，再到系统"组分"）呈现出的现象在人脑中形成的、由性质描述的概念。如果把描述认识对象的本质属性（也就是这个概念集合中最抽象的元素），通过性质判断与标示反映这个认识对象的概念的语词建立起联系，以明确这个语词标示概念具有这一本质属性，并通过语言形式把

❶ ［英］卡尔·波普尔. 客观知识［M］. 舒炜光，卓如飞，周柏乔，等译. 上海：上海译文出版社，2001：321.
❷ 中国人民大学哲学系逻辑教研室. 形式逻辑［M］. 北京：中国人民大学出版社，1980：36.
❸ 金岳霖. 形式逻辑［M］. 北京：人民出版社，1979：41.
❹ 金岳霖. 形式逻辑［M］. 北京：人民出版社，1979：42.

描述本质属性的词义赋予这一语词，这个过程就是"揭示概念的内涵"。如果在认识对象之外选择一个参照对象，从参照对象来看认识对象，就只能看到两者的区别性，这个区别性是由认识对象具有而参照对象不具有的、被称作"认识对象的本质属性"的性质所引起的，或者说，它是认识对象相对于参照对象而呈现出的显著不同的征象。当把这个性质附加于参照对象后，两者就具有了等同性，因此我们根据系词"是"把两者连接起来，这个过程就是"通过一个概念明确另一概念内涵"的过程。至于上述讨论的这两个过程是命题构造方法还是逻辑方法，只是人们的视角不同而已，没有必要严格地区分或者纠缠于是什么方法的问题中。但是，上面列举的逻辑学的两个"定义"的界定，的确是有差别的，其中一个是构造性质命题的逻辑方法，另一个是构造关系命题的逻辑方法。

　　定义究竟是针对概念的还是针对语词的？这个问题看似多余，但当"概念的定义""语词的定义"之表述随处可见甚至出现在百科全书中时，澄清这个问题就显得必要了。在《中国大百科全书·哲学》的"定义"条目下有专门部分介绍"通过属和种差下定义"的方法，其中介绍了由古罗马逻辑学家波爱修提出的、至今仍在使用的定义之公式：概念 ＝ 概念所归的属 ＋ 种差。❶ 在这个公式中，等号左边的部分称为"被定义项"，右边的部分称为"定义项"。由这个公式不难看出，定义是针对概念的。但是，当把这个公式用语言的形式表述为"概念是指由种差限定的概念所归的属"时，问题就凸显出来了，因为它似乎包含一个典型的逻辑错误，即在定义项中包含被定义项。也就是说，它是在用自己来定义自己，或者说，用自己来界定自己，显然在逻辑上这是不允许的。这样一来就存在两种可能，或者定义不是针对概念的，或者这个公式是错误的。需要注意的是，上述推理是基于假设"在被定义项中的'概念'是根据定义项中的'概念'界定的，而这两个概念是同一个概念（这两个概念具有同一性）"得出的。然而，这个假设不成立。因为，在这个公式中，被定义项中的"概念"是指认识对象在人脑中的反映形成的概念，而在定义项中界定它的不是"概念"而是"属（概念）"。公式中的"属"是指为了认识主项中的概念而选择的参照对象在人脑中的反映形成的概念，而在定义项中出现的被定义项的"概念"一词只是为了强调它和反映参照对象之"属（概念）"之间的归属关系，这样才在定义项中出现了被定义项。尽管在定义项中反映参照对象之"属（概念）"与在被定义项中

─────────────

❶　中国大百科全书编辑委员会. 中国大百科全书·哲学［M］. 北京：中国大百科全书出版社，2000：163f.

反映认识对象之"概念"之间不具有同一性，但是在这个公式的定义项中出现了被定义项仍然是一个逻辑上的错误，至少是不规范的。为了避免上述公式在表达上可能带来的误解，这个公式一般被表达为：种概念＝属概念＋种差（或者"种概念＝种差＋属概念"）。由这个公式可见，定义是针对概念的（因此称作"概念定义"或者"概念的定义"）。但是，在逻辑上的确有所谓"语词定义"，或称"名词定义""名义定义"，它是指"规定或说明语词含义的定义"。❶ 如果"定义"是用以确定（揭示）概念的内涵的，而内涵是指概念所反映事物的本质属性或固有属性的，那么所谓"语词定义"就不是之前界定的"定义"。首先，在"语词定义"中的所谓"语词"必定是指被定义项，那么它必定是标示概念的语词，否则就没有规定或说明它的意义了。因为语词是指语言符号，在不标示任何概念时，语词是没有意义的，不存在规定或说明一个单纯的语言符号（语词）的问题。在前面讨论"概念定义"的问题时，作为被定义项的概念也是由语词来标示的，如果没有语词标示这个概念，那么这个概念根本就不可能被确定和表达，也不可能被定义。既然在"概念定义"中作为被定义项的语词可以被看作是代表概念的，那么在所谓"语词定义"的讨论中为什么就一定要将其看作单纯的语词呢？由于"这种情形所针对的是已经建立起来的概念"❷，将其称作"语词定义"是不严谨的。其次，之所以不能将"语词定义"称为"定义"，因为它既不揭示概念的内涵，也不通过一个概念明确另一个概念的内涵，因而不具有"定义"的一般性。所谓"语词定义"，是指在一个确定的语用环境下对于标示多个概念的语词之语义确定的方法。在任何一个共同体中，一个语词可能会有多个含义，标示多个概念，这样就会在表达和交流中出现歧义和误解，因此需要在具体的应用中明确一个语词的确切含义，而把这一明确语词之语义的方法称为"语词定义"。显然，"语词定义"不仅是针对概念的，而且只能在比喻的意义上被理解为"定义"。所谓"语词定义"主要有两种类型：一是说明语词的词义。这种类型主要用于明确在一个共同体中一个语词已有的、被广泛接受的词义，词典、辞书等就是其典型的代表；在日常用语中，通过语境才能明确词义的语词，也属于这一类型；此外，对于特殊之单独事物之命名，

---

❶ 中国大百科全书编辑委员会. 中国大百科全书·哲学 [M]. 北京：中国大百科全书出版社，2000：164c. 在金岳霖主编的《形式逻辑》中，"语词定义"被定义为"就是规定或是说明语词意义的定义"；人民大学哲学系逻辑教研室编的《形式逻辑》则把"语词定义"解释为"是明确语词表达什么概念的定义"。

❷ 宋文坚. 逻辑学 [M]. 北京：人民出版社，1998：352.

例如专有的地名、称呼等，也归于这一类。二是规定语词的词义。这种确定语词词义之方法是指在特定的条件下人们通过约定来明确语词的词义。这种方法多用于缩略语、简略词和在论文、讲演、交流等场合，为了减少歧义和误解，而对一些关键性的语词的词义作出明确、清晰的约定。从上面的讨论可以看出，所谓"语词定义"不是"定义"的下位概念，它是针对概念的含义进行说明、解释和规定的，但是它不是揭示概念之内涵的，而这恰恰是定义的本质。前面讨论的"性质命题"以及这里讨论的"语词定义"，它们的语言形式都是命题，都有主项、谓项和谓词，但是它们都不是或者不只是为了明确概念的内涵（本质属性）的，更不是为了回答概念所反映的对象是什么的问题。❶ 由此可知，命题可以有多种方法来构造，但是并不是所有构造命题的方法都是定义法，只有在规定的形式和要求下，严格地按照"种概念＝种差＋属概念"的规则构造命题的方法，才被称作"种属定义法"或"属种定义法"，简称"定义"。❷

在我们讨论的概念中，是否存在不能定义的概念呢？这里，所谓不能定义的概念，是指不能用种属定义法定义的概念。在种属定义法中，需要选择与被定义概念（种概念）标示之对象相关的对象之反映形成的概念作为参照概念（属概念），通过从参照概念（属概念）的视角来认识、理解被定义的概念（种概念），由此回答它所标示之对象是什么的问题。如果一个被定义的概念没有与之相关的属概念，那么这个概念就不适用于种属定义法来回答其是什么的问题，这些概念就是所谓不能定义的概念，但是它们可以通过描述、解释、说明、规定等方法确定其词义。❸ 不能用种属定义确定的概念主要有如下几类。

专有名词不能用种属定义法确定其词义。专有名词包括地名、人名、实物的特有名称等。例如，"北京""珠穆朗玛峰""拿破仑""爱因斯坦""茅台酒"等，这些专有名词都不能通过定义法而被赋予确定的意义，也不能描述反映这些对象本质属性的观念。因此，我们只能对这些名词进行解释但不能定义。有些逻辑学的著述中，随意地扩大种属定义法的适用范围，把对实物之外部特征的描述作为种属定义法的一种，或者把这种解释

---

❶ 宋文坚. 逻辑学 [M]. 北京：人民出版社，1998：352－354.

❷ 在我们用语词标记了一个概念（观念）后，并没有明确这个概念（观念）反映的是什么，也就是说，我们并不知道它的含义，因此需要把它表现的对象的性质用短语的形式赋予标记这个概念（观念）的语词，以确定这个语词所标记的概念的确切含义，从而对这个概念进行了"定义"。

❸ 其中包括除定义之外的其他构造命题的方法，包括性质命题构造方法，所谓"语词定义"，符号解释法、归纳法等各种可以构成命题的方法。

冠以"摹状定义"，似乎就可以归类于"内涵定义"了。❶ 问题是，创造这些定义法的人以"黄杨"之所谓外部特征的描述、以"地球"之所谓摹状定义就能够确定这些被定义项的内涵吗？如果不能确定这些对象的内涵，又怎么可以称作"内涵定义"呢？如果可以确定，那么对象的外部特征又是如何来确定内涵的？此外，对一个对象所呈现出的一些现象的描述是否就可以称作所谓"摹状定义"？当然，如果不知道概念的内涵是什么，那么创造出多少内涵定义法都是可以理解，也是不足为奇的。我们不能把对于名词（语词）的解释误认为概念定义，否则《中国汉语大辞典》岂非成了概念定义大辞典？

集合名词不能用种属定义法确定其意义。"集合名词"❷也称作"概括名词"或"总括名词"，它是指为了方便起见而把在一定条件下由于特定的目的或需要而相关的、彼此独立无关的对象作为一个整体用语言符号命名得到的语词，因此集合名词不是用语词符号对集合的命名。集合名词标示对象的构成元素是相互无关的，各自有自己所属的类，但没有共同的属，只是为了方便才将它们放在一起，并用一个语言符号为之命名。这样聚合起来的对象没有共同的性质，因而也就没有内涵。尽管它的每个构成元素可能是一个独立的概念、有其内涵和外延，但是作为一个整体它却是既无内涵也无外延的，因此不能够用种属定义法来确定这个聚合之整体的意义。如果这类聚合是由可数个彼此独立无关的概念或语词构成的，那么即使通过完全列举可以穷尽所有这些概念（语词），它们的全部也不构成这个彼此无关之概念（语词）聚合的外延。实际上，没有内涵又何谈外延？因此，当有些逻辑学著述把完全列举集合名词之构成元素的方法称作"外延定义"时❸，就把定义概念适用的范围扩大了。需要强调的是，任何列举都不是定义，因为列举不能揭示对象的本质属性，它属于认识活动的低级阶段，而完全列举只是列举的一种。在一些学术著作中，集合名词以"……的统称"的形式出现，如果这个集合名词的构成元素很少，例如只有两个，那么一些人就会用这两个构成元素的

❶ 宋文坚. 逻辑学［M］. 北京：人民出版社，1998：348.
❷ 语词"集合名词"是一个完整的不可分拆的符号，它与"集合"没有任何关系，因此不能把它理解为集合的名字，或者是对于一个集合的命名，也不能把集合名词标记的那些独立无关之概念或语词理解为根据概括原则构造的集合。集合名词只是人们为了方便起见而把标识没有关系、没有共同性质的对象的语词放在了一起，然后给它们起了一个名字以方便引用而已。集合名词描述的这些对象的相关性在于它们在特定条件下为了特定目的和需要而产生的关联，但是它们彼此之间独立无关，而且一旦这个特定的条件以及目的和需要消失，这些独立无关的语词的关联性就随之不在。
❸ 宋文坚. 逻辑学［M］. 北京：人民出版社，1998：349－350.

定义直接代替标示这些元素的语词，并用联结词"和"联结，使之具有与定义相似的形式，即"被定义项 = 构成元素 1 的定义和构成元素 2 的定义的统称"❶。这样很容易使人把对集合名词的解释误认为概念的定义，但是只要记住根本不存在一个叫作"统称"的事物，也没有一个叫作"统称"的属，就可以避免这种混淆造成的误解。

在形式逻辑中，范畴不能用种属定义明确其意义。在形式逻辑中，范畴是概念体系中最高的属，在之上不再有包含它们的概念，诸如时间、空间、形式、内容、质、量等。尽管形式逻辑中的范畴不多，但是由于它们不包含于任何概念之中，它们不适用于种属定义法来确定它们的意义。它们的意义一般通过描述、类比等方法确定，关于这方面的内容可以参看形式逻辑的相关内容，或者阅读有关范畴的专著，此处就不再赘述了。

（三）定义结构分析

在前面的讨论中，我们已经指出命题可以有多种构造方法，也说明了命题构造方法与逻辑上的概念定义之间的关系，以及命题的赋值与概念的定义之间的同与不同，也介绍了在采用同一套语言符号标记概念集合（系统）和命题集合（系统）之构成元素时，两个集合（系统）中标记同一概念的语言符号（语词）具有相同之词义的性质。接下来的讨论主要集中于概念定义的结构分析上。根据前面的讨论已知，概念定义是从外部视角通过构造关系命题来确立和描述两个概念之间关系的方法。它的特点在于，从选定的参照对象认识被认识对象，只能从整体上认识被认识对象（不能窥视到被认识对象的内部），因此根据属概念（反映参照对象形成的概念）描述种概念（反映被认识对象形成的概念），只能描述它们之间的区别性（本质特征），从而反映出种概念的质的规定性（本质属性）；它的基本结构是：种概念 = 相邻属概念 + 种差，或者，种概念 = 种差 + 相邻属概念。在这个定义（与命题相区别）的公式表达中，"="被称作"系词"（在命题中称作"谓词"），其左边之部分被称为"被定义项"（在命题中称作"主项"），右边之部分被称为"定义项"（在命题中称作"谓项"）。接下来将根据定义之公式分别讨论其各个部分。

---

❶ 一种更常见的情况是，两个种概念具有相同的属概念，但是它们的本质特征是相互独立无关的，因此尽管它们有着同一个属概念，但是它们之间却是并列关系。如果把这两个独立无关的概念合并，就会出现这种情况：被定义项 = 种差（种差 = 种差$_1$ + 种差$_2$，它们是独立且相互无关的）+ 属概念 + 统称，这是在给两个概念构成的集合之集合名词制作"定义"了。这个所谓定义可以直接分解成两个相互无关但真实有效的定义：种概念$_1$ = 种差$_1$ + 属概念；种概念$_2$ = 种差$_2$ + 属概念。

　　为什么我们要选择种属定义作为讨论的对象？毕竟种属定义只是诸多构造命题的方法之一，不讨论其他构造命题之方法的理由是什么？在完成了对于认识对象的研究后，我们得到了与这个对象相应的一组概念集合，这些概念集合彼此独立，其中的元素无序，没有组织、结构和关系，完全处于离散的状态，因此构建理论就需要把这些概念集合中的元素组织起来，形成有序、相关的结构，构成概念体系。显然，如果要在概念集合的基础上构建起概念体系，那么就需要在概念之间建立起关系，而这只能利用关系定义才能够实现。因为关系定义是通过一个概念来回答另一个概念是什么（揭示这个概念本质属性）的方法，这种方法是从外部视角（属概念）以本质特征的方式来描述反映被认识对象形成的概念（种概念）的，也是人们从外部视角唯一能够形成的对于认识对象的认识和理解之结果，是对于我们之前讨论的从外部视角依据关系判断构造命题之方法的逻辑上的解释。尽管在形式上关系定义描述了种属之间的质的区别性（本质特征），但是其根本目的依然是揭示种概念的质的规定性（本质属性），而这种方法不仅能够在属概念和种概念之间建立起关系，还能够通过两者之不同产生的原因来明确种概念之内涵（本质属性），因此我们把关系定义作为讨论的对象。或许有人会提出，关系定义只能在概念集合上构建起概念体系（树），但是不能构建起理论体系，因为理论一般是林而不是树。根据之前的讨论，关系定义只能在一个概念集合中的概念之间构建起种属关系，进而构造出概念体系。但是关系定义不能在概念体系之间建立关联性，不能构造理论体系，而只有通过性质判断构造的概念才能够既把概念体系关联起来又保持它们彼此间的独立性，因此在这里只讨论关系定义是否不充分呢？需要说明的是，在概念体系之间建立的关系不是概念与概念之间的关系，而是概念体系之间的关联性。这种关联性不是通过在两个概念体系的概念之间建立相应之关系实现的，而是通过在概念中的性质之构成上形成的内在联系建立起了体系之间的关联性，这一关联性不反映在不同概念体系的概念之间，而是反映在概念的构成上（所谓概念之内部），因此这种关联性既能在不同的概念体系之间建立起联系又不会破坏它们彼此之间的独立性，也就不会影响到整个理论体系的结构。❶ 但是，我们

---

　　❶ 这种关联性是体现在定义结构的本质特征（定义之种差）中的。其他相关概念集合（次要概念集合）中的概念是通过本质特征（种概念的本质属性）与主要概念集合（或相关概念集合）中的概念相互关联的，因此它们的关系不会体现在概念与概念之间，而是体现在概念的构成上。概念的这种关联性是在概念集合构建的过程中确立的。概念集合的构建采用的也是性质定义的方法，它是通过把概念反映之对象的性质用短语表达，然后赋予标记这个概念的语言符号，从而构造出陈述这个概念的性质的命题。有关概念集合的构造方法，可以参考命题集合的构造方法。

这里讨论的是概念与概念之间关系的构造方法，因此只能把关系（种属定义）作为讨论的对象，如果我们把讨论的范围扩大到通过概念的内在联系在概念体系间建立联系的问题，则超出了我们确定的论域，这反而易于引起概念的混乱，以及增加解决问题的复杂性的度，毕竟概念的内在关联性和概念体系之间的关系构建是其他论域中的问题，这里不涉及它们不会影响到所讨论之问题的充分性。❶

在关系定义的公式中，被定义项被称作种概念，它是认识对象反映在人脑中形成的概念。这里的种概念，经常也会被称作"所指"。需要说明的是，"所指"是索绪尔在语言学中为了避免混淆而引入的、替代"概念"一词的语词，由此确定了语言符号的两个构成，即"所指"和"能指"。但是，在表示关系定义中的被定义项时，不论是采用逻辑方法中的种概念还是借用语言学中的所指❷，它们都是指认识对象在人脑中反映形成的、可以用言语表述的观念。显然，在心理状态下，概念是以内在于人的形式存在的，如果在这种状态下每个概念都有相应的标示它的语言符号，那么作为个人的认知也就不会产生混乱和误解，这样就没有必要通过关系定义，或者利用其他构建概念之间关系的方法，来定义概念和构造它们之间的关系了。在心理状态下，人的思想并非都是由概念构成的，因为人的思想未必都需要表达，使之具有外在形式，从而转换为物理状态，只有当需要用言语把思想表达出来时，这种转换才是有意义的。然而，在物理状态下，概念是通过语言符号（语词）借助物质媒体以外在于人的形式存在的。如前所述，语词与它所标示的概念之间并不是一对一的关系，而是多对一的关系（但一定不能是一对多的关系），即使在一个理论体系中，语词与其所表示的概念之间也可能是多对一的关系。由于在物理状态下人们是通过语词的刺激而在头脑中形成相应的概念的，或者不严谨地说，是通过语词理解或领悟概念的，即使仍然认为关系定义的公式是"种概念＝属概念＋种差"，但是已经自觉或者不自觉地把被定义项从"种概念"替换成了"（标示种概念的）语词"，使得实际使用的公式已经成为"（标示种概念的）语词＝属概念＋种差"。在这个过程中，人

---

❶ 这里讨论的对象是如何在两个概念之间建立起关系的方法，因此有关性质命题的赋值方法不在讨论的范围。但是命题集合中的元素却是作为已知的内容被包含在关系定义法中。关系定义法的根本就是要在定义项和被定义项之间构建起等同关系。由于反映参照对象的观念不同于反映认识对象的观念（它们是包含关系），需要以描述认识对象的本质属性作为限制条件，限制反映参照对象的观念使之等同于反映认识对象的观念，从而在两者之间建立起了全等关系。

❷ 既然这里讨论的是关系定义之构成，那么选择使用"种概念"一词则更为合理，因此在下面关系定义的讨论中，除非特别说明，一般不采用语言学中的"所指"概念。

们在不经意间引入了一个关系，即（标示种概念的）语词与种概念之间的关系。或许有人会认为，公式"种概念＝属概念＋种差"与公式"语词＝属概念＋种差"之间没有根本性的区别，不需要过多地强调它们之间的区别性。需要说明的是，公式"语词＝属概念＋种差"不是关系定义，它实际上是把语词和种概念之间（语词标示种概念）的关系与关系定义构造的种属关系合并成了一个关系，因此这个表达式与关系定义的表达式有着完全不同的解释。在公式"种概念＝属概念＋种差"中，被定义项和定义项所涉及的是同一个对象，即被认识的对象，然而却是从不同视角上认识和理解这个对象的。作为被定义项的种概念，是从内部视角在整体上认识被认识的对象后，给被认识的对象命名。以之后被命名为"著作权"的事物的认识为例，我们从它整体上呈现出的现象认识到，它是基于智力活动的结果形成的，但是我们却不能回答它是什么的问题，因为从这个事物本身只能看到它所呈现出的现象，却不能确定它是什么。在我们选择了已知的、与这个对象相似的参照对象后，根据反映参照对象形成的概念我们才能够以一个最贴切的语词给被认识对象命名。显然，参照对象选择的不同，命名也不同，这样同一个事物就有了作者权（以人身权反映的对象作为参照对象），版权（以财产权反映的对象作为参照对象）和著作权❶之不同命名。但是，对被认识对象予以命名并不能等同于回答了这个对象是什么的问题，这个问题是通过定义项来解决的。在定义项中，属概念是我们选择的参照对象反映在头脑中形成的概念，这个概念是反映对象的类的一般性的概念，因此认识对象是属于这个类的，反映对象的类的属概念也就必然包含反映被认识对象的种概念，这是它们之间存在种属关系的依据。在作为反映对象类的属概念中，所有构成这个类的元素的种概念都有着各自的质的规定性，从而使得这些种概念既区别于属概念又彼此区分。❷ 当我们把反映被认识对象的质的规定性（本质属性）作为特征（种差）来限定属概念时，就把这个被认识对象从属概念所反映的对象的类中分离出来，并通过定义项（属概念＋种差）来描述这个被认识对象，回答

---

❶ 语词"著作权"不是在一个完整体系之基础上提出的，它更像是一个随意生造出来的名词，因此不能明确它的提出所依据的反映参照对象的概念，这个问题较为复杂，牵涉问题颇多，在此不作进一步的讨论了。既然绝对权利之划分只有人身权和财产权，那么又如何可能存在第三种绝对权利作为提出著作权的参照呢？

❷ 属概念作为反映对象的类所形成的概念，正是通过忽略了所有构成这个类的对象的特殊性才形成的，因此它不具有作为反映构成这个类的元素的对象所反映出来的特殊性，而这一特殊性又是把具有这一性质的对象从这个类中分离出来的根据；由于每一个构成类的元素的对象都是相互独立无关的，反映它们的概念就有着不同的描述它们的质的规定性，也就是每一个对象的本质属性。由于构成类的所有元素的本质属性彼此不同，反映它们的概念表现为并列关系。

它是什么的问题。由此可见，被定义项和定义项所针对的是同一个对象，被定义项是在从内部视角认识的基础上（参考其所属的类的特殊性）对这个对象的命名，定义项是在从外部视角认识的基础上（从其所属的类的一般性上）对这个对象是什么的回答（或者说，是从外部视角对于对象的描述）。在这个意义上，既然关系定义的被定义项和定义项所针对的对象具有同一性，也就是说，被定义项和定义项描述的是同一个对象。❶ 因此，它们两者想要表达的意思必然是相同的，或者说是等价的，那么系词"＝"就应该被理解或解释为"是""等同"或"等同于"，以表现系词两边连接之内容的等同或同一关系。在表达式"语词＝属概念＋种差"中，我们只能把"种差＋属概念"作为确定的语义，通过系词"＝"赋予表达式中的"语词"。也就是说，这个表达式只有语言学上的意义，并没有关系定义的逻辑上的意义。但是，这个语词在另外一个关系中又有着标示种概念的含义，因此通过确定的语义我们知道这个语词标示的概念应该如何理解，这正是创造一个命题和理解一个命题之不同。因此，在表达式中，"＝"应该被理解为"指""是指"或者"指称"。在现实的智力活动或交往过程中，人们并不刻意地区分构造命题和理解命题之不同，也不关心表达概念和接受概念之差别，因此在命题中系词"＝"的解释和使用就显得相当随意，不会刻意区分"是""等同""指""是指"等的不同，这或许是造成一些概念混淆之原因。

关系定义的定义项有两个构成，一个是属概念，另一个是种差。种差是种概念所反映的对象的本质属性，是这个对象"是其所是"的质的规定性。本质属性是对象的固有属性，它不需要通过与其他对象的比较而仅凭自身呈现出的现象就能够被认识。任何一个作为整体的对象都不可能有多个"是其所是"的质的规定性，因此在关系定义中种差有且只有一个，不存在多个并

---

❶ 在关系定义的表达式中，系词的两边都是概念，而且是反映同一对象的概念。不同的是，从制作定义的人来看，被定义项是以语言符号标记的概念，而定义项是通过作为认识对象的质的规定性对于包含它的参照对象的限定，使之等同于被定义项指向的概念；从定义制作者以外的人来看，被定义项是标记反映认识对象形成之概念的语词，而定义项则是通过描述认识对象的质的规定性的短语限定标记反映参照对象概念的语词，从而在两者之间建立起等同关系。在这两种情况下，系词"＝"都可以理解为"等同"或者"等同于"。但是，对于制作者而言，表示这个关系的公式为："种概念＝属概念＋种差"；而对制作者之外的其他人而言，表示这个关系的公式则为："（标记种概念的）语词＝（描述种概念的质的规定性的短语）描述两者之间的本质特征＋（标记属概念的）语词"。然而，这个公式不能出现等同关系的一边是语词而另一边是概念的情况。这就是笔者想要在这里说明的问题。

列之种差的可能性。❶ 种差是种概念的性质，因此它的语言描述只能是短语的形式。对于种差的语言描述，可以是简单的短语也可以是复杂的复合型短语，但是复合的短语不能够分解成并列的多个简单短语，否则就违反了"有且仅有一个种差"的规则。如果从种概念的视角来看，定义项中的种差是种概念所反映的对象的本质属性，也就是它"是其所是"的质的规定性，但是从种概念和属概念的关系来看，它又表现为两者之间的区别性，是把种概念所反映的对象从属概念反映的对象中分离出来的依据或特殊性，因此在这个意义上种差又被称作种概念的"本质特征"❷，是种概念不同于属概念的质的区别性。由于在一个对象的类❸中的所有对象都反映出各自不同的本质属性，这既是它们区别于属概念反映之对象的特殊性，也是它们彼此不同的根据。需要注意的是，一个对象的本质属性把这个对象与其同属于一个属概念的其他概念区别开来。根据这个概念反映的对象的本质属性，它把这个属概念下的所有概念分为两类，一类是具有这一本质属性的概念，另一类是不具有这一本质属性的概念。除此以外，没有第三类概念存在之可能。分别构成这两类概念的全部概念构成了两个集合，其中的一个集合中的所有元素（概念）都具有这一本质属性，而另一个集合中的所有元素（概念）都不具有这一本质属性，因此它们之间具有矛盾关系。属概念划分所得的两个种概念之间的这一（矛盾）关系就解释了，为什么在一个理想的理论模型中二元结构存在的合理性。在这种理想状态下，任何概念划分所得到的都是并列的、有着质的区别性的、具有矛盾关系的二元结构，这是对象的本质特征在概念体系上产生的结果，也是概念体系在结构上表现为二元外向树的原因，以及我们可以构建二元理想理论模型的根据。❹ 如果在一个对象的类中的所有构成元素都是具体存在的个别对象，而且它们能够在人脑中反映形成相应的观念，那

❶ 这样定义项描述的就不是一个，而是多个反映不同对象形成的概念，如果它们是同一个属概念下的种概念，那么这些概念之间则存在逻辑上的并列关系。

❷ 无论是作为特征还是属性，都是相对于种概念而言的，不能将其作为属概念描述的性质，这也是易于混淆的问题。

❸ 在这里所说的对象的类，是指一个非空的最小的对象的类，因此在其中没有重复的对象，或者说，所有构成这个对象的类的对象都是不同的。

❹ 理想概念体系的结构存在二元外向结构的根据是：其一，概念体系是从基本概念通过划分构建起来的，因此它的构建过程必须满足逻辑上的划分规则；其二，根据逻辑划分规则，划分前概念的外延等于划分后所得之概念外延的并集，也就是说，划分后之概念外延的并集正好等同于划分前概念的外延，因此划分不会导致上位概念的信息在传递到下位概念的过程中发生丢失之可能；其三，在概念划分后，在所有可能的并列关系中，只有矛盾关系可以满足逻辑划分规则的"外延不变性"要求，而两个并列的概念形成的矛盾关系是最常见、最简单、最典型的，因此在概念体系的结构中一定存在这种理想的二元外向结构，它们对于研究和解释理论模型是非常重要的。

么只要这些观念是可表现的，则不论其采用何种表现形式，它们都可以转换为其他人可以理解的外在表现。当从对象的类来认识构成它的对象时，只能从整体上认识这些对象，由此所形成的观念必然是从整体上对于对象的反映。尽管对于这些对象所形成之观念的描述是从整体上的描述，但是这些描述并不都能构成关系定义的种差，而只有用言语形式❶对概念中包含的反映对象之特殊性的描述，才构成关系定义中的种差。

关系定义中的属概念是为了从外部视角认识对象而人为选择的参照对象在人脑中反映形成的概念。既然属概念是一类对象在人脑中形成的观念❷，而种概念反映的对象是属概念反映之对象的类中的对象，那么在属概念和种概念之间存在包含关系。也就是说，在一个概念体系中，属概念一定是种概念的上位概念。属概念和种概念之间的这一包含关系为选择属概念确立了一条规则，这条规则过于平凡和易于掌握，因此很少被关注，但是作为一条规则它却是不应被忽略的。属概念和种概念之间包含关系的重要性在于，它明确了种概念反映的所有对象都是属概念所反映的对象的类的构成元素。由此可知，其一，在属种关系中不考虑任何种概念反映的对象可能包含的对象。也就是说，相对于属概念而言，所有的种概念只能是并列关系，任何种概念包含的下位概念对于属概念而言都是不存在的。其二，从属概念只能认识到种概念相对于属概念的质的区别性。也就是说，在属种关系中，只能认识到种概念所具有的本质特征，但是却不能认识种概念反映之对象的其他性质（非本质的或者其内部构成反映出的性质）。其三，属概念是由所有种概念都包含的相同的性质描述的，因此可以把描述属概念的全部性质形象地比喻为所有种概念包含的相同性质的最大公约项，它也被表述为"种概念包含属概念的全部性质，而属概念只包含种概念的部分性质"，因为属概念中不包含种概念中所包含的反映对象不同的特殊性，而只包含所有种概念共同具有的性质，因此也被称作（所有种概念的）共性（也被称作"一般性"，以作为与"特殊性"的区别），或称作（所有种概念中包含的）共项；❸ 而把每个

---

❶　我们把语言文字符号表达的形式看作言语符号表达的形式直接转换和记录的结果，并假定在一个共同体中只要有语言文字符号，这种转换就是可能的。虽然这只是一种理论上的假设，但是在多数情况下是成立的。因此，这里我们只讨论在言语符号形式下种差之表述问题，文字符号形式则可以直接从言语符号形式转换而得。

❷　这个对象的类是非空的，也就是说，它至少包含一个元素，否则它不可能是形成属概念的对象，因为在其中不包含能够反映形成种概念的对象。

❸　这里是把一个概念中包含的所有性质看作是由彼此独立的项构成的，每一条相对独立的性质都被作为一个独立的项，这样就可以把一个属概念下的所有种概念都具有的相同的项称作共项，而把它们之间不同的项称作殊项。

种概念的本质特征（既不包含于属概念中又异于其他所有种概念）称作（这个种概念的）（特）殊性，或称作（这个种概念所具有的）殊项。就种概念而言，如果它所反映的对象是客观存在（也称作"实在"）❶，那么在把对象和反映它的概念分别作为映象中的原象和象时，则所有的象都必然存在它的原象，因此只要这个观念是可表现的，那么它就不限于言语形式的表达；属概念反映的对象是包含种概念反映之对象在内的一类对象，或者称作"对象的类"。对象的类，作为一个类必定不是客观存在或者实在，它只能是人的主观意识构想出的对象，因此当我们把种概念反映的对象作为它的构成时，它作为主观构造的非空集合必定存在。也就是说，除了不可定义的概念，所有的种概念一定存在与之相应的属概念。❷ 显然，对象的类也是一个观念，它是我们在一组具有某些共同性质的对象的基础上构造出的对象，因此这个被称为"类"的对象本身不构成一个映象的原象，这样在反映"对象的类"所形成的观念中就不可能生成与这个"类"相应的象，而只能在头脑中生成这个类的构成元素的象，也就是说，只能生成这个类包含的所有具体对象的象；这就是为什么在思考一个对象的类的时候，我们不能在头脑中形成这个类的观念或象，而只能生成构成这个类的具体对象的观念或象，同时在构成这个类的所有对象之间随机转换，在头脑中不停地随机反映出类的所有构成对象的观念或象。❸ 这样也就构成了对象的类和对象在人脑中反映形成的观念之不同（前者不能而后者能够生成确定的象）。虽然我们不能在头脑中形成对象的类的具体观念或象，但是可以描述对象的类形成的抽象的概念。因为在反映对象的类的概念中所包含的性质都是可以用言语表述的，因此所有这些概念中的共有的项（所有概念中包含的相同的性质）就可以被提取出来（因为所有作为共项的一般性质都是由彼此独立的一组性质构成），并可以用言语一条条地表述出来，而对于这些共项的表述则是对作为类的抽象概念的描述（这是对问题作出尝试性解答之可能性的根据）。既然作为类的抽象概念是可以描述的，那么它也就是可以认识和理解的。对于抽象概念的认识和

---

❶　如果种概念所反映的对象不是客观存在，或者说不是实在，那么这个概念和它所反映之对象的关系，可以参看接下来的注释中有关属概念与其所反映之对象关系的讨论。

❷　作为对象的类的观念是人的主观意识创造的，它并不反映一个具体的存在，这是它与反映客观存在形成的观念不同的，所有通过人的主观意识创造的观念都是没有客观实在作为其表现对象的。当把种概念反映的对象作为类的构成元素时，在主观上这个类一定能够构成，因此在任何条件下都必然存在与这个种概念相应的、我们选择的属概念。

❸　对象的类形成的观念的这个特点，使得我们在思考对象的类时，思考的对象似乎总是在构成它的对象之间转换，而不论这个对象是主观构想的还是客观存在的，使人感到飘忽不定，抓不住具象的"类"。

理解需要借助更抽象的参照对象，而且我们也没有限定构成一个概念的类的概念必须是具体概念，即便作出这样的限定，具体与抽象也只是相对而言的，因此可以得出结论：在一个概念体系中，除了（假定）直接反映客观存在的概念（这是引入具体概念的根据，对于所要解答的问题而言，它们被假定为"是直接反映客观存在的"）之外，其他概念则都是处于不同层次的抽象概念，由于它们之间有着抽象程度的区分，也就有着相对的具体与抽象的不同。

在关系定义中，属概念是指反映我们选择的参照对象形成的概念。在之前的论述中要求属概念的选择必须是"合理的"，那么如何选择属概念才是合理的呢？所谓属概念选择上的"合理性"，是指在选择时需要遵循以下两个规则；一是相似规则。所谓"相似规则"，是指属概念的选择需要满足属概念和种概念各自反映的对象具有相似性。"相似"包含相同和相异（不同）两个构成，反映在概念中则分别表示为在属概念下的所有种概念的共项（属概念和它所包含的种概念共同具有的相同的性质）和在每个种概念中所含的殊项（种概念具有但属概念所不具有的那些性质）。假设概念 X 具有性质 a，而概念 Y 则具有性质 a 和 b，那么这两个概念的相同是指它们共同具有性质 a，或者说它们具有共项；它们的不同则是指概念 X 没有概念 Y 所具有的性质 b，或者说概念 X 没有概念 Y 所具有的殊项 b；由于概念 X 只有性质 a，而概念 Y 具有性质 a 和 b 时，它们两者既有相同的性质又有不同的性质，因而才具有相似性。显然，概念 X 包含概念 Y，概念 X 与概念 Y 的区别仅在于概念 X 缺少性质 b，当我们把性质 b 附加于概念 X 后，记作概念 X + 性质 b。这样得到的概念就具有了性质 a 和性质 b，也就是概念 Y，即概念 Y = 概念 X + 性质 b。如果把性质 b 称作"种差"，概念 Y 和概念 X 分别称作种概念和属概念，就得到了关系定义的表达式（或者说，我们论证了关系定义表达式的合理性，也进一步说明了在系词" = "两侧描述的是同一个对象）。二是简洁规则。所谓"简洁规则"，是指在关系定义中种差只能由最少的种属概念之间相异的性质构成。假设有概念 X、概念 Y 和概念 A，其中概念 X 具有性质 x；概念 Y 具有性质 x 和性质 y；概念 A 具有性质 x、性质 y 和性质 a，显然，概念 X 和概念 Y 都是包含概念 A 的概念（同时概念 X 还包含概念 Y）。如果选择概念 X 作为概念 A 的属概念，那么在概念 A 的关系定义中种差就包含性质 y 和性质 a，而如果选择概念 Y 作为概念 A 的属概念，则在概念 A 的关系定义中种差就仅有性质 a。根据简洁规则，应该选择概念 Y 而不是概念 X 作为概念 A 的属概念（当然，也可以选择概念 X 作为概念 Y 的属概念来定义概念 Y，但是在讨论概念 A 的定义时，概念 X 是不存在的，或者说不在我们的视界中)。提出这个规则的目的是:其一,尽可能减少概念之间可能产生的混淆。如果选择概念 X 作为属概念,那么在概念 X 包含的概念中,既有与概念 A 并列的概念也有与概念 Y 并列的概念,既有与概念 A 不同的概念又有与概念 Y 不同的概念,而且概念 A 和概念 Y 处于不同的抽象层次上。因此,在不同层次上的概念所包含的区别于属概念的性质的多少也不同,这样就很容易造成概念的混乱。此外,如果以概念 X 作为属概念,那么根据之前的论述,在属种关系中不考虑任何种概念反映的对象可能包含的对象,因此种概念之间只能是并列关系,而且任何种概念包含的概念对于属概念而言都是不存在的(超出视界或这一具体论域的)。这样,我们从概念 X 只能看到概念 Y 以及与之在同一层次的概念(并列概念),根本看不到概念 A 和与之处于同一层次的概念,当然也就不可能通过概念 X(以概念 X 作为属概念)来定义概念 A 了。❶ 其二,尽可能使得概念的定义清晰、准确,易于理解和把握,因为性质越多越不易准确地描述,理解和把握就越困难,误解也就越难以避免。在关系定义中,如果从种属之间的关系来理解简洁规则,那么这个属概念就一定是最接近种概念的概念,即属概念一定是直接包含种概念的概念。这也就为属概念的选择确立了一个规则,即属概念选择的"相邻规则"。简洁规则和相邻规则是从不同的方面对种属关系的同一个限定,简洁规则是从种差的构成上限定了种概念和属概念之间的关系,相邻规则是从属概念的选择上限定了种概念和属概念之间的关系。在实际运用中,遵循其中的一个规

---

❶ 由此我们可以进一步认识到之前讨论的属概念选择规则(属概念必须是种概念的上位概念)的重要性,因为这个规则涉及是否可以通过一个概念来解释、说明另一个概念的问题。任何一个命题的构成,其根本都在于使系词" $=$ "所体现的判断成立。在关系定义中,我们意欲通过一个概念(假定为概念 X,在关系定义中也称作"属概念")来解释、说明另一个概念(假定为概念 Y,在关系定义中也称作"种概念")。如果概念 X 和概念 Y 是同一抽象层次(同位)的概念,那么它们之间的关系只有两种,即相同或者相异。如果它们相同,则概念 X 和概念 Y 是同一个概念(它们所含的性质相同),因此用概念 X 解释、说明概念 Y 是逻辑上的同语反复,即"概念 $X=$ 概念 X"(系词" $=$ "隐含和体现的判断成立),不能也无须用概念 X 来解释概念 Y(自己解释、说明自己);如果它们相异(并列关系),则概念 X 和概念 Y 之间没有任何关联,彼此无关,因此不能互相解释或说明,也就是说,我们用系词" $=$ "表示、体现的判断不成立,因此不可能通过其中的任何一个概念来解释、说明另一个。如果概念 X 和概念 Y 是上下位关系,假定概念 X 包含性质 x,概念 Y 包含性质 x 和性质 y,显然概念 X 包含概念 Y,或者说在抽象层次上概念 X 是概念 Y 的上位概念。当以概念 X 来解释、说明概念 Y 时,就是我们讨论的关系定义,它是可行的,此处不再赘述;当以概念 Y 来解释概念 X 时,如果概念 X 和概念 Y 都是已知的(构成它们的性质是已知的),那么通过概念 Y 解释、说明概念 X 没有任何意义,如果概念 X 是需要解释、说明的,也就是说性质 x 是未知的,由于概念 Y 中包含有性质 x,因此概念 Y 也是需要解释、说明的,或者说,概念 X 和概念 Y 都是模糊的或未知的,那么就不可能通过概念 Y 解释、说明概念 X,因为不可能用一个模糊的或者尚且不知的概念解释、说明另一个模糊、尚不知的概念。

则也就满足了另一个规则的要求，因此只要确立其中的一个规则即可。一般而言，如果关系定义的表达式是种概念＝属概念＋种差，则选择的是简洁规则，即其种差的构成必须遵循简洁规则；如果关系定义的表达式是种概念＝相邻属概念＋种差，则选择的是相邻规则。不论是简洁规则还是相邻规则，都没有真正引起人们的重视。以目前知识产权为例，多数基本概念的定义都不满足相邻规则的要求。例如，定义"知识产权是基于智力活动结果依法产生的权利"中选择的属概念"权利"，是知识产权的属概念但不是其相邻属概念；又如，定义"著作权是基于作品依法产生的权利"中选择的属概念"权利"，是著作权的属概念但不是它的相邻属概念，显然它的相邻属概念是"知识产权"。❶ 如果我们在构建一个理论体系时，在概念的定义和命题的构造中不遵循这些规则，则不可能构造出清晰、严谨、结构合理、层次分明的理论。

利用关系定义的目的在于通过概念构造命题以便尝试性地回答由认识对象产生的问题，为了对问题之回答能够尽可能地准确表达思想，则要求关系定义的运用必须遵循相似和相邻（简洁）规则。显然，之前的有关这些内容的讨论都是以逻辑为基础的，或许有人会问，除了逻辑基础之外，关系定义和它所遵循的规则是否还有其他（诸如心理上的或者认识论上的）根据呢？在认识对象（研究对象）的过程中，并非像通常所认识的那样，根据对象所呈现出的现象，经过感觉、知觉等生成对象的表象，再经过抽象、概括等形成反映对象本质属性的观念，就像一个思维的近乎完美的线性发展过程，似乎任何人在面对一个对象时都可以从感知开始到最终概括获得对象的本质属性。然而，在认识一个对象的过程中，人们是根据对象呈现出的现象产生的问题所作出的尝试性的解答，它不是一个可以预见的近乎完美的线性发展过程，而是一个无法预测的非线性过程。在这个认识过程中，人们在已经构建起来的知识结构和知识储备的约束下，本能地寻找出最接近认识对象的一组已知的对象作为比较对象，以反映这组比较对象形成的概念作为尝试性回答问题的基础。这组概念是人们已经掌握的，作为记忆的观念（概念）储存在

---

❶ 在这两个示例中，再以著作权为例作进一步的说明。如果假定在结构上"权利"概念是"著作权"概念体系的根结点，那么从"权利"概念到"著作权"概念就存在一条单向分图，因为在这个概念体系中，任何结点都是从根结点可达的。那么，不论从"权利"概念到"著作权"概念之间相隔多少个概念，都可以通过复合关系构造出一个复杂的定义，其中"著作权"概念作为种概念，"权利"概念作为属概念，而在这两个概念之间的所有概念的种差都被复合在这个复杂的关系定义中，从而使得定义之种差限定后的"权利"概念与"著作权"概念表现了相同的对象。显然，以上列举的"著作权"概念和"知识产权"概念都没有建立起与种差限定后"权利"概念表现相同之对象的关系。

人脑中，通过反映认识对象生成的观念（概念）与记忆中的一组与之相关的观念（概念）的比较❶，从而确定出与反映认识对象相似的观念（概念）。在认识的基础上描述一个未知对象时，我们只能借助所选择的反映已知对象的概念来描述未知概念，这就是"相似规则"在心理上的和认识论上的解释。❷在所选择的一组参照对象中，越接近未知对象的参照对象，越能够清晰、准确地反映出未知对象与参照对象的关系，在它们具有的相同性质的基础上直接凸显出它们的不同性质（本质特征），而把引起混淆的可能和模糊不清的程度降到最低，我们需要在所选择的一组已知对象中，选择一个最接近未知对象的已知对象作为参照对象，同时排除这组已知对象中的其他对象，借助参照对象与未知对象之间的相似性，通过反映两者之概念的相同和不同来描述未知对象，这就是"相邻规则"（简洁规则）的心理上和认识论上的解释。然后，根据反映未知对象的概念和借助与反映参照对象的概念之不同所描述的概念是反映同一对象之概念的判断，我们用系词"＝"把两者连接起来构成命题，以陈述（回答）这个对象是什么的问题。❸ 由此可见，关系定义和与之相关的规则不仅在逻辑上具有合理性❹，同时也反映了人在认识、理解未知对象的智力活动中表现出的一种本能。或许有人会提出，是否在对未知对象认识的过程中一定存在可供我们选择的参照对象以及反映它的可以作为属概念的概念呢？如果我们把整个世界作为一个整体，不论我们是否能够对

---

❶ 在这个过程中，由于对于对象的认识是一个有目的的思维活动，只可能选择其形成之观念与认识对象形成之观念具有可比性的对象进行比较，从而确定反映认识对象的观念与反映所选择的对象之间的异同，这样就为问题之尝试性解答提供了判断的基础。

❷ 这里讨论的是"问题研究过程"，不是理论构建过程。其中，对象的属性（包括本质属性）是可以通过对象呈现出的现象认识和描述的，但是却不能由此回答这个对象是什么的问题。在这个比较的过程中，比较的结果只有三种可能，即相同、不同和相似。如果比较结果是"相同"，那么这个问题已经解决了，因此这是一个不存在的问题（虚假问题）；如果比较结果是"不同"，那么我们不能通过选择这一已知的对象达到认识、理解未知对象的预期，因此这个对象不能作为参照对象；最后只有一种可能，即只有与之相似的对象才有可能实现认识、理解这一未知对象的目标（注意，这里的第一个"可能"不同于第二个"可能"）。

❸ 需要注意的是，属概念是反映我们选择的参照对象的概念，它所具有的性质也是种概念所具有的，这些被称作共项的性质在区分属概念和种概念上没有任何意义。由于属概念被假定为是已知的，我们在关系定义中不需要解释和说明它，也不需要描述它所具有的性质，而只需要一个标示它的语词。关系定义中最重要的构成是种差，只有清晰、准确地描述表现种概念和属概念之不同的种差（它是反映被定义对象的本质属性的），才能表现种概念。除了陈述种差的短语之外，关系定义中就只有两个分别标示种概念和属概念的语言符号，以及反映判断的系词了。

❹ 所谓"逻辑上的合理性"，不是指对问题作出尝试性解答在"逻辑上的合理性"，而是指定义在结构上的逻辑合理性。尝试性解答问题的过程是不遵循逻辑规则的，因此也就不存在逻辑上是否合理的评价。

这个整体及其构成作出系统、完整的描述，一定可以就其任何一个具体的部分以及与之相关（包含它或被它包含）的部分加以认识、解释和描述❶，因此也就一定存在可供我们选择作为认识、理解和描述反映这个未知对象的概念的相邻属概念。❷ "总之一句话，人们永远也不会找到逻辑上最低级的种，如我以上所已指出过的，并且绝没有属于同一个种的两个实在或完全的个体，是完完全全一样的。"❸

在一些逻辑学教科书或著述中，关系定义只是被作为种属定义的一种类型，除此之外，还有"发生定义法""功用定义法"等，这些所谓方法是根据种差的区别作出的。❹ 那么是否种属定义之下还可以根据种差的不同划分出多种不同的类型呢？首先，种属定义是判定两个概念（种概念和属概念）之间是否存在某种关系（种属关系）的方法，而种属定义只是关系定义的一种，因为所谓"某种"关系只是一种具体关系，因此把关系定义作为种属定义的一种不恰当；其次，在种属定义下不同类型的定义必定存在并列关系，区分它们的"种差"则描述了它们之间的质的区别性，否则就不存在所谓"种属定义下的不同定义"。种差的确描述了种概念和属概念之间的质的区别性（两个概念之间的质的区别性），但是它却不是不同种属定义方法的质的区别性（方法之间的根本性区别），因为种属关系只是一种"包含于"关系，它本身不存在进一步的细分，不可能在"包含于"关系之下还有不同的更具体的"包含于"关系，所以根据种差不可能再细分出不同的、更具体的种属定义法；再者，种差是人们认识、理解的对象的质的规定性，那么有多少不同的对象就有多少不同的种差，因此从理论上讲，可以有任意多种"种属定义"。此外，"种差"只是我们在对于对象认识的基础上提出的尝试性解答，它是主观的，而且它是否真也是不确定的，因此以它作为区分不同种属定义

---

❶ 把整个宇宙作为一个系统，那么构成它的组分则是无限的，因此关于它的问题的复杂性的度也是无穷大的，人类能否解决这种在三个基本构成上（微观世界、宏观世界和宇观世界）均表现为无限的系统，至少目前我们无法回答。但是，这个系统的一个具体的子系统以及与之相关的系统则可以是有限的，也是人的智力能够认识、理解和解释的，由它产生的问题是可以进行尝试性的解答的，因此认识任何一个未知的具体对象都可以找到与它最接近的包含它的参照系统。

❷ 由于我们并不需要描述相邻属概念，它只是通过一个语词而被引入的，并被假定为存在且已知，它是否与种概念之间存在相邻关系，则可以通过种差的构成来分析和论证。但是，随着我们对于对象认识的深入，原本假定的相邻关系可以被新的取代（它在新的认识中被重新认定为属概念而非相邻属概念）。

❸ ［德］莱布尼茨. 人类理智新论（全两册）［M］. 陈修斋，译. 北京：商务印书馆，1982：334 – 335.

❹ 宋文坚. 逻辑学［M］. 北京：人民出版社，1998：347 – 349.

的根据显然不当。在一些逻辑学教科书和著述中，除了关系定义外，还讨论了其他定义，诸如操作定义、条件定义、语境定义、外延定义（列举法）、归纳定义等，似乎任何一种方法都可以冠之以某某定义，但却很少论述其合理性。由于这些定义与构造概念体系没有直接的关系，而且不在我们限定的论述范围内，此处不再作进一步的讨论。

（四）概念的结构

这里或许有人会问，为什么将要讨论的不是命题的结构，而是概念的结构呢？这样岂非与这部分的整体设计不符？首先，不论是概念的结构还是命题的结构，都需要从其内部和外部两个方面加以讨论。就描述概念之种属关系的命题而言，其内部结构是指主项、谓项和谓词之间的关系，其中主项是指标示种概念的语词，谓项是由描述种差的短语和标示属概念的语词构成的，而谓词则是指表现关系判断的系词" = "。由于相对于同一个概念标示它的语词可以不同，相对于同一个种差描述它的短语也可以不同，而谓词也可以用不同的方式来表达相同的判断，即它们之间存在一对多的关系，相对于概念的种属关系而言，可以构造多个描述这个种属关系的命题，但都归结为相同之（两个）概念的种属关系，掌握了这一关系也就掌握了所有相关命题的内部结构。其次，尽管这些命题描述的概念之种属关系相同（这是"多对一"关系之特点），但是这些命题之间却未必具有相同的形式和表现（否则就不可能产生"多"了）。也就是说，描述同一个概念之种属关系的命题具有多样性，但是讨论这些命题之间的关系（外部结构）没有意义，虽然这些命题都与它们所描述的概念之种属关系相关（"多对一"关系），但是它们彼此之间无关。最后，所谓命题的外部结构，就是指命题之间的关系。如果在命题之间的关系中，存在大量彼此无关的命题，那么从一般性上讨论命题的关系，即命题的外部结构也就没有意义了。❶ 这样一来，我们的讨论就被限定在概念结构之范围，包括概念的内部结构和外部结构，因为概念的外部结构与其内部构成相关联，所以概念的内部结构是讨论概念的外部结构不能回避的问题。❷

概念的内部结构是指由概念的内涵和外延之间构成的关系。内涵（inten-

---

❶ 命题的外部结构在理论的体系结构中已经有所讨论，对命题之间的基本约束则是由"一致性"条件来限定的，这些问题都在之前的内容中讨论了，因此这里不再赘述。

❷ 概念的内部结构和外部结构不是我们讨论的重点，几乎在所有逻辑学的教科书或者专著中都会详细地介绍，因此在下面仅就相关内容作一个简介，有兴趣的读者可以参看逻辑学方面的著述。

sion），亦称"内包"。……内涵即概念所反映的对象的特殊属性、本质属性。❶在这个有关"内涵"的定义中，特殊属性和本质属性是不同的，因为特殊属性是一个比较概念，如果没有确定的比较对象，那么这个特殊属性是相对于"谁"呈现出的特殊呢？这里的特殊属性是相对于其他概念所描述的对象的区别性而言的，而只有其本质属性才是这个概念反映其对象"是其所是"的质的规定性。因此，内涵是指概念所反映的对象的本质属性。外延（extension），亦称"外包"。……外延就是指概念所反映的对象的总和……外延是概念的量的方面，通常说，是概念所指的对象范围，它说明概念反映的是哪些事物。❷如果我们从集合的角度来理解概念，那么集合的概括原则就从更一般、更严谨的层次上描述了概念的内部结构。根据概括原则，对于描述或刻画人们直观的或思维的对象 x 的任意性质或条件 $p(x)$，都存在一个集合 S，它的元素恰好是具有性质 p 的那些对象，亦即 $S = \{x \mid p(x)\}$，其中，$p(x)$ 是指 "x 具有性质 p" ……❸这里，集合 S 被作为正在讨论的概念，x 是它的构成元素，而所有的 x 都具有性质 p，即 $p(x)$，因此 p 就是 S 的本质属性或固有属性❹，而所有具有属性 p 的元素就构成了概念 S 的外延。也就是说，概念的外延是指一个概念所能够涵盖的所有概念的最大范围，所有标记具有性质 p 的对象都是这个集合的元素，而所有标记不具有性质 p 的具体对象一定不是这个集合的元素。因此，p 是这个集合（概念）相对于其他所有（集合）概念的本质特征，因此"它就是它，而不是其他"。从外部关系上来看，p 是这个集合（概念）区别其他所有集合（概念）的根据和特征；从内部关系上来看，p 是这个集合的所有元素描述之对象"是其所是"

---

❶《逻辑学辞典》编辑委员会. 逻辑学辞典［M］. 长春：吉林人民出版社，1983：78.
❷《逻辑学辞典》编辑委员会. 逻辑学辞典［M］. 长春：吉林人民出版社，1983：169.
❸ 张锦文. 公理集合论导引［M］. 北京：科学出版社，1999：2.
❹ 一个对象的本质属性一定是这个对象的固有属性，但是一个对象的固有性质却未必是它的本质属性。本质属性是一个对象的质的规定性，是它区别于其他对象的原因，或者说是它"是其所是"的根据，显然，本质属性是这个对象的固有属性；然而，对象的固有属性却未必是这个对象的质的规定性，或者说，对象的固有属性未必是它的本质属性。通过性质判断构造命题时，可能会涉及对象的固有属性；但是通过关系定义构造命题时，只可能涉及对象的本质属性。因此，在讨论概念的内涵时，除非特别说明，一般仅涉及对象的本质属性。

的质的规定性，即它的"本质属性"。❶ 我们把概念 C 的外延用集合 X 表示；把构成集合 X 的所有元素（集合 X 包含的概念 C 的所有下位概念）记作 x；把概念 C 描述之对象的本质属性（集合 X 的特征）记作 a，它是概念 C（集合 X）区别于其他概念（其他集合）的根据，也是构成集合 X 的所有元素 x 共有的属性。❷ 如果我们用 $x = a$ 表示概念 x 具有属性 a 真，则根据概括原则❸概念 C 的外延可以表达为 $X = \{x \mid x = a\}$。由此可知，所有的对象只有两种可能，即或者是 X 的元素，或者不是 X 的元素。根据外延原则，所有 X 的元素 x 构成了这个集合的外延，即概念的外延；由于所有 X 的元素都具有属性 a，因此属性 a 是概念 C（集合 X）的本质属性（特征），即概念 C 的内涵。假设有另一个概念 B，我们把它的外延用集合 Y 表示，而概念 B 的本质属性是 $a + b$，即它的所有构成元素 y 都具有性质 $a + b$，因此有 $Y = \{y \mid y = a + b\}$。根据概念的传递规则可以推出，集合 X 包含集合 Y，即 $X \supset Y$，因为集合 Y 的性质 $a + b$ 包含集合 X 的全部性质 a，而集合 X 的性质不包含集合 Y 的性质 b。由于 a 是概念 C 的内涵，X 是概念 C 的外延，而 $a + b$ 是概念 B 的内涵，Y 是概念 B 的外延，可以得出概念之内部结构的反变关系，也称作反变规律或者反比关系，它是指概念内涵越大则外延越小，内涵越小则外延越大。需要说明的是，概念的反变关系一定是两个概念之间的比较关系，即概念 C 和概念 B 的比较关系。概念 C 有性质 a，概念 B 有性质 $a + b$，因为它们都有性质 a（相同），而概念 C 中又没有性质 b（相似），因此由内涵决定的外延才有了量的不同，才可以通过比较确定它们的外延在量上的变化关系。如果概念 C 的外延的集合为 $X = \{x \mid x = a\}$，而概念 B 的为 $Y = \{y \mid y = b + d\}$，那

---

❶ 我们所研究的客观对象（主观对象不存在这个问题）是一个无限系统的子系统，它是具体、有限的，是可以被认识和理解的，或者说它所引起的问题的复杂性的度在人可以解决的范围内。由于人可以认识、理解的这一具体、有限的对象只是一个无限系统的部分构成，因此采用内涵和外延的方法描述这一对象才是可能的。但是，能够认识、理解一个无限系统的一个具体构成，并不等同于能够认识、理解这个无限系统，因为它所引起的问题的复杂性的度可能已经远远超出了人能够理解、解释的限度。"任何存在的事物，就其与其余事物的联系的有限性而言，都是可以认识的。换句话说，我们可以根据任何事物的某种视域来认识任何事物。但是，整个视域则包含了有限的认识之外的无限性。"参见：[英]怀特海. 思维方式 [M]. 刘放桐，译. 北京：商务印书馆，2004：39.

❷ 需要说明的是，这个集合不能是空集合，即 $X \neq \varnothing$，即它至少包含一个元素；这是不同于在数学或其他学科中对集合的限定的，在数学中的集合可以是空集合，即 $X = \varnothing$，即它可以不包含任何元素。此外，集合 X 不能是它自己的构成元素，从而排除了陷入罗素悖论的可能性。

❸ 概括原理也称作概括原则，它和下面提到的外延原理（外延原则）是集合论中的两个基本原理，概括原理已经在正文中作了介绍，而外延原理是指一个集合是由它的元素完全决定的。因此，任意两个集合，若它们的元素相同，则它们是同一集合。对这两个原理有兴趣的读者，可以参考有关集合论的专著或教科书；例如：张锦文. 公理集合论导引 [M]. 北京：科学出版社，1997；李志才. 方法论全书（Ⅰ）：哲学逻辑学方法 [M]. 南京：南京大学出版社，2000.

么它们之间没有关系，因此也不存在外延在量上的变化关系。

概念之内涵与外延的反变关系是建立在"包含"（或"包含于"）关系基础上内涵与外延之间量（大小）的制约关系。显然，我们可以用概念与内涵的反变规律来分析命题的内部关系。在命题的种属关系中，属概念描述的是它所包含的种概念所共有的性质，是属概念反映之对象的本质属性。在属概念的本质属性确定之后，它所包含的种概念也就随之确定了，种概念的全部构成了属概念的外延。显然，属概念外延之大小仅由其自身的本质属性决定（它不是种属关系讨论的对象），与种概念内涵与外延之变化无关。属概念的外延构成了一个集合，根据概括原理，这个集合的元素完全由其种概念构成。按照之前的假定，这个集合是非空的，因此它至少有一个构成元素。如果这个集合只有一个构成元素，那么属概念与种概念之间存在包含关系，即属概念的外延大于种概念的外延。由于种概念包含属概念的所有性质，而属概念只包含种概念的某些性质，可以得出：种概念的内涵大于属概念的内涵。因此在种属关系中，概念的内涵与外延的变化关系符合反变规律。或许有人会提出，任何一个概念，如果不考虑种属（包含于）关系，难道就不满足反变规律吗？在上面的讨论中，我们已经明确了反变规律是两个具有相似且受包含（或"包含于"）关系约束的概念之内涵的量的变化导致外延的量的变化规律。当仅从一个概念来讨论这个问题时，由于这个概念自身无所谓变化（否则就不再是讨论一个孤立的概念），也没有比较对象，在这样的条件下讨论两个概念之间内部结构的变化关系没有意义。此外，我们还可以利用约束条件的强弱来阐释概念的反变规律。根据概括原理，如果存在一个概念集合，那么只有具有相同性质的概念才能成为这个集合的构成元素。又根据外延原理，集合的外延之大小取决于它所包含的元素的多少，即取决于概念所涵盖的反映其所包含之对象的概念的多少。概念涵盖的反映其所包含之对象的概念的多少，由对象必须满足的条件之强弱来决定。条件越弱，则满足条件的对象越多；反之，条件越强，则满足条件的对象越少。限制概念对象的条件是由概念的内涵（本质属性）决定的，概念之内涵包含的内容越少，则限制条件越弱；反之，它所包含的内容越多，则限制条件越强。❶ 因此，概念的外延随着内涵变化而变化，内涵越大，其外延越小；反之，内涵越小，则外延越大。由于一个概念（集合）和构成它的外延的概念（构成元素）之间存在包含关系，这个概念的外延大于任何一个作为构成其外延之概

---

❶　由此可见，集合的概括原理和外延原理分别是集合之构成的质的规定性和量的规定性的基本原理，是所有集合及其构造必须遵循的。

念的外延，而作为构成其外延的概念之间又存在并列关系，因此这些概念又含有彼此区别的质的规定性，或者说，这些作为构成其外延的概念的内涵大于这个概念的内涵。显然，这个概念和任何一个作为其外延之构成的概念之间内涵与外延的变化遵循反变规律。这个概念与作为其外延之构成的概念不仅存在包含关系，而且存在相邻关系，因此我们可以用命题来描述它们之间的属种关系。在一个种属关系中，属概念 C 的外延可以用集合表示为 $X = \{x \mid x = a\}$，种概念 x 的外延可以用集合 Y 表示为 $Y = \{y \mid y = a+b\}$，y 是具有性质 $a+b$ 的概念，也是概念 x 的所有种概念；其中，属概念 C 的外延 X 由满足条件 a（具有性质 a，它是概念 C 的本质属性）的元素（概念）x 的全体构成，种概念 x 的外延 Y 由满足条件 $a+b$（具有性质 $a+b$，其中性质 b 是概念 x 的本质属性，它是在对种概念 x 的定义中通过种差以相邻属概念 C 的限定条件的形式引入的，是概念 x 区别于概念 C 的本质特征）的元素（概念）y 的全体构成。[1] 如果我们把属概念 C 和种概念 x 的关系，看作概念 C 到概念 x 的变化，这样就把概念的种属（包含于）关系理解为概念随着约束条件（内涵）的变化而变化的关系。假定条件 a（概念 C 的本质属性）是由概念 c_1 决定的，条件 $a+b$ 是由概念 c_2 决定的，由于概念 c_1 比概念 c_2 更抽象，或者说，概念 c_2 比概念 c_1 有更多的内容，即条件（内涵）a 比条件（内涵）$a+b$ 更弱（更大）。但是，条件越弱，能够满足它的概念就越多，因此按照概括原理构造的集合所包含的元素就越多，它的外延就越大；反之，它的外延就

---

[1]　概念 x 的外延由所有满足条件 $a+b$ 的概念 y 构成，即构成概念 x 的外延的集合的元素（概念）都具有性质 $a+b$。但是，a 和 b 并不是两个彼此独立且相互无关的性质，否则概念 y 就可以分解为两个概念 y_1 和 y_2，它们分别具有本质属性 a 和 b。根据概括原理，具有本质属性 a 的概念 y_1 与概念 C 是同一概念，而具有本质属性 b 的概念 y_2 是与概念 y_1 或概念 C 并列的概念。这显然与我们讨论的概念 C 与概念 x 的关系不符。这里，a 和 $a+b$ 是基于构成理论的另一个概念体系的概念描述的概念 C 和概念 x 的性质，例如著作权 C 是基于作品 a 形成的知识产权，文学作品著作权 x 是基于文学作品 $a+b$ 形成的著作权，著作权 C 与文学作品著作权 x 之间是包含关系，作品 a 与文学作品 $a+b$ 也是包含关系，它们是构成同一个理论的两个彼此独立但相关的概念体系中的概念，这个问题在理论的结构分析中已经作了详细的阐释，此处不再赘述。因此，在种属关系中，概念的内涵也是建立在一个概念体系上的，并随着主要概念体系从抽象到具体的发展，为其内涵提供依据的次要概念体系中的概念也相应地从抽象过渡到具体。由此可知，为性质 a 和性质 $a+b$ 提供依据的概念存在包含关系，如果设 c_1 是为性质 a 提供依据的概念，c_2 是为性质 $a+b$ 提供依据的概念，那么它们之间存在关系：c_1 包含 c_2。在我们通过概念 c_1 的性质来描述概念 c_2 时，在描述 $a+b$ 的短语中，b 仅仅起到限定 a 的作用（由此增加了概念的内涵），从而表达 $a < a+b$ 的关系，而不能表达成 a 与 b 是并列关系。

越小。❶ 需要强调的是，在上面的讨论中揭示了一个规则，即通过概念的内涵可以改变其外延的大小，但是通过改变外延的大小不能改变其内涵的大小。也就是说，我们可以通过排除法改变概念的外延❷，但并不因此而改变概念的内涵，内涵的改变必定是其本质属性的改变。此外，我们可以通过排除法缩小概念的外延，但不能用增添法扩大概念的外延，因为通过这样扩大外延得到的概念所表现的对象的性质，不能满足概念本质属性确立的限制条件，所以增加的概念不是这个概念集合的元素。由此可知，在理论的创建过程中，正是我们违背了这个规则，随意扩大概念的外延，才使得作为理论的概念体系中出现了奇点和概念孤岛，导致了概念的不连贯（不一致）问题，这也是我们不赞成在理论构建的过程中随意添加特设的理由之一。

概念的外部结构是指概念之间的关系，或者说，是指概念外延之间的关系。❸ 概念之间的关系可以分为两类，一类是相容关系，另一类是不相容关系。

相容关系是指概念之间至少有部分外延重合而形成的关系，它包括全同关系、交叉关系。全同关系也称作同一关系，它是指两个概念的外延完全重合的关系，可以用集合表示为：$P \supseteq S$ 且 $P \subseteq S$，或者 $P = S$。交叉关系是指两个概念的外延部分重合的关系，可以用集合表示为：$S \not\subseteq P$，$P \not\subseteq S$，且 $S \cap P \neq \varnothing$。在交叉关系中还存在一个特殊关系，即相切关系，它是指两个概念的外延只有一个元素 e 重合的关系，用集合表示为：$S \not\subseteq P$，$P \not\subseteq S$，且 $S \cap P = e$。

在概念的关系中，属种关系或种属关系也被归入相容关系的一类。属种关系也称包含关系，它是指概念 P（属概念）的外延包含概念 S（种概念）的外延的关系，可以用集合表示为：$P \supset S$；这一关系也可以表述为种属关系，也称作包含于关系，它是指概念 S（种概念）的外延包含于概念 P（属概念）的外延的关系，即 $S \subset P$，属种关系和种属关系是同一关系的不同

❶ 由于概念之内涵和外延的关系是蕴含于包含关系中的，即假定内涵是概念 C 的本质属性，那么构成概念 C 的外延的所有元素就是包含有这个性质的所有概念，构成这些概念的内涵既包含概念 C 的本质属性，又有比之概念 C 的性质更多的性质，因此所有构成概念 C 的外延的概念在内涵上都比概念 C 多，同时它们又都包含在概念 C 中，外延必然小于概念 C，因此概念内涵和外延的反变关系只有在包含关系中讨论才是有意义的。

❷ 这是通过特设来实现的，根据某一特设在一个概念中人为地排除这一概念所包含的某些内容或项（构成这个概念的外延的某些概念），这就是逻辑上常用的限定概念外延的排除法。

❸ 在"理论结构分析"一节中，我们讨论了结构的内在相关性和外在相关性，归根结底这些相关性是相对于概念而言的。如果我们所讨论的对象是两个概念之间的关系，那么这个关系就是概念外延之间的关系，也就是概念的外部结构所呈现出的外在相关性；如果我们所讨论的两个概念，一个概念是另一个概念之限制条件的构成元素，或者是描述概念的性质的短语的构成元素，那么这个概念就只能作用（改变、影响、限定）于另一概念之内涵或外延上，在形式上表现为概念之间的内在关联性。

表述。

　　不相容关系是指概念外延相斥所形成的关系，它包括矛盾关系、反对关系和并列关系。这些关系都是在一个更抽象的概念之下两个或者两个以上概念之间的关系，因为它们不只是同一抽象层次的概念之间的关系，还有与包含它们的概念之间的关系。矛盾关系是指两个种概念 S 和 T 的外延相斥，且它们的和等同于包含它们的概念 P 的外延，用集合表示为：$S \cap T = \varnothing$，且 $S \cup T = P$。反对关系也称作对立关系，它是指概念 P 的两个概念 S 和 T 的外延相斥，且它们的和包含于概念 P 的外延之内，可以用集合表示为：$S \cap T = \varnothing$，且 $S \cup T \subset P$。并列关系也被划分为相容的并列关系和不相容并列关系，不相容的并列关系是指概念 P 包含的多个概念的外延互斥，且它们外延之和包含于概念 P 的外延之内；相容的并列关系是指概念 P 的多个种概念的外延之间部分重合，且它们的外延之和包含于概念 P 的外延之内。显然，矛盾关系和反对关系是不相容并列关系的特殊情况。需要说明的是，作为概念的集合，并列关系的这个划分未必合理。因为在概念的集合中，任何一个概念 P 包含的概念都分别是由其各自的本质属性作为区别于其他同一抽象层次之概念的质的规定性的那些概念，那么根据概括原则和外延原则，概念 P 中的元素或者具有区别于其他 P 的构成元素的某一性质，或者不具有这一性质，由于本质属性是概念之间的质的区别性，概念中的元素不可能既是具有某个性质的元素，又是不具有这个性质的元素。也就是说，在包含于属概念的种概念中，不存在外延重合的可能性，因此不存在相容性并列关系。由于这个原因，我们不对并列关系进行划分，并列关系是而且只是不相容的并列关系。

　　在概念的不相容关系中，我们似乎还遗漏了一种关系，即全异关系。所谓全异关系，是指概念 S 的外延和概念 P 的外延之间不相重合的关系，它可以用集合表示为：$S \cap P = \varnothing$。显然，如果概念 S 和概念 P 都是包含于另一个概念 T 的两个概念，那么在这个约束条件下，概念 S 和概念 P 可能构成之前讨论的并列、反对或者矛盾关系。如果没有这个约束条件，那么这两个概念之间没有任何关系。我们假设 $S = \{ x \mid x = f(x) \}$，$P = \{ y \mid y = g(y) \}$；其中 f 和 g 表示两个完全无关的性质，那么就有概念 S 和概念 P 是全异关系，它描述了两个彼此独立无关的概念。

　　上一章我们主要讨论的是理论的体系结构，它是从整体结构上对理论体系的论述，所关注的是理论形式内容；这一章主要讨论的是概念和命题的形式内容，它的根本在于阐明理论中的概念需要遵循逻辑上的基本规律（同一律、排中律、无矛盾律和充足理由律）的问题，由于这些问题主要出现在概念的表达、陈述上，因此我们并没有刻意地区分在心理状态下和在物理状态下这些问题的不同，除非特别说明，一般都是讨论在物理状态下概念、语词和命题以及它们之间的关系问题。为了解决上述问题，我们在这部分的讨论主要围绕着三个问题展开：其一，语词选择的合理性问题。这个问题与特定人群（社会共同体）、语言环境、语用习惯和语用条件相关。从理论上讲，语词作为语言符号其选择没有限制，但是在上述列举之特定的条件下，语词的选择却是受到限制的，而非如一些人所认为和所作为的那样。其二，命题的结构和构造。这里主要讨论了判断和命题的关系，通过性质判断和性质命题之间的关系阐释了命题的一般意义，即通过以短语的形式描述的反映被解释的概念呈现出的现象形成的概念（表现为被解释概念的性质）为标示被解释之概念的语词赋值；然后讨论了关系判断与关系命题之间的关系，阐释了通过一个概念认识、理解和界定另一个概念的可能性，在此基础上引入并且讨论了在逻辑上命题之构造方法、关系定义；由此为理论在结构上的合理性从命题构造的层面上提供了支持。其三，概念的结构，包括概念的内部结构和外部结构。通过内部结构内涵和外延的关系，否定了通过概念之外延改变其内涵的可能性，从而否定了通过增加特设来扩大外延的合理性问题，以及通过特设缩小外延来限定概念适用范围在整个理论中的同一性问题，这样不仅明确了特设的应用，也尽可能避免了概念可能出现的二义性问题。在一个理论体系中的所有概念，不论标示它的语词是否唯一，也不管表述它的短语是否相同，它的内涵和外延都是相同的，满足逻辑上的同一律和无矛盾律。通过概念的外部结构，我们的目的在于阐明满足什么条件才能够保证概念体系在结构上的无矛盾性，显然它所涉及的是概念之间的关系，是概念的外延之间存在的关系。在一个概念体系中，只有满足了逻辑上的规范性，才能达到结构上的合理性。如果我们仅讨论了理论在结构上的完备性和相容性，并不等同于这个理论（概念体系）在形式上的合理性[1]，它还要求构成理论的概念满足一致性条件，至于如何保证构成理论的概念能够满足一致性条件，则是这部分讨论解决的问题。只有一个理论在形式上满足了（结构上的）完备性、相容性和（概念上的）一致性，这个理论才具有形式上的合理性。需要注意的是，不论是命题还是理论，形式上的合理性与是否被承认或可接受是两回事，也与它的真假无关，这是下面将要讨论的问题。

---

[1]　在第二章第二节的"理论结构分析"中，图 2-5（c）列举了一个完备且相容的概念体系，但是在形式上却不具有合理性。

第四章　命题的真假

　　根据之前的讨论，理论是人们对于对象引起的问题提出的尝试性解答，因而它只是一个假说。之前，我们主要讨论了理论、命题和概念在形式上的合理性以及与之相关的条件，包括在结构上的完备性和相容性，以及在概念上的一致性（包括概念在逻辑上的同一性、无矛盾性和连贯性）。但是，即便一个理论在结构上是合理的，也并不等同于它在内容上可以被认同或接受，因为它毕竟只是人们在有关对象之认识的基础上对其产生的问题提出的尝试性解答，因此也就产生了以下争议：其一，理论是否存在真假问题？这是当前在西方哲学界颇有争议的问题。如果理论没有真假问题，那么人们是基于什么理由认同、接受一个理论的？其二，如果理论有真假问题，那么理论真假的判定标准是什么？其三，如何来判定一个理论的真假问题？对于这些争议问题，目前尚未有一个能够被普遍接受的解答，或许在哲学上这本就是一些无解的问题，因此这里的论述也只是一家之言而已。

一、理论之真假问题讨论

　　一直以来，"真理"概念在西方哲学中都占有非常重要的位置，但是随着实用主义哲学的兴起，这个概念却受到了质疑。那么是否存在"真理"概念呢？是否存在绝对真理和相对真理的区分呢？在真理这个论域中，知识、理论和命题又会存在什么关系呢？毕竟在这里我们已经把视角从它们的形式转向了它们的内容，或者说，我们能否从其内容真假的意义上重新审视它们之间的关系呢？实用主义哲学对"真理"的阐释能够成立吗？这些是我们接下来试图解答之问题。

（一）语词"真理"之分析

"真理"一词在我国哲学、逻辑学、语言学等学科中是一个非常重要的概念。根据《中国大百科全书·哲学（Ⅱ）》中对于"真理"词条的解释❶，汉语中"真理"一词最早出现在南朝梁代，是被用于佛教教义中的语词；只是到了近现代，这个语词才被用在哲学、逻辑学、语言学等学科中，作为标示特定概念的术语。例如，在认识论中，"真理"一词表示"与谬误相对立的认识论范畴，指认识主体对存在于意识之外，并且不以意识为转移的客观实在的规律性的正确反映"❷。在这里所讨论的汉语语词"真理"，其所指与中国古汉语中的佛教教义没有任何关系，而是被用来标示从西方学术界引入的、与英语语词"truth"相对应的概念。在西方的学术用语中❸，尤其是在哲学（包括认识论、逻辑哲学、语言哲学等学术领域）中，英语语词"truth"是一个非常重要的基本概念，它的出现可以追溯到古希腊时期，而由它所产生的问题和争论一直延续至今，形成了既有区别又一脉相承的各种不同的理论体系和观念。既然汉语中的语词"真理"和英语中的语词"truth"具有相同的所指，那么这两个分别在不同的语言体系中的语词之间的关系应该是清晰、明确的，它们之间的互译和转换关系也应该是确定、准确且不会产生多义性的。然而，实际情况却完全不同。在我国的哲学译著中，当把英文中的语词"truth"译成汉语时，不仅不同的学者之译法不同，即使相同的学者在不同的译著甚至同一译著的不同之处所选择的与之对应的汉语语词亦有所不同。"它的译法有：'真'，'真性'，'真理'，'真实性'，'真理性'，'真值'，'为真'，'真理概念'，'真错'，'正确'。"❹ 显然，与英

---

❶ 中国大百科全书编辑委员会. 中国大百科全书·哲学（Ⅱ）［M］. 北京：中国大百科全书出版社，1987：1155f－1157d.

❷ 中国大百科全书编辑委员会. 中国大百科全书·哲学（Ⅱ）［M］. 北京：中国大百科全书出版社，1987：1155f.

❸ 由于在英语中，"truth"一词的使用并不仅限于哲学，在逻辑学、语言学和其他社会科学中也都是非常重要的概念，我们把它作为"学术用语"，而不限于某个特定的学科。

❹ ［美］W. V. 奎因. 真之追求［M］. 王路，译. 北京：生活·读书·新知三联书店，1999：译者序，5.

语语词"truth"相对应的这些汉语语词在词义上并不相同,甚至有些完全不同,这就使得我们在把英语语词"truth"译成汉语时,不可避免地会产生模糊和混乱。即使把英语语词"truth"的译法限定在最常用的"真理"和"真实性"的范围内,但是由于汉语语词"真理"和"真实性"的词义不同,当这两种译法出现在同一部译著中时,依然会影响到人们对于原著的理解,这样不仅有可能导致对于原著的误读、误解,而且给学习、了解和研究西方学术思想和发展增添了困难。❶ 问题在于,如果在汉语中的语词"真理"与在英语中的语词"truth"有着相同的所指,那么在它们之间出现这种混乱的转换关系和多义性的原因是什么呢?为了解决这个问题,我们或许应该考虑以下三个问题:其一,在汉语中"真理"一词的所指是什么,以及这个概念的提出是否具有合理性的问题;其二,在英语中"truth"一词的所指是什么,以及我国学者对它的理解是否恰当的问题;其三,应该如何解答汉语中"真理"概念与英语中"truth"概念之间的转换关系问题?它所涉及的是翻译问题还是认识问题?

在我国学术界,现代汉语中的"真理"一词已经完全失去了其在古汉语中原有的词义,而被用以标示从西方哲学中引入的概念。既然"真理"一词的词义源自于西方哲学,那么就有必要明确在汉语语言体系中这个词的所指,从而为进一步讨论汉语语词"真理"和英语语词"truth"的关系奠定基础。为了不失一般性,我们选择《中国大百科全书·哲学(Ⅱ)》中对"真理"词条的解释作为分析的对象。根据该词条的解释,真理是指"认识主体对存在于意识之外,并且不以意识为转移的客观现实的规律性的正确反映"。对这个解释可以分析如下:首先,由这个解释不难看出,这是一个二元论的真理观。根据这个观点,在认识论中"真理"概念是建立在"认识主体"和"认识对象"这两个基本概念划分的基础上的。在这个划分中,"认识主体"特指作为个体的具有思维能力的人,因为只有作为个体的具有思维能力的人才能够从事智力活动,才能够认识、反映与之相对应的认识对象;"认识对象"是指外在于人的、不以人的意识为转移的客观存在(这个解释中的"客

---

❶ 关于西方哲学中的基本概念"truth"在译成汉语语词时所存在的问题和呈现出的乱象,读者可以参看上引文献(王路译著《真之追求》)中的译者序的第二、三部分(第 5 - 13 页),其中译者通过大量翻译实例有理有据地分析、探讨了相关问题,以及由此产生的对西方学术著作之学习和理解的困难。

观现实")。❶ 因此，在二元论真理观中，在真理概念中不会反映与智力活动相关的内容。其次，真理不是认识主体对于外在于人的客观存在（客观现实）的反映，而是对它随着时空和环境约束变化而呈现出的"规律性"的概括。需要说明的是，在这个解释中的"规律性"之表述不当，它混淆了概念"规律"和"规律性"。"规律性"是指描述客观规律的性质，它是指以言语或文字的形式表现认识主体对于客观规律反映形成的概念的表达方式，因此它是客观存在的规律在人脑中的反映形成的观念而不是客观规律；客观存在的规律是指一个客观存在自身所具有的、不以人的意识为转移的运动（变化），它是由一个客观存在在发生、发展和消灭的过程中随着时空和环境约束的变化而呈现出的连续变化的现象构成的。这一连续变化的现象通过主体的认识和概括形成了一个（由性质描述的）概念集合，对这个概念集合进行高度抽象概括所得到的描述这个集合自身的概念，就是这个客观存在自身的运动规律在认识主体的意识中的反映，再以性质作为表现手段对这一抽象概念的描述，就是这个客观存在不以人的意识为转移的运动之规律性，它概括地描述了一个客观存在在存续期间内的运动呈现的连续变化的现象在人脑中的反映❷，从而构成了一个客观存在随着时空和环境之约束而变化的性质。因此，在这个解释中，真理是对客观存在之运动呈现出的连续变化的现象在认识主体的头脑中的反映所形成之抽象概念的高度概括，而不是对这个客观存在的某一个固定时刻呈现出的孤立的现象（单纯地对这个客观存在自身的某个性质）的描述。再次，由上面两点不难得出结论：真理不包含思维规则，也不包含逻辑规则、数学规则❸和语言规则（包括形式语言规则和自然语言规则）。因为这些或者是认识主体在从事智力活动时必须遵循的规则，或者是共同体成员约定共同遵守的（以这个共同体成员的共同意识为转移的）规则，或者是在一个公理体系中基于选定的公设得到的定理，然而它们都不能满足在"真理"概念解释中的"存在于意识之外，并且不以意识为转移的客观现实之规律性"的要求，所以不是我们讨论之真理概念所包含的内

---

❶　这里我们不涉及也不讨论哲学上的一元论（世界归结为一种本原，或者是物质的，或者是精神的）和二元论（世界有两个彼此独立本原，即精神和物质），因为关于这个问题的讨论与我们分析真理概念没有直接的关系。

❷　一个孤立的客观现象是不能呈现出客观事物存在、发展、变化的性质（所谓"规律性"）的，因为它只是客观事物在一个特定的时刻上呈现出的现象，这个现象可以反映客观存在在这一时刻所表现出的性质，却不能反映这一客观存在在一个期间内随时间发生、发展和变化的"运动"性质。

❸　虽然笔者个人认为数学只是形式语言的一种，但不能奢求这个观点能够被普遍接受，因此考虑到它在学术研究尤其是在自然科学研究中的重要作用，还是决定把它单列出来。从笔者个人的观点来看，这样也许不合理但却可以减少一些不必要的争论。

容。继而，根据"真理"概念的解释，真理是指客观现实之变化规律在人脑中的反映。显然，客观现实的变化规律本身也是客观存在。尽管客观现实的变化规律受时空和环境的约束，但它不以人的意识为转移，这是它的客观性的显著征象。需要注意的是，真理是这个客观存在在人脑中的反映，因此它是主观的，是由人的意识所决定、随着人的意识的转移而变化的。认识对象的客观性不能改变或者影响它在人脑中反映的主观性，而任何客观存在在人脑中反映的主观性也不改变或者影响认识对象的客观性，它们不在同一个时空内，不存在直接的相互作用和影响。因此，从根本上讲，"真理"只是客观存在（在特定空间中的客观现象随时间变化的规律）在人脑中反映形成的观念（概念）。由于这个观念是通过言语以性质的形式描述的，因此才被称为客观现象的"规律性"，以凸显它作为"性质"的表现。最后，根据这个解释，"真理"不能被理解为认识主体对于认识对象（客观现象的规律）之所有反映形成的观念，而只是那些正确反映认识对象所形成的观念。然而，当我们以"正确的"来限定"反映"时，也就肯定了"真理"是具有主观性的。❶ 这样我们就把这一反映特定类型之对象的观念分成了两类，一类是被称为"真理"的正确观念；另一类是被称为"谬误"的错误观念。但是，"只要涉及真理和谬误，就必须涉及判断"❷，这就需要引入新的讨论对象，即判断的对象和判断的准则。也就是说，当我们在这个解释中引入限定词"正确的"之后，也就同时引入"什么是正确反映"，以及如何判定的问题。然而这些问题已经超出了现在讨论的范围，之后在适当时再作详细的论述。综上所述，在汉语中的语词"真理"的含义和所指可以概括如下：其一，真理是概念❸，它是用言语（或文字）形式表现的命题或命题的有序集合（理论）。其二，构成真理的概念是对客观存在之变化规律的反映，而不是对这个客观存在的反映。也就是说，真理描述的客观对象受到了两个基本约束：一个是必须具有客观性，另一个是它被限定为只是客观存在的规律。因此它所涉及的范围非常狭窄，不仅不包括所有主观的东西（包括所有思维、逻

---

❶ 既然"真理"是对客观现象之演变规律的正确反映，也就暗含了还有一类相应于同一认识对象的错误的反映，因此真理必然是主观的。因为只有主观的意识才有正确与错误的区分，而对于客观对象只有存在与不存在之分，没有正确与错误之别。就客观对象而言，讨论其本身并不具有的正确和错误的性质没有意义。

❷ ［美］托马斯·E. 希尔. 现代知识论［M］. 刘大，李德荣，高明光，等译. 北京：中国人民大学出版社，1989：11.

❸ 如果认识主体对认识对象的反映没有形成观念，那么这种反映是模糊不清、不可言说的。既然真理是可以表述的，那么它必定是已经形成的、可以言说的概念。

辑、语言、数学、博弈等规则，它们是人脑对客观存在的反映），也不包括
认识主体对于客观对象（而不是这个对象的运动）的反映。其三，构成真理
的概念一定是正确的。也就是说，它只是那些对于客观对象（变化规律）的
正确反映；与"真理"相对应的概念是"谬误"，它是指对于客观对象的错
误反映。

在英语中，语词"truth"与汉语语词"真理"相关的词义可以有以下几
个解释❶：其一，"truth"与汉语中的"真、真实、真相""真实性"等语词
相对应，例如，《朗文当代高级英语辞典》的释义："the true facts about some-
thing, as opposed to what is untrue, imagined, or guessed"，"the state or quality
of being true"；❷ 又如，《韦氏大词典》的解释："the state of being the case"；❸
英语辞典的这些解释显然是对语词"truth"之基本词义的解释，它们相对于
汉语中的语词"真"或"真实性"而非"真理"，用以标示性质而非具体的
对象，例如"红（色）""广延""冷""正确""错误"等，也就是说，这
个语词标示的不是描述客观存在之运动规律的概念或者概念的有序集合。因
此，在英语语词"truth"的这一释义下，将其译成汉语中的"真理"是不恰
当的。其二，"truth"与汉语语词中的"真理"直接相对应。例如，在《朗
文当代高级英语辞典》中，把"truth"解释为"an important fact or idea that
is accepted as being true"。需要注意的是，语词"truth"的这一释义特别注明
了它一般用于这个语词的复数形式"truths"，它并不是我们所讨论的符号串
"truth"而是符号串"truths"，因此不能想当然地认为可以用"truths"来替
换"truth"而与汉语语词"真理"直接建立起对应关系。其三，"truth"与
汉语中的短语"真的命题"相对应。例如，在《韦氏大词典》中对"truth"
的释义："the body of true statements and propositions""the property（as of a
statement）of being with fact or reality""a judgment, proposition, or idea that is
true or accepted as true"。在这三个释义中，前两个都涉及了"陈述（state-
ments）"的真，因此可以把它们理解为"真的命题"。在第三个释义中，语
词"判断、主张、观念"似乎与汉语中的"命题"没有直接的关系，但是只
有相对于他人的判断、观念和主张才会涉及真假问题，因此就需要以命题的
形式把它们表达出来，从而建立起与汉语中的短语"真的命题"相对应的关

---

❶ 在下面的列举中，仅列举英语辞典中与我们讨论之"真理"一词相关的英语词汇"truth"的
词义，与之无关的词义则不作为列举之对象。

❷ 参见《朗文当代高级英语辞典》（英英、英汉双解）缩印本词条"truth"之释义。

❸ 参见《韦氏大词典》（*Merriam – Webster Elementary Dictionary*）中词条"truth"释义。

系。如果我们把英语语词"truth"根据其释义理解为汉语中的短语"真的命题",并把汉语语词"真理"也理解为"真的命题",从而在英语词汇"truth"和汉语词汇"真理"之间建立起关系,那么这样的转化和对应关系成立吗?首先,在汉语中的短语"真的命题"并不等同于"真的理论",因为理论是由命题构成的系统,但不是一个孤立的命题。其次,一个理论真的必要条件是构成这个理论的所有命题真,但是构成理论的所有命题真并不能够必然得出这个理论真的结论。因为相对于理论的真而言,构成它的命题的真是必要的但不是充分的,除非构成这个理论的体系结构具有合理性以及构成它的概念满足一致性条件。最后,虽然短语"真的命题"不能等同于"真的理论",但是这并不等于说汉语中的"真理"一词没有"真的理论"之含义。汉语中所谓之"真理"是指反映客观现实之规律的观念或者观念集合,对于这一规律的描述既可以是一个抽象的命题,也可以是基于合理的结构构建起来的命题系统,因此汉语中的"真理"一词既可以标示短语"真的命题"也可以标示短语"真的理论"。既然理论的真以命题的真为必要条件❶,那么我们可以把理论真的问题归结为命题的真的问题❷。

显然,如果我们把英语语词"truth"解释为"真的命题",那么由于汉语中的"真理"一词所涵盖的范围远远小于短语"真的命题"所涵盖的范围。也就是说,它们不是相应相称的,因此需要或者选择之前在汉语中界定的"真理"概念,或者选择短语"真的命题"作为限定条件,以便确定英语语词"truth"和汉语语词"真理"相对应的条件和范围。假设以汉语中的"真理"作为限定条件,那么就会存在以下问题❸:其一,由于"真理"所反映的对象是外在于人的、不以人的意识为转移的客观现实之变化、运动的规律,它的范围就受到了极大的限制。只有作为客观现实之运动规律的客观存

---

❶ 这个条件也可以称为理论真的实质构成条件。理论在满足必要条件的同时也满足其真的充分条件,也称作理论真的形式条件,即"构成理论之结构具有合理性及其构成之概念具有一致性",才能够判定理论"真"。理论的真的充分条件也就是所有的概念必须是逻辑上真的,因为只有理论在结构上是合理的,它的所有概念才有可能是逻辑上真的。

❷ 把"理论的真"简化为"命题的真"的问题,其合理性在于"理论的真"的充分条件与真假的判定无关,因此理论的真假问题仅取决于命题之真假,而不由这个理论形式结构所决定。但是,如果一个概念集合(命题集合)不能满足形式条件的要求,那么它就不可能构成一个理论,因此也就没有判定真假的对象了。

❸ 这里所讨论的问题,实际上是我国学术界对"真理"概念认识所存在的问题。由于英语语词"truth"可以用汉语短语解释为"真的命题",而汉语语词"真理"也有明确的定义(详见《中国大百科全书·哲学(Ⅱ)》有关"真理"词条的解释),这样我们既可以选择用真理的定义界定短语"真的命题",也可以用短语"真的命题"界定"真理",但是选择不同,"truth"的解释和适用范围也不同。

在才是真理反映的对象，因此大部分自然科学和社会科学的研究对象，只要它们不是客观现实运动规律之呈现，就与真理描述的概念无关。如果按照这样解释英语语词"truth"，那么显然与语词"truth"的实际运用范围相去甚远。在西方学术界，许多学术领域都会涉及与"truth"相关的问题，例如形而上学、知识论、逻辑哲学、语言哲学、自然科学、社会科学等。从更为一般的意义上来看，只要命题满足我们选定的"真"的标准，则这个命题就是真的。因此，语词"truth"和短语"真的命题"的适用范围远远大于汉语语词"真理"的范围。其二，在我国学术界对"真理"概念的界定中，把"真理"限定在人对于客观现实之规律的正确反映的范围内，因此所有不正确的反映都不为"真理"所辖而被称为"谬误"。所谓"对于客观现实之规律的正确反映"，是指任何一个掌握了反映某个客观现实之真理的人，都能够根据这个客观现实当前的现状准确地预测并检验其在将来某个时刻可能呈现的状况，也能够根据当前的状况推断并证实其在过去某个时刻的状况。也就是说，对于相应的客观现实而言，反映其规律的真理必须满足具有可预测性的条件。然而，如果一个命题（或者理论）具有可预测性，那么这个命题（或者理论）描述的观念所反映的对象就必然是一个在时间上可逆的系统，因为只有在时间上可逆的系统，描述它们的命题（或者理论）才是可预测的。然而，在时间上可逆的系统一定是线性系统，因为时间上的可逆性是线性系统的特征，或者说，任何非线性系统都不具有这样的性质。❶ 线性系统只可能出现在系统的平衡态或者近平衡态❷，而非线性系统则仅可能出现在系统的非平衡态。由于系统的发展是趋向于非平衡态的，在这个状态下，系统才能演化、形成新的系统，除非即将消灭的系统，其他系统都不可能永远处于平衡态或者近平衡态。也就是说，系统总是在线性和非线性之间转换，系统既

---

❶　在时间上可逆的系统（这里所谓系统包括构成"世界"的所有客观存在，而不论它是自然的还是社会的）一定是线性系统，系统在时间上的可预测性或者可回溯性都是线性系统的特征。对于一个线性系统而言，系统在每个时刻的状态都是确定不变的，即在理论上可以用一个线性关系来描述系统状态随时间的变化。因此，我们可以根据"正确的"描述这个系统的理论，从当前向后选定任意一个时刻确定并验证其当时的状态，这就是这个理论的可回溯性；同样也可以从当前向前选定任意一个时刻并预测系统可能的状态，而且这个状态是可以检验的，这就是这个理论的可预测性。

❷　前面我们已经讨论过，系统的平衡态是一种极端状态，它表现为一种完全的线性关系，但是处于这种状态的系统只有一种可能的发展趋势，即随着时间而渐变并最终进入死寂状态；系统的另一个极端状态是非平衡态，在这种状态下系统是一个不可逆系统，表现为非线性关系，因而处于不稳定、不可观和不可控的状态。在这种状态下，系统随着时间而发生突变，并通过自学习、自组织和自创造功能演化出新的系统，但是系统发展演化的最终结果是随机的、不可预测的；在这两种极端状态之间的是近平衡态，它是一个近似的可逆系统，处于向非平衡态发展之不稳定但可控的状态，因此人们通过干预（所谓"控制"）使系统尽可能地接近但不进入平衡态同时又远离非平衡态。

不可能永远是线性的也不可能永远是非线性的。由此可见，对于客观存在（包含客观现实）之（运动）规律的反映只有在系统的平衡态和近平衡态才可能出现，至于其正确与否则不仅是有条件的（正确仅存在于假定的理想条件下）而且是不能完全确定的（处于近平衡态）❶，因此对于"真理"之"正确性"反映的要求进一步限定了其所辖之范围。其三，与对客观规律之反映的正确性相关联的真理的另一个性质是它的客观性。在我国学术界尤其是哲学和社会科学领域，认为真理是客观的（或者表述为"真理具有客观性"）。所谓真理的客观性，是指"在实践的基础上人们的思维能够正确地反映客观实在，客观实在是人们思维的内容，它具有不依赖于主体，不依赖于人类的客观性""人的认识就其形式来说是主观的，就其内容来说则是客观的。当人们说某种认识是真理的时候，正是指这种认识具有不依赖于人或人类的客观内容"❷。

对于真理的客观性问题可以讨论如下：首先，这一有关"真理"的论述混淆了对象的客观性和认识的主观性。任何对象的客观性都不可能使得认识结果具有客观性。虽然被认识的客观对象可以是不依赖于主体、不依赖于人、不依赖于人类的存在，但是人的认识和最终形成的观念是必定依赖于人的、存在于人脑中的、人对于对象的认识结果，因此它必定是主观的，是依赖于认识主体才可能存在的。换言之，人对于客观对象的认识、反映形成的观念只能是主观的，因为人的观念是存在于人脑中的有关（客观或主观）对象形成的意识，所以它必定是主观的。其次，"真理"的内容具有客观性的观点模糊了对象的形式和内容之间的关系。事实上，根本不存在一个东西，其形式是主观的，而内容却是客观的。持这一观点的人忽视了这个内容不是被认识的客观对象而是人们对它的反映在头脑中形成的观念。人对于对象的反映最终归结为人对于对象的性质、形态以及它是什么的判断，在这个判断的过程中，人将其主观性附加于其上，从而使得判断的结果不可避免地烙上判断者的主观印记，因此它一定是依不同人的意志而转移的主观观念，至于它是否反映了客观对象，以及它的反映是否正确，既与其内容之主观性无关，也不能改变其内容之主观性。显然，这只能是一些人虚构出的东西。凡是人的

---

❶ 系统处于近平衡态时，它只是近似于一个线性系统，因此在某一特定时间间隔反映这个系统运动规律的观念的正确性是有条件和不确定的，基于这个观念形成的理论的可预测性是非常弱的，甚至根本不具有这一性质。

❷ 中国大百科全书编辑委员会. 中国大百科全书·哲学（Ⅱ）[M]. 北京：中国大百科全书出版社，1987：1156e.

思想、观念、意志和判断都是在人脑中形成的东西，它们必定是主观的，不可能具有客观的性质。最后，如果我们假定真理之内容是具有客观性的，是"不依赖于主体、人和人类的"❶，那么真理就不能以观念之正确与否而区别于谬误，因为客观的存在是没有正确与不正确之分的，即我们不能以正确或者不正确来评价客观对象。由此可见，在我们提出"真理具有客观性"之观点的同时也就否定了真理概念。既然在汉语中的"真理"一词不仅在适用范围上与英语"truth"不相应，其本身的解释也难以自圆其说，那么我们只能选择汉语中的短语"真的命题"与英语语词"truth"相对应，即我们暂且把英语语词"truth"转换为汉语"真的命题"，而不是"真理"❷。

命题的真（作为与"真的命题"同义的短语）是有条件的，在一组给定的条件下命题的真，在另一组条件下可能不真。因为人认识的对象存在于特定的时空中，即使不考虑其他限制条件，人对于对象的认识也必定只限于特定的时空，因而就有了相应的局限性。换言之，不论是认识主体还是认识客体（对象），即便不考虑其他限制条件，只要他（它）们受时空条件的约束，那么主体对于客体之认识所形成的概念的真就只能是相对的，对这个概念的描述所得到的命题的真也是相对的，这就是国内学界的"相对真理"之所谓。既然有相对真理，那么必然有绝对真理，因为它们是矛盾关系，相对真理只有在绝对真理中才能够显现自身，反之亦然。根据逻辑基本规律，真理的相对和绝对之划分构成了一个二元结构，只要能够论证其中任何一支的合理性，也就论证了另一支以及整个划分的合理性。根据《中国大百科全书·哲学》有关"绝对真理和相对真理"词条的解释，绝对真理是"由无数相对真理的总和构成的"❸，即绝对真理是由无数真命题构成的。问题在于，这里所说的真命题的"总和"是否有结构？如果没有结构，这些真命题只不过是一个真命题无序的无穷集合，这个集合中的每一个真命题都是孤立存在的，因此它的"总和"依然是这个无序、无结构的命题的无穷集合，而不可能构成一个或者（有限可数的）一组绝对真理。如果有结构，那么这个结构具有

---

❶　对象的形式是不能以正确与否来评价的，形式只要适应内容，满足内容的需要，它就是合理的。因此，形式不存在正确与否的问题。

❷　"真理"概念可以作为"真的命题"的一种，但是这需要重新解释"真理"概念而不能沿用之前所引用的解释。

❸　中国大百科全书编辑委员会. 中国大百科全书·哲学［M］. 北京：中国大百科全书出版社，2000：387d－388b.

什么形式和特点，以及它是如何把无穷多个真命题"总和"起来的❶？从前面的论述已知，命题真的相对性是由许多因素决定的，诸如认识对象之时空约束❷、环境约束，对于对象的反映形成的观念之主观性，以及命题描述之观念所反映的对象在时间上是否是可逆的❸等等，那么是否存在无穷多不可数之真命题总和的可能性？如果存在这种可能性，那么这个"总和"的形式和规则是如何确定的？如果确有这样的形式和规则，那么在这个"总和"的过程中导致真理绝对化的因素是基于什么，以及如何发生了这一质的变化，使得无穷多个、不可数的相对真理蜕变成一个或者一组有限可数的绝对真理的？也就是说，它的相对性是如何转化为绝对性的，导致这一转化的原因是什么？如果这些问题不能得到合理的解释和论述，那么仅凭"无数相对真理之总和构成绝对真理"的断言是难以令人信服的。

有关绝对真理和相对真理的一种解释是："绝对真理是人的认识对客观真理的无条件的、绝对的接近；相对真理则表示人们对客观真理的认识具有近似的、相对的、有条件的性质。"❹ 就这种解释而言，绝对真理和相对真理的存在是以客观真理的存在为条件的，绝对真理和相对真理的不同只是表现为与客观真理的关系的不同。由于在前面的讨论中已经论证了，在人的主观认识中不存在"不依赖于主体、不依赖于人、不依赖于人类的"观念，或者说，在人的主观世界中没有任何东西是具有客观性的。在客观世界中的存在的客观性不可能在人的认识过程中转换为人的主观世界中观念的客观性的，因此绝对真理和相对真理的这一解释因失去了"客观真理"之基础而不成立。在人的主观世界中，两个观念之间不存在"接近"或"远离"的关系，更不存在"无条件的、绝对的接近"，以及"相对的、有条件的接近"，因为在人的主观世界中没有空间约束，所以也就没有"接近""远离"这类描述空间关系的语词，或者说，根本不存在通过一个理论与所谓"客观真理"（接近与否）之空间关系来判定其是绝对真理还是相对真理之可能。关于绝

---

❶ 首先需要论证的是无穷多个彼此独立无关的、在一定条件下真的命题（相对真理）可以"总和"成为一个不受任何条件约束（尤其是不受时间和空间条件约束）的真的命题。不论是把"真理"解释为"对客观现实之规律的正确反映"，还是把它解释为"真的命题"，都需要论证这样一个"绝对真理"确实存在。

❷ 时空约束包括认识对象处于在时间上可逆的空间，这是命题真的一个基本约束，是任何命题都不能摆脱的约束条件。

❸ 时空的可逆性是一个基本约束，一个对象在这一空间是否具有可逆性是对象的性质，例如生命现象在可逆的时空中却是不可逆的过程。

❹ 中国大百科全书编辑委员会. 中国大百科全书·哲学 [M]. 北京：中国大百科全书出版社，2000：387d－388b.

对真理和相对真理的另一种解释是："绝对真理是指人的认识对客观世界及其无穷本质完全的、无条件的、绝对正确的反映；相对真理是人的认识对客观及其本质不完全的、近似的、有条件的、相对正确的反映。"❶ 然而，这个解释是建立在这样一个虚构上的，即在世界上存在这样一个人，他对于客观世界及其无穷本质能够"完全的、无条件的、绝对正确的反映"。由于智力活动一定是个人的活动，那么在现实中是否存在这样一个具有无限能力的人：他不仅能够反映整个客观世界和它的无穷本质，而且他的反映还是完全的、无条件的和绝对正确的。❷ 如果不能证明在现实世界中存在这样具有无限可能的人，也就没有了在这个假设条件下的绝对真理。如果对于世界及其本质的认识能够达到完全、无条件和绝对正确的极限状态，那么就不存在任何可能的标准来判定人的认识是否达到了这一状态（因为这个结果之正确的完全、无条件和绝对性，所以它根本不可能在任何状态下显现出来，当然也就不可能被评判）。

还有一种观点认为，真理只有一个，即前述之"绝对真理"；除此之外，只有真命题，即前述之"相对真理"。真命题或者真的知识不能等同于真理，真理只有一个，而真命题却可以有许多。真理的真不受时间的约束，也不随社会的变迁而改变。这种观点把真理界定为人类对于外在于人的具有确定结构的世界的观念以及符合它的文化，这个世界是所有人生活于其中的一个共同的外在世界。❸ 我国著名学者金岳霖先生也持相同观点，在其著作《知识论》中，他把真理描述为知识的极限，是无可再求之止境。真理不仅是指所有可能之真命题的总数，还包括这些真命题之关联而形成的结构。也就是说，真理就是无所不包的、准确度达到极点的、人类能够且已经获得之真命题的总结构。同时，他也明确指出，真命题是知识但不是真理。真理有两个特征，一个是真理的不变性，即"真命题是可以得到的，并且它是日积月累的；它底总结构是至当不移的，不是随历史演变的"❹。因此，"真理根本不能变或根本无所谓变"。另一个是真理的客观性。真理的客观性是由真命题的客观性和总结构的客观性推论所得，金岳霖先生认为："真命题是客观的，不是我们所创造的，也不是我们所能改变的；真理也是客观的，它反映概念和命

---

❶ 中国大百科全书编辑委员会. 中国大百科全书·哲学［M］. 北京：中国大百科全书出版社，2000：387d–388b.

❷ 这或许是人们需要造神的缘故吧，否则就无法提出绝对真理的概念了。

❸ ［英］史蒂文·夏平. 真理的社会史：17 世纪英国的文明与科学［M］. 赵万里，等译. 南昌：江西教育出版社，2002：1–2.

❹ 金岳霖. 知识论［M］. 北京：商务印书馆，1983：951.

题范围之外的整个的客观的实在，它也不是我们所能创造或修改或左右的。"❶ 显然，金岳霖先生混淆了客观存在的客观性和人的观念的主观性，因此才得出了作为描述观念的命题的客观性之结论，任何人通过现象对于客观存在之认识所形成的观念都是主观的，即使这个观念被判定为真的，它依然是主观的、相对的（有条件的）和可以改变的，这个论点已为科学的发展所证实。从真理的客观性来说，金岳霖先生得出了真理不是相对于人类，更不是相对于个人的结论。如果这个论点成立，那么真理就是外在于人的存在，因此它就不可能是由观念、命题、概念或知识所构成（除非把它们与描述它们的、固定在媒介上的符号混为一谈），这样岂不与真理是"概念或真命题的总结构"矛盾？最后，金岳霖先生告诉我们，作为真理的这个概念或真命题的总结构是不可能得到的。总结金岳霖先生阐释的真理的特点可知，真理是客观的、不变的（不受时间约束的）、不是相对于人类的、其构成无限扩大且永不可得。试问，在有人类之前真理这个知识总结构存在吗？它是人能够认识的吗？它又是谁创造的呢？如果这些问题得不到合理的回答，我们又如何去理解真理的这些特征呢？当然，持这种观念的并非只是个别人，其论述也都大同小异。❷ 既然真理是不可得也不可验证的，那么为它增添或者减少几个性质应该不会太难。如果我们否定绝对真理而承认真命题（知识）的存在，是否就会陷入怀疑论和不可知论的泥沼呢？概括地说，怀疑论者对人是否能够获得真命题持怀疑态度；不可知论者则认为客观存在本身（实在，即康德所谓"物自体"）是不可知的，是超越了人的认识能力范围的，人只能够认识客观存在所呈现出的现象，而不能通过现象窥探其本身。显然，是否承认绝对真理的存在与怀疑论、不可知论没有必然的联系，因为不承认绝对真理并不等同于不承认真命题或知识的存在，也不等同于否定人具有通过现象认识事物本质的能力。不承认绝对真理只是不承认一个即便是主张者自己也不能解释、说明的神秘东西而已。否定了绝对真理的存在，真理之绝对与相对的划分也就不存在了，因此也就没有了"相对真理"之概念。❸

总结以上讨论的结果，所谓"真理"，是指"真的理论"，它是由真命题（真的命题）构成的体系。真命题不仅是真的理论构成的基础，也是人类对

❶ 金岳霖. 知识论 [M]. 北京：商务印书馆，1983：951.
❷ ［美］托马斯·E. 希尔. 现代知识论 [M]. 刘大，李德荣，高明光，等译. 北京：中国人民大学出版社，1989：28-29.
❸ 在英语词汇中也有标示绝对真理的语词，即"gospel"或"gospel truth"。一方面，这个语词不是笔者所讨论的语词"truth"；另一方面，这个语词主要用在宗教或日常用语上，不是一个哲学概念，因此不作为笔者讨论的反例。

于客观存在之认识所获得和积累的知识的构成;❶命题的真是相对的、有条件的、受时空限制的，也是可以由人来判定的。但是，在"真理是由真命题构成的体系"的假定下，英语语词"truth"应该如何理解呢？之前为了讨论的需要，我们暂且假定"truth"相应于汉语中的"真的命题"，然而这个假定是否成立是需要论证的，既不能仅凭想当然也不能盲目地认同他人之观点。由于"理论的真"最终归结为"命题的真"，我们把讨论限定在命题的真的论述上。从形式上来看，把英语中的"truth"与汉语中的"真的命题"对应起来是不严谨的，因为"truth"是一个语词，而"命题的真"是一个短语，它们之间不是对应关系。我们可以把短语"命题的真"或"真的命题"转换成一个主谓结构，即"命题（S）是真的（is true）"。在这个主谓结构中，句子"S is true"❷中的主项是"S"，谓项是"true"，谓词是"is"。从之前的论述❸中可知，句子"S is true"是一个命题，它是从内部视角来看待"S"所标记的对象的，而"true"是对象"S"的表现反映在人脑中形成的以"性质"描述的概念（观念），因此我们通过这个命题（句子）"S is true"把性质"true"通过谓词"is"赋予标记对象的符号"S"。这里需要注意如下问题：其一，既然"true"表示的是性质，那么作为性质就必然有其承载，即没有无承载之性质。在这个主谓结构中，性质"true"的承载则是主项"S"。由此可知，无论我们以符号"命题"还是"理论"带入"S"，它们都只是性质"true（真的）"的承载，因此它们不是"true"，只是具有"true"所描述的性质。其二，谓项"true"通过系词"is"把以性质"true"描述的、反映对象呈现的现象在人脑中形成的观念、赋予标示对象的符号"S"。因此，"true"只是以性质的形式描述的对象"S"呈现出的现象，而不是这个对象"S"本身。其三，"S"是性质"true"的承载，但不是导致这一性质"true"形成的原因。例如，在句子"玫瑰是红色的"中，"红色"是玫瑰的性质，玫瑰是性质"红色"的承载。但是性质"红色"却不是因为玫瑰才有的，也不是只有玫瑰才有的，因此不能把性质的承载与这个性质形成的原因混为一谈。在《朗文当代高级英语辞典》中，"true"被解释为"based on facts and

---

❶　人们对于知识之构成的认识是不同的：一种观点认为，只有真命题才是知识的构成，假命题则不是；另一种观点认为，人的知识既包括真命题也包括假命题，或者说，真命题和假命题共同构成了人的知识。这两种观点没有孰优孰劣之问题，只是个人或者特定共同体的认识不同而已。

❷　我们假定 {S} 是一个无穷、无序的命题集合，那么在这个集合中，并不是所有的 S 都满足"S is true"这一主谓关系的，因为在这个集合中并不是所有的 S（命题）都是真的。由于引入这个主谓结构的目的在于讨论概念"truth"，因此我们不考虑这个结构中的 S 是否全称的问题。

❸　参见第三章第三节中"命题构成的讨论"的相关内容。

not imagined or invented"; 在《韦氏大词典》(*Merriam – Webster Elementary Dictionary*) 中，"true" 被解释为 "being in accordance with the actual state of affairs" "conformable to an essential reality"，与之相应的汉语词汇是"真的""真实的"。显然，在我们的讨论中，英语词汇"true"不能对应于汉语中的词汇"真理的""理论真的""命题真的"或者"真命题的"等，因为这样将会在汉语中出现主项为其自身赋值或者同语反复的逻辑错误，诸如"真理（真的理论）是真理的""真理（真的理论）是理论真的""真命题（真的命题）是命题真的""真命题（真的命题）是真命题的"等。在考虑了所有的限定后，句子（命题）"S is true"中的"true"在汉语中被限定在其最基本的取值上，即"真的"或者"真实的"，而不再有其他选择的可能。但是，无论是英语中的"true"还是汉语中的"真（实）的"，它们在词性上都是形容词，因此在各自的语言体系中可以作为（系表结构中的）表语（构成主谓结构中的谓项），修饰词或限定词，但是它们却不能用作标记对象的名。在一个语言体系中，标记对象的名的语词之词性只能是名词。例如，在汉语语言体系中，形容词"红（色）的"可以在一个系表结构中作为表语"某物是红（色）的"，也可以作为修饰词或限定词"红（色）的某物"等，但是形容词"红（色）的"却不是表现这个观念的性质的标记，在汉语中这个性质是用名词"红"或者"红色"标记的。标记英语"true"形容之性质的名词是"truth"❶。由于名词"truth"仅仅标记形容词"true"形容的性质，而英语"true"形容的性质相应于汉语中的形容词"真的"或者"真实的"描述的性质，在汉语中标记这些性质的名词是"真"或者"真实"，因此英语语词"truth"对应于汉语的语词是"真"或者"真实"。也就是说，在我们的讨论中，英语中的概念"truth"与汉语中恰当的对应概念是"真"或者"真实"，它与汉语中的"真理""真的理论""真的命题"没有对应关系，或者说，在我们的讨论中，不能把英语"truth"译为汉语语词"真理"或者短语"真的理论""真的命题"等。不论是英语中的"truth"还是汉语中的"真（实）"，都可以作为一个主谓结构中的主项，但是构造这一主谓结构的目的只是通过其他已确定的、与之无关的概念来定义或者解释主项"truth"或者"真（实）"，而不能改变主项之所指以及相应之语言符号标记的对象。

---

❶ 当我们把形容词"true"转换为名词"truth"时，名词"truth"就成为标记形容词"true"描述之观念的符号，因此形容词"true"和名词"truth"指向同一个概念。既然"true"和"truth"都是描述同一个概念的语词，那么它们就只是在词性上不同而所指相同，因此它只是语言学的问题，而不是认识论的问题。

　　显然，如果认同观点"汉语词汇'真理'是指真的理论"，那么它与英语词汇"truth"之间没有对应关系。英语词汇"truth"相应于汉语概念中的"真（实）"，是对于性质"真"的观念的标记。因此，英语"truth"既不能译成汉语的"真理"，也不能表述为短语"真的理论"，它们的所指完全不同。如果我们把汉语中的"真理"理解为"真的理论"，那么"真"就是这类理论的性质，它是相对于不真的理论而言的，因此理论的真与不真就是相对的、有条件的。由于理论的体系结构与其真假没有关系，理论的真假问题最终归结为构建理论之命题的真假问题。

（二）真命题与理论和知识之间的关系

　　当把"真理"解释为"真的理论"时，真理的问题的讨论最终将会归结为"真的命题"的讨论。命题是通过言语或者语言文字的形式对概念的描述，但是命题的真假问题之根本不在于如何以及是否描述，而在于命题中包含的人的判断。人的思维活动最终归结为判断和选择，在通常情况下❶选择是在判断的基础上作出的，因此人的思维活动离不开判断，"只要在思想，就是在判断"❷，只要有判断，其结果就可能与真假相关联❸。构成命题的基础是概念，概念是人对于对象的反映所形成的可以用言语描述的观念。概念有两种存在形式，一种是心理的，另一种是物理的。❹ 在思维过程中，观念的形成必然与判断相关联，因为观念反映了被认识的对象是否有某种性质，它是否与另一个对象之间存在相似关系，以及它是什么等等，所有这些认识都是由判断决定的，而不论是在心理状态还是在物理状态，概念都包含思维者的判断，因此都有可能与真假相关联。在心理状态下，即使在没有任何生理过程介入的条件下，人们也可以利用某一语言系统描述对象在人脑中形成的概念，而且在心理状态下的概念同样有可能与真假相关。在心理状态下，概念的真假并不是人们所关注的问题，因为概念之真假本身也只是个人的判断结果，既然在心理状态下概念之真假只是与其个人之判断相关联，那么只

---

　　❶ 这里所谓"通常情况"，是指人在从事思维活动的过程中，不受任何形式的、针对思维活动本身的外部干扰，能够完全根据自己的意志作出自由选择的情况。

　　❷ ［美］托马斯·E. 希尔. 现代知识论［M］. 刘大，李德荣，高明光，等译，北京：中国人民大学出版社，1989：11.

　　❸ 这里使用"可能"一词是为了强调真假与判断之间的或然关系，即并不是所有的判断都有真假，只有某一类判断才会涉及真假问题，或者说"真假一定涉及判断，但判断未必涉及真假"。这类判断则是接下来要讨论的内容。

　　❹ 概念从心理的形式转换到物理的形式，还要有一个生理过程，无论是言语还是书写，没有生理过程从心理到物理的转换都是不可能完成的。

要坚持这一概念的人笃定其为真或为不真，则于其他人的认识没有关系。如果在这一状态下，人们认定一个概念不真，他必然会在其思想中否定或排除这一概念（即使因其他目的而保留或传播不真之概念，他亦然知其为不真），其结果则是在其思想中的所有被承认或认同的概念都是真的。既然在一个人的头脑中的所有概念都是真的，那么概念的真假对于他个人而言则是无意义的，或者说，一个人讨论他自己头脑中的概念之真假没有意义。❶ 在物理状态下，人们借助一定的语言符号系统利用命题描述、解释概念（赋予概念相应的性质），或者明确概念与概念之间的关系。在命题的描述中包含人们在认识对象的过程中作出的相应判断，没有这些判断就没有这些概念，也就没有这些命题。这些命题借助语言符号系统而被固定在物质媒介上，使之具有了外在于人的存在形式；❷ 从心理状态到物理状态的转换，中间必然存在一个生理过程，这个生理过程是由人的一系列表达行为构成的，由于个人之表达能力不同，不同的人对于内心世界中的观念表达的准确程度也不尽相同。当人们把自己的概念通过命题表达出来之后，即使不考虑由于表达所引入的偏差，他在概念中所体现出的（他个人必然认为是真的）主观判断是否能够被他人认同或接受，则不是由概念的提出者决定的，除非其他人也认为这个概念是真的或可以接受的。这样也就有了判定由他人通过语言陈述之命题的真假问题。对命题之真假的判定也是一个判断，是根据命题作出的判断，更准确地说，是对命题所描述的概念及其关系❸的判断，而这个判断不是也不能由概念的提出者作出。由此可知，只有在物理状态下以语言陈述的命题才可能有真假问题，因为真假问题产生的根源是概念及其关系中包含的人对于对象的认识和判断，但是不论概念、概念的关系还是判断，都是人的主观认识的结果，与客观世界和客观存在无关，因此真假判断是对于命题陈述者（与概念提出者是同一个人）的主观认识之结果的判断。根据讨论我们澄清

---

❶ 在心理状态下，一个人对他自己认识对象形成的而且被自己肯定了的观念必定认为是真的，因此再由他自己对这些概念的真假予以判定则没有意义，因为任何人认识对象之目的都不是形成一个不真的概念；对于他人而言，由于这些概念并没有被表现出来，它仅存在于形成它的个人的头脑中，除非该个人有意或无意使之形之于外，否则相对于其他人这些概念是不存在的。

❷ 需要强调的是，这里是指语言符号系统具有了外在的物质形态，而不是命题具有了外在的物质形态，约定表现某一命题的语言符号体系可以刺激人脑再现命题表达的内容，即它所表现的概念和概念之间的关系，但是在没有认识主体的条件下，它们只是具有区别功能的符号。这个问题在前面已经有了详细的论述，此处不再赘述。

❸ 这里的关系不是概念与命题之间的关系，而是概念与概念反映之对象以及概念与概念之间的关系。命题与其表现的概念之间的关系与概念的真假无关，而与命题和它所表现的概念之间的准确、贴切程度相关，因此它更多的是有关量的规定性而非质的规定性的判断。

了概念、判断、命题、真假、真理（真的理论）和真命题（真的命题）之间
的关系，但是在这个论域中我们却不能简单地把命题划分为真命题（真实命
题）和不真命题（虚假命题）。

尽管真假是相对于命题而言的，但并不是所有的命题都有真假问题，诸
如哲学、逻辑学、数学、语言学、伦理学、宗教、价值、方法、规则等方面
的命题都是与真假无关的。这些命题与真假无关是指在认识论意义上的命题
之真假的论域中，它们既不是真的也不是假的，而是在有关真假的讨论中没
有意义的。❶ 命题的真假问题是其所描述的概念与这个概念所反映的客观存
在（实在）之间的关系问题，这是命题之真假的根本性问题，也是判定一个
命题是否存在真假问题的准则。因此，凡是不涉及命题所描述的概念与这个
概念反映的客观存在（实在）之关系的讨论都与命题的真假无关。正因为如
此，那些否定存在真命题的学者，必然否定有独立于心灵的实在，并把客观
性以所谓"主体间性"取而代之。❷ 当然，如果否定了客观存在（实在），那
么也就无所谓命题的真假了，或者说，随着对客观存在（实在）的否定，命
题的真假问题也随之消失了。需要注意的是，其一，命题本身没有真假问题，
无论这个命题描述的概念所反映的对象是否是客观存在（实在），只要讨论
的内容仅限于命题本身，那么它就只关乎语言学、语义学等与语言相关的学
问，而与命题的真假无关。因此，试图通过语言分析来判定命题的真假只能
是徒劳之举。其二，客观现实（实在）没有真假问题，它只涉及存在与不存
在。真假是基于选定的判定准则对命题描述的概念与概念反映的客观现实之
间的关系的判定结果，它是主观的、相对的和有条件的。❸ 客观现实（实在）
是外在于人的存在，是人认识的对象。它是客观的、不随人的主观意识而变
化的，其自身是与判断无关的，因此也就不可能产生真假的问题。其三，命
题描述的概念与这个概念所反映的客观现实之间的关系是客观存在，它们一
旦确立就不随人的主观意识而变化。由于这个概念是由命题描述的、在特定
时刻人对于对象的认识形成的观念，它不再随时间而发生变化，是确定的；
虽然这个概念不再受时间变化的影响，但是它依然是主观的，确定性不是也
不能改变其主观性。但是，概念和它所反映的客观对象之间的关系却是客观

❶ 这是不能简单地把命题划分为真命题和不真命题，以及并非所有的判断都涉及真假的根据。
❷ ［美］理查德·罗蒂. 真理与进步［M］. 杨玉成，译. 北京：华夏出版社，2003：46，53.
❸ 命题之内容的真假本身是一个判断的结果，确定其真假的过程是一个判断过程，它的结果是
主观的、有条件的和相对的。如果真假之判断所判定的对象是客观的，那么其结果同样涉及真假，而
在接下来的论述则论证了真假判定之对象具有客观性，即命题描述的概念与这个概念反映的对象之间
的关系是客观的，因此也就阐释了真假之判断本身亦有真假之分。

的、不以人的主观意识而变化的。

　　如果反映客观对象所形成的概念随时间而变化，那么这个概念相对于时间变量是不确定（变化）的，因此它与它所反映的客观对象之间的关系也是不确定的、随时间变量的变化而变化的，但是这个关系本身却是客观的，不随时间变量的变化而变化的，它的随时间变量变化的不确定性并不影响或改变它作为存在的客观性。当我们在时间变量中取一个常量时，反映对象的概念以及这个概念与对象的关系都确定了，但是它们因此所具有的确定性既不能改变这个概念的主观性也不能改变这个关系的客观性。❶ 需要指出的是，这里所讨论的命题的真假（以下称作"认识论上的真假"）问题与逻辑学中命题的真假（以下称作"逻辑上的真假"）是不同的。在逻辑学中的命题不涉及其内容和语义，而只关注命题的形式、结构和关系，它已经被抽象为只表示真假二值的符号。逻辑上的真不能等同于认识论上的真，它是指在一个公理体系中基于一组假设条件进行的逻辑推理或演算之规则的选择和确立的合理性和正确性。在逻辑学中，命题的真假不在讨论的范围内，它只是一个假设的值（以"T"表示真和以"F"表示假或不真），因此（在一个公理系统中）它所关心的只是从论题到论点的推理和演算过程的合乎规则性（符合逻辑规律和规则的性质）和在体系结构上的合理性，以及在从论题（命题）到论点的推理过程中真值的传递、保持和需要满足的条件等相关问题。在逻辑学中的命题，既没有确定的内容和意义，也不描述任何概念，更不会表现一个概念与其反映的对象之间的关系，因此它没有认识论上的真假问题。逻辑学有其自己确定的论域，它的论域与真假命题的论域之间相互独立，没有重合关系，因此在逻辑学中的命题之真假与我们所讨论的命题之真假无关，而且在逻辑学中也没有所谓真的理论或真理的问题。我们以逻辑学为例所作的讨论，其目的不是说明理论之构造可以不遵循逻辑规则，不论是理论还是命题，其结构都是建立在逻辑规则的基础上的；我们的目的是说明，并非所有学科和领域中的命题、理论都有（认识论上的）真假问题，真假问题的讨论有其特定的对象，不能随意改变；其论域有着特定的范围，不能随意扩大或缩小。

　　我们把理论的体系结构描绘为向下生长的树或林（簇），其根结点是由

---

　　❶ 这里我们再次体会到为什么要利用符号把随时间连续变化的、人对于对象的认识形成的连续的结果、分割成由符号标示的观念，因为只有这样才能够通过符号选定一个时间常量，从而把观念确定下来；只有在观念确定之后（不随时间变化），才可能在观念和观念反映的对象之间建立起相应的关系。

我们选择的一个（或一组相互独立无关的）基本概念构成，而其他结点则由基本概念经过划分形成，它们从抽象到具体构成了一个二元外向结构。在理论的体系结构中，每个结点都由相应的语词标记，这些语词通过命题被赋予了确定的意义，因此每个语词都标示着一个确定的概念，而每个结点都代表了一个具有一定抽象度的概念；这个体系结构的每个结点都代表着构成这个理论不可或缺的具有一定抽象度的概念，它的每条边都描绘了两个相邻的具有不同抽象度的概念之间的关系，从而使得理论在这样的体系结构下能够更为清晰、准确地描述认识对象。显然，理论只有借助命题才能构建起来。既然理论的内容是与命题息息相关的，那么理论的（认识论上的）真假问题也就必然与命题的（认识论上的）真假问题相关联，这是我们要讨论命题之真假问题的缘故。不是所有的命题都有真假问题，也不是所有的理论都与真假的讨论相关。只有当一个理论描述的对象是客观存在（实在）时，而且讨论所涉及的是这个理论与其所描述的客观存在之间的关系时，才可能涉及理论的真假问题。诸如哲学、神学、数学、逻辑学、语言学、伦理学等学科中的理论，其所描述之对象不是客观存在的，因此它们就与真假问题的讨论无关。就真假的讨论而言，这些理论既不是真的，也不是假的，而是无意义的，或者说，它们根本就不在（认识论上的）真假的论域中。除此之外，理论本身以及客观存在也都与真假的讨论无关，前者仅关系到理论构造之合理性的问题，而后者只关乎客观对象之存在与否的问题，它们都不涉及理论和理论描述之对象的关系问题，因此也就与命题的真假无关。由此可见，涉及真假的理论只是理论中的一种类型，而不是所有类型的理论。如果把理论之真假问题的论域扩大到理论的其他种类和学科，则必然造成混乱以及构造出各种荒谬的学说。

　　理论有着比命题更为复杂的结构，因此理论之真假判断也比命题的判断有着更多的困难和要求，也有着更高的复杂性的度。理论真的必要条件是构成这个理论的所有命题都必须是真命题，因为任何不真（虚假）命题的存在都会使得这个命题，以及基于这个命题发展出来的命题，与实在的关系不能满足我们选定的真的标准，也就是说，基于不真（虚假）命题演绎推理所得的命题亦不真（虚假）。如果在一个理论的结构中存在一个或多个由不真（虚假）命题构成的（树的）分支或子图，那么或许这些不真的命题并不影响这个理论在体系结构上的合理性，但是它一定影响这个理论在概念上的一致性，因此构成一个真的理论的所有命题都是真的而且必须是真的命题。理论真的充分条件是它具有合理的结构，也就是说，真的理论在结构上必须满足理论构造之形式要求、必须遵守所有逻辑规则，否则即便构成理论的所有命题都是真的，这个理论在形式上也不具有完备性和相容性，也不能够清晰、准确地表达思想或描述对象。如果一个理论不满足真的充分条件（在结构上的合理性），那么讨论一个结构混乱或不合理的理论之真假没有意义。❶

知识也是概念的集合，但是与理论不同，它没有统一、完整的结构体系，虽然也有学者提出知识之总结构的设想，然而这只是个人的臆断，至少到目前为止还没有人能够描述出这个由无穷多概念构成的统一、完整的系统。提出知识具有总结构设想的前提是"知识是由真命题构成的"❷，这样也就在知识中排除了真命题之外的其他所有命题，包括在真假论域中的虚假命题和无意义的命题，因而在知识的界定上排除了包括哲学、数学、逻辑学、伦理学等诸多学科的内容，由此也就从另一个方面论证了绝对真理之构想不合理。由于知识所包含的概念庞杂无序而又无结构，既有以上讨论的真命题和与真假无关的命题，也有与真假相关和无关的理论，因此我们泛泛地谈论知识的真假没有意义。

在明确了真假问题与命题、理论和知识的关系后，我们把真假的论域限定在讨论描述反映客观实在之概念的命题和理论的范围内，因为只有这样的命题和理论才会关系到反映客观现实的概念以及这些概念与其所反映的对象之间的关系，这样就排除了所有与真假无关的命题、理论，也排除了有关知识之真假问题的讨论，从而明确了我们关于命题和理论之真假问题讨论的对象和范围，明确了相关的论域。

（三）否定命题和理论之真假的讨论

当前西方哲学界主要是以实用主义为主导的哲学学派，开始质疑或否定命题或者理论的真假问题，尽管持这一学术立场的学者仍然在使用语词"真命题"或者"真"，但是改变了"真"（truth）或者"真的"（true）的词义，或者代之以"有效性"或"有用性"❸，或者代之以"主体间性"❹，这样就把命题之真假问题转变为效用或者主体是否一致同意的问题。那么是否如实

❶ 如果一个理论中有些命题是假的，但是这些命题并不是论题、一般命题或者基本命题，那么这个理论并不必然是要摈弃的，而是"可修改"的，除非对这一理论之修改已经没有意义，但是这并不能否定论题、整体概念和基本概念的真假性，以及依然存在在其上构建理论之可能性。

❷ 金岳霖. 知识论 [M]. 北京：商务印书馆，1983：951–952.

❸ [美] 托马斯·E. 希尔. 现代知识论 [M]. 刘大，李德荣，高明光，等译. 北京：中国人民大学出版社，1989：27.

❹ [美] 理查德·罗蒂. 真理与进步 [M]. 杨玉成，译. 北京：华夏出版社，2003：46.

用主义者所认为的那样，在传统意义上的命题之真假区分是没有意义的呢？如果答案是肯定的，那么也就可以推出理论之真假区分也是没有意义的。

在传统观念中，"真假"是描述客观对象（实在）与其在人脑中形成的观念之间的关系的性质。这个关系所具有的性质是"真"，抑或"不真（假）"，则是人基于客观依据判断的结果。按照传统观念解释：其一，这个判断一定是个人作出的，因为判断毕竟是智力活动的范畴，因此具体的判断只能由个人而不可能由群体来完成。其二，这个关系之"真"与"不真（假）"的判断，其结果是主观的。虽然客观对象（实在）与反映这个对象的主观观念之间的关系是客观的，但是判断这个关系是否具有某一性质所得到的结果（形成的"真"与"不真（假）"的观念）则是主观的，是随着人的意识而变化的，它也不会因为人们用"真"与"不真（假）"的性质来描述它而改变其主观性。其三，对这个关系"真"与"不真（假）"的判断结果之主观性不会影响或改变这个关系本身的客观性，也不会因为这个判断是否被人们接受、认同或承认而改变判断对象（这个关系）的客观性和判断结果（"真"与"不真"）的主观性。其四，以语言符号的形式描述反映客观对象的概念，不会改变被描述之概念的主观性，也不会改变这个概念与其反映之对象之间确立的关系的客观性。任何个人对于这个关系的反映在其头脑中形成的观念的主观性都不会变化，正因为对这一关系的反映形成的观念的主观性，个人的判断才有"对"和"错"之分，这与他所反映之关系自身的真假性无关。也就是说，无论主体的数量多寡，也不论对上述关系的性质、判断的结果等持肯定态度还是否定态度，既不能改变它们原有的性质，也不能改变它们已有的结果。

实用主义者的真理观与传统的真理观有着明显的不同。早期的实用主义者并不否定"实在"概念，因此在这个时期依然存在需要对实在与反映实在的观念之间的关系的解释，即需要对什么是"真"作出解释。例如，詹姆斯就不能认同传统理论中的"复制说"，而且提出了所谓"（可）证实说"："这样，真理本身实质上成为证实，或者至少成为证实的可能性。"❶ 这样，真理的学说就从传统的三要素（认识、实在和真理）简化为两要素，即实在与认识或证实，因为证实本身就是真理。由于证实是一个过程，因此我们可以得出：其一，证实是由证实的人主观决定的过程，它不是客观的，因此它是可以由人的意志来决定的；而传统主义（理智主义或理性主义）与实用主

❶ ［美］托马斯·E. 希尔. 现代知识论［M］. 刘大，李德荣，高明光，等译. 北京：中国人民大学出版社，1989：380－386.

义有关真理学说的争议焦点正是：实在与反映实在的观念之间的关系是客观的还是主观的。其二，由于证实是一个过程，就可以很自然地把"有用性"和"有效性"引入真理学说中，作为证实或者真理的性质。其三，由于实在与反映实在形成的观念之间的关系是证实，而证实也就是真理，它是主观的，没有评价标准，因此实用主义者引入了诸如"信用""一致同意"等概念，作为真理之不可或缺的性质。随着实用主义的发展，坚持这一学术思想的人最终抛弃了"实在"概念，认为"'无论是拒绝还是接受实在的东西和真的东西'独立于我们的信念这个观念，都是徒劳的"❶。在他们看来，"谈论依赖于心灵的实在和独立于心灵的实在，对追求这种真理而言，没有任何助益"❷。然而，否定了客观实在（独立于心灵的实在）的存在，就否定了反映这一客观对象的观念（依赖于心灵的实在）的存在，也就否定了在这两者之间存在具有客观性的关系，当然也就彻底否定了传统的有关"真（理）"的学说。但是，实用主义者并没有否定"客观真理"的存在，只是把真理所涉及的客观对象与反映它的概念之间的关系的客观性改为了"主体间性"，并认为"客观性不是符合对象的问题，而是与其他主体取得一致意见的问题——客观性仅仅是主体间性"❸。

所谓主体间性，是指"寻求最广泛可能的主体间的一致同意"❹。那么主体间性是否可以作为命题或者理论真的性质呢？对这个问题我们可以从以下几个方面考虑：首先，需要讨论的是，主体间性是否能够改变一个观念的主客观性。按照实用主义者的论点，一个观念（理论或命题的真或不真）只要取得其他主体的同意（一致意见），就有了客观性。如果不考虑其他主体的意见，提出概念（一个命题或理论之真或不真）的个人的意见是否具有客观性呢？由于"客观性仅仅是主体间性"，尚未与他人取得一致意见的概念是主观的，否则这个假设不合理；因为如果尚未与他人取得一致的个人意见是具有客观性的，那么客观性就与主体之间取得一致意见无关（它本身就是客观的），即客观性与主体间性无关，因此实用主义者的这一假设就不成立。如果尚未与他人取得一致的个人意见是主观的，那么无论有多少人与之取得

---

❶ ［美］理查德·罗蒂. 真理与进步［M］. 杨玉成，译. 北京：华夏出版社，2003：50.

❷ ［美］理查德·罗蒂. 真理与进步［M］. 杨玉成，译. 北京：华夏出版社，2003：53.

❸ ［美］理查德·罗蒂. 真理与进步［M］. 杨玉成，译. 北京：华夏出版社，2003：53. 在有关实用主义真理观的讨论中，由于参考文献的翻译并未严格地考察英语中的"truth""true"在汉语中相应的对应语词，将这段讨论中使用的语词"真理"理解为"真"可能更为恰当，在阅读时应予注意。

❹ ［美］理查德·罗蒂. 真理与进步［M］. 杨玉成，译. 北京：华夏出版社，2003：46.

一致意见，都不能改变这个人的意见的主观性，不存在"从量变到质变"的可能，因为这是一个线性关系，在这个关系下的量变是不可能导致质变的，因此即使取得再多的其他主体的一致意见，也不能把一个主观的东西转变为客观的东西，反之亦然。任何人的意见、观念、思想、判断等都是主观的，因此不论是个人的还是群体的一致同意，这些意见、观念和思想依然是主观的，不会因为主体间性而发生根本性的变化。其次，主体间性本身所表现的主观性。显然，主体间性的质的规定性是指多个主体的一致同意。所谓"一致同意"必然是针对一个对象（命题或理论的真与不真）的，否则"同意"就没有了被同意的东西了。但是，基于上面的讨论，一致同意本身是不能作用于被同意的对象上的，也不能改变被同意之对象的性质，那么"一致同意"在主体间形成的具有同一性（相同的）认识是否具有客观性呢？如果主体间性是指多个人就同一对象有着相同的认识，也就是所谓"达成一致的意见"，那么它本身就是主观的。任何人对于对象的认识，根据自己的判断形成的观念和意见，都是存在于人脑中的智力活动的结果，它们必然是主观的。多个人意见的一致，只是说明了接受、承认和赞同这个意见的人在数量上的多少，与这个意见自身的主观性没有关系。显然，不论这些人的数量有多少，都是作为个体的人在数量上的简单加和（算术运算），因此在主体间性中的主体除了在数量上具有"多"的特点外，不会对认识主体的质的规定性产生任何影响。换言之，在主体间性的概念中对主体的要求仅表现在它在量的规定性上的"多"，而没有改变它在质的规定性上的"人"。但是，多个主体形成的一致的"认识结果"仍然只是一个认识结果，它所反映的恰恰是"一"而不是"多"，这是由多个认识主体形成之具有同一性的认识结果所决定的。如果他们形成的认识结果不具有同一性，那么这个结果反映在数量上则是"多"而非"一"，这样也就不存在所谓"一致同意"了。既然这个认识结果只有一个，而且对于任何个人而言，它都是智力活动的结果，都是存在于人脑中的主观的东西，因此多数人对同一个意见的一致同意不会改变这个被同意之对象的主观性，即主体间达成的一致同意也是主观的。再者，事件"主体间达成一致意见"是客观的。但是这个事件本身与我们讨论的问题没有关系，因为这个（发生了的）事件只是一个已经存在的事实，它的客观性既不能改变主体之间达成的一致意见的主观性，也不能改变主体对于认识对象形成的概念的主观性，作为客观事实它除了存在和不存在之外，与任何涉及真假、价值、正确和谬误等相关的讨论均无关。因此，我们不能以一个事件的客观性来判定它所涉及的对象以及由这个对象导致的结果也都是客观的。

最后，或许也有人会问，既然我们的观念是主观的，那么它与客观事物之间的关系怎么又会是客观的呢？显然，提出这一问题的人混淆了概念和关系的区别，它们毕竟是两个不同的存在，各自有着属于自己的性质，不会因为概念的主观性而影响到关系的客观性。正是这个关系的客观性，才使得这个概念与它所反映的客观事物之间的联系是确定的，不随人的主观意识而改变的；也正是观念的主观性，才使得辨明这个关系的真假成为有意义的，而概念所反映的事物的客观性使得区别这个关系的真假成为可能。如果错误地认为反映客观事物的概念也是客观的，那么不仅混淆了概念和客观事物在性质上的根本区别，也使得概念或命题的真假区分没有意义；同样，如果概念反映的对象是主观的，那么对象可以随着人的意识而发生变化，这样概念或命题的真假区分就没有了确定、客观的根据，因此其真假区分也就成为不可能的。这就是有些观念或命题在真假论域中没有意义的原因。

否定了实用主义者以"主体间性"取代传统的"真"（truth）的观念，那么他们以"效用"，即"有用性"或者"有效性"取代"真"（truth）的主张是否合理呢？答案同样是否定的。因为这个主张把概念或命题所没有的性质强加在其上。观念是人对客观事物认识的结果，这个结果或者存在于人脑中，或者利用语言符号作为短语或命题之内容固定在物质媒介上，但是无论它们是存在于人脑中的概念还是作为短语、命题的内容，都是没有效用的。也就是说，它们既不是有效的，也不是有用的，因为它们不可能作用于外部世界，也不可能改变外部环境和条件。作为人，只有其行为才能够作用于外部对象上，也只有其行为才能够产生效用，并通过行为之结果和预期的关系来评价其本身的有效性和有用性。任何人，无论他有多么好的观念、多么合理的构思，都与有效、有用无关，效用的评价对观念和思想是没有意义的。❶同样，无论短语或命题多么准确地表达了概念，它也是与客观世界无关的，短语或命题的内容无论如何都不可能改变客观世界。显然，持这种观点的人混淆了主观的思想和这个思想的客观实现。事实上，任何一个反映客观事物的观念本身都不能直接在客观现实中实现，它只能作为控制人的行为的意识形成的基础，而作为这个基础的观念所形成的意识才有可能通过人的行为作用于外在世界，改变外部环境，也只有这一行为的结果与预期的关系才是与

---

❶ 如果可以用"有效性"或"有用性"来评价命题的真假，那么也就意味着人的思想、观念等内在于人的主观存在可以直接作用于外在的客观世界，那么人类为什么还需要通过行为来实现自己的目标？岂非一切都只在想象中？这才是真正意义上的"心想事成"。然而，这不过是"黄粱一梦"而已。谬误只能是谬误。

效用相关的。"人是束缚在他自己的感官所能知觉到的世界中的。举凡他所收到的信息都得通过他的大脑和神经系统来进行调整，只在经过存贮、校对和选择的特定过程之后，它才进入效应器，一般是他的肌肉。这些效应器又作用于外界，同时通过运动感觉器官末梢这类感受器再反作用于中枢神经系统，而运动感觉器官所收到的信息又和他过去存贮的信息结合在一起去影响未来的行动。"❶ 因此，概念、命题和理论都不是维纳所说的"效应器"，不能作用于外界，当然也就与效用无关了。既然概念、命题和理论中没有与效用相关的性质，那么也就不可能用"效用"替代"真"作为概念、命题和理论之真假的评价标准。

在否定了实用主义提出的真的观念（主体间性、效用等）后，我们还需要回答是否存在具有被称为"真"的性质的命题的问题。如果没有这类命题，那么关于命题之真假的讨论就是没有意义的；如果存在这类命题，那么存在的根据又是什么？为了方便起见，我们把讨论限定在对于客观对象的认识形成的概念上。❷ 在我们界定的范围内，命题是对于概念的描述，因此这个问题（至少在有关客观对象认识的范围内）可以归结为与概念相关的真假问题。任何客观事物与反映它的概念之间都存在一个对应关系，否则这个概念一定不是反映这个客观事物的。这个关系是客观的，它的存在不以人的意识而转移，因为这个关系承载中的一方是客观事物，它是不随人的意识变化的，而其承载的另一方则是我们反映这个客观事物形成的观念；从人对于客观事物认识的过程来看，人对于客观事物的认识形成了一个连续的映象，而观念是我们假设的利用一定的（对时间进行分割和固定）方法从这个连续的映象中获得的一个或一组在某个时刻确定的、不随时间变化的、反映这个客观对象的固定的映象。为了不失一般性，我们以获得的一组映象作为讨论的对象，这组固定、离散、彼此独立的映象构成了一个概念（观念）集合。❸ 显然，在这个集合中的每个概念（观念）都是确定的，但不是客观的，因为它依然是人脑对于客观对象的反映形成的观念，属于人的意识的范畴，只是人为地被固定化后而成为确定的。每一个概念都在确定的时刻反映着这一客观对象，因此每个概念都在与其相应的条件下与它所反映的对象之间建立起

❶ ［美］N. 维纳. 人有人的用处：控制论和社会［M］. 陈步，译. 北京：商务印书馆，1978：9.
❷ 这里我们需要论证"有"还是"没有"这类命题，因此只要论证有一个这样的命题存在，也就论证了"有"，而不需要讨论"有"的范围，因而说明我们的限定是合理的。
❸ 由于在我们的讨论中，这样获得的观念集合中的每个观念都是可以用言语表述的，因此它是一个概念集合。但是，概念集合一定是观念集合，反之不然。

255

关系。如果这个概念集合是一个最小集合，那么这个集合中的所有元素与它所反映的对象所形成的关系就是彼此独立的，而且每个关系都是客观存在的。在这个客观存在的关系中，有着属于只有这个关系才有的性质，我们把这个性质命名为"真"。凡是命题所描述的概念具有这一性质，我们在比喻的意义上称这个命题为"真命题"或"真实命题"❶，而所描述的概念没有这一性质的命题则称为"不真命题"或"虚假命题"。至于"真"是什么，这个问题在学术界颇有争议，它涉及"真"的判定标准问题，也是我们需要进一步讨论的问题。

二、概念"真"（truth）的讨论

在之前的讨论中我们最终约定了：在汉语中，语词"真理"标识短语"真的理论"所描述的概念，因此它已经完全否弃了原有的词义和国内学者的解释。既然真理是指真的理论，真命题是指真的命题（"真理"不能与"真的命题"相对应），那么在汉语语词中，不论是"真理"还是"真命题"，都与英语语词"truth"没有直接的关系。至少在学术领域内，我们不能把英语中的"truth"，以及汉语言体系之外的其他语言中与英语"truth"直接对应的学术用语与汉语中的"真理"一词直接对应，或者说，在学术领域内，我们不能再将这类词汇翻译成汉语中的"真理"。根据之前讨论的结果，英语语词"truth"与汉语词汇"真"直接对应，因此只能译为"真"。由于这个缘故，有关"真理"的讨论，最终归结为有关"真"（truth）的讨论。虽然在之前的讨论中也涉及这个问题，但是着重点不在于"真"与"不真"本身，而在于"真理"和"真命题"及其相关问题的澄清和规定。然而，如果我们没有厘清"真"（truth）的概念，那么与之相关的所有问题都将无解。有关"真"（truth）的概念，至少在古希腊时代就有了完整的论述，例如亚里士多德在其哲学名著《形而上学》中就对"真"与"假（不真）"的概念作了如下描述："说非者是，或是者非，即为假，说是者是，或非者

---

❶ 命题描述的概念包含真假问题，并不等同于这个命题具有真假问题，因此命题的真假只能是在比喻意义上的，而在实际上它并不存在真假问题，其本身也不具有真假性。

非，即为真。"❶ 而且这一真的概念依然是今天人们讨论这个问题的基础。❷ 关于"真"（truth）的讨论需要回答三个方面的问题：一是"真"（truth）这个概念是基于什么形成的问题；二是与之相关问题的范围界定；三是真与不真（假）之判定依据的问题。

（一）概念"真"的形成之探索

根据之前讨论的结果，名词"真"（truth）标记的是某种性质；在主谓结构中用作谓项时，它以形容词之词性表示为"真的"（true）。从一个句子的表达式"S 是真的（S is true）"❸ 来分析，主项"S"标记的是承载性质"真的"（true）的对象。如果没有承载者，性质只是已知的或者已经明确的对反映在人脑中的某一相同或相似之现象形成的观念的描述，例如"红色"。在物理学领域内，红色表示一种性质，它指光的三原色之一，是波长在 620 ~ 760 纳米的可见光。所谓"玫瑰是红色的"，就是说玫瑰的花瓣的反射光之波长在 620 ~ 760 纳米；在心理学领域内，红色表示一种心理状态，描述诸如"活泼、积极、热情"等性质；此外，在其他领域内，例如社会学、绘画学、服装学等等，红色分别描述了不同的性质。因此，在一个句子"S 是红色的"中❹，"S"是一个变量，它可以在不同的领域取值，也可以在同一个领域内取不同的值，但是在"S"的取值范围确定以后❺，不论它如何取值都不会导

---

❶ 为了方便读者的理解，我们同时给出英语之原文，供读者参照，"To say of what is that it is not, or of what is not that it is, is false, while to say of what is that it is, and of what is not that is not, is true；……"。商务印书馆出版的吴寿彭先生译本将其译为"凡以不是为是、是为不是者这就是假的，凡以实为实、以假为假者，这就是真的；……"参见：［古希腊］亚里士多德. 形而上学［M］. 吴寿彭，译. 北京：商务印书馆，1959：79. 此外还可以参考罗毅先生翻译的苏珊·哈克之著作《逻辑哲学》中的相关译文："是什么不说是什么，不是什么说是什么，这是假的；是什么说是什么，不是什么说不是什么，这是真的。"参见：［英］苏珊·哈克. 逻辑哲学［M］. 罗毅，译. 北京：商务印书馆，2003：109.

❷ ［美］A. P. 马蒂尼奇. 语言哲学［M］. 牟博，杨音莱，韩林合，等译. 北京：商务印书馆，1998：83 – 84.

❸ 在这里，"S"是一个变量，它是一个主谓结构中的主项，因此它的取值被限定在名词的范围。

❹ 当我们把这个句子理解为通过系词"是"（is）把性质"红色"（red）赋予标记对象的语词"S"时，则这个句子就是命题。因此，所有的命题都是句子，反之不然，例如问句、感叹句是句子但不是命题。但是，我们这里列举的句子是命题。维特根斯坦认为，"命题的总和就是语言"，但是问句、感叹句和虚拟条件句是语言的构成，它们却不是命题，因此维氏的这个观点是值得商榷的。

❺ 当"S"的取值范围不定时，性质"红色"（red）的解释也不定（或者作物理意义解释，或者作心理意义解释）。但是在确定的论域中，"S"的取值范围是确定的，因此性质"红色"（red）的解释也是确定的（只能或者作物理意义或者作心理意义解释）。在这个意义上，我们说表达式"S is red"是单变量的。

致性质"红色"的变化，它的取值与性质"红色"无关，即性质"红色"不是由"S"决定的。❶ 通过这两个示例说明了，其一，任何性质都必然有其承载者，因为性质是我们反映对象在某个方面呈现出的现象在人脑中形成的观念（概念）的语言描述。如果一个性质没有承载者，即在人们的认识过程中没有认识对象，那么也就没有了由其呈现出的现象，没有由这一现象在人脑中反映形成的观念（概念），显然这是荒谬的。由此可知，任何性质都必然有其承载者。其二，虽然任何性质都有其承载者，但是性质却不是由特定的承载者决定的。性质是人们对于一类现象反映形成的观念，仍以物理意义上的红色为例：在句子"玫瑰是红色的"中，性质"红色"不是玫瑰形成的，它是我们已知的知识"波长 620～760 纳米的可见光"，当玫瑰呈现出反射这个波段的可见光的现象时，这个现象在人脑中的反映为具有性质"红色"。基于这样一个主客观之间形成的关系，我们得出判断"玫瑰是红色的"，并且通过句子"玫瑰是红色的"陈述我们的判断。在这个陈述中，我们运用汉语语言的主谓结构把性质"红色"赋予作为这个特例中的承载者"玫瑰"。其三，就一般而言，性质是一个已知概念，这个概念的形成有其自己的根据，我们通过主谓结构（主系表结构）把已知的性质以谓项表示然后借助系词赋予主项。虽然在上面列举的两个表达式中，主项"S"是变量，但是由于它们的谓项是常量，因此它们仍然是特例。如果我们用"p"表示性质，那么就得到表达式"S is p"。在这个表达式中，"S"和"p"都是变量，其中"S"是主项；"p"是谓项，是我们已知的性质；通过系词（谓词）"is"把作为谓项的性质"p"赋予主项"S"。显然，在这个一般形式的表达式中，有两个变量"S"和"p"，它们分别有各自的取值范围。由于"S"是我们认识的对象，"p"是我们已知的一种性质，鉴于"S"标记的对象呈现出的现象在人脑中的反映与"p"相同（或相似），我们把性质"p"赋予标记认识对象的符号"S"。由此可见，"S"是性质"p"的承载者但不是"p"形成的根据，显然这个命题在一般意义上也成立。

在上面的讨论中阐释了一个观点，即我们不能根据主项描述的对象推出一个与之相关的性质，因为性质是我们已有的概念，而任何一个命题的构造都是基于已知的概念来描述被认识的对象，用已知概念为标志被认识对象之

---

❶ 严格地讲，不论"S"的取值范围是否确定，"红色"（red）也是一个变量，因为即使不考虑其他因素，单纯从波长在 620～760 纳米取不同的值，也能够（在理论上）得到无数种类不同的红色。但是，这里我们把所有这些红抽象成一个性质"红色"（red），不论它能够分成多少不同的种类，我们都把它概括为一个性质，因此把这个性质作为常量对待。

语词赋值（这就是我们在问题研究过程中为了回答最初之解析后的简单问题需要引入一组具体概念作为公设的原因）。之前我们已经论证了，"真"是描述关系的性质。在之前的讨论中，为了方便起见，我们把讨论限定在对于客观对象的认识上，那么这个约束条件是否太强了呢？也就是说，这个约束条件是否把论域界定得过于狭窄了？首先，孤立的对象，不论它是主观的还是客观的，都与真假的讨论无关，因为孤立的对象与其他对象之间没有关联，所以对于这类对象（不论它是主观的还是客观的）讨论只有关系才可能有的性质是没有意义的。孤立的对象只有存在与不存在的区分，没有真与不真的问题。只有在两个相互关联而建立起关系的对象之间才有可能有真或不真。❶其次，两个客观对象之间形成的关系没有真与不真的问题❷，（就因果关系而言）它或许具有因果性，（就发生的时间顺序而言）它或许有着相继性，但是没有真实或虚假的区别。在两个客观对象之间形成的关系中没有主观判断问题，然而只要涉及真假就必然涉及判断，由此也可以推出两个客观对象之间形成的关系无真假性。再者，两个主观对象之间形成的关系也没有真与不真的问题，因为两个主观对象之间形成的关系是不确定的。所谓主观对象，是指人的思想、观念等内在于人的存在，对于任何个人而言，关注自己的两个思想或者观念之间的关系的真与不真没有任何意义。对于不同的人而言，一个人的思想或者观念可以在与另一个人的交流中不断地变化，另一个人的思想或观念也会在交流中随之改变。也就是说，交流双方的思想、观念等在交流的过程随着对于对方的思想、观念等的理解、认同或反对等的变化而变化，或趋同或相悖，因此交流双方在思想、观念之间建立起来的关系是不确定的，而不确定的关系是无所谓真与不真的。最后一种可能的情况是，客观存在与主观观念之间的关系。然而，不是任意一对客观存在与主观观念之间就可以建立起关系的，只有反映客观存在的主观观念（当设定时间为一个常量时，即当这个主观观念不随时间变化时），才能够与这个客观存在之间建立起联系，而这个关系既是确定的，又是在主观判断的基础上建立起来的，同时又因为其客观性而能够以其性质作为判定标准，有关这种可能的关系前面已经有详细的讨论，此处不再赘述。通过以上的讨论可见，我们有关真假

---

❶ 多个对象之间的关系一般都可以化为两两关系，因此仅讨论两个对象之间的关系不会丧失一般性。

❷ 所谓"两个客观对象"，是指在客观世界中，两个独立存在的对象。它们之间的关联性并不否定它们彼此间的独立性，也不以人的主观意识而转移。因此，不论是对象还是它们之间的关系，都是外在于人的存在，其中既没有人的主观意识（没有主观判断），也没有真与不真的问题。

性的讨论所界定之论域❶是恰当的。

如果反映客观对象的概念（观念）与这个对象之间的关系是客观的，而作为客观存在它本身又构成了孤立的对象，那么这个关系还有真假性吗？在之前的讨论中我们已经论述了，孤立的客观对象没有真假，只有存在与不存在。既然我们讨论的这个关系是孤立的客观存在，那么它应该也没有真假问题，否则与之前的论述矛盾。首先，我们在这里讨论的不是一个孤立的对象。在论及客观存在的关系时，已经暗含了这个关系的承载者，因为没有关系的承载者也就没有在承载者之间建立起来的关系；这个关系具有客观性，因此它是确定的，它的承载者也是确定的（客观对象和反映这个对象的观念）。其次，由于这个关系是建立在主观观念和客观存在之间的，这一关系呈现出两者相关联的某种性质，这种性质的存在与否，就构成了对这个关系的这一性质的判断（我们在这里判断的是这个客观存在的性质，而不是它的真假，这就归结为"有"或"没有"的问题，而不是"真"与"不真"的问题）。这一性质只存在于特定的主客观关系中，因此我们不仅排除了孤立的客观对象（不可能形成关系）、客观对象之间形成的关系（没有主观判断）、主观对象之间形成的关系（不具有确定性），而且排除了反映客观对象的观念与这个客观对象之间形成的关系之外的其他主客观之间的关系。最后，这个关系的一方承载者是客观现象，它的真假性不仅是可以检验的，而且有着客观的检验标准，由此避免了所讨论之问题可能存在的虚假性。❷

（二）概念"真"所及之范围的探讨

在这里，"真"所及的范围是指具有性质"真"的对象所涵盖的范围。这个问题似乎在之前的讨论中已经解决了，其结论是"它仅限于客观对象与反映这一对象的观念之间形成的关系的范围"。如果这样界定的"真"的范围是恰当的，那么除了认识论中相关讨论外，这个限定就排除了包括语言学（包括语义学和语言哲学）、逻辑哲学在内的其他所有学科和领域中可能涉及的真假问题。但是，在现代西方哲学中，真假问题在语言学、逻辑哲学等学科和领域中占据着非常重要的位置，是这些学科的重要组成部分。对于这种状况只有两种可能，一种是我们之前得出的结论错误，另一种是语言学、逻

---

❶ 如果把这个论域描述为"仅限于对于客观对象的认识上"，那么这样的表述是不够严谨的，应该说，我们讨论的范围"仅限于反映客观对象之观念与这个对象之间形成的关系上"。

❷ 如果一个关系是不可检验的，那么这个关系也就不存在与真假相关的判断，因此有关这类关系之真与不真的讨论是虚假问题。

辑哲学等领域中的真假问题与我们的讨论无关。❶

为了解答上述问题，我们可以从亚里士多德有关"真"的名言开始，按照亚里士多德的解释，"说非者是，或是者非，即为假，说是者是，或非者非，即为真"❷。在这个"真"的解释中，我们以"说是者是"作为分析的对象。显然，"说是者是"包含两层意思：一层意思是指"是"，另一层意思是指"说是"。第一层意思中的"是"是指存在于人脑中的思想、观念、判断等内在于人的存在，因而这个"是"必定是主观的东西。"说"是把内在于人的思想、观念和判断等借助言语表达出来，因此被说的"是"不可能是内在于人的存在之外的其他东西。对于任何个人而言，不通过"说"表达出来的内在于他的"是"的东西，与"真"与"不真"没有任何关系，甚至这个"是"存在与否也不会引起人们的关注，因为只要这个"是"不通过"说"被表达出来，那么对于其他人而言这个"是"是不存在的。"说是"是把内在于人的"是"通过语言表达于外的结果，或者说，它是对内在于人的"是"的陈述，因此它借助于物质媒介形成了这个"是"的外在于人的形式，可以为其他人感知、理解和在头脑中形成相应的观念。由于在任何一个共同体中，只有"说是"才能够使得共同体的成员理解被说的"是"，才能够使得一个人内在的东西在这个共同体中传播、交流和被理解。在一个语言系统中，"说是"是通过语词、短语和句子等语言构成要素实现的，因此"说是"是语言学研究的对象。需要注意的是，在亚里士多德的这个有关"真"的名言中，尽管其中包含两个不同层次的"是"，但是亚里士多德的"真"既不在于内在于人的存在的"是"，也不在于外在于人的存在的被说出的"是"，而是在于这两个"是"的关系上。例如，假设现实中的玫瑰都是红色的，那么说"玫瑰是红色的"就是真的。在这个例子中，现实中的玫瑰是否都是红的，这个问题涉及对于客观存在之玫瑰的认识，以及它在人脑中反映形成的观念，但是亚里士多德的"真"不是作为这一客观存在与反映它的观念之间关系的性质，而是人头脑中的观念（"是"）与对于这个观念的陈述（说出的"是"）之间的关系的性质。因此，如果我们头脑中有观念"凡是能被 2 整除的数是偶数"，那么陈述"凡是能被 2 整除的数是偶数"就是真的；而陈述"凡是能被 2 整除的数是奇数"则是假的。显然，亚里士多德

---

❶　尽管它们都是用了语词"真"，但是"真"的含义却全然不同，此"真"非彼"真"，因此"真"所涵盖的范围不同。

❷　[美] A. P. 马蒂尼奇. 语言哲学 [M]. 牟博，杨音莱，韩林合，等译. 北京：商务印书馆，1998：84.

的"真"是两个"是"（内在于人脑中的"是"和被说出的"是"）之间关系的性质。关于亚里士多德阐释的"真"的概念，有些问题是值得我们认真思考的，因为它不仅对西方哲学和语言学（包括语义学）的发展产生了深刻影响，即使今天依然是人们在讨论真假问题时需要考虑的问题和出发点。❶我们需要思考的问题是：其一，第一层"是"是内在于"说是者"头脑中的思想、观念等，那么其他人又是如何确知这个"是"的呢？因为"说是者"说出的"是"，未必就是他头脑中的"是"，否则就没有了"说非者是，或是者非"，也就没有了"假"。当然，没有假也就没有真。其二，既然我们不能确知所谓第一层存在于"说是者"头脑中的"是"，我们又如何能够确知这两个"是"之间的关系呢？即使我们确知两者之间存在关系，那这个关系是确定的吗？毕竟被说的那个"是"是随着人的意识而变化的，在"说是者"开始说到他说完，他所说的"是"还是同一个"是"吗？如果我们不能确定，实际上也不可能确定它们是同一个"是"，那么也就不能肯定说出的"是"与说者头脑中的"是"之间的关系是确定的，不确定的关系又如何可能有真假性呢？其三，"说是者"把（第一层）心理上的"是"表达（说）出来是一个生理（能力）过程，每个人的表达能力不同，因此他们表达出来的"是"并非完全是心理上的"是"，这就使得我们讨论的真假性不只是一个二值关系，不是"真"就是"假"，而是从"真"到"假"的一个渐变过程。也就是说，所说出的"是"与欲说出的"是"之间存在一个准确度的问题。（由于亚里士多德的这一真假说只涉及两个"是"，即"说是者"头脑中的"是"和他所表达出的"是"，以及这两个"是"之间的关系，而对于"说是者"之外的其他人而言，他们只能感知、接收和理解被说（表达）出的"是"，因此这一真假说的论域就只能被限定在语言学的范围内。从这个结论我们是否可以推出，亚里士多德有关真假的学说仅限于语言学而与认识论无关呢？如果这个问题的答案是肯定的，那么在之后的西方哲学发展过程中真假理论何以会成为认识论的重要组成部分呢？在亚里士多德的《形而上学》中我们还可以看到这样的论述："真假的问题依事物对象的是否联合或分离而定，若对象相合者认为相合，相离者认为相离就得其真实；反之，以相离者为合，以相合者为离，那就弄错了。"对这段论述，亚里士多德举例

❶ 现代哲学和语言学中有关真假理论的探讨多少参照了亚里士多德的真理观，自觉或者不自觉地以他的观念作为自己理论的基础，甚至有些学者直言其构建的相关理论就是要以现代的视角重述亚里士多德的真理观。参见：［美］A. P. 马蒂尼奇. 语言哲学［M］. 牟博，杨音莱，韩林合，等译. 北京：商务印书馆，1998：83 – 84.

说："并不因为我们说你脸是白，所以你脸才白；只因为你脸是白，所以我们这样说才算说得对。"❶ "所以每一事物之真理与各事物之实是必相符合。"❷ 在这些论述中，"对象相合者"应该是指现实世界中的对象与描述的对象相合，这样才可以解释"真"的缘故"不是因为我说你脸白它才白"，而是"因为它白而我说了它白"，所以才"真"。如果"它本身不白而我说它白"，那么由于所说的事物对象和现实世界中存在的事实对象相离，因而假。但是，被描述的对象不是现实世界中的对象，而是这个对象在人脑中反映形成的观念，那么只有现实世界中存在的对象与反映它的观念之间形成的关系存在性质"真"，我们表达这个观念得到的"事物对象"才可能与现实世界中的实在"相合"。显然，在亚里士多德的同一本著作中，既有认识论的真假说又有语言学的真假说，因此在之后的西方学术发展中不同的真假学说分别成为不同学科领域的重要组成也就不足为怪了。

为了能够从更一般的层面上分析这个问题，我们引入"真"的一般形式"S 是真的"（S is true）。在这个一般形式中，"（形容词）真的"（true）是性质"真"的谓项形式，通过系词"是"（is）把性质"真"（truth）赋予主项"S"，即这个性质的承载者。在这个"真"的一般形式中，主项"S"是一个变量，也就是说，它既可以是一个单独的变量，也可以是一个表达式，但是它不能是一个常量。如果"S"是一个常量，那么"S 是真的"就是一个确定的句子，因此不能构成一个有意义的语义学问题，S 是真的或者不是真的都只是一个特例。如果"S"是一个变量，那么它可以是一个语词，也可以是短语，还可以是句子。但是，不论"S"是语词还是短语，对于其真假的讨论都是没有意义的，因为不论是语词还是短语，在其上都不能形成判断，而真假性问题的讨论一定是建立在判断之上的，因此主项"S"的取值不能是语词或者短语。例如，取语词"玫瑰"代入"S"，得到"玫瑰是真的"，显然这个句子对我们讨论真假没有意义，因为在语词"玫瑰"之上不能形成一个判断，所以"玫瑰是真的"对我们有关真假性的讨论没有意义；❸ 同样，以短语"玫瑰的花瓣"代入"S"，也对真假的讨论没有意义，因为在其上也不能形成判断。既然在真假性的一般形式"S 是真的"（S is true）中，主项"S"只能选择句子，那么这个句子是一个主谓结构，而在主谓结构的句子上

---

❶ ［古希腊］亚里士多德. 形而上学 ［M］. 吴寿彭，译. 北京：商务印书馆，1959：186.
❷ ［古希腊］亚里士多德. 形而上学 ［M］. 吴寿彭，译. 北京：商务印书馆，1959：33.
❸ "玫瑰是真的"这个句子可以构成一个判断，但是其判断的对象是"玫瑰是真的"，而不是"玫瑰"。就主项"玫瑰"而言，它作为一个语词，在之上是不能形成一个判断的。

必然存在判断。但是，由于在"S是真的"的句子中，主项"S"不能是常量，否则我们只能得到一个"S是真的"的特例，而不能得到它的一般形式。例如，把句子"玫瑰是红色的"代入主项"S"，这样S就是一个常量，我们就得到了一个特例"'玫瑰是红色的'是真的"，它是具体的、不变的，在真假性问题的讨论上除了作为示例没有其他意义。如果主项"S"是一个变量，那么作为句子它是具有主谓结构的表达式，我们用一般形式表示为"S是p"（S is p）。之前我们已经论述了，在从对象自身来认识这个对象时，得到了一个有关这个对象的概念集合，这个概念集合的元素反映了这个对象呈现出的所有现象，从具体到抽象，直到反映这个对象是其所是的现象。假设我们以X标识这个对象（它是一个常量），用p_i（$i=1$，2，$\cdots$，n）表示X的性质，它是一个变量，因此我们利用句子（命题）"X is p_i"通过系词"is"把性质p_i赋予标记这一对象，即作为主项的符号"X"。因此，通过这个主谓结构"S是p"（S is p）我们就可以把标记为"S"的对象的所有性质p，通过系词"is"赋予这个表达式中作为主项的"S"，而"p"则构成了这个主谓结构的谓项。在这个表达式中的"S"可以是任何名词词性的语词，它的取值范围可以遍及所有可能之对象；而作为谓项的"p"可以是任何形容词词性的语词，因此它的取值范围可以遍及所有已为人知的对象的性质。由此我们论证了句子"S是p"（S is p）是具有一般性的。当把表达式"S是p"（S is p）代入真假性问题讨论的一般形式中，从而得到一般表达式："'S是p'（S is p）是真的"。显然，从这个表达式来看，它仅反映出了语义学的问题，因为不论是"S是p"还是"'S是p'（S is p）是真的"都是句子（命题），属于语言的范畴，因此它所能够产生的问题也只能是语言学或者语义学范围内的问题。但是，在认识论方面，有关命题、理论之真假问题的探讨也从未间断过，它们构成了西方哲学的重要组成部分。鉴于不同的哲学流派、不同的思想、观念，以及认识论和语言学中各种问题纠缠在一起，再加上学者们的侧重、方向和目的不同，就有了各种各样的哲学的、语言学的、逻辑学的真的理论、学说，它们在争论、排斥、融合、促进中推动着这一学术领域的进步和发展。

上述结论可以从西方哲学和语言学的发展中得到证实。例如，英国著名的思想家、哲学家洛克认为："所谓真理，顾名思义讲来，不是别的，只是按照实在事物底契合与否，而进行的各种标记底分合。在这里所谓各种标记底分合，也就是我们以另一名称称之为命题的。因此，真理原是属于命题的。命题分为两种，一种是心理的，一种是口头的。这种区分是按普通常用的两种标记——观念与文字——分的。"❶ 显然，洛克所说的"心理的命题"就是指"观念"，而"口头的命题"则是用言语（文字）表达的命题。根据洛克的观点，真理只是认识论的问题，而非单纯的语言学问题。他认为："命题之成立，是成立于标记底或分或合，而真理之成立，则是在于这些标记之分合合于事物本身之契合或相违。"❷ 洛克把真理分成两种，一种是心理的真理，另一种是文字的真理。"各种观念在心中的分合，如果正同它们（或它们所表示的事物）底契合与相违相应"，则为心理的真理。显然，心理的真理是内在于人的存在。如果各种文字的互相肯定和否定与它们所表示的观念之契合与相违相应，则这些文字构成文字的真理。按照洛克的观点，没有心理的真理也就不会有文字的真理❸，但是作为观念的心理的真理，如果它不通过文字表达出来，那么对于其他人而言，它既不存在也没有意义。洛克把文字的真理分成了两层，"它或则是纯粹口头的，琐屑的，或则是实在的，能启发人的"，"实在的真理中所含的观念必须与事物相契合""我们如果只知道各种名词所表示的观念是契合的或相违的，而却不管那些观念在自然中是否有实在的存在，则由这些名词所组成的真理，只是口头的真理。如果我们底观念是相契合的，而且它们在自然中又有实在的存在，则由这些标记所组成的真理是实在的真理"。❹ 根据洛克表述的观点猜测，在他所在的时代里，至少在（甚至在当时非常著名的）一些学者的观念中，命题的真假问题是认识论的问题，文字命题的真假最终还是要归结为它所描述的对象是否与现实世界中的实在契合或相违，而不只是根据文字的分合，以及相互的肯定或否定来确定命题的真假，这是真理之成立和命题之成立在本质上的区别。

再以英国著名学者罗素的观念为例，首先罗素把真与伪作为一对矛盾关系，这就排除了所谓"绝对真理""客观真理"这样的一些概念，因为如果"真"是绝对的，那么就不会有它的矛盾"伪"。罗素认为，"就真与伪都具

---

❶　［英］洛克.人类理解论（全两册）［M］.关文运，译.北京：商务印书馆，1959：566 - 567.

❷　［英］洛克.人类理解论（全两册）［M］.关文运，译.北京：商务印书馆，1959：568.

❸　洛克所谓"文字的真理"应该理解为"真的命题"，否则就无法理解洛克的这段论述。因为洛克明确地表示"文字的真理"是表示观念的，因此它是命题，至于这个命题真与不真，则取决于它是否满足洛克预设的条件。

❹　［英］洛克.人类理解论（全两册）［M］.关文运，译.北京：商务印书馆，1959：568 - 571.

有的公共性质来说，它们是句子的属性"❶。句子具有一种在不同语言系统中转换保持不变性的东西，罗素将其称为"意指"。由于"两个意指相同的句子同时为真或同时为伪"，句子的真与伪是蕴涵在句子的意指中的。罗素认为，句子的意指有两个方面，其一"表达"了说话人的状态，其二是从现在这种状态指向某种可以确定它的真伪的东西。为此，罗素引入了两个概念，其一是信念，其二是事实。这样罗素就把意指分成了主观和客观两个方面：主观方面是指说话者所处的状态；客观方面则是确定句子真伪的事实。需要说明的是，罗素所说的主观方面和客观方面与我们讨论所使用的概念并不完全相同。主观方面只是说话和听话者的一种心理状态，这种状态仅仅确定一个句子是否是真的。"如果我们说一个句子是真的，我们的意思是说断言它的人说的是真话。"也就是说，如果听话者相信说话者所说的句子（命题）表达的内容是真实的，那么听话者在心理上就会认为这个句子是真的。但是，在主观方面，当我们认为一个句子是真的时，只是说明我们相信说话者在这个句子中包含他所想要表达的信念，也就是说，这个句子就是由它所要表达的意义所引起的❷，因此它只是我们的主观认识。显然，在主观方面认为一个句子是真的或伪的，只是在心理上的反映，应该属于心理学研究的范围，不仅与认识论无关，也与语言学（包括语义学）无关。在罗素关于命题之真假的阐释中，"信念"是一个令人难以理解的概念。根据罗素的观点，"一个肯定的句子所表达的是一个信念"❸，信念"这个名词是指一个有机体的一种状态，这种状态和使信仰为真或伪的事实没有直接的关系"❹。罗素把它解释为，"表示一种心理或身体或者心理身体都包括在内的状态，在这种状态下一个动物的行为和某种在感觉上没有出现的事物相关联。……在人类，表现信念的唯一动作往往是说出适当的文字"。根据这一解释，信念既是心理的又是身体的，还是两者兼有的状态，它不仅是人类具有的也是动物具有的，而对于人类而言，表现信念就是"说出适当文字"的行为状态。问题在于，按照这个解释，信念是一种心理状态，因此它是主观的；同时信念又是一种

❶ ［英］罗素. 人类的知识：其范围与限度［M］. 张金言，译. 北京：商务印书馆，1983：134. 罗素认为，真理必须是有其反面（虚妄）的理论，因此在罗素看来，不仅真与伪是一对共存的概念，真理与虚妄也是一对共存的概念。参见：［英］罗素. 哲学问题［M］. 何兆武，译. 北京：商务印书馆，1999：99－108.

❷ 罗素对句子是真的给出了这样的定义：如果一个具有"这是 A"的形式的句子是由"A"所表示的意义而引起的，那么这个句子便叫作"真的"。参见：［英］罗素. 人类的知识：其范围与限度［M］. 张金言，译. 北京：商务印书馆，1983：144.

❸ 由于命题都是陈述句，而陈述句都是肯定句，罗素在这里对句子的论述也涵盖了命题。

❹ ［英］罗素. 我的哲学的发展［M］. 温锡增，译. 北京：商务印书馆，1982：167.

身体状态，不论是动物的还是人类的，都表现为一种行为，因此它又是客观的。那么是否有一种可能的存在，它既是主观的又是客观的呢？显然，这里罗素混淆了信念和信念的表达。信念是主观的，它包含在表达的结果（句子）但不包含在表达的过程（行为）中；而信念的表达则是客观的，它是指表达的行为。如果我们把罗素的信念仅理解为包含在句子中的说话者表达的主观的东西（从信念中排除客观的表达行为），那么这里的信念就与我们之前讨论的观念有着相同的所指，罗素所谓信念也就不难理解了。如果到此为止不再作进一步的限定，那么在这个基础上讨论句子（命题）真假就有着非常广泛的论域，包括逻辑学、数学、语言学等，因为信念是主观的，只要我们断定说话者说的是带有信念的真话，那么这个句子就是真的。但是，罗素却明确指出：确定句子的真伪的是事实，"事实一般是和信念不同的。真和伪是对于外界的关系；这就是说，对于一个句子或一个信念所作的分析不能表明它的真和伪"❶"'事实'这个名词照我给它的意义来讲只能用实指的方式来下定义。世界上的每一件事物我都把它叫作一件'事实'。……如果我做出一个陈述，我做出这个陈述是一件事实，并且如果这句话为真，那么另外还有一件使它为真的事实，但是如果这句话为伪，那就没有那件事实。……事实是使叙述为真或为伪的条件"❷ 这样就大大地缩小了句子（命题）之真假讨论的范围，使之仅限于客观存在与反映它的观念之间形成的关系（所谓"外界的关系"），这就与我们之前的分析结果相同了。因此，罗素在此限定后特别说明，"这一点不适用于逻辑和数学，在逻辑和数学上真、伪事实上决定于句子的形式"❸。这样罗素又把真伪的讨论扩大到了逻辑学和数学，然而在扩大后的真伪仅取决于句子的形式，因此它又回到了语言学的范围，以句子的结构作为真假的根据。通过上面的讨论不难看出，罗素关于真假的讨论范围是含糊甚至混乱的，在信念的界定上混淆了主客观之构成的不同，在真假范围的界定上模糊、不确定，既有心理意义上的真假，又有语言学上（基于句子形式）的真假，还有认识论（仅限于客观对象与反映它的观念之间的关系）上的真假。由此可见，即使当时像罗素这样著名的学者，在

---

❶ [英]罗素. 人类的知识：其范围与限度 [M]. 张金言，译. 北京：商务印书馆，1983：136.

❷ [英]罗素. 人类的知识：其范围与限度 [M]. 张金言，译. 北京：商务印书馆，1983：176.

❸ 或许是认为这个限定过于强了，而罗素又认为不能否定在逻辑学和数学的命题中存在真假问题，但是这些命题又确实与罗素界定的事实无关，因此只能在此加一个特设"在逻辑和数学上真、伪事实上决定于句子的形式"，然而这个特设与他之前的论点"事实是使叙述为真或为伪的条件"矛盾。

真假讨论之范围的界定上也是不够严谨的。❶

接下来我们再以实用主义的真理观为例，分析这一学派关于真的讨论所及之范围及其侧重。实用主义的真理观有着一个发展演化的过程，尽管詹姆斯认为实用主义者席勒和杜威对真理问题已经给出了"唯一有条理的解释"，但是显然他们的真理观在当时很难为学界（詹姆斯称之为"理性主义哲学家"）所接受❷，因此詹姆斯不得不在他的著述《实用主义》中为席勒和杜威辩护。在这个阶段，实用主义者并没有像其后来者那样断然地否定"真（理）"的概念之传统的"符合说"，他们更多的是在寻找一种折中的方法，以便就"真（理）"之概念所作的解释既能符合实用主义者的需要又能为更多的人（包括传统学说的坚持者）所接受。例如，詹姆斯在其《实用主义》一书中认为："真理是我们某些观念的一种性质；它意味着观念和实在的'符合'，而虚假则意味着与'实在'不符合。实用主义者和理智主义者都把这个定义看作是理所当然的事。"❸ 这一论述与后来的实用主义者断然地否定传统的"真（理）"和"实在"之概念是不同的。❹ 当时，詹姆斯（实用主义者的代表）与理智主义者（代表了传统观念的坚持者）对于"真（理）"的概念中的"符合"的解释没有根本性的区别，只是实用主义者比较会分析和用心些；理智主义者比较马虎和缺乏思考些而已，其基本看法似乎没有根本性的区别❺，"一个真的观念必须临摹实在。这个看法也像其他普通看法一样，是照着最习见的经验相类似的。我们对于可感觉的事物的真实观念，的确是模拟这些事物的"❻。实用主义者反对理智主义者把"真"解释为固有的、静止的，他们认为："真观念是我们所能类化，能使之生效，能确定，

---

❶　这部分的讨论主要参考、引用了商务印书馆出版的罗素《人类的知识——其范围与限度》之张金言译本的第二部分"语言"的相关内容，文中凡是使用引号的部分都是引自这个译本的内容，但为了减少脚注而没有对每一个引文都标注出具体的页码，如有需要可参看这部分第134页以下之内容。

❷　例如，杜威在其《哲学的改造》中把"真理"概念解释为，"其实，所谓真理即效用，就是把思想或学说认为可行的拿来贡献于经验改造的那种效用。道路的用处不以便利于山贼劫掠的程度来测定。它的用处决定于它是否实际尽了道路的功能，是否做了公众运输和交通的便利而有效的手段。观念或假设的效用所以成为那观念或假设所含真理的尺度也是如此"（参见：［美］杜威．哲学的改造［M］．许崇清，译．北京：商务印书馆，1989；85）。显然，"真理即效用"的观点在当时是很难被学界接受的。詹姆斯不仅认同这一真理观，而且对其作了进一步的阐释和发展。

❸　［美］威廉·詹姆斯．实用主义［M］．陈羽纶，孙瑞禾，译．北京：商务印书馆，1979；101.

❹　这方面的内容可以参看美国实用主义学者罗蒂在其著作《真理与进步》中有关真理部分的论述。

❺　詹姆斯是这样描述实用主义者和理智主义者在解答"真""符合"等概念时在态度上的区别的。参见：威廉·詹姆斯．实用主义［M］．陈羽纶，孙瑞禾，译．北京：商务印书馆，1979；102.

❻　［美］威廉·詹姆斯．实用主义［M］．陈羽纶，孙瑞禾，译．北京：商务印书馆，1979；102.

能核实的；而假的观念就不能。这就是掌握真观念时对我们所产生的实际差
别。因此，这就是'真理'的意义，因为我们所知道的'真理'的意义就是
这样。""真理是对观念而发生的。它之所以变为真，是被许多事件造成
的。"❶ 在这些论述中，詹姆斯似乎认同传统的有关"真（理）"的概念的解
释，似乎并没有就命题或理论的真提出新的假说。然而，在对"真（理）"
概念的界定中詹姆斯引入了效用（"能使之生效、确定、核实"）的观念。也
就是说，他把有效性引入到真的概念中了，因为"它（指'真理'——引者
注）的真实性实际上是个事件或过程，就是它证实它本身的过程，就是它的
证实过程，它的有效性就是使之生效的过程"❷。显然，在这里"真"已经不
是我们的观念或者判断，它被假定为一个事件或过程。虽然事件和过程存在
"有效性"的问题，但是它们本身与"真假"无关；此外，詹姆斯把观念的
真实性假定为事件或过程，不仅混淆了主客观关系，也与他的假设"真理是
我们某些观念的一种性质"矛盾，因为如果真理是观念的性质，那么就不能
同时假定观念的真实性是一个事件或过程。"意识到这个观点明显悖理的特
征，詹姆斯竭力使他的真理理论中所保留的与常识和传统的类似之处不被掩
盖。因此，他反复坚持，对他来说，正如对大多数其他哲学家一样，真理就
是观念与对象的符合。"❸ 无论如何，詹姆斯认为一个观点具有效果就成为真
理的说法是难以被接受的，罗素就对这个观点给予了有力的批判："人之所
信若有极大的效果就成了真理，撇开总的缺陷不谈，这种见解有一个极大的
困难，我以为是无法克服的。这个困难就是：在我们知道一种所信是真是伪
之前，我们应该知道（甲）什么是这种所信的效果，和（乙）这些效果是好
还是坏。我认为我们必须把实用主义的标准应用于（甲）和（乙）；关于究
竟什么是一种所信的效果，我们要采用那种'有好处'的见解来断定，关于
这些效果是好还是坏，我们同样须采用那种'有好处'的见解来断定。显然
这就使我们陷入后退至无穷。"❹ 在有关"证实""有效"以及"符合"之关
系的模糊、琐碎、没有说服力的论证后，他提醒我们：掌握真实的思想就意

---

❶❷ ［美］威廉·詹姆斯. 实用主义［M］. 陈羽纶，孙瑞禾，译. 北京：商务印书馆，1979：
103.

❸ ［美］托马斯·E. 希尔. 现代知识论［M］. 刘大，李德荣，高明光，等译. 北京：中国人
民大学出版社，1989：381.

❹ ［英］罗素. 我的哲学的发展［M］. 温锡增，译. 北京：商务印书馆，1982：161. 此外，有
兴趣的读者可以参看该书第 162 页以下，罗素对詹姆斯的实用主义真理观有系统的评述和批判。

味着随便到什么地方都具有极其宝贵的行动工具❶，这样就更进一步地明确了"真"作为行动工具的有效性。然后，詹姆斯提出了"额外真理"的概念，并借助这个概念把"有用性"和"工具性"引入"真（理）"的概念中。再进一步，詹姆斯把信用的观点也引入到了真的概念中，认为"事实上，真理大部分是靠一种信用制度而存在下去的。我们的思想和信念只要没有什么东西反对它们就可以让它们成立；正好像银行的钞票一样，只要没有谁拒绝接受它们，它们就可以流通。但是只有可以直接证实的情况才如此，缺乏这个，……真理的结构就崩溃了。你接受我对某种事物的证实，我接受你对另一事物的证实。我们就这样在彼此的真理上做买卖。但是被人具体证实过的信念才是整个上层建筑的支柱"。从对詹姆斯的实用主义真理观的介绍来看，除了引入诸如效果、效用、有效性、有用性、工具性、信用这些突出了"实用"的概念外，其讨论所及之范围似乎依然没有超出认识论的范畴。但是，接下来詹姆斯讨论了所谓"主观对象"的真假问题，他论述道："纯粹意识观念的关系形成了另一个领域，可以有真的或假的信念在那里流行，在这里信念是绝对的或无条件的。如果它们是真的，它们就被称为定义或原则。……这些对象是意识中的对象。它们的关系是一目了然的，无需感觉的证实。而且，一旦是真的了，对于那些同样的意识中的事物（对象）也永远是真的了。这里，真实有一个'永久的'性格。"❷ "在这种思想关系的领域里，真理仍旧是起一种引导的作用。我们把一个抽象观念和另一个抽象观念联系起来，最后构成了逻辑和数学真理中的各种伟大系统，许多可感觉的经验中的事实终于秩然有序地分别在这些名目之下，使我们永久的真理对于许多实在也都适用。"❸ 由此可见，在詹姆斯的论述中，"实在"概念就有了新的含义，按照其界定，"因此实在不是意味着具体的事实，就是意味着抽象的事物与它们之间直觉地感觉到的关系。此外，实在的第三种意义是指我们所已经掌握了的其他真理的全部，这就是我们的新观念所不得不考虑的东西"❹。这样一来，詹姆斯所谓"观念必须同实在符合"，就不仅指具体的

❶ ［美］威廉·詹姆斯. 实用主义 ［M］. 陈羽纶，孙瑞禾，译. 北京：商务印书馆，1979：103－104.
❷ ［美］威廉·詹姆斯. 实用主义 ［M］. 陈羽纶，孙瑞禾，译. 北京：商务印书馆，1979：107.
❸ ［美］威廉·詹姆斯. 实用主义 ［M］. 陈羽纶，孙瑞禾，译. 北京：商务印书馆，1979：108.
❹ ［美］威廉·詹姆斯. 实用主义 ［M］. 陈羽纶，孙瑞禾，译. 北京：商务印书馆，1979：108－109.

实在，还包括抽象的实在、关系和绝对、永恒的真理。但是，詹姆斯界定的"实在"的根本问题在于，它既指客观的事实又指主观的观念。随着詹姆斯似乎是不经意地引入的概念"抽象的事物"❶，实用主义关于真假的讨论范围就从认识论扩展到了逻辑学、数学和语言学。事实上，实用主义者的目的就在于把"真"转化为与常识一致的可以使用的某种有用的东西，因此效用、效果、有用性、价值等等与"使用"及其评价的概念必然与实用主义者的"真"相伴相随。❷

在介绍了实用主义的真理观后，我们还需要讨论在语言哲学中有关真假学说及其所及之范围，因为它们是语言哲学的重要组成部分。根据罗蒂的观点，语言哲学有两个来源，一是源自由费雷格等人提出的一些问题，这些问题是有关如何使我们的意义和指称概念系统化，以便于使我们利用量化逻辑，保持我们对模态的直观，以及一般地产生一幅清晰的、直观上令人满意的关于这样一种方式的图画，按照这种方式，像"真理""意义""必然性"和"名字"等概念都彼此协适。罗蒂将之称作"纯的"语言哲学，因为它不含有认识论的偏见，也与大多数近代哲学传统无关。二是源自纯认识论，它企图保持康德的哲学图画，以便为知识论形式的探索提供一种永恒的非历史的构架。罗蒂将之称作"不纯的"语言哲学。❸ 然而，"真理理论起初都与某种形而上学有着独特的联系，而后来则脱离了各自的形而上学"❹。正因为如此，任何一种真理学说都会保留着这种形而上学的痕迹。例如，真的融贯论之现代唯心主义者的代表布拉德雷认为，真理是与实在浑然一体的，它是当作观念的实在，它的最终目标是以观念的形式成为并占有实在，而这一目标直到真理包容一切成为一才能达到。❺ 他认为，真理的标准就是寻求智力的满足。"既然我被认为把思想建筑在那些连我自己也辨认不出的假定之上，那么我在这里必须重复我到底假定了什么。我首先假定真理必须满足智力，

❶ 这里詹姆斯对"事物"概念作了一个划分，得到了"具体的事物"和"抽象的事物"。然而，这个划分是不存在的，因为客观存在的事物没有"具体"和"抽象"之分，所以"抽象的事物"是虚假概念。
❷ [美] 理查·罗蒂. 哲学和自然之镜 [M]. 李幼蒸，译. 北京：生活·读书·新知三联书店，1987：267.
❸ [美] 理查·罗蒂. 哲学和自然之镜 [M]. 李幼蒸，译. 北京：生活·读书·新知三联书店，1987：226.
❹ [英] 苏珊·哈克. 逻辑哲学 [M]. 罗毅，译. 北京：商务印书馆，2003：116.
❺ [美] 托马斯·E. 希尔. 现代知识论 [M]. 刘大，李德荣，高明光，等译. 北京：中国人民大学出版社，1989：28.

做不到这一点的东西既不真也非实在。"❶ 布拉德雷把真理作为一个既具备一致性又具备广博性的信念集合。在一定程度上，布拉德雷承认真理就是符合实在，而实在本质是一个统一的、融贯的整体，真正的真只可能是那种永远不可能完全达到的、无所不包的、完全一致的信念集合。❷ 由上面的介绍不难看出，布拉德雷的绝对唯心主义观点对他提出的真的理论有着深刻的影响。事实上，不仅布拉德雷的真的理论，其他形式的融贯论也与唯心主义有着十分密切的联系。❸ 布拉德雷的真是指"无所不包的、完全一致的信念集合"，因此它可以涵盖所有的描述观念的命题。

或许有人会提出问题，为什么在语言学中会涉及真假的讨论呢？在之前的讨论中，我们已经明确了"真"是一种性质，那么就有了产生这个性质的根据和这个性质的承载。当我们把这两者混淆之后，"真"的应用所及的范围就可能发生变化。一种最极端的情况是，从根本上否定"真"是一种性质，因而也就回避了真的承载者的问题，最终否定了真假问题。这就是兰姆赛提出的真理冗余论。兰姆赛认为，"'真'是多余的，因为说 p 是真的就等于说 p"❹。在亚里士多德的名言"说非者是，或是者非，即为假，说是者是，或非者非，即为真"中，"谓项'真'和'假'是多余的"，就是说它们可以从所有的语境中消除掉而又没有语义损失；也就是说，"说是者是"就等同于"说是者是即为真"。既然在真的冗余论中否定了"真"的概念，那么也就没有真的承载者，以及真的讨论范围之问题。

在语言哲学的领域中，人们似乎都在尝试着如何正确地理解和解释亚里士多德的这句名言。除了兰姆赛提出的真的冗余论外，学界一般同意"真"是一种性质，因此它就必然有承载者。但是，只要对于"真"的承载者的认识不同，就会形成不同的真的观念和学说。例如，融贯论是把具有体系结构的命题集合作为真的承载者的；又如，奎因把命题作为真假的承载者，他认

---

❶ ［美］托马斯·E. 希尔. 现代知识论［M］. 刘大，李德荣，高明光，等译. 北京：中国人民大学出版社，1989：30.

❷ 这个信念集合不是某个个人才有的，否则对于它的真假的讨论没有意义，因此这个所谓信念集合只能是一个命题集合，而这个命题集合的元素是被布拉德雷作为"实在"处理的。也就是说，他的"实在"就是指信念（观念），而不是指客观存在。由此可以推出，布拉德雷的所谓融贯性是指一个命题集合中所有命题的一致性，但是它的"无所不包"使得构成它的元素不仅不可能具备一致性，而且也不能形成具有内在结构的"系统"。因此，布拉德雷的"真理就是符合实在"不是指符合客观存在，句子（命题或者陈述）必须符合它所表达的观念。参见：［美］托马斯·E. 希尔. 现代知识论［M］. 刘大，李德荣，高明光，等译. 北京：中国人民大学出版社，1989：26－33.

❸ ［英］苏珊·哈克. 逻辑哲学［M］. 罗毅，译. 北京：商务印书馆，2003：116－119.

❹ ［英］苏珊·哈克. 逻辑哲学［M］. 罗毅，译. 北京：商务印书馆，2003：109.

为"真或假之物是命题,这将得到普遍的赞同"❶。奎因认为,我们之所以不说"雪是白的"(X)是真的,当且仅当雪是白的(p)是一个事实,而只说"雪是白的"(X)是真的,当且仅当雪是白的(p),因为其中的"是一个事实"是空洞无意义的,所以可以简单地去掉,而其结果是直接把句子与事实联系起来,把真归于句子即是把白归于雪。❷ 但是,把真归于句子雪是白的(p)并不等同于把白归于雪。句子雪是白的只是我们对于头脑中的观念的描述,它并没有延伸到客观存在的"雪"呈现出的现象与在人的头脑中已经存在的观念"白"之间关联,从而形成"雪是白的"的观念;它只涉及人脑中的观念(雪是白的)❸ 和描述这个观念的句子之间的关系,因此"被 2 整除的自然数是偶数"是真的,当且仅当被 2 整除的自然数是偶数满足奎因所谓"去引号的真",但没有"直接把句子与事实联系起来",因为在第二个示例中仅涉及观念而不涉及事实。因此,在奎因的示例中,"是一个事实"的限定条件不是空洞无意义的,它改变了满足 X 真的条件的范围。在之前论述中我们曾指出,亚里士多德有关真假的论断既不是针对"是",也不是针对"说出的是",而是针对两者之间的关系。从语言哲学的真的理论分析,其侧重的不同,或者是被说出的"是(观念)",或者是说出的"是"(句子、命题),或者是两者之间的关系(例如,塔尔斯基的真的语义)等等,它们的选择不同,涉及的真的范围也不同,但是无论如何选择,语言哲学有关真的讨论在脱离了形而上学的认识论后,都不会再包含客观现实与反映它的观念之间的关系,而仅限于亚里士多德的"是"与"说是"的范围,从而使之能够从单纯的经验性学科扩大到包括数学、逻辑学和语言学等非经验性的学科。

　　显然,在西方学术发展中,真的理论的所及范围远远超出了我们之前的限定,即客观现实与反映它的观念之间的关系。那么究竟是我们的限定过于狭窄,还是西方学术界的讨论不合理地扩大了有关"真"的范围?或许我们可以从以下几个方面回答这个问题:其一,必须明确我们的问题是限定在单个命题的真假讨论上的。也就是说,性质"真"和"假(不真)"的承载者是命题,既不是命题的集合,也不是命题的体系,因为理论的真的必要条件是在一个确定的语言体系中构成这个理论的所有命题真。构成一个理论的所

---

　　❶ [美] W. V. 奎因. 真之追求 [M]. 王路, 译. 北京: 生活·读书·新知三联书店, 1999: 68.
　　❷ [美] W. V. 奎因. 真之追求 [M]. 王路, 译. 北京: 生活·读书·新知三联书店, 1999: 70–71. "雪是白的"是真的, 当且仅当雪是白的。在这个示例中, 我们以 X 表示带引号的"雪是白的", 用 p 代表句子(不带引号的)雪是白的。
　　❸ 这个观念已经存在于人的头脑中, 但是"雪究竟是不是白的"之问题, 单凭这个已经存在的观念本身是不能作出回答的。

有命题真是以构成这理论的命题集合中的所有元素（命题）真，或者说，要求这个命题集合中的每一个命题都真，因此命题而非命题集合或体系是性质"真"和"假（不真）"的承载者。在命题集合或者体系中，命题之间的关系只能用"一致""协调""相容""矛盾"等术语来评价，因为这些术语所描述的性质才是在一个集合或者体系中的命题之间的关系所具有的，在这类关系中没有"真"与"假（不真）"的性质，因此也就不能用真假来予以评价。由此可见，在这一限定下，我们已经把在命题集合或者体系中的命题之间的关系，以及在不同的语言系统中语句的转换关系（翻译）等，排除在我们的讨论之外。其二，我们从语言学的角度分析。在一个语言系统中，我们通过语句（句子或命题）描述观念。不同的语言系统，对于同一个观念的语言描述不同；同一个语言系统，不同的人对于相同之观念的描述也不同，因此观念和描述观念的语句之间构成了一对多的关系，这样就存在语句对观念表述的贴切和准确的问题，它们是观念和描述它的语句的关系的性质；由于不同的人对同一对象形成的观念不尽相同，而更多的是相似，即便是同一个人在我们的讨论中加入时间变量后，对同一对象在不同的时间形成的观念也会不尽相同，由此增加了所讨论之问题的复杂性的度，使得被描述的观念和描述这个观念的语句之间构成了多对多的关系。但是不论问题复杂性程度多高，也不论它们之间是一对多的关系还是多对多的关系，这个关系所具有的性质只能以贴切、准确、恰当、合理等术语来描述，而不能用真或假（不真）来描述。如果一个人用语句表达的不是他所期望表达的观念，那么只是他由于生理、心理或能力的原因而表达出的观念不准确或者不恰当；如果一个人用语句表达的不是他应当表达的观念（说谎），那么他所表达的就是他欲表达的，而不是他应表达的，因此说谎与表达的准确性、恰当性没有关系。如果语言的描述仅限于语句和观念（概念）之间的关系，那么这个语句是分析的，它的所谓"真"被认为是绝对的，其"真"的范围涵盖了数学和逻辑学等与客观现实的认识无关的学术领域。之所以说在这些领域中所讨论的真是绝对的，是因为在这些领域中的命题描述的对象不受经验之偶然性条件的约束，也不受时间的约束，因而它们一旦被判定为"真"，它们所具有的这个性质就不随时间变化，也不受外在偶然因素影响，呈现出绝对之不变性。然而绝对的"真"是对可能的"假"的否定，但是没有假也就没有真，因而"绝对的真"本身又是对"真"的否定。显然，在数学和逻辑学的推理过程中是没有真假性问题的，命题的真假值设定只是为了表现在分析系统中正确、合理的演绎推理过程所具有的命题之真假值的传递性。由此我们也就阐释了在数学、逻辑学、语言学中不存在有关真假性的问题，其中的真假性不过是准确、恰当、合理、正确等一类性质的错误命名而已。其三，在数学、逻辑学和语言哲学中，所有的语句都不含有经验或与经验有关的成分，因此语句所描述的对象就仅限于人头脑中的、主观的观念，这些观念与客观现实（客观实在）之间没有关联。既然在这些领域中的语句仅描述与客观现实无关的主观观念，而主观观念又是内在于人的存在，那么我们如何判断一个语句（说出的是）是否表达了一个人想要表达或应当表达的观念呢？除非我们假定"一个人表达的就是他想要或应当表达的东西"，否则我们根本不可能从一个人的表达中推测出这是否他想要表达的东西，更不可能判定他的表达是否贴切、恰当、准确、合理地表达了他欲表达的观念。

在亚里士多德有关真的名言中，如果我们根本不可能知道被说的"是"和"非"，又如何可能有"说是者是，说非者非"呢？当然就更不可能判定其真假了。那么利用塔尔斯基的 T 型等值式是否能够解决这个问题呢？按照塔尔斯基的构造，T 型等值式（语句范型）具有形式："（T）X 是真的，当且仅当 p"；其中，p 是任何一个句子，而 X 是句子的名称。[1] 例如，在之前的示例（"雪是白的"是真的，当且仅当雪是白的）中，不带引号的雪是白的是句子 p，而带引号的"雪是白的"是句子 p 的名称，是真的。按照奎因的观点，在 T 型等值式中"正像符合论已经暗示的那样，真这个谓项是语词和世界之间的一种中介。真的是句子，但是句子的真在于世界如同句子所说。因此在调整语义上溯的过程中使用真这个谓项"[2]。但是，奎因忽略了一个问题，即塔尔斯基的 T 型等值式只是一个具体的充要条件语句，虽然 p 是变量，但是这个变量只是"X 是真的"的充要条件，而 X 作为 p 的名称是随 p 而定的，因此在 p 不定时，X 不定，语句"X 是真的"只是一个形式，没有任何意义。当 p 确定以后，X 作为 p 的名称也就确定了，因此充要条件句"X 是真的，当且仅当 p"中的 p 和 X 都是常量，因此塔尔斯基的 T 型等值式只有以具体语句的形式出现才是有意义的。由此可知，谓项"是真的"不是句子 p 与世界的中介，而是句子 p 与它的名称 X 的中介。句子 p 本身是否真则不能由其自身来决定，因为句子 p 不能构成辨别其自身真假的判断，它也不能

[1] ［美］A. P. 马蒂尼奇. 语言哲学［M］. 牟博，杨音莱，韩林合，等译. 北京：商务印书馆，1998：85-86.

[2] ［美］W. V. 奎因. 真之追求［M］. 王路，译. 北京：生活·读书·新知三联书店，1999：72.

通过它所描述之对象来判定其自身的真假❶，单纯地从句子 p 来看，它与世界没有任何关联，它就是一个陈述主观观念的语句。因此，"雪是蓝的"是真的，当且仅当雪是蓝的，这个充要条件句在语义学意义上是成立的，因为句子 p 是不带引号的雪是蓝的，X 作为这个句子的名称是带引号的"雪是蓝的"，因此这个句子的名称"是真的"的充要条件是这个句子是雪是蓝的；至于雪是不是蓝的，与这个充要条件句没有任何关系。因此，奎因的真的去引号说不成立。

由上面的讨论可知，在语言哲学中不可能解答我们在这里提出的问题。那么如何才能够知道被说的那个存在于人脑中的"是（主观观念）"呢？这就涉及亚里士多德的这句名言的又一层意思。❷ 亚里士多德在解释这句有关真的名言时说，"并不因为我们说你脸白，所以你脸才白；只因为你脸白，所以我们这样说才算说得对。"❸ 从一般意义上来讲，我们通过句子（命题）"S 是 p"（S is p）❹ 描述了我们形成的观念"S 是 p"（S is p），前一个"S 是 p"是说出的"是"，后一个"S 是 p"是被说出的"是"；但是，我们既不能从说出的"是"，即句子（命题）"S 是 p"（S is p），也不能从被说出的"是"，即我们期望通过句子（命题）表达的观念"S 是 p"（S is p），得出 S 是否是 p 的判断。因为在这个关系（被说的"S 是 p"和说出的"S 是 p"）中，不论是关系还是关系的承载者，都与 S 是否是 p 没有关联。也就是说，在这三者❺之间的任何一个，都不会具有真与假的性质，因此也就不可能构成有关真假的判断。尽管观念"S 是 p"（S is p）不具有真假的性质，但是这

---

❶ 在之前已经论证了，句子描述的对象是人脑中的主观观念，它是内在于人的存在，是不为他人所知的存在，因此他人不能通过句子肯定一个人的观念（否则就没有名词"谎言"了），同样也不能根据不可知的观念判定描述它的句子的真假。因此真假性也不可能存在于从主观观念到客观表达（不限于语句）的关系中，或者说，我们更明确了真假性质只可能存在于从客观现实到主观观念的关系中，而不再有其他之可能。

❷ 在亚里士多德的这句名言中，至少是在这句名言的汉语译文中，没有表达出亚里士多德希望表达的真的这层含义，而是在解释这句名言的示例中表达出了真的这层意义。

❸ ［古希腊］亚里士多德. 形而上学［M］. 吴寿彭，译. 北京：商务印书馆，1959：186.

❹ 这里是我们所说的"某人的脸是白的"，这个语句描述了我们形成的观念，它是某人的脸的观念（S）与已有的有关性质白（p）的观念结合形成的我们欲表达的观念"某人的脸是白的（S is p）"。

❺ 这里是指亚里士多德所说的"是"和"说是"，以及它们两者之间的关系。

个观念包含另一层意思，即"S"与观念"S是p"（S is p）❶的关系。这样我们就再次回到了之前的论题，即"S"在不同选择下可能的结果。由于"S"是认识对象，它只有两种可能：其一，它是内在于人的、主观的对象；其二，它是外在于人的、客观的对象。由于这两种对象之间是矛盾关系，我们已经穷尽了所有可能的选择。当"S"是内在于人的主观对象时，除了这个对象的认识者之外，其他人并不知道这个对象的存在，而且这个对象本身也随着认识者的主观意识的变化而变化，因此在主观对象"S"与对这个对象的认识所形成的观念"S是p"（S is p）之间的关系是不可知（对于认识者以外的其他人而言）、不确定（对于认识者而言）的，人们（认识者和认识者以外的所有其他人）不能把握这个关系的性质，它所具有的性质就是（对于认识者而言的）不确定性，以及（对于认识者以外的所有人而言的）不可知性。当"S"是外在于人的客观存在时，"S"是确定的、不随人的意识而转移的，因此"S"与反映"S"形成的观念"S是p"（S is p）之间的关系是确定的、客观的和可知的，那么"S"是否具有性质"p"就是可以通过判断确定的。因此，不是由于我们利用系词"是"（is）把性质p赋予了对象S，作为语句它没有真假，例如我们说"某人脸是白的"这个语句没有真假，因为它只是表达了一个观念"某人脸是白的"，这个观念也没有真假，甚至我们不知道这个观念是否存在，以及是否被准确地表达。但是，认识对象"某人的脸（S）"却是客观存在的，它是否具有性质"白（p）"也是人们可以观察和检验的，因此在客观存在的认识对象"S（某人的脸）"呈现出的客观现象"白（p）"和我们形成的观念"某人的脸是白的（S是p）"之间就形成了一个关系，这个关系的性质我们用"真"或者"假（不真）"标记，这样我们就论证了只有在客观对象与认识这个对象在人脑中的反映形成的观念的关系上才有真与假（不真）的性质，至于这个性质是什么，则属于另一个论题讨论的范围。从语句的角度来看，由于涉及具有真假性的对象的描述必然与外在的客观现实相关，因此就在语句中引入了经验的成分，而我

---

❶ 这里我们只关心"S"与观念"S是p"（S is p）之间的关系，而不关心"p"与观念"S是p"（S is p）之间的关系。因为在其中，只有"S"是我们需要认识的未知的对象，"S是p"（S is p）是我们对于"S"认识的结果，即我们对"S"认识形成的观念。"p"是我们已有（已知）的观念（概念）。人对于对象的认识不是从未知到未知，而是从已知到未知，人对于认识对象的解释也是通过已知和已掌握的概念，来阐释未知的对象。因此，我们在讨论中并不关心已有的观念"p"，关心的是认识对象"S"与对其反映形成的观念"S是p"（S is p）之间的关系。

们把这种带有经验成分的语句称作经验综合句。[●]

（三）"真"的判定标准

"真"是客观现实与反映它的观念之间的关系的性质，这是在之前的讨论中我们得出的一个大致的结论。但是有三个问题没有解决：其一，我们只是大致地划定了这个关系的承载者的范围，但是具体的承载者依然是不确定的。由于不是任意的两个对象都可以直接关联，因此我们必须确定客观现实与反映它的观念之间是否具有直接的关联性，这就需要明确承载者，只有这样才能论证它们之间存在我们假定的关系，才能避免讨论陷入困境。其二，"真"这个性质是什么，真是标记我们正在讨论之关系形成的观念的符号，这个观念是我们可以以性质的形式通过言语表达的，因此能够说出"真"所具有的性质，并将其赋予符号"真"。其三，什么是标准，它是基于什么确立的，以及是否存在主观标准和客观标准的区分，这些问题以及前两个问题的结果是确立"真"的判定标准的根据。

在前面的讨论中我们形成观念——"真"标记的是一个观念的性质，这个观念是一个关系，这个关系的一个承载者是客观存在，另一个承载者是反映这个客观存在的主观观念。问题在于，在客观存在与主观观念之间能够直接建立起关系吗？我们以交通信号灯为例来说明这个问题。假定当前交通信号灯是绿灯亮，那么作为一个理性的人（这里是指智力正常的人），它形成了信号灯亮的观念，并把绿色的性质赋予这个灯，从而形成了当时绿色交通信号灯亮的观念，这样似乎就验证了之前的论述，即这个关系是客观现实（绿色交通信号灯）与反映这一客观现实的主观观念之间的关系，它的两个承载者分别是客观现实和反映这个现实的观念，由此得出：在客观现实与反映它的主观观念之间存在直接的关联性，因此在两者之间能够直接建立起关系。但是，如果在客观现实与反映这个现实的观念之间可以直接建立起关系，即它们之间具有直接的关联性，那么主观观念则是直接反映客观现实变化的变元，这样可能产生两个问题：其一，人的意识是否能够直接与客观现实相关联？毫无疑问，这个问题的答案是否定的，因为内在于人的存在（意识）

[●] 以此区别于"非经验综合句"。就综合句而言，并非都是与经验相关的，在哲学、语言学、心理学中，综合句是非经验的。

不能与外在于人的客观现实直接关联，它们不具有直接的关联性。❶ 其二，如果反映客观现实的观念与客观现实直接相关，那么它们之间形成的关系还有真假的性质吗？回答依然是否定的，因为客观现实与反映它的观念之间的关系是直接的，因此两者之间的变化是一一对应的，这样在它们之间也就不存在真假性了。在这个示例中，这个关系是客观现实与主观观念之间直接关联形成的，因此在这个讨论中除了限定主体必须是理性的人外（否则不能形成反映客观对象之观念），没有更强的限制条件。如果我们不改变上述假定，只是附加一个约束，即这个理性的人是一个患有色盲症的人，他没有分辨红色和绿色的能力，因而在任何情况下遇到红色和绿色时他都无法作出判断。在这个示例中，实验者感觉器官的缺陷使得他不能分辨红色（波长为492～577 纳米的可见光）和绿色（波长为622～760 纳米的可见光），这样绿色交通信号灯（原象）在他的感官中呈现出的是不能确定其为红色还是绿色的交通信号灯（象）；在接下来的智力活动中，他可能判定这个信号灯是红色的，也可能判定它是绿色的，或者无法作出判断。其结果有三种：一是他作出信号灯是红色的判断结果，并把已知描述概念"红"的性质与反映信号灯的观念相结合（把性质"红"赋予这个信号灯），得出这个交通信号灯当前是红色的结论；二是他作出信号灯是绿色的判断结果，并把已知描述概念"绿"的性质与反映信号灯的观念相结合，得出这个交通信灯当前是绿色的结论；三是他没有分辨颜色的能力，不能作出相应的判断，因此不能得出当前信号灯是什么颜色的结论。示例的这个附加条件似乎动摇了已经得出的结论，按照这个示例之所示，在客观现实与主观观念之间似乎不可能直接建立起关系，否则主观观念总是能够近似但正确地反映客观现实。也就是说，主观观念能够近似但正确地反映交通信号灯的颜色性质，而与感官的机能无关。这个示例得出的结果不同，似乎主观观念只能与内在于人的由感官得到的感觉生成的象而非外在于人的客观现实直接关联，只能与由感觉生成的象建立起直接的关系。因此，主观观念近似但正确地反映了由感觉生成的象，而不是真实存在的客观现实。这样一来，人对于客观实在认识的智力活动就与客观实在无关，它只是从主观（由感觉生成的象）到主观（观念）的过程，因此符号"真"标识的不是客观现实与主观观念之间关系的性质，而是由感觉生成的象与主观观念之间的关系。对于理性的人而言，这个关系是永真的。也就是

---

❶　如果存在这种关联性，那么人的主观意志就可以直接作用于外在世界，外在世界也可以直接作用于人的内在意识和思想，因此任何一个人的行为都可以作用于另一个人的思想、意识，这显然是荒谬的。

说，在这个关系中概念"真"没有意义，或者说，它是虚假的。显然，我们所讨论的关系既不是主观观念与客观现实之间的直接关系，也不是主观观念与客观现实通过感官获得之感觉生成的象之间的关系，前者不仅是不可能形成的（内在于人的主观观念不可能与外在于人的客观现实直接相关联），也是与"真"所描述的性质无关的；后者只是一个单纯的智力活动，其结果也不具有真假的性质。那么我们所说的客观现实与反映它的观念之间的关系指的是什么呢？

　　首先，我们不得不承认在客观现实与主观观念之间不可能具有直接的关联性，因此在主观观念与客观现实之间不可能形成直接的关系。[1] 人们认识客观对象的智力活动是人脑的活动，其过程不可能以客观现实为起点，而只能起始于通过感官产生之感觉生成的有关认识对象的象。换言之，人的感觉和由感觉生成的象都不是凭空而来的，它们是对作为原象的客观现实镜像得到的。既然它是原象镜像所得到的象，那么它必然地要反映原象，或者说，在镜像关系中象只能被动地反映原象，而不能反作用于原象，或者改变原象；同样，原象也不能直接地作用或者改变反映它的象，原象只能通过镜像器[2]才能生成象，因此象与原象之间的联系不是直接而是间接的。从理论上讲，世界上不存在绝对精确的镜像器，即便在物理学中我们可以假设能够获得一个理想的、绝对精确的镜像器，然而象与原象在空间位置上依然可能不同。也就是说，即便我们有可能构造出最大限度接近理论假定之精确度的装置，依然不能保证所生成的象与原象完全相同。在人认识客观对象的过程中，人的感觉器官起着镜像器的作用，它把作为原象的客观对象镜像到人脑中生成这个原象的象。[3] 在现实中，每一个人都是一个独立的、特殊的个体，因此没有任何一个人的感觉器官是十全十美的，也没有任何两个人的感觉器官是完全相同的（至少我们不能断定有完全相同之感觉器官的不同的人），这样也就决定了人通过感觉器官从客观对象中获得的信息产生的感觉是有缺失的、不完整的，而且对于同一个客观现实不同的人获得的信息也是不同的，它们

---

　　[1]　这个论点的根据可以参见第 211 页注释②。

　　[2]　需要说明的是，在这里用"镜像器"并不只是比喻人的感觉器官，它还包括人脑的特殊功能，即把由感觉器官得到的信息（感觉），加工生成反映客观现实的象（知觉），感觉器官只能获取外部信息并转换为人的感觉，但是它们不能生成完整的反映客观现实的象。

　　[3]　需要说明的是，只有在比喻的意义上，人的感觉器官才被描述为把外在于人的客观现实镜像到人脑中生成象的镜像器，因此不能把它理解为一个物理意义上的镜像器。客观现实通过感觉器官在人脑中生成的象的描述也只在比喻上才有意义，借此我们旨在解释客观现实与人的观念之间的关系及其性质。

在此基础上产生的感觉也是不同的。因为作为个体的人的感觉器官都是不同的，都有着或多或少的差异，这种差异的原因是多方面的，如生理的、心理的、病理的和功能的等等，这些因素的共同作用导致了人对于客观世界的感知存在丢失信息的可能性，从而使得人对客观世界的感觉必然会发生一定程度的畸变，因此在人脑中由感觉生成的象（知觉）或者近似于原象（客观现实），或者不同于原象，或者不能反映原象（因感官之缺陷❶而不能从客观现实中获取足够的信息以便在人脑中产生可辨识的感觉，所以不能满足人脑加工生成象的要求）。尽管人的感觉器官在生理上有着各种不足，在功能上受到诸多限制，但是它却能够把（外在于人的）客观世界（认识对象）移入人脑（在各种约束条件下获取对认识客观世界有用的信息）产生相应的感觉，从而使得客观世界与人的感觉之间发生关联。需要注意的是，这个关联不是直接而是间接的，是通过人的感觉器官作为中介实现的，因此我们可以得出结论：虽然客观现实与人对它的感觉之间不存在直接关系，但是存在以人的感觉器官为中介而建立起来的间接关系。

其次，由于不同的感觉器官只能捕捉到与之相应的反映客观现实的信息，因此人通过感觉器官获得的信息必然是片面的、琐碎的和不完整的（所谓的"杂多"），或者说，通过某种感觉器官只能产生与之相应的反映客观现实之特定的感觉。例如，人的感觉系统由视觉、听觉、触觉、嗅觉和味觉组成，其中的每一个都只能捕捉并获取与之相应的外部世界的信息，这些信息分别在人脑中产生相应的感觉。显然，每个单独的感觉器官对于客观对象的感知所得到的结果（感觉）都是孤立、片面、部分和不完整的，不可能全面、完整地反映这一客观对象，因此我们不可能从感觉直接形成反映客观对象的观念。当我们通过感觉器官获得认识对象的信息并形成感觉后，人脑对这些信息进行筛选、加工、处理，最后整合形成知觉。❷ 如果我们把客观现实作为原象，那么知觉就相当于这个原象的象，而人的感觉器官和脑则构成了从原象（客观现实）到象（知觉）的镜像装置。就个体的人而言，人脑与感觉器

---

❶ 这里的缺陷是指病理性的，而非功能性的。就一般意义而言，人的感觉器官在功能上是受到限制的。例如，人的视觉器官只能感知到满足一定条件的可见光（电磁波谱），其范围为 400～760 纳米。但是，有些人的视觉可以感知到一般人不能感知的电磁波谱，例如波长更长的红外线（大于 760 纳米），或者波长更短的紫外线（小于 400 纳米）。这种个体视觉器官之功能上的差异是特殊的、因人而异的。这与盲人的视觉器官不能感知光线的差异不同，后者是病理性的，如果不考虑致盲的原因，这种视觉器官的缺陷在哲学上是可以作为类的概念来描述的。

❷ 为了简化讨论的问题，这里我们不区分知觉和表象（在哲学上它被解释为"基于知觉形成的感性形象"），这样处理的目的是突出我们讨论的问题，而不必纠缠于一些容易引起混淆的概念上，毕竟知觉是对感觉的整合，如果它不形成象，那么对感觉整合之结果又是什么呢？

官一样，是存在个体差异的，这种差异的产生不仅是生理上的缘故，也包括人的智力发展水平、知识储备状态、信息处理能力等等各种因素，因此即使相同的感觉对于不同的人所能得到的知觉也不同，这就决定了由感觉形成的知觉（象）只能近似地反映客观现实（原象），而且对于同一个客观现实（原象）不同的人也不可能获得完全相同的知觉（象）。换言之，感觉和知觉之间的关系也是间接关系。当反映客观现实的知觉在人脑中形成后，作为原象的客观现实和作为反映它的象的知觉之间的关联性引起了关注，而形成知觉之基础的感觉却被忽视了，它们或者被认为从未存在过，或者被认为即便存在也对知觉之形成影响甚微。因此，客观现实与知觉之间复杂的复合关系就被简化成了直接的关联性，而这种直接的关联性是不可能形成的。

再者，当我们在头脑中形成了认识对象（原象）的知觉（象）后，这个对象对于我们而言是未知的，因此由这个对象（原象）在人脑中产生的知觉（象）对于我们来说依然是未知的。如果这个对象是已知的，那么我们的智力活动只是一个记忆和再现的过程，而不是一个认知过程。从知觉开始的认知过程被认为是智力活动的高级阶段，或者称为思维活动，它是从我们对这个象是什么的问题开始的，然后借用已知的概念集合猜测、解释未知的象（知觉），对它反映的客观对象进行分类，最终解答由这个象产生的问题，从而达到认识这个对象的过程。当借用已知的概念集合解释了未知的客观现实（原象）在人脑中产生的知觉（象）后，这个解释的过程最终形成了反映这个对象的概念；随着人们对于对象认识的深化，对这个对象认识形成的概念也越来越抽象，直到最终获得从整体上反映这个客观对象的概念，而这个概念就是这个概念集合中最抽象的基本概念。由于它们都是在不同抽象层次上反映同一个对象的，因而可以构成反映这个对象的概念集合。在这个阶段的智力活动主要受到两个方面之条件的约束，一个是生理方面的，另一个是能力方面的。前者不在我们的讨论范围内，而后者包括记忆、重现、联想、选择、判断、分析、综合、猜测等等个人从事智力活动的能力。显然，不论是生理方面还是能力方面，每个从事智力活动的人都是不同的，这种个体差异既有先天禀赋之不同又有后天养成之区别，它是客观现实，不由人的意志决定。因此，从知觉到观念的智力活动，不同的人获得的结果不同。在认识未知的过程中，我们借助了已知的观念（概念），因此在这个过程中就不可避免地加入了在知觉中没有的、包含在已知观念（概念）中的构成要素，这就使得我们形成的观念所解释的知觉不完全是那个由感觉生成的知觉，前者由于引入了后者没有的构成而发生畸变。此外，作为智力活动之主要构成的选择、猜测和判断，在思维活动阶段就更加凸显其重要性。在认知过程中一旦涉及选择、猜测和判断，也就决定了在知觉和观念之间形成的关系的非线性特征。由上面的讨论不难推出，在一个认知过程中，我们形成的观念只可能近似地反映被认识的客观对象，而不可能与之相同，这是因为从把认识对象移入人脑开始所建立起来的关系，都是间接、复杂的复合关系，在这个过程中不仅引入了知觉没有的信息，同时在整合、选择、猜测和判断等过程中或者丢失或者增加了一些信息，以保证整个智力活动能够继续并完成。尽管从把客观对象移入人脑开始直到反映这个对象的观念形成，被认识对象在人脑中形成的象就在不断地发生畸变的过程中，但是不论反映客观现实的观念与这个客观现实之间存在多大的差异，然而万变不离其宗，这个观念的形成依然受到客观现实的约束，被动地反映着客观存在。由此我们就论证了，在客观的认识对象与反映它的观念之间的关系是客观存在的，不以人的意志而发生或消灭。但是，这个关系不是直接、简单的对应关系，而是间接、复杂、具有非线性特征的复合关系，因此简化这个关系或者否定这个关系都是不可取的。

最后，肯定了客观对象与反映它的观念之间的关系并不等同于这个关系是可以认识的，只有确定的关系才是可以认识的，才有可能揭示这个关系的性质。例如，在微观世界中，粒子的运动是客观的，但是它的运动轨迹是不确定的，因此我们不能揭示单个粒子运动的性质。❶ 在之前的讨论中我们已经阐释了，在宏观世界中，人对客观事物的变化的认识遵循两个基本原理。一是连续性原理。它描述了人们对于客观世界认识的一个基本假定，即"在一个足够小的时间间隔内，客观事物可以被看作是不变的"，或者说，它在这个时间间隔内是确定的，因此人们才可以认识和理解客观事物。二是差异性原理。它描述了人们对于客观世界认识的另一个基本假定，即"在一个足够长的时间间隔内，客观事物在这个时间间隔的结束时刻的状态一定不同于其在这个期间的起始时刻的状态，而这个变化无论多么细微都是人能够感知的"，或者说，在这个时间间隔内，客观事物是在变化的，而且这个变化是人可以观察到的。由于反映客观现实的观念是随着它所反映的对象被动地变化的，因此也就可以推出，在足够小的时间间隔内反映客观现实的观念是不变的。我们假定所有决定观念变化的主观因素在这个足够小的期间内不发生

---

❶ 根据德国著名物理学家海森堡提出的测不准原理，对于微观粒子而言，其速度和位置不能准确测量，因此它的运动轨迹就是不确定的，这样我们就无法认识微观粒子的运动及其性质。对这个问题感兴趣的读者可以参看物理学或相关文献的论述，因为它是量子力学的基本原理，所以此处不再赘述。

突变❶，否则人的主观意识就是不稳定的，人也就不可能有确定的思想和意识，不可能认识、理解客观世界，也不可能进行人际交流，因为人的思想、意识、判断等属于内在于人的精神世界是不稳定和随机变化的，而且在任意小的时间间隔内都是不确定的。显然，这是荒谬的，因此我们的假定是合理的。根据上述假定可以得出，观念只随着客观现实的变化而被动地变化，又根据客观存在之变化的连续性原理可知，在足够小的时间间隔内观念是不变的、确定的，因此在客观现实与反映它的主观观念之间形成的关系也是确定的。由以上讨论我们阐释了客观现实与反映它的主观观念之间的关系的客观性和确定性，也论证了这个关系的性质是可以认识的。正是由于观念在足够小的期间的确定性，我们才能够用语言来描述它，其他人在接受描述这个观念的语词后才有可能在头脑中形成相应的观念。如果观念没有确定性，那么它也就是不可描述的，也是不可理解的。

通过上面的讨论使我们明确了客观现实与反映它的观念之间存在间接、复杂的复合关系。如果把这个复合关系仅作为客观现实与反映它的观念之间的间接关系（忽略它们的多重复合性），那么就可以把客观现实与反映它的观念作为这个关系的承载者。这个关系的形式是指把它的承载者连接起来的方式❷，而它的内容则是需要我们进一步讨论的这个关系的性质，它被标记为"真"或者"不真"。根据英国学者苏珊·哈克的观点，近现代之真的理论均源自于对于亚里士多德有关真的描述："说非者是，或是者非，即为假，说是者是，或非者非，即为真。"从而发展形成了较有代表性的真的学说，包括融贯论、实用论（有效论、有用论等）、符合论、语义论（形式语言之真的理论、语义学之真的理论）和冗余论，至于其他的真的理论则基本上都是在这些理论的基础上发展形成的，或者是对这些理论的解释或重述。❸需要说明的是，以上列举的具有代表性的理论并不是对于真的理论的严格、清晰和确定的划分。真的理论尚未有统一、确定和可以被普遍接受的划分标准，因此各个学说之间相互关联，难以作出合理的区分。例如，我国著名学者金

---

❶　由于连续性原理和差异性原理都是描述客观存在变化的原理，它并不适用于内在于人的精神世界，因此我们需要在这里构造一个假设，并论证这个假设的合理性，否则人的记忆、重现、判断等思维活动就是不可能的。

❷　这个关系的形式具有间接性和复合性。在这个关系中，观念是通过知觉与感觉相关的，而观念和感觉是通过知觉构成的复合关系，知觉又是通过感觉与客观的认识对象相关联的，因此知觉与认识对象，以及观念与认识对象都构成复合关系，其中观念与认识对象是多重复合关系。

❸　关于近现代真的理论的发展脉络可以参见苏珊·哈克在《逻辑哲学》第108页的图示，该图不仅标示了各个理论之间的关系，也描绘出了它们各自的发展和承袭关系。

岳霖先生认为❶，符合是真而不是真的标准，也就是说，符合与真是同义词，而只有融洽、有效和一致才是真的标准，也是符合的标准。在上面列举的理论中，虽然冗余论也是基于亚里士多德有关真的概括的解释提出的，但它却是对概念"真"和"假"的否定。这个理论是由英国著名学者弗兰克·拉姆齐（也译为"兰姆赛"）提出的，他认为，"根本没有孤立的真理问题，有的只是语言混乱"。他的想法是这样的：谓项"真"和"假"是多余的，就是说它们可以从所有的语境中消除掉而又没有语义损失；……❷由于冗余论对于我们讨论真的判定标准没有意义，因此没有进一步讨论的必要。

融贯论是由英国著名的唯心主义学者布拉德雷提出的，他认为"关于真理，最重要的事实是它与实在浑然一体。""真理是当作观念的实在，即把实在当作为可以认识的系统。因而所有的判断和推理都必须被理解为直接指向这样一个实在。"真理的最终目标是"以观念的形式成为并占有实在"，这一目标"直到真理包容一切并成为一才能达到"。它的实现"必须毫无剩余地包括所给予的一切，而且……必然包括这一可知性。"❸布拉德雷所谓"实在"并不是指客观存在，他认为"所谓实在，甚至单纯的存在，是必定要落入知觉的范围内的。总之，知觉经验就是实在，凡不是知觉经验的，就不是实在……。"❹布莱德雷的真理标准与他的哲学观点是一脉相承的，即寻求智力的满足。智力的满足只有在遵循无矛盾原理的条件下才是可能的，因此"最终的实在是这样的，它不与自身相矛盾，而这就是实在与真理的绝对标准。"❺布莱德雷从无矛盾的原理推出了真理的标准："真理是宇宙的理想表达，既前后一致又包罗万象"❻。这里所谓"宇宙的理想表达"是一个信念集合，或者说，真理是一个信念集合，这个集合既要具备一致性（前后一致）又要具备广博性（包罗万象）。❼因此，所谓"真理"就是无所不包的、完全一致的信念集合。布莱德雷认为，融贯性不是真理的定义，只是它的标志和检验，而真理的定义则是借助符合论给出的。在这个问题上，美国著名哲学家布兰夏德持不同意见，他认为融贯性既是真理的定义又是真理的标准。他

❶ 金岳霖. 知识论［M］. 北京：商务印书馆，1983：917 - 918.

❷ ［英］苏珊·哈克. 逻辑哲学［M］. 罗毅，译. 北京：商务印书馆，2003：158.

❸ ［美］托马斯·E. 希尔. 现代知识论［M］. 刘大，李德荣，高明光，等译. 北京：中国人民大学出版社，1989：28.

❹ ［美］托马斯·E. 希尔. 现代知识论［M］. 刘大，李德荣，高明光，等译. 北京：中国人民大学出版社，1989：20.

❺❻ ［美］托马斯·E. 希尔. 现代知识论［M］. 刘大，李德荣，高明光，等译. 北京：中国人民大学出版社，1989：32.

❼ ［英］苏珊·哈克. 逻辑哲学［M］. 罗毅，译. 北京：商务印书馆，2003：117 - 118.

认为，真理的性质和标准就是首尾一致性。"思想从本质上来说是努力把不认识的或部分认识的东西带进认识的子系统，自然也是带进组成已被接受的信条的世界的那个更大系统。……进行思想……就是在我们中间具有那种一旦得到发展和完成就会将自身与客体同一的东西。"这样，"思想与实在的关系就像部分达到目的与全部达到目的的关系一样"，真理变为"思想向实在接近……"，变为"思想回到它的老家"。首尾一致的意思正是把认识代入体系，思想接近于目标的完成。❶ 与布兰夏德相反，美国著名哲学家尼古拉斯·莱谢尔（Nicholas Rescher）支持布拉德雷的观点，把融贯性看作真理的标准（核实性标准）而不是真理定义。❷ 莱谢尔对一致性与广博性作了详细的解释，并为解决融贯论所面临的问题提供了一个程序，用以从不融贯和可能不一致的资料中选择一个可能为真的信念集合的"最大一致子集"。❸ 布莱德雷和莱谢尔发展的这一理论把融贯性看作真理的检验，起着一种认识论的作用，同时又承认符合性在形而上学上的用途。❹ 除了上面介绍的融贯论外，还有美国学者唐纳德·戴维森的"融贯论"。但是，他的融贯论不是关于"真理"的，而是关于理论与知识的。他的理论与真理的符合论是一致的，目的在于阐释融贯性产生符合性，因此戴维森的真理理论应该归入符合论。

从对融贯论的介绍中不难看出，它是以一致性为基础的，而一致性又是真的一致论的基本问题。尽管我们把真的理论区分为融贯论、实用论、一致论、符合论等等，但是作为经典、传统和基础的理论则只有一致论和符合论，其他理论或者建立在其上，或者需要借助于它们进行说明和解释。例如，虽然詹姆斯在他的实用主义真理观中提出了有用性、有效性等有关真的概念，但是他依然强调"真理是我们某些观念的一种性质；它意味着观念和实在的'符合'，而虚假则意味着与'实在'不符合"。由此可见，詹姆斯的真理观仍然是建立在与实在符合的基础上的。❺ 关于一致论，不同学者的认识和理解也不同。例如，谢林认为："一切知识都以客观东西和主观东西的一致为基础。因为人们认识的只是真实的东西；而真理普遍认定是在于表象同其对

❶ ［美］托马斯·E. 希尔. 现代知识论［M］. 刘大，李德荣，高明光，等译. 北京：中国人民大学出版社，1989：63.
❷ ［英］苏珊·哈克. 逻辑哲学［M］. 罗毅，译. 北京：商务印书馆，2003：112.
❸ ［英］苏珊·哈克. 逻辑哲学［M］. 罗毅，译. 北京：商务印书馆，2003：118－119.
❹ ［英］苏珊·哈克. 逻辑哲学［M］. 罗毅，译. 北京：商务印书馆，2003：119.
❺ ［美］威廉·詹姆斯. 实用主义［M］. 陈羽纶，孙瑞禾，译. 北京：商务印书馆，1979：101.

象一致。"❶ 显然，这里所谓真的一致性是指表象（象）与对象（原象）的一致。批判实在论者 A. K. 罗杰斯与谢林的观点相似，他认为真理是"观念与实在之间的一致"，而一致则是指"在正确的认识之中，客体的本质与精神的本质是潜在地同一的"❷。但是，我国著名学者金岳霖先生对这个问题却有着不同的见解，他认为"一致是就命题与命题的关系而说的"，因此他把"一致"概念解释为"多数命题的彼此无矛盾"，而且把一致分为广义的和狭义的，前者指命题（多数）的无矛盾，后者指相干的命题（具有蕴含关系）的无矛盾。❸ 在融贯论中，布拉德雷、布兰夏德和莱谢尔的一致是指信念集合的一致性，而一个信念集合中的信念则是指以命题的形式描述的（初始或非初始）可信的概念（观念）❹，因此融贯论中的一致性应该被理解为无矛盾性。❺ 美国心理学、哲学家艾德温·霍尔特也用一致性来解释真理，认为"真理是一致的或者是不矛盾的"，真理的一致性是指两个没有任何特征相矛盾的系统在一个更大的系统内是一致的。❻ 对于许多当代的哲学家而言，他们否定传统的理论和观念，否定真理是寻求符合实在的同时，提出了一致性理论，即所谓"主体间性"。所谓"主体间性"应该被看作寻求最广泛可能的主体间的一致同意。❼ 他们认为，客观性不是符合对象的问题，而是与其他主体取得一致意见的问题——客观性仅仅是主体间性。❽ 我们选择介绍一些具有代表性的真的一致性理论，目的在于探求在这一理论中有关"一致"的各种可能的解释。根据上面列举的真的一致论，"一致性"大致可以解释为"相同性""同一性""相容性"或"主体间性"。或许有人提出，"一致性"也可以解释为"相似性"，然而相似就是不同，它与完全不同的区别仅仅表现在程度上，是在量的规定性上的差异。由此可见，"一致"是一个非常强的约束，它与"相似"有着质的区别性。

　　在讨论真的性质之前，需要明确讨论的基本约束条件：首先，我们是根

❶ ［德］谢林. 先验唯心论体系［M］. 梁志学，石泉，译. 北京：商务印书馆，1976：6.
❷ ［美］托马斯·E. 希尔. 现代知识论［M］. 刘大，李德荣，高明光，等译. 北京：中国人民大学出版社，1989：190.
❸ 金岳霖. 知识论［M］. 北京：商务印书馆，1983：927 - 928.
❹ ［英］苏珊·哈克. 逻辑哲学［M］. 罗毅，译. 北京：商务印书馆，2003：118 - 119.
❺ ［美］托马斯·E. 希尔. 现代知识论［M］. 刘大，李德荣，高明光，等译. 北京：中国人民大学出版社，1989：82 - 83.
❻ ［美］托马斯·E. 希尔. 现代知识论［M］. 刘大，李德荣，高明光，等译. 北京：中国人民大学出版社，1989：112.
❼ ［美］理查德·罗蒂. 真理与进步［M］. 杨玉成，译. 北京：华夏出版社，2003：46.
❽ ［美］理查德·罗蒂. 真理与进步［M］. 杨玉成，译. 北京：华夏出版社，2003：53.

据命题来判断客观对象与反映它的观念之间的关系是否具有真的性质的。对于任何个人而言，他认识客观对象所形成的观念与这个客观对象之间的关系都是永真的。即使一个患有色盲症的人，当他把红色交通信号灯判定为绿色时，他自己也不会认为他的判断结果不真。只有在相对于同一个客观对象他所形成的观念与其他人形成的观念不同时，才存在真假的问题。❶ 因此，在进行真假性的判定时，人们需要把他们反映客观对象形成的观念以命题的形式表达出来（亚里士多德的"说是"），然后由其他人根据命题的描述在自己头脑中形成与之相应的观念，再与自己反映同一客观对象形成的观念进行比较，根据比较结果作出命题陈述的观念与其反映之对象的关系真或不真的判断结论。需要说明的是，我们通过命题判断的是这个命题所描述的观念与它所反映的客观对象之间的关系的性质，而不是这个命题本身的性质，因为这个命题本身没有真假性。所以，当我们说"某个命题真"时，不是说这个命题本身具有"真"的性质，而是说它所描述的观念与这个观念反映的客观对象之间的关系具有性质"真"。其次，由于一个命题所描述的观念与其反映的客观对象之间的真假性不是由提出这个命题的人决定的，而是由除他之外的不特定的其他人决定的，因此在有关真假性的讨论中提出命题的人与这个讨论无关。最后，理论的真是在比喻意义上的"真"。理论所描述的客观对象与这个客观对象之间形成的关系不是对应关系，它是否能够准确地表达理论构造者的思想，不仅取决于命题的真，同时还取决于理论之体系结构的合理性（保证构成理论之命题在逻辑上的真），因此理论的真只有在比喻上的意义，理论本身并没有真假的性质。但是，就比喻的意义而言，一个理论真的必要条件是，构成它的所有命题真，否则任何不真的命题，以及在它之下由它发展得到的命题亦不真。由此可见，真假问题只是与命题相关的问题，而且仅涉及对于单个命题的判断；它与命题之间的关系（这个关系没有真假的性质）无关，也与理论本身没有关联性。❷

在明确了讨论的约束条件后，我们首先讨论所谓"主体间性"。关于主体间性，美国当代哲学家唐纳德·戴维森在《形而上学中的真理方法》一文中如是说，"无疑，意见一致并不保证它就是真理，无论这是多么广泛的意

---

❶ 对于同一个人而言，从客观现实到知觉、从知觉到观念，在一个判断过程中不可能有两个结果，因此也就不存在同与不同的问题；对于不同的人而言，从客观现实到知觉、从知觉到观念都是他们各自独立完成的，而由于他们生理、心理、能力、知识结构和知识储备等各个方面的不同，他们对于同一客观对象的认识才有可能得到不同的结果。

❷ 理论真只是在比喻意义上的真，而它本身并无真假之属性。理论真的必要条件是构成它的所有命题真，这个条件是理论真的前提，而不是理论真的性质。

见一致"❶。显然，主体之间达成的意见的一致不能改变它所涉及的客观对象的性质。例如，即便所有的人都认为太阳绕着地球运动（地心说），也改变不了地球围绕太阳运动的客观性。持"主体间性"观点的学者认为，客观性是与其他主体取得一致意见的问题，或者说，客观性就是主体间性。❷ 显然，这个观点是非常荒谬的。因为主体之间达成一致是指主体之间彼此认同、接受对方的观念，它是建立在选择和判断的基础上的，是主观认识的结果。那么，一个群体中每个个体的主观观念是如何在彼此认同和接受的过程中转化为客观存在的呢？如果说这个客观性是指主体之间就某个观念达成一致这一事实本身，那么这个事实的客观性与他们达成肯定或否定之一致认识的观念的主观性没有关系，也与这个观念与它所反映的客观对象之间关系的真假性没有关系。不可能因为人们都认为太阳是围绕着地球运动的（这曾经是地心说占主导地位时的主体间性），太阳就真地围绕着地球运动了；而当某一天人们又都赞同地球是围绕着太阳运动时，太阳就不再围绕地球运动，转而地球围绕太阳运动了。显然，只有认为客观存在是由人的意志所决定的唯心论者才能提出这样的谬论。提出"主体间性"的意义在于，它是一个群体的成员能够彼此交流的基础。任何一个命题所描述的反映客观现实的观念与之所反映的客观现实之间关系的真或不真，与提出这个命题的人无关，而是取决于不特定的其他人。如果能够作出判断的不特定的人对命题的真假（命题所描述的反映客观对象的观念与这个观念反映的客观对象之间的关系是否具有真或不真的性质）不能形成一致意见，至少不能在一定数量的个体之间形成一致意见，每个人都有自己的见解，都坚持己见，那么他们就不可能彼此交流，因此主体间性是一个共同体中的成员相互交流可能之结果的性质之一。❸然而，他们能不能彼此交流与这个命题的真假无关。因此，在真假性的理论中，主体间性不能作为一致性的解释，或者说，一致性的含义不是主体间广泛的一致同意。在真的一致性理论中，"一致性"的另一个解释是"相容性"，所谓相容性也称为"无矛盾性"。从我国著名学者金岳霖先生，以及美国心理学、哲学家霍尔特和主张融贯论的学者的论述中可知，在真的理论中把"一致性"解释为"相容性"不是针对命题而言的。在金岳霖先生的论述

---

❶ ［美］唐纳德·戴维森. 真理、意义、行动与事件［M］. 牟博，译. 北京：商务印书馆，1993：132.

❷ ［美］理查德·罗蒂. 真理与进步［M］. 杨玉成，译. 北京：华夏出版社，2003：53.

❸ 既然是交流，就有两种结果：一种是"形成一致意见"，这个结果所具有的性质被称为"主体间性"；另一种可能的结果是"不能形成一致意见"，这个结果所具有的性质应该称作什么，尚未命名。

中，这个性质是命题集合的性质，"相容"的"一致性"是命题之间的性质，而非命题自身的性质。在美国学者霍尔特的假说中，所谓"一致性"，是指在一个系统中的子系统的特征之间的无矛盾性，因此可以被理解为系统的相容性。两个子系统的特征之间无矛盾的前提是，这两个子系统的所有元素相容（无矛盾）。因此，这个假说中的一致性依然是指构成子系统的命题之间的相容性，而非命题自身的性质。在融贯论的真的理论中，一致是指信念集合的一致性。在有关真的讨论中，只有当一个信念集合中的每一个构成元素都以命题的形式表达出来时，这个讨论才是有意义的，因为在之前已经限定了真的判断是借助命题进行的，所以可以推出：在融贯论中的所谓信念集合的一致性是指相应之命题集合中的命题之间的相容性（无矛盾性）。如果在真的一致论中把一致性解释为相容性，那么所谓相容性就只能是命题之间的性质，因为相容性也就是无矛盾性，而任何一个命题都不可能与其自身相矛盾，所以相容性必定是命题之间形成的关系的性质，而这类关系的性质已经超出了我们（已经界定）的论域，因此一致性不能解释为相容性或无矛盾性。最后，我们讨论是否可以把一致性理解为"观念（或表象）与实在的相同"❶。由于在客观对象与主观观念之间不可能直接建立起关系，其中间有一个经过感官映射形成的象（知觉、表象）与原象（客观对象）的关系，象在被动地根据原象生成的过程中因物理、生理、心理等各种因素的介入和影响，在它们之间不可能存在直接的关系，从而决定了在主观观念与客观现实之间既不具有可比性也不存在相同性。由此可见，把一致性解释为相同性依然不成立。最终我们得到结论，一致性既不是真的性质，也不是真的含义或者对真的描述，它与命题的真假性无关。

否定了真的一致论后，我们接下来考察真的语义学（或称"形式语言"）理论。这个理论是由塔尔斯基（也译作"塔斯基"）提出的，其目的在于阐明亚里士多德的有关"真"的名言❷中的"真"的意义。塔尔斯基认为，真的定义应该满足两个条件，一个是实质恰当性条件，另一个是形式正确性条件。所谓"形式正确性条件"，包括对真的定义中的语言结构、概念运用，以及必须遵守的形式规则等方面的要求。在塔尔斯基的真的理论中，形式正

---

❶ 有些学者使用了"同一"概念，但是观念、表象都是内在于人的存在，是人的智力活动在不同阶段的结果；客观实在是外在于人的存在，是不依赖于人的意识而存在的自然。因此，它们两者不可能是同一的，或者说，它们之间（的关系）没有同一性。

❷ 亚里士多德的这个名言在前面已经引用和讨论过，即"是什么不说是什么，不是什么说是什么，这是假的；是什么说是什么，不是什么说不是什么，这是真的"。

确性条件与我们讨论的问题关系不大，因此不再作为接下来讨论的内容。❶
所谓"实质恰当性条件"，是指任何可接受的真理定义应该以（T）模式的全
部实例作为后承。❷ 在前面的讨论中我们已经介绍了塔尔斯基的（T）模
式，即

（T）S 是真的，当且仅当 p。

在这个语句模式中，"S 是真的"是一个句子，S 是这个句子的主语，因
此它只能是名词或者名词性的表达式。在这个模式中，p 是语言 L 中的任何
一个句子，S 是这个句子的名称，我们用引号标记之。例如（T）模式的一个
实例：

"雪是白的"是真的，当且仅当雪是白的。

其中，雪是白的，是（汉）语言 L 中的句子 p；"雪是白的"是这个句子
的名称 S。我们可以把句子 p 的名称（名字）S 理解为标记句子 p 的用引号界
定的符号串，它是一个整体，是名词或者名词性的表达式。（T）模式只是一
个语句范型，它本身并不是语句。当我们把语言 L 中的任何一个句子代入这
个模式的 p 中时，这个模式就转化为在语言 L 中的一个句子的实例。例如把
句子雪是白的代入 p，得到：

（T）"雪是白的"是真的，当且仅当雪是白的。

根据实质恰当性条件，如果真的定义以（T）模式的全部实例作为后承，
那么实质恰当性条件仅仅界定了真的概念的外延，并没有揭示这个概念的内
涵。塔尔斯基证明，（T）模式不是真的定义，也不能转变为真的定义，即使
引入全称量词，也不能实现这一转变。因为一种语言的语句可以是无限的，
所以期望通过所有语句的析取获得真的定义是不可能的。在塔尔斯基的理论
中的"真"是以语义学的满足关系来定义的。根据塔尔斯基的解释，满足是
任意对象与开语句（称为"语句函项"的表达式）❸ 之间的关系。所谓"满
足"，是指当我们以给定对象的名称（名字）替换给定函项中的自由变量时，
如果给定函项转变所得之语句成真，那么给定对象便满足了给定函项。例如，
给定函项（或称"开语句""表达式"、语句函项）"x 是白的"（其中的

---

❶　对塔尔斯基真的定义之"形式正确性"条件感兴趣的读者可以参见：［英］苏珊·哈克. 逻
辑哲学［M］. 罗毅，译. 北京：商务印书馆，2003：126；［美］A. P. 马蒂尼奇. 语言哲学［M］.
牟博，杨音莱，韩林合，等译. 北京：商务印书馆，1998：88.

❷　［英］苏珊·哈克. 逻辑哲学［M］. 罗毅，译. 北京：商务印书馆，2003：123.

❸　开语句或表达式可以理解为带有自由变量的语句函项，例如"x 是白的"，"x 大于 y"等，
其中"x 是白的"只有一个变量，而"x 大于 y"有两个变量。从理论上讲，一个语句函项可以有 n
个（n 是大于零的正整数）自由变量。

"x" 是自由变量），当我们以给定对象的名称"雪"来替换给定函项中的自由变量"x"时，这个给定函项转变为语句"雪是白的"；如果语句"雪是白的"是真的，那么对象之名称❶"雪"满足语句函项"x 是白的"。在界定了"满足"概念后，"真"和"不真（假）"的概念就可以定义为：语句是真的如果它被所有对象所满足，语句是假的如果情况相反。❷ 通过对塔尔斯基的真的语义学理论的简单介绍，我们可以对其分析如下：其一，塔尔斯基构建的（T）模式是一个形式化的充要条件句，在这个条件句中的"真"不是认识论意义上的"真"，而是在一个语言系统中，语句与标示这个语句的符号之间的关系。例如："雪是白的"是真的，当且仅当雪是白的。在这个实例中，"雪是白的"只是在一个语言系统（汉语语言系统）中用引号界定的符号串，双引号（""）提示引号内的是一个有序排列的符号串（雪—是—白—的），它的序取决于句子——雪是白的，因为它是这个句子的名称。❸ 只要在这个语言系统中存在句子——雪是白的，那么它的名称"雪是白的"就是真的。如果不对（T）模式作扩大化的解释（把它本身没有的意义也解释于其中），那么它所能表达的仅此而已。在汉语语言系统中，下面列举的语句也可以作为（T）模式的一个实例："雪是蓝色的"是真的，当且仅当雪是蓝色的。至于雪是不是蓝色的则与我们的讨论无关，也不需要我们去验证，因为只要在汉语语言系统中有句子——雪是蓝色的，就符合塔尔斯基构造的（T）模式，至于其中的句子是否描述了一个客观现实，则不是（T）模式所能够表现的，也不在其所及之范围内；至于这个语言系统中是否有这个句子，是我们不能否定的。因为一个语言系统中的语句是无限的，那么我们又如何能够断定在这个语言系统中没有这个语句呢？毕竟这个语句"雪是蓝色的"在形式上是正确的，而且在这个语言系统中是可以构造出来的。这就证明了（T）模式不能确定（在认识论上的）真的概念的外延，因为它只有语义学意义，它所解决的是语义学上的问题："这个符号串是这个句子的名字吗？"

---

❶ 这里所谓"对象"不是指客观存在之对象，而是人的观念，是我们用符号（构成所谓"名称"或"名字"）标示的对象。

❷ 以上部分内容主要参考和引用了文献：［英］苏珊·哈克. 逻辑哲学［M］. 罗毅，译. 北京：商务印书馆，2003：122－136；［美］A. P. 马蒂尼奇. 语言哲学［M］. 牟博，杨音莱，韩林合，等译. 北京：商务印书馆，1998：82－99。

❸ 在括号内的符号串中不考虑分隔符"—"，它只是提示我们这里的四个有效符号是各自独立的。有序的符号串："雪—是—白—的"和"是—雪—白—的"，是两个不同的符号串；如果它们是无序的符号串，则它们是同一个。句子先于其名字出现（没有句子也就不可能有句子的名字，所以言语表达先于文字表达就是必然的），因此在一个确定的语言系统中，句子与它的名字不是任意选择的，而是一一对应的。

"在什么条件下，这个符号串真的是这个句子的名字？"除此以外，这个充要条件句式没有其他超出语义学范围的意义。其二，在这个理论中，"真"是由语义学中的满足关系定义的。它通过用一个确定的对象的名称（名字）替换一个开语句的自由变量使之转变为闭语句，显然这个闭语句是开语句的特例；如果这个对象满足这个开语句，则由此得到的闭语句是真的；如果所有的对象都满足这个开语句，则这个开语句是真的。需要注意的是，这里的"真"，是语句与它所描述的对象之间的关系，这个对象是人形成的观念，但是这个观念并不必然地是反映客观现实形成的观念。例如，开语句——x 是会飞的。我们以对象的名字"龙"代入自由变量 x，得到闭语句：龙是会飞的。根据塔尔斯基的真的定义，显然这个闭语句是真的，因为开语句"x 是会飞的"被对象的名字"龙"所满足。然而，在客观世界中并没有以"龙"为名字的存在，它只是在中国文化中虚构出来的对象，是仅仅存在于主观观念中的存在。尽管如此，它也不影响闭语句"龙是会飞的"真。又如，开语句：$2x + y = z$，我们以数字 4、3 和 11 分别代入这个开语句的 x、y 和 z 中，显然它们满足这个开语句，因此得到的闭语句是真的。这里 4、3 和 11 分别是一个主观观念的名字，因为在现实世界中没有用符号 4、3 和 11 标记的观念相对应的客观存在，它们只是人给予反映数量关系形成的观念的名字，因此它是观念的名字，但不是反映客观现实的观念的名字。由此可见，塔尔斯基所谓语义学的真的观念所揭示的是语句与语句描述的观念之间关系的性质，与我们讨论的真的概念无关。其三，根据塔尔斯基的观点，真的语义学理论与真的认识论是并行不悖的，因为"我们可以在不放弃任何我们已有的认识论态度的情况下接受真理的语义性概念，我们可以依然坚持朴素实在论、批判实在论或者唯心论，经验主义或者形而上学——坚持我们以前所坚持的。语义性概念对于所有这些争端是完全中立的"❶。由此可见，语义学理论中的真与认识论中的真是两个不同的概念，它们的内涵和外延均不同，所描述的对象也不同。根据以上的讨论可以得出结论：在语义学理论中所讨论的真，与我们讨论的真无关，因此它不能揭示我们考察之对象（客观现实与反映它的观念之间的关系）的真的性质。

为了揭示真所标记之对象（反映客观存在之关系的主观观念）的性质，在之前我们已经分别讨论了真的冗余论、一致论、融贯论、实用论和语义学理论。在对这些理论的分析和讨论的基础上，我们最终得出结论：相同性、

---

❶ ［美］A. P. 马蒂尼奇. 语言哲学［M］. 牟博，杨音莱，韩林合，等译. 北京：商务印书馆，1998：108；［英］苏珊·哈克. 逻辑哲学［M］. 罗毅，译. 北京：商务印书馆，2003：137.

同一性、相容性、有用性、有效性、主体间性以及在真的语义学理论中提出的满足概念，这些在不同的理论中分别被认为是真的意义的性质，都不是描述真所标记之对象的性质。最后我们讨论真的符合论。有一种观点认为，无论是真的一致说还是真的符合说，都是以前引之亚里士多德表述的真的概念为基础的，例如塔尔斯基在引用这个概念时解释说，如果我们以现代哲学术语来表述亚里士多德的真的概念，则"语句之为真在于它与现实相一致（或它符合于现实）"❶。显然，塔尔斯基把概念"真"理解为语句与现实的一致或者符合之关系。除非在这个表述中，"一致"和"符合"是同义的，否则既可以把亚里士多德的"真"的概念理解为语句与现实的一致，也可以（根据引文中括号里的解释）把它理解为语句符合于现实。亚里士多德在《形而上学》一书中，通过举例的方式阐释了他对于真的理解，然而这个示例既可以被认为是真的一致说的基础，也可以被解释为真的符合说的根据。❷ 但是，不论真的符合论最早是由谁提出的，它对于西方哲学的发展都产生了长久、广泛和深刻的影响，为许多著名学者所认同和坚持。❸ 例如，英国著名学者洛克在论述真的理论时指出，所谓"真"是指观念与事物的符合。他认为："所谓真理，顾名思义讲来，不是别的，只是按照实在事物底契合与否，而进行的各种标记底分合。……因此，真理原是属于命题的。"❹ 洛克把命题的成立和真的成立作为两个独立的问题："命题之成立，是成立于标记底或分或合，而真理之成立，则是在于这些标记之分合合于事物本身之契合或相违。"❺ 洛克把真划分为"实在的真"和"口头的真"。如果命题不仅与它所描述的观念相符合，而且这个观念在自然界中有其实在的存在，那么这个命题所反映出来的真是"实在的真"。因此，实在的真在要求命题所描述的主观观念必须反映被认识的客观对象方面，与我们的讨论所界定的真的概念相似。如果命题只是各种名词所表示的观念的符合或相违，而不考虑这些观念

❶ ［美］A. P. 马蒂尼奇. 语言哲学［M］. 牟博，杨音莱，韩林合，等译. 北京：商务印书馆，1998：84.

❷ 这部分内容可参看亚里士多德的《形而上学》之吴寿彭译本，第 186－188 页，亚里士多德的举例在第 186 页，"并不因为我们说你脸是白的，所以你脸才白；只因为你脸是白，所以我们这样说才算说得对"。

❸ 在西方哲学、逻辑学、语言学等相关学科中，无论是主张真的一致说的学者，还是坚持真的符合说的学者，都可以列出一长串的名字。显然，我们不可能在这里一一列举所有主张一致说或者主张符合说的学者，介绍他们的主张，分析他们观念之异同。我们只能选择几个在西方和我国学界对相关问题的研究有影响和有代表性的学者予以分析和讨论，挂一漏万在所难免，还请读者谅解。

❹ ［英］洛克. 人类理解论（全两册）［M］. 关文运，译. 北京：商务印书馆，1959：566.

❺ ［英］洛克. 人类理解论（全两册）［M］. 关文运，译. 北京：商务印书馆，1959：568.

在自然界中是否有实在的存在，那么这类命题反映出来的真则是"口头的真"。显然，数学、逻辑学、语言学等学科中与客观存在无关的、仅仅表现主观观念的命题的真是洛克所谓之"口头的真"。"实在的真理中所含的观念必须与事物相契合……我们的文字虽然只表示观念，但是我们既然要用文字来表示事物，因此，文字所表示的人心中的观念如果不与事物底实在性相契合，则文字虽形成了命题，而其所包含的真理，仍只是口头的。"❶ 又如，"罗素与维特根斯坦二人在他们的原子论时期把真理定义为命题与事实之符合"❷。根据维特根斯坦的观点："命题是言语上的复合体，分子命题（如 F_a VF_b）是由原子命题（如 F_a）组成的真值函项。世界由处于各种各样的复合体之中的单体（simple）或逻辑原子排列组成，这种单体或逻辑原子的排列就是事实。在完全清晰的语言中，真实的原子命题中的单词的排列反映世界中单体的排列；符合就在于这种结构的同构。"❸ "罗素以一种认识论扩展了这一理论，根据这种认识论，逻辑原子（对于逻辑原子的特征，维特根斯坦持不可知的态度）是感觉材料。罗素把感觉资料当作直接的亲知对象，他认为命题有意义在于它是由亲知对象的名字组成的。……罗素理论的优点在于认识到了把全部分子命题尤其是信念命题和带全称量词的命题都看作是原子命题的真值函项时存在的困难。"❹ 再如，海德格尔对于"真"则如是说："'真理'，这是一个崇高的、同时却已经被用滥了的、几近晦暗不明的字眼，它意指那个使真实成其为真实的东西。……真实就是现实。……非现实被看作现实的反面。……而对于'适得其所'的东西，我们就说：这是名副其实的。事情是相符的。"❺ "当一个陈述所指所说与它所陈述的事情相符合时，该陈述便是真实的。甚至在这里，我们也说：这是名副其实的。但现在相符的不是事情，而是命题。" "真实的东西，无论是真实的事情还是真实的命题，就是相符、一致的东西。在这里，真实和真理就意味着符合，而且是双重意义上的符合：一方面是事情与关于是事情的先行意谓的符合；另一方面则是陈述的意思与事情的符合。"❻ 在这里，海德格尔的"使真实成其为真实"中的第一个"真实"是人对于客观现实的认识形成的观念，第二个"真实"是被认识的客观现实；所谓"使真实成其为真实"，就是使第一个真实

---

❶ ［英］洛克. 人类理解论（全两册）［M］. 关文运，译. 北京：商务印书馆，1959：570 – 571.

❷❸ ［英］苏珊·哈克. 逻辑哲学［M］. 罗毅，译. 北京：商务印书馆，2003：113.

❹ ［英］苏珊·哈克. 逻辑哲学［M］. 罗毅，译. 北京：商务印书馆，2003：114.

❺ ［德］海德格尔. 路标［M］. 孙周兴，译. 北京：商务印书馆，2000：207.

❻ ［德］海德格尔. 路标［M］. 孙周兴，译. 北京：商务印书馆，2000：208.

符合第二个真实。显然，海德格尔的"真实"概念❶已经具有了二义性，它既表示"真（真理）"又与"现实"同义。因此，海德格尔就有了两种不同意义的真，其一是事情的真；其二是命题的真。这两种"真"都具有相同的性质，即所谓"名副其实"。它们的不同在于：前者是指当前的现实符合已经存在的反映这个现实的观念；后者是指陈述（准确地说是所陈述的观念）符合被陈述的现实，因此它们都是"相符的东西"。在这一认识下，海德格尔得出，"真（真理）"与"真实（现实）"同义，都是符合，而且是"双重的符合"。但是，海德格尔的第一重"符合"与我们讨论的认识问题没有关系，它是指我们观察到的现实符合我们已经认同的反映这个现实的观念（所谓"事情的先行意谓"），因此它只是对于现实的检验而不是对于它的认识；第二重"符合"是指我们认识客观现实形成的观念符合被认识的对象，这才是与认识问题相关的"符合"概念。最后，我们讨论国内著名学者金岳霖先生的相关论述。金岳霖先生在《知识论》中明确地表示了他认同符合论的主张，他认为："符合说最近常识，在日常生活中，我们的确以真为命题和事实或实在底符合。即主张别的说法的人，无形之中，也许仍持符合说。"❷因此，"我们不应该放弃符合说，因为符合说是最原始的真假说法。所谓原始的说法，是说一方面在思想及工具未发达的时候，我们只有此说法；另一方面，别的说法都根据于此说法"❸金岳霖先生在坚持符合说的同时，并不排斥融洽说、有效说和一致说；他认为，符合是真的定义，而融洽、有效和一致则是符合的标准。因此，"我们对它有兴趣的融洽，是表示符合的融洽，不是不表示符合的融洽，对它有兴趣的有效，是表示符合的有效，不是不表示符合的有效❹，对它有兴趣的一致，是表示符合的一致，不是不表示符合的一致。"❺"以真为符合，真底客观性，独立性，超越性，都很明白地表示。可是符合本身不一定是一下子就可以经验得到的，要经验到符合，我们也需要利用许多标准。融洽有效和一致都是符合底标准，当然也是真底标准。所

---

❶ 此处是根据译文分析的，我们假定译文完整、无歧义、忠实地表述了原文的思想、观点和意思。

❷ 金岳霖. 知识论 [M]. 北京：商务印书馆，1983：894.

❸ 金岳霖. 知识论 [M]. 北京：商务印书馆，1983：896.

❹ 金岳霖先生在其《知识论》中所界定的"有效"概念，与詹姆斯的《实用主义》的"有效"概念是不同的，它不是实用主义所主张的"有用性"或者"有效益性"。金岳霖先生的"有效"是相对于假设而言的，当一个假设被证实了，则称这个假设"有效"。参见：金岳霖. 知识论 [M]. 北京：商务印书馆，1983：925 - 926.

❺ 金岳霖. 知识论 [M]. 北京：商务印书馆，1983：909.

谓符合和这些标准不平行，就是说符合是真底所谓而这些标准才是真底标准。"❶ 根据金岳霖先生的观点，符合就是指"一一相应"的情形。"大致说来，一一相应总有 φ，说 X 和 Y 一一相应总是就某 φ 而说的，无论这 φ 是一关系或者是一性质。"❷ 显然，"一一相应"并没有回答"符合"是什么的问题。"一一相应"仅仅阐释了"符合"是命题（X）和实在（Y）就性质（φ）而言的对应关系❸，但是却不能回答这个性质（φ）是什么的问题，而观念"真"恰是由这个性质（φ）描述的。也就是说，我们需要用 φ 来解释"符合"是什么，但却不知道 φ 是什么。如果按照金岳霖先生的观点"真是关系质"，而符合是关系"一一相应"，那么我们就不能用"符合"来说明"真"。以上分别选择介绍了国内外几个有代表性、有影响的学者有关符合说的论述，从中可以大致概括得出符合论所涉及的描述真所标识之观念的性质，它们主要有摹写性、同构性和相似性；至于其他可能涉及的性质，多是在这些性质的基础上或者为了解决与之相关的问题而提出的，因此我们选择这些性质作为讨论的对象。

在符合论所涉及的真的性质的讨论中，"摹写"被有些学者视为"真"的性质之一。例如，詹姆斯就认为，"符合的意思无疑地就是摹写……""摹写实在是与实在符合的一个很重要的方法，但绝不是主要的方法"。❹ 有些学者把摹写称作"照相"或者"镜像"，其意义都在于把客观现实移入人脑。之前我们已经讨论了这个问题，它只是人的认识过程的知觉或表象形成阶段，还没有进入到更为复杂的理性思维阶段。即便如此，原象（被认识的客观对象、底本或原物）与象（知觉或表现、照片）之间的关系也不是一一对应的，它们之间的相似或者不同不仅取决于感觉器官和知觉能力，还受到心理和环境条件的影响，因此知觉或表象与客观现实的关系不是简单的摹写、照相或镜像的关系。这或许是把摹写作为真的性质的观点受到普遍质疑的原因之一。例如，主张实用主义的学者杜威就认为："……符合不是像照片摹写

---

❶ 金岳霖. 知识论 [M]. 北京：商务印书馆，1983：917－918.

❷ 金岳霖. 知识论 [M]. 北京：商务印书馆，1983：916.

❸ 由于一一对应是关系，如果 φ 也是关系，那么就存在两种可能：其一，如果它们是并列关系，那么并列使得一一对应与 φ 相互独立无关；其二，如果它们不是并列关系，那么它们就可以构成复合关系。但是，无论它们是否有关，如果两者都是关系，那么它们就不具有说明的功能，因此不能解答符合是什么的问题。

❹ 詹姆斯认为"摹写"只是符合的性质之一，而且不是主要的、基本的性质。符合的基本性质是"引导"，只有确立了这一点，才能进一步引入真的"有用性"概念。参见：[美] 威廉·詹姆斯. 实用主义 [M]. 陈羽纶，孙瑞禾，译. 北京：商务印书馆，1979：108.

对象那样的摹写，摹写总是没有用处的，对象也是不可接近的。"❶ 维特根斯坦和罗素提出的"同构是真的性质"的假设，其问题在于：命题的结构与事实的结构之间是否有可能存在同构关系。命题的结构是指在一个语言系统中陈述句之语词的组织安排形式，其根本是语词的合理的排列组合问题，它取决于一个共同体中的人的约定和语言习惯，是根据（约定的）一定的规则在时间条件约束下音阶或文字符号在空间中有序地展开的结果;❷ 事实是客观世界中的存在，其结构不由人的意志决定，是自然形成和发展的结果，因此命题与事实在结构上不可能存在同构之关系。❸ 此外，命题是描述反映客观存在的观念的，因此它与事实之间没有直接的关系，如果要证明命题与客观事实之间存在同构关系，那么应该首先证明命题所描述的观念与它所反映的客观事实之间存在同构关系，然后再证明从客观事实到反映它的观念，再到描述观念的命题，在结构上至少存在在拓扑意义上不变的传递性，然后才能证明它们具有同构关系。如果不能证明在这一传递过程中的结构不变性❹，那么所谓命题结构与事实结构之间存在同构关系的假设就只能是人的臆测了。

在分析真的相似性之前，我们先讨论一个更为基础的问题，也是真的一致说和符合说都有可能涉及的问题，至少是在之前讨论的真的相同性、摹写性、同构性，以及将要讨论的相似性都不可能回避的问题。这就是所谓"可比性"问题。"比较的关系给人以差异和同一，或者是全部的，或者是部分的；这就造成同或异，相似或不相似。"❺ 相同性、摹写性、同构性和相似性都是描述两个对象之间关系的性质，而这些性质只有通过关系承载者的相互比较才能够呈现出来，因此就要求关系的承载必须具有可比性，否则两者之间的比较就是不可能的。在否定真的摹写性时，我们引用了杜威的观点，其中"对象是不可接近的"的表述就隐含了内在于人的主观观念与外在于人的客观对象之间不具有可比性。有关主观观念与它所反映的客观现实之间不存

---

❶ ［美］托马斯·E. 希尔. 现代知识论［M］. 刘大，李德荣，高明光，等译. 北京：中国人民大学出版社，1989：420.

❷ 言语是在时间条件约束下音阶在三维空间中的展开，而书写则是在时间条件约束下文字在一维空间中的展开。

❸ ［英］苏珊·哈克. 逻辑哲学［M］. 罗毅，译. 北京：商务印书馆，2003：113 – 115.

❹ 从客观存在到反映它的观念，再到描述这个观念的命题，都是后者被动地反映前者，前者起着决定性的作用。因此，如果后者的结构与前者的相同，那么后者的结构就必然地取决于前者的结构。如果它们具有同构关系，那么这个同构性就必然地表现为前者的结构在转移到后者的过程中，其拓扑结构是不变的。

❺ ［德］莱布尼茨. 人类理智新论（全两册）［M］. 陈修斋，译. 北京：商务出版社，1982：407.

在可比性的问题，金岳霖先生在反驳照相式符合时作了更进一步的论述：假如符合是照相式的符合，当然有照片和底本彼此对照问题。要在实际上或行动上彼此对照，最基本的条件就是要照片和底本或原物同在经验中。这一条件不满足，对照根本不可能；对照既不可能，符合与否无从知道。就真假说，原物或底本就是"事实"或"实在"。问题是"事实"或"实在"和命题是不是同样地或平行地在经验中。如果它们是的，则二者都在主或都在人，不在客或不在物，而符合只是主或人方面的情形，或者说只是我们这一方面的情形。如果"事实"和命题不是同样地或平行地在经验中，这就是说，命题在"内"，"事实"在外；那么我们怎样知道在"内"的命题和在"外"的"事实"符合不符合呢？我们没有法子把它们对照，因为相当于原物或底本的"事实"是在"外"的。❶ 金岳霖先生指出，比较的最基本的条件是被比较的对象必须同在经验中，也就是说，比较对象都是内在于人的存在。因为比较是智力活动的一种，而这个活动的所有要素都存在于人脑中，是内在于人的，所以在客观世界中不存在比较，或者说，在客观世界中没有"比较"这一存在。同样，内在于人的存在（金岳霖先生所谓之"命题"，实则应理解为"观念"，因为命题是描述人的观念的外在于人的存在）与外在于人的存在之间也不存在可比性，因此命题与观念之间的摹写性和它们在结构上的同构性的假设都是不能成立的。在之前的讨论中，无论阐释真的一致说还是符合说，都假定了客观现实与反映它的观念之间存在可比性，或者有意或者无意地回避了这个基本约束，然而这个基本约束却从未消除或被解决，因此在有关真的讨论中只要涉及客观现实与反映它的观念的比较问题，就必然暗含：其一，我们讨论的对象是客观现实与反映它的观念之间形成的关系，这个关系只有通过它们两者的比较才能够呈现出来。其二，这个关系是受到可比性条件的约束的。由于存在这一比较对象之可比性的问题，所有相关的真的性质的假设都将受到质疑，而解决的办法或者是，回避这个问题，采取鸵鸟策略，而最终只能被批得体无完肤；把关系的承载转换为客观现实与命题的关系，因为不论以言语还是文字形式存在的命题都是客观存在的，似乎这样就解决了比较对象之可比性的问题，但是却忽视了客观存在之间本身不存在比较的问题；把真的问题局限于语言学或者语义学的范畴，成为单纯的命题之间的一致性或者命题之语义的正确性的问题，这样似乎就摆脱了前述之比较对象不可比的困境，然而其结果也使得我们的讨论已经彻底地与之前设

❶　金岳霖. 知识论［M］. 北京：商务印书馆，1983：894－895.

定之真假议题无关了；还有一种摆脱这一窘境的方法是，改变真的含义，因此就有了实用主义者提出的真的有用性、约定性和主体间性等等无须比较就能呈现的所谓"真"的性质，然而这种观点却不能解释何以主观观念可以作用于外在世界，以及多数人的主观意见的一致何以决定人们对客观存在之认识的真假等问题。需要说明的是，我们在上面对真的一致说、符合说以及其他学说的讨论中，并没有考虑比较对象的可比性问题。也就是说，即便在不考虑这个基本约束的条件下，前面所讨论的有关真的性质的假设依然不能成立，因此是否再增加一个约束都不改变我们之前讨论的结果。相似性是指两个对象之间的关系所具有的、不同中之相同的性质。之所以说相似性是"不同中之相同的性质"，因为相似关系是建立在两个对象不同的基础上的，如果它们完全相同，那么就不存在相似了；但是，它们又不是完全不同，因为完全不同也没有相似性；它是介于不同与相同之间，是在整体的不同中呈现出来的部分相同。因此，相似是对于不同的描述，这是它与相同的不同；同时，相似又是对相同的肯定，这是它与不同的不同。显然，相似性不是两个对象中任何一个的性质，也不是两个对象共有的性质，也不能从这个关系中映射到任何一个对象中成为这个对象的性质，它只能是两个对象之间的关系所具有的性质，因此任何两个没有关系的对象之间不可能存在相同、不同和相似的性质。关系的相似性自己不能呈现，它只能通过这个关系的承载者的相互比较才能够呈现出来，因此具有这一性质关系的承载者必须具有可比性，否则不能判断这种关系存在与否。比较是智力活动的一种，相同、不同和相似是在比较的基础上经过判断、选择得到的结果，或者说是一系列智力活动的结果，而比较则是判断、选择的前提。既然比较是智力活动，那么所有构成这一活动的要素都是内在于人的存在，这样也就论证了在客观世界中的对象之间不存在比较，在客观对象与主观观念之间也不存在比较，只有在内在于人的存在之间才存在比较之可能。也就是说，只有内在于人的存在之间形成的关系的承载者之间才可能具有可比性。

到此为止，我们似乎已经彻底地否定了在客观现实与反映它的观念之间形成的关系具有真假性的问题，因为在它们之间不可能存在可比性。在以上的讨论中，我们假定了一个认识主体 A_1 和一个客观的认识对象 O，主体 A_1 对于认识对象 O 的认识形成了反映认识对象 O 的观念 C_1，它们之间形成的关系用符号 R_1 表示；在上面的讨论中，不论是一致说、符合说还是其他有关真的学说，我们都是从 A_1 的视角来考察 O 和 C_1 的关系 R_1 的性质的，即 R_1 是主观观念 C_1 与客观对象 O 的关系。根据讨论可知，O 和 C_1 之间不具有可比性，因此我们不可能通过比较来揭示 R_1 的性质。从另一个方面来看，对于主体 A_1 来说，关系 R_1 是否具有性质"真"没有意义，因为在任何条件下他都会认定自己对于对象 O 的认识所形成的观念 C_1 与 O 之间的关系是真的，因此对于他而言这个问题是个虚假问题。得出这个结论的过程是，在时间 t_1 主体 A_1 对于对象 O 的认识形成观念 C_1，O 和 C_1 之间形成关系 R_1，由于 O 是外在于主体 A_1 的客观存在，C_1 是内在于主体 A_1 的主观观念，因此 O 与 C_1 之间不具有可比性，主体 A_1 不可能通过对 O 和 C_1 的比较来确定 R_1 的真假性；假设 δ 是一个足够小的时间间隔，那么根据对客观事物变化的认识的连续性原理，在 $t_1 + \delta$ 时刻，对象 O 相对于时刻 t_1 的变化是主体 A_1 不能觉察的。在 $t_1 + \delta$ 时刻主体 A_1 对于对象 O 的认识形成的观念是 C_2，因此 C_1 和 C_2 是主体 A_1 在不同的时间对于对象 O 的认识分别形成的观念，显然它们是具有可比性的。在 t_1 和 $t_1 + \delta$ 时刻 O 的变化是主体 A_1 不能觉察的，因此 C_1 和 C_2 比较的结果必然是两者相同，这样就使得 A_1 得出结论，其认识在客观对象 O 和主观观念 C_1（或 C_2）之间形成的关系 R_1（或 R_2）永远是真的，因此讨论这个关系的真假没有意义，或者说，这个关系的真假问题是虚假问题。既然对于主体 A_1 而言，他认识客观对象 O 形成之观念 C_1 与这个对象之间的关系 R_1 的真假问题是一个虚假问题，那么我们在上例中引入不特定的主体 A_2，我们需要讨论的是：对于 A_2 而言，R_1 的真假问题是不是一个虚假问题。显然，对于 A_2 而言，R_1 的真假是未知的，是需要通过判断才能够确定的，因此它既非永真亦非恒假，其真假值需要通过不特定主体 A_2 对 R_1 的判断来决定，因此 R_1 的真假问题不是虚假的。其次，既然假定由不特定主体 A_2 来判定 R_1 的真假，那么就需要主体 A_1 把他反映客观对象 O 形成的观念 C_1 表达出来，否则对于主体 A_1 以外的人，C_1 都是不存在的。无论是通过言语还是文字，当主体 A_1 把他反映对象 O 的观念 C_1 表达出来后，主体 A_1 就在一个语言系统 L 中根据语言规则构造出描述观念 C_1 的语句，我们把这个描述观念 C_1 的肯定陈述句称作命题，记作 P；通过命题 P 表达的观念（记作 C_{11}）并不是主体 A_1 头脑中的观念 C_1，而是在命题中描述的 C_1。由于人的生理、心理、表达能力和表现环境等各方面的约束，因此 C_{11} 只能接近于 C_1，却不能与之重合。尽管 A_1 以外的人都有可能合理地推出它们两者之间只能接近而不能重合之结论，但是从 A_1 的角度来看，C_{11} 是与 C_1 完全重合的，我们把主体 A_1 的观点表示为 $C_1 = C_{11}$ ❶，以上关系可以简略地

---

　❶　这里，"="不是表示"等于""相同"等概念，而是表示主体 A_1 认为已经把内在于他的观念 C_1 作为内容 C_{11} 完整、准确地表现在命题 P（C_{11}）中，因此 C_1 和 C_{11} 之间的"="关系不是通过比较建立起来的。

如图 4-1 所示；由于 C_{11} 是外在于人的命题 P 的内容，而 C_1 是内在于人的头脑中的观念，因此 C_{11} 与 C_1 之间不具有可比性。

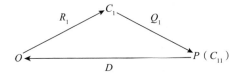

图 4-1 观念 C_1 形成和表达的示意图

显然，命题 P 是外在于主体 A_1 的客观存在，是不特定之主体 A_2 可以感知和接受的。❶ 通过感官接收到命题 P 并在其刺激下，主体 A_2 在其头脑中将这个命题的内容 C_{11} 转换形成观念 C_2，从而在 C_2 和 C_{11} 之间形成了关系 Q_2；由于 C_{11} 是外在于人的命题的内容，而 C_2 是内在于人的反映命题内容 C_{11} 而形成的观念，因此 C_2 与 C_{11} 之间不具有可比性，不可能通过 C_2 与 C_{11} 的比较来把握关系 Q_2 的性质。从主体 A_2 感知、接收命题 P 到形成观念 C_2 的过程中，由于人的生理、心理、理解和想象等能力，以及这个过程存在的环境等各方面的约束，C_2 只可能接近 C_{11} 但不可能与之重合。❷ 同样，从 A_2 的角度来看，C_2 与 C_{11} 是完全重合的，他不会怀疑自己理解和接受之能力，因此他会推定他所形成的观点 C_2 就是命题 P 中所表达的观点 C_{11}，我们把它表示为 $C_{11} = C_2$。如果我们从不特定主体 A_2 的视角来分析 C_1 和 C_{11} 的观念，那么就存在两种可能：其一，如果主体 A_2 认为命题 P 准确地描述了命题提出者 A_1 的观念 C_1，那么命题中包含的观念 C_{11} 就与观念 C_1 重合，或者说，C_{11} 包含 C_1 的全部信息（这就是罗素所谓句子中包含的"信念"），没有任何丢失、遗漏和畸变。因此，A_2 可以推定 C_{11} 就是 C_1，并在 A_2 头脑中形成观念 $C_1 = C_{11}$（注意，这里的 $C_1 = C_{11}$ 与前一个 $C_1 = C_{11}$ 不同，这里是 A_2 的认识，而前一个是 A_1 的观点），再由 A_2 自认的 $C_{11} = C_2$，最后 A_2 得出结论：他通过命题 P 生成的观念 C_2 完全与这

----

❶ 需要说明的是，A_1 和 A_2 是同一个语言系统 L 界定的共同体的成员，因此他们在语言系统 L 下进行交流是没有语言障碍的。显然，观念 C_1、命题 P_1，以及 P_1 的名字 N_1 之间的关系，就是构成塔尔斯基（T）模式的基本要素，至于 P_1 与 N_1 之间的关系是"真的""恰当的"抑或"可接受的"，则不重要。

❷ 由此可见，C_1 与 C_{11}，C_{11} 与 C_2 分别具有对应关系，如果我们把 C_1 与 C_{11} 之间的关系记作 Q_1，把 C_{11} 与 C_2 之间的关系记作 Q_2，那么就有 $C_1 Q_1 C_{11}$ 和 $C_{11} Q_2 C_2$，根据传递性规则，我们通过 C_{11} 在 C_1 和 C_2 之间建立起对应关系 Q_{12}，记作 $C_1 Q_{12} C_2$；其中，C_1 是主体 A_1 头脑中的观念，C_2 是主体 A_2 头脑中的观念，因此 $C_1 Q_{12} C_2$ 标记了从主体 A_1 到 A_2 的思想交流过程，反之可用 $C_2 Q_{21} C_1$ 标记从 A_2 到 A_1 的思想交流。但是，Q_{12} 和 Q_{21} 都是间接关系，是通过外在于人的命题 P 中所包含的观念 C_{11} 建立起来的，因此在任何情况下都不能把这个关系理解为直接关系或者推定为直接关系。

个命题所包含的观念 C_{11} 重合❶，而命题 P 中所包含的观念 C_{11} 又完全与主体 A_1 所表达的观念 C_1 重合，因此他的观念 C_2 与主体 A_1 的观念 C_1 重合，记作：$C_2 = C_1$。其二，如果主体 A_2 认为由于主客观原因 A_1 在命题 P 中表达的观念 C_{11} 不可能与 A_1 希望表达的观念完全重合（不完全重合），那么他（A_2）最终得出结论：尽管 C_2 与 C_{11} 完全重合，但是由于 C_{11} 与 C_1 不完全重合，C_2 与 C_1 不完全重合，记作：$C_2 \approx C_1$。以上的讨论可以参见图 4 - 2 所示。

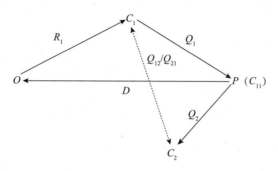

图 4 - 2　观念 C_2 形成的示意图

从图 4 - 2 不难看出，由于 C_1 和 C_2 是内在于人的观念，P 是外在于人的命题（C_{11} 是命题的内容，不是一个整体，不能单独讨论），C_1 与 P 之间，以及 C_2 与 P 之间都没有可比性，即它们是不能比较的，因此不能通过它们的比较来讨论 Q_1 或 Q_2 的性质。此外，C_1 是主体 A_1 头脑中的观念，C_2 是主体 A_2 头脑中的观念，它们之间不可能直接相关，只能够通过命题 P 中包含的可以转换为观念的内容 C_{11} 而间接相关，因此在图 4 - 2 中用虚线表示的关系 Q_{12}/Q_{21}（Q_{12} 或 Q_{21}）不存在。也就是说，C_1 和 C_2 没有关系，更谈不上两者之间的比较，以及比较的结果了（相同、相似或不同）。对于不特定的主体 A_2 而言，命题 P 是由谁提出的并不重要，或者说，A_1 与不特定主体 A_2 正在进行的智力活动以及这个活动的结果没有关系，因此在接下来的讨论中提出命题之主体 A_1 不再出现在我们的视线中，而命题 P 则一般化为包含有描述客观存在之内容 C_{11} 的肯定陈述句。由于主体 A_1 之隐去，再区分 C_1 和 C_{11} 已经没有意义，因为在这种情况下 A_2 能够接触到的外在于它的存在只有客观对象 O 和描述这个对象的命题 P。如果我们假定主体 A_2 对于客观对象 O 的认识形成观念 C_2，那么客观对象 O 与反映它的主观观念 C_2 之间形成关系，记作 R_2；它们的关系如

❶　在这部分，我们把"重合"界定为"没有任何信息的丢失、遗漏和畸变"，因此它不是"相同""相等"或者"一致""同一"等概念。所谓"不完全重合"，是指信息有所缺失或不完整；而"不重合"则指一个概念所有信息构成的域与另一个概念的信息构成的域并列、无交点。

图 4 - 3 所示。如果我们在这里仅仅注意到关系 D，那么就会得出"真是命题与事实（客观对象）"的关系，至于这个关系是符合论、一致论，抑或其他什么理论，都是建立在这一假设的基础上的，而其前提条件必须是 P 和 O 具有可比性，因此才能够解释关系 D 的性质，相同、一致或不同。或许是由于命题与客观对象之间具有相同、一致或不同之性质的假设过于牵强，因此罗素和维特根斯坦才把这两者之间的关系改换成其结构之间的关系，从而构造出真的同构性之符合说。

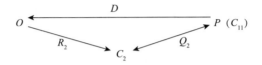

图 4 - 3　二种形成观念 C_2 的示意图

如果我们考虑主体 A_2 从两个方面获得客观对象 O 的观念，其一是从命题 P 的内容生成对象 O 的观念，由于主体 A_2 不可能怀疑自己的理解、接受和想象能力，因此他认为他通过命题 P 获得的有关对象 O 的观念，必然与 P 所描述的一致，因而由此得到的观念就是 C_{11}。显然，这个观念 C_{11} 仍然是构造这个命题的人的观念。[1] 其二是对于客观对象 O 的认识形成的观念 C_2，这是主体 A_2 自己认识客观对象 O 形成的观念 C_2，这样命题 P 的真假问题就归结为 C_2 和 C_{11} 之间的关系 Q_2 的性质的问题。由此可见，把真假问题理解为是命题 P 的问题，并且以 C_2 和 C_{11} 的比较确定 Q_2 的性质的方法来判定 P 的真假的学说，都是建立在图 4 - 2 引入观念 C_2 和关系 Q_{12}/Q_{21}，以及关系 Q_2 的基础上的。这类学说之构建的前提条件是：其一，对象 O 和观念 C_2 是可比的，因为只有在这一前提下才能够定义关系 R_2 "真假"之性质。[2] 但对于 A_2 而言，关系 R_2 是恒真的，他不可能假定自己作出的判断是假的，否则他作出这个判断就没有意义了。其二，对象 C_2 与 C_{11} 是可比的，这样才能够根据"一致、相同、不同"之比较结果来判定关系 Q_2 的性质。由于确定了 R_2 是恒真的，我们就可以根据 Q_2 的性质把关系 R_2 或与 R_2 相反的性质类推到关系 D。例如，对于关系 OR_2C_2 和 ODC_{11}，如果 Q_2 具有相同性（或一致性），那么 C_2 和 C_{11} 的比

---

[1] 　主体 A_2 能够完全理解和接受观念 C_{11}，并不意味着这个概念是他自己的，观念 C_{11} 仍然是命题构造者的观念，至于谁构造了这个观念，则不重要，也不在讨论的范围内。或许可以这样理解，即 A_2 把某个人在命题 P 中表述的观念 C_{11} 完整地移入到自己的头脑中。

[2] 　这里所谓真与不真，则是用对象 O 与观念 C_2 关系的"一致、相同或不同"来评价的，而这些判断结果就是关系 R_2 的被命名为"真"或"不真"的性质。

较结果必然相同（或一致），即有 $C_2 = C_{11}$，因此可以得出 $D = R_2$。又因为 R_2 是真的（已经假定它是恒真的），从而得出关系 D 是真的。在这个例子中，如果 $C_2 \neq C_{11}$，即 C_2 与 C_{11} 比较得出之结果是不同，那么就可以得出 $D \neq R_2$，因此就可以从 R_2 的真得出 D 的不真。然而，上述的推理不成立，因为推理的前提条件不成立，之前我们已经论证了，O（外在于 A_2 的客观对象）与 C_2（内在于 A_2 的主观观念）之间没有可比性；O（客观存在）与命题 P（人构造的语句）及其内容 C_{11}❶之间也没有可比性；C_2（内在于人的主观观念）与命题 P（外在于人的存在）之内容 C_{11} 没有可比性。既然推理的这些前提条件均不成立，那么可以得出以上推理均不成立之结论。到目前为止，我们已经否定了所有建立在比较概念基础上的，以客观对象 O 与命题 P，或者以客观对象 O 与命题 P 陈述的观念 C_{11}，或者以不特定主体 A_2 对于客观对象 O 形成的观念 C_2 与这个对象 O 之间为比较之对象的真的理论。导致上述错误产生的原因之一是，在提出命题的主体 A_1 退到幕后，使得除了他所提出的命题 P 以外其他与之相关的因素随之隐入幕后，但是它们并未消灭，依然是构造出命题 P 的根据，而且在整个分析和讨论中发挥着显在或潜在的作用。但是，不特定的主体 A_2 忽略了它们的存在，彻底抹去了关系 R_1 和观念 C_1 的痕迹。A_1 退出我们的视线，并不等同于 O、R_1、C_1 这些与 P 直接或间接相关的因素也不存在了，正是否定了它们的存在和作用，才使得我们的基本问题从关系 OR_1 C_1（客观对象 O 与反映它的观念 C_1 以及它们之间的关系 R_1）转变到了关系 P（或 C_{11}）DO（命题 P 或者它的构成 C_{11} 与客观对象 O 以及它们之间的关系 D）的研究、讨论，才使得人们对于客观对象 O 认识所形成的观念 C_1 与这个对象 O 之间关系的真假性问题，转变成了描述观念 C_1 的命题的真假问题。既然把真假问题认定为关于命题之问题，那么把它归结为语言学、语义学之问题并纳入其范围也就顺理成章了。

如果在我们的讨论中，恢复命题 P 原本所有的且仅有的功能，即作为在人的交流过程中实现观念在主体间传递之中介的功能。在任何一个对于客观对象认识的过程中，认识主体 A_1 肯定自己对于对象的认识所形成的观念 C_1 完全反映了这个客观对象，保留了这个对象呈现给他的全部信息。当主体 A_1 通过命题 P 的内容 C_{11} 把观念 C_1 表达出来后，由于命题 P 是外在于主体 A_1 的客观存在，因此它摆脱了主体 A_1 的束缚，成为在一个语言系统 L 中含有陈述观念 C_1 之确定语义的独立存在的语句，既然这个语句的内容（语义）C_{11} 是描

---

❶ C_{11} 是 P 的构成但不是 P，因此不能把它作为与客观对象 O 相对应的比较对象。

述观念 C_1 的，那么就形成了这个语句（命题）描述对象 O 的间接关系 D。由于命题 P 相对于主体 A_1 的独立性，因此对于不特定的主体 A_2 而言，主体 A_1、对象 O、关系 R_1 和观念 C_1 都是不存在的；他通过命题 P 的内容 C_{11} 理解了观念 C_1，并根据从 P 的内容 C_{11} 中获取的信息，在自己的头脑中生成了关于对象 O 的观念 C_2；尽管在主体 A_2 的视野中没有主体 A_1、对象 O、关系 R_1 和观念 C_1，但是通过命题 P 的内容 C_{11} 和关系 Q_1 和 Q_2，实现了观念 C_1 从一个主体 A_1 到另一个主体 A_2 的传递：因为存在关系 $C_1Q_1C_{11}$ 和 $C_{11}Q_2C_2$，根据传递规则和关系的运算规则，可以得到 $C_1Q_1Q_2C_2$；假设 $Q_1Q_2 = Q_{12}$，则得到 $C_1Q_{12}C_2$，因此这个过程就好像是通过关系 Q_{12} 实现了观念 C_1 从主体 A_1 到主体 A_2 的传递，最终结果主体 A_2 获得观念 $C_2$❶（在图 4 - 4 中，由于关系 Q_{12} 并不存在，用虚线表示之）。对于主体 A_2 来说，命题 P 的另一个作用是，它通过其内容 C_{11} 向 A_2 指示对象 O。由于主体 A_1 隐入幕后，在主体 A_2 的视野中只有命题 P，命题 P 的内容 C_{11} 一方面刺激 A_2 的大脑使之生成描述对象 O 的观念 C_2，另一方面向 A_2 指示在客观世界中的被描述之（不受时空约束的）对象 O。概括而言，以上论述了：在人类社会中，任何一个主观观念 C_1 都可以借助独立的、外在于人的客观存在之命题 P 从一个主体 A_1 传递给另一个主体 A_2，成为接收这个观念的主体 A_2 的观念 C_2；在这个过程中，C_1 与 P、P 与 C_2 都是不能比较的，C_1 与 C_2 之间没有直接关系，而且是不同主体头脑中的观念（C_1 是 A_1 头脑中的观念；C_2 是 A_2 头脑中的观念）；关系 D 的存在只是向主体 A_2 指明客观世界中的认识对象 O。❷到目前为止，主体 A_2 根据命题 P 的内容 C_{11} 生成观念 C_2，并根据命题 P 的内容 C_{11} 的指示明确了 C_2 反映的对象 O，这样从主体 A_2 的视角来看，在客观对象 O 与反映它的观念 C_2 之间就存在把两者关联起来的关系，我们把它记作 R_2。显然，R_2 不是主体 A_2 对于对象 O 的认识形成之观念与这个

---

❶ 如果在整个这个过程中没有发生信息的丢失、遗漏和畸变，那么观念 C_1 中包含的信息就完整、不失真地传递给了 A_2，成为 A_2 头脑中的信息 C_2。在这种情况下，A_2 头脑中的观念 C_2 就是 A_1 头脑中的观念 C_1，因此我们可以在比喻的意义上称 C_2 与 C_1 相同，并记作 $C_2 = C_1$。需要注意的是，其一，C_2 和 C_1 之间不存在直接的关系，不具有可比性，因此也不存在 $C_2 = C_1$，它们之间存在的" $=$ "关系只是一个有关"传递"关系的比喻；其二，由于 C_2 与 C_1 之间没有直接的关系，因此观念从一个主体传递到另一个主体是否发生了信息的丢失、遗漏和畸变，是不能检验的；其三，由于人受到生理、心理，以及信息传递、接收、处理能力等各方面条件的约束，因此 C_2 中包含的信息相对于 C_1 包含的信息一定是失真、不完整的。

❷ 关系 D 可以存在也可以不存在。如果它存在，那么只是表明命题 P 含有向主体 A_2 指明 C_{11} 中所描述之对象 O 的客观存在的信息；如果它不存在，那么通过命题 P 传递的观念就与客观存在无关，所有的分析理论就是由这类命题构成的。

对象之间的关系，而是客观对象 O 与主体 A_2 根据命题 P 生成之观念 C_2 之间的关系，或者说，这个关系 R_2 不是由主体 A_2 而是由主体 A_1 构建起来的（因此在图 4-4 中用虚线表示）。因为观念 C_2 不是主体 A_2 对于对象 O 的认识形成的观念，而是从命题 P 的内容 C_{11} 中获得的观念，所以关系 R_2 是主体 A_2 根据对命题 P 的理解而得出的观念 C_2 对于对象 O 的反映而在两者之间形成的关系。由于观念 C_2 通过命题 P 的内容 C_{11} 而反映了主体 A_1 的观念 C_1，观念 C_1 又是主体 A_1 反映对象 O 形成的观念，而 R_1 是观念 C_1 与它所反映之对象 O 之间的关系，同时不论主体 A_1 还是 A_2，都认为在观念传递过程中没有信息的损耗，如果在整个过程中，主体 A_1 始终在场，那么从主体 A_2 的视角来看，关系 R_2 就是在观念 C_1 到 C_2 的传递过程中关系 R_1 的传递，因此可以认为关系 R_2 就是关系 R_1 根据命题 P 的内容而在主体 A_2 头脑中的生成，或者说，R_2 就是 R_1 在主体 A_2 头脑中的再现。因此，R_2 所具有的性质也就是 R_1 具有的性质。❶ 当主体 A_1 隐去后，在主体 A_2 的视野中只有命题 P。从命题 P 主体 A_2 生成了观念 C_2，并认为这个观念就是命题 P 所描述的观念；此外，主体 A_2 又根据命题 P 的指示明确了 C_2 描述之对象 O 的客观存在，因而在两者之间形成关系 R_2，这个关系是命题 P 描述的关系在主体 A_2 的头脑中的再现，而不是 A_2 对于客观对象 O 的认识所形成的观念与这个对象的关系。显然，在这种情况下，关系 R_1 以及它与关系 R_2 的联系就完全被遮蔽了。因此，我们错误地认为，性质"真"是命题 P 与客观对象（事实）O 之间的关系的性质。

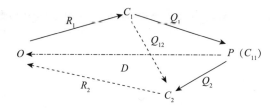

图 4-4 观念 C_2 形成的完整示意图

假定主体 A_1 完全从主体 A_2 的视野中隐去，那么主体 A_2 要判定命题 P 是否准确地描述了对象 O，他就需要判断观念 C_2 是否真实地反映了这个对象，但是他的判断却不能依据所有已有的存在，因为不仅这些存在两两不可比，而且除了观念 C_2 以外，对象 O 和命题 P 都是外在于主体 A_2 的存在，不能直接作

---

❶ 关系 R 也是人对于对象认识形成的观念，因此它也是可以通过命题从一个主体传递给另一个主体的。

为主观判断的根据。为了完成判断，主体 A_2 需要直接认识客观对象 O ❶，形成自己反映具体（特称或单称）对象 O 的观念 C_3；主体 A_2 反映客观对象 O 形成的观念 C_3 与这个对象 O 之间形成的关系，我们记作 R_3，如图 4 – 5 所示。根据之前的论述，主体 A_2 必然笃定 C_3 真实地反映了客观对象 O。所谓 C_3 真实地反映了对象 O，是指 C_3 中包含对象 O 呈现出的，主体 A_2 可以获取的全部信息，没有遗漏和损耗。在此需要注意三个问题：其一，尽管客观对象 O 能够向主体 A_2 呈现出许多现象，但是人在认识事物和解决问题时，智力的有限性使之解决问题的能力受到问题之复杂度的约束，因此他对于事物 O 认识形成的不是一个观念，而是一组包含多个观念（在时间上展开）的序列，这个序列中的每一个观念都反映且仅反映对象 O 所呈现出的一个具体的现象。也就是说，这个序列中的每一个观念都包含且只包含描述对象 O 的一个具体的性质，而所有反映（或表现）对象 O 的更抽象的观念（或性质）则都是由人脑在这些具体概念的基础上加工所得到的结果。因此，在我们之上的讨论中，观念 C_1、C_2 和 C_3 都只是对象 O 呈现出的一个具体现象在人脑中的反映。其二，按照上面的论述，似乎对象 O 在人的头脑中形成的观念不可能存在信息丢失、遗漏和畸变的问题，然而这似乎与我们的认识不同。不同的认识主体对同一个对象的认识所产生的差异，似乎可以解释不同的人从对象 O 呈现出的现象中获取的信息不同，这形成于人对于对象 O 的认识的真实性存在程度上的差异，而这一真实度的不同正是由于不同的人，从对象 O 呈现出的现象中获取的信息不同，这是因为每个人获取的信息都存在不同程度的丢失、遗漏和畸变。这里或许存在另一个误解。任何主体对于对象 O 呈现出的现象形成的具体观念都不可能判断是否存在信息的丢失、遗漏和畸变，但是每个人的生理、心理、接受能力和智力发展程度等主、客观条件不同，他们对于对象 O 呈现出的现象的反映形成的观念序列也不同，这就导致了他们对于对象的认识形成的抽象和整体观念不同，而且抽象度和整体性越高，以及获取的信号中缺失、畸变的信息越多，差异就越大，反之就越小。其三，在前面已经论述了，对象 O 是客观世界中的存在，而观念 C_3 是主体 A_2 头脑中的主观观念，因此两者之间不具有可比性，我们不能通过它们的比较来揭示它们之间的关系 R_3 的性质。在这个讨论的模型中，观念 C_2 和观念 C_3 都是存在于主体 A_2 头脑中的主观观念，它们具有可比性。但是，由于 R_3 和 R_2（R_1）只有存

---

❶ 命题 P（C_{11}）所描述的对象 O 是不受时空约束、环境约束、全称的对象，因此任何一个具体的、特称的对象 O 都满足命题 P（C_{11}）的描述，这样就不存在主体 A_2 找不到认识对象 O 的问题。

在或者不存在这两种可能，而且如果 R_3 和 R_2 存在，则 C_2 和 C_3 中包含的对象 O 呈现出的具体现象的信息就是完整、无畸变的，那么就有 C_2 与 C_3 相同，并由此推出 R_3 与 R_2 具有同样的性质。然而，这个模型对我们设定之论题的讨论毫无疑义。或许这个模型可以修改如图 4－6 所示。

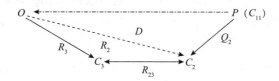

图 4－5　观念 C_3 形成的示意图

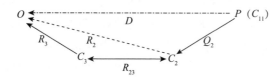

图 4－6　比较观念 C_2 和 C_3 的示意图

在这个新的模型中，观念 C_{11}（C_1）、C_2 和 C_3 都不是对象 O 呈现出的具体现象的反映形成的观念，而是由对象 O 呈现出的所有具体现象形成的观念序列 C_i（$i=1,2,\cdots,n$）❶ 抽象形成的从整体上描述对象 O 的观念，因此在这一假定下 R_2 和 R_3 都是指向对象 O 的。❷ 对不同的人而言，由于受到生理、心理、能力、环境等诸多因素的影响，他们各自形成的反映对象 O 的具体现象的观念序列 C_i 不同，这样就导致了每个人对于对象 O 在整体上的描述存在差异性。由于观念 C_1、C_3 是不同主体 A_1 和 A_2 在它们各自获得的观念序列 C_i 的基础上经过脑的加工形成的、描述对象 O 的观念❸，因此 C_1 和 C_3 之间存在差异。就一般意义而言，对于任何一个主体 A，他在反映对象 O 的具体观念

---

❶　其中，n 是正整数。

❷　正是关系的指向不同，才使得图 4－5 和图 4－6 分别表示两个不同的模型，图 4－5 是描述人对于对象 O 的认识在头脑中形成具体观念的过程，因此关系 R 是从对象 O 指向具体观念 C 的；图 4－6 则是在具体观念序列的基础上经过脑的加工得出从整体上描述对象 O 的抽象观念 C 的过程，因此这个模型中的关系是从观念 C 指向对象 O 的。

❸　C_{11} 是命题 P 的内容，它是主体 A_1 通过命题 P 来表达观念 C_1，它可以刺激人脑生成描述对象 O 的观念，但是 C_{11} 本身不是观念，只是一个语句中包含的语义；C_2 是主体 A_2 由于受到命题 P 的语义的刺激而在头脑中生成的观念，它不是由主体 A_2 在自己获得的反映对象 O 的具体观念的基础上抽象加工得到的概念，而是根据命题的内容 C_{11} 领会到的主体 A_1 的观念 C_1（但是由于受各种条件的限制，C_2 不可能包含 C_1 的全部信息）。

序列 C_i（$i=1$，2，$\cdots$，n）的基础上，经过脑的加工形成从整体上描述对象 O 的观念 C，因而形成了从观念 C 到被描述对象 O 的关系 R。显然，关系 R 的性质只有两种可能：一种表现为观念 C 是描述对象 O 的，我们把 R 的这一性质命名为"真"；另一种表现为观念 C 不是描述对象 O 的，我们把 R 的这一性质命名为"不真"或"假"。观念 C 与对象 O 分别是内在于人的主观观念和外在于人的客观存在，它们不具有可比性，由此可以得出：关系 R 只有质的规定性而没有量的规定性，因此对于它的评价只有"真"或"不真（假）"，但是无论"真"还是"不真"都没有程度上的规定，即不能对"真"或"不真"进行量的评价。我国著名学者金岳霖先生早已注意到真的这一特点，他在《知识论》中指出："本书认为条件的满足没有程度问题。这也就是说，真假没有程度问题。……本书认为条件或者满足或者不满足；关系或者有或者没有，命题或者真或者不真。如果它是真的，它就是真的，它不能够百分之六十或七十是真的；它不能够非常之真或不那么真，它没有程度问题。"[1] 对于主体 A 而言，他为了描述对象 O 而在反映它的具体观念序列的基础上加工形成的观念 C，那么这个观念 C 就必然是描述对象 O 的，这是从事这一智力活动的目的，也是它应有的结果，因此 R 必然是真的，或者说，R 真假的判断对于主体 A 而言是没有意义的。在图 4-6 构造的模型中，由于主体 A_2 的智力活动是由命题 P 引起的，至于命题 P 是由谁构造的，它所描述的观念 C_1 是由谁取得的，这些都与 A_2 的智力活动无关。因此，在图 4-6 的模型中，除了命题 P 以外，屏蔽所有与命题 P 的形成有关的因素，不会影响到我们对于这个模型的分析。但在命题 P 形成的因素隐去的过程中，却使我们产生了一个错觉，即"真假是命题的问题"。根据图 4-6 的模型，主体 A_2 通过命题 P 的内容 C_{11}，一方面，在其刺激、引导下形成了从整体上抽象地描述对象 O 的观念 C_2；另一方面，根据命题 P 的内容 C_{11} 的指示明确了对象 O 在客观世界中的存在，这样主体 A_2 通过命题 P 构建起了三个关系，即从 P 到 O 的指示关系 D，从 C_{11} 到在主体 A_2 头脑中生成观念 C_2 形成的关系 Q_2，以

---

[1] 金岳霖. 知识论 [M]. 北京：商务印书馆，1983：899.

及 C_2 是否描述了对象 O 的关系 R_2。❶ 虽然 C_2 是在主体 A_2 头脑中的观念，但它并不是主体 A_2 对客观对象 O 的描述，而是主体 A_2 通过命题 P 的语义形成的有关对象 O 的描述，因此 C_2 不是主体 A_2 对于对象 O 的描述。

在这个模型中，主体 A_2 需要判定关系 R_2 的真假，即需要主体 A_2 判断观念 C_2 是否描述了客观对象 O。但是，到目前为止，主体 A_2 获得的所有信息都来自于命题 P，因此他不能判定 R_2 的真假。为了解决这个问题，主体 A_2 需要自己直接认识客观对象 O，并且在所获得的反映对象 O 的具体观念序列 C_i（$i=1，2，\cdots，n$）的基础上，经过脑的加工形成从整体上描述对象 O 的抽象观念 C_3；尽管观念 C_2 和 C_3 各自的来源不同，但是它们都是内在于主体 A_2 头脑中的主观观念，而且都是从整体上描述对象 O 的抽象观念，这样也就决定了它们之间具有可比性。也就是说，观念 C_2 与观念 C_3 之间存在一个可比关系 R_{23}（或 R_{32}，因为 R_{23} 与 R_{32} 是同一的）❷，根据 C_2 与 C_3 的比较结果就可以确定 R_{23} 的性质。既然 C_3 是主体 A_2 在头脑中构造出的、旨在描述对象 O 的观念，那么对于主体 A_2 而言，观念 C_3 从整体上抽象地描述对象 O 就是必然的，因此关系 R_3 是绝对的、无可置疑的"真"的。在以上的假定下，我们分析从主体 A_2 的视角来看观念 C_2 和 C_3 比较所得关系 R_{23} 的性质之可能的结果：其一，假定观念 C_2 和 C_3 比较结果得出关系 R_{23} 具有相同性（这里"相同性"主要是指抽象观念 C_2 包含具体观念 C_3 的情况。既然它们的抽象度不同，那么除非在两个人面对面交流的情况下，一般很少出现全等关系）。根据之前的假定，主体 A_2 已知有关系 C_2R_2O 和 C_3R_3O，而且关系 R_3 具有"真"的性质，以及 C_3 是从整体上描述具体对象 O 的观念；由于关系 R_{23} 具有相同的性质，因此得

❶　作为客观存在，对象 O 和命题 P 在客观世界中没有关系。尽管 C_{11} 以语义的形式成为命题 P 的内容，但是命题 P 作为一个整体与对象 O 无关。或者说，命题 P 的内容 C_{11} 描述了对象 O，这个被描述的对象是抽象的、不受时空约束的、对象 O 在人脑中形成的观念，因此不论是命题 P 还是它的内容 C_{11} 都与具体的对象 O 无关。只有当命题 P 的内容 C_{11} 被主体 A_2 理解为指向对象 O 在客观世界中的存在时，在人的意识中才构建起由命题 P 指向对象 O 的关系 D，这个关系依然是在主体 A_2 的头脑中浮现出来的，而非在客观世界中形成了对象 O 与命题 P 的关联。因此，除非主体 A_2 需要自己去认识对象 O，否则它只是由命题 P 传递到主体 A_2 头脑中的标识对象 O 的一个符号串。同样，关系 Q_2 也不是命题 P 与观念 C_2 之间实际存在的关系。C_2 是由命题 P 的内容 C_{11} 的引导及其提供的信息在主体 A_2 的头脑中形成的观念，因此才会在主体 A_2 的头脑中产生从 C_{11} 到 C_2 的关系。

❷　需要注意的是，虽然 C_2 和 C_3 都是主体 A_2 头脑中对于对象 O 形成的观念，但是 C_3 是反映具体的、受时空约束的对象 O 形成的观念，而 C_2 是反映抽象的、不受时空约束的、由命题 P（C_{11}）对于客观对象 O 的描述形成的观念，因此观念 C_3 与观念 C_2 具有不同的抽象度，这样 C_3 与 C_2 之间的关系就存在"全等或相同"（记作"＝"）关系、"包含于"关系，"交叉或者相似"关系和"并列或不同"关系之多种可能。

出"观念 C_2 在与形成 C_3 相同的约束条件下也是描述具体对象 O 的观念",最后主体 A_2 得出：R_2 具有真的性质。其二，假定观念 C_2 与 C_3 不同。❶ 根据之前的假定，主体 A_2 已知有关系 C_2R_2O 和 C_3R_3O，而且关系 R_3 具有"真"的性质，以及 C_3 是从整体上描述具体对象 O 的观念；由于观念 C_2 与 C_3 比较得出 R_{23} 具有不同的性质，因此主体 A_2 得出观念 C_2 不是描述对象 O 的观念，从而得出结论：R_2 具有不真（假）的性质。其三，如果我们追根溯源则不难得出，观念 C_2 和 C_3 是由不同的主体（此例中的不特定主体 A_1 和 A_2）、在不同的观念序列 C_i（$i = 1，2，\cdots，n$）的基础上经过脑的加工所得。❷ 在这个过程中，每个作为独立个体的人的生理、心理、能力和环境条件不同，导致了观念 C_2 和 C_3 比较之结果使得关系 R_{23} 或者相似，或者不同，相同之可能却微乎其微。假定观念 C_2 与 C_3 之比较使得 R_{23} 具有相似性。❸ 根据之前的假定，主体 A_2 已知有关系 C_2R_2O 和 C_3R_3O，而且关系 R_3 具有的真的性质，以及 C_3 是从整体上描述对象 O 的观念；既然观念 C_2 和 C_3 的比较揭示了关系 R_{23} 的相似性，那么也就明确了关系 R_{23} 在相同与不同之间有着被称为"相似度"的量的规定性，这个相似度的存在是所有真的判定理论引入概率概念和概率分析的根据，也是在真的判定标准之论述中提出"逼真度""接近程度""近似程度""可接受度"等等概念的基础。在真的判定中，不论是引入概率分析还是提出诸如"逼真度"一类的概念，其根本问题都在于：关系 R_{23} 的相似性达到什么程度时，主体 A_2 把 C_2 与 C_3 视为相同才是合理的和可以接受的，因此才能够推定 C_2 是描述对象 O 的观念，以及最终得出关系 R_2 真的结论。显然，把观念 C_2 与 C_3 视为相同而对关系 R_{23} 的相似度设定的值（也称"阈值"），不是由共同体的任何个人任意确定的，它需要相关共同体的大多数成员的认同和接受，这样就有了在真的判定标准层次上的约定说、规则说等等相关之假说，其根本就在于共同体之大多数成员之意见一致或赞同。这样也就确定了可以把观念 C_2 和 C_3 视为相同或不同的阈值❹，当关系 R_{23} 的相似度达到或超过阈值时，我们把观念 C_2 视为与观念 C_3 相同，根据之前关系 R_{23} 具

---

❶ 这里的"不同"是指完全不同，以此区别于不完全相同的"相似"。

❷ 这里我们重新回到观念 C_2 和 C_3 具有相同抽象度的情况，由此分析约定说、主体间性观念的由来，以及概率方法引入的理由。

❸ 观念 C_2 和 C_3 的比较结果只可能导致关系 R_{23} 有三种可能之结果，即相同、不同和相似。之前已经分别分析了 R_{23} 相同和不同之性质，仅有 R_{23} 的相似性有待分析。

❹ 相同与不同的阈值可以重合，也可以不重合。阈值的设定是一个慎重、复杂的问题，已经超出了我们讨论的范围。为了简单起见，我们假设相同与不同的阈值重合，这样并不影响我们论证的结果。

有相同性的推理，可以得出关系 R_2 真的结论；当关系 R_{23} 的相似度达不到阈值时，我们把观念 C_2 视为与观念 C_3 不同，根据之前得出的关系 R_{23} 的不同性推理，可以得出关系 R_2 不真（假）。在图 4-6 所示的模型中，由于遮蔽了主体 A_1 和所有与他直接相关的因素，导致主体 A_2 只能看到命题 P，而看不到在命题 P 之后被隐去的东西，因此主体 A_2 可能会误认为命题 P 的内容 C_{11} 与他头脑中的观念 C_2 是可比的，他会自信地断言 C_2 与 C_{11} 相同，从而进一步得出 C_{11} 描述了对象 O 的结论，因此关系 D 与关系 R_2 具有相同的性质，最终推出关系 D 真，以及形成错误之认识：真假性是命题的性质，以及真假问题是命题之问题。

为了更充分地阐释我的观点，可以再次让主体 A_1 入场[1]，其模型如图 4-7 所示。在图 4-7 中表明：C_1 与 C_2、C_1 与 C_3 都是没有直接的关联性的，这是因为它们分别是两个不同主体 A_1 和 A_2 头脑中的观念，不可能直接关联，因此也是不可以比较的。在图 4-7 中，命题 P 的中介作用一目了然。主体 A_1 通过命题 P 与主体 A_2 交流，把自己头脑中的观念 C_1 通过命题的内容 C_{11} 传递给主体 A_2，通过 C_{11} 包含的主体 A_1 表现其观念 C_1 的信息，促使主体 A_2 在头脑中生成与之相应的观念 C_2，并向主体 A_2 指明根据命题 P 传递的信息生成的观念 C_2 所描述的对象 O 在客观世界中的存在，由此可知：关系 Q_1 和 Q_2 具有传递性，它们分别把观念 C_1 包含的全部或部分信息传递给命题 P 和主体 A_2；关系 D 只有指示性，它向主体 A_2 指明根据 C_{11} 生成的观念 C_2 描述的对象 O 在客观世界中的存在（关系 D 是存在于人脑中，而非在现实的世界中的，因此用虚线表示）。[2] 在这个模型中，从主体 A_2 角度来看，观念 C_3 一定是描述对象 O 的；至于主体 A_1 在交流中传递给他的观念 C_2 则可能是，也可能不是描述对象 O 的，至于它是否描述对象 O 的，则需要由主体 A_2 来判定。根据亚里士多德在《形而上学》一书中的论述，"是" 与 "非是" 这两个名词是应用于真实与虚假上的[3]，这样我们就可以把 "真" 和 "假（不真）" 命名为是标记观念 C 与它所反映的对象 O 之间的关系 R 的性质的符号。如果观念 C 是反映对象 O 的，那么它们之间的关系 R 具有真的性质，称作 "R 真"；如果观

[1] 所谓让主体 A_1 入场，就是构造出一个环境，在这个环境中不特定之主体 A_1 和 A_2 直接（通过语言或文字）交流，在这个环境中，命题 P 作为交流的中介作用就显现出来。即使主体 A_1 再次隐去，在主体 A_2 的意识中 A_1 依然在场。这是我们构造如图 4-7 所示之模型的根据。

[2] 传递性和指示性都是不需要比较就能呈现出的性质，因此虽然 C_1 与 P、P 与 C_2，以及 P 与 O 之间都没有可比性，但我们依然可以把握它们之间的关系。

[3] ［古希腊］亚里士多德. 形而上学 ［M］. 吴寿彭，译. 北京：商务印书馆，1959：124，186-188.

念 C 不是反映对象 O 的，那么它们之间的关系具有不真（假）的性质，称作"R 不真"或"R 假"。由于主观观念 C 与客观对象 O 之间不具有可比性，因此主体 A 不能通过关系 R 的承载者来判定关系 R 的性质，因为他根本不可能感知存在于其他主体之头脑中的观念 C。如果以我们构造的模型为例，则主体 A_2 不可能通过对象 O 和观念 C_1 来判定 R_1 的真假，因为它们都是外在于主体 A_2 的存在。假定主体 A_1 在通过命题 P 把观念 C_1 传递给主体 A_2 的过程中没有发生信息的丢失、损耗或畸变，那么在主体 A_2 的头脑中形成的观念 C_2 就与主体 A_1 头脑中的观念 C_1 相同。从主体 A_2 的角度来看，他从命题 P 中获得的观念 C_2 就是主体 A_1 传递给他的观念 C_1，因此他可以得出：在描述对象 O 上，关系 R_2 具有与关系 R_1 相同的"是"与"不是"的性质，也就是说，它们同真假；如果判定关系 R_2 真（或假），那么也就可以直接得出结论关系 R_1 真（或假）。根据之前的讨论，已知对于主体 A_2 而言，R_3 是恒真的，而 C_2 与 C_3 是具有可比性的，它们的比较结果只能使关系 R_{23}（或 R_{32}）在相似或不同的范围内取值，根据预设的阈值以及观念 C_2 和 C_3 的比较结果，我们可以确定关系 R_{23} 的相同或不同，从而得出 R_2 真或不真的判断，再进一步推出 R_1 的真或不真。

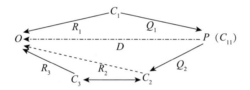

图 4 - 7 判断关系 R_1 真的完整示意图

通过上述讨论可知：其一，真是描述对象 O 之观念 C 与这个对象 O 之间的关系 R 的性质，这是我们关于"真"的概念的界定；其二，判断关系 R 之真假性的标准不是直接标准，而是间接标准。这里所谓"标准"，是指确定对象是否具有某一规定性的根据，即它是确定对象是否具有某一已知的性质的根据。如果我们以一个已知的性质作为判定一个对象自身是否具有这个性质的根据，那么这样所设定的标准就是判定对象是否具有这个性质的直接标准。然而，设定直接标准的条件是反映被判断之对象的观念与判断标准之间必须具有可比性。❶ 凡不是直接标准的都是间接标准。标准必须具有客观的

---

❶ 标准是由已知的性质构成的，性质是用语言的形式描述的观念；对象呈现的某个现象反映在人脑中成为具有某个性质的观念。如果已知性质描述的观念与反映对象之现象的观念具有可比性，那么它们两者的关系在质的规定性上就只有相同和不同的区别，因此我们就可以作出这个对象"有"或"没有"这个性质的判断。

依据，客观依据保证了标准的确定性和不变性，因此不存在没有客观依据的所谓主观标准，因为它是可以随着人的意识而变化的，不具有确定性和不变性。之所以会有人认为存在主观标准，因为：其一，混淆了标准的选择和标准本身。标准的选择是主观的，例如，我们可以把不同长度的实物规定为一个长度单位，但是这个标准选定后，它是客观的、确定的、不随人的意志变化的。其二，混淆了标准运用的误差问题。因为客观存在的对象之间是不存在比较问题的，讨论两个客观事物在客观世界中的比较是没有意义的。比较一定发生在人脑中，是观念之间的比较。用一把尺子量一定长度的布，这个比较过程是在人脑中完成的，尺子的实物反映为头脑中的一个长度单位的观念，被丈量的布被反映为具有长度的观念，通过它们之间的比较来确定布的量的规定性。由于每个测量者的条件不同，因此他们反映尺子形成的观念不同，同一个对象的比较结果不同，但是这个误差不能否定标准的客观性。在我们构造的模型中，需要判定真假的对象是关系 R_1（而不是命题 P，也不是命题 P 的内容 C_{11}），但是对于判断者 A_2 而言，认识对象 O、观念 C_1 和判断对象 R_1 都是存在但不可见的（命题提出者 A_1 隐去的结果）；他通过 A_1 构造的命题 P，在头脑中形成了观念 C_2、对象 O、关系 R_2 以及对象 O 在客观世界中的存在；同时他也构造出描述对象 O 的观念 C_3 和关系 R_3；由于对象 O 与观念 C_2 没有可比性，因此主体 A_2 以关系 R_3 作为真的参照；通过 C_2 与 C_3 的比较，确定 R_{23} 的性质，从而确定 R_2 的真假，再由 R_2 与 R_1 的同真假的关系推出 R_1 的真假。显然，关系 R_{23} 是判断者 A_2 判定 R_1 真假性的间接标准，因此就出现了真假概念之界定与真假判定之标准的分离。

在图4-7建构的模型中，虽然我们假定真的判定者（主体 A_2）是不特定的人，但他仍然被限定在独立之个人的范围，从而排除了任何团体、组织或机构，因为判断 R 真假的活动是智力活动，它是只有在人脑中才能够完成的，只有个人才能从事的活动。既然如此，那么就必须解答另一个问题。在图4-7所示的模型中，R_1 的真假是从 R_2 的真假推导出来的，而 R_2 的真假则是以假定 R_3 真为条件的。但是，R_3 的真只是假定的真的判定者（主体 A_2）自己的臆断，它的真假则需要由另一个判定者（假定为主体 A_3）来判定，这样追溯下去就可以穷尽一个共同体的所有的人，他们每个人对于观念 C_1 是否描述对象 O 都有自己的判断。因此，对于整个共同体的成员而言，关系 R_1 的真假依然是不确定的，一部分人主张其真，另一部分人则主张其假，这极大地阻碍了共同体成员之间的交流。因此，共同体的成员达成一致，除非有充分、可靠的相反之观察、检验结果，则以多数人的意见为准，从而克服了共同体成员因意见不一而无法交流的问题，也使得真的选择和解释具有了社会性。"对任何共同体来说，什么被认为是真知识是一项集体事业和一项集体成就。这项事业总是在其他人的掌握之中，任何关于某是'如此'的特定主张的命运，从来不是由提出该主张的个人来决定。这是一种观念，一个人根据它可以说真理是一种集体判断的事，它是通过集体行动（将它作为判断其他主张的标准）而巩固的。"❶ 这样就有了在解答真假性问题这个层面上的约定说、规则说、一致同意说等等不同之假说，但是从之前的论述不难看出，真假之判定与成员间达成一致意见是两个完全不同的问题。

三、命题真假的判定

之前有关真假的讨论只是针对命题进行的，更准确地说，是针对观念与观念所反映的客观对象之间的关系的，因为真假性是这一特定关系的属性。作为这类关系之真假的判定者是从命题中获得判断所需要的基本材料的，因此我们常常误认为真假的判断是有关命题的判断，或者说，真假是相对于命题而言的。虽然我们已经解答了真假性质的承载者，及其概念和判定标准等问题，但是我们依然不能回答理论之判定存在的问题。因为我们需要在理论模型的基础上回答与理论判定相关的问题，包括：其一，理论的合理性问题，及其涉及的内容；其二，论证（证明）与反驳，及其判定对象、构成和方法；其三，证实与证伪，及其判定的对象和真假（实际使用）的判定标准；其四，如何理解科学理论的划界问题。

（一）理论的合理性

理论的合理性是指一个可接受的理论需要满足的条件。这些条件主要包括三个方面的内容，它们分别是论题的恰当性、结构的合理性和系统的简单性。显然，对理论的这些要求并非都是其可接受的条件，其中的"简单性"就是人们为了构造出"更好的"理论而追求的目标。换言之，"合理性"主要是用以评价理论是否可接受的条件，这些条件由一组人们强加于其上的约束构成，它们分别对理论提出了不同的要求，而这些要求之间并不具有内在的关联性。也就是说，这里所谓"合理性"只是一个集合名词。

---

❶ ［英］史蒂文·夏平. 真理的社会史：17 世纪英国的文明与科学［M］. 赵万里，等译. 南昌：江西教育出版社，2002：4.

（1）论题的恰当性

论题的恰当性是理论可接受必须满足的条件。如前所述，理论是人对于对象之认识所产生的问题作出的尝试性解答构建的命题系统。其中，论题是从外部视角对整个问题研究的结果所作出的一般性的描述。那么，解答问题所得到的论题是否恰当，就取决于以下几个条件：其一，论题所解答的问题必须具有真实性。如果我们试图解决之问题本身就是虚假的，那么作为对这个问题解答得到的论题也是虚假的。显然，在一个虚假的论题上构造出来的命题系统不可能是真实的，因此理论的提出者在构造一个理论时，首先要阐明它的论题所解答的问题本身是一个真实的问题。❶ 其二，论题所解答的问题必须是复杂的，或者说，它是不能利用已有的概念直接回答的问题，否则就不需要构建一个命题系统来回答这个问题了。之前的讨论已经阐明，理论的构建是人们为了对复杂问题作出尝试性的解答构造的命题系统。虽然理论的创建始于问题研究的结束，但是问题的研究却始于问题的分解。而问题的分解则是由问题复杂性的度激发、引导的。因此，研究者回答之问题必须具有一定的复杂性的度，因为只有当问题的复杂性达到一定的程度、超出了问题研究者能够直接解答的能力时，他才需要对问题进行分解，直到把认识对象产生的复杂问题分解到可以利用已有的知识和概念解答的程度为止；利用已有的知识和概念解答分解后的问题得到概念可以作为回答更复杂之问题的知识和概念，这个过程就相当于降低了问题复杂性的度，使得原本不可解的问题转化为可解的问题，直到回答由认识对象本身产生的问题。由此可见，只有当论题所回答的问题具有一定的复杂性的度，才有可能在问题分析的引导下构建命题系统，也才需要构建一个命题系统来描述、解释整个的认识对象。如果一个研究问题可以直接用已知的概念解答，那么就没有必要把它进一步分解成更为具体之问题，回答这类问题也就不需要构建一个命题系统了，因此与我们的讨论无关。其三，论题自身的合理性也是理论提出者需要说明的问题。论题是一个关系命题，它是从外部视角对于反映研究对象形成的观

---

❶ 真实问题是相对于虚假问题而言的，有关何者为"真实问题"、何者为"虚假问题"，之前已经作过详细的讨论，此处不再赘述。需要说明的是，问题的真假不要与论题的真假相混淆。论题的真假是指隐含于论题中的性质。论题描述的是人们对于对象在整体上的认识所形成的概念，是对于这个对象所引发的问题作出的尝试性的解答。如果这个对象是主观的，是我们反思一个观念而形成的概念，那么它所涉及的真只是理论提出者根据已知概念（论据）作出的推断。也就是说，这个概念的"真"是理论提出者主观设定的，它的成立不是取决于客观根据，而是取决于共同体其他成员的（主观）认同。如果这个对象是客观存在，那么它所涉及的真是认识论上的真，这个真是客观对象与描述客观对象的观念之间的关系，它是客观的、隐含于论题中的反映这个关系的性质。因此，论题的真假与问题的真假是不同的。

念的描述，因此它引入了标记参照对象的概念❶，以及对研究对象的质的规定性的概括。论述论题自身结构的合理性，一方面需要说明所选择的参照对象与研究对象之间满足"相似规则"的要求；另一方面需要说明描述研究对象的概念包含于标记参照对象的概念中，即它们的外延之间存在"包含于"的关系。阐明了上述两个方面的内容也就说明了标记参照对象之概念作为描述研究对象之概念的属概念是恰当的。此外，还需要根据在问题研究中已经认识和概括所得的研究对象的质的规定性，考察论题之本质特征是否满足"简洁规则"，确定描述参照对象的概念与描述研究对象的概念之间是否是直接相邻的，由此确定论题在结构上是合理的。其四，论题所解答的问题必须是有意义的，或者说，理论的构建者必须阐明他所提出的理论之论题中表现了理论具有"超余性"。"超余性"是对理论的约束在论题中的反映，但它毕竟是对理论的要求，然而理论的构建者通常会在论证理论论题的恰当性时突出它所表现出的理论的"超余性"，这是我们把它作为理论论题之恰当性的构成的理由。❷ 对理论之超余性的要求是为了提高人类文明水平、促进学术进步和增加知识积累的需要而人为强加于理论上的约束，从而否定了重复他人或者自己的智力活动的社会价值，鼓励发现和创新。理论的超余性与理论自身的组织、结构和安排无关，它是为了评价一个理论的构建是否具有社会意义和价值，是否能够提高人类文明的水平，是否能够解决尚未解决的问题，是否对已经解决了的问题提出了更为合理、可靠、简便、有效的解决方案，以及是否能够促进一个学科的进步和发展等等而人为设定的条件。所谓"超余性"，是指一个理论的提出较之已有的、对于相同问题提出的其他理论在认识、观念和方法等与问题之解答相关的内容上有所创新而表现出的性质。其中，"已有理论"是指对于相同的问题❸在一个理论提出之时所有已经存在

---

❶ 这里所谓"参照对象"既可以是主观的，也可以是客观的，因为我们在这里讨论的是一般理论，并不区分所讨论的对象是经验的还是非经验的。对于经验理论而言，"参照对象"是客观存在；而对于非经验理论而言，"参照对象"则是主观观念。

❷ "超余性"是人为强加于理论上的约束，它是对可接受之理论的要求，其目的在于从根本上否定重复的智力活动。然而，人们对理论的研究通常始于对其论题的解读，因此理论的构建者一般会在理论的论题中突出这一理论的"超余性"，以引起读者的兴趣，提高其他人对理论的认同和接受度。但是，是否应当把"超余性"作为理论论题的恰当性问题却是可以商榷的。也就是说，它可以作为理论而非论题的限定条件加以讨论之问题，这也是这部分的内容主要涉及理论之"超余性"的原因。然而，"超余性"作为对理论的要求却是不可或缺的，至于有关它的讨论放在哪个部分更为合适，则更多的是取决于个人的考虑。

❸ 所谓相同的问题，有些学者也把它称作"实质相似""实质相同"的问题，它是指问题本身相同，不考虑由于语言描述或者非问题本身的差异而引起的不同。

的理论，这些已经存在的理论相对于所提出的理论是"已有的""已经存在的""在先的"。为了方便起见，可以把与已有理论相比较的理论称作"当前理论"。显然，这里所谓理论都是指已经向社会公开了的理论，个人控制的、尚未公开的理论对于社会而言是不存在的，因此不在所界定的理论概念内。"创新"是指与已有的理论相比，当前理论具有新颖和创造的性质；所谓"新颖"，是指与已有理论相比，当前理论有着与之不同的性质，或者说，所谓"新颖"，就是指在之前是没有的，因此它才能够表现出与之前的所有已存在之理论的不同；所谓"创造"，是指在这个理论中研究者提出、解答问题之独到之处，包括独有的观点、概念，或者意想不到的解决方法等，这些观点、概念、方法等是问题研究者独立思考形成的，是其智力活动的结果；对于其他的相同之问题的研究者而言，它既不是显而易见的，也不是能够直接推导出来的。❶ 之所以把超余性作为理论合理性的条件，其目的就在于否定对于已经解决之问题的重复论述的意义和价值。对已经解决之问题的重复论述，不仅指对于他人已经解决之问题的重述，也包括对自己已解决之问题的重复❷，因为这类活动不仅不能促进人类的进步、知识的积累、学术的发展，反而浪费社会资源和人（他人和自己）的生命。需要注意的是，超余性是对可接受之理论的要求，但不是作品的构成条件，因此不能随意扩大其适用范围，至少用于教学的教科书（教材）就不能要求其具有超余性。超余性不涉及抄袭、剽窃等道德或法律问题，这些行为与一个理论是否具有超余性没有关系。但是，通过抄袭、剽窃或者把他人的作品删减、拼凑、改头换面得出的"理论"必定不能满足对理论合理性的超余性要求，因为这种理论可能"新"，但绝不可能有"创新"。如果论题满足以上要求的条件，则称这个论题是恰当的。

（2）结构的合理性

理论结构的合理性是指理论在结构上需要满足其形式条件。理论的形式条件是保证构成理论之命题所描述的概念在逻辑上是真的，因此它是理论可

---

❶ "新颖"只能够评价两个理论的不同，但不能评价两者之间具有质的区别。因为描述同一个概念系统的任何一个理论的同构理论可以是新颖（不同）的，但是它们之间没有根本性（质）的区别。这就是在"新颖"的条件下还需要满足"创造"之要求的理由。

❷ 或许有人认为，一个理论的提出者重复发表自己的作品，或者把自己已经发表的作品删减、拼凑或者改头换面然后再作为新的理论提出，似乎这样做既没有侵害他人的利益，又充分实现了自己的价值，毕竟这是自己抄袭自己的东西，与道德、法律都没有关系。然而，尽管通过这种"炒冷饭"的做法提出的理论不违反法律，也不会受到道德上的谴责，但是这样提出的理论必然不具有超余性，它们的存在损害了社会利益，浪费了社会资源，因此这种行为是不应被鼓励和提倡的。

被接受的必要条件。理论的形式条件主要包括系统结构上的相容性和完备性，以及命题之间的一致性，我们把满足这些条件的理论称作具有结构（形式）上的合理性。理论是利用（自然的或形式的）语言描述概念系统的，因此需要对其形式合理性作如下说明：其一，理论是由语言描述的命题在逻辑规则的基础上构成的系统，因此理论的构成必须遵守逻辑的基本规律（同一律、矛盾律、排中律和充足理由律）和规则，一个理论只有在形式上满足这些条件，才有可能在结构上是相容的、完备的，以及在概念上是一致的。其二，对于命题系统在结构上的要求是为了保证构成这一系统的命题所描述的概念反映了它们在逻辑上的真。就一个概念系统而言，它的整体概念的真是由理论的构建者假定的，其根据是被认识对象所在的类的概念真，因此描述认识对象区别与这个类的本质特征就必然被推定为真，否则这个认识对象就不属于这个类；同样，当从基本命题描述的作为根结点出发的每个单向分图，都毫无例外地终结于由一组公设支持的独立且相互无关的由论点描述的叶结点时，则可以推定在这些单向分图上的每个结点（包括根结点和叶结点）上的概念都是逻辑上真的；当通过特定形式语句描述存在种属关系的两个概念和它们的联系时，就得到了描述这两个概念以及它们关系的命题，而概念的真就成为通常所谓"命题的真（命题的真只有比喻的意义）"的根据，被假设的"真"则在命题的内部从一个概念（属概念）传递给❶另一个概念（种概念）。然而，单个描述具有属种结构的命题只能完成从属概念到种概念的真的性质（在比喻意义上）的传递，因此需要在命题和命题之间建立起关系，通过这样构建起来的命题系统描绘出整个单向分图中的结点和它们之间的结构关系❷，从而描述了理论构建者在整体概念中假定的性质"真"，通过一般命题（论题）传递给基本命题，再从基本命题通过命题系统传递给所有的特殊命

---

❶ 种概念通过自身的特殊性反映他所描述的对象不同于属概念所描述的对象，又通过属种关系反映两者所描述的对象的内在联系。但是，种概念描述之对象的特殊性却不能改变属概念描述之对象原本已经存在的性质，因此属概念描述的对象的性质也是种概念描述的对象所具有的，在命题中就被理解为对象的性质从属概念传递给了种概念，并被表述为"种概念（下位概念）承袭了属概念（上位概念）的全部性质，而属概念（上位概念）只含有种概念（下位概念）的某些性质"。

❷ 描述一个单向分图的命题系统是构成一个理论的子系统，因为任何一个理论都不可能由一个单向分图构成，因此它只能作为理论的部分，而不可能是整体。

题，直到作为论点的最具体的命题为止；❶ 如果所有的论点都能够得到理论构建者选择的一组作为论据的公设的支持，则称这些命题所描述的概念是逻辑上真的，或者说，它们是具有逻辑上真的性质的。显然，命题系统通过演绎推理把基本命题所具有的在逻辑上真的性质传递给所有与之相关的特殊命题，只有当一个命题系统在结构上满足基本规律和逻辑规则，具有相容性、完备性，以及在概念上的一致性，才能够保证从具有一般性的基本命题到构成论点的特殊命题都是逻辑上真的。命题的演绎推理决定了命题的逻辑真假值的变化，而这一变化规律则是逻辑学研究的问题。逻辑的真假没有量的规定性，不存在程度的变化，因此在命题系统的构建过程中，演绎推理不会涉及命题在逻辑上的真假值的程度变化，不会出现概念系统中从上位概念到下位概念信息传递的内容丢失问题，或者说，在命题系统中的命题或者是逻辑上真的，或者是逻辑上假的，不存在程度变化之问题。其三，命题系统结构是否满足形式条件，只是影响在系统中命题的逻辑真假值的传递，但与命题自身构成（属概念和种概念）所反映的真假无关。如果命题系统在结构上满足其形式构成条件，那么在它所描述的系统结构中，从基本命题所在的根结点描述的最抽象概念出发到论点所在的叶结点描述的最具体概念终止的每一个单向分图，都能够把基本命题描述的概念的真假性传递给这个单向分图中每个结点位置上的命题所描述的概念，直到在叶结点位置上的论点所描述的概念为止。因此，命题系统结构只关系到命题逻辑真假值的传递而与命题所反映的概念的真假无关。❷ 其四，对于经验理论来说，命题系统在结构上的合理性不仅是构成这类系统的所有命题描述之概念在逻辑上真的必要条件，也是其所有命题描述之概念在认识论上真的必要条件。如果假定构成经验理论的基本命题描述的概念在认识论上真，那么只有当命题系统之结构具有合理性时，假

❶ 在一个单向分图上排列的所有概念，从处于根结点上的整体概念到叶结点上之论点描述的具体概念，可以用一个复杂的复合命题来表现，它是通过把所有表现首尾相接的概念的简单命题的种差，复合成为一个复杂的约束，直接把整体概念作为属概念（但不是相邻属概念），把论点描述的概念作为种概念，然后构造成一个命题实现的。显然，在一个单向分图上的所有首尾相接之结点上的概念，如果描述它们的简单命题可以构造成一个复杂的复合命题，那么构成这个复合命题的所有简单命题是满足一致性条件，因此它能够把处于根结点上的抽象概念中蕴含的性质不失真地传递到处于叶结点上的具体概念中。

❷ 命题系统的结构仅仅涉及命题性质的传递，而与命题所描述的性质无关，或者说与命题所传递之内容的真假性、完整度等等属于概念自身的内容无关，因此即使命题传递的概念是假的，只要命题系统在结构上满足形式条件，它就依然可以从一般到特殊传递命题的性质和内容。也就是说，即便一个命题系统所传递的命题的内容是假的或者不完整的，只要这个系统满足其构成的形式条件，那么这个命题系统依然能够遍历所有单向分图上的结点，把这个具有性质假或内容不完整的概念作为相应结点位置上之命题的构成，通过这个命题来表现这个概念所传递的信息。

定之基本命题描述之概念所具有的在认识论上真的性质，才能够从其所描述的概念系统的根结点出发传递给在单向分图中的其他结点位置上的概念，直到传递给处于叶结点位置上的由论点所描述的概念为止。显然，理论系统的体系结构决定了其是否能够通过命题之间的关系来描述概念系统具有从根结点向叶结点传递概念所含性质的作用，而不论这个性质是逻辑上的真或假，还是认识论上的真或假。但是，系统结构是否具有合理性，只会影响它是否能够传递命题所描述之概念的性质，却不能决定或者影响命题所描述之概念的性质和内容，命题所描述之概念的性质和内容是由概念所标识的对象决定的。其五，对于非经验理论尤其是分析理论而言，其描述的概念本身就不存在认识论上的真假性问题，因此如果假定它的论题所表述的概念在逻辑上真，则意味着其基本命题所描述的概念在逻辑上真，那么只要这类理论在结构上能够满足形式条件，而且它的所有论点描述之概念都能够得到理论构建者选择的作为论据的一组公设描述的概念支持，也就假定了构成这个理论的所有命题描述的概念在逻辑上真。但是通过系统结构从基本命题传递给论点的所有概念在逻辑上真的结论只是一个假定。显然，这个结论也适用于在经验理论中所涉及的概念在认识论上真的解释。对于经验理论而言，满足其自身构成的形式条件并不意味着这个理论的论题陈述之概念在认识论意义上真，因为经验理论的论题在认识论意义上的真的必要条件是构成这个理论的所有命题陈述的概念在认识论意义上真。与非经验理论相同，经验理论的论题陈述的概念在认识论意义上的真只是理论提出者根据猜测提出的假设，这个假设通过满足形式条件的命题系统传递给构成这个系统的所有命题描述的概念，直到构成这个理论的、描述抽象层次最低的概念的那些论点为止。与非经验理论的讨论结果相同，到目前为止，非经验理论中的所有命题描述的概念的真都是人为假定的，是通过命题系统的合理结构从基本命题中传递得到的结果。因此，一个（经验的或非经验的）理论，它的命题所描述的概念不论是在逻辑上的真还是在认识论上的真❶，都既不取决于论题（理论论述的对象）也不取决于基本命题（理论结构之根结点位置上的命题）或命题结构（理论的结构体系）。理论是在一个特定的语言系统下描述内在于人的概念系统的命题系统，论题只是理论提出者对所研究之问题作出的猜想，因此不论它在逻辑上的真还是在认识论上的真，都只是理论提出者个人的假设；理论的外向结构只是起到了在所有的单向分图中把处于根结点位置上的基本命题描述

---

❶ 经验理论在认识论上的真是要以逻辑上的真为前提条件的：如果一个经验理论在逻辑上不真，那么它一定在认识论上也不真；如果一个经验理论在逻辑上真，那么它在认识论上未必真。

的概念的性质（假定的真）和内容（命题描述之概念所含的信息）通过相关的命题子系统传递给更具体的概念，直到论点所描述的概念为止，因此系统结构仅仅起着传递命题描述之概念的性质和内容的作用，与命题自身构成的性质和内容无关。决定论题和构成系统之命题真假的是论据（公设），它们是由命题描述的一组已知的，被普遍接受、承认的或已经被证实的，或者在逻辑上真的，或者在认识论上真的概念。只有这组作为论据（公设）的命题所描述的概念才能够最终确定理论的论题，或者是逻辑上真的，或者是认识论上真的。通过上述讨论，可以清楚地认识到系统结构在整个理论体系中的作用，以及系统结构之形式条件设立的必要性。

　　理论之结构满足相容性的条件是指理论描述的对象（概念系统）在体系结构上没有回路且自身的构建符合演绎推理规则❶所呈现出的性质。它的设定是为了使理论避免其描述之对象的结构缺陷导致其自身存在的构成性问题（包括命题的构造及其组织、安排和结构等方面存在冲突和矛盾）。❷ 满足这个条件的理论所描述的对象在结构上或者是单纯的"树"，或者是"林"，它保证了从论题或次要一般命题描述的抽象概念出发到任何一个论点所描述的具体概念为止有且仅有一条路径可达，因此遵循逻辑规则从论题到论点的推理就有了避免理论自身存在的构成性问题❸导致的在对象描述上的混乱。所谓"一致性"条件，是指对于构成这个理论的命题之间的无矛盾性的要求。在之前的讨论中，我们否定了理论真的一致说，否定了把一致性作为真的性质或者作为真的判定标准，但是却不能否定它是构成理论的命题相互之间必须满足的条件。所谓命题的一致性要求，是指在一个理论中描述一个对象之性质的命题不能彼此相互矛盾，这是逻辑基本规律中的无矛盾律在理论构造之形式条件中的体现。在一个命题系统中，不能出现诸如"既是又不是""既有又没有""既在又不在"等一类在内容上相互矛盾之命题，它们违背了逻辑的基本规律和规则，使得整个命题系统混乱和不知所云，因此构成理论的命题之间必须满足一致性条件。相容性和一致性都是理论在结构上的合理

---

❶　演绎推理规则是建立在逻辑规则基础上的，即遵守演绎推理规则必定满足思维的基本规律和逻辑规则的要求，因此"满足逻辑规则和基本规律"是在这一理论相容性解释中的应有之义。

❷　理论满足这个条件的前提是，它所描述的概念系统在结构上是没有回路的，因为理论是描述概念系统的，如果它所描述的概念系统本身是存在回路的，那么在描述概念之间的关系上就会出现在命题构造上的种属关系之混乱，以及理论的构建过程中不能遵循演绎推理规则，由此形成了理论在描述对象上存在的问题而产生的构成性问题。

❸　这里主要是指理论描述的对象存在的结构问题导致理论在构建过程中出现了循环推理问题，其结果造成理论自身结构的冲突、不合理。

性条件，但是它们分别是对理论之不同构成的约束。相容性是对理论自身之结构设定的约束，而一致性则是对构造理论之命题附加的限制，它们是彼此独立、相互无关和不能互相替代的，因此在理论之结构上的合理性的要求中选择相容性和一致性作为其约束条件是恰当的。但是，理论在结构上只满足相容性和一致性仍不能避免理论所描述的概念系统的构成中存在冗余、不足，以及存在描述孤立概念的命题（它是指作为理论之构成，它所描述的概念与这个理论所描述的概念系统中的其他概念没有关联的那些命题）或孤立概念的命题子系统（它是指在一个理论体系中描述与这个理论所阐释的概念系统没有关联的概念子系统所形成的独立部分）等问题，因此需要在理论的合理性要求中增加与相容性、一致性无关且独立的完备性条件。所谓完备性，也称作系统性、完整性或整体性，是指理论所描述的概念系统之构成（概念）在数量上是恰当的性质。对于理论的完备性要求需要说明的是：其一，理论是描述概念系统的，但是描述一个概念系统的命题的数量未必一定等于它所描述的概念系统中的概念之数量。不论一个命题系统由多少个命题构成（它一定是有限的），都以充分描述相应之概念系统为其条件，否则理论就失去了存在的意义。其二，命题的数量是相对于一个命题系统（理论）而言的，因此所有这些命题构成了一个有机的整体。其三，所谓"理论所描述的概念系统之构成在数量上是恰当的"，是指这个理论所描述的对象一定是一个最小概念系统。也就是说，无论构成这个理论之命题的数量之多少，这个理论所描述的概念系统之构成（概念）既没有冗余也没有遗漏，因此（由相容性条件可推知）这个理论所描述的概念系统之构成（概念）都在这个系统的结构中，没有孤立（游离于这个结构之外）的概念或概念子系统。如果假定一个理论不具有完备性，那么当它所描述的对象在构成上存在概念遗漏时，即这个理论所描述的不是一个完整的概念系统，这个理论对基本问题的解答就不可能是清晰的；当它所描述的对象在构成上存在概念的冗余时，则说明这个理论所描述的概念系统一定存在不必要的重复和多余的概念，使得整个理论显得啰唆、混乱，从而增加了人们在交流和理解上的困难和疑惑；当一个理论中出现描述孤立概念的命题或者命题子系统时，则说明在这个理论中，或者出现多主题的问题，或者可能有着人为加入的特设，或者在命题集合系统化的过程中忽略了一些概念之间应该存在的关系，从而破坏了理论的整体性。

理论的一致性、相容性和完备性条件是对于理论之描述对象在构成上的无矛盾性、结构上的协调性，以及完整性提出的要求在理论层面上的反映，是理论构成的形式要求。❶ 理论在结构上的合理性在理论构建完成的同时也就确定了，它不随人的意志而转移。就一般而言，除非必要或者特别说明，一般不会就理论的这些性质单独予以阐释，因为阐释理论具有结构上的合理性并非理论构建者必须承担的责任，它可以就这个问题作出回答或者说明，也可以不作为，因为这个理论是否能够被社会其他（相关）成员认同和接受不是由理论的构建者所决定的，而对它的否定则是社会其他（相关）成员的责任。此外，单独地论述理论在结构上的合理性是非常困难甚至是不可能的。以完备性要求为例，要阐释一个理论满足完备性条件就需要说明其中选择的所有命题描述的概念对于一个概念系统而言都是必要的、不可或缺的，即构造这个理论所选择的命题集合是充分的。为此，首先需要根据这个理论梳理出构造它所依据的命题集合，以及构成这个命题集合的所有元素（命题），然后找出这个命题集合中的所有命题与所描述的概念系统中的概念的对应关系❷，其次需要论述理论所描述的概念系统是一个最小概念系统，最后才能得出这个理论具有完备性的结论。但是，在构建理论的过程中一般不会先单独地构造一个命题集合，然后再根据这个命题集合构建理论，而是命题、命题集合和命题系统的构造是同时完成的。在命题系统的组织过程中，它的结构随着推理过程逐渐形成，并随着理论构建的结束而完成。因此，根据一个命题系统列举出构建它的所有命题在理论上是可行的，而且根据命题集合确定一个与之相对应的概念集合在理论上也是可能的，但是脱离命题系统呈现与之对应的最小概念系统却是不可能的，而根据一个命题系统又不能阐明它所描述的概念系统是最小的，因此直接阐释一个命题系统是完备的就显得非常困难，甚至不可能完成。因为在这个过程中既没有相应的评价准则，也没有合适的判定方法，所以也就无从判定（与命题集合）相应之概念集合中的某个元素是否必要和不可或缺。在通常情况下，在一个理论提出之后，除非有相反的主张，一般推定它满足理论在结构上的合理性要求。或许有些人会提出，在理论的合理性要求中应该加上"可靠性"条件。之前我们已经明确了，虽然标准的选择可以是主观的，但是它本身必须是客观的。一个理论是否具有某个性质，在理论完成之时就已经客观地存在了，它不以任何人（包

---

❶　概念系统是存在于人脑中的，它只有通过命题系统才能够具有外在的形式，才能被接受、理解和反映，因此对于概念系统在结构上的要求是通过命题系统对应的性质呈现出来的，把这些性质作为对命题系统的限制就有了在理论层面上对结构的形式要求。

❷　这个对应关系可以是多对一的，因为陈述一个概念的命题可以有多个，但是不能出现一个命题对应多个概念的情况（这样定义的概念必然是多义的，因而违背了逻辑规则），即这个关系不能是一对多的。

括理论提出者）的意志为转移，因此才能够被选择作为评价理论的标准。可靠性不同，它是人们对理论的信赖程度，是主观的，随着人的意志而转移的，因此不能作为理论合理性的条件。

（3）系统的简单性

对于一般理论而言，除了要求它满足形式条件❶外，通常还要求它能够满足"简单性"条件。简单性不是理论可被接受的必要条件，因为满足了相容性、一致性和完备性条件的理论已经达到了在结构上的合理性要求。那么为什么还要增设"简单性"的条件呢？理论是描述概念系统的。理论与它所描述的最小概念系统之间是多对一的关系，因此相对于一个最小概念系统就必然存在描述它的最简单的命题系统。或许这种最简单的命题系统是不唯一的，但它必定是存在的。一个最简单之命题系统已经完全能够充分、准确、清晰和完整地表现相应的概念系统，能够满足共同体成员之间通过这一理论表达的思想、认识和观念的交流和理解，因此构建具有简单性的理论就成为理论之构建者追求的目标。所谓"简单性"，是指在描述同一概念系统的理论集合中，相对于另一个命题系统，其概念系统的每一个抽象层次的概念都能够以一组较少的命题予以充分描述的命题系统（理论）所呈现出的性质。显然，理论的简单性是只有通过比较才能够呈现出来的性质，即一个单独的理论是不能评价其自身是否简单的。尽管一个理论不能呈现自身是否具有简单性，但是在描述同一概念系统的理论构成的集合中，必然存在一个子集，它们是由描述这个概念系统的一组最简单的理论构成的，或者说，没有比它们中的任何一个更简单的描述这一概念系统的理论了。❷ 在这个最简单的理论构成的集合中，从论题开始到各级抽象层次的命题直至论点为止，它们用以充分描述相应之概念的命题在数量上都是最少的，否则由这个命题集合构成的理论就不可能是最简单的。也就是说，任何一个抽象层次的命题（直到抽象层次最低的论点为止）对于描述概念系统中相应抽象层次的概念而言，既是充分的又是必要的。所谓"充分的"，是指通过构成这个命题系统的命

---

❶ 这里的形式条件指理论模型在结构上的相容性和完备性，以及概念一致性，它们也被称作理论模型的合理性。

❷ 我们可以推断相对于描述同一个概念系统的理论中，必然存在一个由最简单的命题系统构成的子集，因为命题系统所描述的是一个确定的对象，构成它的概念必然是有限的，所以充分描述这个对象之概念的命题在数量上存在一个最小值，超出这个最小值，对于对象的描述则是不充分的，而且构成具有最小值的描述同一概念系统的理论是不唯一的，这是由命题与它所描述的概念存在多对一的关系决定的。但是在描述同一概念系统的命题系统中却不存在一组在构成上具有最大值的理论，这也是由命题的多对一的关系决定的，因为在这个关系中，"一"是确定的而"多"是不定的。

题，它所描述的概念系统中的所有概念都得到严格的定义（符合概念定义的要求）。也就是说，在这个命题系统所描述的概念系统中，所有的概念（没有遗漏）都通过命题系统中的命题被赋予了确定的值。所谓"必要的"，是指相对于被描述的概念而言，构成这个命题系统的所有命题是没有冗余的。也就是说，在这个命题系统中，如果抽掉任何一个命题，那么在它所描述的概念系统中至少有一个概念是没有定义的，由此可知，相对于它所描述的概念系统而言，构成这个理论的所有命题都是不可或缺的。或许有人会认为，理论的简单性要求是一个既苛刻又意义不大的限制条件，对这个问题可以解释如下：首先，简单性不是理论合理性的必要条件，也不是理论可以被接受的条件，但它却是理论的构造者追求之目标。因为追求简单性不仅能够充分地表现出个人的理论构造水平、技巧、创造性和表现力，也能够突出理论之结构合理、层次分明、表达准确等特点，是人们在交流中希望一个理论应有的性质，因此许多学者都会把简单性（或称"简约性"）作为评价理论优劣的标准。其次，追求理论之简单性是可能的。❶ 需要说明的是，简单性不是要求所构建的理论必须是最简单的，而是要求它是较简单的，这样就大大地降低了追求理论简单性的难度。既然理论构建是在问题研究之后的智力活动，那么在从事这个活动之前理论的构建者就已经通过对相关问题的尝试性解答而得到了与之相应的概念集合和命题集合。由于人的智力活动能力和语言表达能力的不同，不同的人对于同一抽象问题的认识、理解、分析和解答不同，对同一个思想、观念的表达和描述也不同，因此造成了不同的人就同一个问题的研究结果不同，得到的概念集合不同，在这个概念集合的基础上构建的概念系统也不同。这就使得理论之间的比较是可能的，追求理论在比较中呈现出来的简单性特征也是可能的。然而，即使人们认同存在最简单的理论，也承认在最简单理论之上分布着相同论题之不同复杂程度的理论，但是人们依然能够感觉到把握理论简单性的困难性，那么人们为什么还要不懈地追求理论的简单性呢？因为越是简单的理论，它的系统化程度越高，包含的信息量也就越大，能够适用的范围也就越广，因此"所有理论必须是简单的，这是另一种指导思想，如果一个科学家知道简单性使他获益匪浅，他甚至准备

---

❶ 尽管在许多有关讨论理论、假说等方面的论著中也会涉及理论的简单性或简约性（建议有兴趣的读者可以参看波普尔著的《科学发现的逻辑》和《猜想与反驳》中的相关章节之论述），但是很少有学者具体阐明构成理论的这一性质的要素、内容，更少有学者论及如何能够确保理论具有这一性质，以及是否具有这一性质的判定等等问题，从而使得理论之简单性显得有些玄奥，也才会提出在理论构建上追求简洁目标是否可能的问题。

纯粹为这种目的去找麻烦。……最大限度地获得简单性和最低限度地肢解整体是这样两条准则，科学力图根据它们来证明未来预见的正确性"❶。再者，如果在一个选定的、包含由最少的论点构成的命题集合上，能够构建起一个充分、完整地描述相应之概念系统的命题系统，那么就可以断定在这个命题系统中从基本命题推理得到的论点是充分的，但未必是必要的。最后，当一个命题系统构建完成后，构成它的论点集合是确定的，可以从这个理论模型中剥离出来，并与其上一抽象层次中的直接相关之命题建立起对应关系。我们把论点上一个抽象层次的一组命题记作 t_i（$i=1，2，\cdots，m$），而把对应于命题 t_i 的一组论点记作 s_{ij}（$j=1，2，\cdots，n$），如果与命题 t_i（$i=1，2，\cdots，m$）相关的一组论点 s_{ij}（$j=1，2，\cdots，n$）所描述的概念是彼此独立无关的，而且基本命题以下的各个抽象层次中的命题所描述的概念都是彼此独立无关的❷，那么在这个理论模型中构成论点的子集就是最小的，因此构成这一子集的元素（论点）对于这个理论模型的构建是必要的。如果构成一个理论模型的论点集合中的元素满足充分和必要的条件，那么这个理论模型就是最简单的。

　　显然，理论合理性的讨论是针对已经构建完成的理论进行的。虽然在讨论的过程中涉及概念集合、概念系统和命题集合，但是它们都不是理论合理性的讨论的对象。在理论合理性的讨论中，不论是论题的恰当性还是结构的合理性，以及系统的简单性，都是相对于一个已经存在的理论而言的，它既不是一个理论的构建过程，也不是对理论构建的描述，而是一个已经构建完成的理论自身所具有的性质，因此才能够作为是否具有合理性的讨论对象。一个正在构建中的理论是否具有这些性质是不确定的，只有当描述一个概念系统的理论完成时，它作为客观存在所具有的性质才被确定下来，并且不随包括理论构建者在内的所有人的主观意志而改变。问题在于，理论的构建者是否需要在理论完成之后阐明其构建的理论具有合理性呢？或者这个问题也可以表述为：理论的构建者是否应该向社会承担阐述其构建之理论具有合理性的责任呢？就一般而言，虽然理论构建者为了促使他人接受自己提出的理论，可以向他人论述其构建之理论的合理性，但是他并不承担阐释其构建之理论具有合理性的社会责任。首先，理论的构建者通常确信他所构建之理论必定满足合理性的要求，因为构建具有合理性的理论是他应向社会承担的责任。❸

---

❶　[美] W. V. 奎因. 真之追求 [M]. 王路，译. 北京：生活·读书·新知三联书店，1999：13.

❷　更通俗地说，这个限制条件就是在理论题目之下的所有的章、节或段落等既没有重复也不能相互推导出来。

❸　构建具有合理性的理论和阐释一个理论具有合理性是两回事，前者是理论构建者应向社会承担的责任，而后者却不是。

因此，在理论的构建过程中，理论构建者在进行论题和论点的选择、命题的构造、推理的过程和体系的结构等各个方面的斟酌、思考、组织和安排时，都会把满足合理性要求作为约束；此外，理论构建者在确保所构建的理论能够充分完整地描述其对象，以及构成对象的所有概念在逻辑上真的前提下，尽可能地追求整个理论体系的简约性。因此，从理论构建者的视角来看，他所构建的理论具有合理性是不言而喻的。其次，理论在结构上的合理性保证了把作为论题的抽象概念所表现的性质尽可能完整地传递给下位概念，因此合理的结构可以把论题描述之对象的性质传递给这个理论描述的所有概念，直至论点所描述的概念为止。在理论构建的过程中，构建者为了使得所构建之理论是可以被（不特定的人）普遍接受的，他需要保证构建之理论所描述的概念都是逻辑上真的，因此他笃定所构建之理论在结构上具有合理性，是无须再作解释的。最后，一个理论是否可以被接受与其构建者是否对其合理性进行了充分的阐释没有关系。虽然对理论的合理性说明有助于说服人们接受这个理论，但是这个理论是否能够被接受却不是由理论构建者决定的，而是取决于其他人，包括对这个问题的研究有兴趣的人，以及相同或相近之问题的研究者，尤其是这一理论之竞争理论的提出者等等，因此在理论完成后其创建者一般不会就理论的合理性进行说明或解释，这些性质已经蕴含于被完成的理论中。

虽然理论的构建者不向社会承担阐释理论合理性的责任，但是社会其他人因为理论的合理性而否定（不接受）这个理论时，他有责任说明作出这一否定判断的根据，这不仅是他对社会承担的责任，也是对理论构建者的尊重。对理论合理性的否定可以针对论题的恰当性，也可以针对结构的合理性，但是简单性却不是否定理论合理性的正当理由，因为不满足简单性的理论仍然是可接受的。然而，在理论发展的过程中，简单性却是评价一个理论的竞争理论是否能够替代这个理论的根据之一。因为，如果一个理论和它的竞争理论在其他条件相同的情况下，竞争理论比这个理论更简约，那么它的系统性就更强，适用的范围也就更广，所以就有可能是一个比这个理论"更好"的、更易于被接受的理论。如前所述，结构上的合理性是蕴涵于理论中的性质，对它们的直接描述是非常困难甚至不可能的。论述理论在结构上的合理性不是理论提出者的责任，除非必要，他们一般不会主动从事这项活动。但是，对于否定理论在结构上具有合理性的人而言，他必须指出理论之结构不合理的根据。虽然直接论述一个理论在结构上的合理性非常困难，但是否定它却相对容易，通常一个反例足矣。以完备性为例，只要在理论中能够指出一个多余的概念，或者指出理论中的一个奇点，也就否定了这个理论在结构上的完备性。再以一致性为例，如果在理论中能够指出存在矛盾的概念，那么也就否定了理论在概念上的一致性。就一般而言，分析理论尤其是数学、几何学、逻辑学、公理化体系和形式化理论等，对于结构之合理性有着极其严格的要求，任何一个反例都可以从根本上否定整个理论。对于论题的恰当性，既可以否定论题所回答之问题的真实性，也可以从整体上否定理论具有超余性（论题的超余性和研究问题的虚假性之间存在内在的关联性，假的问题是已经解决了的问题，因此对这类问题的解答构成之论题必然缺少创新的成分）。如果一个理论不具有超余性，那么这个理论就是对已有理论的重复。这种重复的智力活动除了浪费社会资源外没有任何意义，也不产生任何社会价值，因此不应提倡和鼓励。需要注意的是，否定理论的合理性需要充分说明作出否定判断的理由和根据，需要严格遵守相同的学术规范，依据相同的学术标准，不能凭个人的主观臆断，因为否定一个理论不只是个人的事情，它也将产生一定的社会效应，甚至影响到学术发展和社会进步。最后需要说明的是，对于综合理论而言，否定理论的合理性并不必然导致整个系统的崩溃，反而有可能促进和帮助理论的提出者对理论的修改和完善。❶ 一个真正的、严谨的学者，即便不能将批评者作为挚友，也应给予他较之那些支持者同等的尊重。

（二）论证（证明）与反驳

在逻辑学中，论证和反驳是一对矛盾概念，它们几乎是所有大学相关教材都必然会涉及的内容，而且似乎学界对这对概念已经达到了一致的认识，以至于长期以来在教科书中不仅有关它们的内容极少变动，而且对它们的阐释也差别不大，甚至对它们的内容很少有人提出质疑，好像人们对它们的理解已经达到了清晰、准确和没有异议的程度。有些人认为论证与"证明"是同义词，具有相同的所指；另一些人则认为，它们是有区别的，后者专指由

---

❶ 在经验理论中，如果反例并没有危及论题的真假性，那么通常的处理方式不是直接否定、摒弃这个理论，而是通过一定的方法对之进行修补、改进和完善。解决出现的反例一般是采用增加特设的方法来回避或者消除产生问题的根源。但是，增加特设的过程也是破坏系统结构合理性的过程，特设增加得越多，它对于论题真的支持就越弱。在一个理论提出后，通过特设对其存在之问题进行修补就成为必然（这个过程未必是最初的理论提出者所为，也未必是某个特定的人在特定的时间完成的，它可能是在一个时期内许多对这个问题感兴趣的人分别在不同的时间独立完成的）。随着特设的增加，理论对论题中反映的真的支持程度则不断衰减，直到这个理论之论题反映的真不为构成它的命题所支持而最终被新的理论取代为止。

单纯的演绎推理构成的论证。❶ 在接下来的讨论中，我们采用第二种观点，因为我们在理论的划分中区分出了分析系统和综合系统，而在理论的结构上又划分出了简单结构理论和复杂结构理论，因此区分"论证"和"证明"之不同更适合对于理论概念的阐释和理解。所谓论证，是指从一些命题（论据）出发，经过一系列推理，而最终得到另一命题（论题或论点）的一种逻辑方法。如果一个论证的论题是 a，我们就称这个论证为关于 a 的（一个）论证。论证中所使用的那"一系列"推理，叫作论证过程。这些推理可以是演绎推理，也可以是归纳推理。如果一个论证中只使用了演绎推理，我们就称之为证明。❷ 从概念"论证"的这个定义不难看出，论证所针对的对象是命题❸，那么就可以得出结论：论证与理论的合理性论述是两个不同的智力活动（思维活动）过程。它们活动所涉及的对象不同，前者是命题，后者是理论；它们活动的目的也不同，前者是为了判定一个命题（在逻辑上的）真❹，后者是为了论述一个理论是否具有合理性，因此前者可以称作"命题（在逻辑上）的真的论证"，而后者可以称作"理论的合理性论述"，它们之间的区

---

❶　就"论证"和"证明"这两个概念的关系而言，不同教科书的解释有所不同；例如，有些把"论证"解释为回答"如何证明"的问题，因此它把"证明"作为（一种方法的）认识对象，是对这个对象的形成的问题的解答（参见：中国人民大学哲学系逻辑教研室. 形式逻辑［M］. 北京：中国人民大学出版社，1980：318）；有些逻辑学的著述又把"论证"作为"证明"的一个构成或者其逻辑要素（参见：［匈牙利］贝拉·弗格拉希. 逻辑学［M］. 刘丕坤，译. 北京：生活·读书·新知三联书店出版，1979：356 – 357）；有些把"论证"称作"论证方式"，并将其解释为"论据与论题之间的联系形式"（参见：李廉，张桂岳，孙志成 逻辑科学纲要［M］. 长沙：湖南人民出版社，1986：255 – 256）；然而更多的情况是把"论证"和"证明"作为同义词，可以互相替换，或者只用"论证"一词而不用"证明"，或者反之。尽管对这两个概念的介绍存在以上所述之诸多不同，但是就这个对象而言，人们的认识、理解和解释却是基本相同的，这也是我们能够将其作为一个单一的问题进行讨论的理由。

❷　宋文坚. 逻辑学［M］. 北京：人民出版社，1998：360.

❸　关于论证的对象人们在表述上不尽相同，有的表述为"命题"，还有的表述为"判断""论断"。但是他们并没有清楚地区分这些语词所标记的对象之间的不同，似乎给人以这些语词标记的对象是相同的、可以互换使用的印象，然而不论语词"命题"和"判断"所指相同或不同，都不会影响到接下的讨论及其得出的结论。

❹　关于论证的目的，从表述上看，似乎不同的学者也有不同的解释，或者认为其目的是判定一个命题（判断）的真［参见：中国人民大学哲学系逻辑教研室. 形式逻辑［M］. 北京：中国人民大学出版社，1980：315；李廉，张桂岳，孙志成. 逻辑科学纲要［M］. 长沙：湖南人民出版社，1986：254；李志才. 方法论全书（I）：哲学逻辑学方法［M］. 南京：南京大学出版社，2000：278］，或者认为其目的是判定某一论断的正确性（参见：［匈牙利］贝拉·弗格拉希. 逻辑学［M］. 刘丕坤，译. 北京：生活·读书·新知三联书店出版，1979：352），或者认为其目的是推出另一个命题（参见：宋文坚. 逻辑学［M］. 北京：人民出版社，1998：360）。然而，不论其目的是判定另一个论断的正确性还是推出另一个命题，都是以真为条件的，因此我们在这里假定论证的目的是判定一个命题（或者判断）真。

别是不言而喻的。在逻辑学中，论证（有的著述中也称作"证明"，并把两者作为同义词，可以互换）是由三个要素构成的，即论题❶、论据和论证方法（引用的定义称作"论证过程"）。在论证的这三个构成要素中，论证方法是指一系列推理，这些推理既可以是演绎推理也可以是归纳推理。❷ 显然，如果按照现有的观点，仅从方法上我们无法区分理论构建、理论的合理性论述和命题真的论证。根据作用对象的不同，我们区分出了理论的合理性论述与命题真的论证及理论构建之不同，但是我们依据同一条件（智力活动作用的对象）却不能区分出理论构建和命题真的论证之间的不同，因为它们都作用在命题上，都要求保证命题所描述的概念真，而且思维的方法也基本相同。因此人们或许形成这样的观点，即理论构建和命题论证是同时完成的。也就是说，当一个理论完成的同时，也就论证了所有构成它的命题真。那么，根据现有的学说得出的这个论点是否成立呢？

根据之前的讨论已知，理论是描述概念系统的，而任何一个概念系统的概念演化的进程都是从抽象到具体的过程，因为概念系统必定是在概念之不同的抽象层次上建立起来的，而在同一抽象层次上不可能形成有序的结构，当然也就不可能存在系统。因此，在一个概念系统中，就必然存在具有最高抽象度和最低抽象度的概念，以及抽象度处于两者之间、按不同抽象层次分布的概念；理论对于概念的描述就是从具有最高抽象度的概念出发，逐次降低抽象度而遍历所有概念，最后终止于抽象度最低的概念。显然，理论构建是陈述概念的命题从一到多的发展过程，而理论在结构上的相容性和完备性又保证了在这个过程的任何一个环节、步骤都不会出现命题所描述的概念从

---

❶ 这里出现了"论题"概念的二义性问题，它既是理论的论题又是论证的论题，这是因为这两个概念分别属于不同的论域所导致的结果。在理论意义上的"论题"是指陈述尝试性回答研究问题所得到的结果之命题，它是一个理论中描述一个最抽象概念的一般命题；在论证意义上的"论题"是指论证的三个构成要素之一，它是与论据相对应的概念。因此，任何一个被论证的命题都可以称为"论题"。为了解决这个语词的二义性问题，我们把理论上的论题仍然称作"论题"，而把在论证论域中的论题称作"论证的论题"（引文除外）。

❷ 在论证方法的构成上人们的理解也有所不同，有人认为论证只是由演绎推理构成（参见：［德］H. 赖欣巴哈. 科学哲学的兴起［M］. 伯尼，译. 北京：商务印书馆，1966：33）；也有人为论证的构成既有演绎推理又有归纳推理（参见：宋文坚. 逻辑学［M］. 北京：人民出版社，1998：360）；还有人认为论证包括演绎推理、归纳推理、反证法、类比推理等（参见：［匈牙利］贝拉·弗格拉希. 逻辑学［M］. 刘丕坤，译. 北京：生活·读书·新知三联书店出版，1979：358－365；中国人民大学哲学系逻辑教研室. 形式逻辑［M］. 北京：中国人民大学出版社，1980：322－330；金岳霖. 形式逻辑［M］. 1979：289－293），由于反证法只有在两个命题描述的概念是矛盾关系时，否定其中的一个有可能（但不必然）肯定另一个，但这并不能等同于直接证明了另一个；此外，类比推理只能用于猜测和假设，不能用作证明，因此我们采纳论证方法由演绎推理和归纳推理构成的观点作为继续讨论的根据。

多到一的发展进程。或者说，理论构建的整个过程命题的推理都是从一般到特殊的过程，命题所描述的概念也表现为从抽象到具体的演进，因此在之前的讨论中我们否定了归纳法是理论构建之方法，提出只有演绎推理方法才是理论构建方法的假设。然而，这个假设却导致了另一个问题，既然理论是描述概念从一到多的发展过程，而演绎推理是从描述一个抽象概念的命题根据约束条件推出描述一个具体概念的命题的过程，它的推理过程只能够从一个描述抽象概念的命题到一个描述具体概念的命题，怎么可能从描述一个抽象概念的命题到分别描述多个不同的具体概念的命题呢？

在理论构建的过程中，命题主要有两种：一种是以性质来表现标记认识对象的概念的（之前我们约定将其称为"性质命题"），这种命题描述的是概念集合中的概念，它们构成了命题集合。不论是概念集合还是命题集合，它们的构成元素之间都是彼此独立无关的；另一种是描述认识对象的概念之间的种属关系的命题，它表述了从抽象的"属概念"到具体的"种概念"的演进，以及产生这个关系的根据，但是它只能描述从一个概念"属概念"到另一个概念"种概念"的演化过程，却不能够表现从一个概念（抽象概念）到多个概念（具体概念）的演化过程（在这里我们只涉及单个的简单关系命题，不包括复杂的复合命题，而任何复合命题都可以分解成具有蕴涵关系的简单关系命题）。显然，当一个命题描述的是从一个抽象概念到一个具体概念的演进过程时，在逻辑上它符合演绎推理规则。当一个命题描述的是从一个抽象概念到多个具体概念的演进过程时，在逻辑上它不符合演绎推理规则。因为演绎推理只能支持从描述一个抽象概念的命题到描述一个具体概念的命题的推理，而不能支持从描述一个抽象概念的命题到描述多个并列的不同具体概念的命题的推理。命题系统是表现、描述概念系统的，既然概念系统是一个树形结构，那么它的不同抽象层次之间的相互关联的概念之间存在一对多的关系，这是导致质疑演绎推理能够支持命题系统构建的原因。显然，演绎推理是否能够支持命题系统的构建，问题不在命题系统本身，而在它所表现、描述的概念系统，即这个问题是由概念系统的树或林的结构引起的。由此可见，如果能够把一个概念系统分解为多个从最抽象概念到最具体概念由包含关系相连的概念子系统，那么描述这个概念子系统的命题系统在逻辑上符合演绎推理规则。在之前系统结构的讨论中引入了"单向分图"的概念，它是指从树的根结点到一个叶结点构成的路径。就树或林而言，它有多少个叶结点就可以分解出多少个单向分图，而每一个位于单向分图根结点处的基本概念与构成这个分图的其他概念（包括处于叶结点上的最具体的概念）依次由包含关系连接，而任何两个相邻的结点都是一对一的关系（即根结点的入度为 0，出度为 1；叶结点的入度为 1，出度为 0；其他节点则是入度为 1，出度也为 1）❶。由此可以推出：其一，任何一个概念系统都可以根据其结构之树或林的特征，基于单向分图分解成从处于根结点的最抽象概念到处于叶结点的最具体概念的子系统。一个概念系统有多少个独立的处于叶结点上的具体概念就有多少不同的❷子系统，它的所有子系统构成一个集合 $\{N\}$，这个集合的所有元素都是一个从位于根结点的最抽象概念到位于叶结点的最具体概念的系统，每个层次的抽象概念与低一层次的抽象概念之间都存在包含关系，假设 N_i 是这个集合的第 i（$i=1, 2, \cdots, m$）个元素，N_{ij} 是元素 N_i 的第 j（$j=0, 1, \cdots, n$）个层次上的抽象概念，而 $N_{i,j+1}$ 是元素 N_i 的第 $j+1$ 个层次上的抽象概念，那么就有 $N_{i,j} \supset N_{i,j+1}$；如果假设处于根结点上的抽象概念为 N_0，处于叶结点上的具体概念为 $N_{i,m}$，那么集合 $\{N\}$ 的元素 N_i 就可以被描述为：$N_0 \supset N_{i,1} \supset \cdots \supset N_{i,j} \supset N_{i,j+1} \supset \cdots \supset N_{i,m}$。其二，构成集合 $\{N\}$ 的元素 N_i 的结构是一个没有分支的路径，而处在这条路径所有结点上的概念又是由包含关系从抽象到具体连接起来的，其中任意两个相邻概念都满足从抽象到具体的一对一关系，由此可以推出：描述这个元素的一组命题之间的关系符合演绎推理规则。其三，按照单向分图分解概念系统并没有破坏这个系统的结构，分解的目的只是说明描述这个概念系统的命题系统是在演绎推理的基础上构建起来的。尽管在概念系统中，除了处于叶结点上的概念之外，所有概念都与它的下位概念之间存在一对多的关系，但是由于树（林）形结构的特殊性，使得从根结点的抽象概念到每个叶结点的具体概念之间都存在一对一的线性关系，每个上位概念包含且仅包含一个下位概念，因此描述这个概念系统的命题系统能够通过演绎推理得出。其四，在命题系统构造的过程中，描述概念集合之构成元素的命题集合是不可或缺的，因为命题集合的构成元素描述了相应概念表示之对象的质的规定性，它提供了命题中的抽象概念与具体概念彼此关联的根据。但是，命题集合中元素的构造只涉及对标记概念的语词的赋值，也就是根据判断在描述观念性质的短语和标记概念的语词之间建立起关系。由于构成命题集合的元素之间没有关系，因此命题集

---

❶ 分解成彼此独立的单向分图并不是说它们的结点没有重合，单向分图的独立性是从整体上讲的，两个彼此独立的单向分图的有些结点可以重合。这个问题可以参看前面有关概念的体系结构的讨论，也可以参看有关图论的参考书。

❷ 这个集合的所有构成元素都是不同的，这是由单向分图结构的性质决定的。但是，这个集合的构成元素是不独立的，因为构成集合的不同元素可以彼此共用一些结点，这就导致了它们不具有独立性。

合的构建不需要演绎推理。根据之前的论述，命题系统中的元素所描述的对象（概念系统中两个相邻概念与它们之间的关系）是在逻辑上具有包含关系、在结构上具有一对一的直接相关性。描述对象（概念系统）的结构不仅要求描述它的命题必须有合理的结构，而且限定了命题系统的构建方法。既然概念系统中的所有元素只存在包含关系，而且在系统结构不变的条件下可以分解成只有一对一关系的子系统，因此运用演绎推理就可以在描述概念系统元素之关系的命题之间建立起关系，构造命题系统。从上面的讨论不难得出：如果不考虑以短语描述概念性质的方法（它只具有描述性而不具有构成性，因此与这里的讨论无关），那么在命题集合和命题系统的构造过程人们主要运用了判断、赋值和演绎推理，没有使用归纳法，从而为笔者提出的理论构建只是演绎过程与归纳无关的主张提供了依据。

命题的论证与理论的构建不同，它不是在理论构建中而是在理论完成后进行的思维活动，因此它们分别是提出一个理论的两个不同之阶段。如前所述，理论是一个假说，它的提出和它是否能够被接受是完全不同的两回事，提出理论是理论构建者的事情，而接受理论则是理论构建者之外不特定人的事情。一个理论是否能够被接受，一方面，取决于它是否满足理论的合理性要求，尤其是结构上的合理性，因为这是除了从外部引入的标记参照对象的概念和作为论据引入的概念外构成理论的其他所有概念在逻辑上真的必要条件；另一方面，取决于理论构建者之外的人对于理论中的概念在逻辑上真的信赖度。显然，除了标记参照对象的概念和作为论据引入的概念以外，理论描述的其他概念在逻辑上的真取决于三个条件：其一，理论描述的概念系统在结构上满足合理性条件，从而确保引入之参照对象的性质能够传递给概念系统的每个概念，直到论点描述的具体概念为止；其二，从外部引入的标记参照对象的概念（作为包含标记认识对象的类的概念）是恰当的；其三，作为论据的概念能够充分支持解答分解后的一组简单问题得到的概念。为了接下来的论证方便而又不失一般性，假定从复杂的基本问题出发，分解所得到的问题集合是一个最小集合，因此通过回答这个集合的问题所构成的概念集合也是一个最小概念集合。在上述三个条件中，有关理论结构的合理性问题之前已有详尽的讨论，此处不再赘述。在理论合理性的要求中，有关论题恰当性的讨论已经包含参照对象的选择问题，以下只是就这个问题作一些必要的补充。首先，参照对象的选择是在问题研究完成之后作出的，因此问题的研究者已经完成了概念集合的构造，已经认识到了对象的本质属性，并将其作为概念集合的基本概念，以它来标记这个对象的质的规定性。也就是说，研究者不仅对于研究对象是什么已经有了确定的观念，而且对于其本质属性有着清晰的认识。其次，在形成了对象的确切观念和明确了其质的规定性后，根据相似规则和标记参照对象的概念必须包含标记研究对象的概念（研究对象必须是参照对象类的一种），以及它们必须是直接相邻的，则可以选择出恰当的参照对象。也就是说，标记参照对象的概念（观念）通过概念集合中的基本概念（对研究对象的质的规定性形成的观念）的限定，恰好就是研究对象形成的概念（观念）。再者，由于之前已经约定了所构造的概念集合是一个最小集合，那么在概念系统的构建过程中，如果参照对象的选择不当，则它所表现的观念与研究对象形成的观念之间或者不是包含关系，或者不相邻，那么或者所构造之概念集合是一个最小集合的约定不成立（在概念集合中必然存在构成元素的冗余，即至少存在一个表现对象在某个具体方面的质的规定性的元素在概念系统构建的过程中可以不被选用），或者对象在某个方面形成的观念无法界定（在概念集合中必然存在构成元素的缺漏。也就是说，在概念系统构造的过程中，在这个系统中至少有一个概念在概念集合中缺少相应的元素使之与高一抽象层次的直接相关之概念相区别），或者参照对象的选择不满足命题的关系定义法对属概念的要求，即它与表现研究对象的概念不相邻。最后，在参照对象以及表现它的观念的选择方法上，既没有演绎推理也没有归纳推理，只是在一定规则和限定条件下进行的（选择）判断，因此它不是我们所要讨论的有关"命题的论证"的问题。

以上的讨论厘清了两个问题：其一，尽管理论所描述的概念系统在结构上的合理性保证了论题描述之（构成这个系统最抽象的）概念的性质（包括它所含的在逻辑上真的性质），通过单向分图传递给包括论点描述之（系统最具体的）概念在内的所有概念，但是系统结构的合理性却不能决定概念的性质，即使论题所描述的概念是逻辑上假的，它也依然能够确保这个"假"的性质传递给所有构成这个系统的概念。因此，不具有结构合理性的理论是一定不能被接受的，但是具有结构合理性的理论，也未必一定是能够被接受的。其二，参照对象的选择也不能决定论题在逻辑上的真假性。论题是研究者回答由研究对象激发产生的具有一定复杂度的问题而提出的假说，参照对象的选择只是让研究者可以在已知的包含着研究对象的更大的系统中来考察、理解和认识这个对象，它是否存在以及选择的恰当与否❶，只能影响理论的

---

❶ 并不是所有的认识对象都有着包含它的参照对象。对于具有开创性的研究项目和学科，以及有些基础性的研究，就存在没有参照对象可以选择作为包括研究对象在内的对象类的可能。在这种情况下，或者通过直接对于对象之性质的描述，或者通过类比，为命名这个对象的符号进行赋值，并由此创造出新的概念。

合理性，却不影响论题的真假性。❶ 然而，命题论证的目的在于提高理论构建者以外的人对于理论提出的假说的信赖程度，从而提高这个理论被接受的可能性，因此"命题的真"的论证就成为理论提出者应向社会承担的责任。通过之前的讨论可知，在一个理论（命题系统）中，论题是描述把表现参照对象与它所包含之认识对象的概念联系起来的命题，以此回答在认识对象的激发下产生的复杂问题。在论题的结构中，作为表现参照对象的属概念被假定为（逻辑上）真的，这是它能够被选择作为表现包含认识对象在内的一类认识对象的概念的前提。作为构造概念系统选定的从外部引入的最抽象的（标记参照对象的）概念，它被假定不仅对于系统构造者而且对于共同体的其他成员都是已知的，并且假定他们对这个概念有着相同的理解，否则在他们之间的交流就是不可能的，因此这个引入的概念在这个概念系统的构建中不在讨论和质疑的范围内。在论题中，作为种概念所标记的是由研究对象激发产生的"是什么"的问题之尝试性解答形成的观念。在没有对标记这个概念的符号（对这个对象的命名）赋值之前，它只是标记这个对象的符号，而作为一个标记确定对象的符号不存在逻辑上真与不真的问题。我们已经肯定了在标记参照对象的概念与标记研究对象的概念之间存在包含关系，因此确定对标记种概念的符号所赋的值是否就是我们对于研究对象的认识，即对于种概念的定义是否就是我们意欲表达之对象在我们头脑中反映出的"是其所是"的性质，就取决于对标记参照对象的概念的限定是否恰当，或者说取决于论题中描述研究对象的质的规定性的"种差"，它决定了对作为属概念表现的参照对象在其限定下是否是我们认识、理解和意欲表述的研究对象。❷ 在一个命题系统中，任何一个复杂的复合关系命题，只要它满足关系命题的形式构成条件，就都可以简化成描述一对抽象度不同的两个概念的关系的命

---

❶　如果我们选择的参照对象不包含研究对象，那么无论我们是否通过一定的条件对表现参照对象的概念进行限定，都不能与研究对象建立起关系，而且这样对表现参照对象的概念的限制也是没有意义的，因为限定的条件是以研究对象的性质为根据设定的，所以当参照对象与研究对象之间没有关系时，就不可能以研究对象的性质去限定参照对象。

❷　为了不失一般性，我们假定引入的参照对象作为一个类，包含不止一个对象，而我们的研究对象只是其中之一。显然，表现这个类所包含的对象的概念之间存在并列关系，而这些概念相对于表现参照对象的概念则存在相邻关系，因为在每个类中只有与之直接相关的对象才是它的构成。由此可知，如果通过改变限定表现这个类的概念的条件（这个限定条件描述被观察之对象区别于这个类包含的其他对象的质的规定性），那么即使对表现这个类的概念限定后得到的概念依然没有超出这个类的概念界定的范围，改变限定条件后所得到的概念表现的对象也不再是限定条件改变前的对象。也就是说，如果在论题的构成中作为描述认识对象的质的规定性的种差出现偏差，即使由此界定的对象依然是参照对象包含的对象，它也不再是我们之前确定的认识对象，而是与之并列的同属于一个类中的其他对象。

题，这两个概念是直接相关的，或者说它们是相邻的。在这一对概念中，我们借助抽象度较高的上位概念（在作为定义的命题中，它被称作"相邻属概念"），根据我们所认识到的研究对象呈现出的（"是其所是"的）性质（在作为定义的命题中，它被称作"种差"），来为我们命名的标记抽象度较低的下位概念（在作为定义的命题中，它被称作"种概念"）的语词（符号）赋值，因此这个下位概念赋值的可信度取决于这个命题之构成的种差。由此可以推出：一个命题系统具有较高之可接受度的条件是，构成这个命题系统的所有关系命题之种差描述的概念所表现的对象的性质是可信的。在一个命题系统中，构成关系命题之种差部分均取自命题集合，它们是命题集合的构成元素，因此一个理论是可接受的，则意味着构建这个理论所依据的命题集合中的所有构成元素都是可信的。命题集合是由性质命题作为其元素构成的，而性质命题则是以被称作"性质"的、表现对象呈现的"是其所是"的东西来为标记这个对象的语词赋值的。命题集合的构成元素是以语言形式描述的概念集合中之概念的性质，因此命题集合之构成元素的可信性就转变为概念集合中概念的获得是有充分根据的性质。如果概念集合中的概念满足"其获得具有充分根据"的要求，则称其为"逻辑上真"的。❶ 以上讨论可以概括为：其一，"论证"的对象既不是理论也不是命题，而是作为概念集合的构成元素的概念。概念集合中的元素是通过命题集合中的命题表现的，因此"论证命题的真"是指论证命题集合中的命题所陈述的概念在逻辑上的真。其二，概念在逻辑上的"真"是指这个概念不是人的随意猜测和主观臆断，它的提出是有着充分根据的，从而使得描述这类概念的性质命题有了更高的可信度，最终表现为是否接受基于这一命题集合创建的理论的态度上。其三，命题集合中的构成元素（命题）之间是没有关系的，或者说它们是彼此独立无关的，因此每一个命题的论证都是独立进行的，即在命题集合中的每一个命题的真的确定都是一个独立的论证。在一个论证中，相对于论据，被论证的命题被称为"论证的论题"，它是论证的三个构成要素之一。然而，这个"论证的论题"却不是在命题系统（理论）意义上的"论题"，尽管它们都称为"论题"，但是它们却是在两个不同论域中的概念。

为了使得所提出的理论能够被接受，理论的提出者需要向社会承担相应的责任，即论证所提出的理论是建立在构成元素均为逻辑真的概念集合上。

---

❶ 需要强调的是，其一，逻辑上的"真"与认识论上的"真"的含义不同；其二，"逻辑上的真"不同于"逻辑学上的真"。逻辑学上的真只是一个抽象的符号（T），没有任何内容，因此不能把这里的"逻辑上的真"理解为"逻辑学上的真"。

也就是说，他需要论证构成这个概念集合之所有概念的获得均有其充分之依据。如前所述，概念集合的构建是从最具体的概念开始的，这个过程不是理论的构建过程，而是问题的研究和解决过程。在面对不能直接解答的复杂问题时，研究者只能通过分析问题将其分解为能够直接解答的简单问题，否则这个问题对于研究者而言是不能解的。❶ 分解所得到的问题在简单程度上是恰当的，即它们恰好达到研究者根据已有的概念能够解答的程度，因此对这一组简单问题的解答就构成了概念集合中最具体的概念子系统。显然，对基本问题的分解所得到的集合，其构成元素需要满足一个条件，即它分解后得到的一组问题的答案用以对其自身（被分解的问题）的解答是充分的。也就是说，这个集合中除了直接可以解答的问题外，其他元素（具有一定复杂性的度的问题）分解后得到的一组问题，其解答所得到的一组结果足以回答这个被分解的问题。当一个由基本问题分解后得到的集合满足这个条件后，构成它的所有元素（具有不同复杂性的度的问题），包括基本问题，都是能解的。我们假定，从基本问题分解得到的问题集合，其构成元素不仅满足充分性条件，同时还满足必要性条件。也就是说，这个集合中的任何一个元素（除了可直接根据已有知识回答的简单问题外）分解后得到的一组问题，在它们的答案中缺少任何一个都不足以回答这个被分解的问题。如果问题集合中的任何一个构成元素，除了研究者可以根据已有的概念回答的简单问题除外，都同时满足具有充分性和必要性的条件，那么这个问题集合是这个基本问题分解可得到的最小集合，对这个集合中每一个问题的解答选择且仅选择一个解构造得到的集合是一个最小概念集合。如果按照上述条件的要求构造出用以解答基本问题的最小概念集合，那么只要在问题集合中最简单的问题子集是可解的，或者说它的答案构成的概念是有着充分依据的，即它们都是逻辑上真的，则这个概念集合中的所有元素（概念）都是逻辑上真（有充分依据）的。对于研究者而言，他所面对的问题分为两类，一类是可解的，另一类是不可解。在不可解的问题中没有可以论证其在逻辑上真假的概念，因此这类问题不在我们讨论的范围内。如果不考虑当下不可解的问题，那么复杂的研究问题在分解后必然能够得到一组研究者可以解答的问题。所谓"可以解答的问题"，是指研究者可以根据已有的知识、经验、个人能力（包

---

❶　在问题研究过程中，分析问题不是必要的步骤，只有在面对复杂问题时才需要通过分析问题将其转化为简单问题。但是，在面对客观对象时，通常是先从提出、解决简单、片面和具体的问题入手，然后逐渐深化到复杂、全面和抽象的问题，这个过程只有提出和解决问题而没有分析问题。这里只取复杂问题为例进行的讨论不会影响到结果的一般性。

括各种机缘以及尚无法解释的个人原因），猜测出这组问题可能的答案，从而得到表现他对这组问题的解答形成的概念，以及能够在特定的语言系统中用语言的形式描述这组概念，从而获得被称作"论点"的命题，因此论点是描述与研究问题相关的概念集合中的一组最具体之概念的命题。对于这组论点中的任何一个，研究者都至少能够列举出一组作为公设的论据（描述一组已知概念的性质命题），从这组公设表现的观念（概念）中可以归纳概括得出支持论点的概念（论点描述的概念和从公设概括得到的概念一致），或者说这个论点是有论据支持的，因此这个论点描述的概念是逻辑上真的。❶ 如果所有论点描述的概念都能够得到公设（论据）的支持，那么就论证了在这个概念集合中由论点描述的具体概念都是能够得到被普遍承认的已知概念支持的，因此这些论点就是逻辑上真的。❷ 需要指出的是，我们并不要求所选择的作为论点之依据的公设（论据）是必要的，但它必须是充分的。假设有 n 个论据 p_1, p_2, …, p_n 构成的一个支持论点 a 真的公设，其中这 n 个论据描述的已知概念是彼此独立无关的，它们作为论点 a 描述之概念的依据是充分必要的，那么这个公设是满足论点 a 真的一组最小的论据，它们描述的支持论点 a 描述的概念的已知概念也是最小的（充分必要的）；如果在论据 p_1, p_2, …, p_n 增加一个论据 p_{n+1}，则存在这两种可能：其一，论据 p_{n+1} 描述的概念是论据 p_1, p_2, …, p_n 描述的概念中的一个，那么作为这一公设的 $n+1$ 个论据 p_1, p_2, …, p_n, p_{n+1} 中，必然有一对论据是重复的，因此以这一公设作为论点的依据是充分的，但不是必要的。其二，论据 p_{n+1} 描述的概念不是论据 p_1, p_2, …, p_n 描述的概念中的一个。这样又存在两种可能：一种可能是，论据 p_{n+1} 描述的概念与论点 a 描述的概念相关，或者说它可以替代论据 p_1, p_2, …, p_n 描述的概念中的某一个，那么它就可以构成一个与之前所述的（由论据 p_1, p_2, …, p_n 构成的）公设并列的满足论点 a 真的公设，而且这个公设也是充分必要的。因此，在这 $n+1$ 个论据中就可以构造出两个公设，它们分别都可以作为论点 a 真的一个具有充分必要性的根据，但是这 $n+1$ 个论

---

❶ 在一个论证中，"论证的论题"不是由论据推导出来的，而是在构建理论的过程中从整体概念通过演绎推理得出的。尽管在问题研究的过程中，这些概念已经获得并成为概念集合和概念系统中的构成元素，但是它们依然只是存在于研究者头脑中的东西，即便它们的获取所依据的概念与论证的论据源自同一组概念，论证与问题研究也依然是两个不同的过程。因此，"由一组命题（论据）'推出'一个命题'论证的论题'"的陈述不真。在一个论证中，"论证的论题"必定先于论据出现，因为它是论证的对象，而不是论证的结果；论证的结果回答了这个"论证的论题"是否有或者是否能够得到论据支持的问题。

❷ 理论的提出者不会论证他所提出的理论描述的概念不真，因此他一定能够论证其理论描述的概念在逻辑上真，至于其论证是否成立，则不是由他决定的。

据构成的一个公设，对于论点 a 则是充分但非必要的。另一种可能是，论据 p_{n+1} 描述的概念与论点 a 描述的概念无关，那么这个论据的引入或者没有意义，或者有可能破坏整个理论的完备性。由于论点所回答的问题是由复杂性的度高一级的多个相互独立无关的问题分解得到的，为了不失一般性，我们以其中的一个问题为例讨论之，以便从中推出一般性的结论。为了方便起见，我们把分解前的问题记作 P，把分解后的问题记作 $\{p_j\}$（$j = 1$，2，…，m；其中，m 不小于 2，因为问题 P 和问题 $\{p_j\}$ 是一对多的关系），而且分解后之问题的解答是在研究者解决问题能力的范围内的。根据之前所述，问题 P 的复杂性的度已经超出了研究者解决问题的能力，因此在分解前它对于研究者而言是不能解的。假设研究者解决了分解后的问题 $\{p_j\}$ 得到了描述问题答案（概念）的命题 $\{A_k\}$（k 不小于 m，）❶，那么就相当于降低了问题 P 的复杂性的度，使得之前阻碍问题 P 解决的困难被排除了，从而使得问题 P 成为在问题 $\{p_j\}$ 解决后的能够解答之问题。既然问题 P 是在当下条件下能解的，那么研究者就会基于对命题 $\{A_k\}$ 描述之概念的把握、个人知识的储备（包括对学科发展前沿的跟进）以及对问题的理解，然后尝试性提出并标记对问题 P 解答的猜想形成的概念 A，最后这个概念 A 成为解决这个问题的概念集合中一个构成元素。❷ 在包含概念 A 的理论构建完成后，为了论证概念 A 在逻辑上真，论证者列举命题 $\{A_k\}$ 作为论据，并论证命题 $\{A_k\}$ 描述的概念能够充分地支持概念 A。在上面的论述中，如果把命题 $\{A_k\}$ 换成除了基本命题以外的构成命题集合中不同抽象程度的命题，那么上面的过程就可以持续进行，直到最终尝试性地解答基本问题，并得到描述认识对象最抽象的基本命题为止。也就是说，论证能够以命题集合中的任何一个命题为"论证的论题"，以论证这个命题所描述的、在概念集合中的相应概念能够得到论据所描述的一组概念的充分支持，从而肯定了作为"论证的论题"的这个命

---

❶　如果 k 小于 m，那么在问题 $\{p_j\}$ 中至少有一个问题无解，因为只有这样才会出现 k 小于 m 的可能。但是，在这种情况下，对于问题 P 的解答而言，论点 A_k 作为其依据则是不充分的。

❷　整个过程，包括概念集合和概念系统的构成，都是在研究者头脑中完成的，只有在命题集合中才有了概念 A 的描述，但是概念 A 是如何获得的，它获得的依据是什么，这些问题依然是不为研究者之外的人所知的。为了提高概念 A 的可信度，研究者通过论证向社会公众阐释了获得概念 A 的依据 $\{A_k\}$，或者说论证了概念 A 在逻辑上真。但是研究者论证一个命题的真并不是在向其他人阐明其解决问题的方法，如果解决问题的方法可以描述，就一定可以学习，那么解决任何问题就有了一定之规，就不再是"尝试性地猜测和提出假说"，那么"邯郸学步"就一定能够成真，因为解决问题的方法不过是可以学习的技巧而已。论证是为了阐释一个命题描述之概念的提出有着充分之根据才进行的过程，它是对已经存在的事物的描述，因此论证的方式是由规范和技巧构成的，就像演绎推理一样，是在比喻意义上的使用"方法"一词。

题在逻辑上真。由以上讨论可以得出：其一，论证就是要阐释命题集合所描述的概念集合中的每个概念的形成都是有充分的论据支持的，既不是凭空构想也不是主观臆断。概念只有通过命题描述才能够被接受、认识和理解，因此论证就表现为论述命题集合中的所有的构成元素都是逻辑上真的，在它的基础上构造的命题系统是可信的。其二，论证通过命题系统描述了概念集合中每个概念形成的过程和根据，这是从多个命题到单个命题的演进过程。或者说，在概念集合中，任何一个上位概念和与之直接相关的下位概念之间在数量上都必然存在一对多的关系。其三，描述概念集合的命题集合，即使是描述基本概念的基本命题，也只能够陈述对象在整体上呈现出的"是其所是"的质的规定性，但是却不能回答这个对象是什么的问题（缺少描述其所属之类的概念，因此不能给标记这个认识对象的语词赋值）。

　　论证描述了概念集合中的概念的形成过程，它表现了概念从具体到抽象的演进，以及下位概念与（直接相关的）上位概念之间的多对一的关系。❶由于论证对象的这些特点，因此命题的演绎推理方法不能适用于论证过程。根据之前的讨论，演绎推理方法是从一般推出特殊的逻辑方法，运用演绎推理方法可以通过命题从抽象概念推出具体概念，而且不论是由单一关系构成的简单命题（这个命题的构建只需要一次演绎推理）还是由相继的多个关系构成的复合命题（这个命题的构建需要多次演绎推理），即不论经过多少次演绎推理，从一个抽象概念最终只能推出一个具体概念，演绎推理前的概念和演绎推理后的概念在数量上都存在一对一的关系。由此可以得出结论：在论证的三个构成要素中，论证方式（论证方法）的构成中只有归纳法而没有演绎推理。❷ 问题在于，为什么在学术界人们会普遍认同论证方法主要是由演绎推理和归纳法构成的观念呢？产生这种误解的原因或许是：其一，在理

---

　　❶　这个结论与之前引入的"论证"的定义相符。

　　❷　这个结论明确了理论构建与命题论证在方法上的区别（之前已经阐明了它们在对象、目的和内容方面的不同）。在有些关于逻辑学的著述中，归纳法也被称作"归纳推理"，但是归纳法只是一种由列举、归纳、抽象和概括等构成的规范性的方法（需要说明的是，这里"方法"一词的适用范围非常广泛，也包含技巧、手段等，因此不是我们在短语"解决问题的方法"中使用的"方法"概念），与从一个抽象概念通过限定得到一个具体概念的演绎推理方法是完全不同的，因此把它作为命题论证而非一种推理的方法可能更为合理。显然，演绎推理与解决问题和命题论证无关。也就是说，演绎推理方法是不能解决任何问题的，也不能论证命题在逻辑上真的，"演绎的逻辑功能便是从给与的陈述中把真理传递到别的陈述上去——但这就是它所能办到的全部事情了"（［德］H. 赖欣巴哈. 科学哲学的兴起［M］. 伯尼，译. 北京：商务印书馆，1966：33－34）。因此把它作为在构造概念集合时通过解决问题来形成相应概念的方法，或者把它用于论证命题之逻辑上真的方法，显然都是不合适的，因为利用推理方法不可能从一个前提出发推出新的概念。

论构建的过程中，为了提高理论中提出的论点、表达的观念等等的可信度，理论的构建者会在理论构建的过程中论证所提出之论点、命题等在逻辑上的真，其结果使得这两个不同的过程（理论构建和命题论证）交织在一起，被误认为只是有关命题的真的论证，因而就把理论构建中的演绎推理、类比推理、选言推理和反证法误认为论证方法了。❶ 其二，混淆了演绎推理和归纳法，甚至不懂也不会应用归纳法。之前已经讨论过，归纳法包括完全归纳法和不完全归纳法两种。完全归纳法要求对研究对象的所有可能之个例穷举，以便归纳和确定它们的共性，从而概括出这一研究对象的性质，因此除了在极个别的情况下，完全归纳法几乎无用武之地。❷ 但是，通过完全归纳法得到的一定是陈述抽象概念的，具有必然、确定之一般性的命题。与完全归纳法不同，不完全归纳法不要求对研究对象的列举必须穷尽其所有之可能，因此它对于问题的解答就缺少必然性而只有或然性。在不完全归纳法中对象的个例之列举的多少，与归纳结果之或然性程度的高低无关，也与其确定性程度无关。因为在不完全归纳法的列举中，列举项必定是一个无穷集合，任何有穷集合中的元素之列举都是可以穷尽的，而一个无穷集合中的任何一个有穷子集相对于这个无穷集合都是可以忽略不计的。需要强调的是，归纳法是通过对于对象之个例（某一个具体示例呈现出的性质）的列举，归纳出对象被列举出之个例的每一个都呈现出的性质，然后假定被列举之个例的共性就是对象本身所具有的性质，并且通过概括把这个假设作为对象的性质，以构成描述这一抽象概念的一般命题。为了说明当前学界在论证方式的构成上普遍存在的误解，在这里选择一个有关论证的较有代表性的示例❸加以分析和说明。在这个示例中，作者为了说明论证是一种运用推理的方法，解释说："例如要确证'火星有卫星'这一断定的真实性，就可用已知的'因为火星是行星，而所有的行星都有卫星'这两个判断来论证。"显然，这是一个演绎推理。首先，它是从抽象概念"所有的行星"都有"卫星"的性质，以及具体概念"火星"是"行星"的性质，推出具体概念"火星""有卫星"的

---

❶　虽然这些方法与论证方式无关，但是它们却是理论构建的方法，正是混淆了理论构建和命题之逻辑真的论证，才使得这些方法被作为论证方法的构成部分。

❷　之前已经介绍过，数学归纳法就是一种完全归纳法（数学归纳法是一种通过对连续正整数的递推方法来实现的、对以正整数为变量的、按一定规律变化的对象之无穷多的个例进行完全列举的方法，但是这种方法只能适用于这种极端苛刻的条件，不能扩大其应用范围）。除了这种特殊情况外，即使在数学中完全归纳法也因其苛刻的条件（列举必须穷尽一切可能，不能有任何遗漏）而难以运用；如果对完全归纳法的列举附加条件，那么它就不再是完全归纳法而是不完全归纳法了。

❸　李志才．方法论全书（I）：哲学逻辑学方法［M］．南京：南京大学出版社，2000：278.

性质。因此，这是一个从抽象到具体的推理过程，命题"所有的行星都有卫星"描述的概念包含命题"火星有卫星"描述的概念。既然"火星是行星"是个已知概念，那么这个推理就没有增加任何新知识，也没有解决任何问题，甚至没有需要解决的问题。其次，在这个推理中，推理的大前提是一个陈述抽象概念的一般命题，结论是一个陈述具体概念的特殊命题，小前提"火星是行星"（描述对象"火星"之"行星"的质的规定性）是对大前提的约束，从而使得大前提陈述的概念与结论陈述的概念之间存在包含关系。显然，推理前后之命题在数量上是一对一的关系，与论证前后命题在数量上存在的多对一的关系不同。最后，这个推理不成立，因为作为大前提的命题所陈述的概念不真。在这个一般命题中，"所有的行星"应该包括宇宙天体中的所有行星，然而金星是太阳系中的行星，但是它没有卫星，而且宇宙中有多少行星没有卫星也是一个未知数，因此命题"所有的行星都有卫星"这一全称陈述不真。如果我们要解决的问题是行星是否都有卫星，而且假定在解决这个问题时尚不知道金星和其他没有卫星的行星的存在。也就是说，在我们可以选择的个例中（把选择的个例记作 $\{p_i\}$，其中 p_i 表示列举的第 i 个行星，$i = n$，n 是一个有穷的正整数，因为我们能够认识和列举的行星的个数是有限的，或者说，我们既不能认识也不能列举无穷多的个例），所有被选择的行星 p_i 都是有卫星的，因此我们猜测并形成概念"所有的行星都有卫星"。这是一个从具体到抽象的归纳过程，$\{p_1$ 有卫星，p_2 有卫星，…，p_n 有卫星$\}$ 都是描述具体概念的特殊命题，而之前我们并不知道行星是否都有卫星，通过以上列举我们猜测并形成一个抽象概念，然后以一个概括性的一般命题把它表现为"所有的行星都有卫星"。显然，这是一个（概念）从具体到抽象、（命题）从特殊到一般的过程。其中，n 个行星有卫星是我们已知的概念，行星是否都有卫星是我们需要回答的问题，"所有行星都有卫星"是我们假设的结论，而对上述解决问题的思维过程及其结果（假说）的描述就是论证过程。在这个过程中，得出"所有行星都有卫星"的根据是从有限个个例 $\{p_1$ 有卫星，p_2 有卫星，…，p_n 有卫星$\}$ 归纳得出的，而不是列举了所有行星的这一属性而归纳出的结果（这样归纳得出的结果是具有必然性的、确定的），因此这样得出的结果是或然的、不确定的。假设在通过不完全归纳法得出"所有行星都有卫星"的一般性结论后，我们得到一个真的命题：p_{n+1} 没有卫星，例如"金星是行星，但是金星没有卫星"，那么通过不完全归纳法得出的陈述抽象概念的一般命题"所有的行星都有卫星"就被否定了，或者说，这个命题不真（或"假"）。这就是不完全归纳法存在的问题，也是它被许多学者诟病、慎用甚至否定的原因。❶ 在有些情况下，人们把归纳法中的列举项作为推理的前提，认为"我们想使别人接受判断 p 的真实性，就另外提出许多真实性已十分明显的判断 p_1，p_2，…，p_n，用 p_1，p_2，…，p_n 作为前提，通过正确的推理得出判断 p。由于判断 p_1，p_2，…，p_n 的真实性已经十分明显，推理的过程中又是正确的，别人就容易接受并且必须接受 p 的真实性"❷。显然，这个示例列举的是一个论证方法，或者说它使用的方法是归纳法，但是对这个例子的解释值得商榷。首先，举例者的目的是说服别人接受命题 p 真的假设，因此他通过论证来增加假设命题 p 真的说服力和可信度，以达到提高这个假设可被接受之程度的目的，而这正是之前阐释的论证的目的。其次，在这个例子中，p 是判断者陈述已经由（对问题的解答经猜测作出的）判断形成之抽象概念得到的命题（论证的论题），作出判断的人必然认定这个判断的结论是正确的（命题 p 真）。为了论证命题 p 真，判断者列举了所有能够列举的与 p 直接相关的个例 p_1，p_2，…，p_n，而且这些个例的真（p_1真，p_2真，…，p_n真）已经被普遍承认和接受。根据个例 p_1，p_2，…，p_n 的真猜测得出命题 p 真的假设，除非能够列举一个个例"命题 p_{n+1} 不真（假）"，否则就必须接受 p 真的假设，因此 p_1，p_2，…，p_n 不是推理的前提，而是假设命题 p 真的根据。再者，这是一个多（p_1，p_2，…，p_n）对一（p）的关系，因此它不是由演绎推理构造形成的，因为演绎推理前后之概念在数量上必定有着一对一的关系。最后，在这个示例中，命题的发展是从特殊（p_1，p_2，…，p_n）到一般（p）的过程，它们所陈述的概念则表现为从具体到抽象的演进。综上所述，这个示例是有关论证的例子，它涉及的方法是不完全归纳法；在示例中将所用之方法解释为推理法，把假设 p 的依据 p_1，p_2，…，p_n 解释为推出结论 p 的前提，混淆了演绎推理和归纳法，也模糊了理论构建和命题论证这两个不同思维活动和过程的区别。

之前已经提到，对论证和证明学界有着两种不同的认识和理解。一种观

❶ 这恰是人的知识的特点，或者说，必然、确定之知识都是相对而言的。人对于外界的感知力和自身的智力都是有限性，同时人的生存和实践又都受到时空的约束，因此人的知识是有其局限性的，是只有在特定的条件下才能成立的，没有绝对的知识。人的知识的局限性与持肯定还是否定归纳法的态度无关，只与人的能力的有限性相关。人们试图追求并不存在的"绝对真理""客观真理"，把"真"误认为是不变之"真理"，因此才会对只能得到或然性结论（由命题描述的概念）的归纳法持排斥态度。

❷ 中国人民大学哲学系逻辑教研室．形式逻辑［M］．北京：中国人民大学出版社，1980：282．需要注意的是，在这个例子中，p 和 p_1，p_2，…p_n 都是命题，例如：p 是命题"a 有性质 q"；p_1 是命题"a_1有性质 q"；p_i是命题"a_i有性质 q"；所谓"命题 p 真"，是指命题 p 陈述的概念"a 有性质 q"在逻辑上真，余者类推。

点认为，论证就是证明，它们是同义词，可以互相替换使用。我们没有采纳这一观点，因此在后续的讨论中不再论及。另一种观点认为，证明是论证的一种，它们之间是包含于的关系，但是对它们的区别又有不同的解释。一种解释是：只含有演绎推理的论证是证明；而在一般意义上的论证中既有演绎推理又有归纳推理。❶ 在之前的讨论中，我们已经明确了归纳法只是命题论证的方法❷，它的特点在于从一系列命题描述的具体概念，通过归纳概括出它们所共同具有的性质，以之作为这些具体概念之上的抽象概念的性质，然后用一个一般性的命题来表现这个抽象概念。当我们把这个过程用语言描述出来时，就得到了从一组特殊命题概括得出更一般的命题的过程之描述，或许有些人把这个根据已知的特殊命题得到未知的一般命题的过程称作"归纳推理"❸。命题论证过程和理论构造过程是交叉、纠缠在一起的，因此人们混淆了这两种不同的方法（命题论证方法和理论构造方法）。归纳法是命题论证的方法，是阐释被论证的命题能够得到论据支持的方法，是描述从多个特殊命题到一个一般命题之间的联系方法，但它不是一种在逻辑框架下的推理方法。把构建一个命题系统的命题集合中的每个命题都作为论题，阐释它们都能够得到论据的充分支持，以增强在此基础上构建起来的概念系统和命题系统的可信度，这个过程就是所谓"论证"；即便论证的过程与理论构建的过程交织在一起，它们也是可以区分的。因此，通过演绎推理和归纳法，能够区分出理论建构过程和论证过程，但不能区分出论证和证明，因为论证包含证明，这就决定了它们所涉及的方法相同，即归纳法。❹ 另一种解释是，

---

❶　宋文坚. 逻辑学 ［M］. 北京：人民出版社，1998：360。

❷　归纳法是命题论证的方法，而不是解决问题的方法，因为一个人是如何解决问题的，采用了什么方法，需要什么条件等等，都是我们所不知道的，因为解决问题是非常复杂的、在人脑中完成的智力活动，所以我们不能确知也无法描述其构成、过程、步骤等等与之相关的基本问题。但是，当论证一个命题在逻辑上真时，则可以确知所采用的方法是归纳法。

❸　把归纳法称作归纳推理是不恰当的，因为它只是借助于从列举中获得的已知的某些具体的东西，通过寻找它们的共性来对一类对象作出更抽象的描述的非逻辑方法，因此它带有一定的任意、臆断，有着明显的主观性，体现了个人从事智力活动的特殊性。需要说明的是，在数学研究中，人们习惯于描述从公设开始逐渐抽象、最后得出需要证明之命题的过程。或许有人把这种方法称作"归纳推理"，因为它是从特殊到一般的过程。数学之所以采用这一描述方法，其目的在于详细地说明从选定的公设得出"论证的论题"的整个过程（这是对数学论题予以证明的全过程），以方便其他人根据这一描述对这个数学研究结果进行验证。因此，它的目的不是构建相应的数学理论，而是阐释研究过程和结论（论证的论题）在逻辑上真，以方便其他人验证。

❹　这个论点的真也可以论述如下：证明过程包含两种彼此相互独立无关的方法，即演绎推理方法和归纳法，而这两种方法又分别是理论构建过程和命题论证过程各自采用的方法，这两种方法有着质的区别性，因此可以得出"证明过程分别由两个彼此独立的过程构成，其中一个是理论构建过程，另一个是命题论证过程"的结论，显然这个结论与假定"论证包含了证明"矛盾。

只有在分析理论中的命题真的论证才被称作"证明"。根据这一解释，证明的对象被严格地限定于构造分析理论的命题集合之范围内。构造分析理论的命题集合只是构造理论之命题集合的一种，因此在之前有关论证的所有讨论及其结论都可用于证明。然而，证明又因其对象之特殊性而与论证不同。首先，证明在对象上有着严格的限制。论证的对象是指包括构造分析理论在内的所有理论的命题集合，因此论证的对象可以是多个彼此相互独立无关的命题集合，它们分别表现了与各自相对应的独立无关的概念集合；证明则不同，它的对象仅限于构造分析理论的命题集合。分析理论在结构上属于简单系统结构，因此它只有一个概念集合和表现这一概念集合的一个命题集合，这是证明与论证在对象上的区别。其次，论证的对象较之证明的对象更为复杂，因此给人以论证过程比之证明过程更难的错觉。分析理论都是非经验理论，构成它们的所有命题描述的概念都没有客观的根据。也就是说，这些概念只有逻辑上的真而没有认识论上的真，因此要说服他人接受、认同这些命题以及它们陈述的观念就成为非常困难的事。为了学术的交流、发展和避免陷入无休止的争论，学术界建立起了一系列学术规范，其中就有，对于经过严格证明真的分析理论必须予以接受，除非能够反驳它。或者说，对于经过严格证明真的分析理论，或者反驳它，或者接受它。需要说明的是，这个学术规范是建立在对证明设定的极其严格的规则上的，任何不遵守规则的证明都是不成立的，因此极大地提高了证明的难度，同时也增加了证明的可信度和说服力。再者，在证明中，对于作为公设引入的证据有着更为严格的要求。在论证中，公设的构造需要遵循严格的证据规则，至少构成公设的命题在相关的学术领域中是被普遍承认和接受为真的，任何人（包括学界"权威"或者有着特殊地位的人）认为真的命题都不能作为论据使用。❶ 然而，在证明中，公设的构造需要遵循更为严格的证据规则，它要求作为公设的论据必须是公理体系中的公理或者已经被证明为真的定理。也就是说，构成公设的一组命题取自一个已经存在的证据集合，这个集合中的元素由一组公理和由这组公理得到的定理构成，这组公理是被公认为逻辑上真的一组最小的独立无关的

---

❶ 有些人以"某某人认同了我的观点""我征求了某人的意见，他赞同我的观点"或者"某某权威如是说，从而支持了我的观点"等他人之己见，来论证自己的论点真。问题是：谁能够保证这个"他人"认同或支持你的观点不是出于礼貌呢？即使他真的认同你的观点，那谁又能保证他的观点真呢？因此，任何个人，不论他的学术地位还是社会地位有多高，他个人的观点和论述都不能作为论据，也没有任何证明力。此外，法律条文也不能作为论据，因为它是社会各方利益斗争妥协的结果，并随着社会各方的力量和影响力的变化而变化，因此其本身不是理性之存在，也没有真假的评价问题，当然也不能作为评价命题真假的根据。

命题，而由这组公理得到的定理也是逻辑上真的，因此这个证据集合中的元素都是公认由逻辑上真的命题构成的；从而可以推出，这个作为公设的命题子集也是由公认的在逻辑上真的命题构成。如果根据选定的公设陈述的概念能够支持所有论点陈述的概念，也就证明了所有描述这些概念的论点在逻辑上真。由此证明的命题真就有着更高的可信度，更易于为人们所承认。最后，除了作为公设引入的论据外，在证明过程中不能再随意引入新的论据，否则证明不成立。在证明的过程中，也不能在已经选定的证据集合之外选择命题作为公设的构成元素，因为除了证据集合内的命题是逻辑上真的❶，在其之外的命题一定是逻辑上假的。因为公理体系是最小的、独立无关的、被公认为逻辑上真的命题集合，而其他定理都是基于这个公理体系推导出来的，因此这个由公理和定理构成的集合中的所有元素都是逻辑上真的，而在这个集合之外的命题则一定是不真的（否则就是这个集合的一个构成元素）。在一个分析系统中，证明其论点在逻辑上真的一组命题中，如果有一个命题是选自证据集合之外的命题，那么由这个命题支持的论点一定是逻辑上不真（假）的；如果有一个命题是选自证据集合但他所描述的概念不是在解决问题时选定的已知概念，那么这个命题相对于它所支持的论点没有证明力，因此不能判定这个论点在逻辑上的真假。从以上讨论可知，虽然分析理论属于简单系统结构，但是由于对证明的规则设定了严苛的要求，从而使得分析理论（诸如数学、几何学、逻辑学、形式语义学、形式语法学、公理集合论等等）之问题的解答就显得异常困难，而且只有在严格的约束条件下得出的（论题真的）结论，才可能被证明。

理论的提出者论证（证明）命题描述的概念真的目的是提高理论的可信度，以说服人们接受这个理论。因此，理论的提出者的论证（证明）一定是围绕着命题集合中的命题展开的。理论提出者必须完成也一定能够完成对理论中之命题的真的论证（证明），这不仅是理论提出者的社会责任，也决定着这个理论是否能够被共同体的成员接受。至于论证（证明）是否成立，则不是理论提出者需要说明和解释的。也就是说，论证（证明）成立与否，既不由理论提出者决定，也不是他应向社会承担之责任。反驳一个理论是理论

---

❶ 这里所谓"证据集合"，是指由一组公理和基于这组公理得出的定理作为构成元素构造的集合，这个集合中的所有元素都是在逻辑上真的。在证明一个具体的分析理论时，所选择的一组证据是这个证据集合的一个子集，它的构成元素是彼此独立无关的。这个子集的选择是在证明过程中进行的，因此只要证据是从这个集合中选择出来的，就不会违背"不得在证据集合之外选择命题作为证据"的限制。

提出者以外的所有人，尤其是与之研究相关之学科的学者，应当向社会承担的责任。只有存在对已有理论之命题真❶的反驳才能够真正地形成学术争论，促进理论的发展和学科的进步。"反驳是确证某论题虚假或论证不合推理规则的逻辑程序。"❷ 反驳所针对的对象是论证（证明），包括"论证的论题"（对问题之尝试性解答结果的陈述）❸、论据（选定的一组能够支持"论证的论题"的被普遍承认的命题）和论证方式（归纳法及其适用条件和规则），显然反驳不是针对理论本身的。反驳是论证的相反过程，它可以针对论证之三个构成（"论证的论题"、论据和论证方式）中的任何一个。论证（证明）之后，对于"论证的论题"真的肯定就是论证（证明）的结果，因此反驳也是对论证（证明）结果、论据和论证（证明）过程（包括方法）进行的。反驳可以是一个反例，也可以是反对一个理论之论题的命题系统（理论）。反驳构成的假说称为"驳论"，驳论一定是相对于"论证的论题"而言的❹，没有一个被反驳的"论证的论题"，就没有反驳的对象，也就不存在反驳。在构建驳论的过程中，所有的依据和评价准则都不能是反驳者自己臆断、任意选择或设定的，必须依照共同体普遍接受的评价体系，遵守相应的学术标准和规范，以确保论证（证明）与反驳是在同一个评价体系内、遵守相同的标准和规则进行的。质疑、否定一个"论证的论题"，必须有充足的理由、可靠的论据，以及详细、充分、合乎规范的论证过程，从而使其反驳具有较强的说服力，能够被人们理解、承认和接受。由此可见，否定一个"论证的论题"，除非能够直接举出反例（反例可以针对论证之构成的任何要素），其

---

❶ 这里所谓"理论之命题真"，是指理论中的命题所陈述的概念在逻辑上真。

❷ 李志才．方法论全书（I）：哲学逻辑学方法［M］．南京：南京大学出版社，2000：279．

❸ 在一个概念集合中，所有的概念都是对相关的、具有一定复杂度的问题的尝试解答形成的观念，陈述它们的命题（在逻辑上）的真都是论证的对象。在概念集合中的每一个概念都在命题集合中至少有一个相应的命题陈述它，因此在命题集合中至少每个独立（与其他命题彼此无关）的命题都是论证的对象。显然，对于命题集合中每个命题的论证都构成一个完整的论证过程，而论证又是对单个的命题进行的，因此每一个命题真的论证都是一个相对独立的论证过程。在每个相对独立的论证过程中，被论证的命题都可以称作"论证的论题"；但是在一个命题系统中，只有回答一般问题的命题才被作为"论题"，然而两者却不在同一个论域中（一个在"论证"的论域中，另一个在"理论或命题系统"的论域中）。由于上述原因，在论证中对于"论证的论题"的恰当性（尝试性地解答了应答之相关问题）的阐释和肯定，以及在反驳中对于"论证的论题"之恰当性的否定，与在理论合理性的论述中有关论题之合理性的肯定和否定，同样是在两个不同论域中对不同对象和内容的讨论。

❹ 驳论反驳的"论证的论题"，可以是命题集合中的任何一个命题，可以是理论中论题的构成，也就是理论论题中的真正决定认识对象"是其所是"的根据，因此论证和反驳一个理论的论题，也就是论证或反驳构成论题之种差所在的命题集合中的基本命题；构建驳论的目的就在于否定"论证的论题"的真，从而否定"论证的论题"陈述的（在概念集合中的）概念能够得到论据的支持，因此这里所谓"论证的论题"仍然是与理论之构建相关的命题系统中的命题。

难度不低于论证一个"论证的论题",因为它们之间存在一个说服人的竞争关系。那种既没有根据又毫无道理地随意质疑或否定他人提出的观点,以"虽然我不能反驳,但也不赞同你的观点"来掩饰自己的偏见和任性,不仅是对理论提出者的不尊重,也是对自己应当承担的社会责任的漠视。

(三)证实与证伪

论证与反驳是以命题为对象展开的过程,它们适用之对象与理论及其类型无关,因此不论经验的还是非经验的、分析的还是综合的、基础的还是应用的等等,都不是论证和反驳的对象。论证与反驳只能确定构成理论之命题在逻辑上的真假(值)(以下简称"逻辑真假"),而与理论在认识论上的真假性[以下简称"真假(性)"]的判定无关。然而,之前的讨论已经阐明,构成理论之命题具有逻辑真(以下简称"逻辑真")是这个理论成立的必要条件,即讨论理论的真假性需要以其构成命题的逻辑真假为前提。如果构成一个理论的所有命题都是逻辑上假的(以下简称"逻辑假"),那么它也必定是在认识论上假的(以下简称"假"或者"不真");如果构成一个理论的某些命题是逻辑假的,那么构成这个理论的这些命题所描述的概念必然得不到已知概念的支持,这些概念的取得也是没有根据的。或者说它们只是个人的主观臆断或凭空虚构的结果,因此判定它们在认识论上的真假没有意义。从之前的讨论中可知,理论在结构上的合理性反映了理论模型是否能够把基本命题所含之内容和性质不失真地传递给描述下位概念命题,直至包括论点在内的描述所有构成理论模型之概念的命题。如果理论模型中的所有下位概念都能继承与之直接相关的上位概念的性质,那么这个理论在形式上满足合理性要求,这个理论就可以把基本命题所含之内容和性质通过每一条单向分图传递到论点;如果理论模型中的某些下位概念不能继承与之直接相关的上位概念的性质,那么这个理论在形式上不满足合理性要求,因此它不能把基本命题中所含的内容和性质传递给每个论点。如果理论模型在结构上有瑕疵,那么这个理论或者是可以修改的,或者是必须摒弃的。因为如果这个理论模型中的每一个单向分图上都存在结构问题,那么这个理论的所有论点表现的概念的性质都与这个理论的论题表现的概念的性质无关,那么通过修修补补继续坚持这个理论,就不如重新构建一个在结构上合理的理论;如果这个理论模型的有些单向分图在结构上不合理,那么这些单向分图就不能把基本命题所含之内容和性质传递给所有的论点,至于有多少论点包含基本命题传递而来的信息,这是一个量的规定性的问题,但是它却不是修改还是否弃一个理论模型的根据（质的规定性）。如果一个理论在结构上是合理的，所有构成这个理论的命题仍然可以是逻辑假的，因为它的论题可以是逻辑假，即使理论满足形式构成条件（具有结构上的合理性），依然可以是不被接受的。由上面的讨论可见，不论是命题在逻辑上的真假，还是理论在结构上的合理性问题，虽然它们都与接下来所要讨论的命题表现之概念在认识论上的真假讨论有一定的关系，但是它们毕竟不同。命题在认识论上的真假性是观念与其所反映的客观对象之间关系的性质，因而就不是所有的理论都会涉及真假性的问题，只有那些以客观存在或者客观现象为对象的理论才会与之相关。换言之，只有经验理论才会有真假性问题，而所有非经验理论，无论它们是分析的还是综合的，都与真假性无关。

命题的逻辑真假在逻辑学中是人为规定的两个符号，它们分别标记命题的两个彼此矛盾的性质真（T）和假（F），其中的真（T）和假（F）没有实际内容和意义。在演绎推理和逻辑运算的过程中，利用这两个符号可以标记出参与推理或运算的命题，以及在中间和最终结果中的命题，以逻辑真假值标识的性质传递、变化的过程和状态。❶ 在演绎推理或逻辑运算过程中，所有的命题和由命题结合形成的表达式，或者是逻辑真的，或者是逻辑假的，它们始终有且仅有一个状态；在这个过程中，除了最初命题之真假状态是由人选择和规定的以外，之后表现每一步推理和运算结果的命题的状态则是由逻辑推理决定的。在演绎推理过程中，除了初始命题是由人选择、规定的，其他命题的逻辑真假值都是由演绎推理决定的，它不受时空的约束，也不以人的意志为转移，因此命题的逻辑真假常被认为是客观的、绝对的。以分析理论为例，在我们选定作为论题的一个命题和作为论据（公设）的一组命题后（论题和证据都是由理论构建者选择、确定的），如果从反映论题的基本命题出发到每一个构成论点的命题有且只有一条路径可达，而且所选定的作为公设（证据）的命题是恰当的，能够支撑从基本命题推出的所有论点，那么就证明了所有构成这个分析理论的命题，包括在证明之前假定为逻辑真的作为论题的命题，都是逻辑真的。❷ 如果证明了论题之逻辑真的假定成立，那么这个分析理论之论题就不再是理论提出者自己假定的逻辑真，而是唯一

❶ 如果一个理论的结构是合理的，能够把处于根结点的具有逻辑真的命题的性质，从根结点传递到叶结点，那么它也就能够把处于根结点上的蕴涵着认识论上的真的命题的性质，传递给所有的特殊命题，直到处于叶结点的作为论点的命题为止。

❷ 在这个分析理论中，我们或许并不关心构成这个理论的其他命题的逻辑真假，而所关注的是作为论题的命题的逻辑真假。在构建这个理论之前，我们假定了这个命题是逻辑真的，而只有在证明过程完成后才能确定这一假定是否成立。

地由已经确定的公设（证据）中的构成元素的真假值决定的，因此这个分析理论的论题和所有从论题推导出的命题的逻辑真假值是可以被重复验证的❶，这是这个分析理论（论题）被人们普遍接受和承认的条件。作为论题的命题是对于人的主观观念的描述，因此不论它是否是逻辑真的，都是主观的。正是由于论题的对象是人的主观观念，它才不受时空的约束，不随时空的变化而变化，唯一能够改变其逻辑真值的因素是作为公设（证据）引入的一组命题。也就是说，只要作为公设（证据）的这组命题的逻辑真不被否定，那么这个分析理论就不会被反驳，它的论题之假设就会一直得到基本命题的支持，因而论题假设之逻辑真就会一直成立，直到作为证据的这组命题的逻辑真值被否定❷为止。一般在分析理论中，例如数学，作为证据的一组命题，通常取自一个由公理和定理构成的集合，它们的逻辑真值（T）是被普遍承认和不被质疑的，因此这个理论以及它的论题就被认为是不受时空约束的、不以人的意志为转移的、普遍的、绝对的"真理"，或者被称为"客观真理"。但是持这种观点的人忽略了：其一，这个理论和它的论题描述的是人的主观观念，它与客观对象没有关系。其二，所有的理论、论题和命题都是对人的主观观念的表现和陈述；如果把它们作为固定在媒介上的有序的语言符号（与其所表达的意义没有关系），那么它们是具有客观性的；但是就它们描述的对象而言，则一定是主观的。其三，决定理论逻辑真假的证据集合是人为选择的，构成它的命题也与客观对象无关，不能由证据集合推定这个理论具有客观性。其四，人的观念、概念、思想和知识等内在于人的存在只存在于时间上而不存在于空间中，即它们只受时间约束但不受空间约束，它们可以有顺序关系但没有位置关系。此外，它们是非物质的，因此它们也不会随时间而损耗，这些因素都是把它们作为绝对存在的根据。然而，它们所谓"绝对的"逻辑真却是建立在人为选择的一组作为公设（证据）的命题的基础上的，如果人们选择另一组命题作为公设（证据），那么所有的结果就会随之而变了。或者说，这类理论和论题的逻辑真假依然是建立在人的选择的基础上，只是由于这种选择不是随意而为的，才给了这类理论和命题具有"客观性""绝对性"的假象。

---

❶ 在证明之后，论题和从反映论题之基本命题推出的命题的真假已经与理论之构建者脱离关系，因此任何有意愿和能力的人都可以在同一个证据集合下重复证明的过程，作为第三方来验证这个理论。

❷ 所谓"一组命题的逻辑真值被否定"，是指这组命题的合取式为逻辑假值（F），因此在这组命题中必有至少一条命题是逻辑假（F）的。

在之前有关认识论范畴内的"真"和"假（不真）"的讨论中已经阐明，"真"和"假（不真）"都是符号，它们所标记的是客观现实与反映它的观念之间关系的性质。在认识客观对象的过程中，由于某种可能之需要，人们把反映客观对象的观念用命题陈述出来，从而形成了描述这个观念的，可以为其他人认识、接收的外在于个人的形式，这样就有利于人们之间的理解和交流。当用命题来描述反映客观对象的观念时，也就在命题中隐含了这个观念和它所反映之对象的关系，而这个关系形成的观念就是符号"真"和"假"标识的性质，因此命题就间接地反映了客观现实与反映它的观念之间关系的性质。但是这一对性质"真""假"的间接表现却被人们误认为是直接陈述了，因此学界就形成了命题是性质"真""假"的承载者的误解。例如，我国著名学者金岳霖先生认为，"真假是对于命题而说的，所以我们不必从意念，概念，或意思着想"❶ "如果真是命题本身底性质，它随命题而来，而我们也不用求诸命题之外就可以得到它"❷。又如，罗素认为，"就真与伪都具有公共性质来说，它们是句子的属性，……"❸。洛克更是直截了当地说，"真理原是属于命题的"❹。把命题作为性质"真"的承载者或许是人们长期以来形成的观点，以不同形式表达这一观点的学者还有许多，在此就不一一列举了。但是，命题本身并不是性质真或假的承载者，其作用不仅在于描述了反映客观对象的观念，还指出了这个对象在客观现实中的存在，及其所受到的时空约束（位置以及位置变化），而且蕴含了反映两者之间的关系的观念（性质）。如果能够清醒地认识并厘清命题中蕴含的这些关系，那么我们根据命题研究其中客观对象与反映它的观念之间的关系的"真"或"假（不真）"的性质就是唯一可能的途径。如果说命题蕴含了（以性质表现的）"真""假"观念，那么理论是否也存在真假问题呢？如果答案是肯定的，那么理论也是性质"真""假"的承载者；如果答案是否定的，那么就存在如何解释"理论真"或者"真的理论"之类的问题。

首先，理论是一个命题系统，是由命题和关系构成的体系，其作用是从整体上全面地描述反映客观对象形成的、被概括为论题的观念，因此它本身不是性质真的承载者。其次，在假定理论之论题是逻辑真的条件下，如果理

❶ 金岳霖. 知识论［M］. 北京：商务印书馆，1983：903.
❷ 金岳霖. 知识论［M］. 北京：商务印书馆，1983：917.
❸ ［英］罗素. 人类的知识：其范围与限度［M］. 张金言，译. 北京：商务印书馆，1983：134.
❹ ［英］洛克. 人类理解论（全两册）［M］. 关文运，译. 北京：商务印书馆，1959：566.

论在结构上具有合理性，那么就可以保证构成这个理论的所有命题都是逻辑真的，而在一个体系结构中的命题的逻辑真是它能够正确地描述反映客观对象之观念的前提，因此在体系结构中逻辑真的命题才有反映"真"或"假"之观念的可能。也就是说，即使一个命题是逻辑真的，它也未必能够反映出在认识论上的性质"真"或"假"。再者，理论能够从整体上描述反映客观对象形成的观念，是指其论题对于反映客观对象形成之观念的陈述，显然这个陈述是从整体上进行的，因为论题是对于对象引起的一般问题的回答。继之，论题只是从外部视角在整体上描述了反映客观对象的观念，它是概括的、笼统的，它必须转化为内部视角对于对象的认识。也就是说，先把论题转化为反映它的基本命题，然后借助基本命题及其之下不同抽象层次的特殊命题来描述对象从抽象到具体反映出的不同性质，并在逻辑框架下把所有这些命题组织、结构构成有机的整体，以达到支持理论论题陈述之观念的目的。因此，尽管构成一个理论的所有命题都在理论结构的确定位置，相互联系、互相补充、共同构成全面描述客观对象之整体，但是它们依然是通过每个命题来描述反映对象从整体到部分呈现出的各种现象在人脑中形成的观念，因此在相应的命题中也就隐含了这个观念与它所反映的客观现象之间关系的性质。也就是说，认识论上的真假性仍然是构成理论之所有命题各自分别反映的、相关对象与其形成的观念之间关系的性质。最后，所谓"理论真"，是指构成这个理论的所有命题不仅在逻辑上真，而且在认识论上真，它不仅在结构上是合理的（满足理论结构之形式要求，以保证从论题到论点之所有命题的有机联系）❶，而且所有构成它的命题所反映的隐含关系都具有性质真（为方便起见，以下简称"命题真"）。但是，在一个理论中，较高层次的命题真不能保证与之直接相关的较低层次的命题也真，然而较低层次的命题真却能够支持较高层次的命题真。❷ 虽然较低层次的命题承袭了较高层次命题的所有属性，但是较低层次的命题中还包含来自经验中的较高层次命题中没有的内容，这些来自经验中的内容未必是真的，因此尽管较高层次的命题真，但是与之直接相关的包含经验内容的较低层次的命题未必真；如果在一个理论中

---

❶　结构的合理性是保证命题之不论逻辑上的真还是认识论上的真，在构成理论的所有单向分图中，能够从处于根结点的基本命题传递到构成叶结点的论点的条件，因此对于理论结构之合理性的要求是就一般理论概念而言的，并不区分这个理论是经验的还是非经验的，也不考虑在一个合理的理论结构中传递的是逻辑上的真还是认识论上的真。

❷　之所以较低层次之命题真可以支持较高层次的命题真，因为较低层次的命题陈述的概念承袭了较高层次命题中的所有属性（不考虑信息的丢失问题），因此较低层次的一组概念就成为直接相关之较高层次概念的根据，这个问题在前面已经有严格的论证。

处于结构体系较高层次的命题假，那么与之直接相关的各个较低层次的命题均假。理论的这一特征是由演绎推理方法的传递性决定的，这种逻辑方法把一般命题中的性质全部传递给与它直接相关的较低层次的命题，从而使得较低层次的特殊命题承袭了较高层次的一般命题的全部性质，也包括隐含于其中的反映它所描述的观念与这个观念反映的客观现象之间的关系的性质。因此，在命题系统结构中的某个命题假，在其之下的与之直接相关的分支的所有结点上的命题均假。从以上的讨论不难得出结论：所谓"判定理论的真假"是一个伪命题。需要判定的对象不是一个理论，也不可能对一个理论作出真假判定，而只能判定构成这个理论的所有论点，因为论题的真是假定的，它被反映在基本命题中，因此基本命题的真也是假定的。从描述最抽象的基本概念的一般命题到描述作为论点的特殊命题，它们在一个理论体系中的真都是被假定的，因此是需要论证的，而论证只能是针对命题集合进行的，如果论据（公设）支持所有论点假定的真成立，而且能够分别论证构成理论描述的概念系统的所有单向分图结点上的元素之获取和选择都是有充分支持的，这样最终论证了基本命题真；如果在一个命题系统中从根结点（基本命题）出发的两个彼此独立的单向分图的叶结点之构成元素（论点）矛盾，则表明基本命题本身的内容矛盾，因此违背基本定律"无矛盾律"，这样也就论证了这个理论的论题之假定不成立。❶ 由此可见，所谓"理论真"只是在比喻意义上表达"所有构成理论的命题真"。

在构建经验理论的过程中，公设的选择与分析系统有所不同，对它们的要求不仅必须是逻辑上真的，而且必须是被相关共同体的成员普遍承认和接受为认识论上真的，因此它们的真是可以被所有的共同体的成员检验的，尤其是在自然科学中，这些作为公设的命题所隐含的性质真是可以在相同的环境下重复再现的。因此，在自然科学中所谓检验，就是检验作为构成公设的某个命题所陈述的观念是否反映了它所描述的对象。因为在一个经验理论中，假定了论题真之后，根据反映论题的基本命题构建起相应之理论，从而获得在这个理论中作为论点的描述最具体之概念的命题，然后从论据集合中选择

---

❶ 在一个理论体系中，论题的真不论是逻辑上的还是认识论上的，都是被假定为真的，它被反映在基本命题中，因此基本命题中隐含的认识论上的真也是假定的。整个理论的构建，从基本命题直到论点，其中所蕴含的性质真，都具有假定的特质。因为所有构成这个理论的命题在内容和性质上都反映了论题的假定，打上了论题假定的烙印。只有到了论证环节，当我们引入作为论据（公设）的一组命题时，才需要至少保证在当下这些命题描述的已知概念是真的。如果构成这个论据（公设）的一组命题支持了论点的内容，由于在这些内容中包含从基本命题传递过来的"真"的性质，那么只要这组论据（公设）能够支持论点，也就支持了基本命题的真，由此即可得出论题的假定成立。

了一组命题作为公设，以论证这些论点中隐含的性质真成立，从而肯定论题之假设。与分析系统不同，经验系统公设中的命题或者是当时被共同体成员普遍承认或接受为真的，或者必须由理论的构建者验证其为真的，或者至少需要理论的构建者提供详细的验证方法，以确保公设中的所有命题或者是真的，或者是可以由任何有条件的人根据理论构建者介绍的方法和要求独立进行验证的。就一个经验理论而言，如果构成公设的所有命题都满足要求，能够支持所有从一个反映论题的具有恰当性的基本命题通过演绎推理得到的论点，而且这个理论在结构上满足合理性要求，以及从基本命题到论点的每一条路径上的所有命题包含的经验要素，或者被共同体的成员普遍接受为真的，或者是已经检验为真的，或者是可以检验为真的❶，则这个理论的论题被接受为真的。因为虽然这个论题是问题研究者对于一般问题的尝试性解答（或者说，是一个猜想、假定），但是支撑这个论题的理论在结构上是合理的，所以确保这个论题性质和内容蕴涵在这个理论的所有命题中；又因为这个理论的公设（论据）支持所有构成论点之命题真的假设，从而就支持了这个理论的基本命题中隐含的真的性质，最终肯定了论题之假设成立。综合理论的构建和论述过程与经验理论相似，但是被选择作为公设的一组命题，以及在理论构建过程中被综合到所有命题里的内容都必须是在当时被共同体成员普遍认同和接受的观念，因此它们的所谓"真"与逻辑上的"真"和认识论上的"真"都没有关系，只是所谓"主体间性（主体之间的一致同意）"的一种表现方式而已。

经验理论是描述反映客观对象的概念系统而形成的命题系统，这个命题系统所描述的概念都是通过不完全列举归纳法，利用列举的已知概念（论据）论证它们是逻辑上真的。当我们以语言形式遵循约定的规则和格式把它们（相应概念集合的构成元素）表达出来后，就得到了与之相应的命题集合的构成元素（命题）。显然，在这个命题集合中的所有命题都包含它们所描述之观念与这个观念反映的客观现象之间存在之关系的性质，但是由于这个命题所描述的观念是建立在不完全列举基础上的，其结果（命题描述的观念）也是不完全的。❷ 以命题"天鹅是白的"为例，这个命题是一个全称陈

---

❶ 这些要求的满足需要在问题研究的过程中解决，因此在理论构建中理论的构建者推定它们是已经解决的。但是最后能否被检验为真，以及理论构建者检验的结果能否被共同体的成员接受，则是另一个问题，也是理论的证实与证伪要解决的问题。

❷ 到目前为止，我们只是论证了构成这个理论的所有命题是逻辑上真的，并没有证实它们也是认识论上真的，因此经验理论才会在论证了其所有命题描述的概念是逻辑真的条件下，还必须证实它们是认识论上真的。

述，因此它是对反映天鹅颜色的观念作出的一般性陈述。提出这个命题的人首先是在一个特定的时空和环境条件下对于天鹅的颜色进行观察的，然后对于观察的结果进行描述和列举；提出命题的人对于每一次观察结果的描述都必然是一个单称（特称）陈述，或者说，他的列举是由单称（特称）陈述的句子构成的；受到时空和环境的约束，提出命题的人的观察不可能穷尽所有的天鹅，因此他的列举一定是不完全的。❶ 然而，不论提出命题的人在观察过程中采集了多少样本，它们依然是不完全的；而且不论采集多少样本，他也只能得出"某只天鹅是白的"的单称（特称）陈述，而不能从这些样本的列举中推导出命题"天鹅是白的"。在对于样本的列举中，命题的提出者引入了两个已知的具体概念"天鹅"和"白"，否则他就不可能描述他对客观对象的观察形成的观念。❷ 然而他需要回答的基本问题是天鹅是什么颜色的。这个问题单纯依靠列举是不能回答的。命题的提出者只能够根据列举进行尝试性的解答：天鹅是白色的。显然，这个解答只是一个猜测，它描述了反映客观现象（天鹅颜色）的抽象观念，是对由这个客观现象引出的问题所给予的一般性回答，因此它不仅是一个全称陈述，而且没有具体的时空和环境约束，可以适用于所有被称作"天鹅"的鸟。在这个陈述中隐含了客观现象（现实中的天鹅的颜色）与反映这个现象的抽象观念（天鹅是白色的）之间具有性质真的关系。这个抽象概念是在不完全列举的基础上形成的，因此只有在已经列举的范围内这个抽象概念与它所反映的对象之间才具有性质"真"的关系，而在这个列举范围之外是否存在这个关系则是未知的。在命题"大鹅是白色的"提出后，任何个人（包括提出这个命题的人）对于这个客观现象的观察结果都会增加样本集合中的元素。❸ 这些元素可能存在两种结果：一种是观察结果的描述与这个命题相同，即"这个（被观察到的）天鹅是白色的"，那么我们就称这个观察结果的描述证实了这个命题，或者说这个命题描述的观念与这个观念所反映的对象之间的关系是真的；另一种是观察结果的描述否定了这个命题（与这个命题描述的观念相矛盾），例如观

---

❶　在接下来的讨论中，我们把人们对于同一个客观对象的观察结果称作"样本"，而所有对于同一个对象观察得到的样本构造成一个集合，这个集合被称作"样本集合""样本集"或"样本空间"。显然，样本集合中的元素的选择只有一个标准，即它是否是同一个对象的观察结果。

❷　在这两个概念中，"天鹅"是对被观察之对象的命名，不论这个命名是早已存在的还是刚刚完成的，它们对于观察者描述观察结果而言都是已知的；"白"对于观察者也是已知的性质。只有在这两个概念都是已知的条件下，观察者才能够用言语表达"天鹅是白的"。

❸　天鹅是客观存在的，那么它的羽毛的颜色这一客观现象就是可以被观察到的，因此任何想要检验这个命题真假的人都可以在其选择的时空和环境条件下观察这一客观现象，从而获得确定的观察结果，构成新的样本，增加已有之样本集合的元素。

察到的天鹅是黑色的，那么我们就称这个观察结果的描述证伪了这个命题，或者说这个命题描述的观念与这个观念所反映的对象之间的关系是假的。❶

　　在接下来的讨论中，我们将结合之前在图 4-7 中构造的模型从更一般的层面上进一步讨论证实和证伪概念。结合图 4-7 的模型分析，提出命题的主体 A_1 通过对客观对象 O 呈现出的现象的观察获得了一个有关这个对象 O 的样本集合，这个样本集合的每一个元素（样本）都是一个具体的观察结果，都受到在具体观察时的特定之时空和环境条件的约束（因为客观对象 O 是受时空约束的，所以主体 A_1 对于对象 O 的观察必然是在特定的时空和环境条件下的），因此每一个观察结果的语言描述都必定是一个特称陈述句。也就是说，每个观察结果在主体 A_1 的头脑中只形成一个在特定（时空和环境）约束条件下的具体观念，在这些具体观念的基础上，主体 A_1 根据猜想和假设，尝试性地从一般性上解答对象 O 呈现出的客观现象所引起的问题。❷ 显然，每一个样本集中的元素都只能从特殊性上解答对象 O 呈现出的客观现象引起的问题，而且样本集中的所有元素都具有相同的抽象度，它们都是独立获取的，即每一次对于对象 O 的观察都是独立进行的（观察时的时空和环境约束条件都不同），因此不可能从样本集的部分或全部元素通过演绎方法推导出对象 O 呈现出客观现象的一般性结果，反映客观现象的抽象观念只能够通过个人的猜想和假设，才会有客观现象与反映它的观念之间存在真与不真的关系。既然主体 A_1 形成的观念 C_1 是在样本集合的所有元素的基础上形成的抽象观念，那么陈述 C_1 的命题 $P（C_{11}）$ 是一个全称命题，即它是对于对象 O 呈现出的客观现象引起的问题的一般性解答，或者说它是尝试性地对这个客观现象进行的一般性描述。因此，它除了指向同一个对象呈现出的客观现象之外不再有其他约束，诸如时空、环境和观察者自身的条件等等。在陈述抽象观念 C_1 的命题 $P（C_{11}）$ 中，隐含了观念 C_1 是否描述对象 O 或者它所呈现出的客观现象的问题，也就是关系 R_1 的真假性问题。关于这个问题应该注意：其一，

---

❶ 命题"天鹅是白色的"是一个全称陈述，是具有一般性的陈述，因此只要存在一个反例就证伪了这个命题。如果我们通过列举、猜测和假设得出的结果不具有一般性，那么整个智力活动就没有意义了。因为任何一个具体的观察结果都不能上升到抽象，对其描述都不具有一般性，而人的智力活动的根本就在于从具体到抽象、从特殊到一般，这或许是人与其他动物在智力活动方面最根本的区别，也是标识人的智力发展水平和能力一个重要的评价准则。

❷ 对于观察者而言，由具体对象引起的问题却不是具体问题，而是一般性的问题。具体问题相对于观察结果而言已经不再是问题，因此只有一般性的问题对于观察者才是有意义的，这样他就必须对这个问题作出一般性的解答。这就是为什么命题 $P（C_{11}）$ 是对于对象 O 的一般性描述，以及为什么观念 C_1 和 C_2 都是抽象的，可以作为以所有具体观察形成的观念 C_i 为构成元素的观念集合的理由（因为它们是对一般性问题的尝试性解答）。

关系 R_1 的真假性是不确定的。因为观念 C_1 是在已经获得的样本集的基础上通过猜想和假设得到的抽象观念，而这个样本集的元素是由具有相同抽象度的、有限的观察结果构成的，虽然我们可以在对于对象之不完全认识的基础上，根据有限的具体观察结果得到抽象的观念；也可以不考虑时空和环境约束，不考虑观察者自身的生理、心理和智力条件的限制，用全称陈述表现观念 C_1 的一般性，但是我们不能在这个从具体到抽象、从特殊到一般的过程中，实现在具体概念中所表现的性质也出现在抽象概念中，以及在特殊命题中描述的内容也包含在一般命题中。其二，关系 R_1 的真假性与样本集有着直接的关系。对象 O 是客观存在的，因此对于这个对象的观察必然受到时空的约束，但是却不受形成观念 C_1 或者提出命题 P（C_{11}）的时间的约束，那么由观察结果作为元素构成的样本集合就可以分成两个子集 Y_1 和 Y_2，其中 Y_1 和 Y_2 的构成元素分别以命题 P（C_{11}）提出的时间来确定。❶ 在命题 P（C_{11}）提出之前对于对象 O 的观察结果构成样本子集 Y_1 的元素，在命题 P（C_{11}）提出之后对于对象 O 的观察结果构成样本子集 Y_2 的元素，因此对于对象 O 的观察结果构成的样本集合 Y 是 Y_1 和 Y_2 的并集，即 $Y = Y_1 \cup Y_2$；在命题 P（C_{11}）中隐含的关系 R_1，对于样本集合 Y_1 中的所有元素而言，R_1 具有性质真。但是，对于样本集合 Y_2 而言，R_1 的真假性是不确定的，因为在命题 P（C_{11}）没有被判定为假之前，样本集合 Y_2 的元素一直在增加的过程中，或者说样本集合 Y_2 一直在构成的过程中，因此相对于已经成为其构成元素的观察结果，关系 R_1 具有性质真。而对于尚未出现的样本（观察结果），关系 R_1 的真假性是不确定的。也就是说，对于每一个可能出现的新的样本而言，有关对象之一般性描述的命题 P（C_{11}）中隐含的关系 R_1 的真假性是不确定的。在主体 A_1 提出命题 P（C_{11}）之后，对于其他的不特定的主体 A_2 而言，除了命题 P（C_{11}）之外，其他一切都与他无关。因为只有这个命题才是主体 A_2 可以获得、理解、证实和证伪的，而主体 A_1 以及他提出命题的过程、结果等等各个环节对于他获得、理解、证实和证伪这个命题没有关系，因此这些与其思维活动无关的内容就自然地从他的视野中消失了。在主体 A_1 消失之后，随之消失的还有关系 R_1、观念 C_1，以及样本集合中的子集 Y_1，它们作为信息和内容包含在命题 P（C_{11}）中。例如，在样本集的子集 Y_1 消失后，与命题 P（C_{11}）相关的样本集的子集只有 Y_2，而 Y_2 是一个构成中的集合，因此它是不确定的，这就使得命

❶ 观念 C_1 是内在于人的存在，因此对于其他人而言它是不存在的，不能以它的形成时间作为区分两个样本集的根据。

题 P（C_{11}）中隐含的关系 R_1 的真假性显现出不确定的特点。

在主体 A_1 消失之后，与不特定之主体 A_2 相关的分析模型如图 4-6 所示。在这个模型中，命题 P（C_{11}）是以全称陈述句对于客观对象 O（或者其呈现出的客观现象）所作的一般性的描述，这个陈述句对于其指明的客观对象 O（或者其呈现出的客观现象）没有附加时空和环境约束❶，那么对于不特定主体 A_2 而言，它在任何选定的时空和环境下都可以对其进行观察，因此这个命题的内容（主体 A_1 表达的抽象观念 C_1 和抽象关系 R_1 的性质）是可检验的。命题 P（C_{11}）是对于对象 O 的一般性陈述，其内容中所包含的观念 C_{11} 是对于抽象观念 C_1 的语言表达形式，通过它可以激发主体 A_2 在头脑中形成抽象观念 C_2，因此主体 A_2 通过命题 P（C_{11}）不仅在自己的头脑中形成了观念 C_2，而且明确了 C_2 描述的对象 O，以及观念 C_2 与对象 O 的关系 R_2，但是关系 R_2 的真假性是不确定的。由于在命题 P（C_{11}）中隐含的关系 R_2 的性质是不确定的，即主体 A_2 不能确定观念 C_2 是否描述了对象 O，毕竟在命题中的对象 O 只是命题 P（C_{11}）的描述，它不是实际的客观存在，因此通过命题 P（C_{11}）在主体 A_2 头脑中建立起来的对象 O、关系 R_2，以及观念 C_2 都是主观的观念。此外，主体 A_2 在获得或接触到命题 P（C_{11}）时，样本子集 Y_1 对于他而言是不可观的，而他所能够认识到的样本集合 Y_2 只是一个空集，这样也就增强了主体 A_2 对于关系 R_2 之不确定性的肯定，因此要确定关系 R_2 的真假性就必须由其自己判断，以此来检验命题 P（C_{11}）陈述的观念是否描述了对象 O。之前我们已经明确了对象 O 的可观性不受时空和环境条件的约束，即在任何选定的时空和环境条件下对象 O 都是可观的。作为观念，对象 O 的这个特点也可以表述为命题 P（C_{11}）是可检验的❷，因为在任何具体条件下都可以得到现实存在之对象 O 的观察结果（一个具体的样本或观念）。既然命题 P（C_{11}）指向的对象 O 是可观的，那么主体 A_2 就可以在自己选择的条件下对客观对象 O 观察形成观念 C_3（观察结果）。显然，观念 C_3 不是一个抽象观念而是具体观念，因为主体 A_2 观察的对象 O 是客观的、受到时空和环境约束的、具体的存在，因此对它的观察所形成的观念 C_3 也是具体的。需要注意的是：其一，在检验命题 P（C_{11}）所描述的观念是否反映了对象 O 时，

---

❶ 需要注意的是，客观对象 O 自身存在的条件是与观察的时空和环境约束不同的，对于对象 O 的观察条件不能加诸于这个对象上，因此我们不能把对象的存在条件或者其现象呈现的条件与观察者的观察条件混为一谈。

❷ 如果对象 O 是不可观的，则它是不可检验的，也就不存在反映它的观念与它的关系之间是否存在真假性的问题，因此对象 O 的可观性是有关真假性问题讨论的基本条件。

主体 A_1 的隐去，除了命题 P（C_{11}）之外所有与之相关的东西对于不特定的主体 A_2 都是不可观的，因此在检验过程中不考虑命题 P（C_{11}）的内容是如何以及为何提出的，也不会涉及观念 C_1 和关系 R_1 等不可观的因素。其二，由于任何个人都受到自身之生理、心理和能力的限制，个人基于命题 P（C_{11}）形成的抽象观念 C_2 都只是接近这个命题描述的对象，而不可能完全等同，这样就存在对于不同的主体 A_2，他们各自根据命题 P（C_{11}）在头脑中形成的观念 C_2 不同。其三，由于同样的原因，不同的主体 A_2 观察对象 O 所得到的结果也不同，即不同的个人观察对象 O 形成的反映这一对象的观念 C_3 不同。在主体 A_2 形成反映对象 O 的观念 C_3 的同时，观念 C_3 与对象 O 之间也形成了具体的关系 R_3。对于主体 A_2 而言，首先，关系 R_2 是不确定的，至少命题 P（C_{11}）不能自证其所含的关系 R_2 真，也不能自证其假；其次，主体 A_2 笃定观念 C_3 是描述对象 O 的，至少在没有反例的情况下，A_2 不可能认为自己对于对象 O 的认识形成的观念 C_3 反而不描述这个对象；最后，从主体 A_2 的视角来看，关系 R_3 的真假性是确定的，但是其真只有在特定的条件（主体 A_2 选择的观察条件）下才成立，而超出这个条件讨论 R_3 的真假没有意义。由于 R_2 和 R_3 分别是观念 C_2 和观念 C_3 与对象 O 的关系，它们的真假性不可能通过它们自身表现出来，也不可能通过对象 O 表现出来，因此它们的真假性就通过观念 C_2 和 C_3 分别呈现出来。既然（主体 A_2）已经假定了 R_3 真（"在特定的条件下观念 C_3 描述了对象 O"成立），那么在观念 C_3 中就包含反映 R_3 在特定条件下真的所有信息，通过 C_2 和 C_3 的比较，在假定的理想状态下可能存在两种结果，一种可能的结果是 C_2 与 C_3 相同，根据这个结果可以得出：在这一具体的时空和环境条件下对于对象 O 的观察所获得的观察结果（形成的观念 C_3）证实了命题 P（C_{11}）。因为在这种情况下，我们至少可以确定在这一具体条件下 C_2 中包含 C_3 的所有信息，这样在相同约束条件下就可以推得关系 R_2 真，从而也就证实了在命题 P（C_{11}）中隐含的关系 R_1 真，因此在这个具体的约束条件下这一观察结果证实了命题 P（C_{11}）。另一种可能的结果是 C_2 与 C_3 不同，根据这个结果可以得出：在这一具体的时空和环境条件下对于对象 O 的观察所获得的观察结果（观念 C_3）证伪了命题 P（C_{11}）。因为在这种情况下，可以确定在观念 C_2 中不包含观念 C_3 的任何信息，既然观念 C_3 描述了对象 O，那么观念 C_2 就一定不描述对象 O，从而得出关系 R_2 假，也就否定了在命题 P（C_{11}）中隐含的关系 R_1 真，因此通过在这个具体约束条件下的这一观察结果证伪了命题 P（C_{11}）。

在具体约束条件下的观察结果（观念 C_3）证实了命题 P（C_{11}），这个结论是相对的。或许可以更一般地说，对于任何一个命题的证实都是相对的。当通过一个具体的观察结果（观念 C_3）证实一个命题 P（C_{11}）时，已经假定了关系 R_3 真，即假定了观念 C_3 是描述对象 O 的。但是关系 R_3 只是一个具体的关系，它仅在确定的约束条件下被假定为真。显然，超出了这个约束条件讨论关系 R_3 的真假性是没有意义的，因为超出这一约束条件则选择了另一个约束条件，而在新的约束条件下对于对象 O 的观察是新的观察，其结果也是一个新的观察结果。❶ 如果我们把所有在具体（时空和环境约束）条件下的观察结果作为元素构造一个集合，这个集合就是之前定义的"样本集合"。在这个样本集合中，任何一个构成元素都是一个在具体条件下的观察结果。彼此之间是独立无关的，因此从任何一个已知的观察结果都不可能知道或者推测出其他的观察结果。每一个观察结果都与观察对象之间形成相应的关系，这些关系也是彼此独立无关的，因此不可能从任何一个已知关系的性质知道或者推测出其他关系的性质。但是，命题 P（C_{11}）是以全称陈述对于对象 O 进行的一般性描述，因此它描述的观念 C_{11} 和它所隐含的关系都是抽象的，是不受时空和环境等具体条件约束的。任何一个不特定的主体 A_2 在这个命题的影响下形成的有关对象 O 的观念 C_2，都是抽象的、不受时空和环境条件约束的，它包括所有在具体条件下观察形成的观念 C_3，因此在某个具体条件下的观念 C_2 与 C_3 的相同，只能确定在这个具体条件下的关系 R_2 的性质与 R_3 的相同。既然已经假定 R_3 的性质是真的，那么也就确定了在这个具体条件下的关系 R_2 的性质是真的；但是，超出了这个条件的限定后，R_2 的性质依然是不确定的，毕竟我们不能以具体说明抽象、以特殊说明一般。从这个结果可以推出：在这一具体条件下，命题 P（C_{11}）陈述的抽象观念 C_{11} 描述了对象 O，因此它隐含的关系具有性质真，或者说，在这一具体条件下的观察结果证实了命题 P（C_{11}）。但是，在超出这个条件后，命题 P（C_{11}）陈述的抽象观念 C_{11} 是否描述了对象 O 依然是不确定的，它所隐含的关系是否具有性质真也是不确定的，从而得出在这个具体条件下对命题 P（C_{11}）的证实是相对的。在以上的讨论中，观察者是假定的、不特定的主体 A_2，观察条件也是不确定的时空和环境约束，因此它的结论适用于所有的具体观察。也就是说，所有对于命

---

❶ 我们已经假定了对象 O 具有不受条件约束的可观性，或者说命题 P（C_{11}）具有可检验性，因此在任何一个选定的具体约束条件下，都可以得到对于对象 O 的具体观察结果。

题 P（C_{11}）的证实都是相对的，即所谓"命题真的证实之相对性"。与命题真的证实之相对性相反，命题真的证伪则是绝对的。因为已知观念 C_3 是描述对象 O 的，所以关系 R_3 具有性质真；又因为命题 P（C_{11}）描述的观念是否描述了对象 O，以及它所隐含的关系的性质是否是真的，都是不确定的，所以主体 A_2 受命题 P（C_{11}）的影响形成的观念 C_2 是否描述对象 O，以及关系 R_2 是否具有性质真，也是不确定的。当观念 C_2 与 C_3 不同时，那么在观念 C_2 中就没有观念 C_3 中所包含的信息，即它们两者各自所包含的信息完全不同；既然 C_3 中的信息是描述对象 O 的，那么观念 C_2 中的信息就必然不是描述对象 O 的，因此得出 R_2 具有性质假。由于 C_2 是一个抽象观念，那么如果观念 C_2 不是描述对象 O 的，则它所涵盖的所有具体观念也都不是描述对象 O 的，与这些观念相关的所有关系都具有性质假。因此可以得出结论：在任何一个具体的条件下，如果观察对象 O 所得到的观察结果证伪了命题 P（C_{11}），则在任何条件下都证伪了这个命题，或者说，所有对于命题 P（C_{11}）的证伪都是绝对的。需要说明的是，命题的证实和证伪是检验过程的两个不同的结果。虽然证实是相对的，而证伪是绝对的，但是它们都是在具体的约束条件下根据对客观对象 O 的观察结果作出的判断，它们的判断根据相同，最终都将归结于被观察之客观对象 O。命题的证实和证伪是矛盾关系，因为它们的区别是命题 P（C_{11}）中隐含的关系 R_1 的一般化的关系 R。首先，反映客观对象 O 的观念 C 与这个对象之间的关系 R 的真假性只有两种可能的结果，真或假。❶ 其次，当确定了 R_3 具有性质真时，则对于 R_2 的判定结果只有两种可能：如果 R_2 与 R_3 的性质相同，则证实了命题 P（C_{11}）；如果 R_2 与 R_3 的性质不同，则证伪了命题 P（C_{11}）。最后，命题 P（C_{11}）的证实和证伪取决于关系 R_2 相对于关系 R_3 的相同与不同，而相同与不

---

❶ 学界对于关系 R 的真假性是否只有"真"和"假"两种选择是有争议的。例如，我国著名学者金岳霖先生认为，"真假没有程度问题"，他在著作《知识论》中明确表示，"本书认为条件或者满足或者不满足；关系或者有或者没有，命题或者真或者不真。如果它是真的，它就是真的，它不能够百分之六十或七十是真的；它不能够非常之真或不那么真，它没有程度问题"（参见：金岳霖．知识论［M］．北京：商务印书馆，1983：899）。但是，英国当代著名科学哲学家卡尔·波普尔则持不同观点，他不仅认为真有程度，还提出了"逼真性"概念，并且定义了真的程度的度量（参见：［英］卡尔·波普尔．猜想与反驳：科学知识的增长［M］．付季重，纪树立，周昌忠，等译．上海：上海译文出版社，2001：330 – 334，559 – 567）。这里笔者采纳了金岳霖先生的观点，因为根据笔者对于命题"真"与"假"的定义，真没有程度问题。波普尔的所谓真理之程度问题是相对于理论而言的。命题系统（理论）与其描述的最小概念系统之间存在多对一的关系，因此相对于同一个最小概念系统的多个命题系统之间原本就有着好与不好之区分，而在好与不好这两个极端之间还分布着不同程度的好与不好，这与笔者定义的命题的真假性无关，而且我们也论述了理论本身没有真假性，只有其构成要素之一的命题才有真假问题。

同是矛盾关系，因此命题的证实与证伪也是矛盾关系。

在如图 4 - 6 所示的模型中，（从主体 A_2 的视角）已经假定了关系 R_3 具有性质真，需要确定的是关系 R_2 的真假性。但是，我们不能通过直接比较关系 R_2 和 R_3 来确定 R_2 的性质，因为 R_2 和 R_3 的真假性不能自发地呈现出来，而是需要通过关系承载者的特征才能显现。关系 R_2 和 R_3 的承载之一端的所指是同一构成，即客观对象 O（或者它呈现出的客观现象），其中不可能含有可以分别呈现出关系 R_2 和 R_3 之真假性的特征，然而，它们的另一端之所指却是不同的，分别是观念 C_2 和 C_3，因此只有观念 C_2 和 C_3 各自才能呈现出属于它们自己特有的征象，也只有通过它们的比较才能确定关系 R_2 的性质。在之前的讨论中，我们已经明确了观念 C_2 和 C_3 是具有可比性的，它们的比较形成关系 R_{23}，而且为了讨论方便起见，约定关系 R_{23} 只取相同和不同两个极端条件下的值。那么，R_{23} 可能的取值范围应该如何理解呢？在所有之前的讨论中，我们都假定观念 C_3 与 C_2 之间具有可比性，如果这个假定成立，那么关系 R_{23} 的取值范围就不限于相同和不同。❶ 因为 C_3 和 C_2 的关系是具体和抽象的关系，因此它们的关系是这两个概念的外延之间的关系，包括三种可能，即包含、交叉和并列。❷ 如果我们以数字 1 表示包含关系，数字 0 表示并列关系，那么 C_2 与 C_3 在外延上的交叉关系表达了概念 C_2 和 C_3 中既有相同的部分又有不同的部分，因此它的取值范围分布在 $[0，1]$ 的区间内，显然这也符合我们界定之"相似"概念；同理，由数字"0"表示的并列关系，也符合我们定义的"不同"概念；但是，以数字"1"表示的包含关系，则不符合我们定义的"相同"概念。那么是否可以用"相同关系"来替代"包含关系"呢？如果我们依然假定 R_{23} 只取两个理想状态下的值，即相同与不同，那么实际上关系 R_{23} 只可能取一个值，也就是"不同"，或者说，观念 C_2 与 C_3 的比较只有一个可能，就是它们不同，由此推出 R_2 的性质永远是假，或者说任何命题都不可能描述客观对象（或者它呈现的现象）。导致这个结果的原因是，在如图 4 - 7 所示的模型中，为了不失一般性，假定 A_1 和 A_2 都是作为个体的不特定之主体，因此他们可以是相关共同体中的任何一个成员；这样我们所讨论的命题 $P（C_{11}）$ 就可以是任何一个描述客观对象 O 的命题，而对于命题 P

---

❶ 需要说明的是，用"相同"和"不同"来确定 R_{23} 的值是不恰当的，如果把它们作为在比喻意义上表达关系 R_{23} 的某一性质，那么作为一种不严谨的表现或许还是可以接受的。

❷ 在 C_2 和 C_3 的关系中，不可能出现全同（等同）关系，因为已经假定了 C_2 是抽象概念，而 C_3 是具体概念。但是在学术讨论中，却常常把两者的关系作为相等（全同）关系处理，即使参与讨论的人能够清楚地认识到它们之间的关系，也依然易于使人产生误解。

（C_{11}）的检验就可以是任何一次对任何一个描述客观对象 O 的命题的具体检验过程。作为个体，每个人的生理、心理和智力条件都不同，而且每个人从事智力活动时的时空约束和环境条件也不同，因此主体 A_2 通过命题 P（C_{11}）在头脑中产生的观念 C_2 必定不同于主体 A_1 对客观对象 O 认识形成的观念 C_1，同时主体 A_2 自己观察对象 O 形成的反映这一对象的观念，也必然会因为自身和环境等多重因素的影响而导致信息丢失或产生畸变，这就不可避免地出现了共同体的每个个体成员对同一个对象形成的反映这个对象的观念都不同的情况，即比较任何两个共同体成员的观念都只有不同的结果，因此作为检验者的不特定之主体 A_2 唯一可能得出的结论是——任何命题只可能被证伪而不可能被证实，这显然与现实不符。命题的证实与证伪是矛盾关系，如果命题只能证伪而不能证实，那么证伪也是不可能的，而且是没有意义的。在这个真的判定方法中，关系 R_{23} 的取值仅限定为理想状态下的相同和不同，因此我们也可以把这种方法称作"二值判定法"。

通过上面的讨论可知，在命题之隐含关系的真假性判断中，采用二值判定法是不可行的，但是它却是最为流行的"真"的判定方法。如果我们在二值判定法的基础上增加相似关系，那么是否可以得到一种可行的真的判定方法呢？相似关系反映了观念 C_3 与 C_2 之间既有相同部分又有不同的部分，因此它在 R_{23} 的取值上表现为在区间 [0，1] 上的分布。既然我们是在二值判定法的基础上增加了相似关系对命题真假性判定之影响的考虑，那么在 R_{23} 取值为 0 时，则表示观念 C_2 与 C_3 之间比较得出之"不同"结果，因此检验的结果证伪了命题 P（C_{11}）；由于 R_{23} 的取值只可能接近 1，但不可能达到 1，或者说，对于关系 R_{23} 而言，"1"只是一个理想值，或者说关系 R_{23} 永远不可能取值"1"。需要注意的是，关系 R_{23} 在相似性范围内的取值能够无限接近"1"，而又永远达不到"1"，从而暗示了关系 R_{23} 在这个范围内的取值是具有趋向性的。关系 R_{23} 在 [0，1] 区间取值的这种趋向性或许可以解释如下：共同体成员中的每个人在检验命题 P（C_{11}）时，都会获得一个观察结果，它们就形成了一个其构成元素在不断增加的样本集合 Y_2，从而使得在后的共同体成员在检验命题 P（C_{11}）时就可以借鉴在先者的经验和结果，从而使得对于命题 P（C_{11}）的检验所得到的观察结果，无限地接近于被观察的对象 O，因此使得关系 R_{23} 的取值呈现出无限逼近于理想值"1"成为必然趋势（或许我们可以把这种方法称作"真的逼近检验法"，简称"逼近法"）。然而，这个解释却是不能成立的。首先，任何对于命题 P（C_{11}）的证实都是相对的，无论对命题 P（C_{11}）进行了多少次证实，依然不能改变它的不确定性，即证实与它的不确定性没有关系，因此证实获得的样本集合对于命题 P（C_{11}）的确定性没有意义。其次，在一个共同体中的任何一个成员（主体 A_2）在对命题 P（C_{11}）进行检验时，他都是直接根据命题 P（C_{11}）的内容形成观念 C_2 的；在整个检验的过程中，样本集合 Y_2 对他都是不存在的，或者说，只是一个空集。❶ 因为这个样本集合不改变命题 P（C_{11}）的确定性，所以它对于检验者而言没有意义。最后，任何一个检验者对命题 P（C_{11}）的检验都是一个独立的过程，不受任何已有之检验结果的影响，也不能参照其他人在检验中得到的观察结果，否则得出的检验结果就是不可信的，也是不能被采纳的。

如果我们不是用数字"1"来代表 R_{23} 的相等关系，而是表示观念 C_2 与 C_3 之外延存在的包含关系，那么是否可以解决上面讨论的真的判定方法存在的问题呢？如果用"1"表示 R_{23} 的包含关系，那么真的二值判定法是一个有效的判定命题真的方法。尽管这个方法比较简单，但是它也是一个非常苛刻的方法，能够适用的范围极为有限。因为无论采用什么方法都不能改变各种主、客观条件对个人的限制和束缚，所以不可能消除由这些因素导致的每个人认识客观对象形成的观念之间的误差，从而使得所有在 $[0，1]$ 区间内的关系 R_{23} 的值都只能作为"0"处理，其结果是几乎所有的命题都将被证伪，能够被证实的反而少之又少，甚至任何一个理论在构建时都不能保证其全部命题都能够通过这一苛刻的检验而被证实。❷ 如果以同样的方法来修改"真的逼近检验法"，是否能够解决这个方法存在的问题呢？答案是否定的。因为这一修改只是改变了数字"1"代表的内容，从相等关系改为包含关系，这样关系 R_{23} 取值"1"就是可能的，而不是像它代表相等关系时只能接近但永不可达。但是，导致关系 R_{23} 的取值不存在趋向"1"的主要原因有两个，一个是对命题的证实不影响它的不确定性，另一个是对命题的检验必须满足独立性条件（每一次有效地检验都必须是独立进行的，不受对同一命题之在先检验及其结果的影响）。这两个因素的影响使得关系 R_{23} 之相似性在区间 $[0，1]$ 范围内的取值之分布不是趋向于标示"真"的值"1"。既然关系 R_{23} 之相似性的取值没有趋向"1"（趋向性质"真"）的根据，那么至少在命题

---

❶ 这里所谓"样本子集 Y_2 是不存在的，是一个空集"只是对于检验者而言的，如果不作这样的限定，那么就会破坏检验之独立性的要求，而不具有独立性的检验结果是不被承认和采信的。但是，对于检验者以外的人，样本子集 Y_2 不仅是存在的，而且是非空的，它们在交流、演示、教学和学习中被作为素材、论据、示例等。在命题的检验过程中，样本子集 Y_2 似乎隐在了幕后，因此它对于检验者是不可见的，或可见但被作为空集，其结果使得人们更多地把目光转向证伪而非证实。

❷ 在现代的自然科学和物理学中，这种检验方法基本已经被废弃不用了，代之以各种考虑了相似关系的更为合理的方法，尤其是以概率论为基础的检验法。

的证实上不存在波普尔所谓真的"逼近性"，也不存在他所阐释的所谓"逼近度"的问题。

从上面的讨论不难得出，在有关命题 P（C_{11}）的证实上既不能采用真的二值判定法，也不能采用真的逼近检验法。前者过于苛刻，在各种可能之误差存在的情况下，或许没有几个命题能够通过这一真的判定法的检验；后者只是没有根据地臆断，因为如果 R_{23} 的取值是无限逼近"1"的，则说明在一次次的观察所获得的一系列观察结果（观念）C_i（$i=1$，2，…）中，任何一个在后观察结果 C_{i+1} 与抽象观念 C_2 比较，都比任何一个在先观察结果 C_k（$k=1$，2，…，i）与抽象观念 C_2 比较，在外延不变的条件下有着更多相同而更少不同的部分。导致这个结果只有一种可能，即在后观察是在在先观察的基础上完成的，这样也就从根本上否定了观察有效性的基本条件：其一，任何一个观察之前已有的对命题 P（C_{11}）的证实都不改变这个命题的不确定性，因此对于观察者而言不存在所谓在先之观察结果；其二观察必须是独立完成的。既然命题的真假没有程度问题，因此在这里的讨论也就没有"逼真"概念，当然也就没有所谓真假的逼真性或逼真度了。

在有关命题 P（C_{11}）的证实和证伪的判定中，我们所依据的是观念 C_3 和 C_2 之间的比较关系，由于各种主客观因素的影响，它们比较形成的关系 R_{23} 更多地表现为不同或相似，因此 R_{23} 的取值就分布在 $[0，1]$ 区间内。问题是在这个区间我们取哪一个值作为条件更恰当呢？在选定这个值后，当 R_{23} 不低于这个值时就承认命题 P（C_{11}）被证实了，而在低于这个值时，则认定其被证伪；而这个恰当的值则被称作判定命题 P（C_{11}）被证实或者证伪的"阈值"。❶ 显然，判断一个命题被证实还是被证伪的阈值的确定必须得到一个共同体的（即使不是全部也是绝大多数）成员的认同和接受，尽管阈值的选择、认同和接受是由人的主观意识决定的，是可以随着人的意识而改变的，但是，这个阈值一旦确定，R_{23} 的这个值所表示的 C_2 和 C_3 之间的比较关系就是确定的，不以人的意志为转移的。确定命题 P（C_{11}）被证实的根据取决于共同体成员对于阈值的选择、认同和接受，因此这个认识就为命题真假性判定的各种形式的"约定说""一致同意说"和"主体间性说"提供了依据。但是，无论采用

---

❶　考虑到共同体中不同的个人对同一个命题的检验可能存在相当大的误差，只选择一个阈值作为判定依据或许难以令人满意，因此在 R_{23} 的 $[0，1]$ 取值区间上设定了两个不同阈值，分别作为上限阈值和下限阈值，当 R_{23} 的值超过上限阈值时，则承认命题 P（C_{11}）被证实；当 R_{23} 的值低于下限阈值时，则承认命题 P（C_{11}）被证伪；当 R_{23} 的值落在两个阈值之间时，则认为命题 P（C_{11}）所隐含之关系的真假性不定（尚不能确定）。

哪一种学说，选择判定命题中隐含之关系真假性的阈值都是一个棘手的问题，如果选择不当就难以被共同体成员认同和接受；或许在理论发展的一个相当长的时期，又或许这个时期在今天依然继续着，判定命题的这个阈值的选择和确定都是由某个领域内的一个所谓权威群体决定的，尽管其结果在多数情况下是合理的，但是这样的选择难免带有较大的随意性，以及群体的盲从性。这个问题随着概率论的引入而有了较大的改观。在我们的讨论中，主体 A_1 和 A_2 所观察的对象是同一个客观对象 O；不论他们形成的观念是抽象的还是具体的，也都是反映对象 O 的；不论他们构造的是一般命题还是特殊命题，也都是描述反映对象 O 的观念的。因此通过概率计算和大数据统计的方法，主体 A_2 观察对象 O 形成的样本集合 Y_2 中的元素与观念 C_2 的比较，其结果在区间 $[0，1]$ 上表现为一个正态分布，根据这个正态分布的最大值可以确定一个区间，选择这个区间的最大值作为命题 $P（C_{11}）$ 被证实的阈值。当 R_{23} 的值不低于这个值时，确认命题被证实，否则被证伪。❶ 显然，引入概率计算和数据统计的方法，在一定程度上降低了阈值选择的任意性。

在讨论了命题的证实和证伪问题后，或许有人会提出：在什么条件下我们能够证伪一个理论呢？波普尔的回答是"我们说一个理论已被证伪，只有当我们已经接受和理论相矛盾的基础陈述时"❷。也许波普尔自己也认为这个回答不充分，因此又补充道："这个条件是必要的，但不是充分的，因为我们知道，不能复制的个别偶发事例对于科学是没有意义的。因此少数偶然的与理论矛盾的基础陈述不会促使我们把理论作为已被证伪而摈弃。只有当我们发现一个反驳理论的可复制的效应时，我们才认为它已被证伪。"❸ 从波普尔的这段论述可知：首先，理论是可以证伪的；其次，除了少数不能复制的个别偶发事例外，与理论矛盾的基础陈述可以证伪，并使我们摒弃这个理论。波普尔的所谓"基础陈述"是指：其一，它是一个单称陈述，也就是我们所说的（与描述抽象概念的"一般命题"相对应的）"特殊命题"，它所描述的是具体的概念；其二，它必须与一个可观察的事件相关联。因此，当我们用特殊命题来描述观念 C_3 时，所得到的就是波普尔在这里所界定的"基础陈

---

❶ 阈值的选择可以有多种可能。例如，根据正态分布的最大值可以在这个值之下选择、确定一个区间，这样就有了一个上限阈值和下限阈值。如果取这个区间的上限阈值作为证实一个命题的阈值，当 R_{23} 的值超过这个值后，确认命题被证实；同时取这个区间的下限阈值作为证伪这个命题的阈值，当 R_{23} 的值低于这个值后，确认命题被证伪；当 R_{23} 的值落在这个区间内时，检验结果不确定，需要更多的检验结果的数据作为判定的依据。

❷❸ ［英］卡尔·波普尔. 科学发现的逻辑［M］. 查汝强，邱仁宗，万木春，译. 北京：中国美术学院出版社，2008：62.

述"。在之前的讨论中我们已经阐明了，理论本身没有真假，它只有被接受、承认或者拒斥、摒弃。一个理论能够被接受、承认的必要条件是，构成它的所有命题中隐含的关系具有性质真，这个条件也被不严谨地表述为"构成它的所有命题真"。如果一个理论的论题被证伪，那么这个理论将被拒斥、摒弃，因为论题是对于基本问题的尝试性解答，它被证伪意味着作为论题的命题所陈述的观念不是描述它所反映的客观对象的，而且它的性质将借助反映它的基本命题通过演绎推理传递给基本命题之下的所有构成这个理论的特殊命题。如果一个理论在其体系结构的某个结点上的命题被证伪，那么它仅影响在这个命题之下的、与之直接相关的那些特殊命题，而不会影响与之并列或没有直接关联的其他命题，因此这个理论是可以修改、调整和完善的，构成它的那些被证伪的命题可以被舍弃或者重新构造。如果这些命题处于理论体系结构的较高层次，那么有可能导致整个理论体系的重构。由此可见，所谓"证实理论"或"证伪理论"，都是虚假之陈述。理论只有被接受、承认或者拒斥、摒弃，而没有证实或证伪，所谓"证实"和"证伪"只是相对于命题而言的。

那么，应该如何理解波普尔提出的所谓"竞争理论"呢？按照波普尔的观点："假设两种理论 t_1 和 t_2 的真理内容和虚假内容是可比的，我们就可以说 t_2 比 t_1 更相似于真理或更符合于事实，当且仅当（a）t_2 的真理内容而不是虚假内容超过 t_1 的，（b）t_1 的虚假内容而不是真理内容超过 t_2 的。"[1] 从我们之前的讨论可知，理论真的内容和假的内容都是体现在命题中的，而理论自身却没有真与假的问题，因此理论本身没有更真或更假的评价。波普尔所谓真的内容更多些，实则是指一个理论中所含的被证实的命题更多些，而所含的被证伪的命题更少些，因此也就更符合于事实。但是波普尔这一对理论的评价体系没有实际意义，因为即使一个理论中包含着更多被证实的命题，如果其结构不合理，或者其中被证伪的部分不在理论体系结构的主导部分（构成"林"的起主导作用的"树"），那么就不能因为这个理论的构成中包含更多被证实的命题而断定它比另一个理论更符合事实。此外，波普尔还提出了理论的取代问题，列出了一个理论取代另一个理论的六种可能的情况。[2] 对于一个理论存在取代它的竞争理论的问题，需要澄清的问题是：其一，所有

---

❶　［英］卡尔·波普尔. 猜想与反驳：科学知识的增长［M］. 付季重，纪树立，周昌忠，等译. 上海：上海译文出版社，2001：334.

❷　［英］卡尔·波普尔. 猜想与反驳：科学知识的增长［M］. 付季重，纪树立，周昌忠，等译. 上海：上海译文出版社，2001：332.

"竞争理论"都必然是针对相同的一般问题所作的常识性解答而构建起来的命题系统。只有一般问题相同的理论，才有可能有着相同的论题，因此它们才可能被相互取代，才可能具有所谓"竞争性"。其二，在之前的讨论中曾一再强调，支持对于一般问题所作的尝试性解答而构成的最小概念系统是唯一的，但是描述这个最小概念系统的命题系统却是不唯一的，它们之间形成了一对多的关系，而所有描述同一个最小概念系统的命题系统构成了一个等价命题系统的集合，即构成了一个等价的理论集合，所有构成这个集合的元素都是对同一个客观对象引发的问题之尝试性解答的所作的"等价"描述，这就是赖欣巴哈在《科学哲学的兴起》一书中所阐释的"真理描述的多元性"问题。❶ 但是，这些相对于同一个最小概念系统的等价理论却不能像波普尔想象的那样，根据列举的几种情况就随意地取代和摈弃。不可否认的是，在这些等价理论体系中，对于同一个概念系统的描述确有好坏之分，也可以根据波普尔列举的条件在等价理论中作出取舍，但这只是从理论发展的角度来认识和理解等价理论存在的重要性。其三，一个理论是否应当被否弃而由新的理论替代的问题，或许可以作如下解释：首先，一个理论被否弃的根据不是因为有了一个竞争理论，而是这个理论的论题的真假性在 [0，1] 的分布区间中，更靠近代表不真的值"0"。导致这个结果的原因是，我们之前选择的一组作为公设的描述已知概念的命题越来越不能支持这个理论的论点（表现为逻辑上的假，而不是认识论上的假）。这或许是由于我们对于对象有了更深刻的认识，试图在不废弃已经构建之理论的基础上能够更贴切地解释这个对象，而不断在这个理论中增加特设所造成的结果；或许是由于我们之前选择的有些作为论据的命题被新的发现所证伪；或许我们已经选定的作为证据的命题不恰当；等等。但可以肯定的是，否弃一个理论的根本在于其论据不再能够充分地支持论点，从而不能够支持在论题中所作的假设成立。其次，一个理论的竞争理论必然与这个理论有着相同的论题，这样它们之间才具有所谓"竞争性"。一个理论的竞争理论是比这个理论更合理、更简单、更具有说服力，因而是一个"更好"的理论，它们之间只是量的区别性，不是根本之不同。新的理论与旧的理论存在根本性的区别，因为它们的论题有着质的不同，这样才有了所谓"新"与"旧"的区分，才有了"新"的否定"旧"的，"新"的取代"旧"的，而非两者处于"平行"之竞争关系的状态。其四，等价理论的存在，不仅可以评价描述同一个概念系统的理论是

❶ ［德］H. 赖欣巴哈. 科学哲学的兴起 ［M］. 伯尼，译. 北京：商务印书馆，1966：140.

否一个比一个更为可取❶，而且在理论的交流、理解和教学方面都起着重要作用。一个人之所以能够理解他人创建的理论，是因为他能够根据这一理论探索、认识和掌握这个理论所描述的最小概念系统，这样他才有可能从理论构建者的视角考察这个理论的一般和基本问题，以及理论提出者对这些问题的解答和在描述最小概念系统的命题系统中体现出的理论构建者的个性（特殊性）。但是，一个人理解了一个理论并不等同于他可以重述这个理论，尤其是用他自己的语言重述这个理论，除非他可以根据已经掌握的这个理论所描述的最小概念系统构造出这个理论的等价理论。如果一个人不能根据一部介绍理论的作品所描述的最小概念系统来构造一个等价理论，那么他可能未必真正理解了这一理论，虽然他可以照本宣科地"讲解"这部作品所表现的理论，但却不能以自己的语言而为之，更不可能像讲述自己构建的理论那样介绍这个理论。由此可见，一个人之所以能够传播（包括讲演、教学、介绍等等）一个理论，他首先需要构建起这个理论的一个等价理论（讲演稿、教案、译作、介绍文章等等）。等价理论的构建有着明确的目的性，因此它们在理论的结构和命题的构造上都会有所不同，或者深入浅出、循序渐进，或者言简意赅、直奔主题，但是所有这些为了不同目的而构造出来的等价理论都是从一（同一个最小概念系统）而来的。

在现代西方学术界，"理论"之"真假性"的讨论出现了从认识论向语义学的转向，在这个过程中塔尔斯基的学说产生了重要而又深刻的影响，他提出的（T）语句模型为西方学界中的许多学者采纳，并且以不同的形式应用于自己的假说中。例如，在奎因和波普尔的相关论述中就可以明显地看到塔尔斯基学说的影子。❷ 奎因认为："当认识论围绕语言转向的时候，谈论可观察的对象让位于谈论观察词。这是良好的发展，但是好得还不够。"❸ 根据奎因的观点，（科学）理论的检验取决于逻辑蕴涵关系。在他提供的模型中，（科学）理论蕴含观察范畴，这些观察范畴是由观察句构成的；观察范畴又由成对的观察来检验。在这一对观察中，与观察句之描述相符的观察证实了这个观察范畴，但是其结论只是相对的；与观察句之描述不符的观察则反驳了这个观察范畴，它的结论是绝对的。没有肯定的观察就没有否定的观察，

---

❶ 这个评价取决于我们选择的评价标准，不同的评价标准所得到的结果也不同，不可一概而论之。

❷ 对此有兴趣的读者可以参看奎因著的《真之追求》（1999 年）和波普尔著的《客观知识》（2001 年）。

❸ ［美］W. V. 奎因. 真之追求［M］. 王路，译. 北京：生活·读书·新知三联书店，1999：7.

而只有肯定的观察又只能得到相对的结论，因此只有一个肯定的观察和一个否定的观察，才可以从根本上否定这个观察范畴，反驳这个观察句。"对科学假设的观察检验，而且实际上一般对句子的观察检验，就在于检验它们蕴涵的观察范畴。正像在观察范畴本身的情况一样，这里又没有结论性的证实，而只有反驳。通过一个肯定的观察和一个否定的观察反驳一个观察范畴，你就反驳了任何蕴涵它的东西。"❶ 梳理奎因的观点可知：其一，如果科学理论蕴含观察规范，而观察规范又是由观察句构成的，那么当我们以"观察句"作为一个明确的表达来理解"科学理论"时，奎因所谓"科学理论"则是指一个语句，因为一个理论与一个语句（观察句）之间不可能存在蕴涵关系；其二，如果科学理论与观察句都是指语句，那么它们本身没有蕴涵关系，而是它们所描述的概念（观念）之间才有蕴涵关系；其三，两个语句之间是没有可比性的，它们是固定在一定媒介上的客观存在，只有在它们分别刺激人脑形成与之相应的概念后，它们作为概念才有可比性，才有蕴涵关系。把奎因构建的模型与我们在如图4-6所示的模型对比可知，奎因模型中的所谓"科学理论"只是我们构建的模型中的命题 $P(C_{11})$；他的所谓"观察范畴（观察句）"对应于我们模型中的描述观念 C_3 的命题，以下记作 $P(C_3)$；而他所谓"观察"则对应着观念 C_3。如果我们复原的奎因的模型无误，那么他的模型不能支持他的论述，因为在我们的分析中，命题 $P(C_{11})$ 不是理论，而是理论的构成要素。此外，命题 $P(C_{11})$ 与命题 $P(C_3)$ 不具有可比性，它们作为客观存在相互比较是没有意义的，而它们分别刺激人脑形成观念后，则是概念（观念）C_3 与 C_2 的比较。因此，有关命题的真假性之讨论从认识论向语义学的转向是否是一个良好的发展，现在下结论为时尚早。

（四）科学理论

在讨论科学理论之前，我们先要界定我们讨论的范围。科学是一个比较模糊的概念，似乎可以用于所有人们想要使用它的学科上，诸如数学、物理学、化学、心理学、医学、天文学、政治学、社会学、经济学等等，正因如此，我们也就更难以把握这个概念。科学可以解释为知识的一种，也可以解释为人的活动的一种。前者称为科学理论；后者称为科学活动，简称"科学"。例如，波普尔在其著作中，只要涉及可检验性时，他所指的就是科学理论，他在《科学发现的逻辑》一书中明确表示："而我认为，科学理论不

---

❶ ［美］W. V. 奎因. 真之追求［M］. 王路，译. 北京：生活·读书·新知三联书店，1999：10.

可能完全得到证明或证实，然而它们是可检验的。因此我要说：科学陈述的客观性就在于它们能被主体间相互检验。"❶ 但是，在涉及科学上的物理效应时，他的"科学"一词又指科学活动。他认为："的确，科学上有意义的物理效应可以定义为：任何人按照规定的方法进行适当的实验都能有规则地重复的效应。"❷ 又如，库恩在《科学革命的结构》一书中所谓"科学"则是指科学活动：首先，作为理论的"科学"是与"革命"没有关系的；其次，从他对"Paradigm"一词的解释"凡是共有这两个特征的成就，我此后便称之为'范式'，这是一个与'常规科学'密切有关的术语。我选择这个术语，意欲提出某些实际科学实践的公认范例——它们包括定律、理论、应用和仪器在一起——为特定的连贯的科学研究的传统提供模型"❸ 可以看出，他在这里使用的"科学"一词所指的是科学活动。然而，泛泛地讨论科学概念不是我们的目的，我们需要解释"科学理论"概念，实际上是需要阐释理论的科学性问题，因此接下来把讨论限定在与理论相关的科学性的问题上。理论是由命题和关系构成的系统，其中的关系表现了一个理论在结构上的合理性，它仅仅与理论自身的内部构成相关，而与理论的外部描述无关，因此它与一个理论是否具有科学性无关。理论的科学性取决于命题表现之概念的性质（不是命题的性质），概念的这一性质是通过命题的外部征象表现出来的，这是我们可以研究这种科学性的根据。显然，所谓"科学性"应该是概念的性质，它是通过命题表征的。所谓"理论的科学性"或者"科学理论"，或许是在以下的意义上对于具有某种性质的一类理论的认识或者称呼：当构成一个理论的所有命题描述的概念都具有科学性时，我们说这个理论具有科学性；但是当构成一个理论的某个命题所描述的概念不具有科学性时，这个理论未必没有科学性，除非这个命题是这个理论的论题。❹

　　所谓科学性，是指发现在客观世界中本就存在之事物呈现出的性质。科学性与创造性不同，科学性只是表征人类认识客观事物，而不改变自然，也不创造世界上原本不存在的东西的性质。尽管科学理论不会描述如何创造人

---

❶ ［英］卡尔·波普尔. 科学发现的逻辑［M］. 查汝强，邱仁宗，万木春，译. 北京：中国美术学院出版社，2008：21.
❷ ［英］卡尔·波普尔. 科学发现的逻辑［M］. 查汝强，邱仁宗，万木春，译. 北京：中国美术学院出版社，2008：22.
❸ ［美］托马斯·库恩. 科学革命的结构［M］. 金吾伦，胡新和，译. 北京：北京大学出版社，2003：9.
❹ 根据用语习惯，在以下的讨论中我们仍然使用"科学理论"一词，但是同时约定，它所指的是陈述具有科学性的概念的命题.

工自然，但是它却为这类创造提供了知识储备和观念引导。因此，科学理论是描述客观事物的，问题是我们如何来界定科学理论呢？

一种观点认为，科学理论与其他描述客观事物的理论的不同之处在于，它具有可预测性。所谓"可预测性"，是指科学理论描述的客观现象（客观存在的性质）将会在之后的检验中呈现。从我们构建的模型分析，可预测性是证实命题 $P(C_{11})$ 所呈现出的现象。首先，命题 $P(C_{11})$ 描述的是一个抽象概念 C_1，而所有证实命题所描述的概念都是一个具体概念 C_3，而且所有通过观察获得的描述对象 O 的具体概念 C_3 与命题 $P(C_{11})$ 所陈述的概念 C_{11} 之间存在"包含于"的关系，或者说，所有具体概念 C_3 之外延的并集都包含于抽象概念 C_{11} 的外延内；其次，所有具体概念 C_3 的形成必然在命题 $P(C_{11})$ 之后，即 $P(C_3)$ 的出现在时间顺序上必然在 $P(C_{11})$ 之后，而 $P(C_3)$ 又肯定了在这个特定的时空和环境约束下 $P(C_{11})$ 的陈述隐含之关系具有性质真，那么命题 $P(C_{11})$ 的预测在这个具体条件下实现了［或者说，命题 $P(C_{11})$ 呈现出可预测性］。显然，如果这个预测没有实现，意味着命题 $P(C_{11})$ 被证伪了，因此命题 $P(C_3)$ 否定了在一个特定的时空和环境约束下 $P(C_{11})$ 的陈述隐含之关系具有性质真，那么命题 $P(C_{11})$ 的预测不可能实现。例如，之前列举的天鹅的例子，全称陈述之命题"天鹅是白色的"是我们构建之模型中的一般命题 $P(C_{11})$，这个命题没有时空和环境约束，在它提出后任何人都可以在一个具体的时空和环境条件下观察天鹅的颜色，以检验这个命题。如果在之后的观察中，观察者在具体条件下的观察证实了命题 $P(C_{11})$ "天鹅是白色的"[1]，因此这个观察肯定了命题的可预测性，但是这个从具体观察中得到的结论是相对的，因为一次具体的观察结果不能保证之后的观察也能获得相同的结果，毕竟每次观察都是在不同条件的、独立的和不受影响的情况下完成的。如果在某次观察中，观察者观察到一个黑色的天鹅，那么这次观察的结果就证伪了命题"天鹅是白色的"，因此否定了命题 $P(C_{11})$ 具有可预测性。由此可见，每一次对于命题 $P(C_{11})$ 的证实都肯定了它的可预测性，然而每次预测都只是一次具体的实现，是具有相对性的，即都不能肯定下一次的（具体）预测是否能够实现。但是，不论命题 $P(C_{11})$ 的预测有多少次得到肯定的结果，只要有一次否定的结果就彻底否定了这个命题的可预测性，因为命题 $P(C_{11})$ 是一个全称陈述之命题。在分析了可预测性后，对这一

---

[1] 观察者是在具体条件下获得的观察结果，因此它是单称命题"这只天鹅是白色的"，但是这个观察却在这个具体条件下证实了命题"天鹅是白色的"。

观点需要说明的是，理论（论题）❶ 是对客观存在之现象的一般性描述，尽管理论（论题）的提出也会考虑到客观存在之现象呈现的相关条件，但是它只是描述存在之现象、呈现的可能性和条件，而不考虑这些条件是否能够在现实世界中得到满足，以及所描述的现象是否真的能够呈现等现实问题。在理论的构建过程中，论题的提出不是基于对客观现象的直接观察，而是根据在观察中发现的问题和对问题可能之解决方案的选择；例如，在微观条件下，即便借助目前最先进的仪器和设备，有些现象也是人们无法观察到的，但是根据已被证实的存在所具有的性质和由此引发的新的问题，人们可以对可能存在的、尚未认识到的性质提出假说，至于这个假说是否能够得到证实，则是另一个问题。从理论（论题）到得到检验结果的整个过程中，随着检验目标的具体化、检验条件和限制的增加，以及可满足性的提高，客观对象从理论（论题）的一般性描述转变为具体检验结果的特殊性描述，即存在一般性转变为特殊性（偶性），因此所有的检验结果都是理论（论题）描述之客观现象的具体的特例，呈现出被检验对象的偶（然）性，它们只是在所有检验的具体的、实际生效的条件共同约束下证实了假说，证实只能是相对的。理论（论题）的提出必定先于检验，因此当检验的结果与理论（论题）描述的现象相同或者误差可以忽略不计的情况下，我们说这个检验结果符合我们的预测，或者说这个理论（论题）具有可预测性。显然，"可预测性"是描述客观现象之理论（论题）的一般性质。❷ 问题在于以这个性质作为科学理论的判定标准是否恰当呢？在传统的学术观念中，"可预测性""可证实性"和"可证明性"有着相同的含义，它们之间可以互相换用，也可以把其中的一个看作其他两个的另一种表述方式，它们在传统的科学理论中占据着非常重要的位置。但是，在现代的学术界尤其是在科学哲学的领域内，把"可预测性"（包括"可证实性"和"可证明性"）作为判定一个理论是否具有科学性的判据已经受到了广泛的质疑和普遍的否定。它的不可取之处在于：一方面，它过于宽松。

---

❶　这里及以下表达"理论（论题）"，其含义并不是指"理论"就是"论题"，而是指这里所用的"理论"一词是指这个理论的论题，而不是理论本身。只是人们习惯于把这里所讨论的问题称作"理论的科学性"，因此为了照顾人们的语用习惯，才沿用了"理论"一词并以括号（论题）来指出它所指的是这个理论的论题，而非理论本身。

❷　"可预测性"不是"预测"，预测是命题的一次具体证实过程的结果，可预测性是命题的性质。当一个命题没有被证伪的情况下，每一次证实都是一次预测，因此这个命题是具有可预测性的，但是这个结论确定性只具有相对的意义。一旦这个命题被证伪，这个命题就不存在了。也就是说，可预测性没有了承载者，再讨论这个命题有没有某个性质显然没有意义。

数学、逻辑学和所有其他与描述客观事物无关的命题都具有可预测性（可证实性、可证明性），然而这些学科却与科学无关。尽管这些学科中的命题可以呈现出具备可预测性（可证实性、可证明性）的征象，但是它们却不具有"科学性"。另一方面，它又过于苛刻。可预测性（可证实性、可证明性）要求理论（论题）的检验具有可重复再现的性质，即对于理论的每一次具体检验所得到的检验结果相同。因此，可预测性要求理论（论题）不受时空约束，只受环境约束；只要检验的环境相同，则（在相同的检验过程中）命题描述的结果必然出现。这种苛刻的要求对于那些可以在实验室环境中进行的物理、化学等实验或许是可能的，但是对于社会实践条件和实验环境不能再现的情况，则检验的可重复再现性就不可能得到满足了。然而，不可否认的是，虽然社会科学理论（论题）在检验中某次的具体检验结果不可能在下一次重复再现，但是依然不能否定它所具有的科学性。可预测性作为判定理论（论题）是否具有科学性的主要问题还在于，它所得到的结论是相对的，每一次肯定的具体判定结果都不能排除下一次得到否定的具体判定结果，因此对于理论（论题）的每一次具体判定的肯定结论都不是对它是否具有科学性的肯定。

另一种观点认为，科学理论与非科学理论的区别在于前者具有"可证伪性"。波普尔把它作为科学理论和非科学理论的划界标准，他认为："衡量一种理论的科学地位的标准是它的可证伪性或可反驳性或可检验性。"❶ 他明确地表示："我当然只在一个系统能为经验所检验的条件下，才承认它是经验的或科学的。这些考虑提示：可以作为划界标准的不是可证实性而是可证伪性。换句话说，我并不要求科学系统能在肯定的意义上被一劳永逸地挑选出来；我要求它具有这样的逻辑形式；它能在否定的意义上借助经验检验的方法被挑选出来；经验的科学的系统必须有可能被经验反驳。"❷ 为了定义理论的可证伪性，波普尔构造了一个由"基础陈述"作为构成元素的类，其中的"基础陈述"是指"包括具有一定逻辑形式的所有自相一致的单称陈述——可以说是关于事实的所有可设想的单称陈述"❸。波普尔把基础陈述类再分成

---

❶ ［英］卡尔·波普尔. 猜想与反驳：科学知识的增长［M］. 付季重，纪树立，周昌忠，等译. 上海：上海译文出版社，2001：52.

❷ ［英］卡尔·波普尔. 科学发现的逻辑［M］. 查汝强，邱仁宗，万木春，译. 北京：中国美术学院出版社，2008：17.

❸ ［英］卡尔·波普尔. 科学发现的逻辑［M］. 查汝强，邱仁宗，万木春，译. 北京：中国美术学院出版社，2008：60.

两个非空子类：其中一个子类中的元素与理论不一致（或被理论排除、禁止❶），这个类称作这个理论的"潜在证伪者类"，而这个类中的元素（基础陈述）则称作"潜在证伪者"；另一个子类中的元素与理论不矛盾（或理论"允许"的），这个类或许应该称作这个理论的"潜在证实者类"（波普尔没有给这个类命名）。所谓理论的可证伪性，就是指这个理论的潜在证伪者类是非空的。❷ 显然，在波普尔构建的这个模型中，基础陈述是一个非常重要的概念。从波普尔对这个概念的界定可知，基础陈述是与全称陈述相对应的单称陈述。全称陈述是指描述抽象概念的一般性命题，因此作为单称陈述的基础陈述则是描述具体概念的特殊命题。基础陈述除了必须是单称陈述（这是对基础陈述的形式要求）之外，还必须满足一个实质要求：它必须和事件有关，而且这个事件必须是可观察的。❸ 如果以我们构建的模型来分析，所谓"基础陈述"就是不特定主体 A_2，陈述自己观察对象 O 形成的描述这个对象的具体观念 C_3 的命题 P（C_3）。根据我们构建的模型，对象 O 是客观存在的、可观察的，而且主体 A_2 对于对象 O 的观察是在特定的时空和环境条件约束下进行的，那么在其头脑中形成的反映对象 O 的观念 C_3 是一个具体的观念，主体 A_2 对于观念 C_3 的陈述 P（C_3）只能是针对具体条件下的具体对象的单称陈述，因此我们论证了 P（C_3）就是波普尔的所谓"基础陈述"，它满足波普尔为"基础陈述"设定的形式条件（单称陈述）和实质条件（与事件有关，且这个事件是可观察的）。在笔者构建的模型中，主体 A_2 是不特定的，因此他可以是一个共同体中的任何一个成员。如果我们假定在这个共同体中有 i 个成员观察且描述了对象 O，那么就有了 i 个描述对象 O 的单称陈述，记作"P_i（C_3），$i=1$，2，…"。这些单称陈述构成了波普尔定义的基础陈述，它们作为元素构成了基础陈述类。我们的目的是判断一个理论是否具有科学性，或者说判断这个理论是不是科学的。在之前我们已经阐释了，讨论一个理论是否具有科学性是没有意义的，理论的科学性实际上是构成一个理论的命题的科学性的问题。即使把论题的科学性作为一个理论的科学性，它依然

---

❶　一个理论与另一个理论或者命题的关系只能呈现出一致或者不一致的性质，一个理论不可能有"排除""禁止"另一个理论或命题的主动性，"排除"和"禁止"或者是主动的行为，或者是被动地对行为的束缚，都不是理论能够发出的。因此，在之后我们不使用"禁止、排除、允许"一类的语词来描述两个理论，或者两个命题，或理论与命题之间的关系。

❷　有关波普尔的"可证伪性"的介绍，可以参看波普尔著《猜想与反驳》和《科学发现的逻辑》的相关部分，尤其是《科学发现的逻辑》第一章和第四章的内容。

❸　［英］卡尔·波普尔. 科学发现的逻辑［M］. 查汝强，邱仁宗，万木春，译. 北京：中国美术学院出版社，2008：78–79.

是命题的性质而非理论的性质。在我们构建的模型中，能够作为科学性判定对象的只有命题 $P（C_{11}）$，它也是主体 A_2 能够获得的、可以作为判定对象的、唯一的描述对象 O 的一般命题。❶ 按照波普尔确立的判定标准，命题 $P（C_{11}）$ 必须是可证伪的，即命题 $P（C_{11}）$ 是科学的当且仅当它是可证伪的。为了证明命题 $P（C_{11}）$ 是可证伪的，我们需要构造一个"潜在证伪者类"，它是已经构造起来的"基础陈述类"的一个子类，因此前者的构造只能在后者的元素中选择其构成元素。根据构造类（集合）的概括原理，所有构成命题 $P（C_{11}）$ 的潜在证伪者类的元素都必须具有相同的性质，因此我们需要确定一个标准把基础陈述类中的元素 $P_i（C_3）$ 分成两类，其中的一类构成命题 $P（C_{11}）$ 的潜在证伪者子类，另一类构成命题 $P（C_{11}）$ 的潜在证实者子类。按照波普尔的阐释，区分这两个子类的构成元素的根据正是命题 $P（C_{11}）$，凡是与命题 $P（C_{11}）$ 不一致的基础陈述类的元素 P_i $（C_3）$ 都是潜在证伪者类中的构成元素，凡不是潜在证伪者类中的构成元素的元素 $P_i（C_3）$ 都是潜在证实者类中的构成元素，这样基础陈述类就分成且仅分成两个子类。然而，波普尔的分析模型存在的问题是：其一，为了构造潜在证伪者类需要用基础陈述类中的每个元素 P_i $（C_3）$ 与命题 P $（C_{11}）$ 对比，以确定它们之间的关系是否具有不一致性，但是两个分别固定在媒介上的客观存在的符号串（命题的外在形式）具有可比性吗？如果它们可以比较，那么它们就要分别脱去这种外在于人的文字符号形式而转化为内在于人的观念 C_3 和 C_2，那么这两者的比较就有了三种可能，即一致、不同和相似，而且这个比较只能由不特定的主体 A_2 来完成，那么我们如何根据命题 $P（C_{11}）$ 来构造两个且只有两个基础陈述类的子类呢？如果否定比较的结果存在一致、不同和相似三种可能的结果，那么就只有一致和不同（不一致）两种可能，那么波普尔岂非也否定了自己提出的所谓理论的"逼真性"和"逼真度"的概念？其二，假定我们解决了命题 P_i $（C_3）$ 与命题 $P（C_{11}）$ 的可比性问题，限定了它们的比较结果只能取两个值，即一致和不一致，也假定了一个超脱于这个共同体成员之外的判定者，那么是否就能够构造出潜在证伪者类呢？答案依然是否定的。因为命题 P $（C_{11}）$ 本身是不确定的，即它的性质本身是尚待确定的。因此，根据构造

---

❶ 这里我们把理论的科学性与非科学性的划界问题，重新设定为命题的科学性的划界问题，因为不能肯定理论具有科学性的问题。即使理论具有科学性的问题，这个特设也简化了需要解决的问题。相对于一个理论而言，确定一个命题是否具有科学性会更加容易，如果构成一个理论的命题都不具有科学性，那么这个理论又怎么可能具有科学性呢？

类（集合）的概括原理，它不能作为判定命题 P_i（C_3）是否是某个集合之构成元素的根据。其三，假定命题 P（C_{11}）可以作为判定命题 P_i（C_3）是否是潜在证伪者类的构成元素的根据。但是，由于命题 P（C_{11}）自身是不确定的，即它的性质是待定的，当然也包括它是否具有科学性也是待定的。如果已经能够断定命题 P（C_{11}）具有科学性，那么我们的一切努力都是毫无意义的。但是，我们看到的逻辑关系是，先构造出一个基础陈述类❶，然后以命题 P（C_{11}）作为根据构造潜在证伪者类，然后根据这个类中的元素肯定命题 P（C_{11}）是可证伪的，因此是具有科学性的。显然，从这个逻辑关系不难看出，波普尔用科学性尚不确定的命题 P（C_{11}）论证自己具有科学性。因为，在论证之前命题 P（C_{11}）的科学性是待定的，我们需要论证这个命题是可证伪的，论证这个命题是可证伪的需要我们在基础陈述类中找到一个潜在证伪者，而这个潜在证伪者是根据 P（C_{11}）的性质找到的，因此我们是以命题 P（C_{11}）自己的性质来证明它自身具有科学性的。其四，假定可以用命题 P（C_{11}）的性质来确定其自身具有科学性（或者说，一个人可以抓着自己的头发把自己提起来），那么我们是否可以构造出一个非空的潜在证伪者类呢？假定我们已经构造出了命题 P（C_{11}）的基础陈述类，那么作为这个基础陈述类中的所有构成元素的命题 P_i（C_3）都必然与命题 P（C_{11}）相一致（假定它们是可比的），即主体 A_2 对每次观察对象 O 形成的观念 C_3 的陈述 P_i（C_3）都与命题 P（C_{11}）相一致❷。否则主体 A_2 的观察结果 C_3 就证伪了命题 P（C_{11}）。如果命题 P（C_{11}）被证伪，而证伪的结论又是绝对的，也就彻底否定了命题 P（C_{11}），那么再讨论它是否具有科学性就显得多此一举而毫无意义。因此，在命题 P（C_{11}）没有被证伪之前，波普尔的潜在证伪者类必定是空类，而只有在命题 P（C_{11}）被证伪的同时，这个命题的潜在证伪者类才转变为非空类，然而这时候再来讨论这个命题是否可证伪的，是否具有科学性，都已经没有意义了，因为它本身已经被彻底地否定了。显然，波普尔为了确定科学理论和非科学理论之划界标准而构建的模型不成立。其五，波普

---

❶　需要注意的是，虽然波普尔确定了构造基础陈述的条件，即其一是单称陈述，其二是与事件相关，但是他并没有论证作出这种陈述，以及构造以这种陈述为元素的类的可能性。由谁、根据什么，以及如何进行陈述，陈述的是什么，所有这些基本问题波普尔都回避了，因此它的基础陈述类、潜在证伪者类，以及与潜在证伪者相对立的类（笔者称之为"潜在证实者类"）就这样在两个条件的限定下凭空出现了。

❷　注意，这里的陈述是有问题的。其中命题 P（C_{11}）是不确定的，而每个命题 P_i（C_3）都是确定的，因此不存在命题 P_i（C_3）与命题 P（C_{11}）的一致。即使两者存在一致性，也应该是命题 P（C_{11}）与命题 P_i（C_3）的一致，从而使得命题 P（C_{11}）从不确定的转化为确定的。

尔把"可证伪性、可反驳性和可检验性"作为可以互换使用的同义词，共同作为衡量理论的科学地位的标准是不恰当的。"可证伪性"是与"可证实性"相对应的，"可反驳性"是与"可论证（证明）性"相对应的，而"可检验性"是与"不可检验性"相对应的，它们不仅内涵和外延不同，使用的场合、范围和目的也不同，把它们作为可以互换使用的、衡量理论之科学地位的标准不合适，也不严谨。

科学命题区别于其他描述客观现象的命题的不同之处在于它具有可检验性。所谓"可检验性"，是指在当前可达到的时空和环境约束的条件下，任何不特定的、具备一定条件的人实现对于命题之检验的可能性。这里的"检验"是指对于命题的证实和证伪，因此"可检验性"就是指在当前的条件下具体地证实或证伪命题的可能性。从这里的介绍不难看出，"可检验性"具有两个方面的要求：一方面是形式上的要求。它是指在命题的检验过程中，它的每个环节的实现在人类当前的条件下都是可能的。显然，设定可检验性的形式要求的目的在于明确实施检验和获得检验结果的可能性。检验是人的活动，它是一个由一系列相互衔接的环节组成的过程，其目的在于通过观察、试验、对比和判断来证实或者证伪一个命题；可检验性只是这种活动的可能性，它是命题具有科学性所呈现出的性质，与具体的检验活动没有关系。然而，并不是所有描述反映客观现实之观念的命题都具有可检验性，如果一个命题的检验必须在目前人类尚不能满足但又非虚构的条件下进行，那么尽管作为命题它对于反映客观现象之观念的描述是完全可能的，而且这个命题也具有可证实性或者可证伪性，但是它至少在当前是不具有可检验性的。例如，随着现代科学的发展，尽管人类已经能够在实验室中创造出几乎达到绝对零度（−273.15℃）的物质，但是这并不意味着目前人类已经可以创造出这样一种实验环境，来完成在绝对零度条件下才能检验的命题。因此，就目前而言，需要在绝对零度条件下才能检验的假说是不可检验的。再如，科学家根据地球的环境推测，在太阳系外的某个类地球的行星上存在生命。到目前为止，人类的足迹尚不能到达太阳系以外的地方，因此这类命题也是不能检验的。由此可见，描述客观现象的命题并不都是可检验的，这是与可预测性不同的。其区别在于：可预测性是描述反映客观现象之抽象概念的一般性命题所具有的性质，它是根据抽象概念包含具体概念、一般命题涵盖特殊命题的原理得出的。所有的检验结果形成的概念都是具体的，而描述它的命题都是特殊的，因此检验结果形成的概念必然包含于抽象概念之中，描述它的特殊命题也必然不会超出描述抽象概念的一般命题之范围。又因为检验结果在时间顺序上必然排在一般命题描述的抽象概念之后，所以就呈现出通过一般命题能够预测检验结果的现象，也就是所谓"一般命题描述的内容具有可预测性"；可检验性不同，在形式上，可检验性体现出的是在当下可以达到的条件和营造的环境下，对于命题所描述的观念和这个观念反映的对象之间关系的检验是可以实现的。一个命题中隐含之关系的真假，与这个命题是否可以检验没有关系。也就是说，即使一个命题是不可检验的，它也未必不真。在可检验性的界定上我们附加了限制"在人类当前条件下"，即在目前人类所能够达到的条件下一个命题是不可检验的，并不代表在将来人类所能够达到的条件下这个命题依然是不可检验的。在科学发展史上，许多在当时不可检验的命题之后都成为可检验的，这与技术的发展和仪器、设备、条件的创新、进步等等有着密切的关系，从而也说明了命题的可检验性与它的真假性无关。因此，人们常把不可检验的命题作为"科学幻想或虚构"，既不能否定也不能肯定它们。对于可检验性另一方面的要求是有关其内容上的，它是命题具有这一性质的实质构成条件。可检验性在内容上的要求是，这个命题必须具有可证实性与可证伪性。由于可证实性与可证伪性是矛盾关系，它们相伴相随且相反。需要说明的是：其一，可证实性和可证伪性是指命题本身所具有的性质，不论是形式构成条件还是实质构成条件都是附加于命题上的约束，因此相对于检验或者其他与命题的可检验性无关的约束都与我们的讨论没有关系。例如，我们不需要可证实性满足物理实验可以接受的条件：在相同的条件和环境下，实验的结果是可以重复再现的。命题的可证实性与命题的证实，命题的可证伪性与命题的证伪的根本区别在于，前者是命题的性质，后者是检验命题真假性的活动。其二，既然可证实性和可证伪性是矛盾关系，那么它们就一定是构成判定命题科学性之不可或缺的部分，波普尔只取其中之一的做法不恰当。因为只取可证伪性作为命题科学性的判定标准，任何对于客观对象的有意或者无意提出的谬论都是可证伪的，也都是具有科学性的；同样，只取可证实性作为命题科学性的判定标准也是不恰当的，因为它们的结论都是相对的，任何对命题的一次具体的证实都只是从特殊性而非一般性上对它的证实，但是特殊不能说明、解释、确证一般。其三，检验是判定一个命题真假性的活动，因此检验的结果必然与命题隐含之关系的真假性相关。但是可检验性是命题的性质而非一个活动，它与命题隐含之关系的真假性没有关系。如果一个命题具有可检验性，那么只是表明了这个命题在当前可能的条件、环境下，它是可以检验的。

根据波普尔的观点，可检验性就是可证伪性。那么，如何判定一个命题是否具有可证伪性呢？波普尔提出了"潜在证伪者"的概念，如果一个命题存在潜在证伪者，那么这个命题就是可证伪的，因此就是具有科学性的。这就是波普尔给我们展示的判定命题是否具有科学性的逻辑。波普尔的所谓"潜在证伪者"则是指与被检验的"理论"不一致的单称陈述，它本身是描述具体事件的语句。之前的讨论已经否定了波普尔构造之分析模型的合理性，而在其有关"潜在证伪者"的设计上也同样存在诸多难以自圆其说的观点。首先，波普尔构造的"潜在证伪者"需要满足的条件包括：其一，它是描述具体事件的，因此它一定是单称陈述；其二，它自身不存在矛盾性，也就是波普尔所说的"具有一定逻辑形式的所有自相一致的单称陈述"；其三，在内容上与将被判定之是否具有科学性的理论不一致，即它们是彼此否定的。然而，波普尔却忽视了一个问题，即我们不能用语言文字直接描述一个客观对象，不论它是事物还是事件，我们只能用语言文字描述我们头脑中的观念（概念），而不论这个观念（概念）是抽象的还是具体的。任何人在认识、理解事物、事件时都存在生理、心理、能力、环境、时空等等各个方面的限制，因此任何人反映对象形成的观念都会存在误差和畸变。这样波普尔所构造的"潜在证伪者"就在其基本构成要素上出现了没有确定性之问题。波普尔忽视的另一个问题是，观念和陈述观念的语句之间是一对多的关系。也就是说，一个观念（概念）可以用不止一个语句来陈述，而所有陈述这个观念（概念）的语句都是等价的，因此以描述具体观念的语句（特殊命题）作为构造判定描述抽象观念的一般命题的基础，本身就带有明显的不确定性，以这样的命题（基础陈述）作为判定另一个具有一般性的命题（波普尔所说的"理论"）具有某一确定性质的判据，显然是不恰当的。其次，由于证实与证伪是矛盾关系，既然一个命题具有可证伪性，那么它也就具有可证实性；同样，既然有判断命题之可证伪性的判据"潜在证伪者"，也就有判断其可证实性的判据"潜在证实者"。显然，可证伪性和可证实性是反映同一对象呈现出的相互否定之现象形成的两个彼此独立的观念（概念），它们之间的关系是矛盾关系。但是，这只能是客观对象（事物或者事件）呈现出的现象，它们不能是同一个命题的内在构成。如果命题出现了这种情况，那么它就违反了波普尔限定的"在逻辑上自相一致"的条件，这些命题也就是对于事件的自相矛盾的陈述了；如果它们是两个独立的相对于某个一般命题的特殊命题，而不论这个一般命题是否波普尔所指的、那个我们将要判定其是否具有科学性的命题，它都不能区分出这两个具体命题之间的特殊性。因为一般命题所陈述的抽象概念包含两个彼此矛盾的具体概念，这两个具体概念分别与这个抽象概念比较呈现出的特殊征象，并不会反映为这两个具体概念彼此之间的特殊性，因此根据波普尔的方法，不可能在基础陈述类中（假定它可以构造出来）用描述这个类的一般性来区分其所含的两个子类之间的特殊性。[1] 这样就再次论证了利用一般命题作为判定一个具体命题是否潜在证伪者的判定不恰当，然后再用这样构造出来的"潜在证伪者"判定这个一般命题是否具有科学性就显得更加荒谬了。最后，命题的可检验性在内容上要求这个命题同时具有可证实性和可证伪性。既然它们是命题的性质，而且它们与具体的证实和证伪活动无关，因此确定一个命题是否具有可检验性就与具体的证实或证伪活动以及它们的结果无关。此外，可证实性和可证伪性是同一个事物或者事件在不同的时空、环境和条件下呈现出的截然相反之现象在人脑中反映形成的观念（概念），因此决定这个观念形成的对象只有一个，就是客观存在的事物或者事件，也就是我们构建的分析模型中的对象 O，它决定了观念 C_3 与 C_2 的关系，从而决定了观察结果证伪了命题 P（C_{11}）还是证实了它；同时，对象 O 是客观存在的，确定的，不受人的主观意志影响的。此外，只要它存在，无论是潜在证伪者还是潜在证实者就存在，只是由于出发点不同才有了证伪者和证实者的区别。对象 O 的存在不以人的意志为转移，也不受我们构建的分析模型的其他构成要素的影响，因此它才能够作为判断命题 P（C_{11}）是否具有可证伪性和可证实性的客观依据。尽管对象 O 的存在使得命题 P（C_{11}）满足了可检验性的实质构成要件，但是它与作为活动的证实和证伪及其结果没有关系，因此也就没有了物理实验要求的重复再现之类的苛刻条件，从而使得我们定义的可检验性具有了广泛的适用性和适用范围。由此我们确立并论证了科学理论的划界标准，它是由形式条件和实质条件构成的一个整体，形式条件是指命题的检验在人类当前可达的条件下是可以实现的；实质条件是指命题所描述的是客观存在之对象（事物、事件或者它们呈现出的现象）。

---

[1] 任何一个类或者集合都有属于它自己的特征（这个类或集合的性质），这是由类和集合构造的基本原理，也就是所谓概括原理决定的，而类和集合的性质正是构成它的所有元素的一般性。这里，基础陈述类的性质是它的所有构成元素的一般性，也就是波普尔所指的在基础陈述类中构造潜在证伪者类的那个命题（他称之为"理论"）。但是这个命题本身就是构造基础陈述类的命题（表现了基础陈述类的特征），它又如何可能在基础陈述类中区分出一个潜在证伪者类和一个非潜在证伪者类呢？

参考文献

1. 邓正来．"生存性智慧模式"：对中国市民社会研究既有理论模式的检视［J］．吉林大学社会科学学报，52（2）．

2. 王轶．诉讼时效三论［J］．法律适用，2008，11．

3. 冯珏．或有期间概念之质疑［J］．法商研究，2017，（3）：140－150．

4. 金岳霖．知识论［M］．北京：商务印书馆，1983．

5. 金岳霖．形式逻辑［M］．北京：人民出版社，1979．

6. 宋文坚．逻辑学［M］．北京：人民出版社，1998．

7. 李志才．方法论全书（I）：哲学逻辑学方法［M］．南京：南京大学出版社，2000．

8. 李廉，张桂岳，孙志成．逻辑科学纲要［M］．长沙：湖南人民出版社，1986．

9. 王雨田．现代逻辑科学导引［M］．北京：中国人民大学出版社，1988．

10. 中国人民大学哲学系逻辑教研室．形式逻辑［M］．北京：中国人民大学出版社，1980．

11. 王德胜，等．科学符号学［M］．沈阳：辽宁大学出版社，1992．

12. 方世昌．离散数学［M］．西安：西北电讯工程学院，1985．

13. 梁慧星．民法解释学［M］．扫描版．北京：法律出版社，1994．

14. 郑成思．计算机、软件和数据的法律保护［M］．北京：法律出版社，1987．

15. 许国志．系统科学与工程研究［M］．上海：上海科技教育出版社，2000．

16. 许国志．系统科学［M］．上海：上海科技教育出版社，2009．

17. 中国大百科全书编辑委员会．中国大百科全书·哲学［M］．北京：中国大百科全书出版社，2000．

18. 中国大百科全书编辑委员会．中国大百科全书·哲学（Ⅱ）［M］．北京：中国大百科全书出版社，1987．

19. 中美联合编审委员会. 简明不列颠百科全书 ［M］. 卷8. 北京：中国大百科全书出版社，1986.

20. 《逻辑学辞典》编辑委员会. 逻辑学辞典 ［M］. 长春：吉林人民出版社，1983.

21. ［美］诺姆·乔姆斯基. 支配和约束论集：比萨学术演讲 ［M］. 周流溪，林书武，沈家煊，译，赵世开，校. 北京：中国社会科学出版社，1993.

22. ［美］索尔·克里普克. 命名与必然性 ［M］. 梅文，译，涂纪亮，朱水林，校. 上海：上海译文出版社，2001.

23. ［美］T. S. 库恩. 科学革命的结构 ［M］. 李宝恒，纪树立，译. 上海：上海科学技术出版社，1980.

24. ［美］T. S. 库恩. 科学革命的结构 ［M］. 金吾伦，胡新和，译. 北京：北京大学出版社，2003.

25. ［美］戴维·迈尔斯. 心理学 ［M］. 黄希庭，等译. 北京：人民邮电出版社，2006.

26. ［美］托马斯·E. 希尔. 现代知识论 ［M］. 刘大，李德荣，高明光，等译. 北京：中国人民大学出版社，1989.

27. ［美］恩斯特·迈尔. 生物学思想发展的历史 ［M］. 涂长晟，等译. 成都：四川教育出版社，2010.

28. ［美］奎因. 真之追求 ［M］. 王璐，译. 北京：生活·读书·新知三联书店，1999.

29. ［美］威廉·詹姆斯. 实用主义 ［M］. 陈羽纶，孙瑞禾，译. 北京：商务印书馆，1979.

30. ［美］理查德·罗蒂. 真理与进步 ［M］. 杨玉成，译. 北京：华夏出版社，2003.

31. ［美］理查德·罗蒂. 哲学和自然之镜 ［M］. 李幼蒸，译. 北京：生活·读书·新知三联书店，1987.

32. ［美］杜威. 哲学的改造 ［M］. 许崇清，译. 北京：商务印书馆，2002.

33. ［美］弗洛姆. 逃避自由 ［M］. 刘林海，译. 上海：上海译文出版社，2019.

34. ［美］唐纳德·戴维森. 真理、意义、行动与事件 ［M］. 牟博，编译. 北京：商务印书馆，1993.

35. ［美］A. P. 马蒂尼奇. 语言哲学 ［M］. 牟博，杨音莱，韩林合，等译. 北京：商务印书馆，1998.

36. ［美］苏珊·朗格. 情感与形式 ［M］. 刘大基，傅志强，周发祥，译. 北京：中国社会科学出版社，1986.

37. ［美］N. 维纳. 人有人的用处：控制论和社会 ［M］. 陈步，译. 北京：商务印书馆，1978.

38. ［美］杰里米·里夫金、特德·霍华德. 熵：一种新的世界观 ［M］. 吕明，袁舟，译. 上海：上海译文出版社，1987.

39. ［美］欧文·拉兹洛. 系统、结构和经验 ［M］. 李创同，译. 上海：上海译文出版社，1987.

40. ［德］莫里茨·石里克.自然哲学［M］.陈维杭,译.北京:商务印书馆,1984.

41. ［德］莫里茨·石里克.普通认识论［M］.李步楼,译.北京:商务印书馆,2005.

42. ［德］伊·康德.历史理性批判文集［M］.何兆武,译.北京:商务印书馆,1990.

43. ［德］伊·康德.纯粹理性批判［M］.韦卓民,译.武汉:华中师范大学出版社,2000.

44. ［德］路德维希·冯·贝塔朗菲.生命问题:现代生物学思想评价［M］.吴小江,译.金吾伦,校.北京:商务印书馆,1999.

45. ［德］威廉·冯·洪堡特.论人类语言结构的差异及其对人类精神发展的影响［M］.姚小平,译.北京:商务印书馆,1999.

46. ［德］海德格尔.路标［M］.孙周兴,译.北京:商务印书馆,1997.

47. ［德］J.G.赫尔德.论语言的起源［M］.姚小平,译.北京:商务印书馆,1998.

48. ［德］莱布尼茨.人类理智新论(全两册)［M］.陈修斋,译.北京:商务印书馆,1982.

49. ［德］费尔巴哈.对莱布尼茨哲学的叙述、分析和批判［M］.涂纪亮,译.北京:商务印书馆,1979.

50. ［德］谢林.先验唯心论体系［M］.梁志学,石泉,译.北京:商务印书馆,1976.

51. ［德］H.李凯尔特.文化科学和自然科学［M］.涂纪亮,译,杜任之,校.北京:商务印书馆,1986.

52. ［德］汉斯·波塞尔.科学:什么是科学［M］.李文潮,译.上海:上海三联书店,2002.

53. ［德］H.赖欣巴哈.科学哲学的兴起［M］.伯尼,译.北京:商务印书馆,1966.

54. ［德］W.海森伯.物理学和哲学:现代科学中的革命［M］.范岱年,译.北京:商务印书馆,1981.

55. ［德］海德格尔.路标［M］.孙周兴,译.北京:商务印书馆,2000.

56. ［德］沃尔夫冈·伊瑟尔.怎样做理论［M］.朱刚,古婷婷,潘玉莎,译.南京:南京大学出版社,2008.

57. ［英］吉尔伯特·赖尔.心的概念［M］.徐大建,译.北京:商务印书馆,1992.

58. ［英］卡尔·波普尔.客观知识［M］.舒炜光,卓如飞,周柏乔,等译.上海:上海译文出版社,2001.

59. ［英］卡尔·波普尔.猜想与反驳:科学知识的增长［M］.付季重,纪树立,周昌忠,等译.上海:上海译文出版社,2001.

60. ［英］卡尔·波普尔.科学发现的逻辑［M］.查汝强,邱仁宗,万木春,译.北京:中国美术学院出版社,2008.

61. ［英］卡尔·波普尔.通过知识获得解放［M］.范景中,李本正,译.北京:中国美术学院出版社,1998.

62. ［英］伯特兰·罗素.人类的知识:其范围与限度［M］.张金言,译.北京:商务印书馆，1983.

63. ［英］伯特兰·罗素．逻辑与知识［M］．苑利均，译，张家龙，校．北京：商务印书馆，1996.

64. ［英］伯特兰·罗素．我的哲学的发展［M］．温锡增，译．北京：商务印书馆，1982.

65. ［英］伯特兰·罗素．哲学问题［M］．何兆武，译．北京：商务印书馆，1999.

66. ［英］洛克．人类理解论（全两册）［M］．关文运，译．北京：商务印书馆，1959.

67. ［英］培根．新工具［M］．许宝骙，译．北京：商务印书馆，1984.

68. ［英］休谟．人类理解研究［M］．关文云，译．北京：商务印书馆，1981.

69. ［英］休谟．人性论［M］．关文运，译，郑之骧，校．北京：商务印书馆，1996.

70. ［英］L. S. 斯泰宾．有效思维［M］．吕叔湘，李广荣，译．北京：商务印书馆，1997.

71. ［英］史蒂文·夏平．真理的社会史：17 世纪英国的文明与科学［M］．赵万里，等译．南昌：江西教育出版社，2002.

72. ［英］特伦斯·霍克斯．结构主义和符号学［M］．瞿铁鹏，译，刘峰，校．上海：上海译文出版社，1997.

73. ［英］苏珊·哈克．逻辑哲学［M］．罗毅，译，张家龙，校．北京：商务印书馆，2003.

74. ［英］阿尔费雷德·诺斯·怀特海．过程与实在：宇宙论研究［M］．杨富斌，译．北京：中国城市出版社，2003.

75. ［英］阿尔费雷德·诺斯·怀特海．思维方式［M］．刘放桐，译．北京：商务印书馆，2004.

76. ［美］欧阳莹之．复杂系统理论基础［M］．田宝国，周亚，樊瑛，译．上海：上海科技教育出版社，2002.

77. ［瑞士］皮亚杰．结构主义［M］．倪连生，王琳，译．北京：商务印书馆，1984.

78. ［瑞士］皮亚杰．发生认识论原理［M］．王宪细，等译，胡世襄，校．北京：商务印书馆，1981.

79. ［瑞士］费尔迪南·德·索绪尔，沙·巴利阿·薛施蔼阿·里德林格．普通语言学教程［M］．高名凯，译，岑麒祥，叶蜚声，校．北京：商务印书馆，1980.

80. ［法］A. J. 格雷马斯．结构语义学方法研究［M］．吴泓缈，译．北京：生活·读书·新知三联书店，1999.

81. ［法］海然热．语言人：论语言学对人文科学的贡献［M］．张组建，译．北京：生活·读书·新知三联书店，1999.

82. ［法］雅克·德里达．论文字学［M］．汪堂家，译．上海：上海译文出版社，1999.

83. ［法］米歇尔·福柯．词与物：人文科学考古学［M］．莫伟民，译．上海：生活·读书·新知三联书店，2001.

84. ［法］梅洛－庞蒂. 符号［M］. 姜志辉，译. 北京：商务印书馆，2003.

85. ［法］孔狄亚克. 人类知识起源论［M］. 洪洁求，洪丕柱，译. 北京：商务印书馆，1989.

86. ［奥］维特根斯坦. 逻辑哲学论［M］. 郭英，译. 北京：商务印书馆，1985.

87. ［奥］恩斯特·马赫. 认识与谬误：探究心理学论纲［M］. 李醒民，译. 北京：华夏出版社，2000.

88. ［奥］恩斯特·马赫. 感觉的分析［M］. 洪谦，唐绒，梁志学，译. 北京：商务印书馆，1986.

89. ［波兰］塔尔斯基. 逻辑与演绎科学方法论导论［M］. 周礼全，吴允曾，严成书，译. 北京：商务印书馆，1963.

90. ［比］普里戈金，［比］斯唐热. 确定性的终结［M］. 湛敏，译. 上海：上海科技教育出版社，2009.

91. ［比］普里戈金，［比］斯唐热. 从混沌到有序：人与自然的新对话［M］. 曾庆宏，沈小峰，译. 上海：上海译文出版社，2005.

92. ［古希腊］苗力田. 亚里士多德全集（第一卷）［M］. 北京：中国人民大学出版社，1997.

93. ［古希腊］亚里士多德. 形而上学［M］. 吴寿彭，译. 北京：商务印书馆，1959.

94. ［日］西田几多郎. 善的研究［M］. 北京：商务印书馆，1965.

后　记

　　在计划写作本书之前，我就已经清楚地意识到这将是一本不会有太多读者的作品，尽管"理论"是一个人们常常挂在嘴上的词汇，然而鲜有人会对这个概念有太大的兴趣。在大学当教员时，我曾经用了近十个课时来讲解这个概念，虽然不知道学生是否能够领会我这样安排的用意，但是的确有些学生在这门课结业甚至走出大学校门后，再次回来听这几个学时枯燥的课程。退休后，既是好友又是师长的 张俊浩 教授、刘春田教授，还有一些朋友、同事和学生，都劝我把这部分内容写出来。在大家的鼓励和帮助下，就有了这本充满己见的书。或许书中有些观点不被大家认同，但只要能对读者有所启发，能促使人们思考，我的目的也就达到了。这本书不是教导人们如何去构造理论的，它只是尝试性地回答理论是什么的问题，因此或许能够帮助读者开阔一点儿眼界。

　　这本书由三个部分组成，分别是理论概念之界定、理论体系结构之分析和真假性问题之讨论。第一章的目的在于界定理论概念，这是之后各章所要讨论之问题的基础；第二章和第三章构成本书的第二部分，旨在分析理论和命题的形式和结构，虽然这两个方面的内容在许多学术著作中都有所涉及，但是比较零散，不成系统，因此我在这里对这些内容进行了必要的梳理和系统的阐释，希望能对读者把握理论的体系结构有所帮助；第四章主要讨论理论之真假性，这是一个争议颇多的问题，我只是又增加了一个可供质疑的观点，一家之言而已，如果这个观点能够激发读者产生不同的意见和见解，那么也就证明我在此没有浪费笔墨。

　　在写作完成之际，我由衷地感谢中国政法大学的 张俊浩 教授、中国人民大学的刘春田教授，他们不仅参与了这本书每一章的讨论，而且提出了宝贵的意见和建议。刘春田教授应邀为本书作序，并帮助联系出版事宜，谢了！感谢北京阳光知识产权与法律发展基金会的支持。参与本书各章讨论并提出意见和建议的朋友、同事和学生还有中国政法大学杨华老师，对外经济贸易大学董灵老师、周海涛老师，中国社会科学院法学研究所冯珏博士，北京市社会科学院刘劭君博士，中国传媒大学刘文杰博士，北京市海淀区人民法院宋玉洁法官，中德法律合作项目范西蒙博士，联合丽格（北京）有限公司李镔先生等，在此一并表示衷心感谢。在这里需要特别感谢冯珏博士，她不仅为本书的写作收集、提供了相关的资料，联系、准备和组织了各章节的讨论，还对全书进行了校对，在此向她表示深深的谢意。

金渝林

2019 年 7 月于温都水城